그린인프라 공학과 도시방재론

강준석 · 김재경 공저

문운당

저자 서문

변화는 자연 세계의 자연스러운 원리이며 역기능과 순기능을 동시에 가지고 있습니다. 계절이 변하고 국토도 변하고 사람도 변합니다. 모든 것이 변화를 거부할 수는 없는 것 같습니다. 변화가 그저 유익이 되기를 바랄 뿐입니다. 전 지구가 가장 주목하는 변화가 있습니다. 기후변화. 기후에 변화를 붙이면 대부분의 사람들은 위기를 먼저 떠올리는 역기능의 어감을 줍니다. 인생변화 습관변화 등은 순기능의 느낌을 줍니다. 또한 변화는 의도할 수 없는 변화가 있고 우리가 의도하고 통제할 수 있는 변화가 있습니다. 이 책은 변화의 순기능적 효과를 믿으며 우리가 통제할 수 없는 기후변화에 맞서서, 우리가 주도할 수 있는 변화를 통해 인간과 환경의 질을 높여 기후위기 시대에 골든타임을 놓치지 않으려는 연구와 교육에 관한 책입니다.

본 책이 전하고자 하는 내용은 큰 틀에서 제목이 모든 것을 말해줍니다. 그린인프라는 솔루션입니다. 공학은 방법론이며 도시는 대상지입니다. 그리고 해결해야 할 목표는 방재입니다. 그리고 이 네 가지를 엮어서 성공을 이뤄야 하는 주체는 인간이며 이는 끊임없는 순기능적 변화를 통해서 가능할 것입니다.

존경하는 한 지인이 변화가 교육이다(Change is education)라는 인사이트를 주었었습니다. 저희는 공감하며 변화는 유효하다(Change works)라는 말로 재해석 및 확장하였습니다. 우리에게 주어진 많은 준비의 시간은 변화의 타이밍을 놓치면 무의미한 과거가 될 것입니다. 시간을 유의미한 순간으로 만드는 열쇠는 타이밍에 있습니다(Timing is the key of time). 저희가 최선의 타이밍이라 믿으며 시도한 작은 변화가 독자 여러분의 문제해결에 조금이나마 도움이 되기를 바랍니다.

2023년 10월

저자 일동

요약

그린인프라공학과 도시방재론의 초판 집필 목적은 그린인프라공학의 개념을 정립하고, 그린인프라 공학 및 유관분야에서 필요로 하는 일반적인 사전 지식을 이해하는데 있다. 본 도서는 응용학문적 성격을 띄고 있으며, 대학원생 및 전문가들을 대상으로 교재가 집필되었지만, 학부생 및 산업계의 인력들에게도 도움이 될 수 있는 내용으로 구성되었다. 이 책은 기본적으로 그린인프라공학에 대한 개념을 정의하고 있으며, 그린인프라공학이 정의되기까지 필요했던 유사 학문의 이해를 바탕으로 한다. 또한, 우리사회가 직면해있는 기후변화라는 글로벌 문제를 해결하기 위한 개념 정립 및 실용 예제를 구성하고 있다. 이 책에서 서술하고 있는 예제들은 튜토리얼 형식으로 구성되어 있어, 학부생 수준 및 기초 엔지니어들이 효율적으로 활용할 수 있다.

본 책의 구성은 총 7개의 챕터로 구성되어 있으며, 그린인프라를 활용한 도시의 재난을 방재할 수 있는 예시들을 제안하고 있다. 제1절, 제2절은 그린인프라 공학의 개념 및 도시방재와의 관계를 서술하고 있다. 또한, 그린인프라공학의 핵심이자 재난재해의 진단 및 정량화 모델인 HCFD(Hazard Capacity Factor Design)에 대해서 학습한다. 제3장부터 제5절까지는 최근 우리 사회에서 많은 재난재해를 선정하고 재난재해로부터 기인하는 피해를 저감 및 완화하는 방법에 대해서 상세히 알아본다.

제3장에서는 도시홍수와 관련된 수문학적 개념을 이해 및 정리하고, 근거 기반(Evidence-based)의 그린인프라 계획 및 설계 방법에 대해서 알아본다. 그린인프라의 수문학적 해석과 HCFD 모델 적용을 위해서 Storm Water Management Model(SWMM)의 활용 방법에 대해서 튜토리얼 형식으로 학습한다. 제4장에서는 기후변화로 기인하는 도시열섬의 개념과 대응 방안에 대해서 학습한다. 전산유체역학(CFD, Computational Fluid Dynamics)을 활용한 그린인프라와 그레이인프라의 상호작용을 확인하고, 도시에서 최적화된 인프라 설계를 실습한다.

제5장에서는 산불로 인한 피해 규모를 정량적으로 평가해보고 산불의 확산을 지연 또는 저감시킬 수 있는 획기적인 방법론을 학습해본다. 산불의 저감 학습을 위해서도 유한체적법(FVM, Finite Volume Method) 기반의 CFD 모델링을 학습한다. 제6장은 유한요소해석(FEM, Finite Element Method)에 대한 전반적인 개념이해를 시도하며, FEM을 활용한 사면해석 및 산사태 저감 방법에 대해서 분석한다. 마지막 제7장에서는 그린인프라공학을 통해 우리가 그릴 수 있는 미래사회에 대해 생각해본다. 본 초판은 학습자와 교수자가 모두 사용하기 쉬운 형태로 제작되었다. 본 저서의 학습 구성은 하기와 같다.

본 저서의 학습 구성

본 저서는 학생들의 그린인프라공학과 도시 방재학적 사고 정립을 위해서, 의문형을 포함한 대화체로 서술되었다. 최근의 도시재난재해의 사례를 수록하여서, 도시방재의 중요성을 다시 강조하였다.

1. 본 저서는 각 장마다 명확한 학습 목표를 제안하고 있다. 학습 목표는 학생들이 그린인프라공학과 도시 방재학을 이해하는데 필요한 최소한의 지식이자 핵심 내용이다.
2. 초판에서는 도시 재난재해에 대한 정의를 명확히 하고 있다. 그동안 정립되지 않았던 그린인프라공학, 도시홍수, 도시열섬, 도시에서의 산불 및 산사태 개념을 정리한다.
3. 자료를 요약하고 정리해주는 표와 그림을 위주로 구성하여 학생들의 이해도를 높힌다.
4. 각 장마다 읽을거리를 제공하여 학생들에게 호기심을 제공하고, 최근의 도시 재난재해 심각성에 대해서 인지할 수 있도록 한다.
5. HCFD 모델 등 다수의 삽화를 삽입하여 학생들이 이해하기 어려운 개념을 이해하기 쉽도록 구성하였다.
6. 튜토리얼에 필요한 예제와 코드 파일을 제공하여 학습자 및 연구자가 활용할 수 있도록 도와준다.
7. 각 장을 다루고 있는 재난재해의 최신 특허 신기술에 대해서 소개한다. 발명 기술은 그린인프라와 4차산업혁명 요소를 접목한 획기적인 기술들을 중점으로 소개하고 있다.
8. 예제를 제공하고, 학생들이 응용할 수 있는 심화문제를 제안한다. 예제에서는 국가자격기술검정기사 수준의 문제를 상당부분을 다루고 있다.
9. 최신의 참고문헌을 수록하였다.
10. 학생들이 탐구하거나 작성할 수 있는 수준의 논문 주제를 제안함으로, 학생들의 체계적 사고력과 논술력을 향상시킬 수 있는 컨텐츠를 포함하였다.

그린인프라공학과 도시방재론 | 차례 |

1장 그린인프라공학의 개념

1절 그린인프라의 정의와 기능 · 11
2절 그린인프라의 필요성 · 17
3절 그린인프라의 공학적 접근 · 22
4절 그린인프라공학과 지속가능성 · 32
5절 그린인프라의 조성사례 · 37
6절 요약 · 54
7절 예제 · 58
참고문헌 · 59

2장 도시재난과 그린인프라 공학

1절 기후위기와 도시재난의 심화 · 65
2절 도시재난 적응 방법론 : HCFD 모델의 개념 · 72
3절 지속가능한 설계 기법 : LEED와 G-SEED 예시 · 75
4절 요약 · 80
5절 예제 · 82
참고문헌 · 84

3장 그린인프라공학과 도시홍수 방재

1절 도시홍수의 수문학적 이해 · 89
2절 도시홍수 대응을 위한 근거기반 설계 · 118
3절 도시홍수 적응 평가 · 178
4절 요약 · 191
5절 예제 · 197
참고문헌 · 201

4장 그린인프라공학과 도시열섬 방재

1절 도시열섬의 피해 · 207
2절 도시열섬 적응을 위한 환경 모델링 · 220
3절 도시열섬 적응 평가 · 266
4절 요약 · 292
5절 예제 · 297
참고문헌 · 303

5장 그린인프라공학과 산불 방재

1절 산불의 피해 · 311
2절 산불 적응을 위한 산림환경 모델링 · 323
3절 산불 적응 평가 · 355
4절 요약 · 372
5절 예제 · 376
참고문헌 · 380

6장 그린인프라공학과 산사태 방재

1절 산사태의 피해 · 387
2절 산사태 적응을 위한 산림환경 모델링 · 399
3절 산사태 적응 평가 · 435
4절 요약 · 451
5절 예제 · 455
참고문헌 · 459

7장 그린인프라공학과 미래사회 · 465

저자 소개 · 470

감사의 글 · 471

1장

그린인프라공학의 개념

"Change works"

- Agent Kang -

학습 목표

- 그린인프라의 정의와 기능에 대해서 이해할 수 있다.
- 그린인프라의 필요성과 공학적 접근을 이해한다.
- 그린인프라공학과 지속가능발전목표(SDGs)를 연계하여서 학습한다.
- 국내외 그린인프라 조성 사례를 학습하고 그 특징을 설명할 수 있다.

1절 그린인프라의 정의와 기능

1) 그린인프라의 정의

인프라 혹은 인프라스트럭처(Infrastructure)라는 개념은 사회적 생산 기반이나 경제 활동의 기반을 형성하는 기초적 시설이라는 의미로 통용되었다. 대표적인 인프라 시설로는 교통망, 공공시설, 공공서비스, 전력망, 상하수도 시설, 건축물과 같이 우리 사회에 필요한 기초적인 시설들을 뜻하였다. 하지만, 기술산업과 정보산업의 발전으로 인해서 4차산업혁명시대가 도래하고, 최근에는 그 영역과 범위가 확장되며 개념이 전환되고 있다. 도시 및 사회 분야에서 활용할 수 있는 인프라의 전통적인 구분은 크게 네 가지로 나눌 수 있는데, 그 의미와 세부 영역은 표 1-1과 같다.

< 표 1-1. 인프라스트럭처의 개념과 정의(강정은, 2011) >

개념	정의	시설	참고
그레이 인프라스트럭처 (Gray Infrastructure)	• 인간의 행위로 만들어지는 건축물 및 사회 기반시설 • 학술적인 의미로는 물관리를 위한 인위적인 시설물들을 통용하는 용어로 사용됨	하수관망, 저류조, 댐 등	(Kapetas & Fenner, 2020)
그린 인프라스트럭처 (Green Infrastructure)	• 습지, 숲, 야생 동물 서식지 등 자연적으로 만들어진 녹색 공간 • 인간이 만들어낸 녹지, 공원 및 기타 보호구역 등 • 위 두 시설이 만들어내는 상호 연결된 네트워크 및 생태계	공원, 녹지, 녹색 길, 경작지 등	(Benedict and McMahon, 2001 / 2006)

블루 인프라스트럭처 (Blue Infastructure)	• 자연적인 수자원의 순환으로 인해 형성되는 하천, 강 등의 수자원 공간 • 인간이 만들어낸 저수지, 댐 등의 수자원 시설과 생태계 • 위 두 시설이 만들어내는 상호 연결된 네트워크 및 생태계	하천, 강, 댐, 저수지, 계곡	de Macedo et al., 2021
스마트 인프라스트럭처 (Smart Infrastructure)	• ICT, 인공지능, AI 등 4차산업혁명 요소를 활용하여 인프라를 관리하고, 활용하는 기술 • 대량의 데이터 정보를 지속적으로 수집하고 개선할 수 있는 시스템의 구현	Cloud computing, AI, IoT, ICT, Sensing 등	Ogie et al., 2017

이중에서도 그린인프라의 의미는 비교적 빠르게 개념화되었으며, 지속가능한 도시생태계 구성을 위한 필수요소로 자리매김하고 있다. 최근에는 네 가지 인프라의 개념과 경계가 모호해지고 있으며, 그린인프라 개념은 인간이 지속가능한 삶을 영위하고 삶의 질을 높이기 위한 종합적인 사회 시설과 서비스의 종합을 뜻한다. 또한 심화되고 있는 기후변화에 대응할 수 있는 기후탄력성의 향상을 위해 적극적으로 도입되는 시설로서, 환경적 목표나 지속성을 달성시키기 뒤한 종합적인 개념으로 정의되고 있다(Foster et al., 2011).

이은석 외(2014)가 정리한 연구논문에 따르면, 그린인프라의 목적은 주거환경과 생물다양성을 보존하는 것이며, 이는 경관의 기능을 보호하기 위해서 도시 내외에 적극적으로 설치된다. 또한 토종 동식물의 보호와 지속가능한 대기 및 물 자원의 유지, 공공의 건강성 향상에 기여하기 위해 계획 및 설계된다. 그린인프라의 적용은 단일 건물 단위부터, 커뮤니티 스케일, 소규모 공간 단위, 대규모 도시 단위까지 폭넓게 적용할 수 있다. 그린인프라는 공간이나 형태에 따라서 크게 두 가지 형태로 구분될 수 있으며, 이러한 구분은 표 1-2와 같이 나눌 수 있다.

< 표 1-2. 그린인프라의 구성요소(강정은 외 2011 & 이은석 외 2011) >

구분		소분류	적용범위
면적 공간 (Space)	도시공원	도시공원, 근린공원, 커뮤니티 공원, 공공정원 등	도시지역
	전원주택 정원	주거지역 녹지, 주택정원, 마을공동체, 건축물 수직정원, 건축물 옥상정원 등	
	도시농업공간	텃밭, 도시농장, 도시 경작지 등	
	시설물 및 기법	우수조절 및 도시열섬 등을 위한 소규모 시설물 등(나무상자, 투수성 포장, 빗물 저류조 등)	

면적공간 (Space)	자연녹지 공간	산림과 숲, 습지, 유역, 해역	도시 외 지역
선형 공간 (Linear)	홍수조절공간	식생 수로, 생태 수로, 계곡, 투수성 포장, 관망 시스템 등	도시 내외 지역
	어메니티증진 공간	선형 공간, 선형 정원, 그린 코리더 등	
	가로녹화	가로수, 식생 보호대, 중앙분리 식생 등	

그린인프라의 기능은 구분 규모에 따라서 다양하게 정의될 수 있지만, 크게 네 가지(① 재난재해 완화 및 적응 기능, ② 환경보호 기능, ③ 경제적 이익 기능, ④ 삶의 질 향상)로 나눌 수 있다. 위에서 언급한 기능들은 유기적으로 작용하며, 궁극적으로는 지속가능한 도시환경 조성이라는 최종 목표로 귀결된다. 각 기능들의 상세 효과는 하기와 같이 설명되며, 본 저서에서는 주로 도시와 관련된 방재 기능을 중점적으로 기술하였다.

2) 그린인프라의 기능

① 재난재해 완화 및 적응

그린인프라는 많은 재난재해 중에서 도시홍수의 완화 및 적응계획으로 자주 언급된다. 우수관리 및 도시홍수 완화, 적응을 위한 그린인프라의 활용은 저영향개발(LID, Low Impact Development), 자연기반해법(NbS, Nature based Solution) 등 다양한 정책 및 전략으로 채택되고 있다. 도시홍수의 경우 불투수층의 증가와 무분별한 도시화 및 산업화, 통수능의 기능악화 등을 주요 원인으로 뽑고 있는데, 이를 해결하기 위한 대표적인 방법으로 그린인프라가 채택이 되고 있는 것이다. 홍수저감 분야에서 그린인프라는 개발 이전의 수문학적 특성을 유지하거나 회복시키기 위해서 사용되며, 강우가 발생하는 지점부터 관리를 시작하는 토지개발 방식으로 이해된다. 홍수 및 수질오염 저감을 위한 우수의 침투, 저류, 물순환 체계를 위한 계획 기법으로 사용되고 있다.

그린인프라의 홍수 완화 및 저감 기능은 크게 네 가지로 나눌 수 있는데, 이는 기능화, 분산화, 네트워크화, 지능화이다(그림 1-1). 기능들에 대한 상세한 설명은 표 1-3과 같다. 일반적으로 그린인프라의 기능은 우수유출의 10% 저감 및 연평균 강우량의 20% 이상을 침투 및 저류시킬 수 있다고 알려져 있지만, 시설의 규모 및 형태, 설계에 따라서 그 효과는 더욱 커질 수도 있고, 감소될 수 있다. 최근 빈번한 도시홍수의 발생과 더불어 물순환 및 물관리의 기능이 강조되면서 물관리기본법의 제정 및 통합물관리(IWRM, Integrated Water Resources Management) 시스템 등 다양한 관급 차원의 노력이 수반되고 있다.

< 표 1-3. 그린인프라 및 저영향개발(LID)의 기능 >

기능		설명
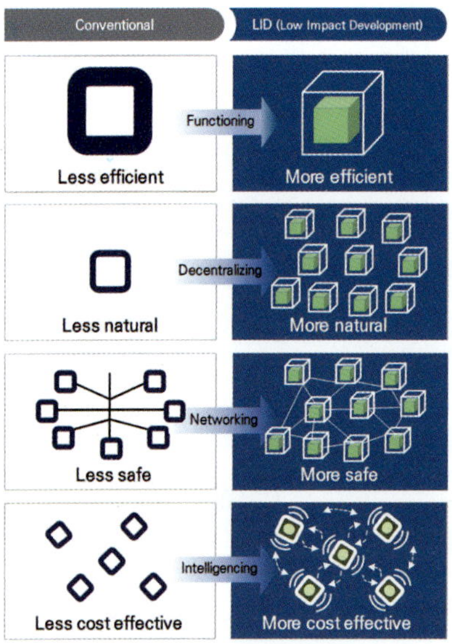 그림 1-1. 그린인프라의 기능	기능화	• 그레이 인프라 시설을 활용하지 않고, 우수 유출 저감 기능에 기여할 수 있음 • 지역적으로 필요한 기능을 부가적으로 부여 가능함 • 단일 시설물을 다양한 목적에 맞춰 기능화하여 설치 가능함
	분산화	• 지역마다 입지분석과 공간분석을 통해 최적화된 시설구축을 시도할 수 있음 • 집중형으로 구축시 발생되는 수량 및 수질오염을 분산하여 저감할 수 있음
	네트워크화	• 집중형 시스템에 비해 시스템 실패와 보완을 강화할 수 있음 • 효율적인 연계 운영 효과를 창출 가능함
	지능화	• IoT, 센싱 등의 기술을 접목하기에 훨씬 용이함 • IT 기술을 접목한 계획, 설계, 시공, 유지관리를 통한 지능형 통합유지관리 시스템 구축이 가능함

도시와 연결된 산림지역의 그린인프라 조성은 산사태 등 토사유출 방지에도 기여할 수 있다. 산지와 도심지 지반의 지지력을 강화시키고, 침식과 침전을 막아주어, 대규모 산사태를 사전에 완화할 수 있다. 계곡과 연계된 형태의 그린인프라 조성은 지상 생태계 뿐만 아니라 소규모 수생태계 개선에도 효과적이다.

두 번째 효과는 도시열섬 현상의 완화 및 적응이다. 도시열섬(Urban Heat Island Effect)은 아스팔트, 콘크리트 등 열 흡수율이 높은 포장재가 구성될 때, 도시의 복사온도 및 대기 온도가 상승하는 현상을 뜻한다. 도시열섬 효과는 에어컨, 선풍기 등 기후변화 적응 시설의 사용과 이로 인한 에너지 비용을 증가시키며, 대기 오염의 수준, 열 관련 질병 및 사망률 등을 높이는 재난재해이다. 도시열섬 현상과 유사한 개념으로는 폭염(Heatwaves)이 있으며, 2019년 이전까지는 자연재난으로 지정을 받지 못하다가 2019년 9월이 되어서야 자연재난으로 지정받게 되었다. 한국에서는 체감온도 기준, 일 최고기온이 33℃ 이상인 상태가 2일 이상 지속될 때, 폭염 주의보를 발령하며, 35℃ 이상인 상태가 2일 이상 지속될 때 폭염 경보를 발령한다.

수목, 옥상정원, 녹지공간 등 그린인프라의 요소기술들은 건축물로부터 그늘을 형성하고, 평균 복사 에너지(Tmrt, mean radiant temperature)를 저감시키는 효과를 가지고 있다. 또한, 증발산 작용을 통해서 대기의 온/습도 조절 및 도시 열섬효과를 완화하는데 기여할 수 있다. 단순한 온습도 조절 및 환경적 요인의 변화 이외에도 인간에게 미치는 열 쾌적성 개선에 큰 기여를 할 수 있는데, 열 쾌적성(Thermal Comfort)이란 '열 환경에 대한 만족도를 표현하고 주관적인 평가에 의해 결정되는 상태'로 정의된다(박채연 외, 2017). 그린인프라는 인간의 열 쾌적성에 영향을 미치는 순복사열 저감현상에 기여할 수 있으며, 그린인프라를 구성하는 녹지와 토양에서는 수분이 수증기로 바뀌어 증발잠열이 발생한다. 이러한 1차적 완화기능 이외에도 공기 대류현상의 증가 유발과 그린인프라 조성에 따른 바람길 조성 등에 기여할 수 있다. 국내 사례 연구를 진행한 결과, 블루인프라인 청계천 지역과 그린인프라를 연계하여 네트워크를 조성하고, 도시의 열섬효과를 낮춘 연구가 진행되었다.

② 환경보호

그린인프라의 환경보호 기능의 대표적인 효과로는 지면 오존 및 스모그 감소 등이 있다. 일반적으로 오존과 스모그 현상은 질소 산화물과 유기화합물이 열과 햇빛이 있는 곳에서 상호작용할 때 발생되는 현상으로, 인간의 건강에도 큰 피해를 주게 된다. 그린인프라는 대기 온도 감소, 대기 오염물질의 제거, 비산먼지의 확산 방지 등의 역할을 수행한다. 또한, 공기 중에 부유하는 먼지, 화학 물질 및 금속 조각 등 미립자 물질을 흡수 및 흡착하여 도심 내 인간의 건강성 향상에 기여할 수 있다.

그린인프라는 야생동물의 서식지 제공 및 보존, 생태계 연결성 제고라는 역할을 수반한다. 지나친 산업화로 최근의 도시 생태계는 파괴되고 있으며, 그린인프라는 이를 완화할 수 있는 수단 중 하나이다. 그린인프라는 도시 내 조류, 포유류, 양서류, 파충류, 곤충 등의 서식지를 제공하며, 옥상정원과 같은 소규모 그린인프라 시설에서는 곤충과 조류에게 보금자리를 마련해준다. 공원 및 도시 숲과 같은 대규모 녹색 기반시설은 야생동물의 이동을 촉진시키며, 서식지간에 야생동물 개체군 연결에 도움을 준다.

③ 경제적 이익

미국 환경청(U.S. EPA, Environmental Protection Agency)에서 발간된 보고서를 참고하였을 때, 물순환 관련 경제적 이익, 대기와 관련된 경제적 이익, 에너지 절감 경제적 이익, 기후변화 관련 이익, 개인 단위의 이익 등으로 나눌 수 있다. 먼저 물순환과 관련된 이익을 살펴봤을 때, 옥상녹화, 수목 식재, 투수성 포장 등 녹색 기반의 시설 설치는 유출로 흘러 들어가는 우수를 줄일 수 있다. 복합 하수도 시스템에서 통합된 형태의 유출을 관리하는데 필요한 처리과정과 저장에 필요한 비용을 줄일 수 있다. 그레이인프라의 경우 저류조 등의 시설을 설치하더라도 물을 유지하고 끌어올려 다시 재활용하는 비용이 산정되는데, 그린인프라는 이를 획기적으로 줄일 수 있다.

그린인프라의 설치 이후에는 전기와 천연가스의 사용량을 줄일 수 있다. 특히 빌딩에서 발생하는 에너지 소모 비용을 획기적으로 줄일 수 있으며, 그린인프라를 건축물에 설치할 경우 일일 온도 변화를 완화하고 그늘, 바람, 차단 및 증발산과 관련된 이점을 제공할 수 있다. 겨울철 및 여름철에는 난방 및 냉방과 관련된 비용을 크게 절감을 할 수 있다. 기후변화와 관련된 경제적 이익은 대기 중에 있는 탄소의 양이 감소함으로써 발생하는 이익으로, 최근 주목받고 있는 탄소배출권 등의 항목에서 경제적 이익을 얻을 수 있다.

④ 삶의 질 향상

그린인프라는 기후탄력성을 회복시키고, 궁극적으로는 인간의 삶의 질(QoL, Quality of Life)을 향상시키는데 기여한다. 그린인프라는 지역사회 및 도시 내에서 수반되는 인프라 설치, 유지관리 비용을 줄일 수 있으며, 경제성장을 촉진할 수 있다. 또한, 생애 주기적인 시설물로 단순히 설치에 필요한 일자리 뿐만 아니라, 유지 및 보수와 관련된 일자리도 제공할 수 있다. 그린인프라의 확충은 녹지 활동 공간 및 레크레이션, 커뮤니티 공간을 제공하며, 시민들의 질병 예방 및 건강성 증진에 기여할 수 있다. 또한, 기차와 비행기로부터 소음 공해를 감소시킬 수 있다. 부동산 보유자들은 주목받고 있는 경관성과 친환경성을 얻음으로써 경제적 가치를 얻을 수 있다. 이러한 부동산의 경제적 가치는 건설 시공자, 주택 소유자, 세입자 모두에게 이익을 줄 수 있는 대표적인 지속가능한 요소 중 하나이다.

2절 그린인프라의 필요성

1) 글로벌 트렌드와 기후변화

그렇다면 왜 그린인프라의 확충은 필요할까? 그린인프라 분야의 가장 거시적인 필요성을 한 마디로 정의하면 '기후변화와 이를 완화하기 위한 국제사회의 노력'이라고 할 수 있다. 기후변화에 관한 정부간 협의체(IPCC, Intergovernmental Panel on Climate Change) 제5차 평가보고서에 따르면 지구평균온도는 지난 133년간(1880~2012) 0.85℃ 상승하였다(Pachauri et al., 2014). 21세기 말 지구 평균 기온은 탄소 배출량에 따라서 그 상승세가 더욱 빨라질 것으로 예측된다. 기후변화는 기온의 변화뿐만 아니라, 복사장의 변화, 강수와 가뭄의 변화, 대기순환의 변화 등 자연 재난을 유발하는 요소들의 부정적 영향을 동반한다.

그림 1-2. 교토의정서(Kyoto Protocol) (Britannica, 2023, May)

이러한 기후변화에 대응하기 위해서 국제사회는 교토의정서 등을 협의하였으며, 2015년에는 제21차 당사국총회(COP21)에서 신기후체제의 근간이 될 파리협정이 시작되었다(Kyoto Protocol., 1997)(그림 1-2). 교토의정서는 기존의 산업화 과정에서 다량의 온실가스를 배출한 주요 선진국에게 책임을 묻고, 선진국에 대한 감축 의무를 구체화하였으며, 이는 선별적이고 차별화된 책임 중심의 이행체계였다. 하지만, 최근에는 기후변화의 현재 수준을 선진국에게 책임전가 하는 것만으로 해결할 수 없다는 공감대가 형성되었고, 이에 대한 협의로 파리협정이 시작된 것이다. 파리협정은 2020년 이후 모든 국가에 적용되는 새로운 조약이라는 이름으로 모든 당사국의 상향식 이행을 강조하였다.

그림 1-3. 파리협정(Paris Agreement) (Britannica, 2023, June)

파리협정은 지구 평균기온 상승을 산업화 이전 대비 2℃보다 상당히 낮은 수준으로 유지하고, 1.5℃로 제한하기 위해 노력한다는 전 지구적 장기목표 하에, 모든 국가가 2020년부터 기후행동에 참여하고 있다(Paris Agreement)(그림 1-3). 모든 국가가 스스로 결정한 온실가스 감축 목표를 5년 단위로 제출하고 국내적으로 이행토록 하고 있으며, 재원 조성 관련, 선진국이 선도적 역할을 수행하고 여타국가는 자발적으로 참여하도록 하고 있다. 협정은 기후행동 및 지원에 대한 투명성 체제를 강화하면서도 각국의 능력을 감안하여 유연성을 인정한 것이다. 2023년부터 5년 단위로 파리 협정의 이행 및 장기목표 달성 가능성을 평가하는 전 지구적 이행점검을 실시한다는 규정을 포함한다(표 1-4).

파리협약의 주요 내용으로는 탄소 감축, 시장매커니즘, 적응, 이행수단 지원, 이행 투명성 강화 등으로 나누어지며, 각 주요 논의 내용에 대한 개념은 하기와 같다. 이중에서 그린인프라의 적용은 적극적인 형태의 기후변화 적응 수단으로 국제적/국가적 정책과 함께 수반되며, 인센티브 또는 패널티 정책과 함께 이행된다.

< 표 1-4. 파리협정 주요 내용 >

구분	합의사항
감축	• 모든 당사국의 온실가스 감축 방안에 대한 기여방안(INDC, Intended Nationally Determined Contributions) 제출을 의무화 하고, 이행은 자율적으로 하되 2023년부터 5년 단위로 이행 여부를 점검
시장 매커니즘	• 기존 시장 매커니즘인 청정개발체제, 공동이행제도, 국제배출권거래제도 외에 당사국 간 자발적 시장형태 등 다양한 국제 탄소시장 매커니즘의 설립 합의
적응	• 모든 국가가 국가적응계획을 수립, 이행하고 이에 대한 보고서를 제출
이행수단 지원	• 선진국은 개발도상국의 기후변화 대응을 위한 기후재원을 2020년부터 매해 천억 달러를 지원하기로 결정
이행점검	• 2023년부터 5년 단위로 국가별 파리협정 이행 전반에 대한 국제사회 차원의 종합적인 이행 점검을 실시 • 온실가스 배출 현황, 감축 목표 달성 등에 대한 이행 보고
이행투명성 강화	• 1차 격년 투명성 보고서를 2024년까지 제출하고 이후 매 2년마다 제출, 2006년도 IPCC 지침에 근거하여 국가 인벤토리 작성 • 감축 목표 달성에 대한 진전사항을 추적할 수 있는 정보 제출 의무화, 각국 감축 조치 단행에 따른 배출 전망 의무 제출

가장 최근의 글로벌 협약으로는 2023년 11월 30일부터 12월 12일까지 아랍에미리트에서 진행된 제28차 유엔기후변화협약 당사국총회(COP 28)를 뽑을 수 있다. 이번 당사국 총회는 198개의 개최국이 참석을 하였으며, 각국의 정상·전문가 등 대표들이 모여서 국제사회에 필요한 기후변화 대응에 대해서 협의하는 시간을 가졌다. 주된 내용으로는 파리협정 목표 달성(지구 평균 상승 기온을 1.5℃로 제한)을 위한 점검이 최초로 시행이 되었다. 지금까지의 완화 및 적응 정책으로는 파리협정의 목표를 달성하기 어려운 것으로 판단하였으며, 실질적 대책이 필요하다는 의지를 재확인하는 자리가 이어졌다. 화석연료로부터 전환 및 보건·식량 등 우리 삶과 밀접한 분야에서도 관심이 이어졌다. COP28에서 가장 첨예하게 대립되었던 것은, '화석연료 퇴출' 혹은 '점진적 퇴출'이라는 단어를 명시할 것인지에 대한 논의였는데, 결과적으로 국제적 기후변화 협약문서 최초로 '화석연료로부터의 전환(transitioning away)'이라는 단어가 사용된 것이다. 또한, 원자력, 저탄소 수소, 탄소 포집 활용 등 신기술을 활용하여 파리협정 1.5℃ 목표를 달성하기 위한 감축 수단이 논의되었다는 점에서도 의의가 크다. 파리협정에서 합의되었던, 기후변화 적응에 대한 중요성도 다시 한번 강조되었다.

2) 도시화, 산업구조의 변화

우리나라는 1970년대 이래 집약적인 발전을 이루며, 농업 및 경공업 중심의 산업을 대규모 및 중공업 중심의 산업으로 전환시켰다. 산업구조의 변화는 한강의 기적이라 불리는 전례를 찾아볼 수 없는 형태의 변화였으며, 많은 사회·경제적 발전이 있었던 반면, 그 이면에는 도시의 도시의 불균형 문제가 서서히 대두되었다. **그림 1-4를 참고하였을 때, 1970년대 불투수면적률은 3%에 불과하였지만, 2010년대의 불투수면적률은 7%대로 약 2배 이상 상승한 것을 확인할 수 있다. 이에 비해서 극심한 강우를 수용하거나 물순환을 위한 수계공간의 면적률 증가는 1% 내외인 것으로 나타났다.**

도심지 내에서는 급속한 도시발전으로 불투수 지역이 확대되었고, 기존에 생태계가 담당하던 기능이 간과되는 현상이 일어났다. 또한 도시 지역으로 인구가 집중화되면서, 사회활동 전반에 필요한 사회간접자본을 도시에 집약적으로 배치시키는 현상이 발생했다. 이로 인해 도심지의 생태계 파괴, 복사열 증가, 물순환 시설의 부족 등 다양한 문제가 발생했으며, 이는 앞서 설명한 기후변화로 인해 더 악화되었다. 도시 내 증발산량의 감소로 열 순환이 왜곡되고 열대야 및 열섬 현상 등이 빈번하게 발생하여, 이에 대한 대응책이 시급한 현황이다.

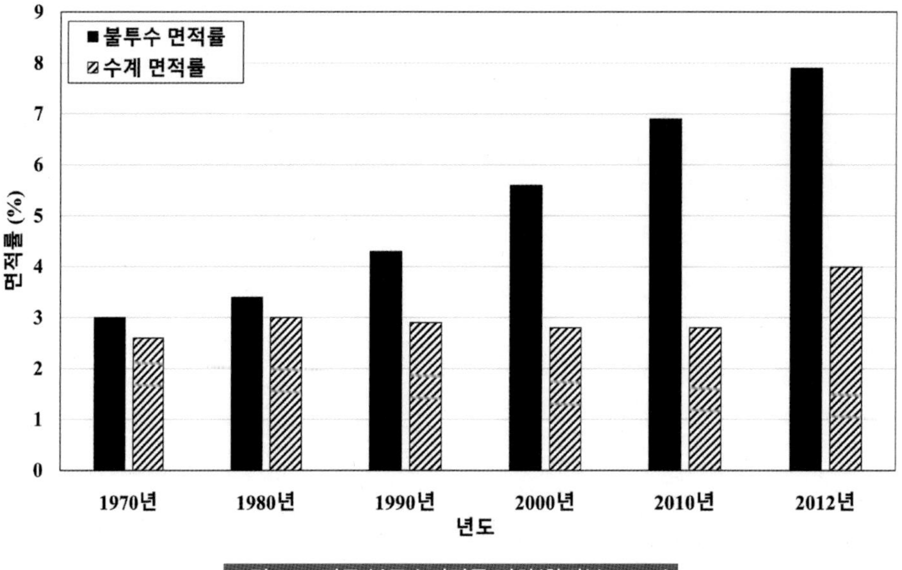

그림 1-4. 전국 불투수면적률 변화(환경부, 2013)

이에 지나친 도시화에 대응할 수 있으면서 삶의 질 향상에 기여할 수 있는 친환경 시설이 주목받게 되었다. 그린인프라는 도시의 개발을 유지하면서 개발의 영향을 최소화하자는 취지에서 시작되었다. 그린인프라에 대한 관심은 국내의 정치 및 규정에서도 직간접적으로 반영됨을 알 수 있다. 1990년 이후에는 환경문제를 인식하게 되고, 도시왜곡화 해소 및 대응을 위한 법령들이 제정되었는데, 대표적인 법령으로는 환경정책 기본법 등이 있다. 2000년대 이후에는 저탄소녹색성장기본법의 제정으로 물순환 및 그린인프라에 대한 이해도와 관심이 더욱 증가했다. 즉, 우리 사회에서 친환경 공간에 대한 수요증가와 더불어, 환경적·생태적 변화로 인해 그린인프라의 도입은 필수불가결해지고 있는 상태이며 그린인프라에 대한 정확한 이해와 공학적 접근이 필요한 시점이다.

"Scientists investigate that which already is.
Engineers create that which has never been."

- Albert Eistein -

3절 그린인프라의 공학적 접근

그동안 국내외 그린인프라 관련 연구, 설계 및 시공 관련 사례를 찾아보았을 때, 그린인프라를 도입하는 행위 주체자의 주관에 의한 설계가 주를 이루었다. 하지만, 이러한 주관에 의한 설계와 시공은 경제적 측면 및 기능적인 측면에서 비효율적이다. 이에 본 저서에서는 공학적 접근 방법과 해결사례를 제시하며, 홍수, 폭염, 산불, 산사태 등 각 재난재해별로 사용할 수 있는 근거 기반의 디자인(EBD, Evidence based Design) 방법을 제안하고자 한다. 근거기반의 설계는 과학적 연구에 기반하여 건물, 환경, 조경 등 우리 인간 삶 전반에 대한 설계를 하는 전주기적인 과정이다. 그린인프라의 근거기반설계에 대해서 공학적으로 접근하기 위해서는 기상학, 수문학, 지형학 등 다양한 연계 학문의 이해가 수반되어야 한다. 그린인프라의 근거기반설계와 관련된 연계학문은 크게 자연과학과 사회과학, 공학 및 응용과학으로 나눌 수 있다

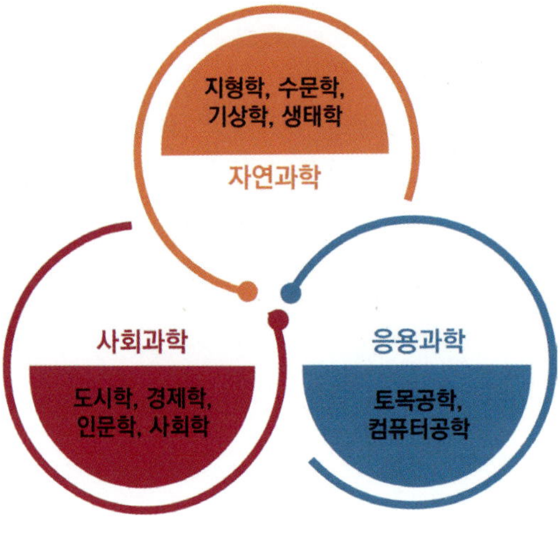

그림 1-5. 그린인프라와 타 학문의 연계

1) 자연과학(Natural Sciences)

자연과학은 자연에서 일어나는 현상을 규명하고, 그에 대한 원리를 추론하는 과학적인 방법이다. 그린인프라공학과 연계되는 자연과학은 지형학, 수문학, 수공학, 식물학, 생태학, 연소학, 환경공학 등에 기반하며, 부수적으로 해양학, 호수학 등의 학문도 직·간접적으로 기여한다.

① 지형학(Geomorphology)

지형학은 그린인프라 공학을 이해하는데 가장 기본이 되는 학문이다. 지형학은 지구 지표면의 물리적인 경관, 하천, 구릉, 평야, 해빈, 사구 등 많은 요소들을 연구하는 학문이다. 지형학이 중요한 이유는 그린인프라의 최적 계획 및 설계를 하기 위해서인데, 이는 지표면의 구성과 형태를 파악하는 것이 기초가 된다. 지형이 높고 가파른 경사가 있는 곳에서는 유출률이 증가하고, 산지 하부에서는 물의 저류 기능이 극대화되므로 이를 활용할 수 있는 저류 시설물을 설계하여야 한다. 또한, 인간의 생활권과 주변 지형의 기본적인 이해가 수반되어야 발생 가능한 재난재해의 피해와 규모, 위험성을 예측할 수 있다. 지형학은 또 다른 연관학문인 수문학과 도시공학을 형성하는데 중요한 요소로 작용한다.

읽을거리 : 세계의 지형학 - Horseshoe Bend와 Sólheimajökull

그림 1-6. 미국의 홀슈밴드 지형(Horseshoe Bend)

1. 미국 Horseshoe bend

미국 애리조나주 페이지 시 근처에 위치한 홀슈벤드는, 그 특이한 지형과 자연경관으로 매년 관광객들이 찾는 명소이다. 콜로라도 강의 유속으로 인한 침식과 퇴적이 반복하여 마치 말발굽과 같은 협곡 지형이 생성되었다(그림 1-6).

홀슈벤드가 위치한 애리조나주는 엔털로프 캐년(Antelope Canyon)과 그랜드 캐년(Grand Canyon)으로도 유명한 명소이다. Horseshoe bend가 침식과 퇴적으로 만들어진 지형이라면, 앤털로프 캐년은 홍수로 인한 범람이 주된 이유인 지형이다. 가장 큰 규모를 자랑하는 그랜드 캐년의 경우, 약 6백만 년 전의 지질활동과 침식 작용으로 만들어진 지형이다.

이번 방학, 휴가에는 우리 모두 세계적 지형을 자랑하는 애리조나로 떠나보는 것은 어떨까?

그림 1-7. 아이슬란드의 빙하지역(Sólheimajökull)

2. 아이슬란드 Sólheimajökull

황량하고 드넓은 애리조나를 다녀왔다면, 지구 북쪽 끝 아이슬란드로 향해보자. 아이슬란드는 나라 전체가 한 개의 섬으로 이루어져 있으며, 화산으로 인해 형성된 북극권에 위치한 국가이다. 화산으로 형성되었다는 이미지와는 다르게, 다양한 지형학적 특징을 볼 수 있다.

그중 가장 흥미로운 지형은 빙하지역이다. 아이슬란드에서 약 4시간 떨어진 지역에 위치한 빙하 지역으로 Sólheimajökull을 살펴볼 수 있다(그림 1-7). 빙하 주변에는 화산재가 덮고 있고, 빙하 지역을 하이킹하는 레저활동 이용객들의 모습을 볼 수 있다. 최근에는 기후변화로 인해 이 빙하들이 급속하게 융해하고 있다. 지형 요소들이 우리 주변과 어떻게 상호작용하는지 생각해보자.

② 수문학(Hydrology)

수문학은 미국 과학기술 평의회(U.S. Federal Council for Science and Technology)에 따라서 지구상에 존재하는 물의 생성, 순환, 분포와 물리학적 성질 및 물이 환경에 어떠한 영향을 작용하며, 생물과는 어떠한 관계를 가지는지 등 물 순환 전 과정을 규명하고자 하는 학문으로 정의한다. 그린인프라공학에서 수문학이 중요한 이유는 기후변화로 인한 물순환의 불균형이 가장 두드러지게 일어나고 있으며, 이로 인한 사회적 경제적 피해가 수반되기 때문이다. 즉, 물에 대한 정확한 이해와 기능의 분석을 기반으로 그린인프라의 공학적 계획 및 설계가 이루어져야 한다. 수문학적 이해에 기반한 그린인프라 설계는 도시열섬, 가뭄, 홍수, 한파 등 인간 생활권에서 일어나는 대부분의 재난재해를 규명 및 해결할 수 있는 근간이 된다. 그린인프라공학에서 가장 중요한 수문학의 기능은 물의 순환과정을 원활하게 해주는 것인데, 이를 위해서는 지표수(Surface streamflow), 지하수(Groundwater), 유출(Runoff) 등의 수문학적 이해뿐만 아니라 증발(Evaporation), 증산(Transpiration) 등 기상학적인 원리도 함께 파악해야 한다. 물의 순환과정에서 인간의 개입으로 인해 그 기능을 상실한 생태계 서비스의 경우, 댐, 저수지 등 적절한 형태의 수공 시설물을 도입해 주기도 한다. **아래의 그림 1-8은 ArcGIS에 포함된 ArcHydro Engine을 활용하여 지표유출을 분석한 사례이다.**

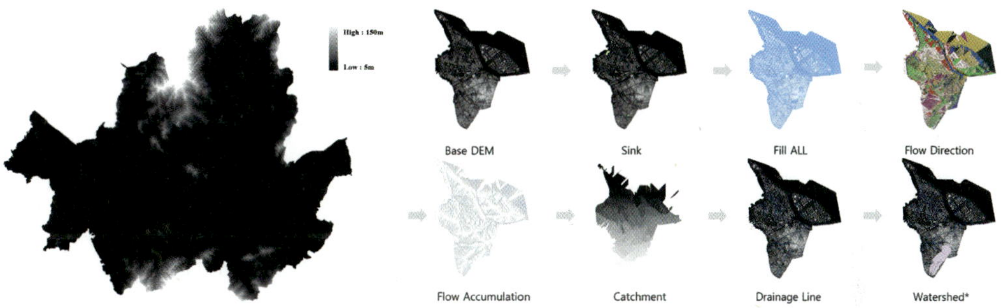

그림 1-8. ArcGIS를 활용한 도시 수문학 분석(소유역 구분) (Kim & Kang, 2020)

③ 기상학(Meteorology)

올바른 수문학적 이해를 하기 위해서는 기상학에 대한 이해가 수반되어야 한다. 기상학은 대기권 내의 제반 현상을 다루는 학문으로, 대기의 물리학, 화학 및 동역학에 대한 연구를 포괄한다. 기상학과 유사한 개념으로 기후학(Climatology)이 있는데, 기후학은 기상현상의 평균값 및 극대값을 다루는 분야로서 통계학적 기상학이라고 부르기도 한다. 기후는 좁은 의미로는 평균 기상을 뜻하지만, 수십 년, 수천 년 혹은 수백만 년 동안의 평균과 변동성을 고려하여 기후에 대한 이해를 통계적으로 설명한 것을 뜻한다. 기상학은 그린인프라공학에서 재난재해를 산출하는 근거가 된다. 이는 과거의 통계적 자료를 활용하여 미래의 기후변화를 예측하고, 여기에서 수반되는 생태계, 지표면, 강우, 온도, 습도 등 환경 요인의 변화와 재난재해를 예측할 수 있기 때문이다.

④ 생태학(Ecology)

생태학은 생명체와 환경의 관계, 상호작용을 연구하는 분야로, 자연의 구조와 기능을 연구하는 학문이다. 그린인프라를 설계하기 위해서는 그린인프라가 가지고 오는 경제적, 생태적, 환경적 이익이 어떤 것이 있는지를 명확히 파악할 필요가 있다. 이를 위해서는 생태학적인 지식을 함께 습득하고 이해하려는 노력이 필요하다. 즉, 생태학은 토지의 이용과 인간 활동을 어떻게 계획하고 그 안에서 효율성을 찾을지를 탐색하는 학문이다.

2) 사회과학(Social Sciences)

사회과학은 인간과 인간 사이 혹은 인간과 사회 사이에서 발생하는 행동 특성을 탐구하는 분야이다. 그린인프라공학과 연계되는 사회과학은 도시학, 경제학, 인문지리학, 사회학, 인류학 등에 기반하며, 부수적으로 정치학, 심리학, 법학 등의 학문에도 직·간접적인 영향을 미친다.

① 도시학(Urban Studies)

도시학은 그린인프라공학과 연계된 대표적인 사회과학 학문으로 도시 개발에 관한 연구를 기반으로 한다. 이는 건축학적 시점과 도시 계획 및 디자인이 지역사회 개발에 미치는 영향에 대해서 규명하는 것을 뜻한다. 도시학은 그린인프라공학의 뿌리와도 같은 조경학 등의 전문 분야에서도 그 연관성을 찾을 수 있으며, 인간의 가치와 도시환경의 물리적 상호작용을 찾는데 초점을 맞추고 있다. 도시학 및 도시계획 내에서 적절한 그린인프라 시설이 설계되고, 상호작용을 하여 환경, 경제, 지리, 보건, 사회 등 어떠한 긍정적인 영향을 미치는지를 분석한다. 그림 1-9는 도시설계 분야를 활용하여 도시홍수의 위험지구 및 대응시설 위치를 최적화한 사례로, 그린인프라와 도시학을 접목한 대표적인 사례라고 할 수 있다.

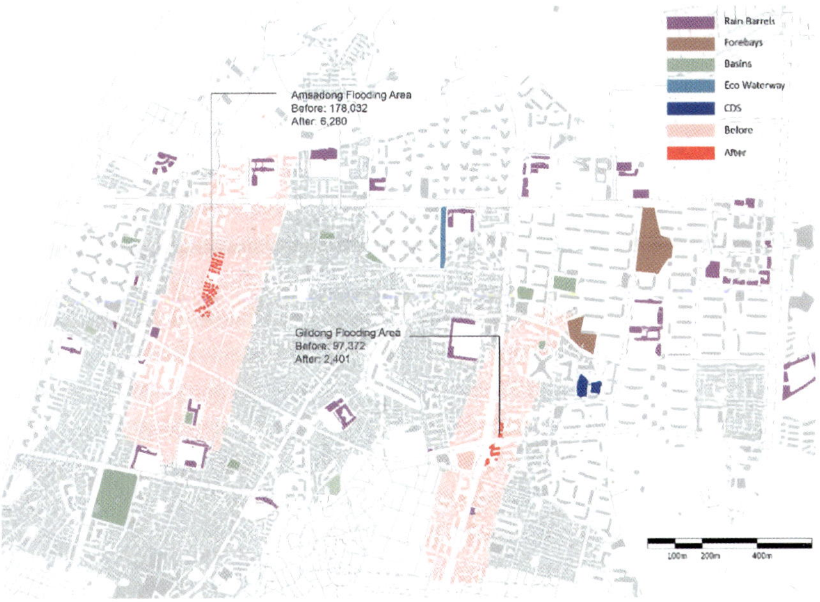

그림 1-9. 도시학의 이해 (Choi et al., 2021)

② 경제학(Economics)

전통적인 경제학은 상품의 생산과 유통 소비 등의 과정에서 발생하는 경제적 이익 혹은 인과 관계를 규명하는 학문이다. 하지만, 본 저서에서 다루고 있는 경제학의 개념은 도시경제학에 가까운 의미로, 경제학적으로 도시문제와 환경문제를 접근하고 이에 대한 정책적/연구적 대안을 제시하는 것이다. 또한, 사회이론과 계획이론의 관점에서 이론적 뒷받침을 마련하는데 초점을 맞추고 있다. 도시경제학은 그린인프라를 평가하는 가장 중요한 학문이 될 수 있으며, 미래의 그린인프라 정책과 청사진 제안에 지표가 될 수 있다.

③ 인문학과 사회학(Humanities and Sociology)

인문학은 인간의 근본적인 문제를 해결하고자 하는 종합적인 학문을 뜻한다. 인간은 궁극적으로 삶의 질(QoL)을 향상시키고자 하는 욕구와 자기표현 능력을 보유하고 있다. 도시와 그린인프라의 조성 역시 인문학적인 관점에서 바라봤을 때, 인간 삶의 질을 높이고자 하는 종합적인 노력의 일환이다. 사회학은 사회와 인간의 사회적 행위를 연구하는 학문이며, 사회 네트워크를 분석하거나 철학적인 방법으로 우리 삶을 분석할 수 있다.

3) 응용과학(Applied Sciences)

응용과학은 자연과학과 사회과학의 내용을 인간에게 접목하여 인간의 삶을 윤택하게하는 학문이다. 공학, 건축학, 경영학, 컴퓨터공학 등이 그린인프라공학과 밀접한 관계가 있으며, 농학과 수산학, 임학이 직·간접적으로 영향을 줄 수 있다.

① 토목공학(Civil Engineering)

인간의 문명 시작과 함께 발달한 토목공학은 인류 역사상 가장 오랜 학문 중 하나로 일컬어진다. 토목공학의 영문명은 Civil Engineering으로 시민을 위한 공학이라는 뜻이며, 국내에서는 흙과 나무로 만든 기반 시설들을 총칭한다는 의미로 시작되었다. 토목공학은 단순히 교량을 건설하고 건축물의 기초공사 등을 뜻하는 것이 아니라, 상하수도, 하수처리시설, 환경 분야 등의 모든 학문이 포함된다. 최근의 토목공학은 홍수, 가뭄, 폭염, 바람, 지진 등 우리 사회에 미치는 영향을 종합적으로 분석하여 이를 방재하고자 노력하고 있으며, 사회의 변화에 따라 그 영역 또한 확장되거나 축소된다. 최근의 토목공학 분야는 그린인프라공학과 접목되는 모습을 자주 볼 수 있으며, 상하수도, 수처리시설 등 그레이 인프라와 그린인프라공학의 연계는 두 시설의 기능을 보완하고 상호작용할 수 있는 좋은 수단으로 사용된다. 즉, 토목공학의 올바른 이해와 이를 연계하려는 노력이 필요하다. 아래 그림 1-10은 컴퓨터공학, 토목공학, 그린인프라공학을 접목시킨 좋은 사례이다.

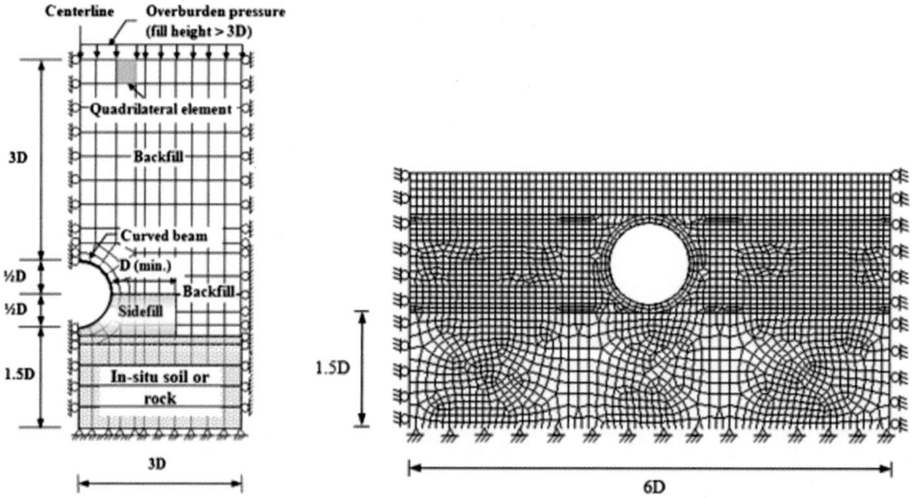

그림 1-10. 토목공학의 이해 (Kang et al., 2013)

② 컴퓨터 공학(Computer Science and Engineering)

컴퓨터 공학은 알고리즘, 계산 및 정보에 대한 이론적 연구부터 하드웨어, 소프트웨어의 계산 시스템 구현 등 다양하게 정의될 수 있다. 크게 논리학, 수학, 통계학, 시스템공학, 생성문법 등으로 나눌 수 있는데, 최근 그린인프라공학과 관련하여 많이 사용되는 응용분야는 '전산학'과 '유체역학'을 접목한 '전산유체역학(CFD, Computational Fluid Dynamics)'으로 그린인프라의 도시열섬 완화효과, 홍수저감 효과 등을 해석하기 위해서 많이 사용된다. 과거에는 단 하나의 구조체 단위에서 이루어졌던 시스템 모사가, 현재는 컴퓨터의 발전과 함께 공간, 도시, 전 지구적 단위에서 분석이 가능하게 된 것이다. 수문 분야에서는 미국 환경청(EPA, Environmental Protection Agency)에서 개발한 Storm Water Management Model 이 있으며, 도시 내의 유출을 모의할 수 있는 종합적인 모델로 평가받고 있다.

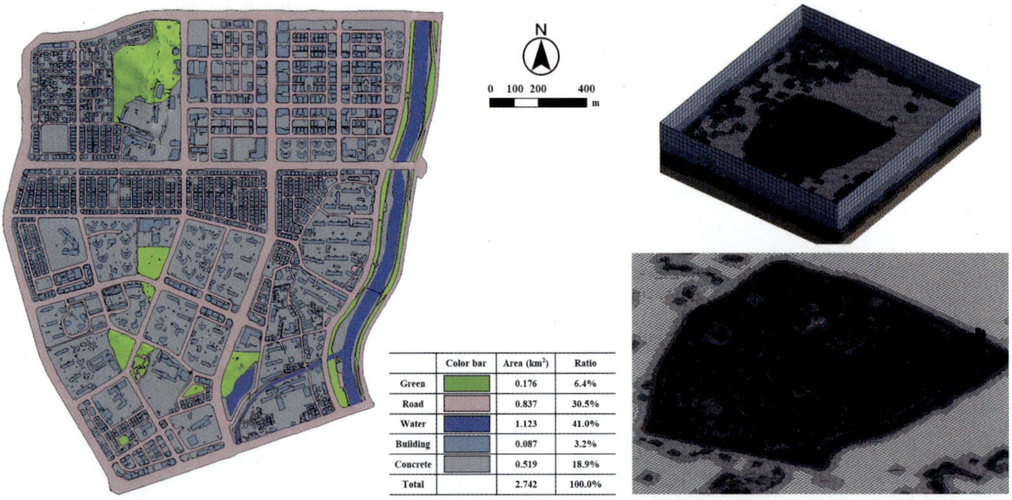

	Color bar	Area (km^2)	Ratio
Green		0.176	6.4%
Road		0.837	30.5%
Water		1.123	41.0%
Building		0.087	3.2%
Concrete		0.519	18.9%
Total		2.742	100.0%

그림 1-11. 전산유체역학(CFD)을 활용한 그린인프라 분석

③ 건축학

건축학은 동양과 서양 각각의 문화와 생활 양식에 따라서 독자적으로 발전하였으며, 건축물은 전통적인 한옥부터 현대적인 고층 빌딩까지 다양한 양식을 보인다. 건축학의 세부 분야로는 건축 디자인과 이론, 지속가능 건축(LEED 및 녹색 건축), 환경 시스템, 건축 구조공학, 건축사, 실내 건축 및 디자인 등 다양하게 구분할 수 있다. 최근에는 신기술과 디지털 도구, 건설 방법론에 초점을 맞춘 BIM (Building Information Modeling), AR (Augmented Reality), VR (Virtual Reality) 등이 활용되고 있다. 이러한 상세 분야들은 상호 연결되어 있으며, 복잡한 건축환경을 해결하기 위해 통합적으로 접근할 수 있다. 건축학은 건물과 구조물의 설계, 건설에 초점을 두고, 자연환경과의 통합을 추구한다는 점에서 그린인프라공학과 밀접한 연계가 있다. 최근 생태모방(Bio inspiration) 기법을 활용한 녹색건축 등에서는 그린인프라의 설계를 더욱 중요하게 생각하고 있으며, 에너지 효율, 물 관리, 자연광 활용 등을 통해 환경 영향을 최소화한다. 도시열섬 효과 완화와 생물 다양성 증진 등 환경적 이점을 함께 공유한다는 점에서 그린인프라 공학과 공통의 목표를 가진다.

④ 산림학

산림학은 산림 생태계의 보전과 지속가능한 관리에 중점을 두고 있으며, 산림 복원·산림 공학·산림 병해충 학·산림 휴양 및 경제적 가치 창출에도 관심을 가진다. 산림학은 산림의 생태학적, 경제적, 사회적 중요성을 강조하고 있으며, 전통적으로 목재 및 비목재 산림 제품의 생산도 주된 관심사였다. 최근에는 탄소흡수원 등의 중요성이 강조되면서 산림의 탄소 흡수 능력과 이를 통한 거시적·미시적 환경 관계를 규명하기에 이르렀다. 우리가 학습하는 그린인프라 공학은 산림 생태계, 자원과 도시계획을 통합한다는 점에서 그 관계가 매우 깊다. 특히, 우리나라처럼 산림의 비율이 많은 국가의 경우, 산림 생태계가 도시 공간에서 미기후를 조절하는데도 큰 역할을 수행한다. 도시 숲, 공원, 녹지 공간 등 그린인프라 공학에서 다루는 대부분의 생태계 서비스는 산림학의 원리에 바탕하여 도시 환경질을 향상시키는데 기여한다.

4절 그린인프라공학과 지속가능성

1) 그린인프라공학의 개념

그린인프라공학은 과학, 공학 및 미학에 근거하여 최적의 그린인프라 시스템을 구축하는 기초 및 응용학문이다. 그린인프라공학은 지속가능한 사회 환경·시스템 보존 및 솔루션 제안을 위해, 자연 시스템과 공학적 원리 및 기술을 통합한다. 또한, 재난재해 등으로부터 회복가능성을 향상시키고 자연의 재생능력과 시스템을 복원하며, 이를 위한 설계 관리 기법을 포함한다.

그린인프라 공학은 기존의 그린인프라 요소 뿐만 아니라, 그레이 인프라, 스마트 인프라, 블루 인프라가 가지는 기능을 정량적으로 평가하며, 사회 내에서 최적화된 시스템을 찾기 위한 노력을 수반한다. 그린인프라공학은 지속가능한 환경 구축을 위한 핵심 전략이자 인류의 가치보존을 위한 가장 핵심적인 방법론이라 할 수 있다.

그린인프라 공학이 필요한 근본적인 이유는 두 가지로 나눌 수 있는데, 첫 번째는 그린인프라의 공학적 접근을 통해서 인간의 건강, 복지, 삶의 질을 근본적으로 개선할 수 있기 때문이다. 두 번째는 기후위기 등 환경문제가 심각화되고 있는 이 시점에서, 후손세대에게 최선의 환경을 제공할 수 있는 가장 체계적인 방법론이기 때문이다.

그린인프라공학의 핵심 가치는 3절에서 언급한 자연과학·사회과학·응용과학과 4차산업혁명 기술 요소를 접목한 근거 기반의 통합설계, 모델구축 및 실용화이다.

2) 지속가능성의 개념

지속가능성은 인류와 글로벌 사회가 지향하는 최우선순위의 목표이자 해결해야 할 난제이다. 지속가능성은 미래에 변화할 수 있는 불확실성을 염두하고, 현재에 가지고 있는 자연 환경적 가치를 미래세대에게 전승하는 것이다. 즉, 미래세대의 풍요로운 삶과 환경적 기본권 보호를 충족하면서 현세대의 욕구를 만족시킬 수 있는 공공의 행복을 추구하는 것이다.

UN에서는 지속가능한 발전을 위해서 인류가 공통적으로 이행해야 할 청사진을 공유하고 있다. 2015년에 개최된 지속 가능한 개발을 위한 2030 의제에서는 현재와 미래의 사람, 지구 전체를 위한 17개의 목표(SDGs, Sustainable Development Goals)가 제안되었다. 기후변화에 적극적으로 대응할 수 있는 목표이며, 기후변화에서 기인하는 빈곤과 기타 박탈을 개선하고자 하는 노력을 뜻한다.

1992년 6월 브라질 리우데자네이루에서 열린 지구정상회담에서는 178개국 이상의 대상국들이 인간의 삶을 개선하고 환경을 보호하는 글로벌 파트너십 구축을 위해 포괄적인 행동 계획인 Agenda 21을 채택하였다. 2000년에는 Agenda 21을 정교화하여 밀레니엄 개발 목표(MDGs, Millennium Development Goals)를 채택하였다. 2015년 1월 총회에서는 Post-2015 개발 의제에 대한 논의를 시작하였으며, 2015년 9월 UN 지속가능발전 정상회담에서 17개의 SDG를 중심으로 하는 지속가능발전을 위한 2030 의제를 채택하였다. UN SDGs에서는 물, 에너지, 기후, 해양, 도시화를 포함한 지원과 역량 제고를 강조한다(그림 1-11).

그림 1-12. UN 지속가능발전목표(SDGs) (https://sdgs.un.org/goals)

3) 지속가능성과 그린인프라

본 장에서는 UN이 제안한 17개의 지속가능개발 목표 중 그린인프라와 관련된 몇 가지 항목에 대해서 고찰한다(그림 1-12).

① Goal 11. 안전하고 복원력 있는 지속가능한 도시와 인간거주 (Make Cities and Human Settlements Inclusive, Safe, Resilient and Sustainable)

11번 지속가능 목표는 그린인프라공학과 지속가능성의 관계를 가장 잘 보여주는 항목이다. 크게 네 가지의 항목으로 구분되어 있으며, 이는 재해위험감소(Disaster Risk Reduction), 지속가능한 운송(Sustainable Transport), 지속가능한 도시와 인간 정착(Sustainable Cities and Human Settlements), 국가 전략 및 SDG 통합(National Strategies and SDG Integration)이다.

재해위험 감소 분야를 살펴보았을 때, 유엔 지속가능발전 정상회의(UNCSD, UN Comission on Sustainable Development)는 2004-2005년에 물, 위생 및 인간 정주라는 주제로 위험관리 및 취약성을 다루었으며, 2006-2007년에는 가뭄 및 사막화를 다루었다. 2015년 3월 18일 일본 센다이에서 열린 제3차 유엔 재난위험 경감 세계회의에서는 재해 위험 감소를 위해서 4가지의 목표(① 재해위험의 이해 ② 재해 위험관리를 위한 재해위험 거버넌스 강화 ③ 회복탄력성을 위한 재난 감소 투자 ④ 효과적인 대응과 복구·재활)를 설정하였다.

지속가능한 도시와 인간 정착 분야는 도시와 도시 개발에 대한 독립적인 목표로, "도시와 인간 거주지를 포용적이고 안전하며, 회복력있고, 지속가능하게 만들기"라는 슬로건을 세우고 있다. 총 8가지의 주제를 포함하고 있으며, ① 모두를 위한 적절한 쉼터 제공 ② 인간 정주 관리 개선 ③ 지속 가능한 토지 이용 계획 ④ 물, 위생, 배수 및 폐기물 관리와 같은 환경 인프라의 통합 ⑤ 인간 주거지에서 지속 가능한 에너지 및 운송 시스템 촉진 ⑥ 재난 취약 지역에서 인간 정주 계획 및 관리 ⑦ 지속 가능한 건설 산업 활동 촉진 ⑧ 인간 주거환경 개발을 위한 인적자원 및 역량 구축 촉진이다.

그린인프라의 적절한 계획과 설계, 근거기반의 접근은 UN에서 목표로 하는 "지속가능한 도시와 인간거주"를 이루기 위한 핵심요소 중 하나로, 미래세대를 견인하는 종합적인 대책으로 주목받고 있다. 특히 Goal 11-7에서는 안전하고 포용적인 녹색 및 공공 공간에 대한 마련을 촉구하고 있는데, 여성과 어린이, 노인과 장애인에게 안전한 공간을 제공하는 주요 수단 중 하나로 그린 스페이스를 강조하고 있다. 또한, 더 나은 공공 공간의 마련에 기여하기 위해서 커뮤니티 단위의 협조와 도시재생 등의 아이디어를 제안한다.

② Goal 6. 모두를 위한 물과 위생의 가용성 및 지속가능한 관리 보장 (Ensure availability and sustainable management of water and sanitation for all)

물과 위생은 지속가능성 목표 17가지 중에서 핵심적인 내용이며, 빈곤 감소와 경제성장, 환경의 지속가능성을 뒷받침하는 핵심 요소 중 하나이다. 최근에는 기후변화와 오염 등 전 세계 지역에서 심각한 물 환경, 물 순환의 불균형이 일어났기에 지속가능개발 목표가 집중적으로 다루어지는 주제이다.

2000년 밀레니엄 개발 선언(Millennium Development Declaration)에서는 2015년까지 안전한 식수에 접근할 수 없는 사람들의 비율과 기본적인 위생 시설에 접근할 수 없는 사람들의 비율을 절반 수준으로 줄이는 것을 목표로 하였다. 2003년에는 수자원과 위생 문제에 관한 UN 기관 및 국제기구의 노력을 조정하기 위해서, 담수 및 위생에 관련된 독립 기구인 UN-Water를 설립하였다. 2016년 12월에는 물과 관련된 목표를 달성하기 위해 "지속가능한 개발을 위한 물"이라는 결의안을 채택하였다. 물 및 위생과 관련된 관리의 패러다임은 UN에서 주시하였던 오랜 주제 중 하나였으며, SDGs가 목표로 하는 주요 비전으로 자리매김하였다.

6번 지속가능 목표는 주로 식수와 수질 개선에 초점을 맞추고 있지만, 물의 전 주기적 순환과 지자체 및 커뮤니티 단위의 참여를 장려한다는 점에서 그린인프라와 밀접한 관계를 가진다. Goal 6.6은 산, 숲, 습지, 하천, 대수층, 호수 등 물과 관련된 생태계보호 및 복원을 목표로 하고 있으며, 도시 및 자연 생태계에서 시간 경과에 따른 물 관련 생태계 범위 변화를 기대한다. Goal 6.b에서는 물과 위생 관리 개선에 대한 지역사회의 참여를 지원하고 강화하고 있으며, 그린인프라 등 지자체 주도의 활동 및 프로그램 지원을 통해서 개발도상국의 국제협력 및 역량 강화를 확대하고 있는 추세이다.

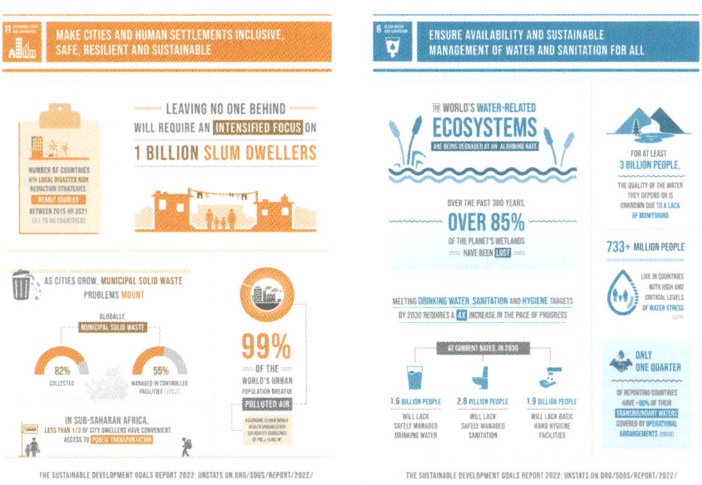

그림 1-13. 그린인프라와 지속가능발전목표(목표 11과 목표 6)

③ Goal 13. 기후변화에 대처하기 위한 긴급조치 (Take Urgent Action to Combat Climate Change and its Impacts)

지속 가능한 개발을 위한 2030 의제는 지구의 온실가스 배출 감소를 가속화하고 기후변화의 악영향에 대한 적응 문제를 해결하기 위한 국제협력을 요구하고 있다. 기후변화와 관련된 글로벌 목표는 2020년까지 전 세계 연간 온실가스 배출량을 완화하고, 산업화 이전 수준보다 1.5℃에서 2℃ 사이의 지구 평균 온도 상승을 유지하는 것을 목표로 한다(Hansen et al., 2005; Hansen et al., 2019). 기후변화에 대처하기 위한 긴급조치 목표와 연관된 항목들은 ① 대기(Atmosphere) ② 기후 행동과 시너지 효과(Climate Action and Synergies) ③ 개발도상국과 소규모 섬(Small Island Developing States) ④ 국가 전략 및 SDG 통합 등이 있다.

대기와 관련된 주제를 살펴보았을 때, 대기 중의 온실가스 농도를 안정화하고자 노력하고 있으며, 생태계가 기후변화에 자연적으로 적응할 수 있는 시스템 구축을 목표로 하고 있다. 이에 현재 낮은 수준의 모니터링 스테이션을 개선하고, 위성 사용과 관측 시스템의 고품질 데이터 생성 촉진을 장려한다. 전 지구적 기후변화와 지구의 대기, 육지 및 해양을 모니터링하기 위한 국가적, 지역적 및 국제적 이행 강화를 강조한다. 1996년 4차 회의에서는 대기 보호에 관한 실질적인 논의를 시작하였으며, 2006년에는 대기 및 대기오염을 포함한 주제별 클러스터에 중점을 두어 발전하였다.

그린인프라의 계획과 설계는 기후변화 완화에 적극적으로 개입할 수 있는 탄소배출 및 흡수에 절대적인 역할을 하고 있다. 최근의 그린인프라 계획 및 설계는 앞서 UN에서 언급한 모니터링 시스템, IoT 등을 적극적으로 도입하여 대기의 질을 개선하는데 기여한다. 발전하고 있는 4차 산업혁명요소 활용과 정확한 방법론을 통한 그린인프라 및 환경 변화 요인 규명은 기후변화 사회에 대한 적극적인 대응이라고 할 수 있다.

이처럼 그린인프라는 UN의 SDGs와 지속가능성, 미래사회와 밀접한 연관성을 가지고 있다. 그린인프라는 현재 사회가 이행해야 할 공통의 의무이며, 기후변화에 능동적으로 대응하고 미래세대가 현재의 자원가치를 영위할 수 있도록 만드는 핵심가치이다. 이러한 그린인프라가 보다 효과적으로 활용되기 위해서는 근거 기반의 접근 및 공학적 분석을 통한 계획과 설계가 수반되어야 한다.

5절 그린인프라의 조성사례

1) 미국의 그린인프라 조성사례

① 뉴욕, 센트럴파크(Central Park)

1857년 개장한 미국의 뉴욕 센트럴파크는 근대 공원의 시초이자 그린인프라의 종합적 산물이라고 할 수 있다. 센트럴파크 설계는 근대 및 현대의 환경 및 그린인프라 설계 토대를 마련하였다. 센트럴파크에 포함되어 있는 그린인프라 및 블루인프라, 이를 연계한 네트워크는 도심 속에서 시민들에게 도시 생활로부터 분리된 휴식공간을 제공하고, 도시환경 문제를 완화시켜 준다. 도시의 시민들은 그린인프라 공간을 영위함으로써 신체적, 정신적 건강에 긍정적인 영향을 받으며 산책, 조깅 등의 어메니티 활동을 통해 건강성을 증진시킬 수 있다. 산책로, 야구장, 축구장, 스케이트링크, 동물원, 콘서트 등 다양한 레크레이션 경험도 즐길 수 있다. 연간 4,200만 명의 방문객이 방문하는 미국에서 가장 인기 있는 도시공원 및 그린인프라 공간으로 주목받고 있다.

센트럴파크는 도시에 큰 환경적 이점을 제공한다. 18,000주 이상의 수목이 도시열섬현상을 완화하고, 공기질 개선 효과를 수행한다. 도시 중심부의 843 에이커에 이르는 녹지공간은 200종 이상의 조류를 위한 철새 이동경로 및 중간 기착지를 제공하고 있다(그림 1-14).

그림 1-14. 미국의 그린인프라 사례 - 센트럴 파크

② 뉴욕, 하이라인(High line)

하이라인 파크는 2009년 뉴욕 맨해튼 남서부인 첼시에 문을 연 폐쇄된 고가철도를 활용하여 만든 공원 및 그린인프라 시설이다. 1934년 뉴욕 맨해튼 서부에 위치한 대규모 공업지대의 제품을 수송하기 위해 건설된 서부 수송선은 1950년대 트럭 수송 산업이 성장하며 서서히 수요가 감소하였고, 1980년을 끝으로 철도 운행이 완전히 중단되었다. 이후 철로는 20여 년이 넘도록 방치되었고, 주변 건물주들의 건의로 고가철도가 철거 위기에 처했다. 1999년 하이라인

보전과 공공공간 전환을 위해 시민들이 주축이 된 '하이라인의 친구들(Friends of the High Line)'이라는 비영리조직이 설립되었고, 2004년 뉴욕시는 하이라인 설계공모전을 열어 당선작을 뽑았으며 2006년 하이라인 공원 조성을 시작하였다.

뉴욕시와 '하이라인 친구들'은 기존에 있던 고가철도의 모습을 아예 지워버리는 대신, 철도의 기본 골격은 유지하면서 주변의 건축물이나 전망과 잘 어울릴 수 있도록 재생 프로젝트를 진행했으며, 덕분에 그린인프라와 인공물, 옛것과 새것이 혼재된 독특한 분위기를 갖추게 되었다. 하이라인 파크에는 15개 이상의 개별 식재 구역과 110,000주의 식물이 있다. 하이라인 공원에 있는 식물들은 절반 이상이 토착종으로 구성되어, 도심 내 생태계 보존을 위한 최선의 노력과 조치로 평가받고 있다. 기차운행이 중단된 동안 철도에 자연적으로 자라난 식물들을 이용해 공원을 구성하여 식물들이 자연적으로 가뭄에 잘 견디는 등 관리가 쉽다. 또한, 이는 벌과 나비와 같은 꽃가루 매개자와 야생 동물들을 위한 서식지를 제공한다(그림 1-15).

그림 1-15. 미국의 그린인프라 사례 - 하이라인

③ 보스턴 및 Massachusetts Institute of Technology, Stata Center

보스턴에 소재한 MIT 공과대학(Massachusetts Institute of Technology)의 Stata Center는 자연채광을 최적화하고, 모듈식 전기 시스템, 친환경 공조 시스템을 일찍이 도입한 선행 사례 중 하나이다(그림 1-16). Stata Center는 크게 William H. Gates 건물과 Alexander Dreyfoos 건물 두 개로 이루어져 있는데, ㄷ 모양을 이루어 위요된 공간을 조성하고 있다.

Stata Center는 그린인프라를 적극적으로 도입한 좋은 사례 중 하나로, 빗물을 모을 수 있는 생태 저류조 공간을 마련하고 있다. 평시에는 건조상태의 표면을 유지하지만, 우기시에는 인접한 건물의 지붕에서 집수된 물을 이송 및 저류하여 지하 생태저류조에 저장한다. 이 물은 식재와 쇄석을 통해서 여과된 후, 건물 내부의 물탱크로 보내져 변기 세척(중수도 역할) 및 도시 주요 배수 시스템으로 수송된다.

해당 시설의 지하공간에는 약 190 t의 빗물을 저장할 수 있는 저장시설이 마련되어 있으며, 만수시에는 Stata 건물 화장실의 물을 일주일 동안 쓸 수 있는 정도의 양이다. 이곳에서 수집되는 빗물은 화학적인 물질을 활용하지 않으며, 바이오필터 습지에서 자연적으로 물을 정제시킨다. 오염물질은 빗물이 식물, 토양 입자와 상호작용하면서 제거되고, 그 후에는 천연 필터를 통해 통과된다. 식물에게 수분을 공급하거나 중수도 활용을 위해서 사용되는 펌프는 태양전지판으로 자동 구동된다.

그림 1-16. 미국의 그린인프라 사례 - MIT Stata Center

이외에도 보스턴 지역에서는 부분적으로 그린인프라 시설을 확인할 수 있다. 가장 대표적인 사례로 보행로와 가로변 지역을 활용한 빗물정원 등이 있다(그림 1-17). 우기시에 차도변에서 흐르는 물을 경사로를 활용하여 식물 및 그린인프라 시설로 유입시키는 역할을 한다. 빗물의 유출을 감소시키고 도시홍수를 방지하는데 큰 도움을 줄 수 있다. 또한, 얇은 토심층을 활용한 투수성 포장(Permeable Pavement)을 설치 하였는데, 이는 불투수면적을 완화하고 빗물을 지하수로 침투할 수 있게 도와준다.

그림 1-17. 미국의 그린인프라 사례 - 스턴의 빗물정원

④ Alabama ALOAS 및 Auburn University

Alabama 주는 LID 및 그린인프라를 도입하고 있는 대표적인 지역 중 하나로 ALOAS 프로젝트를 수행하고 있다. ALOAS는 The City of Auburn, Lee County, The City of Opelika, Auburn University, The City of Smiths Station 다섯 개 그룹의 파트너십으로, 시민과 커뮤니티 단위에서 시작된 Bottom-up 형식의 자발적인 그룹이다. ALOAS 프로젝트는 물의 순환, 화학적, 물리적, 생물학적 무결성을 보호, 유지, 복원하려는 목적을 가지고 있다.

크게 시민참여(Community Involvement), 식생체류지(Bioretention-cell), 투수성포장(Permeable Pavement), 빗물 경작(Rainwater Harvesting), 빗물정원(Rain Garden), 물길복원(Stream Restoration) 등의 활동 및 시설을 활용하여 빗물 관리에 최우선을 두고 있다. ALOAS 프로젝트의 다섯가지 참여기관 중 Auburn University에 대해서 조금 더 알아보자.

Auburn University는 Alabama의 기후 특성을 최대한 반영할 수 있는 캠퍼스 조성에 힘쓰고 있다. Auburn University 내에는 옥상정원, 침투성 수로, 빗물 정원 등의 시설을 쉽게 관찰할 수 있다. Alabama는 온대 습윤 기후로 연중 많은 강우가 내리는데, 이를 처리할 수 있는 친환경적 그린인프라 시설들을 적극적으로 도입하고 있는 것이다. Auburn Universtiy에 설치된 옥상정원과 침투수로에 대해서 간략히 학습한다.

그림 1-18. 미국의 그린인프라 사례 - Auburn University Horton Hardgrave Hall 옥상정원

Auburn University의 경영대학의 건물 중 하나인 Horton-Hardgrave Hall에는 알라바마 최대의 옥상정원이 설치되어 있다(그림 1-18). 이 옥상정원은 자생종과 훌륭한 경관의 식물들이 식재되어 있고, 약 4,000 m^{2}의 정원이 설치되어 있다. 우수로 관수 시설을 운영하고 있으며, 태양광 에너지를 활용한 냉방 장치를 운영하여, 시민 및 학생들에게 휴게공간을 제공하고 있다. 집수된 우수는 빗물이 관거로 유입되는 시간을 연장시킬 수 있으며, 도시의 열섬효과 저감에 획기적으로 작용하고 있다.

그림 1-19. 미국의 그린인프라 사례 - Auburn University 야외공간 Infiltration Swales

Auburn University에서 조성하고 있는 수로(Swale) 형태의 그린인프라 시설물들은 U.S. EPA에서 지원하고 분류하고 있는 개념보다 더 상세한 형태의 시설물들을 정의한다(그림 1-19)(Alabama Cooperative Extension System. 2016). 크게 Grassed Swales (GS), Infiltration Swales (IS), 그리고 Wet Swales (WS)로 구분하고 있다. Auburn University에서는 그림 1-18과 같이 Infiltration Trench와 Swale을 결합한 형태의 시설물들을 많이 발견할 수 있다. Infiltration Trench를 응용한 시설물들은 큰 돌을 토양 표면에 배치함으로, 침식되는 흙의 유실을 막을 수 있고, 초화류와 어우러져 경과적으로도 더 아름다운 모습을 형성한다. 그림 1-19 하기와 같은 그림은 그레이 인프라와 그린 인프라를 연계한 모습인데, 이는 우수를 유입하거나 하수관거에서 넘치는 월류 우수를 처리하는 역할을 수행한다. 즉, 그레이 인프라와 그린 인프라를 연계하여 두 시설의 장단점을 상호보완한 좋은 사례라고 할 수 있다.

⑤ Georgia 주 및 Georgia Institute of Technology

Georgia 주는 도시 전체가 그린인프라로 보행공간 및 녹지공간을 조성했다고 해도 과언이 아닐정도로, 많은 시설들을 찾아볼 수 있다. 특히 Georgia 주에 위치한 Atlanta 시의 경우, 2013년에 Storm Water Management를 위한 조례를 설치하고, City of Atlanta Department of Watershed Management를 설치하여 빗물관리를 위한 전담 조직을 운영하고 있다(그림 1-20). 2013년 채택된 Post-Development Stormwater Management Ordiance는 상업시설, 단독주택 등 모든 범위에 적용되며, 개발되는 대지면적에 약 1inch 이상의 빗물을 처리할 수 있는 공간 확보를 요구하고 있다. 조례가 설치된 후로 현재까지 약 5,200개의 추가적인 시설이 설치되었다.

그림 1-20. 미국의 그린인프라 사례 - City of Atlanta Green Infrastructure Program

City of Atlanta Department of Watershed Management에서 제공하고 있는 대표적인 Green Infrastructure의 사례로 Atlanata 동쪽에 위치한 관광명소 Ponce City Market을 예로 들 수 있다. Ponce City Market은 지속가능성(Sustainability)을 강조하고 있는 커뮤니티 공간이자, 상업시설이다. Ponce City Market의 위치는 산책로-놀이공원-Atlanta City Hall로 이어지는 유구한 역사를 자랑하고 있으며, 2010년에 들어서야 현재의 모습을 갖추고 있다.

Ponce City Market은 지속가능성을 통합하기 위해 개발과정에서 수천 톤의 재료를 재활용하거나 재사용하여 건설에 필요한 에너지를 절약하였다. 또한, 현재는 자전거 시설 / 에너지 절약형 LED 조명 / HVAC 시스템 / 거주자 실내 공기질 평가 등 미시적인 측면부터 거시적인 측면까지 지속가능성을 갖추기 위한 노력을 다각도로 펼치고 있다.

이중에서도 그린인프라는 Ponce City Market이 지향하는 핵심 가치 중 하나인데, 옥상정원과 루프탑 테라스 등의 시설을 포함하고 있다(그림 1-21). 도시열섬을 줄이기 위한 옥상정원의 식재는 자생종을 적극적으로 도입하였으며, 빗물을 회수하여 옥상정원의 빗물을 관개하는 모습을 확인할 수 있다. 또한, 상수도 활용을 줄이기 위해서 고효율 배관을 분리형으로 사용하고 있으며, 음용수 사용을 최대한 절약하고 있다. 바로 인접해있는 725 Ponce의 빌딩에서도 넓은 옥상정원을 설치해둔 것을 관찰할 수 있다.

그림 1-21. 미국의 그린인프라 사례 - Ponce City Market

다음 사례로는 Georgia Institute of Technology (이하 Georgia Tech)에 위치한 그린인프라 사례를 찾아볼 수 있다. Georgia Tech은 캠퍼스의 토지 피복도 및 빗물 관리 상황을 1950년대 수준으로 복구하는 것을 목표로 하고 있다. 이를 위해서 LEED 평가 지표를 적극적으로 도입하고 있으며, 수조, 침투 시스템, 빗물 정원, 녹색 지붕 등이 설치가 되어 있다.

Glibert Library와 연결하여 건설된 Clough Learning Undergraduate Commons (CLUC)의 경우 약 20,000 m^2의 옥상정원을 건설하여 지속가능성을 향상하고 있다(그림 1-21). Klaus Atrium Plaza를 잇는 보행로에는 투수성 포장을 넓게 형성하였고, 벽돌 포장재와, 슬레이트, 모레 등을 활용한 독특한 Layer를 형성하고 있다. 캠퍼스 전체의 빗물을 집수할 수 있는 약 5백만 리터의 빗물을 집수할 수 있는 공간과 펌프가 설치되어 있다. Auburn University에도 설치된 침투성수로(Infiltration Swale) 등의 시설이 그레이 인프라와 연결된 모습도 쉽게 찾아볼 수 있다.

그림 1-22. 미국의 그린인프라 사례 - Georgia Institute of Technology CLUC Center와 옥외공간

이외에도 조지아 주의 City of Suwanee에서도 빗물 관리를 위한 물관리 계획을 수립하고 있으며, 빗물과 관련된 공교육 시스템을 제공하고 있다(그림 1-22). 시에서는 주와 별도로 Municipal Seperate Storm Sewer System (MS4)를 운영하고 있으며, 이 활동에는 감시, 수질 테스트, 모니터링, 계획 등이 포함되어 있다. 주거단지에는 생활단지의 하수도를 통해서 배출되는 물을 저류할 수 있는 생태저류조가 설치되어 있고, 가정집에서는 그린인프라로 직접 연결되는 우수관(Rain Gutter)을 쉽게 찾아볼 수 있다. 이외에도 그린인프라를 접목한 플랜터형 벤치 등 소규모 단위의 벤치 등을 확인할 수 있다.

그림 1-23. 미국의 그린인프라 사례 - Suwanee, Georgia

2) 유럽의 그린인프라 조성 사례

① 독일 슈투트가르트(Stuttgart)

슈투트가르트(Stuttgart)는 독일 남부에 위치한 도시로, 옥상녹화에 매우 선도적인 지역이며 대기질 및 열환경 개선을 위해 바람길을 처음 도입한 곳이다(그림 1-24). 도시 건물들의 평평한 지붕에는 거의 모든 면적에 식물이 식재되어 있으며, 대부분의 시내 상업시설에도 옥상녹화가 조성되어있다. 1985년 슈투트가르트는 독일에서 최초로 지방개발계획에 옥상녹화를 포함시켰으며, 86년부터 지속적으로 옥상녹화에 대한 인센티브를 지급하여 면적의 60%가 녹색이 유지되도록 했다. 이를 통해 슈투트가르트는 지속 가능한 도시 개발을 추구하면서도 자연과 도시의 조화를 이루는 모범 사례로 인정받고 있다.

그림 1-24. 유럽의 그린인프라 - 슈투트가르트 옥상정원 (출처 : Sampyo)

슈투트가르트는 '그린-U 프로젝트'를 통해 도시의 환경생태 발전을 추진하고 있다. 이 프로젝트는 도시 전체를 14개의 환경생태 공원으로 구분하여 녹지 기능과 휴양 기능을 네트워크화하는 것을 목표로 하고 있다. 그린-U는 바트, 훼언공원, 킬레스베르그, 로젠스타인 공원, 빌라베르그, 운터르 공원, 오베르 공원으로 이어지는 녹지축으로 형성되어 있으며, 이는 국제 정원박람회를 통해 조성되었다.

슈투트가르트는 도심으로부터 신선한 산림 공기를 유도하기 위해 폭 150 m의 녹지를 조성하였다. 시민들이 약 3시간 동안 도로를 건너지 않고도 도심 공원과 녹지를 걸을 수 있는 환경을 마련하였다. 도시 전체의 녹지 비율은 50%로, 개인 정원을 매입하여 녹지를 확대하고 공공건물의 옥상을 녹화하는 것을 의무화하였다. 또한, 개인 건물의 녹화 비용의 절반을 시에서 지원하고 있다. 이러한 녹지 조성과 환경 개선 노력으로 슈투트가르트 시민들의 90%가 이 도시에서 계속해서 살고자 하는 의사를 가지고 있으며, 시정목표는 시민들이 더욱 편안하게 살 수 있는 환경을 조성하는 데에 있다.

② 독일 뒤스부르크 공원(Duisburg Landschafts park)

뒤스부르크 공원은 도시공원 및 그린인프라 시설로서 많은 사람들에게 즐거운 휴식과 여가 활동의 장소로서 인기를 끌고 있다. 이 공원은 베를린에서 약 5.5 km 떨어진 곳에 위치하며 넓은 1.8 km^2의 면적과 다양한 시설을 갖추고 있다(그림 1-25).

뒤스부르크 공원은 과거에는 뒤스부르크-마이데리히 강철공장으로 사용되었던 산업 유산지이다. 이 강철공장은 1901년에 건설되었고, 제2차 세계대전 이후 1985년에 폐쇄되었다. 그러나 이후에는 이 지역이 도시 재생 및 산업유산 보존을 위한 프로젝트의 일환으로 선택되었다. 공원은 1990년대 중반부터 개발이 시작되었으며, 건축가 Peter Latz가 주도하여 계획되었다. 이 프로젝트의 목표는 산업유산을 보존하면서 도시 공간을 재생하여 인구에게 공공 공간을 제공하는 것이었다. 이에 따라 공장 건물, 용광로, 가스기지 등의 기존 산업 시설물을 철거하지 않고 보존하여 재활용하는 방식을 채용했다. 이렇게 보존된 산업 시설물은 뒤스부르크 공원 내에서 다양한 용도로 활용되고 있다. 예를 들어, 주조장은 고가 미로 및 클라이밍 공간으로 개조되었고, 가스기지는 유럽 최대의 실내 다이빙장으로 변환되었다. 또한, 폐쇄된 용광로는 전망 탑으로 활용되어 그린인프라의 전경을 감상할 수 있게 되었다.

그림 1-25. 유럽의 그린인프라 - Duisburg Landschafts park (출처: nrw-tourism)

③ 네덜란드 우트레흐트(Utrecht)

우트레흐트는 모든 지붕에 식물과 이끼로 '녹화'하거나 태양광 패널을 설치하는 계획을 진행 중이다(그림 1-26). 이러한 녹화 및 재생 에너지 프로젝트는 도시의 지속 가능한 개발을 촉진하고자 하는 노력의 일환으로 이루어지고 있다. 그 중에서도 주목할 만한 예시는 수직 숲 타

워이다. 이 건물은 우트레흐트 기차역 주변에 위치하며, 외벽에는 10,000개의 식물이 심겨져 360그루의 교목과 9,640그루의 관목과 꽃이 식재되어 있다. 이는 10,000 m^{2}에 해당하는 면적으로, 녹화된 도시 중심부에 자리 잡은 약 91 m 높이의 우트레흐트 수직 숲은 200개의 아파트로 구성되어 있다. 이곳의 외벽, 지붕 및 발코니에는 뉴욕 센트럴파크의 절반 정도에 해당하는 나무와 관목이 심겨질 예정이다.

우트레흐트는 주택 소유자들이 자신의 지붕을 녹화하는 데에도 경제적 지원을 제공한다. 자신의 지붕을 녹화하고자 하는 주택 소유자들은 최대 20,000 유로까지 비용의 50%를 보조금으로 지원받을 수 있다. 이를 통해 도시 전체적으로 녹화된 지붕의 수가 증가하고 있다. 또한, 시정부는 2019년 4월, 316개의 버스 정류장에 녹화된 지붕을 설치하여 미세 먼지를 포집하고 비를 모으며 여름에 시원함을 제공하는 등의 효과를 얻었다. 이 버스 정류장들은 작은 노란 꽃을 피우는 세덤이 심겨져 있어 새, 벌, 나비 등을 유혹한다. 또한, 대나무 벤치가 설치되어 있으며, 에너지 효율이 좋은 LED 조명과 태양광 패널도 장착되어 있는 96개의 정류장이 있다.

그림 1-26. 우트헤르트의 버스정류장과 수직숲 빌딩 (출처: Arch Daily)

④ 이탈리아 밀라노 수직숲(Bosco Verticale)

2014년 10월, 밀라노의 Porta Nuova Isola 지역에서 Hines Italia가 주도한 넓은 개발 프로젝트 중 일환으로 밀라노의 수직숲이 처음으로 설립되었다. 이 수직숲은 80미터와 112미터 높이의 두 개 타워로 구성되어 있으며, 480그루의 큰 나무와 중간 크기의 나무, 300그루의 작은 나무, 11,000여 그루의 다년생 식물 및 덮개식 식물, 그리고 5,000그루의 관목을 가지고 있다. 이는 약 20,000 m^{2}의 숲과 아래 식물군을 구성하는 효과를 지니고 있다. 수직숲은 생물 다양성을 증진시키며, 다양한 식물 종류가 분리된 수직 환경을 조성함으로써 기존 네트워크 안에서도 새와 곤충이 서식할 수 있는 도시 생태계 형성을 촉진한다. 이를 통해 도시의 식물과 동물을 자연스럽게 복원하는 역할을 한다. 식물의 다양성은 이산화탄소와 미세 입자를 흡수하며 산소를 생성하여 방사선과 소음 오염으로부터 보호하는 미기후를 발전시키는 데 도움이 된다. 나무 종류와 위치 분포는 식물학자와 생물학자들과의 3년 간 연구를 통해 이루어졌다. 건물에 사용된 식물들은 발코니에서의 조건과 유사한 환경에 익숙해지기 위해 양식장에서 사전에 재배되었다.

⑤ 덴마크 슈퍼킬른(Superkilen)

슈퍼킬른(Superkilen)은 바야르크 잉겔스 그룹(Bjarke Ingels Group), 슈퍼플렉스(Superflex) 및 토포텍1(Topotek1)이 공동으로 디자인한 공공공간이다. 이 공간은 덴마크의 다양한 인종적 배경과 사회적 도전을 겪고 있는 노레브로(Nørrebro) 지역을 가로지르는 반마일 길이의 도시 공간으로, 2012년 개장되었다. 슈퍼킬른은 노레브로의 주변 지역 주민들과 세계 각지에서 온 다양한 출신민족들로부터 수집된 발견물들을 전시하는 거대한 박람회를 상상하고 실현한 공간이다.

슈퍼킬른은 레드 스퀘어(The Red Square), 블랙 마켓(The Black Market), 그리고 그린 파크(The Green Park)로 구성되어 있다. 레드 스퀘어는 현대적인 도시 생활을 즐길 수 있는 공간으로, 다양한 카페, 음악 공연, 스포츠 시설 등을 제공한다. 블랙 마켓은 분수와 벤치가 있는 클래식한 광장으로, 조용하고 고요한 분위기를 즐길 수 있다. 그린 파크는 소풍이나 스포츠 활동을 즐길 수 있는 공원으로, 반려견과 함께 산책을 즐길 수도 있다.

슈퍼킬른은 전 세계 60개 국가에서 온 다양한 출신민족의 발견물로 가득한 세계적인 박람회를 상상하고 구현한 공간이다. 이 박람회는 미국의 마셀 비치 운동기구부터 이스라엘의 하수도 배출구, 중국의 야자수, 카타르와 러시아의 네온사인 등 다양한 종류의 사물들을 전시한다. 슈퍼킬른은 노레브로 지역의 주민들과 방문객들에게 다양한 경험과 활동을 제공하는 공간으로서, 도시의 다양성과 창의성을 대변하는 중요한 장소이다.

3) 한국의 그린인프라 조성 사례

① 세종시 정부세종청사 옥상정원

정부세종청사의 옥상정원은 세계에서 가장 큰 규모를 자랑하는 옥상정원으로, 15개의 청사 건물을 연결한 전체 길이는 약 3.6 km에 달하며, 면적은 축구장 11개를 합친 크기인 7만 9,194 m^2에 이른다. 이 옥상정원은 세종청사 건축의 중심이 된 중심행정타운 마스터플랜의 이념을 반영하여 "평평함의 도시, 소통하는 도시, 친환경적인 도시"를 실현하기 위해 설계되었다(그림 1-27). 기존의 수직적인 구조에서 벗어나 수평적인 구조의 옥상과 넓은 시야를 조성하여 사람들이 즐길 수 있는 공간을 만들었으며, 이는 조선시대에 성곽을 돌며 성 안을 둘러보는 "순성놀이" 개념을 기반으로 한다.

세종청사 옥상정원에는 식물 187종, 총 108만본이 식재되어 있다. 또한, 허브원 1개소, 약용원 2개소, 유실수·베리원 2개소, 그리고 넝쿨터널 8개소가 마련되어 있다. 식물의 종류에는 교목류 2,302본(둥근소나무 등 40종), 관목류 169,430본(화살나무 등 43종), 지피, 초화류 1,002,120본(구절초 등 135종) 등이 포함되며, 이를 통해 총 1,173,852본의 식물이 옥상정원에 심어져 있다. 이렇게 다양한 수종의 식물이 심어져 있어 계절에 따라 변화하는 아름다운 풍경을 즐길 수 있다.

세종청사 옥상은 약 1 m^2 정도의 흙으로 채워 조경구역을 조성하였으며, 이를 통해 에너지 손실을 차단하여 연간 14억 원의 냉난방 에너지 비용을 절감하는 효과를 얻고 있다. 이외에도 옥상정원에는 기네스 등재 기념비, 세종호수공원, 대통령기록관 등을 한눈에 볼 수 있는 전망대, 대형 태극기 등 다양한 경관이 조성되어 방문객들이 즐길 수 있도록 배려되어 있다. 세종청사 옥상정원은 이러한 매력적인 요소들을 통해 사람들에게 휴식과 문화 체험의 장뿐만 아니라 도시의 생태계와 친환경적인 공간을 제공한다.

그림 1-27. 한국의 그린인프라 사례 - 정부세종청사 옥상정원 (출처: 디지털세종시문화대전)*
*정부세종청사 옥상정원을 관람하고 있는 Georgia Southern University 학생들의 모습을 볼 수 있다.

② 부산 에코델타시티 스마트공원

스마트공원은 부산 에코델타 스마트시티에서 추진되는 프로젝트로서, 도시 안에서 다양한 스마트 기술을 체험할 수 있는 공간을 조성하는 것을 목표로 한다. 이 스마트공원은 도시 문제 해결과 혁신적인 기술들을 일상 생활 속에서 체험할 수 있는 랜드마크로서 역할을 수행한다. 스마트공원은 사람을 중심으로 한 스마트 기술과 도시공원 디자인을 결합하여, 보다 건강한 자연환경을 제공하고 일상에서 스마트 기술을 체감할 수 있는 공간이다.

부산 에코델타 스마트시티 전체면적(219만 m^2)의 약 30%(70만 m^2)를 다양한 혁신 기술을 체험할 수 있는 스마트 공원으로 조성한다. 수변친화, 조류상생, 재해안전, 복합문화, 스마트 커넥팅의 5가지 핵심 전략을 기반으로 도시공원의 차별성을 확보하고 포용적 서비스를 제공한다(그림 1-28).

그림 1-28. 부산 에코델타시티 도시공원 (출처: 국토교통부 부산에코델타 스마트시티 시행계획)

도시 전체 수변공원과 Smart IoT service가 만나 시민의 건강을 지키고, 활동의 안전, 유익한 정보 제공 등을 통해 일상의 편리함을 경험하는 공간으로 AR, VR 기반의 관광콘텐츠를 개발하고 VR 테마파크 등 체험존을 구축한다(그림 1-29).

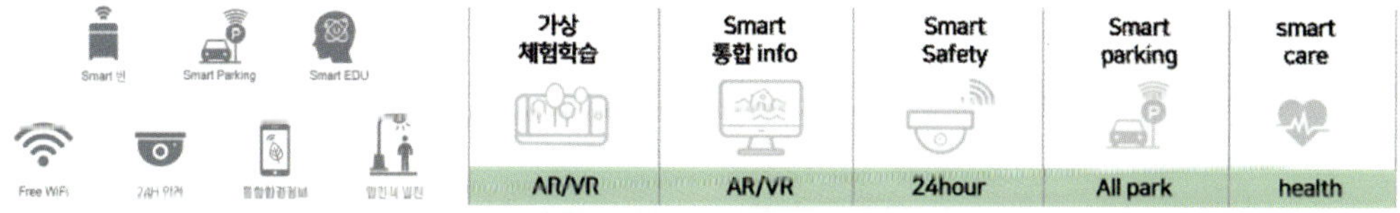

그림 1-29. Smart daily park (출처: 국토교통부 부산에코델타 스마트시티 시행계획)

스마트기술과 디자인을 통해 생태환경의 회복력을 향상시켜 미세먼지를 조절하고, 빗물순환 기능 및 생태계 서비스를 증진한다. 지하공원과 연계하여 이용자(시민, 민간 등) 참여 기반의 창조적 활동 공간으로 상상이 현실이 되고, 스스로 만들며 진화하는 공간을 제공한다.

③ ㈜그린인프라방재센터

그린인프라 방재센터는 기후 변화로 인해 증가하는 강우량으로 인한 집중호우로 발생할 수 있는 피해를 최소화하기 위해 방재기술을 개발하고 사업화하는 기관이다. 이 센터는 국내에 적합한 한국형 Modular 형태의 집중호우 방재시설을 개발하는 것을 목표로 하며, 다양한 실험 시설을 겸비한 방재센터를 구축하는 것을 목표로 하고 있다(그림 1-30).

한국형 Modular 형태의 집중호우 방재시설은 흡수성 아스파트 포장, LID (지표면 유출 제어) 형태, 사방댐, 우수지 등 다양한 요소를 포함한다. 이를 통해 방재시설은 다기능화된 시설로 개발될 수 있다. 특히, 개폐가능한 물방석을 포함한 사방댐은 기존의 버트리스식 사방댐에 우수지 형태의 LID 시설을 접목시켜 다양한 용도로 활용할 수 있다. 이러한 방화용수 시설은 호우로 인한 홍수 피해를 방지하고, 물 확보 및 관리, 그리고 환경 보전 등 다양한 목적으로 활용될 수 있다.

그린인프라 방재센터는 이러한 방재기술의 연구와 개발뿐만 아니라, 사회에 적용 가능한 형태로의 사업화도 추구한다. 이를 위해 기술의 효과적인 전달과 국내외의 이해관계자들과의 협력을 강화하여, 집중호우로 인한 피해를 최소화하고 안전한 환경을 조성하는 데 기여하고자 한다.

그림 1-30. 그린인프라방재센터 저영향개발 기술

④ 선유도공원, 서울

선유도공원은 한강을 되살리기 위한 '새서울우리한강사업'의 일환으로 기획된 공원이다. 이 공원은 서울시가 강북정수장의 증설과 급수계통 변경을 통해 선유도 정수장 시설을 활용하였다. 한강의 문화, 휴식, 관광 명소로 제공하고 동시에 한강의 역사와 생태를 배울 수 있는 환경 친화적인 공원으로 조성하는 계획을 세웠다(그림 1-31).

선유도공원은 예전 서울의 수돗물을 공급했던 선유도 정수장의 시설물을 재활용하여 조성된 생태공원이다. 이를 통해 선유도공원은 과거와 현재의 흔적을 함께 간직하고 있으며, 선유도의 산업화 유산을 최대한 활용하여 공원을 조성하였다. 이는 과거 산업화 과정에서 생긴 흔적들과 환경, 생태의 문제를 결합시킴으로써 시간과 공간을 넘어 풍경의 연속성을 최대한 유지하고 도시 공간의 자연 회복에 대한 희망과 상징성을 담고 있다. 따라서 선유도공원은 21세기 도시 환경 계획의 한 방향을 제시하는 일환으로 평가되고 있다. 선유도공원은 서울과 한강을 최대한 조망할 수 있는 공간으로, 자연 생태와 역사를 최대한 배울 수 있고 다양한 활동을 즐길 수 있는 장소로 알려져 있다. 이를 통해 선유도공원은 도심 속에서 자연과 문화를 최대한 경험할 수 있는 중요한 공간으로 평가받고 있다.

그림 1-31. 선유도공원의 전경 (출처 : 서울의 공원)

⑤ 경의선 숲길 프로젝트, 서울

경의선 숲길은 경의선 상부 유휴부지를 활용하여 서울시가 대규모 녹지 및 시민 휴식공간으로 조성한 프로젝트이다. 이 프로젝트는 한국철도시설공단에서 유휴부지를 무상으로 제공하고 서울시가 457억 원의 공사비를 투입하여 102,008 m^2의 숲길을 조성하는 사업으로 진행되었다. 경의선 숲길은 홍대와 연남동 번화가부터 주택가와 전원주택지를 아우르며, 조선시대의 역사적인 장소인 만리창 등을 한 번에 경험할 수 있는 공간으로 알려져 있다. 이곳은 도심 속에 자연과 역사를 품은 휴식 공간으로, 외국에서도 성공적인 도시재생 사업으로 소개되고 있다. 경의선 숲길은 총 구간 길이가 6.3 km로, 기다란 철길을 따라 수십만 그루의 소나무, 은행나무, 단풍나무, 버드나무, 메타세콰이어, 목련, 벚꽃나무 등 다양한 나무들이 빽빽하게 늘어서 있어 자연의 아름다움을 느낄 수 있다.

경의선 숲길은 여러 구간으로 나누어져 있으며, 각 구간마다 독특한 특징을 가지고 있다. 연남동 구간은 연남사거리에서 홍대입구역까지 이어지며, 은행나무 행렬과 긴 물결 모양의 경관이 아름다움을 더해준다. 와우교 구간은 홍대 앞 와우교부터 서강대역까지의 구간으로, 과거 철길이 남아있는 장소와 철도건널목을 복원한 쉼터가 있어 경의선에 대한 향수를 느낄 수 있다. 신수·대흥·염리동 구간은 마포구 신수동 일대와 대흥동 일대, 염리동 일대로 나뉘어져 있으며, 옛 기억을 간직한 선동물천과 봄철 벚꽃을 감상할 수 있는 공간이다. 새창고개·원효로 구간은 공덕역에서 효창역까지 이어진 구간으로, 구불구불한 고갯길과 전망 테라스, 자연암석 등을 경험할 수 있다. 원효로 구간은 경의선 숲길의 시작점으로, 경의선 철길의 역사와 의미를 느낄 수 있는 곳이다. 경의선 숲길은 도심 속에서 자연과 역사를 만나며 휴식과 여가를 즐길 수 있는 공간으로, 서울 시민들에게 많은 인기를 끌고 있다.

6절 요약

1. 인프라스트럭처는 사회 및 경제 활동의 기반을 형성하는 기초 시설을 의미하며, 전통적으로는 교통망, 공공시설, 공공서비스, 전력망, 상하수도 시설, 건축물 등을 포함하였다. 최근 4차 산업혁명 시대의 도래와 함께 그 개념은 넓어졌으며, 크게 그레이 인프라, 그린 인프라, 블루 인프라, 스마트 인프라 등으로 나눌 수 있다.

2. 그린 인프라는 지속 가능한 도시 생태계 구성에 필수적이며, 기후 변화에 대응하기 위한 기후 탄력성 향상에 중요하다. 이는 주거 환경 및 생물 다양성 보존, 도시 경관 보호, 지속 가능한 자원 관리, 공공 건강 향상을 목표로, 다양한 규모의 공간에서 적용될 수 있다. 그린인프라의 기능을 크게 네 가지 ① 재난재해 완화 및 적응 기능, ② 환경보호 기능, ③ 경제적 이익 기능, ④ 삶의 질 향상으로 나눌 수 있다.

3. 재난재해 완화 및 적응 기능은 도시홍수 완화와 적응, 산사태 방지 등에 효과적이며, 저영향 개발(LID, Low Impact Development)과 자연기반 해법(NbS, Nature based Solution) 등을 접목시킬 수 있다. 그린인프라는 도시열섬으로 인한 에너지 비용 증가, 대기 오염, 열 관련 질병 등의 문제를 완화하는데 도움이 된다. 우수유출 저감, 홍수 및 수질오염 저감 등에도 기여하며, 이는 도시환경을 지속가능하게 만드는데 필요한 중요한 요소이다.

4. 그린인프라의 환경보호 기능은 지면 오존 및 스모그 감소, 대기 오염물질 제거 등이 있으며, 인간의 건강성 향상에 도움이 된다. 야생동물의 서식지 제공 및 보존, 생태계 연결성 제고를 통해 도시 생태계를 보호할 수 있다.

5. 물순환과 관련된 비용 절감, 에너지 절감, 기후변화 관련 이익 등을 통해서 경제적 이익을 얻을 수 있다. 그린인프라는 유출되는 우수를 줄이고, 전기 및 천연가스 사용량을 줄여 에너지 소비를 줄이며, 대기 중 탄소 감소를 통해 기후변화 관련 이익을 제공할 수 있다.

6. 그린인프라는 인프라 설치 및 유지관리 비용 절감, 일자리 제공, 레크레이션 및 커뮤니티 공간 제공 등을 통해 삶의 질을 향상시킨다. 또한, 소음 공해 감소와 녹색 환경 조성을 통해서 그린인프라를 조성하는 계층, 사용하는 계층 등 모든 사람에게 이익을 줄 수 있는 시설이다.

7. 그린인프라의 필요성은 기후변화와 그것을 완화하는 국제사회의 노력으로 인해 증가하고 있다. 기후변화는 자연재해를 동반하며, 이에 따라 교토의정서와 같은 국제적 협의가 진행되고 있다. 2015년에는 파리협정이 시작되었으며, 모든 국가가 기후행동에 참여하도록 할 수 있는 제도적 발판을 마련하였다.

8. 그린인프라의 두 번째 필요성은 도시화와 산업구조의 변화이다. 한국은 1970년대부터 집약적인 발전을 이루며, 대규모 및 중공업 중심의 산업으로 전환하였다. 이러한 변화는 많은 사회·경제적 발전을 가져왔지만, 도시의 불균형 문제도 함께 대두하게 되었다. 급속한 도시발전으로 인해 생태계 파괴, 복사열 증가, 물순환 시설 부족 등의 문제가 발생하였고, 이러한 상황에 대응하기 위해 그린인프라 및 지속가능한 시설이 주목받고 있다.

9. 최근의 그린인프라 계획 및 설계는 공학적 접근 및 과학적 기반의 설계가 주목받고 있다. 이를 통칭하는 키워드로 '근거기반의 설계(Evidence based Design)' 가 제안되고 있다. 이는 홍수, 폭염, 산불, 산사태 등 다양한 재난재해 상황에 대응할 수 있는 그린 인프라 설계를 제안하는 것을 목표로 한다.

10. 자연과학은 그린인프라 공학과 밀접한 관련이 있는 학문이다. 지형학은 그린 인프라 공학을 이해하는 기본 학문으로, 지구 지표면의 물리적인 경관을 연구한다. 수문학은 물의 생성, 순환, 분포와 물리적 성질 및 물이 환경에 미치는 영향을 연구하는 학문으로, 그린 인프라 공학에서 중요한 역할을 한다.

11. 기상학은 그린인프라를 이해하기 위한 핵심 학문으로, 대기의 물리학, 화학 및 동역학을 다룬다. 기후학은 기상현상의 평균값 및 극대값을 다루는 분야로, 그린 인프라 공학에서 재난 예측의 근거가 된다. 생태학은 생명체와 환경의 관계, 상호작용을 연구하며, 그린 인프라가 가져다주는 이익을 명확히 파악하는데 필요하다.

12. 사회과학은 인간의 행동과 사회 간의 상호작용을 연구하는 학문 분야로, 그린인프라 공학과의 연계성을 갖는 학문으로는 도시학, 경제학, 인문지리학, 사회학, 인류학 등이 있다. 도시학은 도시 발전에 관한 연구를 통해 그린인프라 공학의 중요성을 밝히며, 도시의 물리적 환경과 인간 가치의 상호작용에 초점을 맞춘다. 그리고 경제학은 그린인프라를 평가하는 중요한 학문으로, 향후 그린인프라 정책과 청사진 제안에 큰 영향을 미친다.

13. 그 외에도 인문학은 인간의 근본적인 문제를 해결하고자 하는 종합적인 학문으로서, 그린인프라의 조성을 통한 삶의 질 향상을 추구한다. 사회학은 사회와 인간의 사회적 행위를 연구하며, 사회 네트워크 분석을 통해 우리 삶을 철학적으로 이해하고 분석하는 데 중점을 둔다. 이들 학문은 모두 그린인프라공학의 중요성과 영향력을 규명하는데 중요한 역할을 한다.

14. 응용과학은 자연과학과 사회과학의 지식을 실용적으로 활용하여 인간의 생활 조건을 개선하는 학문으로, 그린인프라공학과 밀접한 관계를 가진 분야는 공학, 건축학, 경영학, 컴퓨터공학 등이다. 토목공학은 교량 건설, 상하수도, 환경분야 등을 포괄하며, 최근에는 사회

에 미치는 환경적 영향을 종합적으로 분석하며, 그린인프라와 그레이 인프라 간의 상호작용에 초점을 두고 있다. 컴퓨터 공학은 알고리즘, 계산, 정보에 대한 연구와 시스템 구현에 이르기까지 다양한 영역을 다루며, 그린인프라와 관련하여 전산유체역학을 활용해 도시열섬 완화효과, 홍수저감 효과 등을 분석하며, 공간, 도시, 전 지구적 단위에서 시스템 모사가 가능하게 되었다.

15. 지속가능성은 현세대의 요구와 미래세대의 풍요로운 삶 및 환경적 권리 보호를 동시에 만족시키는 것이 목표이다. 2015년, UN에서는 이 목표를 달성하기 위해 17개의 지속가능 개발 목표(SDGs)를 제안하였으며, 이는 기후변화 대응 및 기타 문제점을 개선하는 노력을 포함한다. 브라질에서 열린 지구정상회담에서 Agenda 21을 채택하였으며, 이는 2000년에 MDGs로 발전하였다. 그 후 2015년에는 UN에서 17개의 SDG를 중심으로 하는 지속가능발전을 위한 2030 의제가 채택되었다.

16. 17가지 목표 중 11번 목표는 그린인프라공학과 지속가능성의 관계를 잘 보여주며, 재해위험 감소, 지속가능한 운송, 도시와 인간 정착, 그리고 국가 전략 및 SDG 통합을 포함한다. 안전하고 회복력 있는 지속가능한 도시와 인간거주를 만드는 데 목표를 둔다. 그린인프라의 적절한 계획과 설계는 중요한 역할을 할 수 있다.

17. 6번 지속가능 목표는 모두를 위한 물과 위생의 가용성 및 지속가능한 관리를 중점으로 두고 있다. 이는 물 환경과 물 순환의 불균형 문제를 해결하고, 빈곤 감소와 경제성장, 환경의 지속가능성을 뒷받침하는 핵심 요소이다. 이 목표는 물의 전 주기적 순환을 고려하고 지자체 및 커뮤니티 참여를 장려하며, 생태계 보호 및 복원에 중점을 두고 있다.

18. 13번 지속가능 목표는 기후변화에 대한 긴급 대응을 목표로 하며, 온실가스 배출 감소와 기후변화의 악영향에 대한 적응 문제를 해결하는 국제협력을 강조한다. 이 목표는 기후변화 완화에 그린인프라의 중요한 역할을 인정하고, 이를 통한 대기질 개선 및 탄소배출 감소를 추구한다. 그린인프라의 계획 및 설계는 이 목표를 달성하는 데 기여할 수 있으며, 근거 기반의 접근 및 공학적 분석을 통해 효과적으로 구현될 수 있다.

19. 미국의 그린인프라 조성사례로는 뉴욕의 센트럴파크와 하이라인, MIT STATA center 등이 있다. 센트럴파크는 도시 중심부에 위치하여 다양한 그린 및 블루 인프라를 통해 도시의 환경 문제를 완화한다. 하이라인은 폐쇄된 고가철도를 재활용하여 그린인프라를 조성한 사례로, 기존 고가철도의 골격을 유지하면서 독특한 공간을 창출하였다. 보스턴의 Massachusetts Institute of Technology (MIT)에 위치한 Stata Center는 그린인프라 도입의 모범 사례 중 하나로, 자연채광, 모듈식 전기 시스템, 친환경 공조 시스템을 통합하고 있다.

특히 생태 저류조를 통해 빗물을 수집하며, 우기시에는 인접 건물의 지붕에서 수집된 물을 생태저류조에 저장한다.

20. Alabama 주와 그 안의 Auburn University는 ALOAS 프로젝트의 일환으로 물의 순환, 화학적, 물리적, 생물학적 무결성을 보호하고 유지하며 복원하고 있다. 이 프로젝트는 시민과 커뮤니티가 자발적으로 참여하는 상향식 접근방식을 적용하고 있다. Auburn University는 그린인프라를 적극적으로 도입하여 Alabama의 기후 특성을 반영한 캠퍼스를 조성하고 있다. 한편, Georgia 주는 그린인프라로 도시 공간을 구성하며, 특히 Atlanta 시는 빗물 관리를 위한 전담 조직을 운영하고 있다. Atlanta의 Ponce City Market과 Georgia Tech은 그린인프라를 통한 지속가능한 개발을 강조하고 있으며, Suwanee시는 빗물 관리를 위한 공교육 시스템을 제공하고 있다.

21. 스튜트가르트는 독일 남부에 위치한 독일의 옥상녹화 선도지역으로, 도시 건물들의 대부분이 옥상녹화가 되어 있으며, 이를 통해 대기질과 열환경을 개선하고 있다. 또한 '그린-U 프로젝트'를 통해 환경생태 발전을 추진하고 있고, 도심으로부터 신선한 산림 공기를 유도하기 위한 폭 150 m의 녹지를 조성하였다. 반면에, 뒤스부르크 공원은 도시공원 및 그린인프라 시설로서, 과거 강철공장이었던 산업 유산을 재활용하여 공간을 재생하였다. 이를 통해 산업유산을 보존하면서 도시 공간을 재생하여 시민에게 공공 공간을 제공하고 있다.

22. 한국에서는 그린 인프라를 적극적으로 도입하고 있으며, 그 중요성을 사회적으로 인식하고 있다. 대표적인 예로는 세종시 정부세종청사의 3.6 km에 달하는 옥상정원, 부산 에코델타시티의 스마트공원, 서울대학교 그린인프라방재센터 등이 있다. 이들 모두는 친환경적인 도시를 실현하고, 기후변화에 대응하는 동시에 편리함과 안전을 추구하는 새로운 도시 환경을 조성하고 있다. 이러한 그린 인프라 사례들은 도시가 자연과 조화롭게 발전하고, 기후변화에 적극적으로 대응할 수 있음을 보여주고 있다.

"Architecture begins where engineering ends"

\- Walter Gropius -

7절 예제

❶ 인프라의 개념과 분류를 설명하고, 그린인프라를 공간적으로 분류하시오.

❷ 그린인프라의 기능을 네 가지로 분류하고 예시를 들어 서술하시오.

❸ 4차산업혁명 요소 기술 중 하나를 선정하고 이를 설명한 후 그린인프라의 계획, 시공, 설계, 관리 방안을 서술하시오.

❹ 본인의 주변에서 찾을 수 있는 그린인프라의 재난재해 적응 효과를 조사하고 이를 서술하시오.

❺ 그린인프라의 필요성을 두 가지로 나누어 서술하시오

❻ 그린인프라공학의 개념을 정의 및 서술하시오

❼ 그린인프라공학과 연계된 학문을 세 가지로 분류하고, 각 분류별로 한 가지의 예를 들어 설명하시오.

❽ 지속가능성의 개념을 설명하시오

❾ 그린인프라와 지속가능성의 관계를 설명하시오

❿ 그린인프라의 국내외 조성 사례를 설명하고, 이에 대한 효과를 기술하시오.

참고문헌

[논문]

1. Belaïd, F., & Al-Sarihi, A. (2024). Saudi Arabia energy transition in a post-paris agreement era: An analysis with a multi-level perspective approach. Research in International Business and Finance, 67, 102086.
2. Benedict, M. A., & McMahon, E. T. (2001). Green infrastructure: Smart conservation for the 21st century.
3. Choi, Y., Kang, J., & Kim, J. (2021). Urban flood adaptation planning for local governments: Hydrology analysis and optimization. International Journal of Disaster Risk Reduction, 59, 102213.
4. de Macedo, L. S. V., Picavet, M. E. B., de Oliveira, J. A. P., & Shih, W. Y. (2021). Urban green and blue infrastructure: A critical analysis of research on developing countries. Journal of Cleaner Production, 313, 127898.
5. Foster, J., Lowe, A., & Winkelman, S. (2011). The value of green infrastructure for urban climate adaptation. Center for Clean Air Policy, 750(1), 1-52.
6. Grabowski, Z. J., McPhearson, T., Matsler, A. M., Groffman, P., & Pickett, S. T. (2022). What is green infrastructure? A study of definitions in US city planning. Frontiers in Ecology and the Environment, 20(3), 152-160.
7. Hansen, J., Ruedy, R., Sato, M., & Lo, K. (2005). GISS surface temperature analysis. Global temperature trends.
8. Hansen, J., Sato, M., Ruedy, R., Schmidt, G. A., Lo, K., & Persin, A. (2019). Global Temperature in 2018 and beyond. Earth Institute, Columbia University: New York, 173-177.
9. Jiang, T., He, X., Su, B., Havea, P. H., Wei, K., Kundzewicz, Z. W., & Liu, D. (2024). COP 28: Challenge of coping with climate crisis. The Innovation.
10. Kang, J., Jung, Y., & Ahn, Y. (2013). Cover requirements of thermoplastic pipes used under highways. Composites Part B: Engineering, 55, 184-192.
11. Kapetas, L., & Fenner, R. (2020). Integrating blue-green and grey infrastructure through an adaptation pathways approach to surface water flooding. Philosophical Transactions of the Royal Society A, 378(2168), 20190204.

12. Kim, J., & Kang, J. (2020). Analysis of flood damage in the Seoul Metropolitan government using climate change scenarios and mitigation technologies. Sustainability, 13(1), 105.

13. Kyoto Protocol. (1997). Kyoto protocol. UNFCCC Website.
Available online: http://unfccc. int/kyoto_protocol/items/2830. php (accessed on 1 January 2011).

14. Monteiro, R., Ferreira, J. C., & Antunes, P. (2020). Green infrastructure planning principles: An integrated literature review. Land, 9(12), 525.

15. Ogie, R. I., Perez, P., & Dignum, V. (2017). Smart infrastructure: an emerging frontier for multidisciplinary research. Proceedings of the institution of civil engineers-smart infrastructure and construction, 170(1), 8-16.

16. Pachauri, R. K., Allen, M. R., Barros, V. R., Broome, J., Cramer, W., Christ, R., ... & van Ypserle, J. P. (2014). Climate change 2014: synthesis report. Contribution of Working Groups I, II and III to the fifth assessment report of the Intergovernmental Panel on Climate Change(p. 151). Ipcc.

17. Paris Agreement. (2015, December). Paris agreement. InReport of the Conference of the Parties to the United Nations Framework Convention on Climate Change (21st Session, 2015: Paris). Retrived December(Vol. 4, p. 2017). HeinOnline.

18. Pogge, T. (2024). COP28: Superstition or Reform. Academics Stand Against Poverty, 5(1), 1-3.

19. Wright, H. (2011). Understanding green infrastructure: the development of a contested concept in England. Local Environment, 16(10), 1003-1019.

20. Xiong, G., He, R., Wang, G., Hong, J., & Jin, Y. (2024). Environmental Inequalities in Ecosystem Services Benefits of Green Infrastructure: A Case Study from China. Forests, 15(1), 73.

21. 강정은, 이명진, 구유성, & 조연희. (2014). 도시물순환 개선을 위한 그린인프라 계획 프레임워크 개발 및 시범적용-부산시 연제구 및 남구를 대상으로. 환경정책연구, 13(3), 43-73.

22. 박채연, 이동근, 권유진, & 허민주. (2017). 도시열섬현상완화를 위한 그린인프라 전략. 한국환경복원기술학회지(환경복원기술), 20(5), 67-81.

23. 서혜정, & 김동현. (2015). 그린인프라 기법 적용을 위한 토지 적정성 평가 연구: 아산신도시를 대상으로. 국토계획, 50(3), 91-108.

24. 윤정중, 현경학, 최종수, 이미홍, & 이정민. (2014). 물순환도시 조성을 위한 LID 기법 활용방안. 도시정보, (387), 3-17.

25. 이은석, 노초원, & 성종상. 그린인프라스트럭처의 의미구조-기존문헌의 정의문 분석을 중심으로.

26. 현경학. (2020). 자연기반 해법(NBSs) 과 그린인프라(GI), 그리고 물. Water for future, 53(3), 21-26.

[저서]

1. Annie R. Pearce, Young Han Ahn, and HanmiGlobal. (2012). Sustainable Buildings and Infrastructure - Paths to the Future. Routledge.

2. Daniel Czechowski, Thomas Hauck, and Georg Hausladen. (2015). Revising Green Infrastructure - Concepts Between Nature and Design. CRC Press.

3. Elisabeth M., Hamin Infield., Yaser Abunnasr., and Robert L. Ryan. (2019). Planning for Climate Change - A Reader in Green Infrastructure and Sustainable Design for Resilient Cities

4. 국립생태원. (2020). 무크에코플러스 Vol 3: 생태+건축. 국립생태원

5. 수문학 기초와 응용, 청문각, 윤용남(Page. 3)

6. 조경학, 보문당, 안동만

7. 최기수. & 이상석. (2014). 조경구조학. 일조각.

8. 황희연 외 35인. (2019). 도시재생, 현장에서 답을 찾다. 미세움.

[보고서]

1. Alabama Cooperative Extension System. (2016). Planning for Stormwater, Developing a low impact solution.

2. Paris Agreement. (2015, December). Paris agreement. In report of the conference of the parties to the United Nations framework convention on climate change (21st session, 2015: Paris). Retrived December (Vol. 4, p. 2017). HeinOnline.

3. 강정은 외 4명(2012). 그린인프라 전략 연구. 한국환경정책평가연구원.

4. 국토교통부, 2018, 부산에코델타 스마트시티 시행계획

5. 환경부, 2013, 전국 불투수면적률 조사 및 개선방안 연구

[웹사이트]

1. Arch daily. (2023).
   https://www.archdaily.com/921850/utrecht-creates-300-bee-friendly-bus-stops
2. Arch daily. (2022).
   https://www.archdaily.com/777498/bosco-verticale-stefano-boeri-architetti
3. Britannica, T. Editors of Encyclopaedia (2023, May 23). Kyoto Protocol. Encyclopedia Britannica.
   https://www.britannica.com/event/Kyoto-Protocol
4. Britannica, T. Editors of Encyclopaedia (2023, June 23). Paris Agreement. Encyclopedia Britannica.
   https://www.britannica.com/topic/Paris-Agreement-2015
5. City of Atlanta Department of Watershed Management (2023). City of Atlanata Green Infrastructure Program. Accessed from
   https://storymaps.arcgis.com/stories/c41bc3f84d8e4e70bc1672ffcd830f1f
6. nrw-toursim. (2023). https://www.nrw-tourism.com/landscape-park-duisburg-nord
7. Sampyo News. (2023).
   https://sampyo.co.kr/blog/%EB%8F%84%EC%8B%AC-%EC%86%8D-%EC%98%A4%EC%95%84%EC%8B%9C%EC%8A%A4-%EC%98%A5%EC%83%81%EC%A0%95%EC%9B%90/
8. UN. (2023, June). https://sdgs.un.org/goals
9. 디지털세종시문화대전. http://sejong.grandculture.net/sejong/toc/GC07701477
10. 서울의 공원. https://parks.seoul.go.kr/template/sub/seonyudo.do

2장

도시재난과 그린인프라공학

"Prevention is better than cure."

- Desiderius Erasmus -

학습 목표

- ✔ 도시재난의 개념을 학습하고, 그린인프라공학의 필요성을 인지한다.
- ✔ HCFD 모델의 개념을 학습하고, 도시재난 적응 방법론으로 활용한다.
- ✔ 안전계수의 개념을 이해하고, 도시에 시급한 재난재해 해결에 적용할 수 있다.
- ✔ LEED와 G-SEED 등 지속가능한 설계기법에 대해서 학습한다.

1절 기후위기와 도시재난의 심화

IPCC의 기후변화 영향평가 방법은 기후변화 취약성 평가에 중점을 둔다. 기후변화에 대한 노출, 민감도, 적응능력을 연산하여 기후 취약성을 평가한다(McCarthy et al., 2001; Sharma & Ravindranath., 2019). 자연 재난재해의 피해 역시 기후변화 취약성과 같이 노출, 민감도, 적응능력으로 연산이 되며, 노출의 형태와 민감도에 따라서 그 피해가 커지거나 낮아진다. 본 절에서는 저서의 전반적인 목차와 각 챕터별로 다루고 있는 재난재해에 대해서 간략히 기술한다. 본 저서에서는 도시홍수, 도시열섬, 산불, 산사태, 네 가지의 재난재해를 선정하고 이를 해결할 수 있는 방안에 대해 논의한다.

1) 도시홍수

홍수는 강우 혹은 저류된 물의 범람 등 다양한 원인으로 인해 물이 넘쳐흐르는 현상이다(D. J. Parker, 2000). 홍수는 크게 봤을 때 수해로 구분되는데, 수해는 물로 인한 재해를 뜻하며, 홍수, 집중호우, 태풍, 해일 등 다양한 재난재해를 포함하고 있다. 한국수자원공사의 구분에 따르면 홍수는 크게 네 가지의 종류로 구분되는데, 하천홍수(River Flood), 도시홍수(Urban Flood), 돌발홍수(Flash Flood), 해안홍수(Coastal Flood) 등의 유형이다.

이중에서도 도시홍수는 도시 내에서 발생하는 홍수로, 지나친 도시화와 산업화로 인해 증가하는 불투수면적의 비율이 주요 원인이다(Kim et al., 2022). 또한, 도시 관거시설의 부재, 잘못된 형태의 유지관리, 그린인프라 시설의 부재 등이 부수적인 원인으로 꼽히고 있다. 첨두 홍수가 증가하고 도달 시간이 단축되며, 도시 내수배제의 불량으로 인한 주택지, 상가 및 공장 등에 의한 피해가 지배적이다.

도시홍수는 단순히 한 가지 형태로 일어나는 것이 아니며, 하천홍수와 돌발홍수를 동반한다. 또한, 산사태 등이 일어났을 경우에는 더욱 큰 규모의 피해가 발생한다. 해안에 위치한 울산, 포항 등의 도시는 태풍과 동반된 홍수를 발견할 수 있으며, 해안의 해수면 상승과 범람으로 인해 그 피해가 커지기도 한다. 도심지 내에서 일어나는 홍수는 오염된 물이 유입되기 때문에 질병 등의 2차적 피해를 발생시킨다. 특히 취약 계층에게 있어 도시홍수는 더욱 큰 피해와 위험성을 가지는데, 취약계층의 도시 주거환경 및 적응시설이 피해 규모 증감에 절대적 영향을 주기 때문이다. 또한, 오래된 건축물 및 저지대의 도심 건축물일수록 그 피해는 커지는 경향을 보인다.

읽을거리: 우리 사회의 재난재해

그림 2-1. 2022년 중부권 폭우 피해*

*) 중부권 폭우 피해 직후의 서울대학교 현장이다. 폭우로 인한 산사태로 도로가 붕괴되었고, 수질오염, 건축, 인명피해 등을 볼 수 있다. 복구에 힘쓰고 있는 지자체 및 대학 구성원들의 모습을 볼 수 있다.

1. 2022년 중부권 폭우

2022년 8월 8일부터 약 일주일은 그야말로 '물난리'로 인한 피해가 매우 심각했던 기간이다. 특히 8월 8일부터 8월 9일 이틀간은 약 300 mm 이상의 폭우에 해당하는 500년 빈도 이상의 강우가 내렸다(그림 2-1).

관악구 일대에서는 이른바 '반지하' 거주민(취약계층)을 중심으로 사상자가 대거 발생하였으며, 이를 복구하기 위한 지자체 및 지역사회의 경제적 비용도 천문학적으로 소요되었다.

복개된 하천은 모두 범람하고, 토사유실로 인한 산사태가 동반되어 종합재난의 모습을 실시간으로 경험하게 되었다. 지하철, 도로, 교량 등 SOC 시설 뿐만 아니라, 지대가 낮은 장소를 중심으로 차량 등이 침수되어 심각하게 피해를 입었다.

2022년 중부권 폭우가 우리에게 더욱 아프게 다가오는 이유는 취약계층에 대한 재난재해 시설의 미비 때문이다. 기후위기에 따른 재난재해의 악화로 인한 피해는 취약계층에게 크게 다가오기 때문에, 이를 대비하기 위한 공공재원의 투자 및 현실적인 대비책 마련이 절실한 시점이다.

그림 2-2. 2023년 중남부권 폭우 피해(금강보행교 및 전남곡성 피해)

2. 2023년 중남부권 폭우

2022년에 이어서 2023년에도 연속하여 홍수피해가 이어졌는데, 2023년의 홍수피해는 2022년의 사례와는 조금 다른 양상을 보였다. 2022년의 홍수피해는 극한의 강우가 일시적으로 내린 반면, 2023년의 강우는 6월 중순부터 이어진 장마전선이 7월 말경까지 이어졌다. 지속적으로 내린 강우가 지반을 약화시켜, 7월 중순에는 산사태 등 대규모 붕괴사태로 이어졌다.

특히 충남·전남 지역에는 7월 16-17일 양일에 걸쳐 폭우로 인한 피해가 이어졌다. 금강유역은 수위가 높아져 범람 수준까지 수위가 상승한 것을 볼 수 있었으며, 금강 주변의 공원시설물·보행교 등 전역이 침수되기에 이르렀다. 광주·전남지역에는 약 2,000가구가 산사태·침수 피해를 대비하여 대피하였으며, 급경사지 등에서는 토사가 유실되어 산사태가 발생했다. 이로 인해 도로 침수 및 붕괴 등 많은 피해를 입었다(그림 2-2).

2023년 피해 중에서 가장 안타까운 사례로는 오송역 지하차도 침수사건을 뽑을 수 있다. 오송역 지하차도 침수는 집중호우로 인해 14명이 숨지고 10명의 부상자가 발생하였다. 14명의 침수 사상자 중 5명의 인원은 70대 이상의 취약계층으로 밝혀졌다. 2022년 관악구 취약계층 집중피해에 이어서 취약계층에 대한 대책 마련의 필요성이 더욱 중요시 되는 대목 중 하나이다.

2) 도시열섬

도시열섬(Urban Heat Island) 현상은 주변의 녹지공간보다 도심지의 온도가 높게 형성되는 현상으로, 최근에는 고기압 정체로 인한 뜨거운 공기가 가두어져 발생하는 열돔현상과 혼재되어 사용된다(Fan et al., 2017; Stewart, 2011). 도시 외곽지역과 도시지역은 주로 낮 시간대에 그 온도차가 크게 나타나는데, 이는 도시 피복의 변화가 큰 원인으로 작용한다. 또한, 에어컨·전자기기·난방 등 에너지 사용으로 발생한 도시 열이 외부로 빠져나가지 못하기 때문에 발생한다.

도시열섬은 폭염(Heat Wave)과 밀접한 관계를 가진다. 폭염은 기온이 높아서 매우 더운 환경을 뜻하는데, 한국에서는 2019년 이후 재난재해로 선정되기도 하였다(자연재해대책법). 폭염은 여름철 기온이 높아지기 때문에 발생하며, 최근 이상기온 현상의 빈도 증가와 더불어 도심지의 무분별한 개발로 인해 그 피해가 더 커지는 추세이다. 2020년 5월부터는 기온과 습도를 고려한 체감온도를 기준으로 폭염주의보 혹은 폭염경보를 발효하는데, 습도 정도에 따라서 인간에게 미치는 영향이 다르기 때문이다. 일반적으로 온도와 습도가 모두 높은 경우에는 열쾌적성과 체감온도가 모두 높아지는 경향을 보인다.

폭염의 경우 열사병 등의 질병을 동반하기도 하고, 최근에는 과도한 냉방시설의 운영으로 시민들의 저체온증 유발 및 에너지의 과다 사용 등에 영향을 준다. 폭염은 대한민국 뿐만 아니라, 전 세계적으로 겪고 있는 글로벌 재난재해 중 하나로, 폭염에 대한 완화와 적응 두 가지의 접근이 모두 필요하다. 폭염기에 볼 수 있는 또 다른 현상으로 '열대야'라는 개념이 있는데, 이는 저녁 시간대에 높은 온도를 유지하는 현상을 뜻한다. 이러한 열대야, 폭염 등 기후변화로 기인하는 재난재해 역시 취약계층에게 더욱 큰 피해를 유발한다.

3) 산불

산불은 산림 내에서 발생하는 화재를 통칭해서 말하는 용어로, 자연적으로 발생한 불 혹은 인간의 행위에 의해서 일어난 인위적인 불을 모두 포함한다. 산불의 대부분은 습도가 낮고 강수량이 적은 봄철에 많이 발생되며, 풍속이 빠를수록 그 피해와 확산 속도는 빨라진다. 산불은 단순히 산림 내의 수목이 발화하여 소실되는 것 뿐만 아니라, 주변에 위치한 인명, 부동산, 생태계, 환경오염 등 주변환경에 다양한 영향을 미친다. 산불은 환경 요인에 따라서 발생 가능성이 달라지기 때문에, 특정 지역에서 빈번하게 발생하는 경향을 볼 수 있다. 한국의 경우 강원도 지역·경북 지역에서 빈번하게 일어나며 미국의 캘리포니아, 호주 지역에서 비교적 산불이 자주 발생하는 경향을 보인다.

산불에서 인접한 지역은 주변의 주택, 농장, 숲, 건물 등의 피해를 일으킬 수 있으며, 생물 다양성 감소와 생태계 불균형을 초래한다. 또한, 공기, 수질, 토양 등 자연환경이 오염될 수 있으며, 수목의 소실은 토양의 지지력을 낮추는 주요 요인 중 하나이다. 장기적인 관점에서 보았을 때 더 높은 생물다양성을 형성하게 되고 이전보다 건강한 생태계를 유지할 수 있다는 장점이 있지만, 산불의 통제 가능성이 매우 낮기 때문에 이를 방재할 수 있는 명확한 기술의 개발 및 모니터링 시스템이 절실한 상황이다. 산불은 산불을 유발하는 연료와 일정 온도 이상의 열, 공기 조건 등이 종합적으로 조합될 때 발생한다.

산불은 크게 네 가지의 종류(지표화·수간화·수관화·지중화)로 구분하는데, 산불의 형태는 복합적으로 일어나기도 한다. 각 구분의 정의와 의미는 표 2-1.과 같다.

< 표 2-1. 산불의 종류와 정의 >

구분	정의
지표화 (Surface Fire)	• 지표와 근접해있는 초화류, 관목, 지피식물, 아교목과 삽조, 낙엽 등의 물질이 연소될 때 발생하는 산불 • 수간화 및 수관화로 이어질 수 있기에 초기에 필수적으로 진화를 해야하는 산불임
수간화 (Stem Fire)	• 나무의 줄기가 연소하는 불이며 지표화가 확산되는 경우가 많음 • 경우에 따라 낙뢰로 인해 발생 가능함 • 주로 생태계가 발달하여 숲의 식생이 밀식되어 있는 경우에 발생함
수관화 (Crown Fire)	• 지표화 또는 수간화된 산불이 나무의 수관으로 옮겨 확산되는 현상 • 수관화로 산불이 확산되는 경우 진행속도가 빠르고, 화세가 강해지는 경향을 보임 • 일반적으로는 바람의 영향을 많이 받지만 상승기류의 영향을 받아 크게 확산됨
지중화 (Ground Fire)	• 낙엽 아래에 있는 유기물층 또는 이탄층이 타는 산불 • 산소의 공급이 막혀있기에 연기가 적고 불꽃을 발견하기 어렵지만, 재발 가능성이 높음 • 연소속도가 느리지만 연소시간이 오래 지속됨. 수목의 고사와 같은 피해를 일으킴

4) 산사태

산사태는 연약한 지반의 토사 혹은 암반이 침식하면서 유출이 일어나는 현상으로, 자연적 또는 인위적인 원인으로 산지가 붕괴되며 발생한다. 토석류는 산지 또는 계곡에서 토석, 나무 등이 물과 섞여서 빠른 속도로 유출되는 것을 뜻한다. 일반적으로 강우가 토양의 마찰저항을 저하시키고 연약한 지반을 만들기 때문에 장마철 혹은 폭우시에 그 피해가 커진다. 부분적으로는 지진을 동반한 산사태가 일어나기도 하며, 우리나라의 경우 산지와 근접한 주택가에서도 발생한다. 산사태는 산지 상류에서 시작되어 하부로 올수록 더 큰 피해가 유발되며, 생활권지역에 대규모 재해를 유발시키는 사례가 종종 발견된다. 산사태를 이해하기 위해서는 침식의 개념과 그 종류를 이해해야 하는데, 침식은 형태에 따라서 크게 구분할 수 있으며, 정상침식(Abnormal Erosion), 기계적 침식(Mechanical Erosion), 화학적 침식(Chemical Erosion), 가속침식(Accelerated Erosion), 이상침식(Abnormal Erosion) 등으로 나누어진다. 가속침식은 정상침식보다 더 빠른 침식으로 지피식생의 파괴와 물이나 바람 등의 작용에 이루어지는 침식을 뜻하며, 세부적으로는 물침식, 중력침식, 침강침식, 바람침식 등으로 구분된다. 각 침식에 대한 세부 구분은 표 2-2와 같다.

< 표 2-2. 침식의 종류와 구분 >

분류	대분류	중분류	소분류
가속 침식	물침식	우수침식	• 빗방울침식(우적침식·타격침식) • 면상침식(충상침식·평면침식) • 누구침식(누로침식·우열침식) • 구곡침식(세류침식·걸리침식) • 야계침식(계천침식·계간침식)
		하천침식	• 세로침식(종침식·하상침식) • 가로침식(횡침식·측면침식)
		지중침식	• 용출침식(용수침식) • 복류수침식(지중세굴침식·파이핑침식)
		바다침식	• 파랑침식 • 연안류침식 • 저류침식
	중력침식	붕괴형 침식	• 산사태 • 비탈면 붕괴 • 붕락 • 포락 • 압설붕락
		동상침식	• 동상침식
		지활형침식	• 지괴형 땅밀림 • 유동형 땅밀림 • 층활형 땅밀림
		유동형침식	• 토류 • 토석류 • 암설류
		사태형 침식	• 눈사태 • 얼음사태
		빙하침식	• 빙하침식
	침강침식	곡상침강	• 곡상침강
		틈내기	• 틈내기
		구멍내기	• 구멍내기

가속 침식	바람침식	내륙사구침식 (해안사구침식)	• 바람골 침식
			• 바람패기 침식
			• 바람쟁반 침시

최근에는 산사태를 해결하기 위해서 사방사업(砂防事業)을 도입하고 있으며, 토양침식과 황폐지녹화, 치수, 하천개수 등의 사방 목적에 대해 연구하는 것을 사방공학(砂防工學)이라고 정의한다. 사방사업의 분류는 크게 계류에서 유수에 의해 발생하는 침식을 방지하는 ① 계간사방, 산지의 중류 이상의 지역에 황폐화를 막기위해서 설치하는 ② 산복사방, 해안사구지 등에서 바람에 의한 모래 이동 등을 막기 위한 ③ 해안사방공사 등으로 구분된다.

*"Without environmental protection, there can be no development,
and without development, there can be no environmental protection."*

- Indira Gandhi -

2절 도시재난 적용 방법론: HCFD 모델의 개념

그렇다면 재난재해를 종합적으로 진단하고 피해를 판단 및 저감할 수 있는 방법은 무엇이 있을까? 자연기반 해법(NbS, Nature based Solution), 자연모방 해법, 친환경 기법 등이 제안되고 있지만, 궁극적으로 정량적 평가를 하지는 못한다. 본 저서에서는 최근 주목받고 있는 방법론 중 하나로 HCFD (Hazard Capacity Factor Design) Model을 소개한다(Kim and Kang, 2023). HCFD 모델은 재난재해 전반에 대해 적용할 수 있으며, 본 저서에서는 도시홍수, 도시열섬, 산불, 산사태에 대해서 HCFD 모델을 적용한다. HCFD 모델의 적용은 식 2.1 및 그림 2-3과 같이 표현될 수 있다.

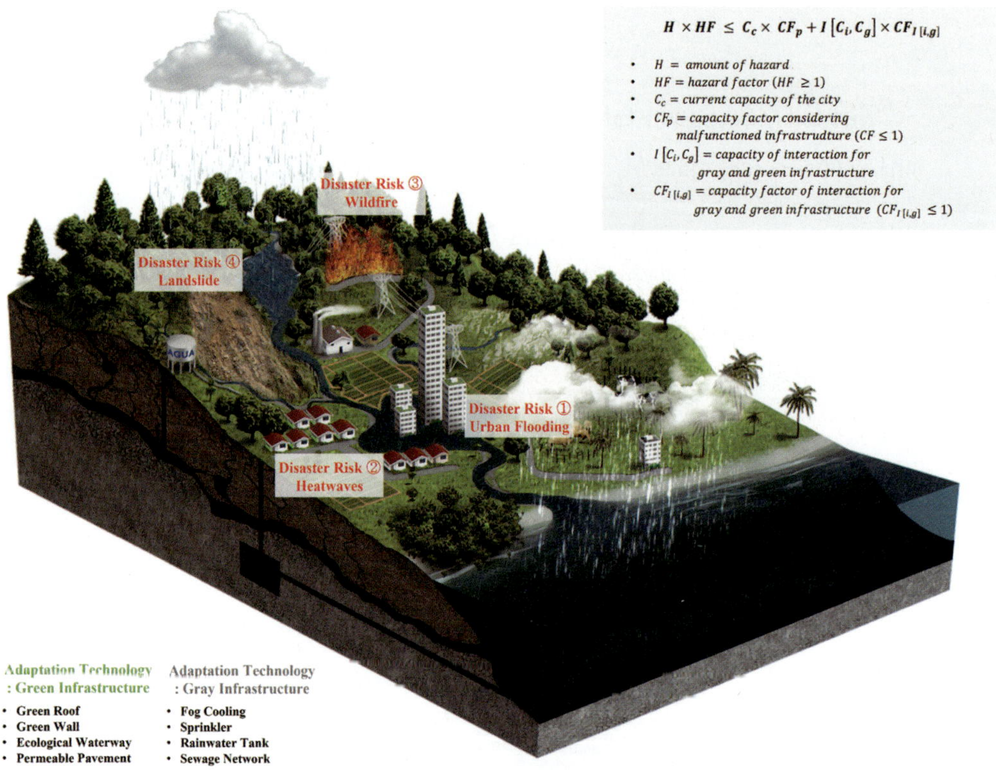

그림 2-3. HCFD 모델의 개념과 정의

$$H \times HF \le C_c \times CF_c + I[C_i, C_g] \times CF_{I[i,g]} \tag{2.1}$$

위의 식은 재난의 위험성(Risk of Disaster)과 도시의 용량 관계를 나타내며, 위의 등식이 만족될 때, 우리는 기후변화나 재해로부터 위험이 발생하지 않는 안전한 상태로 평가할 수 있다. 각 식에 들어가는 인자들은 계수를 반영한 형태로 안전성을 평가하는데, 재난재해에는 위험계수를 반영하며, 도시의 용량은 용량 계수, 그레이인프라와 그린인프라의 계수를 각각 반영한다. 여기에서 그레이인프라와 그린인프라는 재난재해 적응 시설로서 활용될 수 있으며, 두 가지의 인프라 이외에도 다양한 인프라가 반영될 수 있다. 여기에서 각 요소들에 계수를 적용하는 이유는 보다 안전한 재난관리와 계획 및 설계를 하기 위해서이다.

HCFD 모델은 구조공학에서 사용되는 하중저항계수설계법(LRFD, Load & Resistance Factor Design)을 응용하여 개발된 형태의 방법론으로, LRFD 모델을 도시 규모에 적용하여 안전성을 평가하는 개념이다.

위의 식에서 H는 기후변화로 인해 발생하는 재난의 위험도를 뜻하며, HF는 재난계수($HF \geq 1$), C_c는 현재 가능 수용용량, CF_c는 기능의 상실성 및 불확실성을 고려한 용량 계수를 뜻하며($CF \leq 1$), $I[C_i, C_g]$는 새롭게 추가되는 그레이인프라와 그린인프라의 상호작용으로 발생되는 추가용량, $CF_{I[i,g]}$는 그레이 인프라와 그린 인프라의 상호작용에 적용되는 계수들을 뜻한다($CF_{I[i,g]} \leq 1$).

재난재해 계수 HF는 기후변화 혹은 다른 예측할 수 없는 불확실한 요인들로 인해서 발생할 수 있는 재난재해의 적용 계수를 뜻한다. 미래에 발생할 수 있는 재난재해와 적용 계수는 아래와 같이 표현될 수 있다.

$$HF = \frac{Disaster\ risk\ at\ severe\ climate\ change\ scenario}{Disaster\ risk\ probability} \tag{2.2}$$

현재 시설에 대한 용량 계수(CF_c)는 각 대상지 혹은 도시 규모에서 설치된 인프라 기능의 부재 및 다른 변수로 인한 현재 용량의 저하 등을 반영한다. CF_c는 아래의 식과 같이 정의된다. 일반적으로 용량 계수는 시간이 지남에 따라서 감소하게 된다.

$$CF_c = (1 - \frac{N_m}{N_s}) \tag{2.3}$$

N_m는 기능을 상실한 도시의 인프라 수를 뜻하며, N_s는 도시에서 보유하고 있는 전체 인프라의 수를 뜻한다.

그레이 인프라와 그린인프라의 상호작용 용량계수($CF_{I[i,g]}$)는 새롭게 추가되는 그레이 인프라 용량 혹은 그린 인프라의 용량에 따라서 달라지게 된다. 그레이인프라와 그린인프라의 상호작용 용량은 0%에서 100% 사이에서 결정되며, 그레이인프라와 그린인프라의 기능저하가 0%일 때 도시의 재난재해 저감에 가장 효과적이다. $CF_{I[i,g]}$는 아래의 식과 같이 정의된다.

$$CF_{I[i,g]} = \frac{I\,[C_{gn}, C_{in}]}{I\,[C_{g0}, C_{i0}]} \tag{2.4}$$

$I\,[C_{gn}, C_{in}]$는 그레이인프라와 그린인프라의 상호작용 용량이 n%일 때를 뜻하며, $I\,[C_{g0}, C_{i0}]$는 그레이 인프라와 그린인프라의 기능저하가 0%일 때의 용량을 뜻한다.

HCFD 모델의 식은 최종적으로 도시의 안전성과 도시 안전계수를 평가하기 위해서 사용되며, HCFD 모델을 활용한 안전계수(SF)의 개념을 제안할 수 있다. 안전계수 SF의 개념은 하기의 식과 같이 정의된다.

$$SF = \frac{C_c \times CF_p + I[C_i, C_g] \times CF_{I[i,g]}}{H \times HF} \tag{2.5}$$

SF의 값이 1보다 높을 경우에 도시는 재해 위험성으로부터 안전한 상태를 뜻하며, 작을 경우에 도시는 재해 위험성으로부터 안전하지 않은 상태를 뜻한다. SF값이 1보다 작은 경우에는 재난재해가 얼마만큼 감소되는지에 대해 평가하고, 정책결정자가 활용할 수 있는 근거 기반의 데이터를 제공해야한다. 근거 기반 데이터는 그레이 인프라와 그린인프라의 감소계수 형태 등 정책 결정자가 활용하기 쉬운 형태로 제공하여야 하며, 아래의 식과 같이 정의된다.

$$RF = \frac{R_n}{R_0} \tag{2.6}$$

R_n그레이인프라 또는 그린인프라의 용량이 n% 일 때 재해 위험 감소율을 뜻하며, R_0는 두 시설의 용량 저감율이 0%일 때를 뜻한다.

3절 지속가능한 설계기법: LEED와 G-SEED 예시

앞선 장에서 우리는 그레이 인프라와 그린 인프라의 상호작용 기능 및 친환경적인 시설의 근거기반적 설계가 재난재해 위험도 저감에 효과적임을 알아보았다. 그렇다면 그레이 인프라와 그린 인프라 시설을 친환경적으로 설계할 수 있는 방법론은 무엇이 있을까? 보다 지속가능한 인프라의 설계를 위해서는 보다 객관적인 평가지표를 적용하여 설계를 실시해야 한다. 본 장에서는 녹색공간의 기본이 되고 있는 LEED for Cities and Communities (Leasership in Energy and Environmental Design for Cities and Communities)와 G-SEED (Green Standard for Energy and Environmental Design)에 대해서 알아본다.

1) LEED for Cities and Communities

LEED (Leadership in Energy and Environmental Design)는 미국의 녹색건축위원회(USGBC, U.S Building Council)에서 개발한 국제적 녹색건물 인증제도이다. LEED는 친환경 건축물 평가를 위해 개발되었으며, 녹색건축, 건설 등의 유지관리를 위한 전반적인 평가 시스템이 포함되어 있다. 미국은 대부분의 건물 개발에 LEED 인증제도를 적용하고 있으며, 캐나다의 경우에 LEED 시스템을 활용하여 건축물의 인증 등급에 따라 세금의 인센티브 및 패널티에 영향을 주고 있다. 인센티브 및 패널티의 방식은 세금 공제, 수당, 수수료 인하 및 허가제도 절차의 생략 등으로 제공된다. LEED의 인증 등급은 접수에 따라서 크게 네 가지(Certified, Silver, Gold, Platinum)로 부여된다.

LEED v 4.1에서는 도시와 커뮤니티를 평가하기 위해서 LEED for Cities and Communities를 개발하였다(그림 2-4). LEED for Cities and Communities 는 총 8가지의 항목을 평가한다. 이는 자연 시스템 및 생태계(Natural Systems and Ecology), 교통 및 토지 이용(Transportation and Land Use), 수자원 효율성(Water Efficiency), 에너지와 탄소배출(Energy and Greenhouse Gas Emissions), 재료 및 자원(Materials and Resources), 삶의 질(Quality of Life), 혁신(Innovation), 지역 우선순위(Regional Priority) 항목이다. 특히 에너지와 탄소배출 분야 및 교통 토지이용분야에서 30점 이상의 점수를 부여하고 있음을 알 수 있는데, 이는 탄소배출과 완화에 대한 관심이 늘어나고 있으며, 토지 이용에 대한 객관적인 평가가 요구되고 있음을 시사한다. LEED for Cities and Communities는 지역과 국가 경제 성장에 긍정적인 영향을 주고 있으며, 기후변화에 대처하는 근거기반의 평가 지표가 되고 있다.

Scorecard

LEED for Cities and Communities		Cities	Communities
INTEGRATIVE PROCESS		POSSIBLE: 5	POSSIBLE: 5
Prereq	Integrative Planning and Design Process	REQUIRED	REQUIRED
Credit	Green Building Policy and Incentives	5	5
NATURAL SYSTEMS AND ECOLOGY		POSSIBLE: 13	POSSIBLE: 13
Prereq	Ecosystem Assessment	REQUIRED	REQUIRED
Prereq	Construction Activity Pollution Prevention	REQUIRED	REQUIRED
Prereq	Green Spaces	REQUIRED	REQUIRED
Credit	Natural Resources Conservation and Restoration	5	5
Credit	Light Pollution Reduction	2	2
Credit	Resilience Planning	6	6
TRANSPORTATION AND LAND USE		POSSIBLE: 18	POSSIBLE: 18
Credit	Compact, Mixed Use and Transit Oriented Development	6	6
Credit	Walkability and Bikeability	4	4
Credit	Access to Quality Transit	2	2
Credit	Alternative Fuel Vehicles	2	2
Credit	Smart Mobility and Transportation Policy	2	2
Credit	High Priority Site	2	2
WATER EFFICIENCY		POSSIBLE: 12	POSSIBLE: 12
Prereq	Integrated Water Management	REQUIRED	REQUIRED
Prereq	Water Access and Quality	REQUIRED	REQUIRED
Credit	Stormwater Management	5	5
Credit	Wastewater Management	5	5
Credit	Smart Water Systems	2	2
ENERGY AND GREENHOUSE GAS EMISSIONS		POSSIBLE: 31	POSSIBLE: 31
Prereq	Power Access, Reliability and Resiliency	REQUIRED	REQUIRED
Prereq	Energy and Greenhouse Gas Emissions Management	15	19
Credit	Energy Efficiency	4	4
Credit	Renewable Energy	6	6
Credit	Low Carbon Economy	4	-
Credit	Grid Harmonization	2	2
MATERIALS AND RESOURCES		POSSIBLE: 11	POSSIBLE: 11
Prereq	Construction and Demolition Waste Management	REQUIRED	REQUIRED
Prereq	Solid Waste Management	REQUIRED	REQUIRED
Credit	Organic Waste Treatment	2	2
Credit	Recycling Infrastructure	5	5
Credit	Responsible Sourcing for Infrastructure	2	2
Credit	Smart Waste Management Systems	2	2
QUALITY OF LIFE		POSSIBLE: 10	POSSIBLE: 10
Prereq	Demographic Assessment	REQUIRED	REQUIRED
Prereq	Social Infrastructure	REQUIRED	REQUIRED
Prereq	Economic Growth	REQUIRED	REQUIRED
Credit	Affordable Housing	2	2
Credit	Public Health	6	6
Credit	Emergency Management and Response	2	2
INNOVATION		POSSIBLE: 6	POSSIBLE: 6
Credit	Innovation	6	6
REGIONAL PRIORITY		POSSIBLE: 4	POSSIBLE: 4
Credit	Regional Priority	4	4
TOTAL		110	110

40- 49 Points	50-59 Points	60-79 Points	80+ Points
CERTIFIED	SILVER	GOLD	PLATINUM

그림 2-4. LEED for Cities and Communications의 평가 지표

한국은 2015년 기준으로 세계 10대 LEED 상위 국가 중 하나에 포함되어 있으며, 국내에서도 건축물 뿐만 아니라 도시의 지속가능성 향상을 위해시 LEED를 적극적으로 노입하고 있다. 대표적인 사례로 송도의 국제업무단지(Songdo IBD, Songdo International Business District in Incheon)가 있다. 송도 국제업무단지는 이례적으로 LEED Cities 분야와 Communities 분야에서 사전 인증을 받은 공간이다. 송도는 국내 LEED 인증공간의 약 40% 정도의 비율을 차지하며, 전체 도시의 40% 이상이 그린인프라 혹은 녹지 공간으로 조성되어 있다. 국내에서 신도시 등의 수요가 확대되면서 LEED 등의 지속가능 설계기법을 적용한 도시 및 커뮤니티 단위의 공간이 늘어날 것으로 전망되며, 이와 관련된 전문인력 및 전문가 양성 분야 역시 각광을 받고 있는 시점이다.

읽을거리: 지속가능한 건축 사례(LEED Platinum)

1. Georgia Institute of Technology, Caddell Building

앞서 설명한 바와 같이 Georgia Tech은 친환경 건축 및 그린인프라를 적극적으로 도입하고 있는 공간 중 한 곳이다. Georgia Tech은 친환경 건축 인증 수단 중 하나로 LEED를 적극 도입하여 평가 지표로 삼고 있다. Georgia Tech의 LEED Platinum 평가를 받은 Caddell Building에 대해서 알아보자.

Georgia Tech 내부에서는 건물 건설에 크게 기여한 기부자의 이름을 따서 건물명을 짓는 경우가 많은데, Caddell Building은 졸업생 John Caddell의 이름을 따서 명명하였다(그림 2-5).

Caddell Building은 건물의 에너지 사용을 최소화하기 위해서 전체 조명에 광전지와 재실 센서를 설치하였다. 자연광이 높을 때 조도 센서는 인공 조명의 조도를 낮추고, 자연 채광이 충분한 경우에는 인공 조명의 조도를 자동적으로 높여준다. 또한, 내부 글레이징과 결합하여, 빛이 건물 중앙까지 들어오도록 반사 시설을 마련하기도 하였다.

건물의 입지와 재난재해 저감을 평가하는 Sustainable Sites 항목에서는 전체 14점 중 13점을 받기도 하였으며, 평가 항목에는 Stormwater design과 Heat Island effect 등 재난재해 저감을 위한 항목이 포함되어 있다. 물순환 분야에서도 전체 5개 항목 중 4점을 받았다. 이러한 항목들을 종합하여 2018년 5월에는 총점 69점 중 54점을 받아 LEED BD+C: New Construction, v2 - LEED 2.2의 Platinum 항목으로 선정되었다.

그림 2-5. LEED Platinum 사례 - Caddell Building (출처: Georgia Tech 홈페이지)

2) G-SEED

LEED와 유사한 국내 인증제도로 한국건설기술연구원에서 운영하는 녹색건축 인증제도(G-SEED)를 꼽을 수 있다(그림 2-6). G-SEED는 환경부와 국토교통부 두 개의 부처를 주무부처로 삼고 있으며, 건축물만을 대상으로 친환경성을 평가한다. 하지만, 평가 항목을 살펴보았을 때, 건축물 뿐만 아니라 근린 및 그린인프라 설계에도 적용 가능한 평가 항목을 다수 담고 있다는 이점을 가지며, 국내의 다양한 사례에 적용된다. 이는 설계와 시공 유지, 관리 등 전 과정에 걸쳐 에너지 절약과 환경오염 저감에 기여한 건축물에 친환경 인증을 부여하는 제도이다. 건축물의 입지, 자재선정, 시공, 유지관리, 폐기 등 전 생애(Life- Cycle)를 대상으로 환경에 영향을 미치는 요소를 평가한다.

크게 토지이용 및 교통, 에너지 및 환경오염, 재료 및 자원, 물순환 관리, 유지관리, 생태환경, 실내환경을 포함한 총 7가지 항목을 평가하여, 각 항목별 점수를 합산하여 등급을 인증한다. G-SEED의 평가는 점수에 따라서 최우수, 우수, 우량, 일반 총 네 개의 등급으로 이루어지며, 인증일자로부터 5년간 유효하다. G-SEED는 용도에 따라서 공동주택에 대한 인증, 일반주택에 대한 인증, 소형주택에 대한 인증 등으로 나누어지며, 가장 큰 공간 단위의 녹색건축인증 평가지표는 공공주택 단위의 인증이 해당된다.

그림 2-6. G-SEED 평가항목

대표적인 최우수평가 사례로는 제1장에서 설명한 정부세종청사 건물을 들 수 있다. 이중에서 행복중심복합도시 정부청사 1-1구역은 Ionic Plane과 Landscape Plane이라는 두 가지의 구역을 정의하고, 외부로부터 정부청사의 녹지공간을 연결시킬 수 있는 CTL (Continuous Tangential Line)의 조형원리를 적용하였다. 대규모의 옥상정원을 보유하고 있으며, 정부청사 전체 빌딩을 연결한 옥상정원은 2016년 기준으로 세계에서 가장 큰 옥상정원으로 기네스북에 등재되기도 하였다.

4절 요약

1. IPCC의 기후변화 영향평가 방법은 기후변화 취약성 평가에 중점을 둔다. 기후변화에 대한 노출, 민감도, 적응능력을 이용하여 기후 취약성을 평가하는데, 자연 재난재해의 피해도 이와 유사한 방식으로 측정된다. 또한, 노출의 형태와 민감도에 따라 재난 피해의 규모가 달라질 수 있다.

2. 도시홍수는 도시 내에서 발생하는 홍수로, 지나친 도시화와 산업화, 불투수면적의 비율 증가가 주요 원인이다. 도시 홍수는 하천홍수와 돌발홍수를 동반할 수 있으며, 산사태 등이 발생할 경우 피해 규모가 커진다. 특히 해안 도시에서는 태풍과 동반된 홍수가 발생할 수 있으며, 해수면 상승과 범람으로 인해 피해가 커질 수 있다. 도심지에서 홍수가 발생하면 오염된 물이 유입되어 질병 등의 2차적 피해를 야기하고, 취약 계층에게는 피해와 위험성이 더 크게 작용한다.

3. 도시열섬 현상은 도시지역이 주변 녹지보다 더 높은 온도를 가지는 현상이다. 이 현상은 에너지 사용으로 발생한 열이 외부로 탈출하지 못하여 발생한다. 도시열섬은 폭염과 밀접한 관계가 있으며, 최근 이상기온 현상의 증가와 도심지의 무분별한 개발로 인해 그 피해가 더욱 커지는 추세이다.

4. 산불은 산림에서 발생하는 화재를 총칭하며, 이는 자연적이거나 인간의 행위에 의해 발생할 수 있다. 산불은 습도가 낮고 강수량이 적은 봄철에 많이 발생하며, 그 피해와 확산 속도는 바람의 속도에 따라 달라진다. 산불은 산림의 파괴 뿐만 아니라, 생태계의 균형을 깨뜨리고 주변의 생명과 재산에도 큰 피해를 줄 수 있다.

5. 산사태는 지반의 토사나 암반이 침식되어 유출되는 현상을 의미한다. 이는 주로 강우나 지진으로 인해 발생하며, 장마철이나 폭우 시에는 그 피해가 더욱 커진다. 산사태는 상류에서 발생하여 하류로 내려갈수록 더 큰 피해를 줄 수 있으며, 산지와 가까운 주거지역에서도 발생할 수 있다. 최근에는 이를 해결하기 위해 사방사업을 도입하고 있다.

6. 이러한 재난재해를 평가 및 적응하기 위한 모델로 HCFD 모델이 제안되고 있으며, HCFD 모델은 재난과 도시의 용량을 나타내는 관계식이다. 관계식은 하기와 같이 나타낼 수 있다.

$$H \times HF \le C_c \times CF_c + I[C_i, C_g] \times CF_{I[i,g]}$$

7. 재난재해의 규모와 도시의 용량은 각각에 용량 계수를 포함하여 평가하며, 도시의 안전성을 평가한 안전계수 SF는 하기식과 같이 표현할 수 있다.

$$SF = \frac{C_c \times CF_p + I[C_i, C_g] \times CF_{I[i,g]}}{H \times HF}$$

8. LEED는 미국의 녹색건축위원회(USGBC, U.S Building Council)에서 개발한 국제적인 녹색건물 인증제도로, 건축물의 평가 및 녹색건축, 건설의 유지관리를 위한 전반적인 평가 시스템을 포함하고 있다. 미국은 대부분의 건물 개발에 LEED 인증제도를 적용하고 있으며, 캐나다는 이 시스템을 활용하여 건축물의 인증 등급에 따른 세금 인센티브 및 패널티를 부여하고 있다.

9. LEED v 4.1에서는 도시와 커뮤니티를 평가하기 위해 LEED for Cities and Communities를 개발하였으며, 이는 자연 시스템 및 생태계, 교통 및 토지 이용, 수자원 효율성, 에너지와 탄소배출, 재료 및 자원, 삶의 질, 혁신, 지역 우선순위 등 총 8가지 항목을 평가한다. 특히 에너지와 탄소배출 및 교통 토지이용 분야에서 고득점을 주고 있어, 탄소배출 완화 및 토지 이용에 대한 객관적 평가가 중요하다는 것을 보여준다.

10. G-SEED는 환경부와 국토교통부의 주무부처 아래 운영되며, 건축물에 대한 친환경성을 평가한다. 이 시스템은 건축물 뿐만 아니라 근린 및 그린인프라 설계에도 적용 가능한 평가 항목을 포함하고 있어, 국내의 다양한 사례에 적용된다. 에너지 절약과 환경오염 저감에 기여한 건축물에 대해 친환경 인증을 부여하며, 건축물의 전 생애주기(Life-Cycle)를 대상으로 환경에 영향을 미치는 요소를 평가하는 시스템이다.

"Climate change is one of the greatest threats we face,
and cities have a major role to play in addressing it."

\- Michael Bloomberg -

5절 예제

1. IPCC의 기후변화 영향평가 방법은 어떠한 요소들에 중점을 두고 있는가?

2. 홍수의 유형을 분류하고 피해 양상에 대해서 서술하시오.

3. 취약 계층이 도시홍수에 더욱 큰 피해와 위험성을 갖는 이유는 무엇인가?

4. 도시열섬에 대해서 설명하고, 폭염의 정의에 대해서 서술하시오.

5. 산불의 주요 원인과 생태계에 미치는 영향을 서술하시오.

6. 산불을 정의하고, 어떻게 구분되는지 설명하시오.

7. 침식과 산사태의 관계를 정의하고, 가속침식을 세부적으로 분류하시오.

8. 산사태의 저감 방안으로 주목받고 있는 사방사업과 이를 연구하는 사방공학에 대해 서술하시오.

9. HCFD 모델의 개념에 대해서 설명하고, 모델의 식에서 각 변수의 의미를 정의하시오.

10. HCFD 모델의 식을 활용하여, 주어진 가정 하에서 도시가 안전한 상태인지를 평가하고 안전계수(SF)를 구하시오. 만약 안전하지 않다면 얼마만큼의 용량이 필요한지 계산하시오.

HCFD 모델 식: $H \times HF \leq C_c \times CF_c + I[C_i, C_g] \times CF_{I[i,g]}$ (1)

안전계수: $SF = \dfrac{C_c \times CF_p + I[C_i, C_g] \times CF_{I[i,g]}}{H \times HF}$ (2)

가정: ⓐ 특정 재난의 위험도 (H): 500
ⓑ 재난계수 (HF): 1.2
ⓒ 현재 도시의 수용가능 용량 (C_c): 350
ⓓ 용량 계수 (CF_c) = 0.8
ⓔ 그레이 인프라와 그린 인프라 상호작용 용량 $I[C_i, C_g]$ = 200
ⓕ 상호작용 계수 $CF_{I(i,g)}$ = 0.9

11. LEED (Leadership in Energy and Environmental Design) 인증제도의 개발 목적과 평가 대상을 설명하시오.

12. 한국의 G-SEED 인증제도와 LEED 인증제도의 공통점과 차이점을 서술하고, 국내외 사례들을 찾아서 서술하시오.

참고문헌

[논문]

1. Choi, Y., Kang, J., & Kim, J. (2021). Urban flood adaptation planning for local governments: Hydrology analysis and optimization. International Journal of Disaster Risk Reduction, 59, 102213.
2. Corburn, J. (2009). Cities, climate change and urban heat island mitigation: Localising global environmental science. Urban studies, 46(2), 413-427.
3. Fan, Y., Li, Y., Bejan, A., Wang, Y., & Yang, X. (2017). Horizontal extent of the urban heat dome flow. Scientific reports, 7(1), 11681.
4. Jang, G., & Kim, S. (2021). Are decline-oriented strategies thermally sustainable in shrinking cities?. Urban Climate, 39, 100924.
5. Jeong, J., Hong, T., Ji, C., Kim, J., Lee, M., & Jeong, K. (2016). Development of an evaluation process for green and non-green buildings focused on energy performance of G-SEED and LEED. Building and Environment, 105, 172-184.
6. Kim, J., Lee, J., Hwang, S., & Kang, J. (2022). Urban flood adaptation and optimization for net-zero: Case study of Dongjak-gu, Seoul. Journal of Hydrology: Regional Studies, 41, 101110.
7. Kim, J., & Kang, J. (2022). Evaluating the efficiency of fog cooling for climate change adaptation in vulnerable groups: A case study of Daegu Metropolitan City. Building and Environment, 217, 109120.
8. Kim, J., & Kang, J. (2023). Development of hazard capacity factor design model for net-zero: Evaluation of the flood adaptation effects considering green-gray infrastructure interaction. Sustainable Cities and Society, 96, 104625.
9. Kim, S. Y., & Kim, B. H. (2017). The effect of urban green infrastructure on disaster mitigation in Korea. Sustainability, 9(6), 1026.
10. Lee, H. S. (2014). Assessment Items of Outdoor Environment through Analysis of SITES-Focused on the Comparison with G-SEED and LEED. KIEAE Journal, 14(4), 11-18.
11. Liu, W., Chen, W., & Peng, C. (2014). Assessing the effectiveness of green infrastructures on urban flooding reduction: A community scale study. Ecological Modelling, 291, 6-14.

12. Marando, F., Salvatori, E., Sebastiani, A., Fusaro, L., & Manes, F. (2019). Regulating ecosystem services and green infrastructure: Assessment of urban heat island effect mitigation in the municipality of Rome, Italy. Ecological Modelling, 392, 92-102.

13. McCarthy, J. J., Canziani, O. F., Leary, N. A., Dokken, D. J., & White, K. S. (Eds.). (2001). Climate change 2001: impacts, adaptation, and vulnerability: contribution of Working Group II to the third assessment report of the Intergovernmental Panel on Climate Change (Vol. 2). Cambridge University Press.

14. Mok, S. S., Cho, D. W., & Park, A. R. (2014). A comparative study on office building criteria between G-SEED and LEED. KIEAE Journal, 14(1), 59-66.

15. Parker, D. E. (2010). Urban heat island effects on estimates of observed climate change. Wiley Interdisciplinary Reviews: Climate Change, 1(1), 123-133.

16. Piao, Y., Lee, D., Park, S., Kim, H. G., & Jin, Y. (2022). Forest fire susceptibility assessment using google earth engine in Gangwon-do, Republic of Korea. Geomatics, Natural Hazards and Risk, 13(1), 432-450.

17. Sharma, J., & Ravindranath, N. H. (2019). Applying IPCC 2014 framework for hazard-specific vulnerability assessment under climate change. Environmental Research Communications, 1(5), 051004.

18. Song, K., Seok, Y., & Chon, J. (2023). Nature-Based Restoration Simulation for Disaster-Prone Coastal Area Using Green Infrastructure Effect. International journal of environmental research and public health, 20(4), 3096.

19. Stewart, I. D. (2011). Redefining the urban heat island (Doctoral dissertation, University of British Columbia).

20. Tingsanchali, T. (2012). Urban flood disaster management. Procedia engineering, 32, 25-37.

21. Webber, J. L., Fletcher, T. D., Cunningham, L., Fu, G., Butler, D., & Burns, M. J. (2020). Is green infrastructure a viable strategy for managing urban surface water flooding?. Urban Water Journal, 17(7), 598-608.

22. Zuniga-Teran, A. A., Gerlak, A. K., Mayer, B., Evans, T. P., & Lansey, K. E. (2020). Urban resilience and green infrastructure systems: Towards a multidimensional evaluation. Current Opinion in Environmental Sustainability, 44, 42-47.

23. Xu, R., Yu, P., Abramson, M. J., Johnston, F. H., Samet, J. M., Bell, M. L., ... & Guo, Y. (2020). Wildfires, global climate change, and human health. New England Journal of Medicine, 383(22), 2173-2181.

[저서]

1. D.J. Parker. (2000). Floods. Brunner-Routledge
2. Sustainable Buildings and Infrastructure
3. 기후변화 27인의 전문가가 답하다
4. 신고 사방공학, 향문사, 전근우

[홈페이지]

1. Georgia Institute of Technology. (2023). https://facilities.gatech.edu/node/716

[법령]

1. 자연재해대책법 제6절. 폭염.(2020).

3장

그린인프라공학과 도시홍수 방재

"It's only when the tide goes out that you discover who's been swimming naked."

- Warren Buffett -

학습 목표

- ✓ 도시홍수에 대해서 수문학적으로 이해하고, 그 피해 증가 원인을 말할 수 있다.
- ✓ 도시홍수에 대응하기 위한 기술적/공간적 근거기반 설계를 수행할 수 있다.
- ✓ 그린인프라와 그레이인프라를 활용하여 도시홍수를 평가할 수 있다.
- ✓ HCFD 모델을 활용하여 도시홍수의 안전성 증감을 평가한다.

1절 도시홍수의 수문학적 이해

본 장에서는 도시홍수에 작용하는 수문학적 원리와 그 작용 현상에 대한 고찰을 시도한다. 본 장의 내용은 윤용남 저자의 「수문학 - 11장. 도시수문 및 도시유출관리」와 미국환경청(US EPA, US Environmental Protection Agency)에서 발간한 가이드라인을 참고한다.

1) 도시홍수의 개념

물은 일반적으로 증발과 증산, 강우의 순환과정을 거치지만, 도시 지역의 수문학적 특성은 타 자연하천 유역과는 다른 특징을 갖는다. 그 이유는 크게 두 가지로 나눌 수 있는데, 자연하천은 투수될 수 있는 지표면이 매우 많은 반면, 도심지의 지표면은 불투수면적이 크기 때문이다. 도심지 내에서는 이러한 불투수면적의 단점을 해소하기 위해서 인위적인 배수 시스템을 도입한다(Fletcher et al., 2013).

도시수문학(Urban Hydrology)에서 다루는 공학적 문제는 강수로 인해 발생하는 도시배수시스템 내에서 첨두홍수량과 홍수체적, 그리고 최대 수위를 조절하는 것이다. 이를 위해서 도시하천 지역의 유출을 계산하는 방법론 고찰이 선행되어야 한다. 일반적으로 도시홍수를 평가할 때, 홍수량과 비점오염원으로 인한 수질을 동시에 평가하는 것이 일반적이지만, 본 저서에서는 유출과 관련된 사항만을 다룬다. 또한, 최근 많이 사용되고 있는 유출계산방법과 전산 기반의 도시수문 모형을 고찰함으로, 수문학적 계획 및 설계에 필요한 기초 지식을 키운다. 구체적으로 그린인프라가 수문모형(Urban Hydrologic Simulation Model) 내에서 사용되는 전산학적 원리 및 지배방정식에 대해서도 고찰한다.

2) 도시수문학의 접근방법

도시수문학의 접근방법은 크게 경험적 방법(Empirical Methods)과 물리기반 방법(Physics-based Methods)로 구분할수 있다. 경험적인 방법은 실측 강우와 유출자료로부터 유도된 관계식을 사용하는 반면, 물리기반 방법은 물리법칙과 흐름방정식을 사용하여 유출현상을 재현시킨다(윤용남. 2010).

도시수문학에서는 유출의 의미를 이해하는 것이 매우 중요하다. 유출은 내린 강우가 지표상의 수로 등을 통해 하천수를 형성하는 것을 뜻한다. 크게 지표면유출(Surface runoff)과 지표하유출(Subsurface runoff)로 나누어 구분할 수 있다. 지표면유출은 지표면을 따라 흐른 물이 하천이나 수로를 통해 유역의 출구에 도달하는 것을 뜻하며, 지표하유출은 강수가 지표토층에 침투한 뒤 토양 상부층에서 유역의 출구를 통해서 이동하는 유출을 뜻한다.

일반적으로 유출에 영향을 주는 요소들은 강수, 차단, 증발 및 증산 등이 있다. 한 유역에 내리는 최초의 강수는 일반적으로 차단, 증발, 증산, 침투되고 나머지 우수만 유출된다. 유출에 영향을 주는 요소들은 크게 기후학적 인자, 유역특성인자, 지상학적 인자 등으로 구분할 수 있으며 각각에 대한 특징은 하기와 같다.

① 기후학적 인자

- 강수

강수는 대기 중의 수증기가 응축하여 지표면에 내리는 모든 종류(비, 눈, 서리 등)의 기후인자를 뜻하며, 유출에 가장 큰 영향을 미치는 요소 중 하나이다. 강수는 일반적으로 식물과 동물이 생존하기 위한 자원으로 활용되지만, 우리나라의 경우 하계의 강수가 집중되어 홍수를 일으키기도 한다. 강수의 유형과 강우강도, 지속시간, 시공간적 분포, 이동 방향 등은 모두 유출에 크게 영향을 미친다.

홍수가 일어나기 위해서는 일반적으로 매우 강한 비를 뜻하는 호우(Heavy Precipitation)가 발생하여야 하는데, 호우가 발생하기 위한 일반적인 조건은 크게 네 가지로 구분된다. 아래의 조건들은 열에너지에 의해 따뜻해진 공기가 상승하여 대규모의 냉각이 이루어질 때 발생한다.

- 공기를 이슬점(dew point)까지 냉각시킬 수 있어야 함
- 수분입자를 형성시킬 수 있는 응결핵(Condensation nuclei)이 존재하여야 함
- 응결된 작은 수분입자를 점점 크게 할 수 있어야 함
- 충분한 강도의 수분을 집적할 수 있어야 함

강수는 따뜻한 기단의 상승요인에 따라 크게 표 3-1과 같이 세 가지로 구분할 수 있다(Houze Jr. 2012). 대류형 강수와 선풍형 강수는 평야 및 도시 지역에서 쉽게 볼 수 있으며, 가장 일반적인 물순환 과정 중 하나이다.

< 표 3-1. 기단 상승요인에 따른 강수의 유형 >

개념	정의
대류형 강수 (Convective Precipitation)	• 대기 중의 뜨거운 공기가 빠르게 상승하면서 발생하는 강수현상 • 따뜻하고 가벼워진 공기가 대류현상에 의해 차갑고 밀도가 큰 공기 속으로 상승할 때 발생 • 이슬점에 도달한 수증기가 물방울이나 얼음 결정으로 응축되어 구름을 형성하며, 충분한 양의 수분이 함유되면 결정이 중력에 의해 땅에 떨어지게 되는 현상
선풍형 강수 (Cyclonic Precipitation)	• 저기압 지역으로 몰려드는 기단이 상승되어 발생하는 강수 • 크게 전선형 강수와 비전선형 강수로 구분할 수 있으며, 전선형 강수는 한 쪽 면의 차갑고 밀도가 큰 기단 위로 따뜻한 기단이 발생할 때 생성되는 전선임 • 일반적으로 온난전선형 강수와 한랭전선형 강수로 구분되며, 한랭전선이 온난전선보다 빠른 특징을 갖음
산악형 강수 (Oropraphic Precipitation)	• 산이나 고지대와 같은 지형의 높은 부분을 따라 높은 부분을 올라갈 때 발생하는 강수현상 • 습윤한 기단을 운반하는 바람이 산맥을 부딪쳐 산 위로 상승할 때 발생함 • 산악형 강수는 바람의 방향, 지형의 경사, 기온 및 습도와 같은 영향을 많이 받으며, 바람이 불어오는 사면에는 강한 강수가 발생하지만, 배사면에는 상대적으로 건조한 현상 관찰됨

우리나라의 경우 6월부터 7월에 걸쳐 장마전선에 의한 호우를 관찰할 수 있는데, 이는 해양성 기단인 오호츠크해 고기압과 온난다습한 북태평양 고기압의 충돌로 발생한다. 5월부터 11월 사이에는 열대성 저기압으로 인한 태풍(Typhoon)이 발생하기도 하는데, 이러한 태풍은 많은 양의 비와 빠른 풍속으로 인해서 큰 규모의 수 재해를 입힌다.

- 차단

차단(Interception)은 강수가 지표면에 도달하기 전에 식생피복, 건물 및 기타 표면에 의해 포착 또는 중단되는 현상을 뜻한다. 유출의 차원에서 살펴보았을 때 차단은 우수의 보류효과가 있지만, 홍수의 경우와 같이 짧은 시간에 걸친 경우에는 홍수 유출에 크게 영향을 미치지는 않는다. 식물의 잎, 가지, 줄기는 표면적, 구조, 강수 강도에 따라 다양한 양의 물을 저장할 수 있으며, 보류된 물은 대기중으로 다시 증발되거나 천천히 땅으로 떨어져 흐른다.

- 증발과 증산

증발과 증산은 기온, 바람, 상대습도, 태양복사열 등의 기후 인자에 따라서 크게 좌우된다. 증발과 증산 역시 일반적으로 유출을 감소시키는 역할을 수행한다. 증발은 물이 액체에서 기체 상태로 변화하는 과정으로, 지표수, 토양, 식물 표면에서 물 분자가 에너지를 흡수하여 기체 상태로 떠오르는 현상을 뜻한다. 증산은 식물이 물을 소비하고 뿌리에서 잎으로 이동시킨 다음, 잎의 기공을 통해 기체 상태의 물 분자를 대기 중으로 방출하는 과정이 포함된다. 최근에는 증발과 증산을 합쳐 증발산(Evapotranspiration)이라는 표현을 사용하며, 수자원과 관련된 응용 분야에서 활용된다.

② 유역 특성인자

유역은 하천의 임의 횡단면을 통과하는 하천유량의 지역적 범위를 뜻한다. 유출에 영향을 주는 인자는 하기와 같다.

- 유역면적과 유역의 길이

유역면적(Watershed)은 분수계로 둘러싸이는 지역의 수평투영면적을 의미하며, 수치지도(DEM, Digital Elevation Models)를 사용하여 결정할 수 있다. 유역면적은 강, 호수, 습지 또는 지하수 등의 특정 수계에서 직접적으로 물을 수용하는 지역의 면적을 뜻한다. 일반적으로 유역의 면적은 하기의 식과 같이 정의될 수 있다.

$$Q = cA^m \tag{3.1}$$

여기에서 Q는 평균유출량 등의 유량(m^3/sec)을 뜻하며, A는 유역면적(km^2)이며, c, m은 회귀상수를 뜻한다.
일반적으로 유역면적이 클수록 유출량의 총 합도 커지며, 유수의 도달시간도 길어진다.
유역의 길이는 유역의 출구로부터 유역의 주된 유로(Principal flow path)를 따라 유역분수계까지 측정한 길이로 정의된다. 유역의 길이는 하기의 식과 같이 정의된다.

$$L = kA^m \tag{3.2}$$

여기에서 L은 유역의 길이(km)를 뜻하며, A는 유역의 면적(km^2) 이며, k, m은 회귀상수를 뜻한다. k와 m의 값은 지형, 지질, 기후 등의 특성에 따라 다르며, 유역의 길이 역시 유역의 면적과 비례하여 커짐을 알 수 있다.

- 유역의 평균경사와 평균고도

유역의 평균경사(Watershed mean slope) S는 유역의 주된 유로를 따르는 유역 표고의 변화율 혹은 유역 내에서 물이 이동하는 경로의 평균 경사도를 뜻한다. 유역평균경사를 구하는 식은 하기와 같다.

$$S = \frac{\triangle E}{L} \tag{3.3}$$

여기에서 $\triangle E$는 유역의 최대표고차(m)이며, L은 표고차이가 설정된 두 지점 간의 수평거리(m)이다. 하지만 일반적으로 유역평균경사 식은 큰 값을 가짐으로 보다 정확한 값을 구하기 위한 다른 보완 식들이 사용된다.

Horton (1932)의 방법은 주요 유출경로를 따라 수평 및 수직 경사를 결합하여 경사를 추정하는 것으로, 유역의 경계선을 표시한 유역도와 격자망을 활용한다. 유역 경계선 내에 있는 가로 격자선의 거리를 축적에 맞추어 이들의 합 L_H를 구하고, 세로 격자선에 대해서도 동일한 방법으로 세로 격자선 거리의 합 L_V를 구한다. 다음으로는 가로 격자선이 등고선과 만나는 점의 수 N_H와 세로 격자선이 등고선과 만나는 점의 수 N_V를 구하면 유역 평균경사 S는 다음과 같이 구할 수 있다.

$$S = \frac{1}{2}(S_{V+}S_H) \tag{3.4}$$

여기에서, 평균세로경사 S_V와 평균가로경사 S_H는 다음과 같이 정의된다.

$$S_V = \frac{N_V h}{L_V} \tag{3.5}$$

$$S_H = \frac{N_H h}{L_H} \tag{3.6}$$

여기에서, h는 등고선 간의 간격이다.

유역평균고도를 구하는 공식에는 교점법이 일반적으로 사용되며, 교점법을 구하는 식은 하기와 같이 정의된다.

$$EL. = \frac{\sum_{i=1}^{N} H_i}{N} \tag{3.7}$$

여기에서 H_i 는 유역경계선과 격자선이 만나는 점을 제외한 유역 내부의 각 격자점의 고도를 뜻하며, N은 격자점의 수를 뜻한다(그림 3-1).

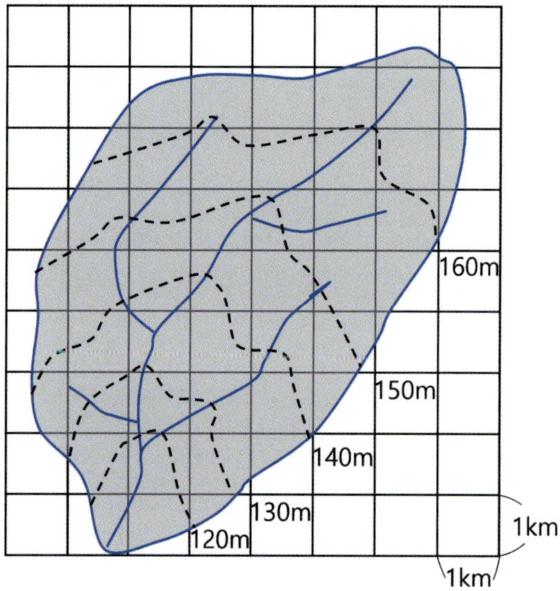

그림 3-1. 유역평균경사 결정법(교차법)

③ 하천유로 특성인자

하천유로특성(Channel Characteristics)에는 하천연장, 하천경사, 하천밀도, 하천의 횡단면 특성 및 조도특성 등이 있다. 하천유로특성을 이해하기 위해서는 기본적인 하천망(Stream network)를 이해할 필요가 있는데, 하천망이란 유역의 지형이 기후학적 및 지질학적 영향을 받아 장기간에 걸쳐 형성되어 물을 유역 출구 지점으로 흘려보내는 본류 및 지류의 계층적인 시스템이다. Horton(1945)는 하천망의 특성을 표현하기 위해 하천차수(Stream Order)를 표현하여 제안하였다(그림 3-2).

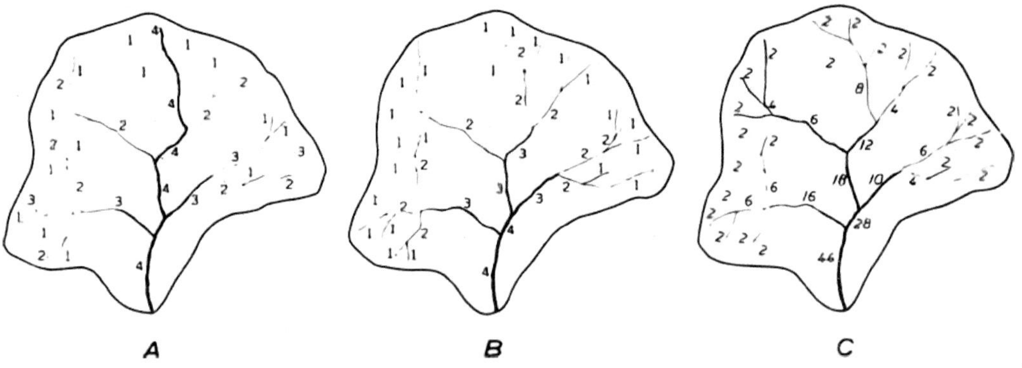

그림 3-2. 하천차수 시스템(Stream Order) (Horton. 1945)

- 하천연장과 하천경사

하천연장은 하천의 주유로를 따라 유역출구지점(outlet)으로부터 지형도상에 나타난 유로의 종점까지의 거리로 정의되며, 수문학적 계산에서 유역길이를 대체하여 사용된다. 하천경사는 하천종단도상에서 임의의 두 지점간의 표고차와 수평거리의 비로 정의된다. 여기에서 하천종단도란 유역경계선으로부터 하천의 출구지점까지 하천의 수평거리에 대한 하천바닥 표고를 나타낸 곡선을 뜻한다. 가장 간단한 방법으로는 단순경사법이 사용되며, 경우에 따라 등면적경사법, 등가경사법 등이 활용된다.

- 하천유로의 조도

하천유로의 거칠기를 뜻하는 조도(Roughness)는 유출에 큰 영향을 미치는 변수 중 하나이다. 지표면의 조도가 높을수록 물의 흐름속도를 완만하게 하고 침투능을 증가시키며, 토양침식을 완화시킨다. 또한, 하천의 하도 내의 거칠기 역시 지표면 유출과 비슷한 영향을 미친다. 지표면과 하수도 모두 속도에 영향을 미치는 조도는 Manning의 조도계수를 사용하는데, 평균유속과 조도계수 n의 관계는 식(3.8)과 같이 정의된다.

$$V = \frac{1}{n} R^{2/3} S^{1/2} \tag{3.8}$$

여기에서 V는 평균유속(m/sec)이고, R은 흐름의 동수반경(m), S는 수로 경사를 뜻한다. 즉 조도가 크면 하천의 흐름 단면에 통수능은 낮아지게 된다.

- 하천밀도와 하천횡단면

하천밀도는 유역의 단위 면적당 평균 하천 길이를 뜻하며, 하천밀도가 높을수록 유역의 단위 면적당 하천 길이가 길다는 것을 의미한다. 즉, 유역에 내리는 호우에 대한 유출 응답이 빨라서 배수가 양호함을 의미하며, 토양의 투수성이 낮고 경사가 급하며 식생피복이 빈약한 지역이 일반적으로 해당한다. 하천횡단면은 소하천의 경우 V-자 형태의 단면을 가지나, 하류부로 내려갈수록 U-자형 형태의 사각형 혹은 사다리꼴 단면으로 변화하며 유역면적이 커진다.

④ 도시학적 인자

위와 같은 유역의 특성들은 일반적인 자연형태의 지역에서 지배적인 영향을 미치게 되는데, 도시 개발로 인한 지표면의 형질 변화는 도시유역의 유출 특성에 크게 영향을 주게 된다. 도시화로 인한 도시의 지표 특성 및 유출 특성 변화는 일반적으로 다음과 같은 특성을 갖는다. 토지가 도시화되면 불투수층이 증가하게 되고 유출의 전체 용적과 첨두유출량이 증가하며, 유역의 지체시간이 짧아지게 된다. 또한, 기존 관거를 활용한 집중식 우수처리방법은 하천 하류로 물을 집중하는 특성을 갖기 때문에, 하류의 첨두유출량과 유출용적을 증가시키게 된다. 도시화로 인한 유출용적의 증가는 침투와 침루를 방해하고, 지하수 함양의 부족 및 지하수위 저하를 야기한다.

도시하천의 유역에서 유출을 산정하기 위한 방법은 크게 단순 경험공식(Simple Flood Formula)과 강우-유출과정의 모형화에 의존하는 도시수문곡선(Urban Hydrograph Method) 등으로 나누어진다. 일반적으로 도시유역에서 사용되는 지배적인 단순 경험 공식은 합리식(Rational Formula)이 활용된다.

합리식은 우수유출량을 산정하는 방법 중에서 가장 널리 사용되는 방법으로, 강우가 발생하는 사건 동안 작은 집수지역에서 최대 유출량을 추정하기 위해 사용된다. 합리식은 도시유역에서 많이 사용되며, 짧은 기간에 강한 강수량이 발생할 때 가장 효과적으로 사용된다. 합리식의 일반적인 공식은 식(3.9)와 같이 정의된다.

$$Q = CIA \tag{3.9}$$

여기에서 Q는 유역출구에서의 첨두유량(ft^3/sec)이며, I는 강우강도(in/hr), A는 유역면적(ha)을 표시하며, C는 배수유역의 특성에 따라 결정되는 감소계수인 유출계수(runoff coefficient)이다. 이를 SI 단위제로 표기하기 위해서 I를 mm/hr, A를 km^2 단위로 사용할 때, m^3/sec로 표기되는 유량은 아래와 같이 표기할 수 있다.

$$Q = 0.2778\,CIA = \frac{1}{360}CIA' \tag{3.10}$$

여기에서 A'는 배수면적을 ha 단위로 표기하였을 때의 식이다.
유역면적은 일반적으로 지형도 또는 GIS를 활용하여 구할 수 있으며, 지형도를 활용하는 경우에는 구적기(Planimeter)를 활용하는 방법을 사용한다.

유출계수 (C)의 경우, 정종호 등(2023)이 발간한 수자원설계실무의 기준을 따라 아래의 표를 적용하여 계수를 산정한다(표 3-2). 강우강도 (I)는 강수량과 강수 시간을 기반으로 한 척도로, 단위시간 동안의 강우량을 뜻한다.

< 표 3-2. 토지 이용도에 따른 합리식의 유출계수 범위 >

<table>
<tr><th colspan="2">노지이용</th><th>기본유출계수</th><th colspan="3">노지이용</th><th>기본유출계수</th></tr>
<tr><td rowspan="2">상업
지역</td><td rowspan="2">도심지역
근린지역</td><td rowspan="2">0.70~0.95
0.50~0.70</td><td colspan="3">차도 및 보도</td><td>0.75~0.85</td></tr>
<tr><td colspan="3">지붕</td><td>0.75~0.95</td></tr>
<tr><td rowspan="2">주거
지역</td><td rowspan="2">단독주택
독립주택단지
연립주택단지
교외지역
아파트</td><td rowspan="2">0.30~0.50
0.40~0.60
0.60~0.75
0.25~0.40
0.50~0.70</td><td rowspan="2">잔디</td><td>사질토</td><td>평탄지
평균
경사지</td><td>0.05~0.10
0.10~0.15
0.15~0.20</td></tr>
<tr><td>중토</td><td>평탄지
평균
경사지</td><td>0.13~0.17
0.18~0.22
0.25~0.35</td></tr>
</table>

<table>
<tr><td>산업
지역</td><td>산재지역
밀집지역</td><td>0.50~0.80
0.60~0.90</td><td rowspan="8">농경지</td><td colspan="2">나지</td><td>평탄한곳
거친곳</td><td>0.30~0.60
0.20~0.50</td></tr>
<tr><td colspan="2">공원, 묘역</td><td>0.10~0.25</td><td rowspan="4">경작지</td><td rowspan="2">사질토</td><td>작물있음</td><td>0.30~0.60</td></tr>
<tr><td colspan="2">운동장</td><td>0.20~0.35</td><td>작물없음</td><td>0.20~0.50</td></tr>
<tr><td colspan="2">철로</td><td>0.20~0.40</td><td rowspan="2">중토</td><td>작물있음</td><td>0.20~0.40</td></tr>
<tr><td colspan="2">미개발지역</td><td>0.10~0.30</td><td>작물없음</td><td>0.10~0.25</td></tr>
<tr><td rowspan="5">도로</td><td rowspan="5">아스팔트
콘크리트
벽돌</td><td rowspan="5">0.70~0.95
0.80~0.95
0.70~0.85</td><td colspan="3">관개중인답</td><td>0.70~0.80</td></tr>
<tr><td colspan="2" rowspan="2">초지
중토</td><td>사질토</td><td>0.15~0.45</td></tr>
<tr><td>0.05~0.25</td><td></td></tr>
<tr><td rowspan="2">산지</td><td colspan="3">급경사 산지</td><td>0.40~0.80</td></tr>
<tr><td colspan="3">완경사 산지</td><td>0.30~0.70</td></tr>
</table>

⑤ 도시우수 유출의 전산적 해석 – EPA SWMM

- EPA SWMM의 개요와 LID 기능

EPA SWMM (Storm Water Management Model)은 U.S EPA (Environmental Protection Agency)에서 개발한 소프트웨어 패키지로, 단일의 강우사상 또는 도시 지역의 유출량 및 수질 품질에 대한 동적 해석을 수행하는 시뮬레이션 모델이다. SWMM은 도시 폭우 관리, 배수 시스템 분석, 홍수 예측 및 제어, 도시 수질평가와 같은 작업을 수행하기 위해 개발되었다(U.S. EPA, 2022).

1971년에 Mctcalf and Eddy, Inc., University of Florida, Water Resources Engineers (1971) 등이 개발한 초기 모형은 기본적인 도시의 폭우 모델링 기능을 제공하였으며, 1975년에 출시된 SWMM2 모델은 채널 유동 모델링 기능을 도입하였다. SWMM3는 수질 모델링 기능과 더불어 도로 펌프, 지류로의 이송 라우팅과 같은 기능이 포함되었고, SWMM4는 계산 속도 개선, 새로운 수리 계산 방법, 강수량, 빗물저장 시설 등 추가 모델링에 대한 개선사항이 도입되었다(표 3-3).

2000년대 초반의 SWMM은 현재 사용하고 있는 모델이 정착된 시기로, Lewis Rossman (2010)의 주도 하에 SWMM5가 개발되었으며, 사용자 정의 옵션과 저영향개발(LID, Low Impact Development)와 같은 기능이 추가되었다(william et al., 2010)(표 3-4/그림 3-3~그림 3-10). SWMM5는 오픈소스로 유지되어 엔지니어들이 수정 및 보완가능한 형태로 발전되었으며, PC

SWMM, XP SWMM, InfoWorks 등 다양한 형태의 응용 소프트웨어로 발달되었다. 본 저서에서는 EPA SWMM의 기능을 하기 표와 같이 정의하고, 소프트웨어 내에서 제공하고 있는 LID 기술을 설명한다. 미국 환경청에서는 총 8가지의 LID 기능에 대해서 제안하고 있으며, 국내에 문헌들로 해석되는 과정에서 다양하게 정의가 된다. 본 저서에서는 환경부(2018)에서 발간한 「저영향개발(LID) 기법 조경·경관 가이드라인」에서 내리고 있는 용어들을 매칭하여 기술을 정리한다.

< 표 3-3. EPA SWMM의 전산학적 기능 >

개념	정의
하천유역 모델링	• SWMM은 사용자가 필요에 따라 해석하고자 하는 지역을 더 작은 하천 유역으로 나눌 수 있고, 경우에 따라 더 크게 할 수도 있음 • 각각의 하천 유역은 토지이용, 토양 유형 및 경사 등 고유한 특성을 가지고 있음 • 도시가 가지고 있는 특성을 표현하고 유출, 침투 및 증발의 더 정확한 계산이 가능함
강수 데이터 처리 기능	• SWMM은 단일 사건 및 연속 시계열을 포함한 다양한 종류의 강수 데이터를 처리할 수 있음 • 사용자는 다양한 형식의 강수 데이터를 입력하고 공간 및 시간 패턴을 적용하여 연구 지역 내 강수의 변동성을 확인할 수 있음
물 흐름 해석	• SWMM은 수문학적 및 수리학적 방법의 조합을 사용하여 폭우가 내렸을 때, 배수 시스템을 통한 물의 흐름을 모델링할 수 있음 • 지표면의 흐름, 채널 흐름 및 파이프, 도랑 및 홈과 같이 도관을 통한 흐름이 포함됨
저장 및 처리 기능	• SWMM은 홍수 위험을 완화하고 수질을 개선하는 데 도움이 되는 저류지 및 인공 습지와 같은 다양한 유형의 저장 및 처리 시설을 시뮬레이션 할 수 있음
수질 분석 기능	• SWMM은 폭우 시스템에서 오염물질의 축적, 세척 및 운반을 모델링할 수 있어 사용자가 다양한 폭우 관리 방법의 효과성을 평가하고 우려되는 지역을 파악할 수 있음

저영향 개발 기능

- SWMM은 옥상녹화, 투수성 포장 및 빗물 정원과 같은 다양한 LID 기능을 지원함
- 유출량을 줄이고 수질을 개선하며 지하수 재충전을 촉진하는 데 사용할 수 있음

< 표 3-4. LID 기술의 정의(Fassman-Beck & Saleh, 2021) >

정의	사진	설명
식생체류지 (Bio-retention Cells)	 그림 3-3. 식생체류지	• 식물이 식생된 토양 혼합물 위에 자갈 배수층이 있는 시설임 • 강우와 주변 지역에서 흘러들어온 빗물량을 저장, 침투 및 증발시켜서 유출을 저감시킴
빗물정원 (Rain Garden)	 그림 3-4. 빗물정원	• 식생체류지와 유사한 형태의 공학적 특징을 갖지만, 자갈층이 없는 시설임
옥상녹화 (Green Roofs)	 그림 3 5. 옥상정원	• 지붕 위에 특수한 배수 또는 투수층의 토양을 설치함 • 식생 체류지를 변형하여 건축물에 설치한 시설임
침투트렌치 (Infiltration Trenches)	 그림 3-6. 침투트렌치	• 자갈로 채워진 좁은 도랑 형태의 시설, 높은 경사면에서 불투수 지역으로부터 유출을 차단함

저영향 개발 기능	투수성포장 (Permeable Pavement)	 그림 3-7. 투수성포장	• 투수성이 높은 재료를 활용하여 포장의 빗물 침투를 높이는 시설 • 경우에 따라 포장 시설 아래에 저장층을 두기도 함
	빗물통 (Rain Barrels)	 그림 3-8. 빗물통	• 지붕에서 유출된 빗물을 수집하여서 통에 저장하는 시설 • 가정용으로 많이 사용되며, 건조한 기간에 재사용이 가능함
	지붕홈통분리 (Rooftop Disconnection)	 그림 3-9. 지붕홈통분리	• 하수구 대신 빗물을 잔디 지역으로 방출하는 시설임 • 투수성 면적으로 빗물을 유출시키는 시설임
	식생 수로 (Vegetative Swales)	 그림 3-10. 식생수로	• 식생 수로는 잔디 및 기타 식물로 덮인 경사된 면이 있는 시설임 • 수집된 유출물의 운반 속도를 늦추는 역할을 함

- EPA SWMM의 계산 방식

EPA SWMM은 기본적으로 강우, 눈, 침투, 증발 등의 기상현상을 지표유출로 변환하는 방법을 모델로 반영한다. SWMM은 분산형으로 유역을 구분하기 때문에, 지형, 배수 경로, 토지 커버 및 토양 특성의 공간 변동성이 미치는 영향을 반영할 수 있다. SWMM은 비선형 저류지 모델을 사용하여 강우에 의해 발생하는 지표 유출을 추정할 수 있다. SWMM 모델은 경사 S와 너비 W를 가지며, 단일 출구의 채널로 배수되는 표면을 개념화하고, 지선형 저류지 모델을 활용하여 지표 흐름을 생성한다(그림 3-11).

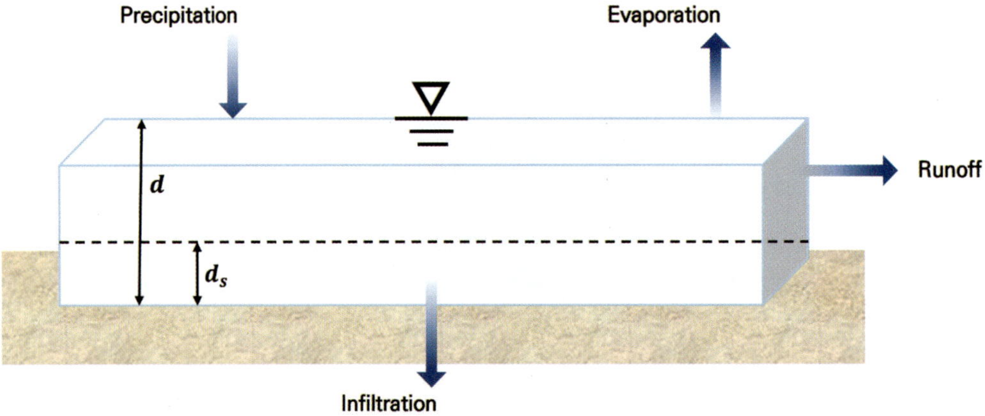

그림 3-11. 소유역의 Nonlinear reservoir 모델 (Rossman & Huber, 2016a)

가장 하류부에 위치한 하천은 강우와 눈 등의 강수의 유입을 받고, 강수는 유출 과정 및 저류 중에 증발, 침투로 인한 손실을 겪게 된다. 유출된 강수는 하천 표면 위에서부터 지표면 아래까지의 깊이 d로 저장되며, 여기에서 우리가 생각하는 저장 깊이를 d_s로 정의하며, 유출되는 수량을 q로 정의한다.

시간 단위 t로 깊이 d의 순 변화율은 하천에서의 유입과 유출로 정의되며, 이는 아래의 식과 같이 표현할 수 있다.

$$\frac{\partial d}{\partial t} = i - e - f - q \tag{3.11}$$

여기에서 i(ft/s)는 강우량과 눈의 융해로 인해 발생하는 강수량을 뜻하며, e는 표면 증발율(ft/s), f는 침투율(ft/s), q는 유출률(ft/s)로 표현된다. 여기에서 i, e, f 및 q는 단위 면적당 흐름율(ft/s)로 표현된다.

이 때, 유출의 부피 유량은 manning 공식을 활용하여 Q로 표현할 수 있다.

$$Q = \frac{1.49}{n} S^{1/2} R_x^{2/3} A_x \tag{3.12}$$

여기에서 n은 표면의 거칠기를 뜻하는 조도계수이며, S는 유역의 평균 경사도(ft/ft), A_x는 유출이 흐르는 부분 유역의 면적(ft^2)을 뜻하며, R_x는 동수반경(ft)을 뜻한다. 이를 SI 단위제로 표기하기 위해서 S를 (m), A를 m^2 단위로 사용할 때, R_x를 m로 표기하면 하기와 같이 표기할 수 있다.

$$Q = \frac{1}{n} S^{1/2} R_x^{2/3} A_x \tag{3.13}$$

EPA SWMM에서 사용하는 수리학(Hydraulic)적 지배방정식은 Saint-Venant equations으로 정의된다. Saint-Venant equations은 물이 얕은 수로에서 흐름을 설명하는 편미분 방정식이다. Saint-Venant 방정식은 수평 길이 척도에 비해 수심이 얕은 강, 채널 및 기타 개방형 수로에서 물의 흐름을 모델링하는데 널리 사용된다.

Saint-Venant equations은 점성을 가진 유체 비선형 유체방정식 중 하나인 Navier-Stokes equations에서 단순화되어 도출되었다. Navier-Stokes equation에 대해서는 4장 2절에서 자세하게 알아본다. Saint-Venant equations는 크게 연속 방정식(질량 보존)과 모멘텀 방정식(운동량 보존) 총 두 가지로 구분된다.

연속 방정식과 모멘텀 방정식은 크게 네 가지의 가정을 가지고 도출되었다. ⓐ 물의 흐름은 1차원이다. ⓑ 물의 압력은 정압력이다. ③ 관로 내 침상 기울기 각의 코사인은 1에 가깝다. ⓓ 경계 마찰은 정상 유동에 대한 것과 동일한 방식으로 표현된다.

연속 방정식(Continuity equation): $\dfrac{\partial A}{\partial t} + \dfrac{\partial Q}{\partial x} = 0$ (3.14)

모멘텀 방정식(Momentum equation): $\dfrac{\partial Q}{\partial t} + \dfrac{\partial (Q^2/A)}{\partial x} + gA\dfrac{\partial H}{\partial x} + gAS_f = 0$

(3.15)

여기에서 x는 수평공간에 대한 거리(m), t는 시간(sec), A는 유체 흐름에 대한 단면적(m^2), Q는 유량의 단위(m^3/s), H는 수로 내에서의 수두를 뜻하며($Z+Y$)(m), Z는 수로 내의 바닥 표고(m), Y는 수로 내 물의 깊이(m), S_f는 마찰계수(단위길이당 손실수두), g는 중력가속도(m/sec^2)를 뜻한다.

Saint-Venant 방정식은 해를 구하기 때문에 수문학적 홍수추적방법보다 정확한 해를 구할 수 있는 방법으로, 정통 수리학(Hydraulics) 분야의 해석기법에 해당한다. Saint-Venant 방정식은 수치해석 기법을 활용하여 해석할 수 있는데, 수치해석의 종류는 크게 유한 차분법

(Finite Difference Method), 유한 요소법(Finite Element Method), 유한 체적법(Finite Volume Method) 등으로 나누어진다. 일반적으로 수리해석에서 Saint-Venant 방정식을 해석하기 위한 방법으로 유한차분법이 채택되고 있으며, 유한차분법은 양해성 유한차분법과 음해성 유한차분법으로 나누어진다. 유한차분법, 유한요소법, 유한체적법에 대한 각각의 설명은 하기와 같다(표 3-5).

< 표 3-5. 유한차분법, 유한요소법, 유한체적법의 정의 >

구분	정의
유한차분법 (FDM, Finite Difference Method)	• 미분항을 차분으로 근사화하여 연속적인 미분방정식을 이산화하는 방법 • 비교적 계산하기 편하다는 장점이 있음 • 해석 형상이 복잡해질수록 좌표축 방향으로 변화율 정의가 어려움
유한요소법 (FEM, Finite Element Method)	• 연속적인 미분방정식을 요소별로 근사하고, 이를 요소별로 연결하여 전체 시스템을 해결하는 방법. 가중잔차법 등을 활용함 • 유동장이 복잡한 형상에서도 최적으로 대응할 수 있는 특징을 가짐 • Abaqus 등 가장 많은 엔지니어링 및 물리학 분야에서 사용되는 방법론 중 하나로 올바르게 적용될 경우 정확한 해를 제공할 수 있음 • 해석에 대한 많은 계산을 요구하므로, 계산하기 난해함 • 전산적 해석 시에는 형상을 설계하기 어려울 수 있으며, 고사양의 컴퓨터 자원을 요구
유한체적법 (FVM, Finite Volume Method)	• 연속된 형상을 작은 부피들로 나누어 연속적인 미분방정식을 이산화하는 방법 • 질량, 모멘텀, 및 에너지 보존 법칙에 기초하여 개발됨 • 전산유체해석을 활용하여 액체와 기체 등에 대한 해석을 쉽게 할 수 있음 • STAR-CCM+, FLOW-3D, ANSYS CFX 등 기계 및 환경 분야해석을 위한 다양한 전산유체역학 해석 프로그램 등이 존재함 • 비교적 복잡한 형상이나 비구조화된 그리드에도 쉽게 적용할 수 있음 • 많은 계산을 필요하고, 대공간의 해석 시에는 고사양의 컴퓨터 자원을 요구함 • 비선형 해석에서 불확실성을 보이며 수렴에 문제를 보일 수 있음

- 소유역의 구분과 시간해석 고려

EPA SWMM은 소유역(Subcatchment)을 구분하는데 있어 크게 두 가지의 방법을 채택한다(Rossaman & Huber, 2017). 첫 번째는 강우가 토양으로 침투할 수 있는 투수성 면적과, 지붕 및 도로 등을 뜻하는 불투수성 표면으로 구분된다. 즉, 사용자가 SWMM 프로그램 내에서 소유역의 불투수 면적을 정의함으로 기본적인 유출이 결정된다. 불투수 면적은 저류층의 여부에 따라서 저류층이 있는 불투수층, 저류층이 없는 불투수층 두 가지로 나누어지기도 한다.

EPA SWMM 내에서 표면 유출을 평가할 때는 크게 두 가지의 옵션을 선택할 수 있다. 첫 번째는 습한상태(Wet Step)의 단계로, 강수와 지표의 흐름이 있는 것을 고려하는 방법이며, 두 번째는 강우의 입력 값이 없는 건조상태(Dry Step) 단계이다. 하지만, 일반적으로 도시방재론에서 다루는 상태는 홍수가 나거나 장시간 일어나는 장마철을 해석함으로, 본 저서에서는 습한 상태의 강수를 다룬다. 강수는 일반적으로 정수 형태의 간격으로 시간 데이터를 입력한다. 이 때, 유출과 홍수 값을 살펴보기 위해서 시뮬레이션의 모니터링 데이터는 강수 시간보다 길게 설정되어야 한다.

SWMM은 일반적으로 예정되거나 계획되지 않은 도심지 지역의 유출을 모의 및 분석하기 위해서 사용되는데, 이때 우리는 크게 두 가지의 강우 데이터를 고려할 수 있다. 첫 번째는 경험치에 의한 실데이터를 사용하는 것으로, 주로 모델의 검증을 위해 사용된다. 실제 강우 데이터는 IoT 시설과 Sensor를 활용한 실시간 모니터링 기술의 발전으로 최근들어 그 사용 빈도가 늘어나고 있다. 수문학에서 일반적으로 사용하는 예측 강우 사상은 확률 강우강도(Probability of precipitation)가 많이 사용되며, 최근에는 기후예측을 위한 기후변화 시나리오 등이 활용된다. 일반적으로 강우강도는 재현시간과 강우지속시간의 함수로 계산되는 것이 일반적이다. Bernard (1932)에 의해 설계된 확률강우의 일반적인 식은 하기와 같이 표기된다.

$$I(T,t) = \frac{kT^x}{t^n} \tag{3.16}$$

여기에서 I는 강우강도(mm/hr), T는 재현기간(years), t는 강우지속시간(min)이며, k, x, n은 지역에 따라 회귀분석에 의해 결정되는 상수이다.

홍수량산정지침(2019)에 따르면, 최근의 확률강우량은 지역빈도해석을 권장하고 있으며, 지역빈도해석의 수행이 어려운 경우에는 지점빈도 해석을 수행하기도 한다. 확률강우량이 없는 경우에는 내삽에 의한 보간을 하기 위해 강우강도식을 활용하기도 한다. 강우 강도식의 형태로는 Talbot형, Sherman형, Japanese형, Semi-Log 형 등과 같은 식이 활용된다.

$$\text{Talbot 형: } I(t) = \frac{a}{t+b} \tag{3.17}$$

$$\text{Sherman 형: } I(t) = \frac{a}{t^n} \tag{3.18}$$

$$\text{Japanese 형: } I(t) = \frac{a}{\sqrt{t}+b} \tag{3.19}$$

$$\text{Semi-Log 형: } I(t) = a + b\log(t) \tag{3.20}$$

$$\text{General 형: } I(t) = \frac{a}{t^n + b} \tag{3.21}$$

수문 시설 설계 등을 위해 확률강우량이나 기후변화 시나리오를 사용할 때는 강우의 시간 분포를 고려해주어야 한다. 이는 지속 기간별 강우의 총량이기 때문에 지속시간 내 강우의 시간적 변화를 반영하지 못한다는 단점을 가진다. 이에 EPA SWMM 내 시간 데이터를 입력하여 홍수량 및 유출량을 평가하기 위해서는 시간적 분포를 고려한 강우주상도의 작성이 필요하다. 강우의 시간분포 방법에는 Huff 방법이 가장 널리 이용되고 있으며, Mononobe 방법, Keifer & Chu 방법, Pilgrim & Cordery 방법, Yen & Chow 방법 등이 있다. 최근에는 스케일상세화(downscailing) 기법을 활용한 방법이 사용되기도 한다.

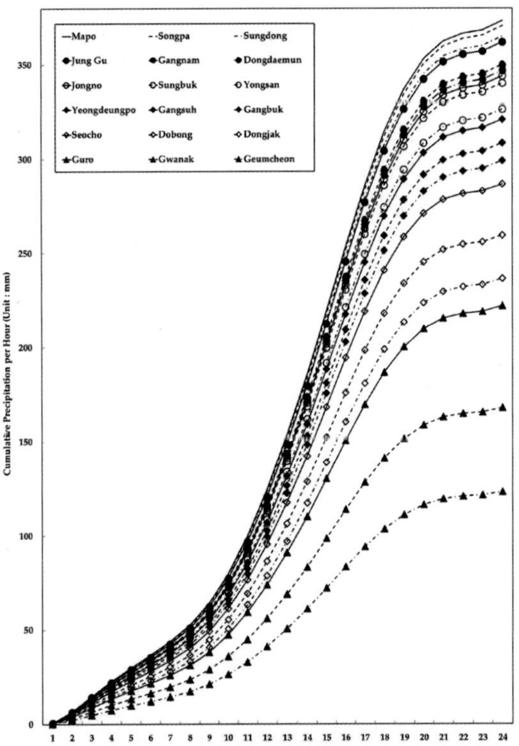

그림 3-12. Huff Equation을 활용한 기후변화 시나리오 분석 (Kim and Kang, 2020)

본 저서에서는 환경부의 「홍수량 산정 표준지침」(2019)에서 시간분포 모델로 선정하고 있는 Huff 모델을 중점적으로 설명한다. Huff 방법은 강우의 시간적, 양적 특성을 모두 고려할 수 있나는 장점을 가진다. Huff의 총 강우량 시간분포 방법은 최대 400 mi² 의 하천 유역에서 발생한 호우에 대해 시간분포양상을 분석하고 있으며, 강우 패턴에 따른 확률 분포로 분석하고 있다.

Huff의 시간분포형태는 기본적으로 무차원이며, Huff는 호우기간 중의 누가우량곡선을 관찰하여 총 강우지속시간을 4개의 구간으로 나누고, 어느 지점에서 가장 큰 강우량이 발생하느냐에 따라서 총 4가지의 시간분포 특성을 구분하였다. 총 네 가지의 강우 타입 중에서 1/4 구간에서 가장 큰 강수량이 내리는 경우를 '1분위 호우(First Quartile Storm)'으로 구분하고, 2/4 구간에서 발생하면 '2분위 호우(Second Quartile Storm)', 3/4 구간에서 발생하면 '3분위 호우(Third

Quartile Storm)', 그리고 4/4 구간에서 가장 많이 발생하는 것을 제 '4분위 호우(Fourth Quartile Storm)'으로 구분한다. 국내에서는 「확률강우량도 개선 및 보완연구(국토해양부, 2011)」 등에 의거 대부분 제3분위 호우식을 많이 지정하여 사용한다(그림 3-12).

강우의 형태는 도시유출에 영향을 미칠 수 있으며, Huff는 4개 분위의 강우사상을 다음과 같이 무차원화 하여 누가 강우를 백분율로 표기하였다.

$$PT(i) = \frac{T(i)}{TO} \times 100\% \tag{3.22}$$

$$PR(i) = \frac{R(i)}{RO} \times 100\% \tag{3.23}$$

여기에서 $PT(i)$는 총 강우지속기간 TO(분)에 대한 임의시간 $T(i)$에서의 강우지속기간 백분율(%)를 뜻하며, i는 단위시간 구간 수를 뜻하며, $PR(i)$는 총 지속시간 TO동안의 총 우량(mm)에 대한 임의 시간 $T(i)$까지의 누가우량 백분율(%)를 뜻한다.
이렇게 무차원화된 강우자료들은 Weibull의 확률도시위치공식을 활용하여 무차원 지속시간(%)별로 무차원 강우량(%)을 결정하게 되며, 이를 활용한 강우의 무차원 시간분포(Dimensionless Time Distribution)가 제시된다. Huff의 무차원 시간 분포는 강우지속시간 $X(\%)$에 따른 무차원 누가강우량 $Y(\%)$를 산정하게 된다. 「홍수량산정표준지침」에서는 기상청 강우 관측소를 포함한 615개의 강우관측소를 활용하여 6차 다항식의 회귀식을 도출하였으며, 이를 식으로 나타내면 하기와 같이 표현된다.

$$Y = C_0 + C_1X + C_2X^2 + C_3X^3 + C_4X^4 + C_5X^5 + C_6X^6 \tag{3.24}$$

여기에서 $C_i, i = 0\text{~}6$은 다항식의 회귀상수이며, 단위시간구간 i에 해당하는 무차원 강우량은 i시간까지 내린 무차원 누가우량과 $(i-1)$ 시간까지 내린 무차원 누가우량의 차로 결정된다. 이를 식으로 표현하면 하기와 같다.

$$R_i = Y_i - Y_{(i-1)} \tag{3.25}$$

여기에서 Y_i는 i단위시간구간까지의 무차원 누가우량(%) 이고, $Y_{(i-1)}$은 $(i-1)$ 단위시간구간 전까지의 무차원 누가우량(%)이며, R_i는 i시간동안 무차원 우량(%)이다.

국가수자원관리종합정보시스템(WAMIS, Water Resources Management Information System)에는 「홍수량 산정표준지침(2019, 환경부)」에서 관측한 전국 615개의 관측소 제원, 강우강도식, 확률강우량(지역빈도해석)을 비롯하여 Huff 시간분포형태에 사용 가능한 강우시간분포계수에 대한 정보를 담고 있다(그림 3-13).

그림 3-13. 국가 수자원관리종합정보시스템(WAMIS)

Huff 시간분포형태는 실무 및 학술적으로 가장 많이 사용되고 있지만, 최근 심화되고 있는 기후변화 및 강우 사상의 불확실성으로 일정부분 한계를 갖는다. 이에, 다른 시간 분포 모델의 전반적인 이해가 필요하며, 다음 내용으로 Mononobe 방법과 교호블록 방법에 대한 간략한 개요를 학습한다.

Mononobe 방법은 t 시각까지의 누가 강우량을 하기의 식에 대입하여 시간 분포에 따라 계산하는 방식이다.

$$R_t = \frac{R_T}{T}\left(\frac{T}{t}\right)^n \times t \tag{3.26}$$

여기에서, R_T는 강우지속시간 동안의 설계강우량(mm)이고, R_t는 시간 t까지의 누가우량(mm), T는 강우지속시간이며, n은 상수로 통상 2/3을 사용한다. 크게 강우의 집중분포 위치에 따라서 전진형(Advanced type), 중앙집중형(Centered type), 지연형(Delayed type) 세 가지 형태로 나누어진다.

Mononobe 시간분포 방법은 일본에서 개발된 공식으로, 강우의 시간적 분포가 일본의 여러 지역에서 경험적으로 습득한 내용을 기반으로 한다. 이에 $n = \frac{2}{3}$으로 고정하여 사용하는 것이 일반적이지만, 우리나라의 경우에는 0.667이 과대한 것으로 평가를 받고 있다.

교호블록 방법(Alternating Block Method)은 강우강도-지속시간-발생빈도(IDF) 곡선 혹은 설계우량주상도를 작성하는 방법으로 비교적 간단한 방법에 해당한다. 교호블록 방법은 연속되는 모든 지속시간에 대하여 특정 재현기간의 최대 우량조건으로 시간분포를 시키기 때문에, 첨두 홍수량을 과다하게 산정한다는 단점을 가진다. 하지만, 국내에서는 실무에서 사용되는 경우도 발견되고 있다. 강우강도를 IDF 곡선으로부터 해석하고, 이들에 대응하는 누가강우깊이는 강우강도와 지속시간(hr)의 곱으로 주어지는 것이다. 교호블록 방법의 적용절차는 일반적으로 아래와 같이 진행된다.

- 확률강우 재현기간에 따라서 IDF 곡선을 작성한다.
- 총 강우지속시간을 구하고자 하는 n개의 시간구간으로 나누어주며, 강우강도식에 의해 각 지속시간에 대한 강우강도를 계산한다.(IDF 곡선을 읽는 방법도 있다.)
- 강우강도에 지속시간을 곱하여 지속시간별 누가우량을 계산하며, 구간별 강우량을 Mononobe 방법에서의 중앙집중형 배치와 동일하게 분포 시켜 설계우량 주상도를 작성한다.

⑥ 저영향개발(LID)의 수문/수리적 해석

저영향개발은 불투수면적과 인접한 표면 및 조경학적 공간을 개조하여 원천적으로 유출을 분산 및 제어시키는 방법이다. LID 기술은 수문학적 성능에 영향을 미치는 기술 요소로, 각 기술에 포함된 토양, 자갈층, 잔디 등의 특성, 시공 깊이, 배수 능력, 표면적 등을 통해서 그 효과가 결정된다.

초기의 SWMM LID 모듈은 공극 체적과 LID의 CN(Curved Number)을 수정하여 홍수를 통제하는 방법을 채택하였다. 하지만, 초기모델은 표면 침투, 토양 수분 보유 및 저장 용량 등이 미치는 용량을 명확히 반영할 수 없다는 단점을 가졌다. 현재 EPA SWMM5에서 제공하는 LID 모듈은 유역 내부의 흐름 조절 및 연결과 관련된 이산화 방정식을 처리할 수 있어, 효율적으로 강우사상을 시뮬레이션할 수 있다(Rossman & Huber, 2016b). 본 장에서는 각 LID 시설의 정의와 시설의 구성에 대해서 조금 더 자세히 알아보고, 각 LID 시설에 영향을 미치는 지배방정식에 대해서 알아본다.

- 식생체류지(Bio-Retention Cell)

EPA SWMM에서 제공하는 식생체류지는 일반적으로 다음과 같은 특징을 갖는다(그림 3-14). 크게 표면층, 토양층, 저장층으로 나누어진다. 표면층은 강우가 가장 먼저 유입되는 공간으로, 저류 및 증발산, 표면 유출을 통해 물을 손실하게 된다. 토양층은 식물 성장을 지지할 수 있는 공간으로 수목의 뿌리를 지탱하며, 토양 내부에서도 증발산을 통한 물의 손실이 일어난다. 저장층은 일반적으로 입자의 굵기가 큰 자갈층 및 돌로 구성되어 있으며, 일반적으로 토양 내부로 물을 침투시킨다. 관거와 연결되어있는 기술의 경우, 유출을 유도하여 물을 배수한다.

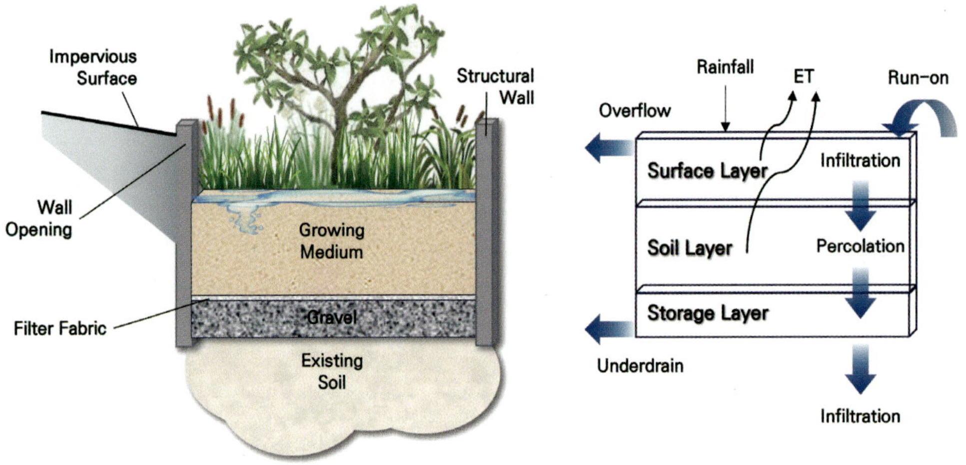

그림 3-14. 식생체류지의 Layer

식생체류지의 지배방정식을 이해하기 위해서는 하기와 같은 몇 가지 가정을 이해해야 한다.

- 적용하고자 하는 한 단위 기술의 단면적은 깊이 전체에 걸쳐서 일정하다.
- LID 기술을 통해 흐르는 물은 수직 방향으로 일차원이다.
- LID 기술로의 유입은 상단 표면에 균일하게 분포된다.
- LID 기술을 구성하고 있는 수분 함량은 균일하게 분포한다.

- 저장층 내 흡인력(Matric forces)는 무시할 수 있을 정도로 작다.

이러한 가정하에서 LID 기술은 유량의 연속 방정식을 통해서 지배방정식을 기술할 수 있으며, 각 층에 대한 방정식은 하기와 같이 정리할 수 있다.

$$\text{표면층: } \Phi_1 \frac{\partial d_1}{\partial t} = i + q_0 - c_1 - f_1 \quad q_1 \tag{3.27}$$

$$\text{토양층: } D_2 \frac{\partial \theta_2}{\partial t} = f_1 - e_2 - f_2 \tag{3.28}$$

$$\text{저류층: } \Phi_3 \frac{\partial d_3}{\partial t} = f_2 - e_3 - f_3 - q_3 \tag{3.29}$$

여기에서 d_1은 표면층에 저장되는 물의 깊이(m), θ_2는 토양층의 수분함량(물의 부피/토양의 총부피), d_3는 저류층에서 물의 깊이를 뜻한다. i는 표면층에 직접 떨어지는 강수량의 속도(m/sec), q_0은 다른 지역으로부터 유출되는 표면층의 강수 유입량(m/sec) 뜻한다. q_1은 표면층에서 유출량(m/sec), q_3는 지하 배수층의 유출량(m/sec), e_1은 표면층의 증발산량(m/sec), e_2는 토양층의 증발산량(m/sec), e_3는 저류층의 증발산량(m/sec)를 뜻한다. f_1은 표면물의 토양층으로부터 침투율(m/sec), f_2는 토양층에서 저장층으로 물의 침투율(m/sec), f_3은 저장층에서 원래 토양으로 물의 침투율(m/sec), Φ_1은 표면층 용량의 공극 비율, Φ_2는 토양층의 공극률, Φ_3은 저장층의 공극률, D_1은 표면저류 깊이(m), D_2는 토양층의 깊이(m), D_3는 저류층의 두께(m)를 뜻한다.

- 빗물정원(Rain Gardens)

EPA SWMM에서 정의하는 빗물정원은 식생체류지에서 저류층이 없는 형태의 LID 시설로, 저류층을 제외한 식생체류지의 지배방정식을 갖는다.

$$\text{표면층: } \Phi_1 \frac{\partial d_1}{\partial t} = i + q_0 - e_1 - f_1 - q_1 \tag{3.30}$$

$$\text{토양층: } D_2 \frac{\partial \theta_2}{\partial t} = f_1 - e_2 - f_2 \tag{3.31}$$

- 옥상정원(Green Roofs)

EPA SWMM의 옥상정원은 식생 체류지를 응용한 형태의 LID 기술로, 건축물의 옥상에 설치할 수 있는 형태로 구성되어 있다. 식생 체류지는 저류층에서 자갈을 설치하지만, 옥상정원에서는 배수 매트(Drainage mats)로 대체된다. 배수매트는 얇은 섬유층을 겹친 것으로, 식생체류지에 비해서 비교적 작은 물 저장 및 배수 용량을 가지고 있으며, 경사진 지붕·빗물 홈통 분리 등의 시설과 함께 설치한다.

$$\text{표면층: } \Phi_1 \frac{\partial d_1}{\partial t} = i - e_1 - f_1 - q_1 \tag{3.32}$$

$$\text{토양층: } D_2 \frac{\partial \theta_2}{\partial t} = f_1 - e_2 - f_2 \tag{3.33}$$

$$\text{배수 매트층: } \Phi_3 \frac{\partial d_3}{\partial t} = f_2 - e_3 - q_3 \tag{3.34}$$

단, 여기에서 주목해야할 점은, 옥상정원의 표면층과 식생체류지 표면층의 지배방정식에서 차이를 보이는데, 옥상정원의 경우, 외부 유입 강수량(q_0)이 모의되지 않는다는 점이다. 또한 옥상정원의 바닥은 불투수 막으로 구성되어 있기에, f_3지장층의 물 침투율 역시 제외된다. 표면층에서 유출량은 Manning 공식을 적용하여 하기와 같은 공식으로 표현할 수 있다.

$$q_1 = \frac{1}{n_1} \sqrt{S_1} (W_1/A_1) \Phi_1 (d_1 - D_1)^{5/3} \tag{3.35}$$

여기에서, n_1은 표면의 조도계수를 뜻하며, S_1표면의 경사도(m/m), W_1은 우수가 집수되는 지붕 가장자리의 전체길이(m), D_1은 표면의 저장 깊이, A_1은 지붕의 표면 면적(m^2)을 뜻한다.

- 침투 트렌치(Infiltration Trenches)

침투 트렌치는 식생체류지와 유사한 형태의 시설으로, 표면층과 저류층만을 포함한 시설이다.

$$\text{표면층: } \frac{\partial d_1}{\partial t} = i + q_0 - e_1 - f_1 - q_1 \tag{3.36}$$

$$\text{저류층:}\quad \Phi_3 \frac{\partial d_3}{\partial t} = f_1 - e_3 - f_3 - q_3 \tag{3.37}$$

여기에서 f_1은 침투 트렌치 외부에서 유입되는 물과 표면에 고여있는 물이 시간에 따라서 저류층에 유입되는 물의 합계를 뜻한다.

투수성 포장(Permeable Pavement)

투수성 포장은 공극률 혹은 투수성이 큰 포장재(콘크리트, 아스팔트, 벽돌 등)층, 그 아래에 모래 필터층, 저류층 및 연결되는 파이프와 구성되어 있다(그림 3-15).

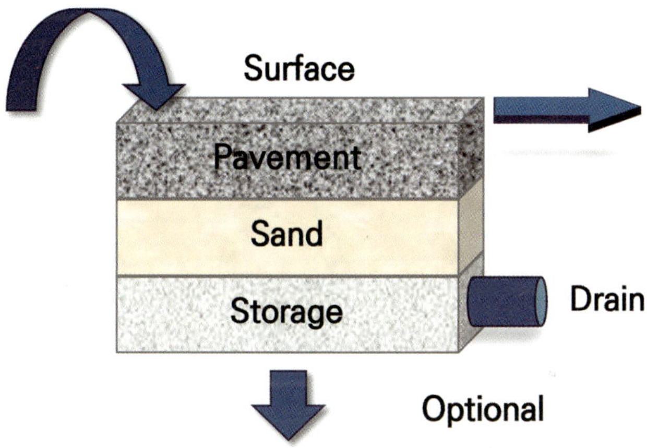

그림 3-15. 투수성포장의 Layer

앞선 네 기술과는 다르게 투수성 포장은 투수성 표면층이 추가로 도입되는데, 포장층은 두께(D_4), 공극률(Φ_4), 투수성(K_4) 등으로 그 특징이 결정된다. 투수성 포장이 블록 형태의 경우 블록 사이의 면적비(F_4)를 입력해야 하며, 블록 사이의 채움재가 가지는 공극률과 투수성을 참조한다. 만약 연속된 형태의 콘크리트, 아스팔트 층인 경우, F_4는 0이 된다. 투수성 포장의 지배방정식은 하기와 같다.

$$\text{표면층:}\quad \frac{\partial d_1}{\partial t} = i + q_0 - e_1 - f_1 - q_1 \tag{3.38}$$

$$\text{포장층:}\quad D_4(1 - F_4)\frac{\partial \theta_4}{\partial t} = f_1 - e_4 - f_4 \tag{3.39}$$

$$\text{모래층: } D_2 \frac{\partial \theta_2}{\partial t} = f_4 - e_2 - f_2 \tag{3.40}$$

$$\text{저류층: } \Phi_3 \frac{\partial d_3}{\partial t} = f_2 - e_3 - f_3 - q_3 \tag{3.41}$$

여기에서, θ_4는 투수성 포장층에서 수분 함량을 뜻하며, f_4는 포장층에서 물이 빠져나가는 속도이다.

- 빗물통(Rain barrels)

빗물통은 빈 공간으로 구성된 저장층과 배수 밸브로 모델링 되기 때문에, 하나의 지배방정식만을 갖는다.

$$\text{저류층: } \frac{\partial d_3}{\partial t} = f_1 - q_1 - q_3 \tag{3.42}$$

여기에서 f_1은 빗물통 표면에서 유입되는 물의 양을 뜻하며, q_3은 배수를 통해서 손실되는 물의 흐름을 뜻한다.

- 빗물홈통분리(Rooftop disconnection)

SWMM 유역 내에서 지붕의 면적은 일반적으로 불투수 면적으로 취급받으며, 배수구와 연결된다. 빗물홈통분리 시설은 파이프로 연결되는 강우의 흐름이 투수면적으로 유입될 수 있도록 연결해주는 시스템이다. 빗물홈통 분리 시설의 지배방정식은 하나의 식만으로 모델링되며 하기와 같이 표현된다.

$$\text{표면층: } \frac{\partial d_1}{\partial t} = i - e_1 - q_1 - q_3 \tag{3.43}$$

여기에서, q_3는 지붕 배수 시스템을 통한 단위 면적당 유량을 뜻하며, q_1은 유출량을 뜻한다.

- 식생수로(Vegetative Swale)

식생 수로는 식생으로 이루어진 도랑 형태의 시설을 뜻하며, 경사로를 따라서 물을 침투할 수 있게 하는 시설이다. 식생수로는 하기의 연속 방정식을 통해서 모델링 될 수 있다(그림 3-16).

$$\text{표면층: } A_1 \frac{\partial d_1}{\partial t} = (i+q_0)A - (e_1 + f_1)A_1 - q_1 A \tag{3.44}$$

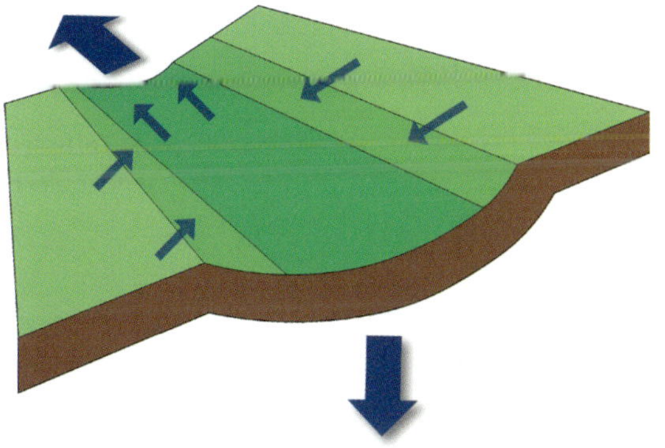

그림 3-16. 식생수로의 Layer

여기에서 A_1은 강수로 인해 발생하는 유량의 수심 d_1에서의 표면적을 뜻하고, A는 식생 수로의 전체 높이 D_1까지 이르는 전체 단면적을 뜻한다.

위에서 언급한 7가지 형태의 LID 시설은 "일정한 표면적을 따라 물이 흐른다"는 가정에 기반하여 물리식이 모델 되었다. 하지만, 식생수로의 경우, 시설의 형태와 시공 깊이에 따라서 그 표면적이 다르게 고려된다. 이때, 표면적 A_1과 유량의 깊이 d_1은 다음과 같은 식으로 모델링 될 수 있다.

$$A_1 = \frac{A}{W_1}\left[\, W_1 - 2S_X(D_1 - d_1)\right] \tag{3.45}$$

여기에서 W_1은 전체 식생 수로의 높이 D_1에서의 표면적 너비를 뜻하고, S_X는 측면 벽의 경사도(가로 길이/세로 길이)를 뜻하며, 식생수로에 차 있는 물의 부피 V_1은 식생 수로의 종방향 길이인 A/W_1과 강우가 찬 단면의 면적인 A_x의 곱으로 표현된다. 이를 표현 하면 하기와 같은 식으로 표기된다.

$$V_1 = (A/W_1)A_x \tag{3.46}$$

강우가 찬 단면의 면적은 하기와 같이 표기된다.

$$A_x = d_1(W_x + d_1 S_X)\Phi_1 \tag{3.47}$$

여기에서 W_x는 식생 수로 하단의 너비를 뜻하며, Φ_1은 표면 위의 부피 중 식물이 차지하지 않는 부분의 비율을 뜻한다. 식생 수로의 유출량 $q_1 A$은 Manning 공식에 의해 하기와 같이 도출된다.

$$q_1 A = \frac{1}{n_1}\sqrt{S_1}\,A_x R_x^{2/3} \tag{3.48}$$

여기에서 n_1은 식생 수로의 조도계수이며, S_1은 물 흐름 방향의 평균 기울기이며, R_x는 수력 반지름을 뜻한다. 여기에서 R_x는 하기와 같은 식으로 표현될 수 있다.

$$R_x = \frac{A_x}{(W_x + 2d_1\sqrt{1+S_x^2})} \tag{3.49}$$

- 막힘현상

위에서 언급한 LID 시설은 시간이 지남에 따라서 물이 흡수되는 공간으로 침전물이 쌓이며 기능이 저하하는 현상이 발생한다(Ferguson., 2005). 이러한 LID 시설은 그 성능을 유지하기 위해 표면을 주기적으로 청소해주어야 하는데, 이에 대한 수리학적 모델링 및 해석이 필요하다. EPA SWMM 내에서는 막힘 계수(CF, Clogging factor)를 모델링에 적용할 수 있도록 하였는데, 완전히 침전물로 공극이 막힌 경우를 가정하고, 시간(t)에 따른 수리학적 전도도 손실(K)을 계수로 표현하였다.

$$K(t) = K(0)\left(1 - \frac{Q(t)\,V_{void}}{CF}\right) \tag{3.50}$$

여기에서 $K(0)$은 초기의 전도도를 뜻하며, V_{void}는 LID 층의 단위면적당 공극의 부피이며, $Q(t)$는 시간 t까지의 누적 유입된 침전물의 단위당 부피이다. 여기에서 침전물의 부피는 하기의 식과 같이 계산될 수 있다.

$$Q(t) = \int_0^t (i(\tau) + q_0(\tau))d\tau \tag{3.51}$$

여기에서 $i(\tau) + q_0(\tau)$은 시간 τ일 때, 강우량과 LID 단위에 유출된 퇴적물의 합을 뜻한다. CF의 값은 0에서 1 사이의 값을 가지며, 경우에 따라서 설정하지 않는다.

"Floods are 'acts of God,' but flood losses are largely acts of man."

- Gilbert F. White -

2절 도시홍수 대응을 위한 근거기반 설계

도시홍수에 대응하는 적절한 시설들을 배치하기 위해서는 몇 가지의 과정이 수반되어야 한다. 크게 1) 기존의 도시환경 인프라 설계 2) 도시침수 취약지구 선정 3) 그레이 인프라의 설계(기술적·공간적) 4) 그린 인프라의 설계(기술적·공간적)로 이루어진다. 가장 첫 번째 단계인 취약지구 선정에 대해서 알아본다.

1) SWMM을 활용한 도시환경 및 인프라 설계

① 일반적인 형태의 EPA SWMM 모델 구축

도시의 홍수 적응 능력을 평가하기 위해서 선행되어야 할 것은, 기존의 도시환경과 인프라를 명확히 설계하는 것이다. 일반적으로 도시의 인프라 구축 및 홍수 평가는 SWMM 모델로 수행할 수 있는데, 본 장에서는 SWMM에 대한 전반적인 모듈 설명과 분석 방법에 대해서 예제 중심으로 알아본다. EPA SWMM 모델은 2023년 2월 12일에 Ver 5.23으로 최신 업데이트 되었으며, 하기의 주소에서 다운받을 수 있다(그림 3-17).

EPA SWMM 주소:

https://www.epa.gov/water-research/storm-water-management-model-swmm

그림 3-17. U.S.EPA 홈페이지

앞서 언급되었지만, SWMM 모델은 크게 수문/수리 모듈(Runoff module, Transport module, Extran module, Storage/Treatment module)과 보조 모듈(Rain module, Temperature module, Combine module, Staticstics module) 등으로 나누어진다.
일반적으로 SWMM의 초기 구동 모습은 아래와 같으며, SWMM의 적용 순서는 하기와 같이 진행된다.

- 새로운 Project를 생성하고 모형의 기본 값을 설정한다.
- 소유역(Subcatchment), 관거, 연결부, 강우 등으로 이루어진 Study Area Map을 구성한다.
- 강우, 지표면, 관거 및 접합부 관련 입력자료를 구성한다.
- Simulation Option을 설정하고 실행 후 결과를 검토한다.

그림 3-18. EPA SWMM 초기구동 화면

EPA SWMM의 구조는 크게 Main Menu, Toolbars, Study Area Map, Property Editor, Data/Map Browser, Status Bar 등으로 나눌 수 있다. Subcatchment와 강우 사상 등을 모두 설정한 소유역의 크기는 일반적으로 하기와 같은 모습을 보인다(그림 3-18).
Project를 생성하고 모형의 기본값을 입력하기 위해서는 각 속성창의 특징을 알아야 한다. 크게 Rain Gage Property, Subcatchment Property, Nodes/links Property이다. Rain gages Property는 강우가 내리는 위치와 강우의 간격, 강도, 데이터 처리 방식 등을 지정한다. 강우를 입력하는 방식은 크게 두 가지로 나누어 지는데, Curves 속성창에 위치한 Time Series를 사용하거나 .txt 형식의 파일을 입력하는 방법이 있다. Time Series의 경우 모델 내에서 직관적으로 입력하고 데이터를 수정하기 때문에 입력이 쉽고 데이터의 오류를 직관적으로 확인할 수 있다는 장점이 있다. 반면, Data File의 경우 파일을 직접적으로 입력하지는 않지만, 많은 양의 시뮬레이션 파일을 구동할 때 Batch 기능 등을 활용하여 시간을 단축시킬 수 있다는 장점이 있다.

Subcatchment Property는 소유역의 X, Y 좌표와 면적, 너비, 경사, 불투수면적비, 조도계수, 침투방정식 등을 지정할 수 있다. 여기에서 지원하는 침투방정식은 크게 Horton 방정식과 Curve Number, Green Ampt로 나눌 수 있으며, 경우에 따라서 수정된 형태의 Modified Horton 방정식과 Modified Green Ampt 방정식을 채택할 수 있다. 모델링을 하며 유의할 점은 SWMM 특성상 한 Subcatchment에는 한 개의 Outlet만을 지정할 수 있으므로, 도시의 형태와 하수관거 등을 고려하여 설계를 해야한다.

Node/Links에서는 관거와 맨홀과 같은 연결부의 특성을 설정하며, 하수관거의 설치 깊이를 추정하여 입력할 수 있다. 관거의 연결과 강우사상의 설정이 완료되면, 구축하고자 하는 지형 및 지도에 맞추어 Drawing 아이콘을 활용한 Study Area Map을 구성해주면 된다(그림 3-19~그림 3-22).

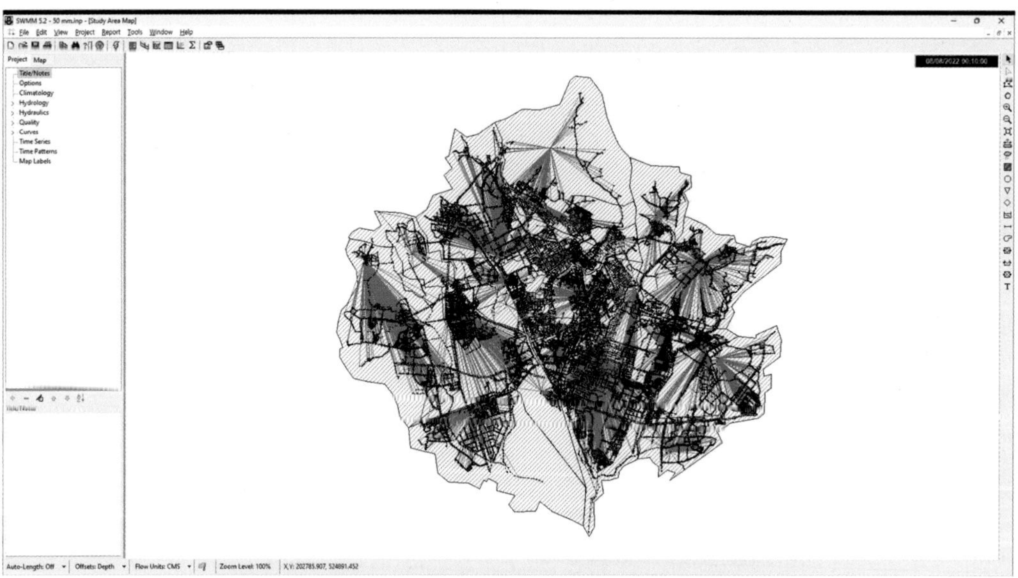

그림 3-19. 완성된 형태의 SWMM 모델 파일(대한민국 수원시)

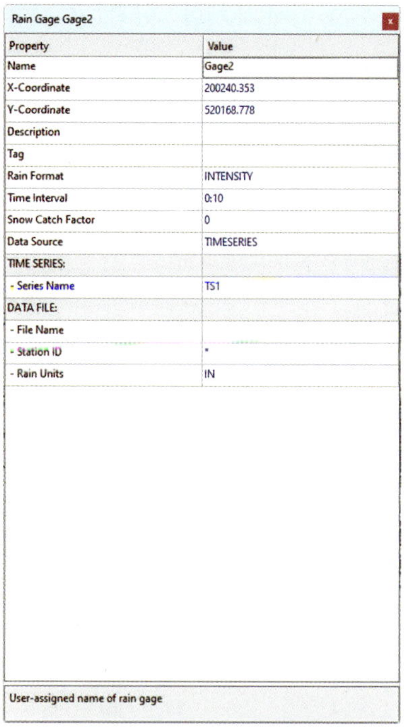

Rain Gage Gage2

Property	Value
Name	Gage2
X-Coordinate	200240.353
Y-Coordinate	520168.778
Description	
Tag	
Rain Format	INTENSITY
Time Interval	0:10
Snow Catch Factor	0
Data Source	TIMESERIES
TIME SERIES:	
- Series Name	TS1
DATA FILE:	
- File Name	
- Station ID	*
- Rain Units	IN

User-assigned name of rain gage

그림 3-20. Rain gage property 예시

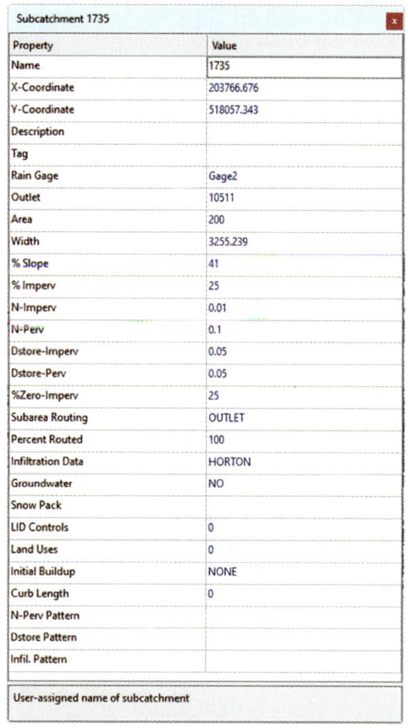

Subcatchment 1735

Property	Value
Name	1735
X-Coordinate	203766.676
Y-Coordinate	518057.343
Description	
Tag	
Rain Gage	Gage2
Outlet	10511
Area	200
Width	3255.239
% Slope	41
% Imperv	25
N-Imperv	0.01
N-Perv	0.1
Dstore-Imperv	0.05
Dstore-Perv	0.05
%Zero-Imperv	25
Subarea Routing	OUTLET
Percent Routed	100
Infiltration Data	HORTON
Groundwater	NO
Snow Pack	
LID Controls	0
Land Uses	0
Initial Buildup	NONE
Curb Length	0
N-Perv Pattern	
Dstore Pattern	
Infil. Pattern	

User-assigned name of subcatchment

그림 3-21. Subcatchment property 예시

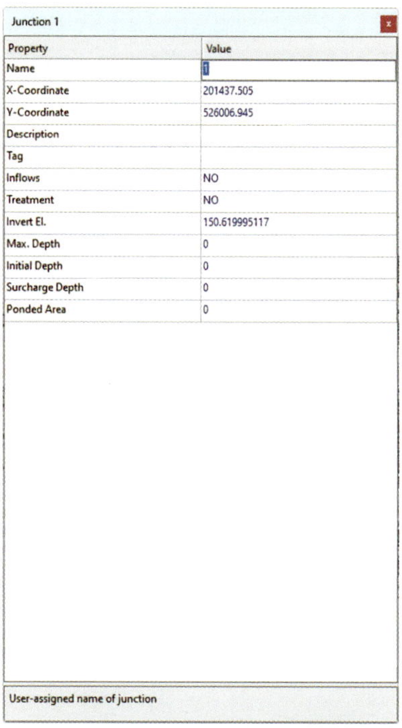

Junction 1

Property	Value
Name	1
X-Coordinate	201437.505
Y-Coordinate	526006.945
Description	
Tag	
Inflows	NO
Treatment	NO
Invert El.	150.619995117
Max. Depth	0
Initial Depth	0
Surcharge Depth	0
Ponded Area	0

User-assigned name of junction

그림 3-22. Node/link Property 예시

EPA SWMM 내에서 Time series editor를 활용한 강우 사상 입력 예시와 .txt file을 이용한 강우사상 입력은 그림 3-23, 그림 3-24와 같이 설정된다.

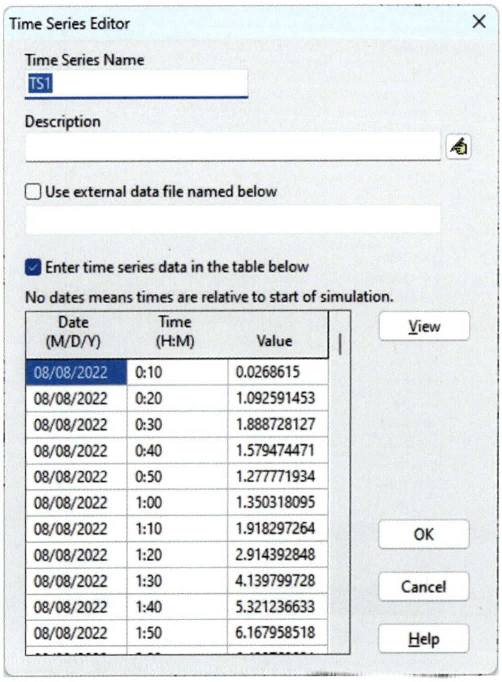

그림 3-23. Time Series를 활용한 강우사상 입력

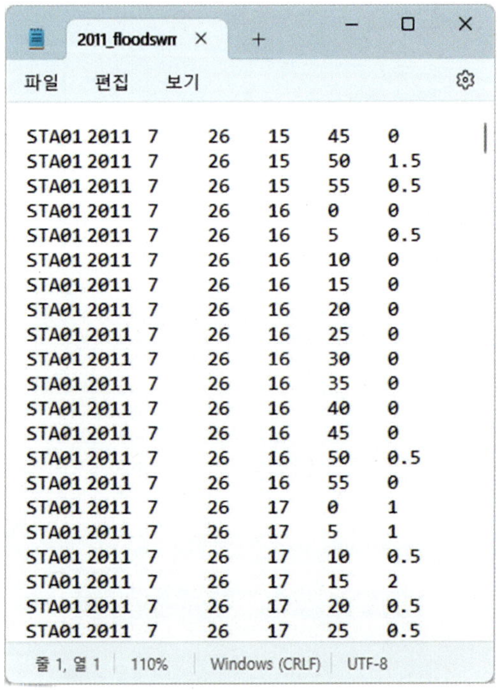

그림 3-24. txt 파일을 활용한 강우사상 입력

마지막으로 시뮬레이션을 구동하기 이전에 설정해야 할 일반적인 option을 설정해주면 된다. Options 툴에 위치한 날짜, 유출 단위, 침투계산방식, 하도 추적 방법 등을 설정할 수 있다. 구하고자 하는 방식의 Option을 모두 설정하였다면, Run 버튼을 누르고 해석하고자 하는 결과를 검토하면 된다. 강우 사상에 따라서 나오는 그래프의 특성은 달라질 수 있으며, 전체 System에 대한 홍수량을 EPA SWMM의 그래프로 표현하면 하기와 같은 모습으로 표현될 수 있다(그림 3-25).

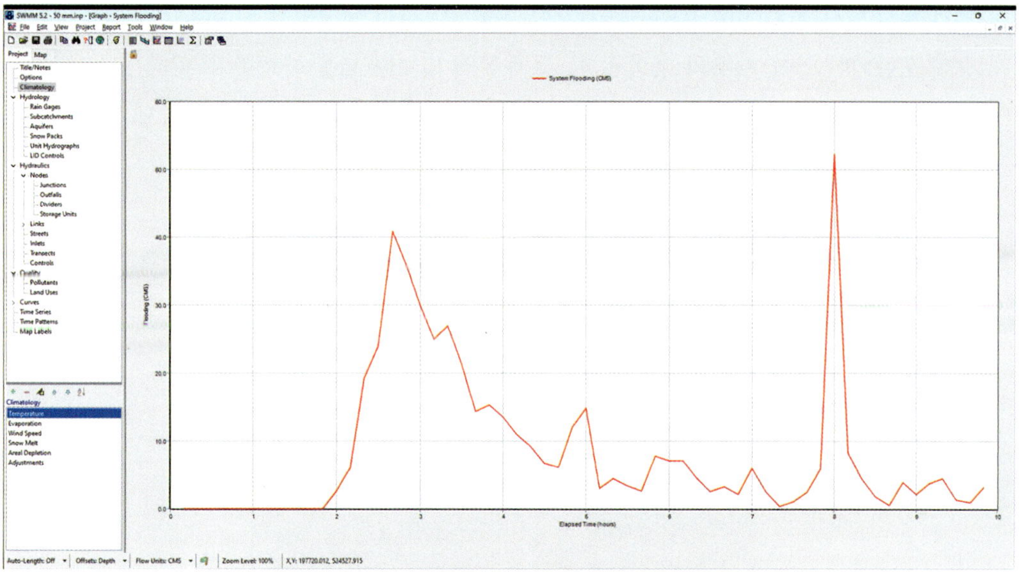

그림 3-25. EPA SWMM 내의 Flooding 추적 그래프

② R과 ArcMap을 활용한 SWMM 상세 모델 제작

SWMM 모델의 인터페이스는 직관화되어 있고 초보자도 사용할 수 있다는 장점이 있지만, 정확한 관망의 데이터 정보가 없다면, 지자체 등에서 제공하는 간선 관망을 활용하여 모델링을 하여야 한다. 간선 관망을 활용한 모델링은 상세 데이터를 반영할 수 없으며, 자칫 부정확한 수문 모델링 및 적응 계획을 유도할 수 있다. 반면, 명확한 공간정보와 관망 정보, 강우사상의 데이터가 있다면 보다 정확한 모델링을 유도할 수 있는데, 이때 필요한 방법론 중 하나가 SWMM-R module을 활용하는 것이다.

본 장에서는 SWMM-R을 활용한 주요 기능을 살펴보고, 서울시 상도동 지역을 대상으로 실전 예제 구축 방법을 상세히 설명하도록 한다. SWMM-R 패키지는 통계 해석 및 프로그래밍 언어인 R을 활용하여 EPA SWMM 간의 인터페이스를 연결해주는 코드이다. SWMM-R 패키지는 R 환경 내에서 SWMM을 사용하기 쉽게 만들어주며, R 구문 및 함수를 사용하여 분석을 수행할 수 있게 도와준다. SWMM-R의 주요 기능은 하기와 같다.

- SWMM의 데이터 가져오기 및 내보내기: SWMM-R을 활용하면 SWMM 입력(INP) 및 출력(OUT) 파일을 읽고 쓸 수 있으며, R 내에서 입력 매개변수를 수정하는 것이 용이하다.
- SWMM 시뮬레이션 실행: R에서 직접 SWMM 시뮬레이션을 실행할 수 있으며, SWMM 시뮬레이션 간 소모되는 과정을 간소화할 수 있다.

- 결과 분석 및 시각화: SWMM-R 패키지에는 SWMM 출력 데이터를 처리하고 시각화하는 기능이 포함되어 있어, 사용자 정의 플롯, 통계 분석 및 리포트를 작성할 수 있다.
- 모델 보정 및 최적화: SWMM-R 패키지는 다른 R 패키지와 함께 사용하여 모델 매개변수를 보정하고 최적화할 수 있어, SWMM 시뮬레이션의 정확성을 높일 수 있다.

SWMM-R 패키지는 하기 사이트에서 R 프로그램을 다운받을 수 있다. 이하의 내용은 R과 ArcMap을 활용한 상세 단위의 SWMM 모델 제작 과정을 설명한다.

R 프로그램: https://www.r-project.org/

SWMM-R 프로그램을 활용한 상세모델 제작은 일반적으로 5단계로 이루어진다.

- R 프로그램 설치
- R 확장 패키지 설치
- SWMM-R 프로그램을 이용하여 .shp 파일을 .inp 파일로 변환
  - 대상지의 맨홀 현황자료를 활용한 Nodes 속성의 .inp 파일 생성
- .inp 파일을 .shp 파일로 변환하여 ArcMap에서 데이터 가공하기
  - 생성된 .inp 파일에 하수관 현황을 참조하여 Links와 Subcatchments를 작성
  - 대상지 유역이 모델링된 .inp 파일을 .shp 파일로 변환하여 필요한 매개변수를 입력함
- 가공된 .shp 파일을 다시 .inp 파일로 변환하여 SWMM에서 읽어들이기

- R 프로그램 설치

가장 먼저 해야 할 작업은 https://www.r-project.org/에 접속하여 좌측에 위치한 Download-CRAN을 클릭하고, 국가별 Mirror 사이트에서 한국(Korea) 탭에 위치한 프로그램을 다운로드 받는다(그림 3-26, 그림 3-27). 한국 내에서는 모두 통용되는 프로그램이며, 본인과 가까운 지역을 검색하여 프로그램을 설치한다. 다음의 창에서는 본인이 선호하는 운영체제를 클릭하면 되며, R을 처음 설치하는 경우에는 “base”로 명명된 파일을 설치하면 된다.
다운로드 받은 설치파일을 실행하여 설치를 진행하면 되고, 설치의 경로는 가급적 “C:₩:R;₩R____”를 선호하도록 한다. 이는 파일의 설치 경로에 공백이 포함되는 경우 R의 작동이 비정상적인 경우가 발생하기 때문이다.

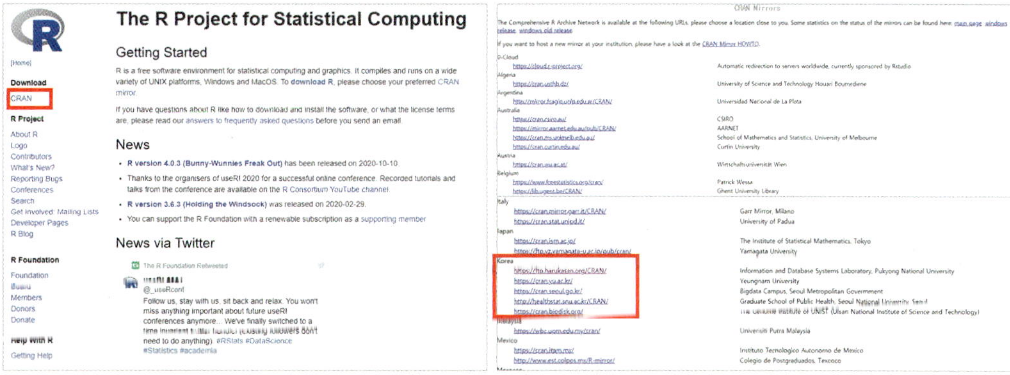

그림 3-26. R 프로그램 설치 방법 1단계

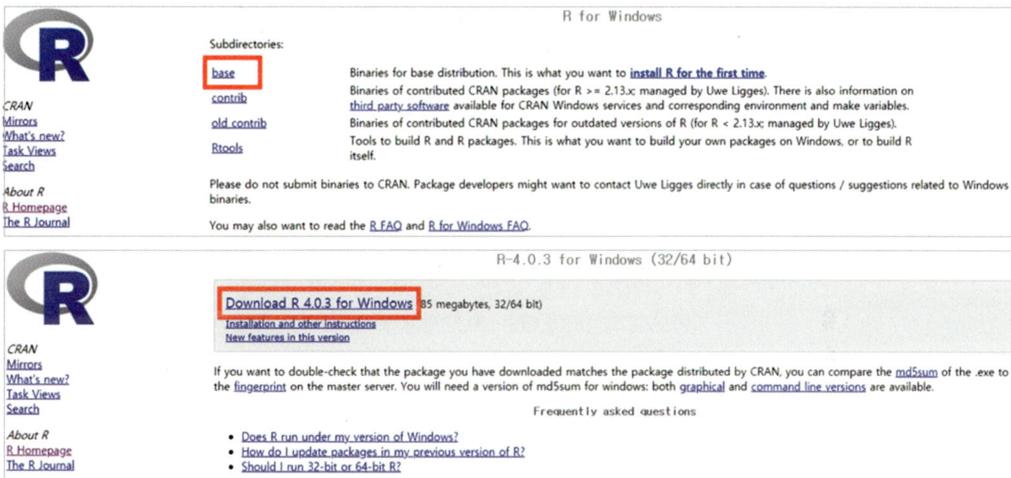

그림 3-27. R 프로그램 설치 방법 2단계

R의 초기구동 화면은 하기의 사진과 같다(그림 3-28).

그림 3-28. R 프로그램 초기구동 화면

- R 확장 패키지 설치

SWMMR을 구동하기 위해서는 크게 네 가지의 확장 패키지('swmmr' / 'purrr' / 'dplyr' / 'sf')를 설치하여야 한다. 각 패키지에 대한 설명은 하기와 같다(표 3-6).

< 표 3-6. SWMMR 구동을 위한 확장패키지의 종류 >

패키지	내용
'swmmr'	• 'swmmr'은 SWMM을 구동을 위한 R의 인터페이스로 사용자가 SWMM을 입력 및 출력할 수 있게 도와줌 • R에서 직접 SWMM시뮬레이션을 실행, 처리 및 시각화할 수 있음. R과 SWMM 두 도구의 기능을 활용할 수 있게 도와줌
'purrr'	• 'purrr' 패키지는 R 내에서 함수형 프로그래밍을 강화하는데 사용됨 • 함수와 벡터 처리를 지원하는 도구이며, 반복되는 데이터 구조를 더 효율적으로 처리할 수 있도록 도와주는 기능
'dplyr'	• 'dplyr' 패키지는 데이터 조작 및 변환을 도와주는 프로그램으로, 필터링·정렬·집계 및 데이터 요약 등의 기능을 수행함
'sf'	• 'sf' 패키지는 R에서 공간 데이터를 처리하기 위한 프로그램임. 공간 데이터를 읽고 쓰기, 조작하는 도구를 제공 • 기하학적 변환, 공간간의 연계 및 좌표 참조 시스템 변환 등을 수행할 수 있음. 간단한 기능 표준을 기반으로 작성되어 GIS 소프트웨어 및 라이브러리와 호환됨

1단계로는 R 프로그램 console 창에 install.packages("swmmr")을 입력한다. CRAN mirrors 창이 표출되면 한국(KOREA) 내에서 하나의 항목을 설치한다. 이와 동일한 방법으로 나머지 패키지들도 입력하여 확장 프로그램을 설치한다. 설치에 필요한 패키지의 입력창을 정리하면 하기와 같다(그림 3-29).

- install.packages("swmmr")
- install.packages("dplyr")
- install.packages("purrr")
- install.packages("sf")

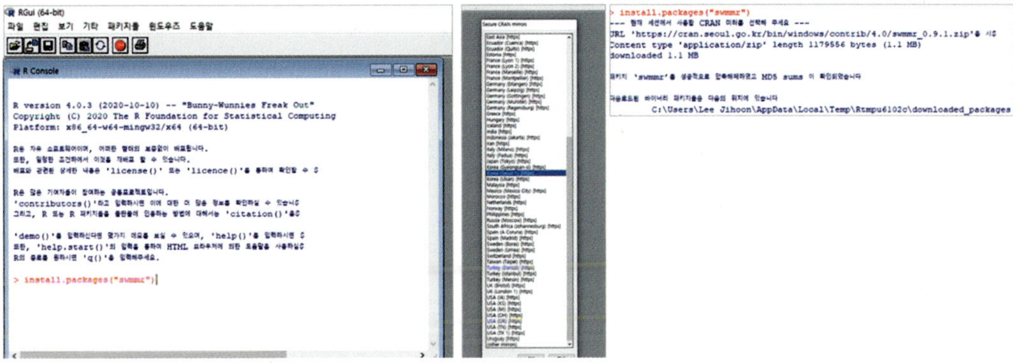

그림 3-29. R 프로그램 내 확장 프로그램 설치

- SWMM-R 프로그램을 이용하여 .shp 파일을 .inp 파일로 변환

다음은 보유하고 있는 .shp 파일을 ArcMap 프로그램으로 구동한다. 변환할 .shp 파일은 Nodes/Link 파일 등을 포함하는데, 하수 관망 및 배제 시설에 대한 정보는 일반적으로 대외비로 지자체에서 보관한다. 하수 관망 및 배제 시설을 보유하고 있는 경우에는 사용을 할 수 있으며, 보유하지 않는 경우, 지자체에 공간자료를 신청하여 열람할 수 있다(그림 3-30).

그림 3-30. shp 파일의 구동 화면

이후에는 SWMM-R module에서 shp 파일이 SWMM 내의 Property에 대응할 수 있도록 편집해야 한다. 이를 위해서 ArcMap에서 Nodes 파일에 대한 속성값 변경이 필요하다. 맨홀의 .shp 파일의 attribute table을 열어서 Menu - Add field를 활용한다(그림 3-31). Name, Elevation, MaxDepth, InitDepth, SurDepth, Aponded 총 6개의 열을 순서에 맞게 작성해야 한다. 이때

Name 열의 형식은 Text로 지정하며, 나머지 열은 숫자(Long or Double)로 설정한다.

Name	Elevation	MaxDepth	InitDepth	SurDepth	Aponded
9	1000	3	0	0	0
10	995	3	0	0	0
13	995	3	0	0	0
14	990	3	0	0	0
15	987	3	0	0	0
16	985	3	0	0	0
17	980	3	0	0	0
19	1010	3	0	0	0
20	1005	3	0	0	0
21	990	3	0	0	0
22	987	3	0	0	0
23	990	3	0	0	0
24	984	3	0	0	0

그림 3-31. ArcMap을 활용한 attribute table 편집

다음은 보유하고 있는 수치표고모형(DEM, Digital Elevation Models)을 활용하여 각 Nodes 값에 대한 높이 값(Elevation)을 설정해야 한다. 이를 위해서 ArcMap 내의 [Extract Multi Values to Points] 기능을 활용한다(그림 3-32).

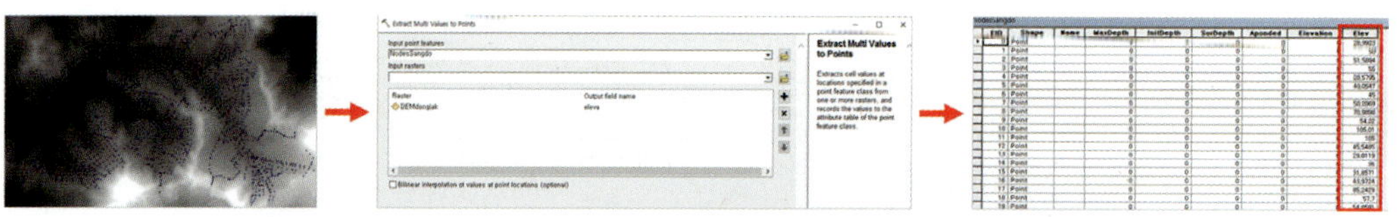

그림 3-32. Extract Multi Values to Points를 활용한 Elevation 계산

Attribute table을 열어서 Elevation 열을 우클릭하고 [Field calculator] 항목에서 새로 생긴 열의 값을 Elevation 열에 대입한다. [Extract Multi Values to Points] 기능으로 생성된 열은 삭제한다. 이후에는 Name 열의 [Field Calculator]를 실행하여 Name 열의 데이터를 FID로 설정한다. 마지막으로 데이터를 검토하여 .shp 데이터가 .inp 파일로 잘 가공될 수 있는지 확인한다.

- .inp 파일을 .shp 파일로 변환하여 ArcMap에서 데이터 가공하기

다음은 R 프로그램을 다시 확인하여 .shp 파일을 .inp 파일로 변환하여야 한다. 이를 위해 R 확장 패키지 설치 단계에서 설치한 패키지를 불러오는 작업을 수행한다. R을 활용하여 패키지를 여는 함수는 'library( )'를 사용할 수 있으며, 이를 정리하면 그림 3-33과 같다.

- library(swmmr)
- library(purrr)
- library(dplyr)
- library(sf)

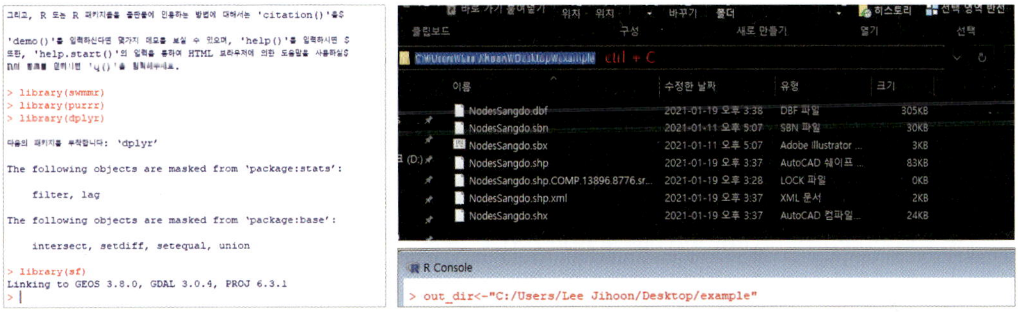

그림 3-33. .inp 파일을 .shp파일로 변환하기 1단계

- out_dir<-"경로"

다음은 .inp 파일이 저장될 폴더의 경로를 지정하기 위해서 하기와 저장 위치를 'out_dir' 구문과 함께 입력한다. 저장할 폴더의 경로를 복사하여서 R에 붙여 넣으면 쉽게 구문을 입력할 수 있다(그림 3-34). 이때 복사한 경로는 \ (backslash) 혹은 ₩로 정의 되어 있는데, 이를 / (forward slash)로 바꿔야 프로그램에서 인식할 수 있다. 이때, 경로로 설정한 폴더 안에 앞서 가공해둔 .shp 파일이 존재해야 한다.

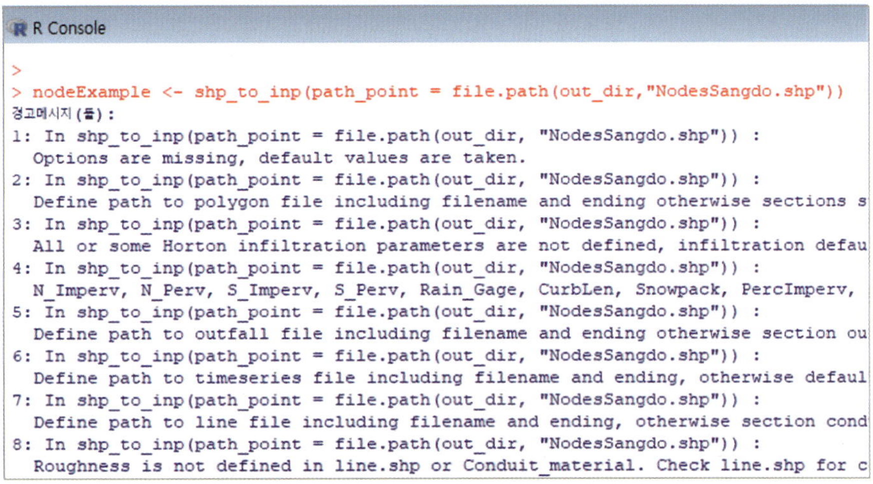

그림 3-34. .inp 파일을 .shp파일로 변환하기 2단계

- nodeExample <- shp_to_inp(
- path_point= file.path(out_dir, "파일명.shp")
-)

다음은 R에서 .shp 파일을 읽기 위해 위의 구문을 입력한다. 이때 기타 필요한 정보들이 있다면 이를 추가적으로 입력해주면 된다. Node만을 불러들일 경우, 다른 요소들이 누락 되었다는 경고 메시지가 출력된다. 이는 한 가지 요소만을 활용해서 발생하는 문제로 무시해도 무방하다.

- Example1_con <-shp_to_inp(
-   path_options= file.path(out_dir,"options.txt"),
-   path_timeseries= file.path(out_dir,"timeseries_TS1.dat"),
-   path_polygon= file.path(out_dir,"polygon.shp"),
-   path_line= file.path(out_dir,"link.shp"),
-   path_point= file.path(out_dir,"point.shp"),
-   path_outfall= file.path(out_dir,"outfall.shp")
-)

추가적으로 원하는 정보들의 입력 코드는 하기와 같이 입력할 수 있다. 첫 번째는 .inp 파일에 들어갈 정보를 저장하는 인자들을 자유롭게 입력할 수 있다(그림 3-35). 두 번째 줄부터 단위, 날짜 등의 설정값을 설정할 수 있으며, 세 번째 줄은 강우 자료의 값, 네 번째 줄은 Subcatchments 속성 폴리곤 데이터, 다섯 번째 줄은 Link 속성 데이터, 여섯 번째 node 속성의 포인트 데이터, 일곱 번째 줄은 outfall 속성의 포인트 데이터를 뜻한다.

```
R Console

>
>
> dir.create(file.path(out_dir, "created"))
> write_inp(nodeExample, file.path(out_dir, "created", "nodeExample.inp"))
>
```

그림 3-35. .inp 파일을 .shp파일로 변환하기 3단계

- dir.create(file.path(out_dir, "폴더명"))
- write_inp(nodeExample, file.path(out_dir, "폴더명", "저장할 파일명.inp"))

다음은 R에서 .shp 파일을 .inp 파일로 저장하는 작업이다. 이때 첫 줄의 구문에서는 .inp 파일이 생성될 폴더를 생성하는 구문으로 연구자가 폴더명을 지정하되, 폴더명에는 영문 및 공백이 없는 것이 좋다. 두 번째 줄의 구문에서는 앞에서 입력한 .shp 파일의 구문 인자가 들어가는 자리이며, 폴더명은 윗줄에서 입력한 이름을 그대로 입력하고, 마지막에는 저장할 .inp 파일의 이름을 입력한다. 이후에 SWMM에 구동할 수 있는 .inp 파일이 생성되고 이를 확인하면 그림 3-36과 같다. 이후에는 SWMM 내에서 Nodes, Links, Subcatchments 등 정보를 입력하여 대상지의 유역 모델링을 완성한다.

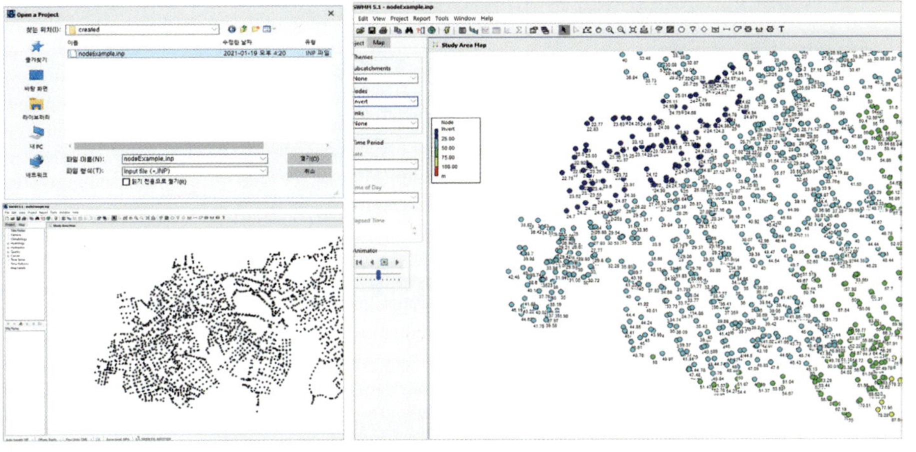

그림 3-36. .inp 파일을 .shp파일로 변환하기 4단계

대상지의 유역 모델이 완성되었다면, 우수 유출 분석을 위해서 대상지의 현황에 따라 각각 개체에 대한 매개변수(Parameter)를 입력해야 한다. 불투수 면적 비율이나 평균 경사 등의 수치는 SWMM에서 쉽게 입력이 가능하다. 하지만, 하수 관망의 길이와 기타 특성, 소유역의 면적과 기타 특성의 경우, SWMM 내에서 그 값을 계산하기 어렵기에, 공간정보 파일로 계산하여 값을 전환하는 것이 효율적이다. ArcMap의 기능을 활용하여 넣을 수 있는 매개변수는 소유역의 넓이, 폭, 평균경사, 관망의 길이 등이 있다. 이하의 내용은 ArcMap을 활용하여 하수 관망의 길이와 소유역의 면적을 구하는 방법을 기술한다. 첫 시작은 앞선 내용과 같으나, 독자들의 이해도를 높이기 위해 동일한 내용을 한 번 더 설명한다.

- library(swmmr)
- library(purrr)
- library(dplyr)
- library(sf)

가장 첫 번째로 할 일은 .inp 확장자 파일을 .shp 파일로 변환하는 것이다. R 프로그램을 실행한 후 입력하는 구문들은 상기와 같다.

- out_dir<-“경로”

이후에는 .inp 파일을 불러올 폴더의 경로를 정하기 위해 아래 구문을 입력한다. 이 때 변환할 .inp 파일은 폴더 안에 있어야 한다. 앞선 주의사항과 같이, 경로를 지정할 때는 “/” (forward slash)로 바꿔야 프로그램에서 인식할 수 있음을 유의한다(그림 3-37).

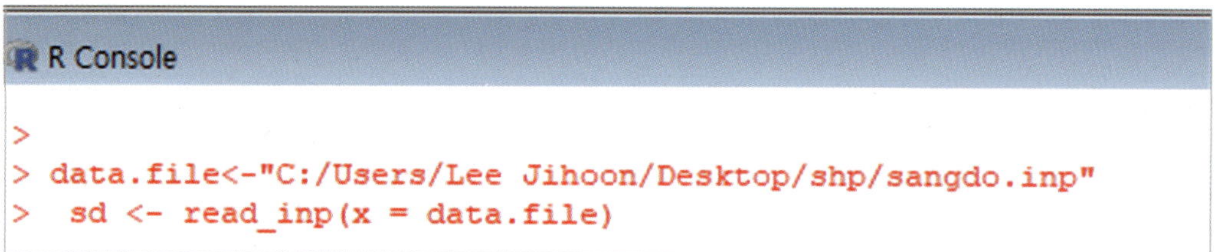

그림 3-37. ArcMap 및 QGIS를 활용하여 매개변수 입력하기 1단계

- data.file<-“경로”
- inp 파일의 인자<- read_inp(x= data.file)

변환할 .inp 파일을 불러오기 위해서 상기의 구문을 입력하며, 첫 줄의 경로는 변환할 .inp 파일의 파일명을 포함하여 입력해야 한다. 두 번째 줄의 파일은 .inp 파일이 저장될 인자를 뜻하며, 새롭게 파일명을 정의해도 무방하다(그림 3-38).

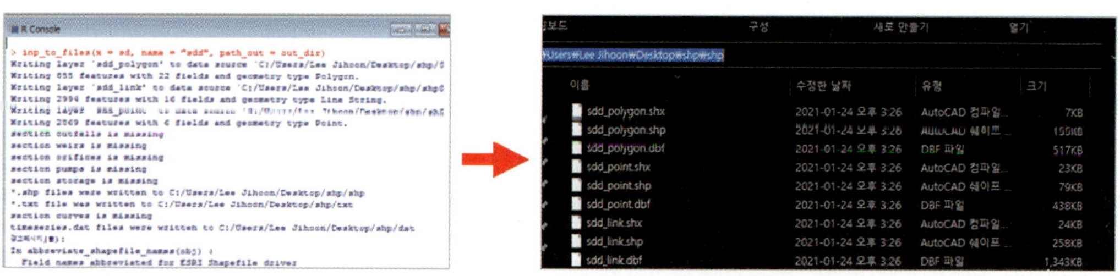

파일 전환을 위한 구문 입력

.shp 파일이 생성된 모습 확인

그림 3-38. ArcMap 및 QGIS를 활용하여 매개변수 입력하기 2단계

- inp_to_files(x= inp 파일의 인자, name= “새롭게 정의될 .shp 파일의 파일명”, path_out= out_dir)

다음으로는 .inp 파일을 .shp 파일로 변환하기 위한 구문을 입력한다. 앞에서 정의된 "파일의 인자"는 이전 작업과 동일한 파일명을 입력해야 하며, "새롭게 정의될 .shp 파일의 파일명"은 임의로 작성을 하되, 파일을 구분하기 쉽도록 작성한다.

ArcMap을 활용하여 각각 개체의 길이와 면적을 산출하는 도구는 [Calculate Geometry]를 활용하면 되는데, 이 기능을 위해서 사전에 .shp 파일의 좌표계를 설정해야 한다. .inp 확장자 파일이 .shp 파일로 변환될 때 좌표계가 설정되지 않은 상태이므로 [Define Projection] 기능을 활용하여 좌표계를 설정한다. 좌표계의 사용은 어떤 것을 사용해도 무방하지만, 기존에 가지고 있는 수치지도 및 지적도 등을 활용하여 설정한다(그림 3-39).

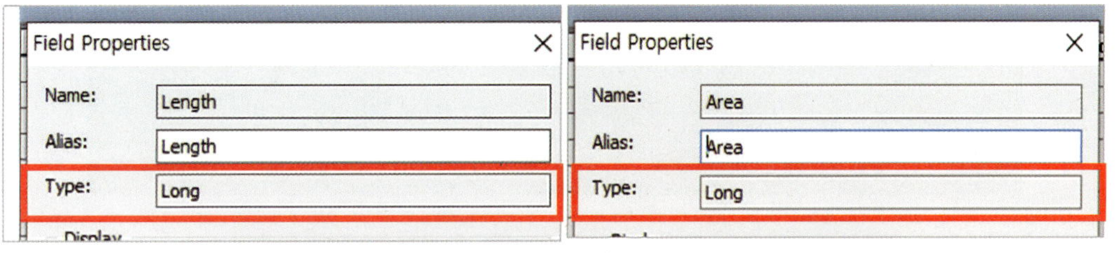

그림 3-39. ArcMap 및 QGIS를 활용하여 매개변수 입력하기 3단계

[Calculate Geometry] 기능을 사용하기 위해서는 단위를 조정하는 작업을 선행해야 한다. SWMM에서 하수 배제시설 및 관망의 길이 단위는 미터(m)이고, 유역의 면적 단위는 헥타르(ha)로 지정한다. .shp 파일을 확인하면 변환되었을 때 속성 테이블에서 폴리라인의 Length 열과 폴리곤의 Area 열이 정수만 입력 가능하도록 되어 있는데, 이를 소수점 단위까지 나타내기 위해서 열 속성을 변경시켜야 한다.

Field의 type이 현재 상태에서는 Long 상태로 설정되어 있지만, 소수점으로 변경하기 위해서 Type을 Double로 상태로 변경해주어야 한다. Type을 Long에서 Double로 변경하는 작업은 ArcMap에서 지원하지 않기 때문에, 무료 소프트웨어인 QGIS를 활용하면 쉽게 변경가능하다. QGIS 소프트웨어의 다운로드는 하기 주소에서 가능하다(그림 3-40).

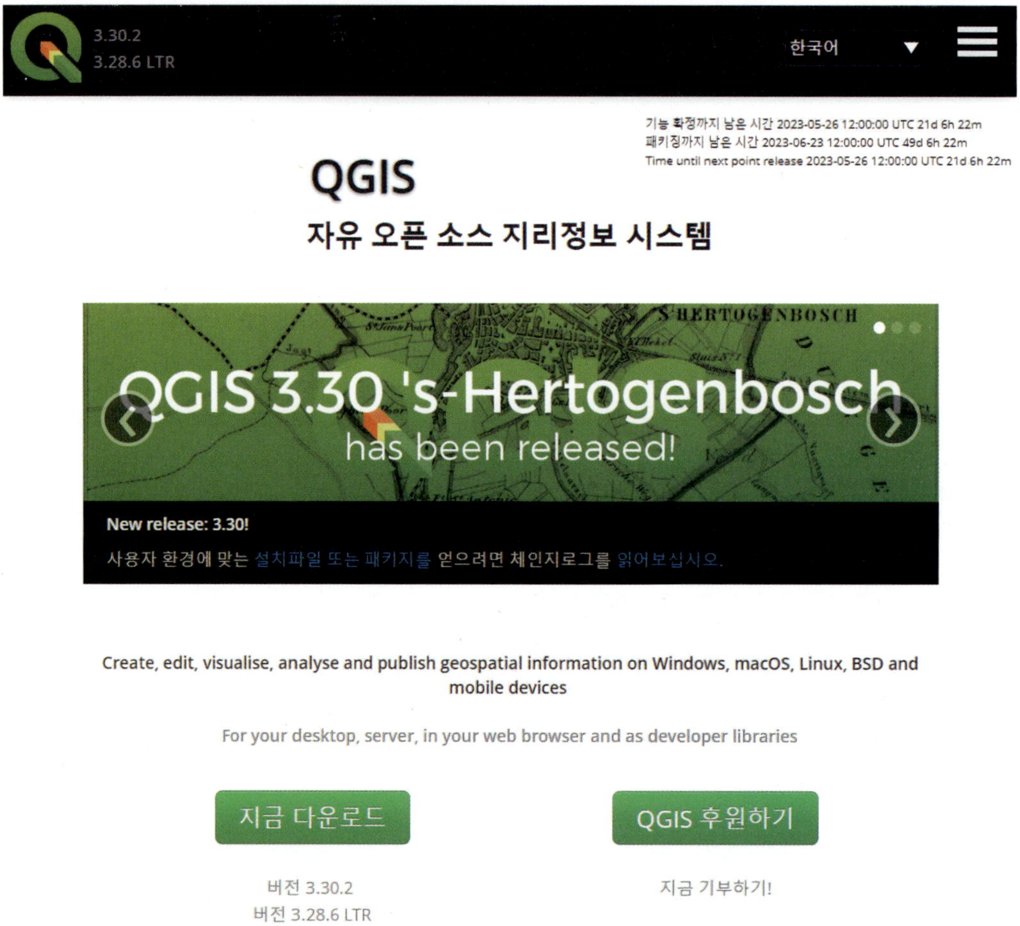

그림 3-40. ArcMap 및 QGIS를 활용하여 매개변수 입력하기 4단계

QGIS 다운로드: https://qgis.org/ko/site/forusers/download.html

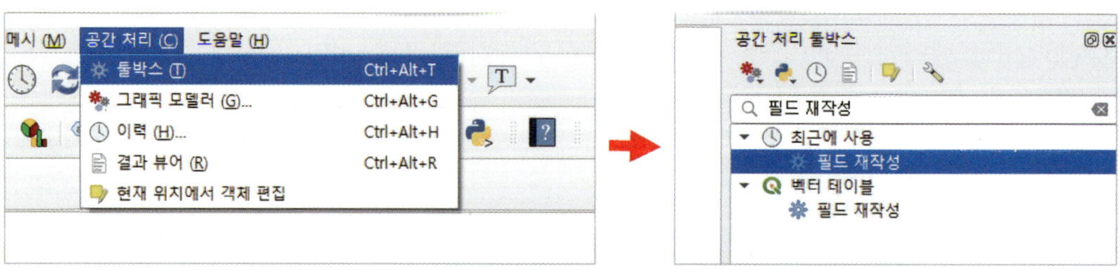

그림 3-41. ArcMap 및 QGIS를 활용하여 매개변수 입력하기 5단계

다음은 QGS를 실행하여 상단 메뉴바에서 [공간 처리]-[툴박스]를 선택하고, 화면 오른쪽에 나타나는 창의 [필드 재작성]을 검색 및 실행한다(그림 3-41).

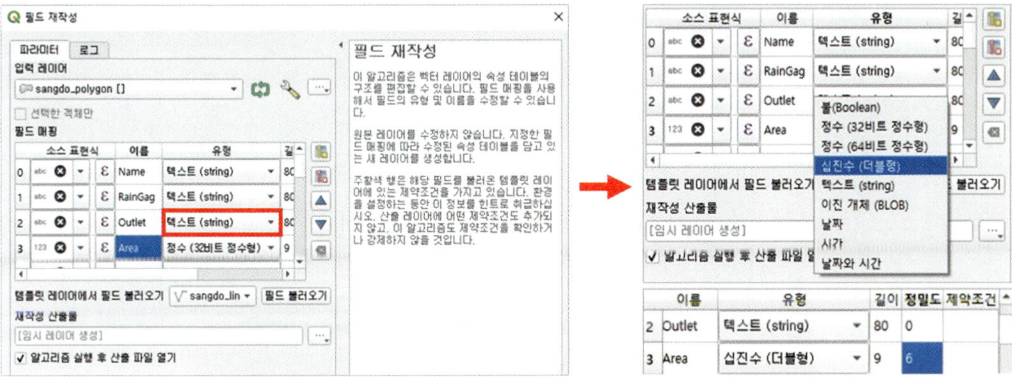

그림 3-42. ArcMap 및 QGIS를 활용하여 매개변수 입력하기 6단계

폴리곤의 경우 Area 열과 Width 열을 선택하고, 폴리라인의 경우 Length 열을 선택해 유형 항목의 선택박스를 '십진수(더블형)'로 선택한다(그림 3-42). 선택박스 오른쪽의 정밀도 영역에서 원하는 소수점 자리만큼 입력을 할 수 있으며, Area 열은 소수점 5-6자리까지 입력, Width와 Length 열은 2-3자리까지 입력을 권장한다. 이는 SWMM 내에서 길이의 단위가 미터(m), 면적의 단위가 핵타르(ha)이기 때문에 이를 정밀하게 표현하기 위함이다.

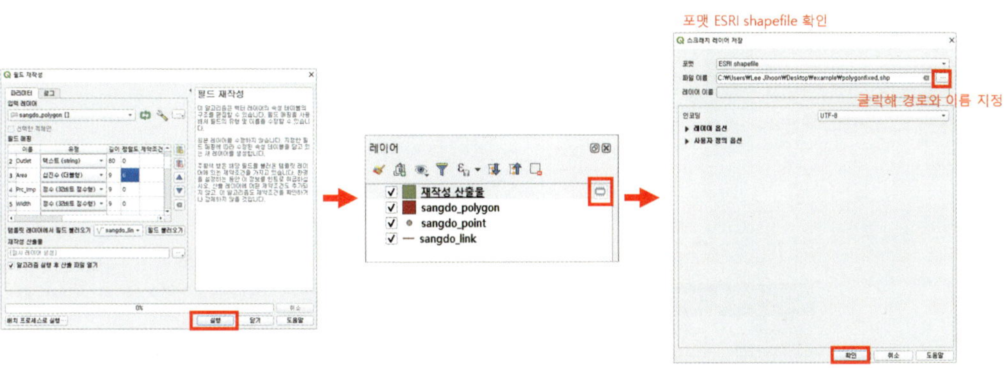

그림 3-43. ArcMap 및 QGIS를 활용하여 매개변수 입력하기 7단계

수정이 완료되면 하단의 [실행] 버튼을 클릭한다. 레이어 창에서 '재작성 산출물' 레이어가 생성되는데, 레이어 우측을 클릭하여 .shp 파일로 저장한다(그림 3-43).

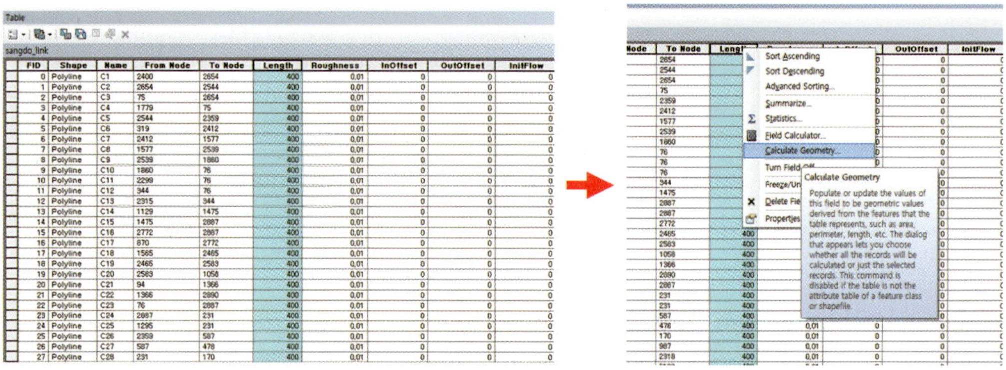

그림 3-44. ArcMap 및 QGIS를 활용하여 매개변수 입력하기 8단계

Field type이 수정되었다면, ArcMap을 구동하여, 편집했던 레이어를 불러온다. 링크파일의 Attribute Table을 열어 Length 열을 우 클릭하여 [Calculate Geometry]를 클릭한다(그림 3-44).

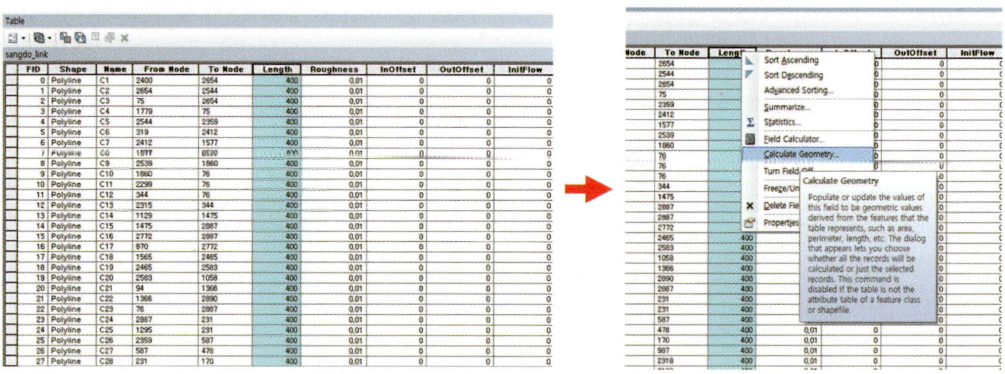

그림 3-45. ArcMap 및 QGIS를 활용하여 매개변수 입력하기 9단계

Property를 Length로, 단위는 미터(m)로 설정한 후에 [OK] 버튼을 클릭한다. 마찬가지로 폴리곤 파일의 Attribute Table을 열어 Area 열의 [Calculate Geometry]를 실행한다. Property는 Area로, 단위는 헥타르(ha)로 선택하여 [OK] 버튼을 클릭한다(그림 3-45).

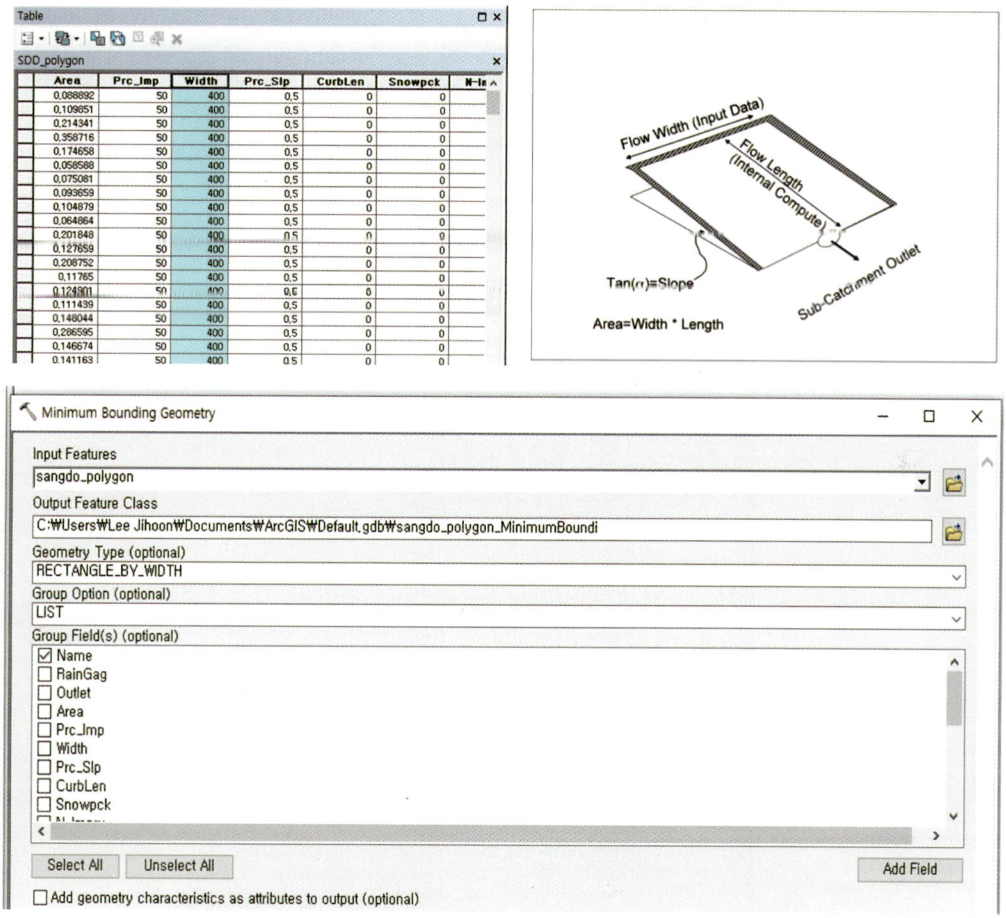

그림 3-46. ArcMap 및 QGIS를 활용하여 매개변수 입력하기 10단계

폴리곤 객체의 폭(Width)은 물이 흐르는 방향과 수직한 방향의 길이를 구하면 된다. 하지만, 폴리곤(소유역, Subcatchment)의 형태가 소규모로 구성되고 정형화되어 있지 않은 경우, 물의 유출 방향을 특정하기가 어렵다. 이러한 이유 때문에, 폴리곤의 형태가 긴 방향의 길이를 구해 대체하는 방법을 채택할 수 있다.

이를 위해서 ArcMap에서 [Minimum Bounding Geometry] 기능을 이용하여 폴리곤의 폭을 기준으로 외접하는 직사각형을 생성할 수 있다. Input Features에는 폴리곤 파일을 입력하고, Output Feature Class에는 생성될 파일의 경로와 이름을 설정한다. Geometry Type은 Rectangle by Width를 선택할 수 있으며, Group Option은 List 선택, Group Field에서는 Name 항목만 선택하여 체크한다(그림 3-46).

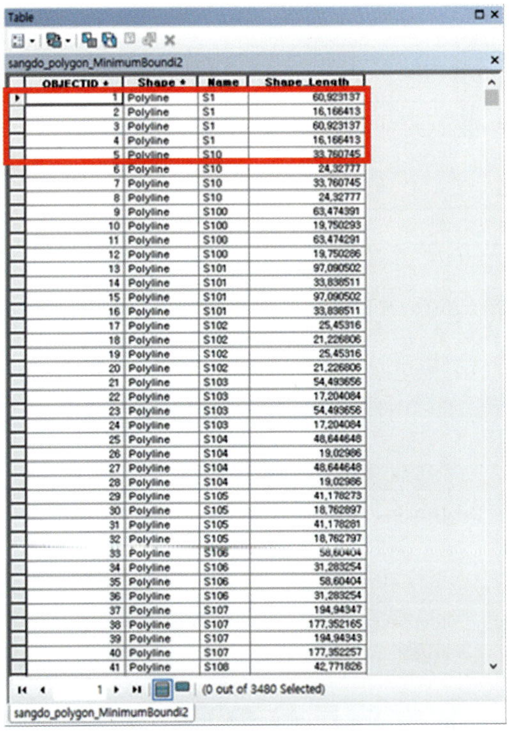

OBJECTID *	Shape *	Name	Shape_Length
1	Polyline	S1	60,923137
2	Polyline	S1	16,166413
3	Polyline	S1	60,923137
4	Polyline	S1	16,166413
5	Polyline	S10	33,760745
6	Polyline	S10	24,32777
7	Polyline	S10	33,760745
8	Polyline	S10	24,32777
9	Polyline	S100	63,474391
10	Polyline	S100	19,750293
11	Polyline	S100	63,474291
12	Polyline	S100	19,750286
13	Polyline	S101	97,090502
14	Polyline	S101	33,838511
15	Polyline	S101	97,090502
16	Polyline	S101	33,838511
17	Polyline	S102	25,45316
18	Polyline	S102	21,226806
19	Polyline	S102	25,45316
20	Polyline	S102	21,226806
21	Polyline	S103	54,493656
22	Polyline	S103	17,204084
23	Polyline	S103	54,493656
24	Polyline	S103	17,204084
25	Polyline	S104	48,644648
26	Polyline	S104	19,02986
27	Polyline	S104	48,644648
28	Polyline	S104	19,02986
29	Polyline	S105	41,178273
30	Polyline	S105	18,762897
31	Polyline	S105	41,178281
32	Polyline	S105	18,762797
33	Polyline	S106	58,60404
34	Polyline	S106	31,283254
35	Polyline	S106	58,60404
36	Polyline	S106	31,283254
37	Polyline	S107	194,94347
38	Polyline	S107	177,352165
39	Polyline	S107	194,94343
40	Polyline	S107	177,352257
41	Polyline	S108	42,771826

그림 3-47. ArcMap 및 QGIS를 활용하여 매개변수 입력하기 11단계

이후에는 생성된 사각 객체를 [Split Line At Vertices] 기능을 이용해 각 변으로 분할된 라인 객체로 만들어준다(그림 3-47). Input Features에는 생성한 사사형 파일을 입력한다. [Split Line At Vertices] 기능을 이용해 만든 객체는 각 소유역에 대해 둘러싸고 있던 변의 길이에 대한 정보를 담고 있다. 폴리곤 하나를 둘러싸고 있는 사각형은 변의 개수가 4개이므로, 폴리곤 개체 하나에 라인 개체 4개가 생성된다.

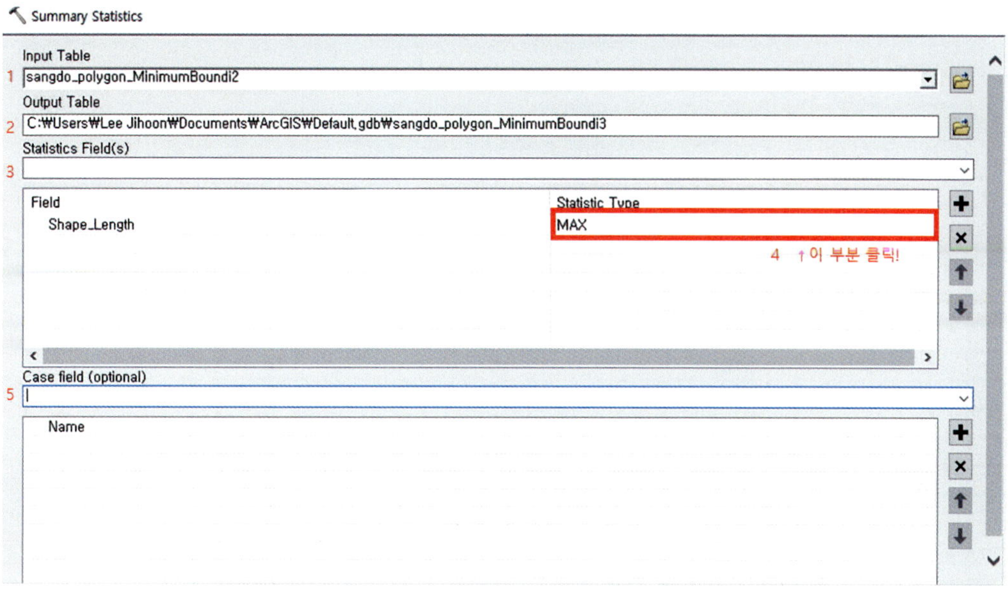

그림 3-48. ArcMap 및 QGIS를 활용하여 매개변수 입력하기 12단계

이 정보를 활용하여 [Summary Statistics] 기능으로 사각형의 선 중 긴 부분의 폭을 구할 수 있다(그림 3-48). ① Input Table에는 이전에 생성한 사각형의 라인 파일을 입력할 수 있으며, ② Output Table에는 생성될 파일의 경로와 이름을 설정한다. ③ Statistics Field에서 Shape Length를 선택하고 ④ 아래 Field 하위항목으로 Shape Length가 추가되면 Statistic Type을 Max로 설정한다. ⑤ 최종적으로는 Case field에 Name을 선택한다. 이는 Name을 기준으로 정보를 정렬하기 위함이다.

Table

sangdo_polygon_MinimumBoundi3

OBJECTID *	Name	FREQUENCY	MAX_Shape_Length
1	S1	4	60,923137
2	S10	4	33,760745
3	S100	4	63,474391
4	S101	4	97,090502
5	S102	4	25,45316
6	S103	4	54,493656
7	S104	4	48,644648
8	S105	4	41,178281
9	S106	4	58,60404
10	S107	4	194,94347
11	S108	4	42,771826
12	S109	4	53,04932
13	S11	4	69,687848
14	S110	4	74,12837
15	S111	4	120,845378
16	S112	4	104,901821
17	S113	4	105,181963
18	S114	4	106,251951
19	S115	4	106,623277
20	S116	4	84,648154
21	S117	4	89,872443
22	S118	4	92,40066
23	S119	4	70,540247
24	S12	4	46,625654
25	S120	4	50,495741
26	S121	4	88,876972
27	S122	4	87,396771
28	S123	4	71,349754
29	S124	4	70,492714
30	S125	4	89,95496
31	S126	4	131,268699
32	S127	4	73,7209
33	S128	4	61,850671
34	S129	4	85,406995
35	S13	4	84,650782

그림 3-49. ArcMap 및 QGIS를 활용하여 매개변수 입력하기 13단계

위와 같이 [Summary Statistics] 기능을 활용하여 생성된 테이블을 확인할 수 있으며, Frequency 열은 해당 Name 기준으로 몇 개의 Line 항목이 있었는지를 파악하는 것이다(그림 3-49). 사각형의 경우 변의 개수가 4개이므로 일괄적으로 4가 입력된다. Max_Shape_Length 열에는 사각형의 긴 변의 길이가 입력된다.

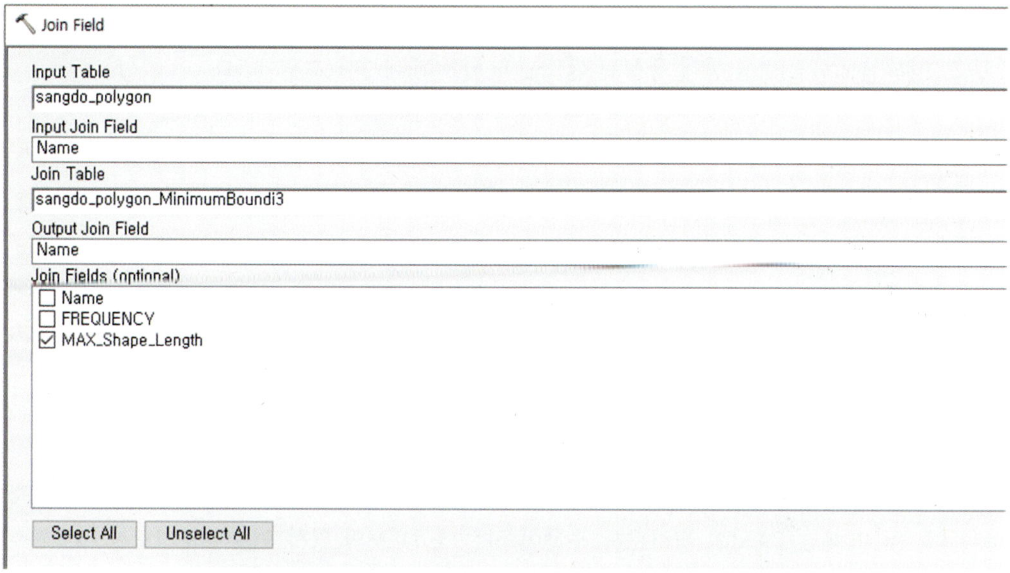

그림 3-50. ArcMap 및 QGIS를 활용하여 매개변수 입력하기 14단계

[Join Field] 기능을 활용하여 길이 값을 원본 폴리곤의 Attribute Table에 입력시킬 수 있다(그림 3-50). Input Table에는 원본 폴리곤 파일을 입력하고, Input Join Field에는 Join의 기준이 될 Name 필드를 선택한다. Join Table에는 Summary Statistics로 생성된 테이블을 입력하며, Output Join Field에도 Join의 기준이 될 Name 필드를 선택한다. JoinFields에는 사각형의 최대 길이 값(MAX_Shape_Length)을 선택한다.

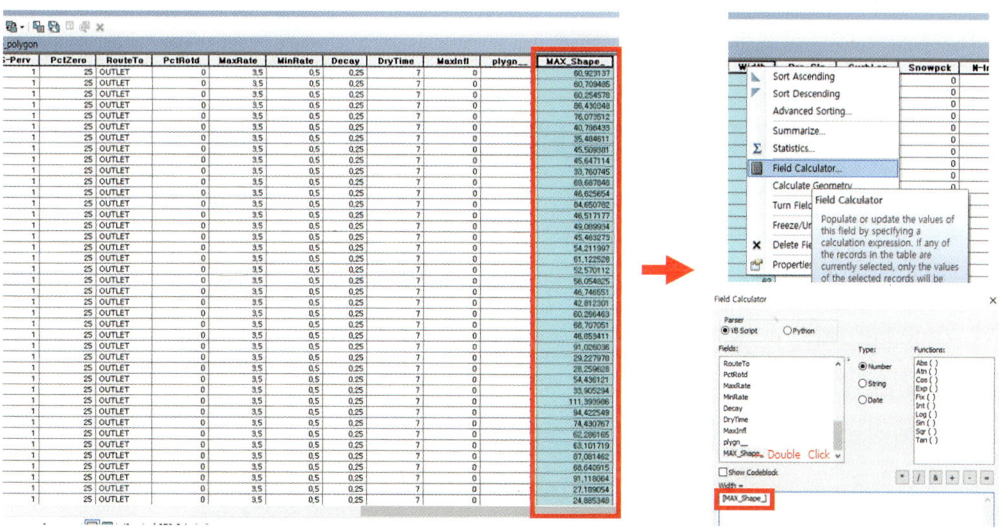

그림 3-51. ArcMap 및 QGIS를 활용하여 매개변수 입력하기 15단계

원본 폴리곤에 필드가 추가되었다면, Width 열에 [Field Calculator]를 통해서 값을 부여하면 된다. 이후 [Join Field]를 통해 생성된 필드는 다시 삭제해준다(그림 3-51).

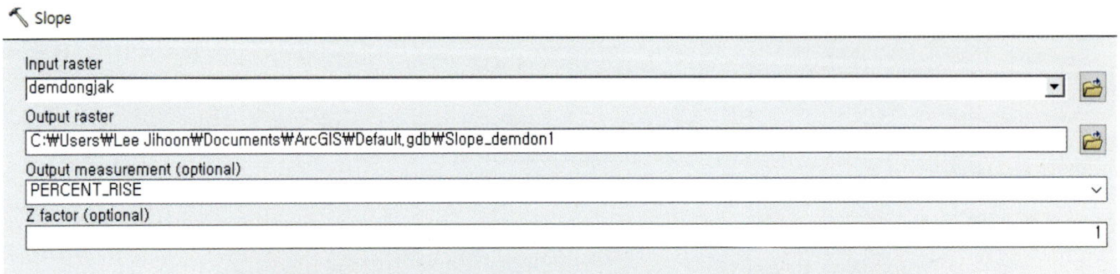

그림 3-52. ArcMap 및 QGIS를 활용하여 매개변수 입력하기 16단계

다음으로는 Subcatchment의 지형정보 값 중에서 평균경사(Prc_Slp) 열에 들어갈 값들을 계산해준다. 첫 번째로, DEM의 경사도를 구해야 하는데, DEM의 경사도는 수치지도를 이용하여 산출할 수 있다. [Slope] 기능을 활용하여 DEM의 평균 경사도를 만들 수 있으며, 상기의 창에서 Input Raster에는 DEM 자료를 입력한다. Output Raster에는 경사도 자료가 저장될 위치와 이름을 설정하며, Output Measurement는 PERCENT_RISE를 설정한다. 이는 SWMM 내에서 경사도의 단위가 %이기 때문이다(그림 3-52).

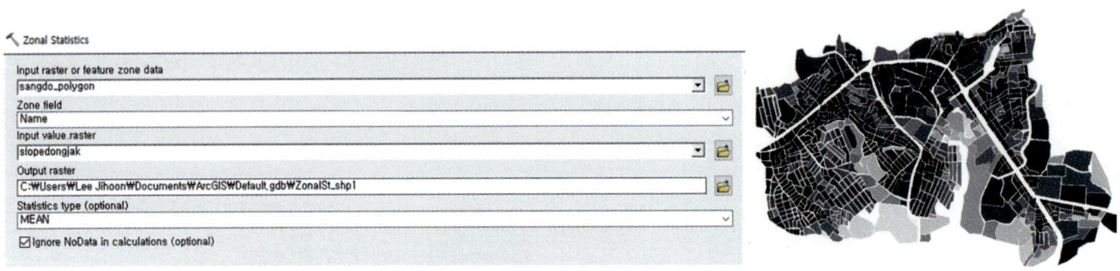

그림 3-53. ArcMap 및 QGIS를 활용하여 매개변수 입력하기 17단계

다음은 각 폴리곤에 해당하는 영역의 평균 경사도를 구하기 위해서 [Zonal Statistics] 기능을 활용한다. 상기의 창에서 Input raster or feature zone data에는 원본의 폴리곤 자료를 입력하며, Zone Field에는 각 영역을 정의하는 Name을 입력한다. Input Value Raster에는 생성될 자료의 경로와 이름을 설정하며, Statistics type은 평균 계산을 위해 Mean을 선택한다. [Zonal Statistics] 기능을 활용한 각 영역의 평균 경사도 산출 모습은 그림 3-53의 오른쪽 그림과 같다.

그림 3-54. ArcMap 및 QGIS를 활용하여 매개변수 입력하기 18단계

이때 계산된 평균 경사도는 래스터 형식이기 때문에 이를 폴리곤으로 옮기려면 추가적인 보정작업이 필요하다. 먼저 각 폴리곤 내부의 점을 생성하기 위해 [Feature to Point] 기능을 생성하고, 그림 3-54의 창과 같이 Input Features에 폴리곤 원본 자료를 입력한다. Output Feature Class에는 생성될 자료가 저장될 위치와 이름을 설정하며, 하단의 Inside는 폴리곤 내부에 점을 생성하기 위해 체크를 한다.

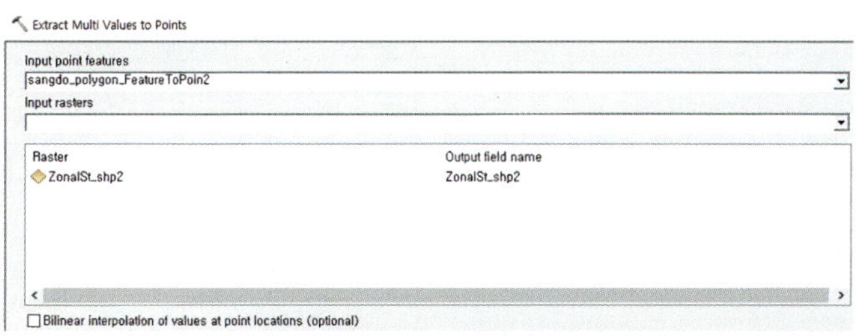

DryTime	Maxinfl	plygn__	ORIG_FID	ZonalSt_shp2
7	0	1	0	9.261835
7	0	1	1	12.85405
7	0	1	2	22.70963
7	0	1	3	11.21412
7	0	1	4	3.264087
7	0	1	5	7.688466
7	0	1	6	0
7	0	1	7	1.263348
7	0	1	8	3.753838
7	0	1	9	14.4264
7	0	1	10	14.85227
7	0	1	11	12.44412
7	0	1	12	14.59704
7	0	1	13	7.933829
7	0	1	14	4.442558
7	0	1	15	13.37834
7	0	1	16	13.21284
7	0	1	17	10.4008
7	0	1	18	2.229216
7	0	1	19	2.797232

그림 3-55. ArcMap 및 QGIS를 활용하여 매개변수 입력하기 19단계

생성된 각 포인트에 경사도를 넣기 위해 [Extract Multi Values to Points] 기능을 이용한다. Input Point Features에는 생성한 포인트 자료를 입력하고, Input Rasters에는 앞선 과정에서 생성한 구역별 평균 경사 자료를 입력한다. 최종적으로는 포인트 자료 테이블에서 평균 경사 값이 입력된 모습을 확인할 수 있다(그림 3-55).

그림 3-56. ArcMap 및 QGIS를 활용하여 매개변수 입력하기 20단계

[Join Field] 기능을 이용해 각 Point에 부여된 평균 경사 값을 폴리곤으로 옮겨준다. Input Table에는 원본 폴리곤 파일을 입력하며, Input Join Field에는 Name, Join Table에는 생성한 포인트 파일, Output Join Field에는 Name, Join Fields에는 평균 경사 값이 입력된 열을 선택한다(그림 3-56).

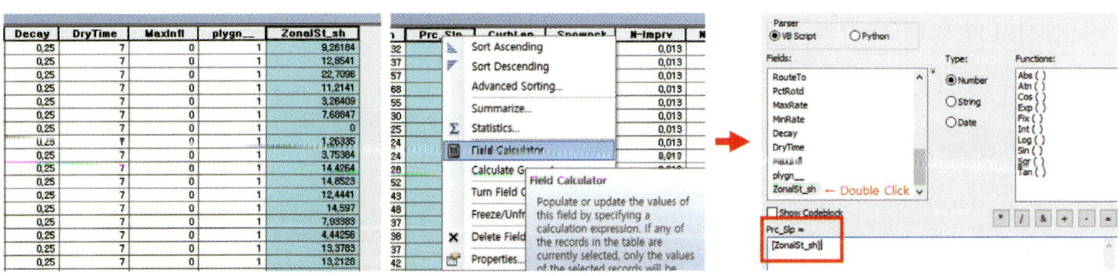

그림 3-57. ArcMap 및 QGIS를 활용하여 매개변수 입력하기 21단계

원본 폴리곤에 필드가 추가되었는지 확인하고, Prc_Slp 열에 [Field Calculator]를 통해서 값을 부여한다. 이후에 [Join Field] 기능을 통해 생성된 필드는 다시 삭제한다(그림 3-57).

sangdo_polygon

FID	Shape	Name	RainGag	Outlet	Area	Prc_Imp	Width	Prc_Slp	CurbLen	Snowpck	N-Imprv	N-Perv
0	Polygon	S1	Gage1	874	0,088892	80	32	9,26184	0	0	0,013	0,03
1	Polygon	S2	Gage1	502	0,109851	80	37	12,8541	0	0	0,013	0,03
2	Polygon	S3	Gage1	931	0,214341	80	57	22,7096	0	0	0,013	0,03
3	Polygon	S4	Gage1	2011	0,358716	80	68	11,2141	0	0	0,013	0,03
4	Polygon	S5	Gage1	2400	0,174658	80	55	3,26409	0	0	0,013	0,03
5	Polygon	S6	Gage1	3009	0,058588	80	30	7,68847	0	0	0,013	0,03
6	Polygon	S7	Gage1	3012	0,075081	80	25	0	0	0	0,013	0,03
7	Polygon	S8	Gage1	3014	0,093659	80	24	1,26335	0	0	0,013	0,03
8	Polygon	S9	Gage1	3018	0,104879	80	24	3,75384	0	0	0,013	0,03
9	Polygon	S10	Gage1	3020	0,064864	80	28	14,4264	0	0	0,013	0,03
10	Polygon	S11	Gage1	2299	0,201848	80	52	14,8523	0	0	0,013	0,03
11	Polygon	S12	Gage1	1129	0,127659	80	43	12,4441	0	0	0,013	0,03

그림 3-58. ArcMap 및 QGIS를 활용하여 매개변수 입력하기 22단계

모든 값이 입력된 속성 창은 상기와 같으며, 대상지 환경에 따라서 수정해야 할 값들이 있다면, [Field Calculator] 창을 활용하여 수정 및 입력할 수 있다(그림 3-58).

들어가야 하는 속성 열의 이름이 변경된다. ↓

ıkfixed

	Shape	Name	FromNode	ToNode	Length	Roughness	InOffset	OutOffset	InitFlow	MaxFlow	Shape_1	Geom1
0	Polyline	C1	2400	2654	50,393	0,01	0	0	0	0	CIRCULAR	1
1	Polyline	C2	2654	2544	2,163	0,01	0	0	0	0	CIRCULAR	1
2	Polyline	C3	75	2654	8,914	0,01	0	0	0	0	CIRCULAR	1
3	Polyline	C4	1779	75	32,144	0,01	0	0	0	0	CIRCULAR	1
4	Polyline	C5	2544	2359	40,125	0,01	0	0	0	0	CIRCULAR	1
5	Polyline	C6	319	2412	7,897	0,01	0	0	0	0	CIRCULAR	1
6	Polyline	C7	2412	1577	11,793	0,01	0	0	0	0	CIRCULAR	1
7	Polyline	C8	1577	2539	17,2	0,01	0	0	0	0	CIRCULAR	1
8	Polyline	C9	2539	1860	15,462	0,01	0	0	0	0	CIRCULAR	1
9	Polyline	C10	1860	76	22,023	0,01	0	0	0	0	CIRCULAR	1
10	Polyline	C11	2299	76	36,365	0,01	0	0	0	0	CIRCULAR	1

그림 3-59. ArcMap 및 QGIS를 활용하여 매개변수 입력하기 23단계

ArcMap에서 매개변수를 입력하면, ArcMap 특성상 Attribute Table 좌측에 FID와 Shape 열이 기본적으로 생성된다. 이 때문에 하수관거(Link)의 Attribute Table에서 정의하는 SWMM 속성은 Shape 열이 Shape_1 열로 변하게 된다(그림 3-59). 이 상태로 .inp 파일을 전환시키면 오류가 발생하기 때문에 QGIS를 활용하여 열의 이름을 바꿔주어야 한다.

그림 3-60. ArcMap 및 QGIS를 활용하여 매개변수 입력하기 24단계

QGIS를 실행하여 가공된 .shp 파일을 열어주고 상단 메뉴바 - [공간 처리] - [툴박스]를 클릭하여 공간 처리 툴박스 창을 만들어준다(그림 3-60). 툴박스에서 필드 재작성을 검색하여 실

행한 후, 링크 파일을 선택하고 Shape_1 열의 이름을 Shape로 이름을 바꾸어준다. 하단의 실행 버튼을 클릭하고 앞선 작업과 마찬가지로 재작성 레이어를 .shp 파일로 저장한다.

- 가공된 .shp 파일을 다시 .inp 파일로 변환하여 SWMM에서 읽어들이기

- library(swmmr)
- library(purrr)
- library(dplyr)
- library(sf)

앞서 서술한 과정과 같은 방식으로 .shp 파일을 .inp 파일로 변환한다. Nodes, Links, Subcatchments 등 필요한 정보를 가진 .shp 파일 세 개를 하나의 .inp 파일로 변환한다.

- out_dir<-"경로"

.shp 파일을 불러올 폴더의 경로를 정하기 위해 상기의 구문을 입력한다. 이때 변환할 .shp 파일이 폴더 안에 위치해야한다.

- 인자명<- shp_to_inp(
-   path_polygon= file.path(out_dir,"sangdopolygonfixed.shp"),
-   path_line= file.path(out_dir,"sangdolinkfixed.shp"),
-   path_point= file.path(out_dir,"sangdopointfixed.shp")
-)

shp to inp 명령의 실행을 위해 상기와 같은 구문을 입력하며, 첫 줄의 인자명 위치에는 사용자가 입력하고 싶은 인자명의 이름을 입력한다. 두 번째 줄부터는 각각의 .shp 파일의 이름을 입력하면 되는데, path_polygon에는 폴리곤 파일, path_line에는 링크 파일, path_point에는 노드 파일 이름을 입력한다.

- dir.create(file.path(out_dir, "폴더명"))
- write_inp(인자명, file.path(out_dir, "폴더명", "파일명.inp"))

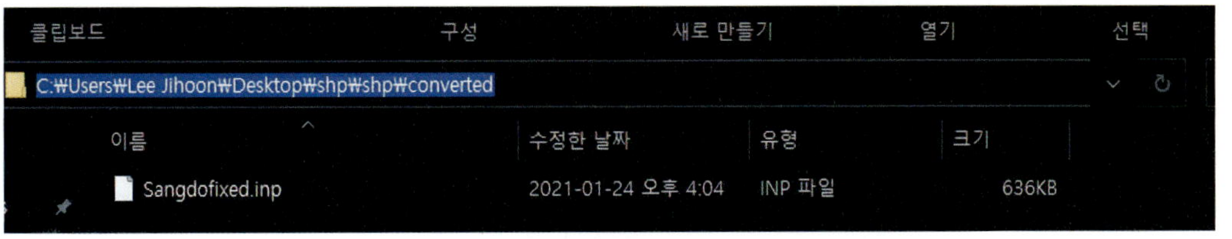

그림 3-61. shp 파일을 inp 파일로 변환하기 1단계

불러온 .shp 파일을 .inp 파일로 변환하기 위해서 상기의 구문을 입력한다. 첫 줄의 폴더명은 파일이 생성될 폴더를 생성하는 구문으로 사용자의 정의에 따라서 자유롭게 정의할 수 있다. 두 번째 줄의 인자명은 파일을 불러온 인자가 들어가는 자리이며, 폴더명과 파일명을 순서대로 작성해준다. 최종적으로 .inp 형태의 SWMM 모델이 생성된다(그림 3-61).

③ 도시침수 취약지구 선정

현재 상태의 도시침수에 대한 시뮬레이션 모델이 완성되고 침수 시뮬레이션이 완성되었다면, 공간적으로 어느 지역에 추가적인 시설을 추가로 설치해야 하는지 검토할 필요가 있다. 이를 위해서 수반되어야 할 과정이 '도심침수 취약지구 선정'이다. 도시침수 취약지구 선정 과정은 가장 경제적으로 효율적인 측면에서 추가적인 그레이 인프라 그린 인프라를 설계할 수 있는 근거기반의 자료가 된다. 본 절에서는 위의 과정을 거쳐 생성된 수원시의 SWMM 파일을 활용하여 도시침수 취약 지구를 선정하는 실습을 수행한다.

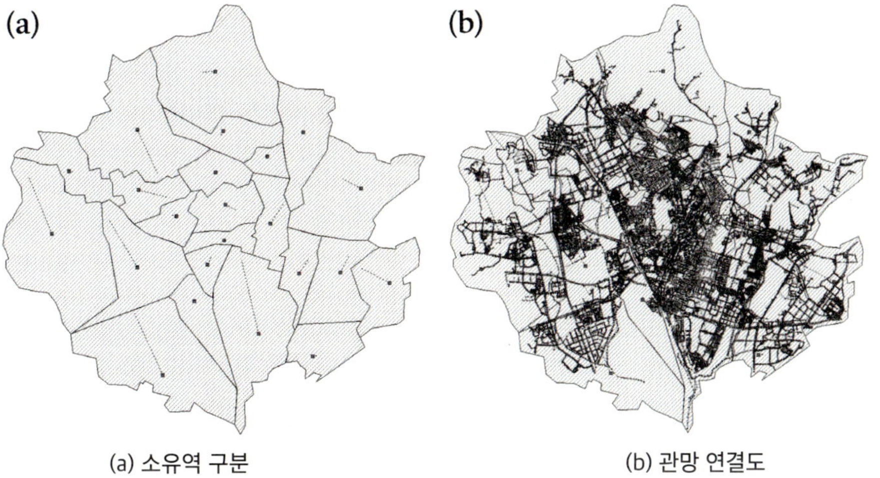

(a) 소유역 구분　　(b) 관망 연결도

그림 3-62. 수원시의 SWMM 모델

본 저서에서는 수원시 전체 면적 121 km²을 소유역으로 생성하였으며, 총 23개의 소유역, 40,281개의 파이프(10,675 km), 39,197 개의 맨홀, 336개의 유출 출구 등을 생성하였다. 본 저서에서 사용된 맨홀은 직사각형 관로 혹은 원형 관로로 설계되었으며, 직경 1 m 이상의 파이프가 모델링 되었다(그림 3-62).

- 취약성 분석을 위한 SWMM 모델의 검증

SWMM 모델이 앞선 자료를 통해 완성되었다면, 얼마만큼의 신뢰도를 가지고 있는지를 분석해야한다. SWMM 모델은 일반적으로 통계적 방법을 활용하여 검증한다. 하수 관망 내에 수위계가 설치되어 있는 경우, 수위(m)의 시계열적 변화를 분석하여 통계적 검증을 실시할 수 있다. 일반적으로 맨홀 내의 수위 자료를 활용하는 것은 설치 및 유지관리에 고비용이 필요하기에 이러한 자료를 취득하기가 어렵다. 이에, 이를 대체할 수 있는 방법으로 AWS 기반의 강수량 자료와 수문에서 측정 및 전송되는 관측소의 수위 변화자료를 활용한다.
두 가지의 정보는 환경부 한강홍수통제소에서 제공하고 있으며, 수원시의 경우 인접한 화성시(화산교)의 데이터를 활용할 수 있고, 강수량 데이터의 경우 화성시(수원대학교)의 자료를 활용할 수 있다. 한강홍수통제소의 주소는 하기와 같다.

한강홍수통제소: http://www.hrfco.go.kr/main.do

일반적으로 통계적 검증을 할 때는 상관관계(correlation coefficient), 평균 제곱근 편차(RMSE, root mean square error), 결정계수(R^2, coefficient of determination) 등의 통계적 검증 방법을 사용한다.
상관계수(correlation coefficient)는 두 변수 사이의 선형 관계를 측정하는 지표로, 가장 대표적인 방법으로는 피어슨 상관계수가 있으며, 피어슨 상관계수는 -1과 1 사이의 값을 가지며, 절댓값이 클수록 두 변수 사이의 선형 상관관계는 강하다고 판단한다.

$$r = \frac{\sum(x_i - \overline{x})(y_i - \overline{y})}{\sqrt{\sum(x_i - \overline{x})^2 \sum(y_i - \overline{y})^2}} \qquad (3.52)$$

RMSE의 경우, 모델이 예측한 값과 실제 사이의 차이를 측정하는 지표로, 예측 오차의 제곱을 평균한 값에 제곱근을 취하는 형식으로 산출된다. RMSE 값이 낮을수록 예측 정확도가 높다고 할 수 있다. RMSE의 계산 방법은 식 3.53과 같다.

$$RMSE = \sqrt{\frac{\sum_{i=1}^{n}(y-\hat{y})^2}{n}} \quad (3.53)$$

여기에서 y는 모델의 예측값을 뜻하며, $\hat{y}$는 실제 실측값을 뜻하며, n은 데이터 포인트 수를 나타낸다.

R^2은 회귀 모델이 실제 데이터를 얼마나 잘 설명하는지를 나타내는 지표로, 0과 1 사이의 값을 가진다. 일반적으로 1에 가까울수록 모델이 실제 데이터를 잘 설명하고 있다고 판단한다. R^2를 구하는 일반적인 방법은 하기와 같다.

$$R^2 = 1 - \frac{\sum(y-\hat{y})^2}{\sum(\hat{y}-\overline{y})^2} \quad (3.54)$$

여기에서 y는 모델의 예측값을 뜻하며, $\hat{y}$는 실제 실측값, $\overline{y}$는 y의 평균값을 뜻한다.

SWMM과 모델을 활용한 도시 수문 유출 분석 연구들은 R^2 0.8 이상의 값을 가질 때 모델의 신뢰도가 있는 것으로 판단한다.

그렇다면 강수 데이터를 활용한 통계적 검증 예시를 살펴보자. 본 저서에서 소개하는 수원시의 SWMM 모델은 2022년 중부권 호우의 강수 데이터(2022년 8월 8일 0시부터 8월 14일 12시)의 강수 데이터를 활용하여 SWMM 모델을 시뮬레이션하였다. 입력 데이터로 활용된 수원시의 강수량과 시뮬레이션 값은 모두 한 시간 간격으로 분석되었으며, 강수량 데이터 157개, 시뮬레이션 데이터 157개가 사용되었다. 통계적 검증 결과는 하기의 그림과 같으며, 상관관계는 0.9, R^2는 0.96, RMSE는 0.74로 나타났다. 이처럼 SWMMR을 활용하여 상세 단위의 도시 유출 모델을 모델링할 경우, 신뢰도 높은 시뮬레이션을 수행할 수 있다(그림 3-63).

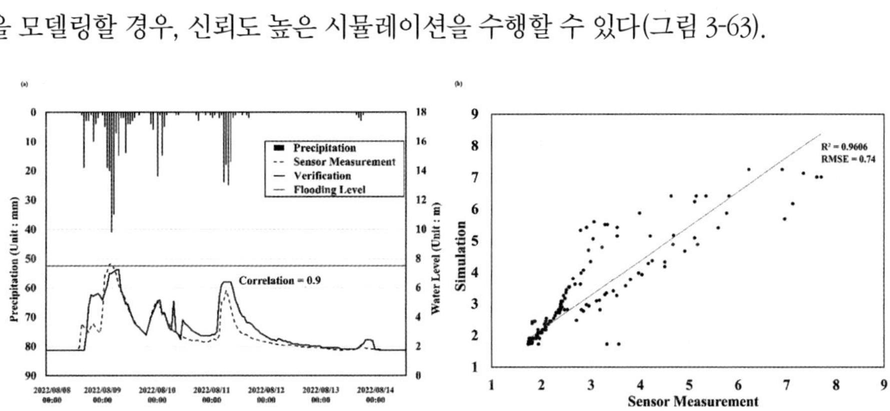

(a) 상관관계 분석 (b) R^2 및 RMSE 분석

그림 3-63. 수원시 SWMM 모델의 신뢰도 검증

- AHP 기법을 활용한 평가 가중치 분석

도시침수의 취약 지구를 선정하기 위해서는 정량화 진단을 위한 유형분류가 선행되어야 한다. 우리 사회는 산업화 이후로 꾸준히 도시침수에 대한 다양한 대안들을 개발하였음에도 불구하고, 이를 적극적으로 이행하지 못하는 한계점을 보였다. 이러한 이유는 크게 세 가지로 나눌 수 있는데, ⓐ 도시의 홍수 취약성과 적절한 공간적 설계가 이루어지지 않음 ⓑ 시민과 공공, 사회적 의견과 학술적 충돌 ⓒ 예산적 한계로 인한 실시설계 및 시공의 불가 등이 있다. 이러한 문제점을 해결하기 위해서는 시민 과학 등 Bottom-up 기반의 시설 수요조사와 전문가 영역의 분석 등 거버넌스적 접근이 수반된 취약성 평가 및 의사결정이 실시되어야 한다. 이러한 의견수렴 기반의 의사결정 방법을 "다기준의사결정 기법(MCDM, Multi-Criteria Decision Making)"이라고 명명한다(Kumar et al., 2017).

다기준의사결정 기법 선정은 크게 네 가지로 구분할 수 있는데, 이는 ⓐ 쌍대비교 분석 방법 ⓑ 우선순위 분석 방법 ⓒ 이상치 거리 방법 ⓓ 다속성 효용 가치 함수 방법 등으로 나누어지며, 각각의 특징은 표 3-7과 같다.

< 표 3-7. 다기준의사결정기법의 종류와 특성 >

구분	특성	대표 기법
쌍대 비교	• 하나의 기준이 다른 것보다 얼마나 더 중요한지에 대한 실문을 토내로 기준 간의 중요도를 정량화 • 효용함수 정의가 불가능할 경우 유용함 • 개념상의 단순함과 방법론상의 유연함으로 가장 많이 활용됨	AHP, ANP
우선 순위	• 효용가치함수를 별도로 정의하지 않는 특성으로 독립된 평가 기준이 동시에 종속변수에 영향을 미치는 교호작용을 피할 수 있음 • 표준화 절차를 요구하지 않아, 원자료의 변경이 발생하지 않음 • 평가 기준의 단위가 다르거나 비교가 불가능할 경우 효율적인 방법	ELECTRE, PROMETHEE
이상치 거리	• 최고의 대안을 정의한 뒤 이 대안으로부터 이상치 거리를 기반으로 대안을 각각 평가 • 대안과 평가 기준을 무제한으로 고려할 수 있음	TOPSIS, CP, VIKOR
다속성 효용가치 함수	• 효용·가치함수를 사용하여 의사결정자의 선호도를 정의한 뒤 모든 평가기준을 무차원 축척으로 표현 • 선호도 함수를 도출하는데 많은 시간이 요구됨	MAUT, MAVT

본 저서에서는 AHP(Analytic Hierarchy Process) 기법을 활용하여 도시침수에 대응할 수 있는 형태의 취약성 평가를 예시로 살펴본다. AHP 기법은 1970년대 말에 미국의 수학자 Thomas L. Saaty에 개발된 방식으로, 복잡한 문제를 계층적으로 분해하여 상대적 중요도를 비교 및 평가하는 데 사용된다(Saaty, 1990). AHP 기법은 주로 우선순위를 정하거나 대안 간의 비교를 통해 최적의 선택을 결정하는 데 도움을 준다. 일반적으로 AHP 기법은 방대한 분야에서 의사결정 시에 활용되며, 일반적으로 하기와 같은 순서로 분석된다.

- 1단계: 문제 정의 - 의사결정 문제를 명확하게 정의하고 목표를 설정한다.
- 2단계: 계층 구조 생성 - 문제를 계층적 구조로 분해한다. 최상위 계층에는 전체 목표가 위치하고, 그 하위에는 기준 및 대안이 포함된다.
- 3단계: 각 계층에서 요소 간의 상대적 중요도를 비교하고, 1부터 9까지 척도를 사용하여 쌍대비교 행렬을 작성한다.
- 4단계: 중요도 가중치 계산 - 쌍대비교 행렬의 고유 벡터를 사용하여 각 요소의 중요도 가중치를 계산한다.
- 5단계: 종합평가 및 순위 결정 - 계산된 가중치를 이용하여 하위 계층의 요소들에 대한 상위 계층 요소의 가중 합계를 계산한다. 이 과정을 통해 최종적인 순위를 도출한다.
- 6단계: 일관성 검사 - 의사결정자의 판단의 일관성을 확인하기 위해서 일관성 비율(CR: Consistency Ratio)을 계산하고, 이 값이 0.1 이하일 경우 일관성이 있다고 판단한다. 일관성이 높지 않은 경우, 의사결정자가 판단을 수정하거나 새로운 정보를 도입하여 개선할 수 있다.

이러한 AHP 기법은 전문가의 설문지 등을 통해 의견을 수렴하는데, 이 과정은 취약성 평가 정량화에 큰 영향을 미치기 때문에 아래와 같은 몇 가지 사항을 유의하여야 한다.

- 설문 대상 선정: 전문가 설문지를 작성하기 전에, 관련 분야의 전문가들을 신중하게 선정해야 한다. 전문가의 지식, 경험, 신뢰성 등을 고려하여 설문 대상을 결정한다.
- 문제 정의 및 목표 설정: 설문지에서 다룰 의사결정 문제를 명확하게 정의하고 목표를 설정해야 한다.
- 계층 구조 소개: AHP 모델의 계층 구조를 명확하게 소개하여 전문가들이 이해하기 쉽게 해야 한다. 계층 구조에는 목표, 기준, 대안 등이 포함된다.
- 쌍대비교 설명: 전문가들이 쌍대비교를 정확하게 이해하고 적용할 수 있도록, 설문지에서 쌍대비교의 개념과 1-9 척도를 명확하게 설명해야 한다.

- 설문지 구성: 설문지의 구성은 직관적이고 명료해야 한다. 각 계층의 요소들에 대한 쌍대비교를 편리하게 할 수 있도록 설문지를 설계한다.
- 일관성 확인: 전문가들의 판단이 일관성 있는지 확인하는 과정을 설문지에 포함시키는 것이 좋다.
- 설문지 안내문 및 예시: 설문지 작성 방법에 대한 명확한 안내문과 예시를 제공해야 한다. 이를 통해 전문가들이 설문지를 정확하게 작성할 수 있도록 도와준다.
- 소요 시간 고려: 설문지를 작성하는데 필요한 시간을 고려해야 한다. 지나치게 긴 설문지는 전문가들의 참여 의욕을 저하시킬 수 있으므로, 설문지의 길이와 복잡도를 적절하게 유지해야 한다.

이러한 사항들을 고려하여 설문지를 작성하므로, 더 체계적이고 유용한 정보를 얻을 수 있다. AHP 분석이 끝난 후에는 다음과 같은 추가사항들을 유의할 수 있다(Vaidya & Kumar, 2006).

- 피드백 및 수정: 전문가들의 피드백을 수렴하고, 설문지에 대한 개선사항이 있다면 적극적으로 수정해야 한다. 이 과정에서 전문가들과의 소통이 중요하며, 전문가들이 설문지 작성 과정에서 겪는 어려움을 파악하고 개선할 수 있다.
- 데이터 검증: 수집된 데이터의 정확성과 타당성을 확인하는 과정을 거쳐야 한다. 이를 통해 전문가들의 응답이 적절하게 반영되었는지 확인할 수 있다.
- 결과 해석 및 보고: AHP 분석 결과를 정확하게 해석하고, 관련 정보를 요약하여 보고해야 한다. 이 과정에서 중요한 결론과 함께, 분석 과정에서의 한계점과 개선사항을 명시하는 것이 좋다.

도시홍수의 취약성을 고려하기 위한 평가 기준으로 크게 침수특성과 노출특성으로 나눌 수 있다. 선행연구들에 기반하여 크게 세 가지의 침수특성 평가인자와 여섯 가지의 노출특성 평가인자로 나누어 설정할 수 있다.

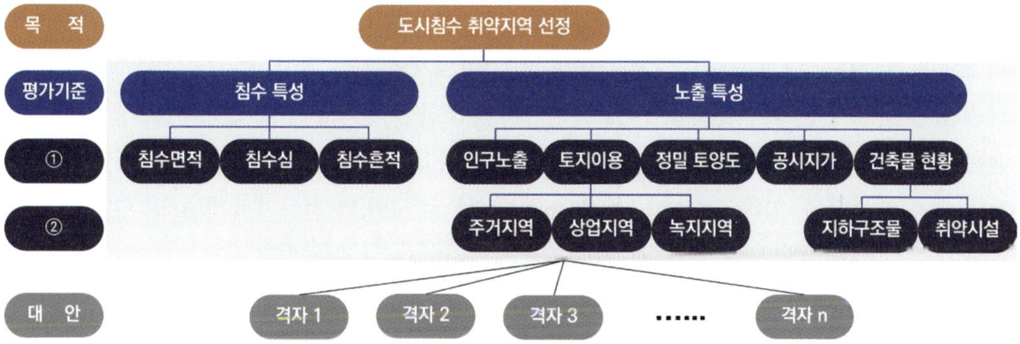

그림 3-64. 홍수 취약지역 선정을 위한 AHP 분석

< 표 3-8. AHP 기법 분석을 위한 평가 인자의 구분 >

구분	평가 인자	설명
침수 특성	침수면적	침수흔적도 등을 활용한 해당지역 강우 조건 별 침수 면적
	침수심	침수흔적도 등을 활용한 해당지역 강우 조건 별 침수심
	침수 흔적도	해당지역에서의 과거 침수 유무 및 침수 면적
노출 특성	인구노출	해당지역 내 침수 영향을 받는 총 인구 수
	토지이용도	해당지역의 토지 이용 현황
	정밀토양도	해당지역의 수문학적 토양군 평가
	공시지가	해당지역 내 침수 영향을 받는 토지의 가격
	지하구조물	해당지역에서의 지하층을 가진 건물 개수
	취약 시설	해당지역에서의 취약계층이 사용하는 시설물(학교, 병원, 양로원, 유치원 등)의 수

침수 특성 평가 인자로는 침수면적, 침수심, 침수흔적도 등을 선정할 수 있으며, 노출 특성 인자로는 인구 노출, 토지이용도, 정밀토양도, 공시지가, 지하구조물, 취약 시설 등을 선택할 수 있다. 이러한 평가 인자는 절대적인 것은 아니며, 전문가 의견과 기타사항을 반영하여 조정할 수 있다(그림 3-64/표 3-8).

침수 특성에 대한 평가 기준은 제한된 형태이지만, 활용할 수 있는 평가 지표는 한국국토정보공사에서 제공하고 있으며, 태풍·호일·해일 등으로 인한 침수 피해 발생 지역에 대해 침수 흔적 조사 및 측량을 실시한 자료를 활용할 수 있다. 인구 노출의 경우, 평가대상 구역 내 격자별 인구분포 현황자료를 활용할 수 있으며, 토지이용도는 평가대상 구역 내의 토지피복도 자료를 활용할 수 있다. 정밀 토양도는 평가대상 구역 내 강우의 토양침투 정도를 나타내는 수문학적 토양군 별로 구분하여 활용할 수 있으며, 지하구조물은 국가공간정보포털의 건물 DB 등을 활용할 수 있다. 취약 시설은 취약계층이 사용하는 학교, 병원, 양로원, 유치원 등의 시설물의 건물 수를 반영할 수 있다. 표 3-9는 수원시를 대상으로 50명의 전문가에게 AHP 평가 기준별 가중치 결과이다.

< 표 3-9. AHP 기법을 활용한 수원시의 홍수특성 가중치 분석 결과 >

침수 특성(%)			노출 특성(%)					
침수 면적	침수심	침수 흔적도	인구 노출	토지 이용	토양도	공시 지가	지하 구조물	취약 시설
14.10	12.27	13.40	7.60	7.86	6.14	6.21	12.72	19.70

표 3-10. 은 AHP 분석을 위해 사용한 설문지의 결과이다.

< 표 3-10. AHP 분석을 위한 설문지의 결과 >

평가 요소	홍수 취약성에 대한 요인 영향									
	1	2	3	4	5	6	7	8	9	Weight
침수 면적	0.14	0.10	0.15	0.12	0.13	0.13	0.18	0.19	0.13	0.1410
침수심	0.16	0.12	0.09	0.13	0.12	0.14	0.13	0.12	0.11	0.1227
침수 흔적도	0.12	0.18	0.13	0.14	0.12	0.13	0.13	0.10	0.16	0.1340
인구 노출	0.09	0.07	0.07	0.08	0.08	0.08	0.05	0.07	0.10	0.0760
토지 이용	0.08	0.08	0.09	0.07	0.08	0.08	0.07	0.06	0.08	0.0786
건축물 노후도	0.06	0.05	0.06	0.06	0.06	0.06	0.08	0.05	0.07	0.0614
공시 지가	0.05	0.06	0.06	0.10	0.06	0.05	0.06	0.06	0.06	0.0621

지하 구조물	0.09	0.12	0.16	0.14	0.15	0.14	0.12	0.12	0.10	0.1272
취약 시설	0.22	0.22	0.17	0.16	0.20	0.19	0.19	0.23	0.20	0.1970

- 평가 기준의 공간분석

다음의 단계는 위에서 산정한 평가 기준을 활용하여 공간의 취약성을 분석하는 것이다. 공간의 취약성을 분석하기 위해서는 공간을 구분하는 작업이 선행되어야 하는데, 크게 행정구역 단위로 구분하는 방법과 격자 단위로 구분하는 방법이 있다. 두 가지 방법 중 격자 단위로 구분하는 방법은 그 크기를 결정하는 것이 매우 중요하다. 격자를 크게 할 경우, 평가하고자 하는 취약성의 정도가 부정확할 수 있으며, 격자가 너무 작을 경우에는 평가자가 모델을 구동하는 데 어려움을 갖기 때문이다. 일반적으로 거시규모의 시 단위의 평가를 할 때는 1 km 단위의 격자를 사용하며, 동 단위의 미시 규모의 격자를 그릴 때는 100 m 정도 단위의 격자를 활용한다.
다음부터의 내용은 실제로 수원시를 대상으로 도시홍수 취약성을 평가한 공간분석 결과들을 예시로 다룬다. 공간분석은 노출 특성을 분석하기 위해서 GIS 기반의 공간분포 분석 수행과 국가 통계자료 등을 활용한 DB를 반영해야 한다. 침수 특성을 먼저 분석했을 때, 수원시는 팔달구, 광교, 장안구 부분에서 도시홍수에 취약한 것을 확인할 수 있다.
노출 특성 요소 중 취약 인구가 많은 지역을 살펴보면, 팔달구 부근 구 시가지에서 취약 인구가 많은 것을 확인할 수 있으며, 비교적 신도시인 광교 신도시 등에서 취약성이 낮은 것을 확인할 수 있다. 건물 노후도와 지하구조물의 표준화, 공시지가 역시 모두 광교 신도시에서 높은 점수를 받았으며 팔달구 인근 등에서 취약 점수가 높은 것으로 나타난다. 요소별로 9개의 평가가 완료된 후에는 시민과 의사결정자, 실무자가 활용할 수 있는 형태의 평가 지표로 제공되어야 한다. 이는 의사결정형 데이터를 제공하기 위한 것으로, 각 평가 단계별 설명을 보다 직관적이고 간단명료하게 제공하는 것이 중요하다. 도시홍수의 경우 영향에 따른 특성과 방재 대책 필요성, 영향평가 기준 등을 명시할 수 있다. 수원시를 대상으로 네 가지 단계의 취약성 평가를 한 결과는 그림 3-65~그림 3-68과 같다.

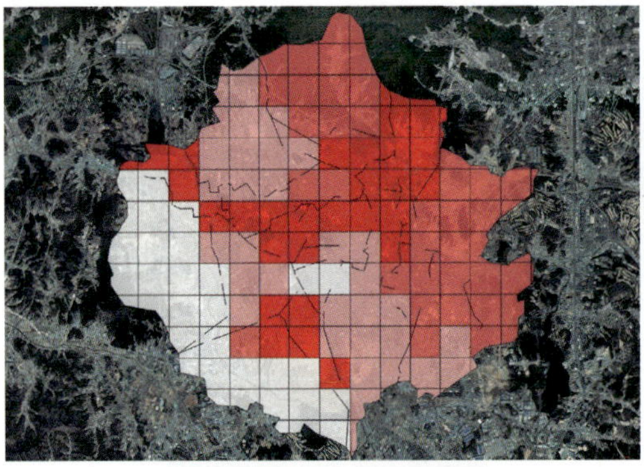

그림 3-65. 침수 특성 평가

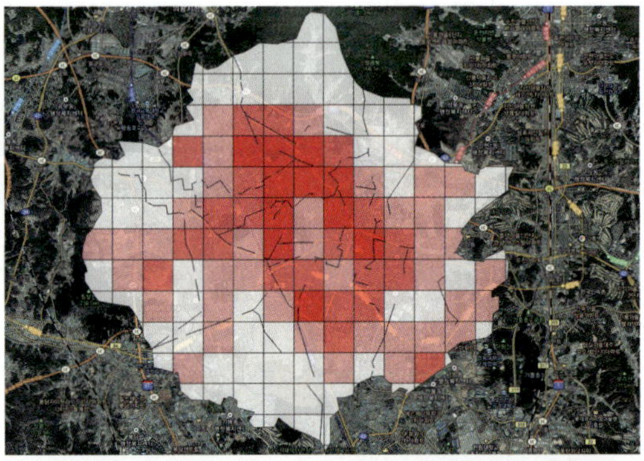

그림 3-66. 노출 특성 평가 - 취약 인구 표준화 분석

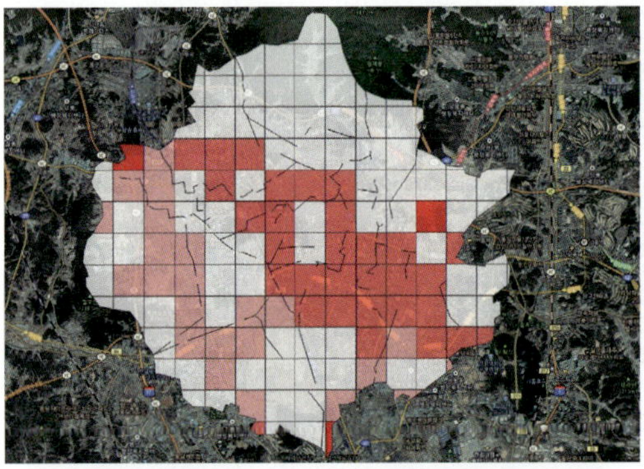

그림 3-67. 노출 특성 평가 예시 - 토지이용 평가

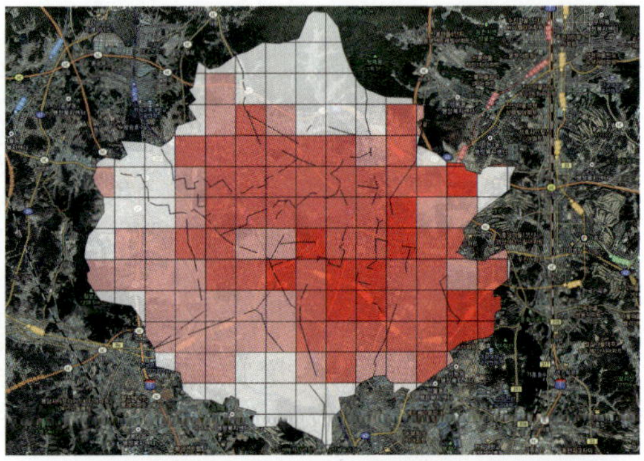

그림 3-68. 노출특성 평가 예시 - 건물 노후도 평가

영향 평가	도시침수 발생 특성	방지대책 필요성	영향 평가 기준
Red zone	호우 시 매우 심각한 영향이 발생할 수 있는 곳	매우 높음	선호도 상위 10%
Orange zone	호우 시 상당한 영향이 발생할 수 있는 곳	높음	선호도 상위 10% ~ 20%
Yellow zone	호우 시 주의할 만한 영향이 발생할 수 있는 곳	보통	선호도 상위 20% ~ 40%
Green zone	호우 시 영향이 크게 우려되지 않는 곳	-	선호도 40% 이하

그림 3-69. 취약성 평가 기준의 제시(안)

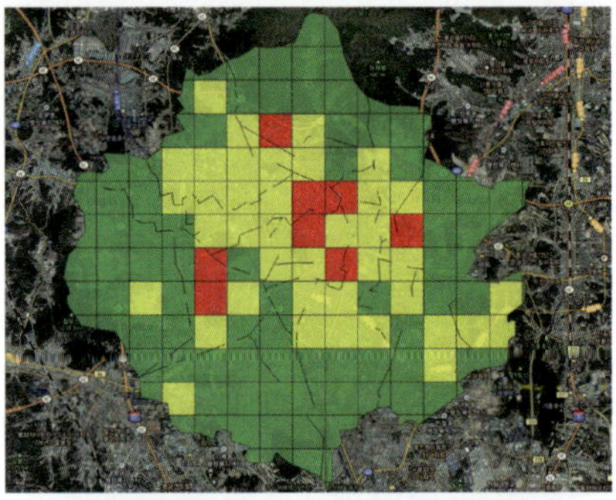

그림 3-70. 도시홍수 취약성 평가 예시

취약성 평가는 일정한 기준을 적용하여 재해에 대한 영향을 매우 높음, 높음, 중간, 낮음 등으로 구분할 수 있으며, 이를 가시화하여 평가할 수 있게 DB를 제공해야 한다(그림 3-69). 수원시의 경우 팔달구 등 중앙부의 구시가지에 홍수 취약성이 높은 것으로 나타났으며, 이는 노후건물과 지하구조물 등의 영향이 크기 때문이다(그림 3-70). 동일한 규모의 비가 전역에 내리는 것을 가정할지라도, 그 피해 규모는 달라질 수 있기 때문이다.

④ 그레이 인프라와 그린 인프라의 설계

- 그레이 인프라의 기술적·공간적 설계

ⓐ 우수 시설의 개요와 계획

그레이 인프라 요소 중 빗물 터널은 일시간에 내리는 많은 양의 강우를 관리하기 위한 시설 중 하나이다. 폭우에 대한 그레이 인프라를 설계하기 위해서는 기본적으로 하수도 공학에 대한 전반적인 이해가 선행되어야 한다.

상하수도공학(Water Supply and Wastewater Engineering)에서 정의하는 하수(Sewage)는 오수와 우수를 배제 또는 처리하기 위해서 설치되는 도관과 기타 시설물 전체를 뜻한다. 단, 본 저서에서는 우수의 처리와 홍수에 관련된 시설만을 다룬다. 일반적으로 하수도가 가지는 특징은 하기와 같다.

- 하수 및 폐수처리: 하수도 시스템은 가정, 상업용 건물, 공장 및 기타 시설에서 발생하는 폐수를 안전하게 수집하고 처리하는데 사용된다.
- 빗물 처리: 하수도 시스템은 빗물을 집수하여 도로와 건물로부터 물이 빠르게 배수되도록 한다. 도시홍수를 예방하고 도시의 안전을 유지할 수 있다.
- 환경 보호: 하수도 시스템은 폐수와 오염물질 등이 하천과 호수, 바다 등으로 유입되지 않는 역할을 담당한다.

하수도의 구성은 ⓐ 집배수시설, ⓑ 하수처리시설, ⓒ 방류시설, ⓓ 처리시설로 구성되는데, 우수를 처리하는 하수관거는 집배수시설로 구분된다. 하수도를 계획할 때는 우수 배제, 생활오수, 공장폐수 등을 종합적으로 고려해야 하는데, 우수 배제의 목적은 재해를 예방하기 위함이다. 하수도 종합계획의 대상 지역에서는 지형, 강우량, 하천 우량 등의 자연적 조건과 공공용지의 토지 이용 계획, 공공용 수역의 물 이용 계획 등을 종합적으로 반영해야 한다. 하수의 관거는 한 번 설치하게 되면 시기와 상황에 따라서 단면을 증가/축소하기가 힘들기에, 기본적으로 20년을 계획목표연도로 설정한다.

하수도는 시가지를 정비할 때 계획하여 공사를 수행하며, 우수관로의 경우 수두 손실이 최소가 되도록 계획하여야 한다. 동수구배선이 지표보다 높지 않아야 하며, 관거의 단면 모양과 구배는 관거 내 침전물이 퇴적하지 않도록 1.0~1.8 m/s를 확보해야 한다. 관거는 연결부 등에서 에너지 손실이 작게 배치가 되어야 한다. 우수 관로 계획 시에는 일반적으로 하기와 같은 항목 등을 조사하고 유의해야 한다.

- 지형 및 지질조사: 지형 및 지질의 특성을 고려하고, 지하수 수준, 토양 종류 등을 조사하여 우수관로의 안전성 및 성능에 미치는 영향 요소를 파악한다.
- 기후 조사: 강수량, 강수 패턴, 기후변화 등을 조사하여 우수관로의 수용량 및 성능을 적절하게 계획한다.
- 인구 및 도시 발전성 조사: 인구 증가, 도시발전, 토지이용 등과 관련된 정보를 조사하여 우수관로의 수요 및 성능을 예측하고 계획할 수 있다.
- 기존 인프라 및 시설물 조사: 기존 하수도 시스템, 빗물 처리시설, 길목 등과 관련된 정보를 조사하여 우수관로와의 연계성을 고려한다.
- 환경 영향 조사: 우수관로 설치 및 운영과 관련된 환경 영향을 조사하여, 환경에 미치는 영향을 최소화하고, 지속가능한 시스템을 구축한다.
- 법규 및 규제 조사: 우수관로 설치 및 운영과 관련된 법규, 규제, 지침 등을 조사하여 법적인 요건을 충족하는 시스템을 계획하고 설계한다.

ⓑ 하수배제방식

하수배제 방식은 우수와 오수를 이송하는 과정 및 방식을 뜻하는 것으로, 크게 분류식과 합류식으로 나누어진다. 분류식 혹은 합류식에 따라서 우수의 처리 방식이 달라지기 때문에, 이는 그레이 인프라 설계 및 홍수 저감 평가를 하기 전에 꼭 선행되어야 하는 지식 중 하나이다.

- 분류식(Separate System)

  분류식은 우수와 오수를 별도의 관로를 통해 수집하고 처리하는 시스템이다. 우천시에도 오수를 수역으로 방류할 필요가 없으므로 수질오염 방지에 효율적으로 활용할 수 있다. 즉, 생활하수를 포함한 오수는 하수 처리 시설로 이송이 되며, 빗물은 강우 집수 시설 혹은 자연수계로 배출이 가능한 방법이다. 분류식 방식은 기능적으로 우수하다는 평가를 받고 있지만, 두 개의 관로를 별도로 설치해야 하므로 초기 투자 비용이 비싸다.

  기존 시가지의 경우, 기존 우수 배로를 활용하면, 추가 오수로만을 설치하여 두 가지 시설을 모두 구축할 수 있다는 장점이 있다. 또한, 관거 내부에 한 가지의 물질만이 유입 및 유출되므로, 청소 및 유지관리가 쉽다. 분류식은 하수 처리 시설에 가해지는 부하를 줄일 수 있고, 운영에 필요한 비용을 절감할 수 있다. 분류식은 별도의 시설을 활용하여 저류 시설로 물을 이송시킬 수 있는데, 이러한 기능은 지하수 보충 및 물 재활용 등 다양한 방식으로 활용 가능하다.

  일반적으로 작은 지름의 관거를 사용하기 때문에, 오수관거의 경우 폐쇄될 우려가 있으며, 지하 매설물이 많은 시가지에서는 시공이 어렵다. 경우에 따라, 우수와 오수의 배출 설비 접속을 잘못하여 시공상의 문제점을 야기하기도 한다.

• 합류식(Combined System)

이에 반해 합류식은 우수와 오수를 한꺼번에 배제하기 때문에, 구경이 큰 관로를 사용하게 된다. 분류식 배제방식은 환경 및 수질 보전 측면에서 유리하다는 장점이 있지만, 도시의 여건상 이를 이행하기가 어려운 경우가 많기에 합류식 관거가 많이 사용된다. 합류식 관거는 하나의 관로로 오수와 빗물을 모두 수집하므로, 별도 배수제처럼 두 개의 관로를 설치한 필요가 없고, 이에 따라 초기 설치 비용이 상대적으로 낮다는 장점이 있다.

또한 간편한 구조를 활용하기 때문에 시스템이 간단하고 설치가 용이하며, 시공상에서 발생할 수 있는 시행착오를 줄일 수 있다. 합류식 하수거 시스템은 대체로 큰 구경의 관거를 적용하기 때문에, 침수 피해가 자주 발생하는 지역이나 우수 배제 시설이 정비되어 있지 않은 지역에 유리한 배제방식이다.

강우시 빗물 양이 많아질 경우, 하수 처리 시설에 부하가 커지게 되고, 하수처리가 되지 못한 시설들은 역류하여 악취 및 환경 오염 등의 문제를 야기할 수 있다. 생활하수와 빗물이 섞여 수집되므로, 빗물을 지하수에 보충하거나 물 재활용 등 다양한 목적으로 활용할 수 없다는 단점도 가진다. 우천 시에는 많은 양의 토사가 유입되어 침전지에 퇴적하는 경우도 발생한다.

하수배제 방식의 장단점의 요약은 표 3-11과 같다.

< 표 3-11. 하수배제 방식별 장점과 단점 >

	분류식 배수 방식	합류식 배수 방식
장점	• 위생적이며, 관거 속에 퇴적물이 적음 • 하수처리시설의 효율성이 높고 운영에 비용을 절감할 수 있음 • 관로에 가해지는 부하를 감소시킴 • 우수를 저류할 수 있으며, 물 재이용 시설로서 활용할 수 있음. 불필요한 처리 과정 축소됨 • 오염처리 등이 용이하고, 환경 영향이 감소됨	• 초기 설치 비용을 절감할 수 있음 • 계획, 설계, 시공이 간단함 • 유지관리 비용이 상대적으로 저렴함 • 관로가 커 일시에 우수를 처리할 수 있는 용량이 큼. 우천 시 퇴적물 제거 가능 • 환기가 잘되기에 유독가스 폭발 위험 작음
단점	• 두 개의 관을 별도로 관로를 설치하므로 초기 투자 비용이 높을 수 있음 • 설치 및 관리 중에 실수가 발생할 수 있음 • 도로 폭이 좁고 지하구조물이 교차하는 경우, 두 개의 관로를 설치하기 어려움	• 일정량 이상이 되면 우천 시에 오수가 월류함 • 오수량이 많으면 월류 가능성이 있음 • 우천 시에는 관로에 많은 양의 토사가 유입하여 장기간이 지날 경우, 슬러지 소화조에 퇴적됨 • 갈수기에는 악취와 고형 물질 퇴적이 우려됨

표 3-11처럼, 두 가지 방식은 절대로 어떠한 시설이 더 좋은 것이 아니며, 각 방식이 가지는 장단점이 상호보완적이므로 충분한 의견수렴과 지속가능성 등을 고려하여 계획, 설계 및 시공해야 한다.

ⓒ 계획우수량의 설계

계획우수량의 산정은 소유역의 첨두 홍수량 산정 방법과 동일한 방법을 적용한다. 크게 합리식과 경험식으로 나눌 수 있는데 일반적으로 우수 유출 면적이 5 km^2 이내에서 사용하며, 경험식은 1 km^2 이내에서 특정 도시의 계수를 적용하여 산정한다. 합리식에 의한 계획 우수량의 산정은 식 3.55와 같이 산정한다.

$$Q = CIA \tag{3.55}$$

여기에서 Q는 최대 계획 우수유출량(ft^3/sec), C는 유출계수, I는 지속시간이 t_c인 강우강도(in/hr), A는 면적(Acre)을 뜻한다. 이를 SI 단위로 치환하기 위하여 Q를(m^3/sec), I를 mm/hr, A를 km^2 로 환산하면 다음과 같이 표기된다.

$$Q = \frac{1}{3.6}CIA = 0.2778\,CIA = \frac{1}{360}CIA' \tag{3.56}$$

여기에서 A'는 유역 면적을 헥타르(ha) 단위로 표기한 것이며, 강우강도 I는 식(3.15-19)와 같이, 유출계수 C는 표 3-2.를 적용하여 구할 수 있다.

우수가 배수유역까지 이동하는 양을 계산하기 위해서, 고려해야 할 사항으로 유달시간이 있다. 유달시간은 어떤 지점의 강우가 유역의 최저 지점까지 이동하는데 걸리는 시간으로, 유입시간과 유출시간의 합으로 결정된다. 유달시간은 유역의 특성, 지형, 지질, 지표의 거칠기, 식생 등에 따라 영향을 받으며, 유달시간의 특징은 하기와 같다.

- 일반적으로 유역의 크기가 클수록 유달시간도 길어진다. 큰 유역에서는 물이 유역의 최저 지점까지 도달하는데 소요하는 시간이 오래 걸린다.
- 경사가 급한 지역 혹은 경사가 급한 관거에서는 유달시간이 짧아지며, 완만한 경사는 유달시간이 길어진다.
- 지면이 불규칙하고 건조하며, 식물이 많은 지역은 유달시간을 길게 만든다.
- 강우강도가 높고 지속시간이 길면, 유달시간이 짧아진다.

유달시간은 식 3.57과 같이 표기된다.

$$T = t_1 + t_2 = t_1 + \frac{L}{60\,a\,V} \tag{3.57}$$

여기에서 T는 유달시간, t_1은 유입시간(min), t_2는 유하시간(min), L은 하수관거의 길이(m), V는 Manning 공식을 활용한 관내의 평균 유속(m/min), a는 홍수의 이동에 대한 보정계수를 뜻한다. 유입시간 t_1의 경우, 유입시간 표준값을 사용하여 산정하는 방법이 있으며, Kerby 방식 혹은 특성 곡선식을 활용하기도 한다.

계획우수량은 우수관거의 크기를 설정하는 중요한 지표로 활용되기 때문에 정확한 계산이 수반되어야 한다.

ⓓ 대심도 빗물터널의 공간적 설계

앞서 설명한 계획우수량에 의거하여 우수관거를 설계하더라도, 최근의 불투수면적 증가 및 극한강우로 인해 도시 곳곳에서는 홍수가 빈번히 발생하고 있다. 2022년에는 수도권/중부권 지역에 시간당 100 mm가 넘는 강우가 내리며 사회경제적 피해를 일으켰는데, 이후로 주목받게 된 시설이 대심도 빗물터널이다. 서울 지역 내에 신월 빗물배수시설은 지름이 약 7.5 m가 넘는 우수관거를 약 3.4 km 길이에 맞춰 설치하고, 이에 필요한 빗물 펌프장 등을 설치하였다. 실제로 다른 지역에 비해서 집중호우에 대한 피해가 적은 것으로 나타났고, 서울시 내에서는 빗물저류시설의 신규사업이 추진 중이다. 본 절에서는 대심도 빗물터널의 일반적인 특징과 해외 적용사례를 알아보고, 수원시 SWMM 모델 내에서 그레이 인프라 적용을 위한 설계안을 제안한다.

대심도 빗물터널은 홍수 예방 및 도시 지역의 빗물 관리를 위해 설계된 대규모 지하 터널 시스템으로, 강우로 인한 상당한 양의 물을 수용하고 저장하는데 사용된다. 빗물이 하천이나 하수처리 시설로 배출되기 전에 일시적으로 보관하는 역할을 하며 다음과 같은 특징을 갖는다.

- 대심도 빗물터널은 매우 큰 용량을 갖고 있어, 극심한 강우로 인한 빗물 유입을 처리할 수 있다. 이를 통해 도시 지역의 홍수 위험을 감소시킬 수 있다.
- 빗물터널은 지하에 설치되어 있으므로, 지상 공간을 차지하지 않고 토지의 이용을 보존할 수 있다.
- 대심도 빗물터널은 기존의 배수 시스템과 연계하여 사용될 수 있다. 이를 통해 전체 배수 시스템의 효율성을 높일 수 있다.
- 빗물이 터널에 저장되어 있는 동안, 오염물질이 침전되거나 분리될 수 있다. 이를 통해 하천이나 하수처리 시설로 배출되는 물의 수질을 개선할 수 있다.

하지만 현재까지는 대심도 터널이 가지는 몇 가지의 부정적인 영향도 함께 수반된다. 첫째로 대심도 터널은 건설 및 유지 보수 비용이 높은 편이며, 관로 내에서 퇴적되는 침전물 제거 등 관리를 하기 위해서는 많은 자금력과 기술력이 필요하다. 최근의 IoT, 센싱, 자동화 관리 시스템 등 지능형 모니터링 시스템을 활용하면 이러한 대심도 터널의 고비용적 단점을 일부 해소할 수 있다.

두 번째는 건설기간이 오래 걸릴 수 있으며, 건설 중 환경적 영향이 발생하거나 민원이 제기될 수 있다. 특히, 건설 과정에서 발생하는 공사 먼지, 진동, 소음 등은 주민 민원을 불러일으킬 수 있다. 세 번째는 지반 안전성의 저하 문제이다. 지반 내 직경이 큰 관거를 설치할 경우 지반의 안전성에 영향을 미칠 수 있기 때문에, 이를 완화할 수 있는 장치를 미연에 파악해야 한다. 이를 위해서 충분한 깊이에 대심도 터널을 설치해야 하며, 지반의 침하 등을 완화할 수 있는 Geo-Material 등의 설치를 적극적으로 검토하여야 한다.

읽을거리: 극한강우와 대심도 터널

세계의 주요 국가에서는 우수유출 저감을 위해서 다양한 형태의 대심도 터널을 설치하고 있다. 아래와 같은 몇 가지의 사례를 살펴보자.

그림 3-71. 시카고의 딥 터널 프로젝트(출처: TARP)

1. 시카고의 딥 터널 프로젝트(TARP, Tunnel and Reservoir Plan)

미국에서 대표적인 빗물터널 설치 사례로는 시카고의 딥 터널 프로젝트(TARP, Tunnel and Reservoir Plan)를 찾아볼 수 있는데, 크게 2단계의 구간으로 공사를 시행하였다. 1단계 터널 시스템은 1975년에 시작하여, 2006년까지 모든 1단계 공사가 완료된 상태이다. 1단계 터널 시스템은 총 길이 109 mi의 대규모 터널이며, 지하 터널의 직경은 8 ft부터 33 ft 사이로 설계되었다. 시카고 연방정부는 TARP가 홍수저감과 지역 수자원의 수질 개선에 효과가 있다고 규정하고 있다. 제2구간의 빗물 터널은 현재 진행 중이며, 2029년까지 완료될 예정이다(그림 3-71).

그림 3-72. 도쿄도 G-Cans Project(출처: Water Technology net)

2. 도쿄도 G-Cans 프로젝트 및 간다천 환상 지하 조절지

도쿄에서는 G-Cans 프로젝트가 대표적인 사례로, 대규모 지하 홍수방제를 위한 시스템을 구축하였다. G-Cans 프로젝트는 평균 지하 50~60 m에 위치한 대형 터널의 네트워크를 구성하였으며, 상하폭 18 m 크기, 총 길이 6.3 km 정도의 규모를 가지고 있어, 초당 200 t의 물을 방출할 수 있다. 1992년에 착공하여 2009년에 완공되었으며, 약 20억 달러의 비용이 소모되었다.

도쿄에 위치한 또 한 가지의 사례로는 '간다천·환상 7호선 지하조절지'의 빗물 대심도 터널을 찾아볼 수 있다. 지름의 크기는 약 12.5 m 이며, 지하 40 m 지점에 약 4.5 km 규모로 설치되었다(그림 3-72).

그림 3-73. 강남역 빗물배수터널 계획(출처: 서울시)

3. 서울시 강남역·광화문·도림천 빗물배수터널

서울시에서는 2022년 도시홍수 사태 이후로, 대심도 빗물배수터널 건설을 위한 종합적 기본계획을 수립하였다. 대상지로는 강남역·광화문·도림천 등의 지역으로 홍수가 발생하였을 때 발생되는 사회경제적 피해가 큰 지역 혹은 2022년 홍수 사태에서 취약계층에게 큰 피해를 준 지역들 위주로 선정되었다.

서울시의 사례 역시 시카고 및 도쿄도에서 볼 수 있듯이, 지하 40~50 m 깊이에 대규모 방재시설을 설치하는 것을 목표로 한다. 강남역 일대의 경우, 집수된 빗물을 신사역을 거쳐 한강으로 방류하며, 광화문 일대는 청계천, 도림천은 샛강을 활용하여 빗물을 방류하는 계획을 볼 수 있다. 강남역, 광화문-도림천 일대에는 2027년까지 설치 1단계 계획을 하고, 2단계 계획으로는 사당동, 강동구, 용산구 일대에 2032년까지 완공될 예정이다(그림 3-73).

그렇다면 지금부터 위의 취약성 평가와 대심도 터널 설치 사례를 활용하여 수원시의 대심도 터널을 설계해본다. 본 저서에서는 도쿄에 설치된 두 가지 타입의 대심도 터널을 이용하여, Type A와 Type B의 터널을 설계한다. Type A의 경우 원형 관으로 '간다천·환상 7호선 지하조절지'를 참고한다. 직경 12 m, 깊이 40 m에 위치한 원형관거를 가정하고 Type B의 경우 상하폭 18 m 지하 60 m에 설치된 직사각형 관거를 가정한다. 최종적으로 설계된 관거의 위치와 위치 설계의 근거가 된 취약성 지표는 그림 3-74 및 표 3-12와 같다.

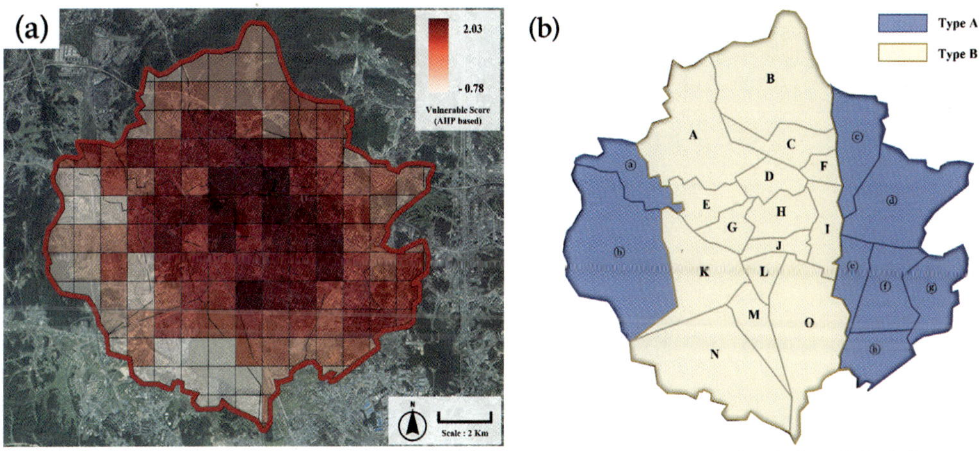

(a) 수원시의 홍수 취약성 평가 (b) 그레이 인프라의 유형별 설계

그림 3-74. 그레이 인프라의 기술·공간적 설계 (Kim and Kang, 2023)

< 표 3-12. 그레이 인프라의 상세 설계 방안 >

		관거 정보				출구 정보	맨홀 정보	
그레이 인프라의 유형		관거의 번호	관거의 길이	관거 형상	관거의 지름 / 길이	출구의 숫자	맨홀의 정보	관거의 설치 깊이
Type A	Sub a	6	2.80	Circle	12	1	6	40
	Sub b	17	6.69	Circle	12	1	16	40
	Sub c	10	4.26	Circle	12	1	9	40
	Sub d	9	3.85	Circle	12	1	8	40
	Sub e	9	2.87	Circle	12	1	8	40
	Sub f	9	3.41	Circle	12	1	8	40
	Sub g	8	4.45	Circle	12	1	7	40
	Sub h	7	3.11	Circle	12	1	6	40
Type B	Sub A	17	10.02	Rectangle	18	1	5	60
	Sub B	26	15.61	Rectangle	18	3	23	60
	Sub C	30	10.29	Rectangle	18	3	27	60
	Sub D	15	4.15	Rectangle	18	2	13	60
	Sub E	11	3.47	Rectangle	18	1	10	60

Type B	Sub F	14	2.98	Rectangle	18	2	12	60
	Sub G	10	3.19	Rectangle	18	1	9	60
	Sub H	15	3.95	Rectangle	18	2	14	60
	Sub I	19	7.20	Rectangle	18	2	17	60
	Sub J	14	3.12	Rectangle	18	2	13	60
	Sub K	58	14.10	Rectangle	18	3	56	60
	Sub L	23	5.05	Rectangle	18	2	21	60
	Sub M	12	8.93	Rectangle	18	2	10	60
	Sub N	28	16.90	Rectangle	18	3	25	60
	Sub O	36	20.32	Rectangle	18	2	34	60

(a) 직사각형 대심도 터널 설계

(b) 원형 대심도 터널 설계

(c) 대심도 터널의 종합적 설계

그림 3-75. 그레이 인프라의 설계 (Kim and Kang, 2023)

그레이 인프라를 추가적으로 설계할 때는, 성능 계수를 계상하여 추가적인 시설의 용량보다 조금 더 보수적인 관점에서 도시의 인프라를 계획하는 것이 안정적이다(그림 3-75). 그레이 인프라의 경우, 하수관거에 차 있는 초기 유량의 정도에 따라서 그 성능이 달라지는데, 관거에 차있는 유량이 많을 경우 일정부분 감소된 효과를 보이게 된다. 관거에 유량의 수위에 따라서 시뮬레이션 결과가 달라지므로, 이에 대한 Case를 나누어 추가적인 Parametric Study를 진행하는 것이 중요하다.

- 그린인프라의 기술적·공간적 설계

ⓐ 그린인프라의 일반적 설계 방법

그린인프라 시설의 설계를 위해서는 기술 요소의 기능성, 토지이용 특성 등을 고려해야 한다. 또한, 기능성을 고려하여 우수 유출 저감의 효과를 극대화할 수 있도록 설계한다. 토목, 건축, 수리, 수문 등 연계 분야에 대한 전문가의 의견을 수렴해야 한다. 동일한 경제적 규모가 투입된다면 가장 중요한 것은, 각 기술 요소의 Layer(층)별로 최적화된 매개변수를 설계해야 한다는 것이다. 지금부터는 EPA에서 제안하는 LID 시설들의 Parameter 설정 방법에 대해서 알아본다.

ⓑ 그린인프라의 매개변수 설계 방법

EPA SWMM에서 지원하는 LID 시설들의 매개변수는 각 층별로 나누어 설정할 수 있는데, 크게 표면층, 토양층, 자갈층, 저류층, 배수층 등으로 나누어 설계할 수 있다. 각 LID 시설별로 지원하는 매개변수 입력 칸은 다르게 정의되며, 이는 LID 종류에 따라 정의된다(표 3-13).

• 식생체류지와 빗물정원(Bio-Retention Cells and Rain Gardens)

식생체류지와 빗물정원은 일반적으로 우수가 집수되기 때문에, 가장 저지대에 위치하는 것이 바람직하다. 주거단지, 산업단지, 공원·녹지, 주차장 등의 지역에 설치하는 것이 효율적이다. SWMM 내에서 제안하는 식생체류지는 표면층(Surface), 토양층(Soil), 저류층(Storage), 배수층(Drain) 으로 나누어지며, 빗물정원의 경우 식생체류지에서 배수층이 제외된 시설을 뜻한다.

• 옥상정원(Green Roof)과 침투 트렌치(Infiltration Trenches)

옥상정원은 주로 주택 및 공공 건축물 위에 설치된다. 경량토 사용을 전제로 하고 있으며, 크게 표면층(Surface), 토양층(Soil), 배수매트(Drainage Mat)로 나누어진다. 침투 트렌치의 경우 도로 주변 및 주차장의 녹지대, 공원·녹지 등의 공간에 다양하게 적용할 수 있으며, 표면층(Surface), 저류층(Storage), 배수층(Drain)으로 나누어진다.

• 투수성포장(Permeable Pavement)과 식생 수로(Vegetative Swale)

투수성 포장은 투수아스팔트, 투수콘크리트, 투수블록, 잔디블록 등을 총칭하는 용어로, 차도에서도 사용은 가능하지만 노면의 평탄성과 충격으로 인한 마모를 고려하여 대부분 보도 혹은 자전거 도로에 사용한다. EPA SWMM 내에서 투수성포장의 레이어 층은 표면층(Surface), 포장층(Pavement), 토양층(Soil), 저류층(Storage), 배수층(Drain)으로 나누어진다. 식생수로는 피복된 개수로 형태이며, 설치의 제약이 적어 주차장 주변, 중앙분리대 등의 좁은 폭의 부지를 활용해 설치한다. EPA SWMM 내에서 레이어 층은 Surface 층 하나로 이루어져 있다.

• 빗물통(Rain Barrel)과 지붕홈통분리(Rooftop Disconnection)

전형적인 빗물통은 지상 또는 지하에 설치할 수 있으며, 지상에 설치하는 경우 일반적으로 기성 제품을 사용한다. 지하에 설치하는 경우에는 토목공사와 함께 수행되어야 하기 때문에, 현장에서 제작하는 경우가 많다. 크게 저류층(Storage)과 배수층(Drain)으로 나눌 수 있다. 지붕홈통분리는 건축물의 옥상 표면에서 수집된 우수를 투수면적으로 유입시키는 기술로, 주택이 많은 해외의 경우 많이 사용되지만, 다세대주택이 많은 우리나라는 찾아보기가 힘든 실정이다. 크게 표면층(Surface)과 옥상 배수(Roof Drain)로 나누어진다.

• 각 LID 시설의 매개변수 결정 가이드라인

LID 시설의 매개변수를 결정하는 것은 해당 지역의 공간적 배치와, 토양의 상태, 토양층, 유지관리, 사용하고자 하는 식물 등을 다각도로 분석하고 결정을 해야 한다. 하지만, 본 저서에서는 LID 및 그린인프라와 관련된 선행 문헌을 참고하여, 한국에서 많이 사용되는 6가지의 LID 시설에 대해, 하기 표와 같은 LID 시설의 매개변수 결정 가이드라인을 제안한다.

< 표 3-13. LID 시설의 매개변수 결정 >

레이어	매개변수	식생체류지	식생수로	빗물정원	투수성포장	옥상정원	빗물통
표면층	Storage depth (mm)	150	350	150	0	30	-
	Vegetation	0.2	0.6	0.5	0	0.7	
	Surface roughness	0.6	0.41	0.3	0.013	0.4	
	Surface slope(%)	1	1	3	1	0.01	
	Swale side slope	-	3	-	-	-	

흙	Thickness(mm)	300		300		300	
	Porosity	0.5	-	0.5	-	0.65	-
	Field capacity	0.2		0.2		0.2	
	Wilting point	0.1		0.1		0.1	
	Conductivity (mm/hr)	35	-	35	-	35	-
	Conductivity slope	7		7		7	
	Suction head (mm)	3.5		3.5		3.5	
포장층	Thickness(mm)				101.5		
	Void ratio				0.12		
	Impervious surface fraction	-	-	-	0	-	-
	Permeability (mm)				7,200		
	Clogging factor				0		
저류층	Height (mm)	600			450		-
	Void ratio	0.75	-	-	0	-	-
	Conductivity (mm/hr)	10,800			10,800		-
	Clogging factor	0	-	-	0	-	-
하수층	Drain coefficient (mm/hr)	0			0		0
	Drain Exponent	0.5	-	-	0.5	-	0.5
	Drain offset Height(mm)	6			6		6
	Drain delay (hr)	-			-		72

배수층	Thickness(mm)	-	-	-		-	-
	Void fraction						
	Roughness						

ⓒ 그린인프라 시설의 공간적 설계

그린인프라 시설을 설계하는 방법은 설계가의 주관, 각계 전문가 영역의 협의와 시민의 의견 수렴이 Bottom-up 형태로 함께 수반되어야 한다. 법령 및 규정을 반영할 수 있다면 법령과 규정을 참고하여 시설을 설계 및 배치하는 것이 중요하다. 본 저서에서는 위에서 제안한 6가지의 시설을 세 가지의 타입(산업단지 중심형, 길 중심형, 건물 중심형)으로 구분하고, 이를 수원시에 적용하였을 때 산출할 수 있는 면적을 도출한 후 SWMM 실습을 통해 그 유출 및 홍수저감 효과를 살펴본다.

첫 번째 유형으로는 산업단지에 설치 가능한 유형(IbGI, Industrial based Green Infrastructure)으로, 대표적 기술로 식생체류지(Bio-retention Cell)를 들 수 있다(그림 3-76). 식생 체류지는 친환경적 시설로 인프라 및 공장 위주의 공간에 환경친화적인 경관을 조성할 수 있다. 또한, 표면층, 토양층, 물 저류층, 배수층 등을 다양하게 포함하고 있어, 산업단지에서 발생하는 미세먼지 감소 및 미기후 조절 효과를 지니고 있다. 산업단지 내에서 식생체류지의 설계는 경우에 따라 다르게 제안되지만, 일반적으로 10% 이상 설계할 것을 권고한다.

(a) 공원형 설계 (b) 녹지형 설계

그림 3-76. 그린인프라의 설계 - 산업단지형 그린인프라 (Kim and Kang, 2023)

두 번째 유형은 길 중심형 유형(SbGI, Street based Green Infrastructure)으로 대표적인 시설로는 식생수로(Vegetative Swales), 침투트렌치(Infiltration Trenches), 빗물정원(Rain Gardens), 투수성 포장(Permeable Pavements) 등이 있다(그림 3-77). 본 저서에서는 식생에 기반한 식생수로와 빗물정원, 일반적으로 많이 사용되는 투수성 포장에 대해서 설명한다. 식생수로는 일반적으로 얕은 폭으로 설치되므로 주차장과 중앙분리대 등에 설치하게 된다. 건식 식생수로 혹은 습식 식생수로 등으로 사용할 수 있으며, 도로 유출수가 직접적으로 유입되기 때문에, 중앙분리대 등으로 활용할 수 있다. 중앙분리대에 사용하는 경우, 1 m 이상의 폭을 보유해야 하며, 왕복 8차선 이상(약 32 m) 이상의 넓은 도로에서 사용할 것을 권장한다. 빗물정원(Rain Garden)의 경우 침투의 기능과 유출 시간을 느리게 하는 효과를 가지고 있고, 식물을 활용한 경관 조성이 가능하므로 차도와 보도의 경계에 사용할 것을 권장한다. 일반적으로 교목이 설치되는 경우 한 방향에 1.0 m에서 1.5 m 사이의 넓은 수로를 조성해야 하지만, 그 상황이 여의치 않은 경우 양방향 중 한 곳을 선정하여 0.5 m 이상의 폭을 확보한다. 왕복 6차선 이상(약 24 m)이상의 도로에는 필수적으로 설치할 것을 권장한다. 투수성 포장의 경우 왕복 4차선 이상되는 도로에 설치할 것을 권장하며, 1.5 m 이상의 폭을 확보한다. 길 중심형 LID 시설은 산업단지 중심형 시설, 건물 중심형 시설과 연계 가능성이 큰 기술로, 기존 인프라와의 통합 및 확장형 방안을 강구해야 한다.

(a) 설계안 A

(b) 설계안 B

그림 3-77. 그린인프라의 설계 - 길 중심형 그린인프라 (Kim et al., 2022; Kim and Kang, 2023)

세 번째 유형은 빌딩 중심형 유형(BbGI, Building based Green Infrastructure) 시설로, 대표적인 LID 시설은 빗물통(Rain Barrel)과 옥상정원(Green Roof)이 있다(그림 3-79). 빗물통은 개별 주택의 지붕에서 수집되는 빗물을 통 형태의 시설로 유입시켜 우수를 모으고 이를 추후에 조경용수 등으로 재활용한다. 주택 등 마당 및 옥외 공간에 설치하는 경우, 서울시는 0.6 m^3부터 2 m^3 규모의 빗물 저금통 설치를 장려하기도 하였다. 빗물이용시설 설치 및 관리와 관련된 법령으로는 수도법이 있으며, 수도법에서는 집수면적에 0.05 m를 곱한 규모 이상의 용량을 최소한의 저류공간으로 확보해야 함을 명시하고 있다. 서울시의 경우 기본적으로 수도법을 따르고 있으며, 대지면적에 0.02 m를 곱하거나 기타 집수면적에 0.01 m를 곱한 용량을 산출하기도 한다. 옥상정원의 경우 현행법상 설치와 관련된 명확한 법령은 존재하지 않지만, 조경면적의 1/2까지 옥상정원으로 인정받을 수 있으며, 이때 옥상 조경 면적은 조성 면적의 2/3만 산정한다. 이러한 점을 고려하였을 때, 빌딩의 약 10% 이상을 옥상정원으로 산정하는 것이 바람직하다.

읽을거리: 서울시의 빗물 이용/관리시설 설치지원 사업

국내의 수많은 지자체들은 빗물관리를 위한 지원사업을 시행하고 있다. 대표적으로 서울시, 수원시와 2015년 물순환선도도시로 선정된 광주 및 대전 등의 도시가 있다. 본 챕터에서는 서울시의 빗물관리시설 설치비 지원 사업에 대해서 간략히 읽어본다.

1. 서울시의 빗물 이용/관리시설 설치지원 사업

서울시에서 운영 중인 빗물 관련 그린 인프라 지원 사업은 크게 빗물 이용 시설과 빗물 관리 시설로 나눌 수 있다. 빗물이용시설은 빗물저금통 보급사업을 뜻하며, 서울시 전역에 대해서 최대 90% 이내의 기준 공사비를 지원하고 있다. 크게 세 가지 유형의 빗물저금통(0.6 m^3, 1.0 m^3, 2.0 m^3)으로 나누어지며, 2023년 기준 최대 보조금은 2,467 천원이다.

빗물 관리시설의 경우, 물순환 회복 및 빗물의 유출 최소화를 위해서 물순환관리 사각지대인 소규모건축물에 빗물관리시설 설치비를 지원하고 있다. 빗물이용시설은 저류와 이용에 초점을 맞춘 반면, 빗물 관리시설은 자연침투능력 보전과 빗물의 표면유출 억제를 위한 목적으로 사용된다. 크게 침투통, 침투트렌치, 투수성 포장, 투수성 보도블럭 등 빗물침투시설과 쇄석공극 저류, 운동장 저류, 공원 저류, 주차장 저류 등의 빗물 저류 시설로 나누어진다. 최대 설치비의 50% 이내의 금액을 신청할 수 있으며, 그 금액은 2,000만원까지 산정된다(그림 3-78).

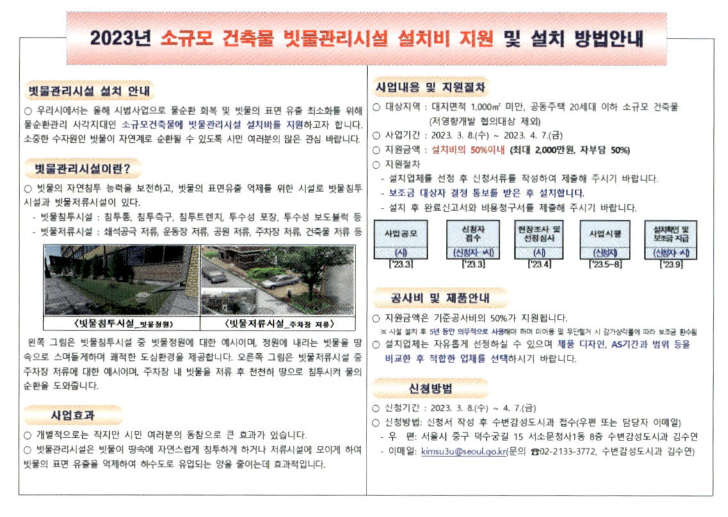

2023년 소규모 건축물 빗물관리시설 설치비 지원 및 설치 방법안내

빗물관리시설 설치 안내

○ 우리시에서는 올해 시범사업으로 물순환 회복 및 빗물의 표면 유출 최소화를 위해 물순환관리 사각지대인 **소규모건축물에 빗물관리시설 설치비를 지원**하고자 합니다. 소중한 수자원인 빗물이 자연계로 순환될 수 있도록 시민 여러분의 많은 관심 바랍니다.

빗물관리시설이란?

○ 빗물의 자연침투 능력을 보전하고, 빗물의 표면유출 억제를 위한 시설로 빗물침투시설과 빗물저류시설이 있다.
- 빗물침투시설 : 침투통, 침투측구, 침투트렌치, 투수성 포장, 투수성 보도블럭 등
- 빗물저류시설 : 쇄석공극 저류, 운동장 저류, 공원 저류, 주차장 저류, 건축물 저류 등

〈빗물침투시설_빗물정원〉 〈빗물저류시설_주차장 저류〉

왼쪽 그림은 빗물침투시설 중 빗물정원에 대한 예시이며, 정원에 내리는 빗물을 땅속으로 스며들게하며 쾌적한 도심환경을 제공합니다. 오른쪽 그림은 빗물저류시설 중 주차장 저류에 대한 예시이며, 주차장 내 빗물을 저류 후 천천히 땅으로 침투시켜 물의 순환을 도와줍니다.

사업효과

○ 개별적으로는 작지만 시민 여러분의 동참으로 큰 효과가 있습니다.
○ 빗물관리시설은 빗물이 땅속에 자연스럽게 침투하게 하거나 저류시설에 모이게 하여 빗물의 표면 유출을 억제하여 하수도로 유입되는 양을 줄이는데 효과적입니다.

사업내용 및 지원절차

○ 대상지역 : 대지면적 1,000㎡ 미만, 공동주택 20세대 이하 소규모 건축물 (저영향개발 협의대상 제외)
○ 사업기간 : 2023. 3. 8.(수) ~ 2023. 4. 7.(금)
○ 지원금액 : 설치비의 50%이내 **(최대 2,000만원, 자부담 50%)**
○ 지원절차
- 설치업체를 선정 후 신청서류를 작성하여 제출해 주시기 바랍니다.
- **보조금 대상자 결정 통보를 받은 후 설치합니다.**
- 설치 후 완료신고서와 비용청구서를 제출해 주시기 바랍니다.

사업공모	신청자 접수	현장조사 및 선정심사	사업시행	설치확인 및 보조금 지급
(시)	(신청자→시)	(시)	(신청자)	(신청자→시)
['23.3]	['23.3]	['23.4]	['23.5~8]	['23.9]

공사비 및 제품안내

○ 지원금액은 기준공사비의 50%가 지원됩니다.
※ 시설 설치 후 5년 동안 의무적으로 사용해야 하며 미이용 및 무단철거 시 감가상각률에 따라 보조금 환수됨
○ 설치업체는 자유롭게 선정하실 수 있으며 **제품 디자인, AS기간과 범위 등을 비교한 후 적합한 업체를 선택**하시기 바랍니다.

신청방법

○ 신청기간 : 2023. 3. 8.(수) ~ 4. 7.(금)
○ 신청방법: 신청서 작성 후 수변감성도시과 접수(우편 또는 담당자 이메일)
- 우 편: 서울시 중구 덕수궁길 15 서소문청사1동 8층 수변감성도시과 김수연
- 이메일: kimsu3u@seoul.go.kr(문의 ☎02-2133-3772, 수변감성도시과 김수연)

그림 3-78. 서울시의 빗물관리시설 지원사업(출처: 서울시)

빌딩 중심형 그린인프라 (a-c) 옥상정원 (d) 빗물통

(e) 빌딩 중심형 그린인프라의 종합적 설계

그림 3-79. 그린인프라의 설계 (Kim and Kang, 2023)

위와 같은 설계기준을 정리한 표는 표 3-14와 같다. 앞서 설명한 바와 같이 본 저서에서 제안하는 기준은 절대적인 것이 아니며, 전문가와 시민의 의견수렴, 공공기관의 경제적 상황 등을 종합적으로 고려하여 결정하는 것이 바람직하다.

< 표 3-14. 그린인프라의 상세 설계 방안 >

그린인프라 유형	설치 위치	기준	비고
식생체류지	산업단지 등	산업단지 면적 x 0.1(m^2)	
식생수로	중앙분리대	도로의 길이 x 1.0(m^2)	대로 (도로 폭 >= 32 m)
빗물 정원	대로	도로의 길이 x 0.5(m^2)	중로 (도로 폭 >= 24 m)
투수성포장	보도	도로의 길이 x 1.5(m^2)	소로 (도로 폭 >= 16 m)
옥상 정원	아파트, 빌딩 등	빌딩 및 아파트 면적 x 0.1(m^2)	
빗물통	주택	주택 대지 면적 x 0.05(m^2)	

이렇게 공간 배치에 대한 설계기준이 정해지면, 도시 계획가 및 연구자는 공간정보시스템(GIS) 툴을 활용하여 소유역별로 설치되어야 하는 그린 인프라의 면적을 산출할 수 있다. 각 유형별 그린 인프라 면적의 산출은 앞서 설명한 ArcMap과 QGIS의 기능들을 활용하면 쉽게 구할 수 있다. 공간정보 프로그램을 활용하여 수원시의 종합적 그린 인프라를 설계한 계획은 그림 3-80 및 표 3-15와 같다. 표에서 표기하는 소유역의 번호는 앞서 설명한 그레이 인프라의 번호를 그대로 따른다.

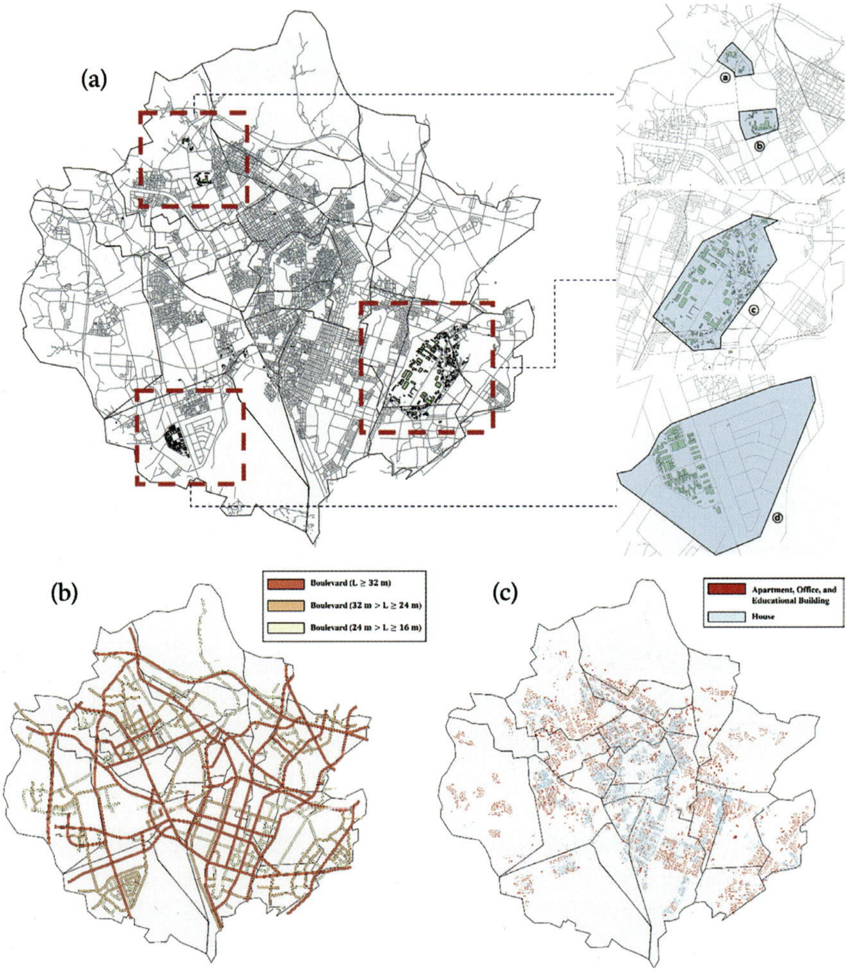

(a) 산업단지 중심형 그린 인프라 (b) 길 중심형 그린 인프라의 (c) 빌딩 중심형 그린 인프라

그림 3-80. 그린 인프라의 기술·공간적 설계 (Kim and Kang, 2023)

< 표 3-15. 그린인프라의 상세 설계 방안(단위: m^2) >

소유역 구분	산업 중심형 그린인프라	길 중심형 그린인프라			빌딩 중심형 그린인프라	
	식생체류지 면적	식생수로 면적	빗물정원 면적	투수성포장 면적	옥상정원 면적	빗물통 면적
Sub a		70,075	74,338	227,655	2,923	7,048
Sub b		53,441	72,966	230,961	26,773	24,293
Sub c		270,569	135,394	427,454	12,716	5,371

Sub d		542,481	276,779	853,137	23,121	45,294
Sub e		107,410	55,477	186,554	20,126	183,139
Sub f	330,000	99,996	54,727	195,029	29,845	84,344
Sub g		101,347	55,141	184,262	31,008	64,130
Sub h		48,261	31,184	104,004	18,401	20,866
Sub A	32,000	317,709	169,525	541,433	46,212	205,427
Sub B		496,299	249,438	776,445	7,750	33,303
Sub C		261,899	138,539	435,533	17,777	150,788
Sub D		41,430	28,644	101,691	17,629	257,419
Sub E		57,882	29,922	99,788	18,188	38,608
Sub F		9,502	4,751	29,994	7,794	69,891
Sub G		23,490	11,745	36,701	10,759	123,009
Sub H		37,222	25,823	78,470	10,914	274,576
Sub I		111,289	58,837	179,210	16,840	163,141
Sub J		92,560	54,398	164,678	5,211	183,324
Sub K		105,718	58,886	225,893	25,719	237,459
Sub L		39,474	26,227	83,840	6,978	131,000
Sub M		47,324	23,662	76,545	1,911	29,290
Sub N	140,000	37,369	29,530	186,600	10,819	85,548
Sub O		97,884	65,049	213,624	58,559	568,252

그린 인프라의 경우 LID 시설의 초기 포화율에 따라서 그 성능이 달라지기 때문에, 시설 초기 상태의 공극률과 포화율을 명확히 하여 시뮬레이션을 수행하는 것이 중요하다. 일반적으로 LID 시설에 포화율이 높을수록, 공극률이 낮을수록 홍수저감 효과가 낮아지므로, 이를 고려한 시뮬레이션 Parametric Study가 필요하다.

3절 도시홍수 적응 평가

본 절의 내용은 수원시를 대상으로 그레이 인프라, 그린 인프라를 활용하여 도시홍수 적응 효과를 평가한 것으로 대부분의 내용은 Kim and Kang(2023)의 연구 결과를 인용하였다.

1) 현재 상태의 도시홍수 용량 평가

도시홍수의 평가를 하기 위해서는 현재 상태의 용량이 어느정도 되는지를 평가해야 한다. 본 저서에서는 강우지속시간 3시간으로 강수를 가정하고, 50.0 mm부터 400.0 mm까지 8가지 케이스를 Huff 3분위 시간분포 공식을 적용하여 평가하였다. 홍수의 기준이 되는 수위 선은 화산교의 수위가 7.5 m 이상이 되는 시점을 규정하였다. 환경부 산하의 한강수위 통제소 - 화산교의 경우, 평시에 1.75 m 수준으로 수위를 유지하고 있으며, 기준 수위가 6.0 m 되었을 때 홍수 경고, 7.5 m일 때 홍수 위험 상태로 판단한다.

강우지속시간은 일반적으로 24시간 혹은 72시간 등 장기 강우를 활용하여 분석하지만, 본 저서에서는 3시간의 강수를 가정한다. 이는 방재학적인 관점에서 비롯된 것인데, 재난재해의 경우 많은 양의 강우가 짧은 시간에 몰아칠 때 더 큰 홍수 피해를 유발하기 때문이다. 이때, 400 mm의 강수는 RCP 2.6 기후변화 시나리오에서 수원시의 일 최대 강수량에 대응하는 유량이다.

일반적으로 도시홍수와 우수유출을 설계할 때는 전대수다항식에 의한 확률강우량을 사용하는 것이 일반적이다. 그럼에도, 본 저서에서는 기후변화 RCP 2.6 시나리오를 채택하고 있는데, 이는 하기의 사진을 참고하여 두 가지로 설명할 수 있다.

RCP 2.6 시나리오는 확률강우량 500년 빈도의 강우인 222.7 mm보다 약 180.0 mm 정도 더 많은 강수가 내릴 것으로 판단하고 있다. 앞서 설명한 바와 같이 기후변화에 대응하는 재난재해 적응시설을 설계할 때는 조금 더 보수적이고 안정적인 접근을 하여 재난재해에 대응해야 한다. 두 번째로, RCP 2.6 시나리오는 글로벌 사회가 목표로 하는 Net-Zero에 대응하는 시나리오로, 탄소 배출량이 420.0 ppm일 때를 가정하여 산업혁명 이전보다 약 2℃ 더 높아지는 것을 예측한다(그림 3-81). 즉, 글로벌 사회가 추구하는 지향점을 평가한다는 점에서 큰 의미를 가진다.

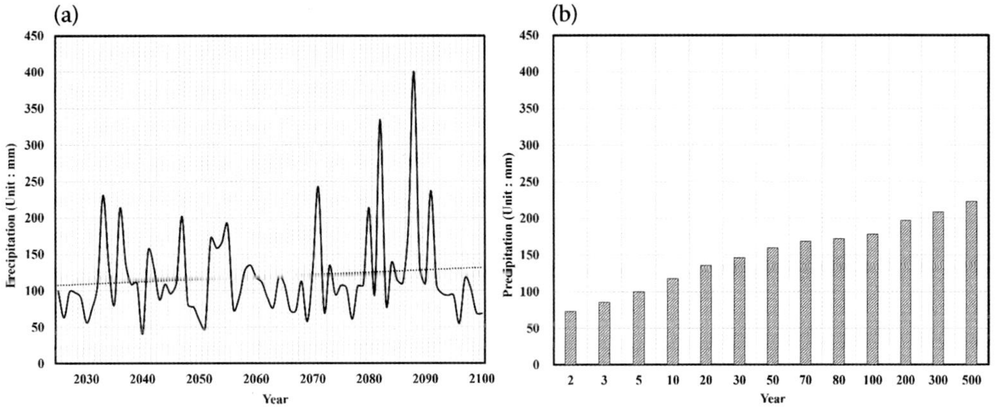

(a) 기후변화 시나리오 RCP 2.6 - 일 최대 강우량 (b) 확률강우량

그림 3-81. 수원시의 미래 강수량 (Kim and Kang, 2023)

참고로 기후변화 시나리오는 IPCC 5차, 6차 보고서에서 예측한 전지구 시나리오를 동아시아 시나리오, 남한 상세 시나리오로 고해상도 보정하여 산출한 값이다. 한반도 및 남한 상세 기후변화 시나리오는 기상청의 기후정보포털에서 다운로드할 수 있다.

기후정보포털: http://www.climate.go.kr/home/

확률강우량의 경우, 일반적으로 IDF (Intensity-Duration-Frequency) 곡선을 활용하여 구한다. 본 저서에서 언급한 500년 확률 강우빈도는 환경부의 홍수량 산정 표준지침(2019)에서 예측하는 극한 강우 중 하나이다. 2019년에 산정된 홍수량 산정 표준지침은 2017년까지의 강우 데이터를 참조하여 지역 빈도 분석에 기반한 분석이 수행되었다. 확률강우량을 구하는 방식은 Talbot 형, Sherman 형, Japanese 형 등을 사용하고 있지만, 홍수량 산정 표준지침(2019)에서 채택하는 방식은 전대수다항식형이다. 전대수다항식형의 산정 방정식은 하기와 같다.

$$\begin{aligned} \ln(I) = a + b\ln(t_h) + c(\ln(t_h))^2 + d(\ln(t_h))^3 + e(\ln(t_h))^4 \\ + f(\ln(t_h))^5 + g(\ln(t_h))^6 \end{aligned} \tag{3.58}$$

여기에서 $I(t)$는 강우 지속시간에 따른 강우강도(mm/hr), t는 강우지속시간(min), t_h는 강우지속시간(hr), a,b,c,d,e,f,g 등은 회귀상수이다. 수원을 기준으로 한 경험적 방정식에 따른 회귀상수는 다음과 같다.

$$a = 4.7221451047564, b = -0.31658725808181, c = -0.11664382905796,$$
$$d = 0.07126025689926, e = -0.02910699699941, f = 0.0056503171900, g = -0.00044816057715$$

그렇다면, 50.0 mm의 강우부터 400.0 mm의 강수를 Huff 무차원 시간 분산 방정식을 활용하여 10분 간격으로 분산해본다. 아래의 공식은 (3.24)에 수원지역의 지역회귀상수를 반영한 분산식이다.

$$\begin{aligned} Y = & -5.38643790849415E-0.9X^6 - 1.58115573152254E-06X^5 \\ & + 0.000167031894167819X^4 - 0.00771702874330933X^3 \\ & + 0.162626101284165X^2 - 0.874816502123535X \\ & + 0.125647881529403 \end{aligned} \tag{3.59}$$

표 3-16은 본 연구에서 다루고 있는 8가지 강수 시나리오를 10분 단위로 180분 동안 식 (3.59)에 의해서 분산한 값이다.

< 표 3-16. Huff Equation을 활용한 강수 시나리오 분산 >

	누적 분산 강우량 (%)	구역 분산 강우량 (%)	50 mm	100 mm	150 mm	200 mm	250 mm	300 mm	350 mm	400 mm
10 min	0.05	0.05	0.03	0.05	0.08	0.11	0.13	0.16	0.19	0.21
20 min	2.24	2.19	1.09	2.19	3.28	4.37	5.46	6.56	7.65	8.74
30 min	6.02	3.78	1.89	3.78	5.67	7.55	9.44	11.33	13.22	15.11
40 min	9.18	3.16	1.58	3.16	4.74	6.32	7.90	9.48	11.06	12.64
50 min	11.73	2.56	1.28	2.56	3.83	5.11	6.39	7.67	8.94	10.22
60 min	14.43	2.70	1.35	2.70	4.05	5.40	6.75	8.10	9.45	10.80
70 min	18.27	3.84	1.92	3.84	5.75	7.67	9.59	11.51	13.43	15.35
80 min	24.10	5.83	2.91	5.83	8.74	11.66	14.57	17.49	20.40	23.32
90 min	32.38	8.28	4.14	8.28	12.42	16.56	20.70	24.84	28.98	33.12
100 min	43.02	10.64	5.32	10.64	15.96	21.28	26.61	31.93	37.25	42.57
110 min	55.35	12.34	6.17	12.34	18.50	24.67	30.84	37.01	43.18	49.34

120 min	68.21	12.86	6.43	12.86	19.29	25.72	32.14	38.57	45.00	51.43
130 min	80.11	11.90	5.95	11.90	17.85	23.80	29.75	35.69	41.64	47.59
140 min	89.57	9.46	4.73	9.46	14.18	18.91	23.64	28.37	33.09	37.82
150 min	95.51	5.95	2.97	5.95	8.92	11.90	14.87	17.85	20.82	23.79
160 min	97.85	2.33	1.17	2.33	3.50	4.66	5.83	7.00	8.16	9.33
170 min	98.05	0.21	0.10	0.21	0.31	0.42	0.52	0.63	0.73	0.83
180 min	100.00	1.95	0.97	1.95	2.92	3.89	4.86	5.84	6.81	7.78
Sum		100.00	50.00	100.00	150.00	200.00	250.00	300.00	350.00	400.00

그림 3-82를 참고할 때, 강우지속시간 3시간의 경우 150.0 mm 까지는 홍수가 발생하지 않았으며, 200.0 mm 이후에는 홍수 수위를 넘어가는 것으로 분석된다. 앞서 분석한 바와 동일하게, 미세한 방식으로 5.0 mm씩 강수를 조정할 때, 수원의 강우 수용용량이 165.0 mm임을 알 수 있다.

방법이 숙달되었다면, 강우 지속시간을 3시간부터 72시간까지 평가해본다. 강우지속시간이 72시간일 때는 하수배제시설이 모두 잘 작동한다는 가정 하에 550.0 mm 까지의 강우를 수용할 수 있다. 하지만, 2030년까지 내구연한 20년이 초과한 관거는 13,836개가 될 예정이고, 하수관거의 기능 상실을 고려할 때, 0.66 정도의 안전계수를 산정해야 한다. 2020년의 경우 6,998개의 관거가 내구연한이 다 된 상태인데, 약 0.83의 안전계수를 곱해야 한다. 즉, 강우지속시간 3시간의 경우, 도시의 용량을 137.0 mm로 평가하는 것이 바람직하다.

그렇다면 앞서 설계한 그레이 인프라와 그린 인프라를 적용하였을 때, 수위 변화를 살펴보자. 그레이 인프라와 그린 인프라의 모든 설계를 하였을 때, 수원시가 3시간 동안 견딜 수 있는 강수의 양은 275.0 mm 정도이다. 앞서 설명한 그레이 인프라의 수위 상태가 만수위이고, 그린 인프라의 포화도가 100%라고 가정을 하였을 때, 두 가지의 인프라는 236.0 mm의 강수를 수용할 수 있었다. 이는 기존의 시설보다 약 99.0 mm의 강수를 추가적으로 수용할 수 있는 것이며, 추가 용량에 대해 약 0.9의 안전계수를 갖게 된다. 이때, 약 200.0 mm의 강수 이후부터는 그레이 인프라와 그린 인프라의 홍수저감 효과가 어느정도 되는지 평가를 함께 수행해야 한다.

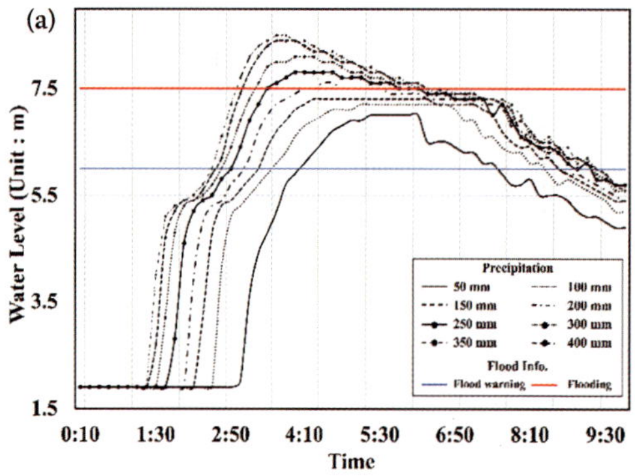

(a) 강우지속시간 3시간일 때 수원시의 강우 수용용량

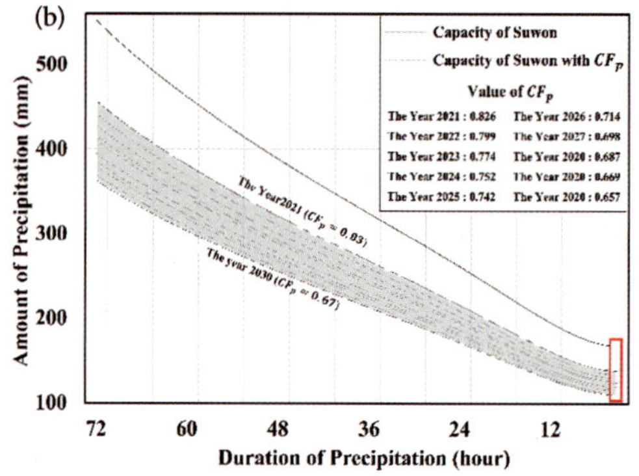

(b) 내구연한 변화에 따른 강우 수용용량 계수

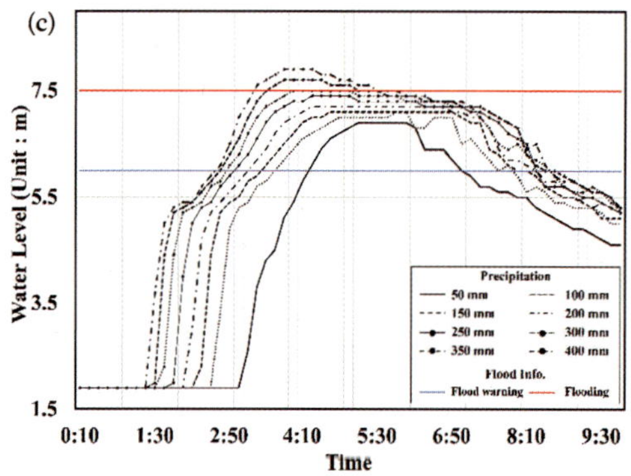

(c) 그레이 인프라와 그린 인프라를 적용한 강우 수용용량

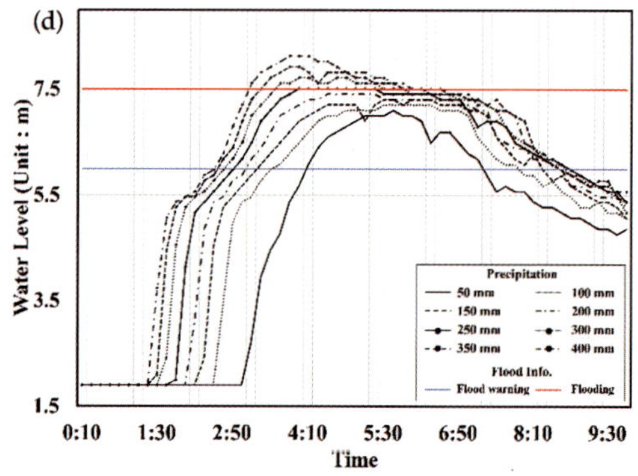

(d) 안전계수를 적용한 강우 수용용량

그림 3-82. 수원시의 강우수용 용량 (Kim and Kang, 2023)

2) 그린, 그레이 인프라스트럭처의 홍수저감 평가

지금부터는 그레이 인프라와 그린 인프라의 홍수저감효과 및 두 인프라의 상호 작용에 대해서 살펴본다. 두 인프라 간의 상호작용과 각각의 홍수저감 효과는 표 3-17에 나타나 있으며, 시간에 따른 홍수 크기의 변화는 그림 3-83 및 표 3-17과 같다.

< 표 3-17. 홍수저감 효과 요약 (Unit: CMS) >

	첨두 홍수량	용량 계수를 적용한 그레이 인프라	용량 계수를 미적용한 그레이 인프라	용량 계수를 적용한 그린 인프라	용량 계수를 미적용한 그린 인프라	용량 계수 적용한 두 작용의 상호작용	용량 계수 미적용한 두 작용의 상호작용
200 mm	480.54	323.22 (32.74%)	248.46 (48.30%)	404.53 (15.82%)	376.4 (21.67%)	195.86 (59.24%)	127.421 (73.48%)
250 mm	566.97	413.52 (27.06%)	315.66 (44.33%)	491.36 (13.34%)	459.42 (18.97%)	268.04 (52.72%)	189.294 (66.61%)
300 mm	689.54	521.91 (24.31%)	426.87 (38.09%)	614.32 (10.91%)	570.44 (17.27%)	351.701 (48.99%)	259.12 (62.42%)
350 mm	856.49	676.66 (21.00%)	559.41 (34.69%)	793.71 (7.33%)	724.48 (15.41%)	511.13 (40.32%)	392.09 (54.22%)
400 mm	998.4	798.31 (20.04%)	663.92 (33.50%)	933.05 (6.55%)	885.21 (11.34%)	659.81 (33.91%)	514.31 (48.49%)

먼저 그레이 인프라의 효과에 대해서 고찰해본다. 위에서 설계한 모든 그레이 인프라가 적용되었을 때, 총 48.30%의 홍수 감소 효과가 200.0 mm 강수량에 대해 있었으며, 400.0 mm에 대해 33.5%의 홍수 감소 효과가 얻어졌다. 새롭게 추가된 그레이 인프라 관망 내 초기 수위를 100%로 지정했을 때, 200.0 mm 강수량에 대한 홍수 감소 효과는 32.74%였고 400.0 mm에 대해서는 20.04%였다. 즉, 200.0 mm 강수량의 경우, 예상 홍수 감소에 대해 약 0.68의 그레이 인프라 감소계수(RF_i)를 적용해야 하며, 400.0 mm 강수량의 경우, 예상 홍수 감소를 약 0.6으로 계산해야 한다.

그린 인프라의 경우, 200.0 mm 강수량 시나리오에서 기존 홍수에 비해 21.67%의 홍수 감소 효과가 있고, 400.0 mm 강수 시나리오는 11.34%의 홍수 감소 효과가 있다. 새롭게 추가된 포화 백분율을 100%로 설정했을 때, 200.0 mm 강수량은 15.82%로 줄일 수 있고, 400.0 mm 강수량은 6.55%로 줄일 수 있다. 즉, 200.0 mm의 경우, 홍수 감소율에 대한 0.73의 그린 인프라 감소계수(RF_g)를 설정하고, 400.0 mm 강수량에 대한 0.64의 그린 인프라 감소계수를 설정한다.

위의 내용을 고찰해보았을 때, 그레이 인프라가 줄일 수 있는 홍수량은 그린 인프라보다 높았다. 그럼에도, 추가적인 홍수저감시설 설계를 수행하면, 그레이 인프라와 그린 인프라가 적절하게 조화하여 최적화된 설계가 되어야 하는데, 이는 그레이 인프라와 그린 인프라의 상호작용 때문이다. 우선 그레이 인프라와 그린 인프라의 상호작용 효과를 살펴보고 그 이유에 대해 본격적으로 살펴보도록 한다.

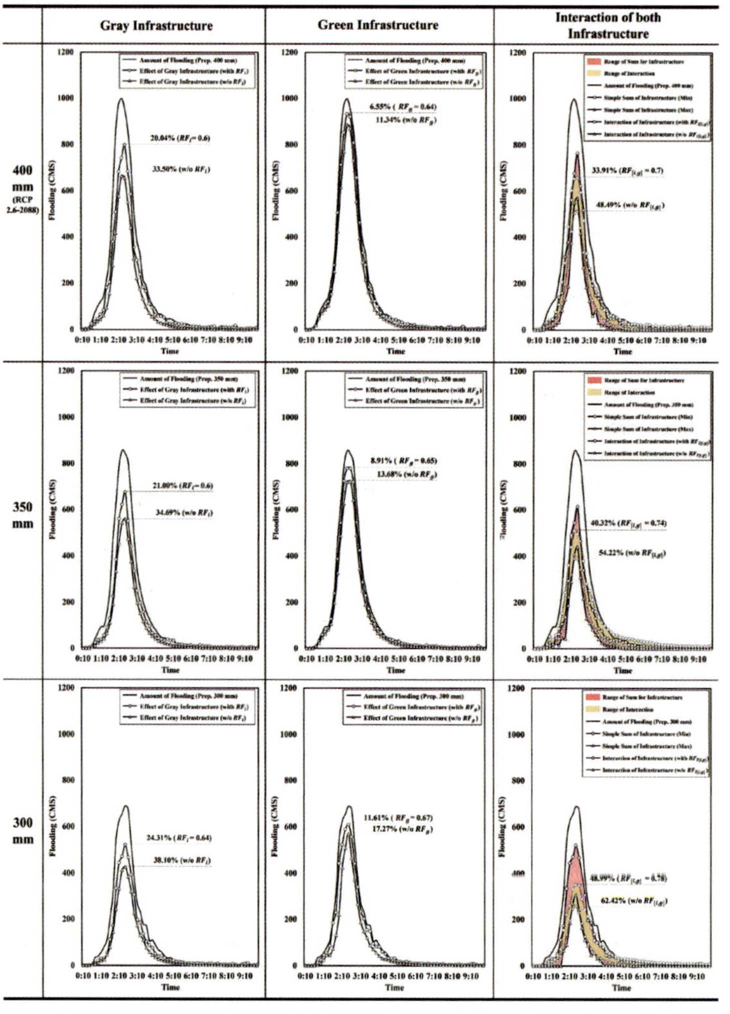

그림 3-83. 시간에 따른 홍수저감 효과 분석 (Kim and Kang, 2023)

위 그림 3-83 마지막 열(Interaction of both infrastructure)을 살펴보았을 때, 그레이 인프라와 그린 인프라의 상호작용을 파악할 수 있다. 위 그림에서 분홍색 영역은 두 인프라의 홍수 감소율 합계를 뜻하고, 노란색 영역은 두 인프라 간의 상호작용을 의미한다. 두 인프라의 상호작용으로 인해 강수량이 200.0 mm일 때 최대 73.48%까지 홍수를 감소시킬 수 있고, 400.0 mm일 때 최대 48.49%까지 감소시키는 것으로 분석된다. 그렇다면 이제 그레이 인프라와 그린 인프라 각각의 효과를 단순히 합산해보자. 그레이 인프라와 그린 인프라의 효과를 단순히 합하여 홍수를 줄이려고 할 때, 강수량이 200.0 mm일 때는 69.97%, 400.0 mm일 때는 44.84%의 값이 나온다. 즉, 그레이 인프라와 그린 인프라를 동시에 적용하였을 때 얻을 수 있는 효과가 단순 합계보다 크다는 것을 알 수 있다.

이러한 상호작용 효과는 그레이 인프라와 그린 인프라의 감소계수($RF_{I[i,g]}$)가 적용될 때 더 커진다. 감소계수를 적용한 경우, 강수량이 200.0 mm일 때, 59.24%의 홍수 감소 효과를 얻을 수 있었고, 400.0 mm일 때는 33.91%의 홍수 감소 효과를 얻었다. 반면, 두 인프라의 홍수 감소율을 더하면, 강수량이 200.0 mm일 때 48.56%, 400.0 mm일 때 26.59%의 홍수 감소 효과를 얻을 수 있다. 강수량이 400.0 mm일 때 0.7, 강수량이 200.0 mm일 때 0.81의 그린 및 그레이 인프라 간의 상호작용 감소계수($RF_{I[i,g]}$)가 적용되는 것이 바람직하다.

Net-Zero(RCP 2.6 시나리오) 2088년 최고 일일 강수량에 해당하는 400.0 mm 강수에 대해 결과를 살펴보자. 위에서 설계된 그레이 인프라와 그린 인프라가 모두 설계되면, 수원시는 33.91%에서 48.49% 사이의 홍수 감소 효과를 달성할 수 있다. 그렇다면 왜 그레이 인프라와 그린인프라의 상호작용은 발생하는 것일까? 그 이유에 대해서 하기와 같이 고찰해본다.

첫째, 그레이 인프라는 폭우를 처리하는 반면 그린 인프라는 높은 침투력으로 강우를 침투시킨다. 둘째, 그레이 인프라는 하수 시스템으로 흐른 뒤 폭우를 방출하지만, 그린 인프라는 땅에 닿는 순간부터 폭우를 관리하기 시작한다. 셋째, 그레이 인프라는 폭우를 단일 관거로 집중시키는 반면 그린 인프라는 분산된 시설을 사용한다. 넷째, 그레이 인프라는 대용량 홍수를 줄일 수 있지만, 그린 인프라는 상대적으로 작은 홍수를 줄인다. 즉, 그레이 인프라는 상대적으로 많은 양의 폭우를 흡수할 수 있는 장점이 있고, 그린 인프라는 처음부터 폭우를 관리하고 분배할 수 있는 장점이 있다.

즉, 그레이 인프라는 상대적으로 많은 양의 강우를 강 하류 또는 우수 처리 시설로 빠르게 처리할 수 있는 장점이 있고, 그린 인프라는 강우의 도달 시점부터 관리하고 분산형으로 우수를 관리할 수 있는 장점이 있다. 그레이 인프라와 그린 인프라의 적절한 설치는 부족한 부분을 보완하고 각 시설의 이점을 활용할 수 있는 상호보완적이고, 상호의존적인 방법이다. 특히 불투수층의 면적이 많은 도시지역의 경우, 두 가지의 인프라를 적절하게 구축하여 강우를 관리하려는 노력이 필요하다. 그린 인프라와 그레이 인프라 간 상호작용을 다룬 환경 개선 효과 관련 연구는 홍수뿐만 아니라 폭염에서도 이미 입증되어 있으므로, 두 인프라의 상호작용은 앞으로 다양한 연구에서 사용될 수 있다.

3) 인공지능을 활용한 도시 집중호우의 HCFD 모델 평가

우리는 지금까지 SWMMR과 ArcMap, QGIS를 활용한 도시홍수 성능 및 저감효과에 대해서 분석하였다. 그렇다면 2장에서 제안된 HCFD 모델의 개념을 어떻게 적용할 수 있는지 알아보자. 앞서 설명한 수원시를 예로 들어 HCFD 모델이 어떻게 홍수 적응에 적용될 수 있는지를 고려한다.

HCFD 모델을 도시홍수 적응에 적용하기 위한 첫 단계는 도시의 용량을 평가하는 것이다. 우리는 홍수의 용량 평가를 통해서 극심한 강우인 3시간 동안 수원시가 감당할 수 있는 강수량 용량은 약 236.0 mm임을 알게 되었다. 도시의 용량을 사용하여 아래 그림과 같은 Chart base의 안전성 평가 모델을 제안할 수 있고, 이를 통해 도시의 상태가 안전한지 또는 위험한지 평가하였다.

도시의 용량을 분석했을 때 아래 그림에서 보는바와 같이 안전계수(SF, Safety Factor) 그래프의 변동을 표현할 수 있다. 우리는 2장에서 학습한 바와 같이 안전계수(SF)의 값이 1보다 크면 도시의 상태를 안전하다고 평가하고, 1보다 작으면 홍수량과 홍수 감소율을 평가해야 한다.

즉 1이 되는 값은 236.0 mm이며, 확률강우 500년 빈도의 폭우로부터, 수원시의 안전계수는 1.06임을 알 수 있다. 반면, RCP 2.6 시나리오 2088년에 해당하는 400.0 mm 강수에는 안전계수가 0.6으로 나타난다. 아래 그림에서 제안한 HCFD 모델은 연구자뿐만 아니라 일반 시민 및 의사결정자가 활용할 수 있는 형태의 의사결정 모델로 활용될 수 있다.

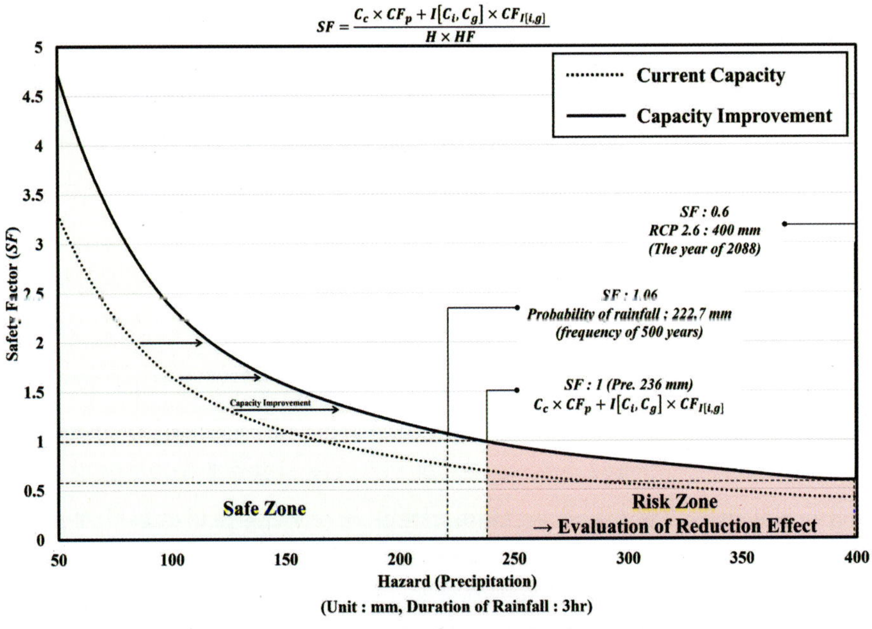

그림 3-84. 도시 집중호우의 HCFD 모델 평가 (Kim and Kang, 2023)

그림 3-84의 그래프와 HCFD 모델의 개념이 이해됐다면, 하기와 같이 조금 더 심화된 데이터를 학습 및 이해할 수 있다. HCFD 모델은 시민 또는 정부 기관이 홍수 감소 효과를 정량적으로 평가하는 결정 과정에서 데이터를 그림 3-85와 같이 이해하기 쉬운 그래프로 제공한다. 아래의 그래프에서, 회색 음영 부분은 그레이 인프라에서의 유출 감소 효과를, 그린 부분은 그린 인프라에서의 홍수 감소 효과를 나타낸다. 각 영역에 대해 초기 수위, 포화도, 감소계수에 따라 홍수 감소 효과가 변하는 범위를 표현할 수 있다(그림 3-85).

분홍색 영역은 그레이 인프라와 그린 인프라의 단순 홍수 감소율의 합을 나타내고, 반면에 노란색 영역은 그린, 그레이 인프라를 모두 사용하는 모델에서 발생하는 상호작용을 나타낸다. 그레이 인프라의 감소계수는 0.6과 0.77 사이의 값을 가지고, 그린 인프라의 감소계수는 0.64와 0.88 사이의 값을 가지며, 두 인프라 간의 상호작용은 0.7과 0.9 사이의 값을 가진다.

HCFD 모델을 통해 제안된 용량 그래프와 도시 홍수 위험 감소 그래프를 통해 의사 결정자들은 도시의 용량을 직관적으로 평가할 수 있다. 이 과정은 설치될 인프라의 크기에 따른 홍수 감소 효과를 결정하는 데 도움이 될 수 있으며, 경제성 분석 등을 통해 홍수 피해 규모와 경제 복구 비용을 종합적으로 고려한 도시 설계 및 계획에 기여할 수 있다.

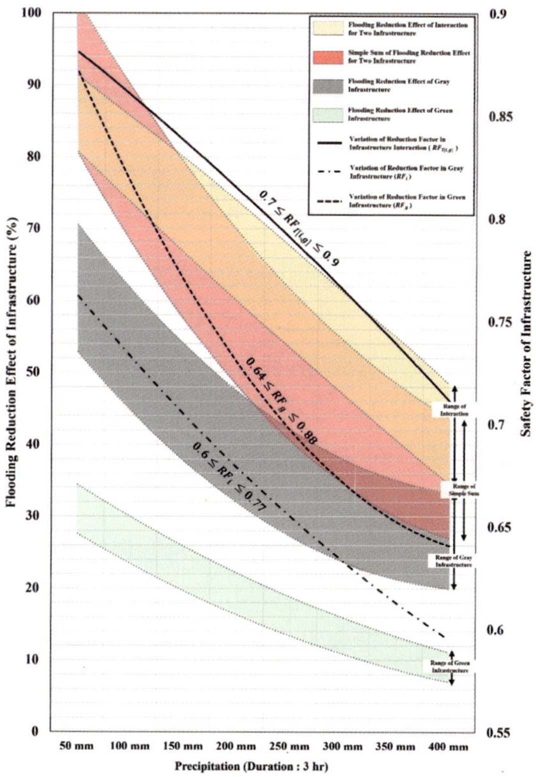

그림 3-85. HCFD 모델의 감소계수 평가 그래프 (Kim and Kang, 2023)

연구자들은 위에서 제안한 HCFD 모델을 머신러닝 혹은 딥러닝 모델로도 제공할 수 있다. 심화학습으로, GBRT 모델에 기반한 HCFD 모델을 구성할 수 있다. GBRT 모델의 개념은 일반적으로 아래와 같은 식으로 개발된다.

$$F(x) = \sum_{i}^{m} h_i(x) \tag{3.60}$$

여기에서 h_i는 기본 모델과 그 가중치의 곱을 뜻한다. 전체 머신러닝 모델의 훈련 목표는 예측값 $F(x)$을 실제 값 y와 가장 근사하게 만드는 것이다.

이 연구에서는 SWMM 시뮬레이션에 필요한 세 가지 변수를 사용하여 HCFD 모델을 구축할 수 있다. 세 가지 예측 변수는 강수량, 그레이 인프라의 초기 수위 수준, 그리고 그린 인프라의 포화율이다. 인공지능을 통해 도출되는 예측값은 홍수와 홍수 감소 비율로 나타낼 수 있다. 이 저서에서 사용된 SWMM의 결과 데이터는 총 968개의 데이터를 포함하였으며, 이는 8개의 강수량, 11개의 초기 그레이 인프라 수준, 11개의 그린 인프라 포화율을 포함하였다. 이 데이터 중 736개, 즉 76%는 모델 개발을 위한 훈련 데이터로 사용되었고, 나머지 24%인 232개의 데이터 세트는 모델의 유효성을 평가하기 위한 테스트 데이터로 사용할 수 있다.

모델 개발 결과, 홍수 값과 홍수의 감소 비율은 GBRT 모델로 예측하였고, learning_rate = 0.1, n_estimators = 100, max_depth = 3로 설정되었다. 이때 모델이 가지는 정확도는 홍수 감소 비율에 대해서는 R^2 = 0.9268, MAPE = 0.07, 홍수량 예측 정확도는 R^2 = 0.9776 그리고 MAPE = 0.03로 매우 정확한 수준을 나타냈다. 각 모델의 중요도 비율은 홍수 값에 0.978의 영향을 미치며, 그레이 인프라는 0.019, 그린 인프라는 0.004로 분석된다. 홍수 감소 비율은 0.934의 영향을 가지며, 그레이 인프라는 0.064, 그린 인프라는 0.002였다(그림 3-86). 이처럼 최근의 물리모델에 기반한 도시재난 방재는 인공지능 분야를 접목하여 그 활용 가능성을 높이고 있는 추세이며, 이를 활용한 서비스 제공 분야 역시, 앞으로의 그린 인프라 분야에서 고려해야 할 중요 가치 중 하나이다.

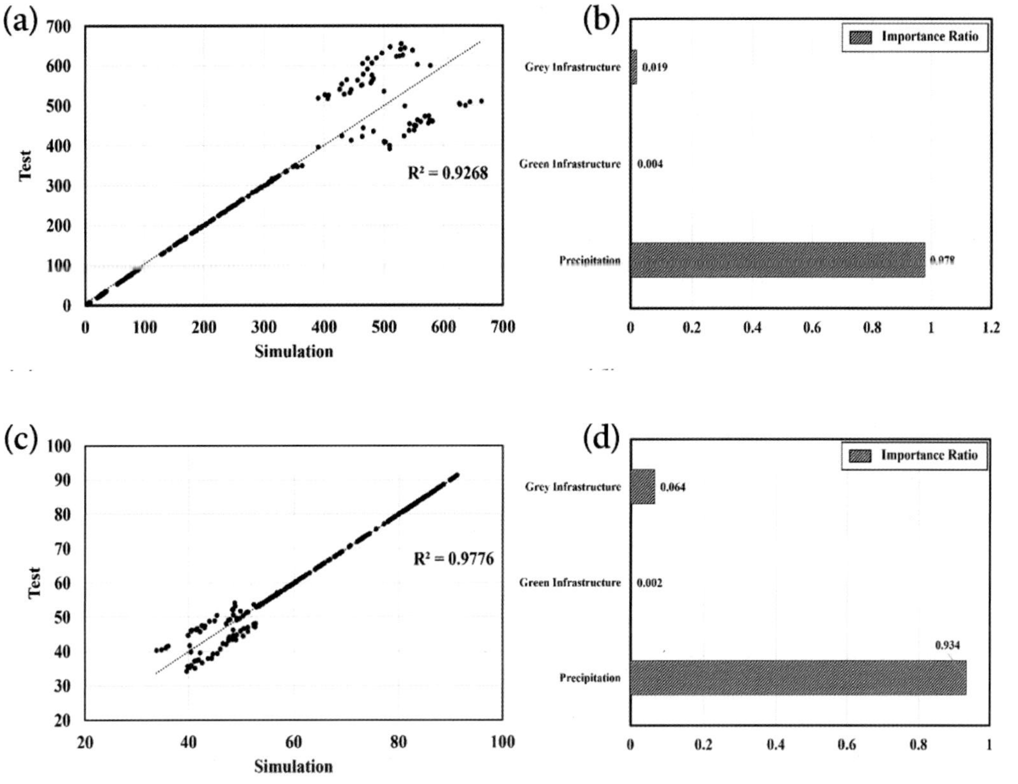

그림 3-86. 인공지능을 활용한 도시홍수 저감효과 예측 (Kim and Kang, 2023)

생활 속의 아이디어! - 화단경계석과 연계되는 빗물저류시설

우리나라의 대부분 빗물저금통(Rain Barrel)은 획일적이고 부피가 크기 때문에 신청하는 사례가 비교적 낮은 편이다. 또한, 설치를 한다고 하더라도 이용시설(조경용수 및 화장실 용수)과 물리적 거리가 멀기 때문에 사용한 빈도가 낮은 것이 실정이다. 최근에는 이러한 한계점을 해결하고, 정책적 실효성을 제고하기 위해서 새로운 기술들이 등장하고 있다. 화단경계석과 연계되는 (신도시형) 빗물저류시설에 대해서 알아보자.

1. 화단경계석과 연계되는 빗물저류시설(특허출원 번호: 10-2021-0119164/10-2021-0119165)

최근 서울대학교에서는 화단 경계석과 연계한 빗물저류시설을 개발하여, 그 활용도를 높이고 있다. 신기술은 일반적으로 화단의 양측에 설치되고, 경계석 외측면에는 물이 흡수될 수 있는 입수구, 하측 지반에는 빗물이 저장될 수 있는 빗물 저류조, 빗물을 관통하는 빗물 수로 등이 포함되어 있다(그림 3-87).

이 기술의 특징은 지오텍스타일, 지오멤브레인, 지오그리드 등의 친환경 재료를 활용하여 환경성을 제고한 것이다. 또한 경계석, 저류, 이용 공간을 연계시켜 조경용수로 직접 활용할 수 있는 시설을 개발하였다. 저류공간은 박스형 컬버트 형상으로 그 종단면이 'ㄷ'자 형태로 구성되어 길게 늘어진 구조가 저류공간을 극대화시킬 수 있다는 장점이 있다.

저류공간에는 출수구를 설치하여 이용자가 물을 쉽게 저류하거나 배수할 수 있는 시설을 개발하였다. 빗물저류조와 조경용 토양에는 삼투압 할 수 있는 파이프 등을 설치하여, 농도차에 의한 관배수 조절을 수행한다. 거름망 형태의 필터를 설치하여 외부에서 유입되는 토사 등을 막을 수 있다. 화단경계석과 연계되는 빗물저류시설은 구도심 뿐만 아니라, 신도시에도 쉽게 설치할 수 있다는 장점이 있어, 향후 응용시공이 기대되는 발명이다.

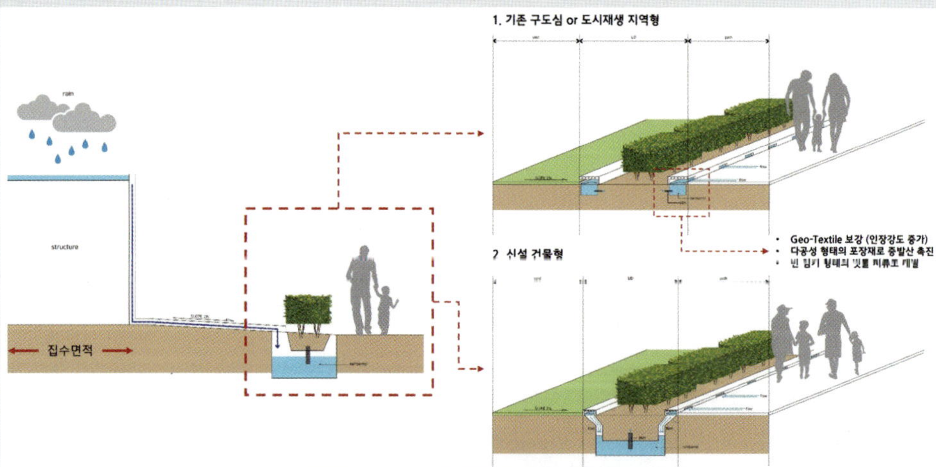

그림 3-87. 화단경계석과 연계되는 빗물저류시설

4절 요약

1. 도시홍수는 도시 수문학의 중요한 주제로, 도시 지역의 독특한 수문학적 특성 때문에 발생한다. 도시 지역은 불투수 지표면이 많아 자연하천과는 달리 물의 흐름이 변화하며, 이 문제를 해결하기 위해 인위적인 배수 시스템을 도입해야 한다. 도시수문학은 이러한 도시 홍수를 관리하고 조절하기 위한 방법을 연구하며, 유출 계산 방법론과 도시 수문 모형에 대한 이해가 필요하다. 이 과정에서 그린인프라의 역할과 지배방정식에 대한 이해도 요구된다.

2. 도시수문학의 접근법은 경험적 방법과 물리기반 방법으로 나뉜다. 경험적 방법은 실측 데이터를 사용하여 유출을 계산하고, 물리기반 방법은 물리 법칙을 이용하여 유출현상을 재현한다. 도시수문학에서는 '유출'이라는 개념의 이해가 중요하며, 유출은 지표면 유출과 지표하 유출로 구분할 수 있다. 유출에 영향을 미치는 요소로는 강수, 차단, 증발, 증산 등이 있으며, 이들은 기후학적 인자, 유역특성인자, 지상학적 인자 등으로 분류된다.

3. 강수는 대기 중의 수증기가 응축하여 지표면에 내리는 현상으로, 강수의 유형과 강도, 지속시간, 분포 등이 유출에 큰 영향을 미친다. 호우, 즉 매우 강한 비가 내려 홍수가 발생하기 위해서는 특정 조건이 필요하다. 공기를 이슬점까지 냉각시킬 수 있어야 하며, 응결핵이 존재해야 하고, 응결된 작은 수분입자를 크게 할 수 있어야 하며, 충분한 강도의 수분을 집적할 수 있어야 한다. 강수는 대류형 강수, 선풍형 강수, 산악형 강수 등으로 구분할 수 있다.

4. 차단은 강수가 지표면에 도달하기 전 식생피복, 건물 등의 표면에 의해 포착 또는 중단되는 현상을 의미한다. 이는 일반적으로 유출을 감소시키는 효과를 가지지만, 짧은 시간에 걸친 홍수의 경우에는 크게 영향을 미치지 않는다.

5. 증발은 물이 액체에서 기체 상태로 변화하는 과정을, 증산은 식물이 물을 소비하고 잎으로 이동시킨 뒤 대기 중으로 방출하는 과정을 포함한다. 이 두 과정은 기온, 바람, 상대습도, 태양복사열 등에 따라 좌우되며, 일반적으로 유출을 감소시키는 역할을 한다. 이 두 개념을 합쳐 '증발산'이라고도 부른다.

6. 유역면적은 특정 수계에서 직접적으로 물을 수용하는 지역의 면적을 의미하며, 유역의 면적이 클수록 유출량의 총합도 커지며, 유수의 도달시간도 길어진다. 유역의 길이는 유역의 출구로부터 주된 유로를 따라 유역분수계까지 측정한 길이로 정의된다. 유역의 길이 역시 유역의 면적과 비례하여 커진다. 일반적으로 유역의 면적은 하기의 식과 같이 정의된다.

$$Q = cA^m$$

7. 유역의 평균경사는 유역의 주된 유로를 따르는 유역 표고의 변화율 또는 유역 내에서 물이 이동하는 경로의 평균 경사도를 뜻한다. 유역평균경사는 유역의 최대표고차와 표고차가 설정된 두 지점 간의 수평거리를 통해 계산될 수 있다. 정확한 값을 얻기 위해 Horton 방정식 등의 보완적인 계산법이 사용될 수 있다. 유역평균경사를 구하는 일반적인 식은 하기와 같다.

$$S = \frac{\triangle E}{L}$$

8. 하천연장은 유역출구지점에서 유로 종점까지의 거리로 정의되며, 유역길이를 대체하여 사용한다. 하천경사는 유역경계선으로부터 하천의 출구지점까지 하천의 수평거리에 대한 하천바닥 표고를 나타낸 곡선, 즉 하천 종단도상에서 임의의 두 지점간의 표고차와 수평거리의 비로 정의된다. 이들은 하천유로의 물의 흐름을 결정하는 중요한 요인이다.

9. 하천 유로의 조도는 하천유로의 거칠기를 나타내며, 유출에 큰 영향을 미치는 변수 중 하나이다. 조도가 높을수록 물의 흐름속도를 완만하게 하고 침투능을 증가시키며, 토양침식을 완화시킨다. 이를 표현하기 위해 Manning의 조도계수가 사용되며, 조도가 크면 하천의 흐름 단면에 통수능이 낮아진다. 평균유속과 조도계수 n을 찾는 관계식은 하기와 같이 정의된다.

$$V = \frac{1}{n} R^{2/3} S^{1/2}$$

10. 하천밀도는 유역의 단위 면적당 평균 하천 길이를 나타내며, 하천밀도가 높을수록 유역의 단위 면적당 하천 길이가 길다는 것을 의미한다. 이는 유역에 내리는 호우에 대한 유출 응답이 빠르며 배수가 양호한 것이다. 반면, 하천횡단면은 하천의 위치와 특성에 따라 다양하게 변화하는데, 상류부에서는 V-자 형태를 가지며, 하류부로 갈수록 U-자 형태의 사각형이나 사나리꼴 단면으로 변화한다.

11. 도시화로 인한 지표면의 변화는 도시유역의 유출 특성에 큰 영향을 미친다. 도시화에 따른 불투수층의 증가는 유출의 전체 용적과 첨두유출량을 증가시키며, 유역의 지체시간을 단축시킨다. 이는 도시화로 인한 지하수 침투와 침루의 방해 및 지하수위 저하를 초래한다. 우수유출량을 계산하기 위해 가장 많이 사용되는 방법은 합리식으로, 하기와 같이 정의된다.

$$Q = CIA$$

12. EPA SWMM은 미국 환경보호국에서 개발한 도시 지역의 강우, 유출량 및 수질 동적 해석을 위한 시뮬레이션 소프트웨어이다. 초기모델은 도시의 폭우 모델링에 초점을 맞추었으나, 점차 채널 유동 모델링, 수질 모델링, 도로 펌프 및 지류 이송 라우팅 기능 등이 추가되었다. 2000년대 초, SWMM5가 개발되면서 사용자 정의 옵션과 저영향개발(LID) 기능이 추가되었으며, 이후에는 오픈소스 형태로 엔지니어들의 수성 및 보완이 가능하게 되었다.

13. EPA SWMM에서는 8가지의 그린인프라 기술을 LID 형태로 제공한다. 식생체류지는 토양 혼합물 위에 식물이 식생된 시설로, 강수를 저장, 침투 및 증발시켜 유출량을 저감시킨다. 빗물정원은 식생체류지와 유사한 형태로, 자갈층이 없다. 옥상녹화는 지붕 혹은 테라스 위에 특수한 배수 또는 투수층의 토양을 설치한 시설이다.

14. 침투트렌치는 자갈로 채워진 도랑 형태의 시설로, 불투수 지역으로부터의 유출을 차단한다. 투수성포장은 투수성이 높은 재료를 사용하여 빗물 침투를 증가시키는 시설이며, 필요에 따라 포장 아래에 저장층을 설치한다. 빗물통은 지붕에서 유출된 빗물을 수집하여 통에 저장한다. 지붕홈통분리는 하수구 대신 빗물을 잔디 지역으로 방출하는 시설이며, 식생 수로는 잔디 및 기타 식물로 덮인 경사면을 가진 시설이다.

15. EPA SWMM은 기본적으로 강우, 눈, 침투, 증발 등의 기상현상을 지표유출로 변환하는 방법을 모델로 반영한다. SWMM은 분산형으로 유역을 구분하기 때문에, 지형, 배수 경로, 토지 커버 및 토양 특성의 공간 변동성이 미치는 영향을 반영할 수 있다. SWMM은 비선형 저류지 모델을 사용하여 강우에 의해 발생하는 지표 유출을 추정할 수 있다. SWMM 모델은 경사 S와 너비 W를 갖고 단일 출구의 채널로 배수되는 표면을 개념화하고, 지선형 저류지 모델을 활용하여 지표 흐름을 생성한다. EPA SWMM의 지배 방정식은 하기와 같다.

$$\frac{\partial d}{\partial t} = i - e - f - q$$

16. 수치해석의 종류는 크게 유한차분법(Finite Difference Method), 유한요소법(Finite Element Method), 유한체적법(Finite Volume Method) 등으로 나누어진다. 일반적으로 수리해석에서 Saint-Venant 방정식을 해석하기 위한 방법으로 유한차분법이 채택되고 있으며, 유한차분법은 양해성 유한차분법과 음해성 유한차분법으로 나누어진다.

17. 확률강우량은 지역빈도해석을 권장하고 있으며, 지역빈도해석의 수행이 어려운 경우에는 지점빈도 해석을 수행하기도 한다. 확률강우량이 없는 경우에는 내삽에 의한 보간을 하기 위해 강우강도식을 활용하기도 한다. 강우강도식의 형태로는 Talbot형, Sherman형, Japanese형, Semi-Log 형 등과 같은 식이 활용된다.

18. 2019년에 산정된 홍수량 산정 표준지침은 2017년까지의 강우 데이터를 참조하여 지역 빈도 분석에 기반한 분석을 수행하였다 홍수량 산정 표준지침(2019)에서 채택하는 확률분포 선정 방식은 전대수다항식형이다. 전대수다항식형의 산정 방정식은 하기와 같다.

$$\ln(I) = a + b\ln(t_h) + c(\ln(t_h))^2 + d(\ln(t_h))^3 + e(\ln(t_h))^4 + f(\ln(t_h))^5 + g(\ln(t_h))^6$$

19. EPA SWMM에서 시간 데이터를 입력하여 홍수량 및 유출량을 평가하려면, 강우의 시간적 분포를 고려한 강우주상도가 필요하다. 강우의 시간 분포 방법으로는 Huff 방법이 가장 흔히 사용되며, Mononobe 방법, Keifer & Chu 방법, Pilgrim & Cordery 방법, Yen & Chow, 스케일 상세화(downscaling) 기법이 적용되기도 한다. Huff 방법의 가장 기본형 식은 하기와 같이 표현된다.

$$Y = C_0 + C_1X + C_2X^2 + C_3X^3 + C_4X^4 + C_5X^5 + C_6X^6$$

20. Mononobe 방법은 강우의 시간적 분포를 계산하는데 사용되며, 강우지속시간 동안의 설계강우량에 대해 특정 상수를 사용하여 시간 분포를 계산한다. 강우의 집중 분포 위치에 따라 전진형, 중앙집중형, 지연형으로 나뉜다. 반면, 교호블록 방법은 강우강도-지속시간-발생빈도(IDF) 곡선 또는 설계우량수상도를 작성하는 간단한 방법으로, 특정 재현기간의 최대 우량조건으로 시간분포를 시킨다. 강우강도를 IDF 곡선에서 해석하고, 이에 대응하는 누가강우깊이를 강우강도와 지속시간의 곱으로 계산한다.

21. EPA SWMM 내의 LID 기능은 불투수면적과 인접한 표면 및 공간을 개조하여 유출을 분산하고 제어하는 방법으로, 토양, 자갈층, 잔디 등의 특성, 시공 깊이, 배수 능력, 표면적 등을 통해 결정된다. 현재 EPA SWMM5에서 제공하는 LID 모듈은 유역 내부의 흐름 조절 및 연결에 관한 이산화 방정식을 처리할 수 있어 강우사상을 효율적으로 시뮬레이션할 수 있다. 각 기술에 대한 레이어별로 지배방정식을 이해하는 것이 중요하다.

22. LID 시설은 시간이 지남에 따라서 물이 흡수되는 공간으로 침전물이 쌓이며 기능이 저하하는 현상이 발생한다. SWMM 내에서는 막힘 현상에 대한 수리학적 모델링 및 해석을 지원한다. 막힘현상에 대한 계수 및 지배방정식은 하기와 같이 작성할 수 있다.

$$K(t) = K(0)\left(1 - \frac{Q(t)\,V_{void}}{CF}\right)$$

23. 도시홍수에 대응하는 적절한 시설들을 배치하기 위해서는 1) 기존의 도시환경 인프라 설계 2) 도시침수 취약지구 선정 3) 그레이 인프라의 설계(기술적·공간적) 4) 그린 인프라의 설계(기술적·공간적)로 이루어진다. SWMM을 활용한 기존 도시환경 및 인프라 설계는 EPA SWMM과 SWMMR 모듈을 활용하여 상세단위의 데이터 구축을 용이하게 할 수 있다.

24. SWMM-R을 활용한 상세모델 제작 과정은 1) R 프로그램 설치 2) R 확장 패키지 설치 3) SWMM-R을 이용한 .shp 파일이 .inp 파일 변환 4) .inp 파일을 .shp 파일로 변환하여 ArcMap에서 데이터 가공 5) 가공된 .shp 파일을 다시 .inp 파일로 변환 6) 이를 통해 공간정보, 관망 정보, 강우사상의 데이터를 활용한 모델링 순서로 이루어진다.

25. 도시의 홍수 취약성 분석을 위해서는 시민과 공공 사회적 의견의 충돌, 예산적 한계 등을 고려하며, 다기준의사결정 기법(MCDM, Multi-Criteria Decision Making)을 활용한다. 크게 쌍대비교, 우선순위, 이상치 거리, 다속성 효용가치 함수 방법 등을 활용하며, 각 방법은 다양한 요인을 정량화하거나 효용함수를 정의하는 방법으로 이용된다. 도시침수 취약 지구의 선정과 평가에 필요한 핵심 변수와 가중치를 분석하는데 활용될 수 있다.

26. AHP는 우선순위를 정하고 최적의 선택을 결정하는데 도움이 되며, 다양한 분야에서 의사결정을 위해 사용된다. 문제 정의, 계층 구조 생성, 요소 간 상대적 중요도 비교, 중요도 가중치 계산, 종합평가 및 순위 결정, 그리고 일관성 검사 등이 AHP 기법의 주요 단계이다. 설문을 통한 의견수렴이 취약성 평가 정량화에 중요하므로, 전문가 선정, 문제 정의, 계층 구조 소개, 쌍대비교 설명, 설문지 구성, 일관성 확인 등을 신중히 고려해야 한다. 또한, 피드백 및 수정, 데이터 검증, 그리고 결과 해석 및 보고 등이 중요하다.

27. 침수 특성 평가 기준으로는 침수면적, 침수심, 침수흔적도 등을 선정할 수 있으며, 노출 특성 평가로는 인구 노출, 토지이용도, 정밀토양도, 공시지가, 지하구조물, 취약 시설 등을 선택할 수 있다. 취약성 평가에 대한 가중치가 도출된 후에는 GIS 등의 공간정보 프로그램을 활용하여 대상지에 대한 취약성 평가를 수행할 수 있다.

28. 하수배제 방식은 주로 분류식과 합류식으로 구분된다. 분류식은 우수와 오수를 별도의 관로로 처리하며, 이는 수질오염 방지에 효과적이지만 초기 설치 비용이 비싸다. 그러나 관리가 쉽고 하수처리 부하를 줄이며 물의 재활용 가능성도 있다. 반면, 합류식은 우수와 오수를 동일한 관로를 통해 배제하며, 설치 비용이 낮고 침수 피해가 잦은 지역에서 유리하다. 그러나 강우 시에 하수 처리 시설에 부하가 커져 환경 오염 문제를 야기하거나, 물 재활용이 어려울 수 있다. 이 두 방식은 각각의 장단점을 가지고 있어 적절한 선택이 필요하다.

29. 도시홍수에 대응할 수 있는 시설로 대심도 빗물터널이 주목받고 있다. 대심도 빗물터널은 큰 용량을 가지며, 도시홍수 위험을 감소시키고, 지상 공간을 차지하지 않는다. 또한, 기존 배수 시스템과 연계되며, 터널에 저장된 빗물은 오염물질이 침전되거나 분리되어 물의 수질을 개선시킬 수 있다. 지능형 모니터링 시스템의 활용, 충분한 깊이에서의 설치, 그리고 지반 침하를 완화할 수 있는 장치 등의 방안을 검토하여야 한다.

30. 우리가 사용하는 그린인프라 시설은 크게 길 중심형, 빌딩 중심형, 산업단지 중심형 시설로 구분할 수 있다. 산업단지 중심형 시설로는 식생체류지 등의 시설이 있다. 길 중심형 그린인프라로는 식생수로, 빗물정원, 투수성 포장 등이 있으며, 이들은 도로, 주차장, 보도 등에 설치하여 도로 유출수를 관리하고 경관을 조성한다. 빌딩 중심형 그린인프라로는 빗물통과 옥상정원이 있으며, 이들은 주택 지붕에서 수집된 빗물을 저장하거나 옥상에 정원을 조성하여 조경용수로 활용하거나 도시의 녹지 면적을 확대하는데 활용된다. 이러한 그린인프라시설은 기존 인프라와 통합 및 확장이 가능하며, 도시의 환경적 가치를 향상시키는데 기여할 수 있다.

"The flood of the century is a reminder that nature's forces are stronger than all our infrastructure."

5절 예제

❶ 도시홍수의 개념을 설명하고, 일반적으로 어떤 요소들을 동시에 평가하는지 설명하시오

❷ 다음 중 강수의 유형에 대한 설명이 올바른 것을 선택하시오.

a) 대류형 강수는 저기압 지역으로 몰려드는 기단이 상승되어 발생한다.

b) 선풍형 강수는 따뜻하고 가벼워진 공기가 대류현상에 의해 차갑고 밀도가 큰 공기 속으로 상승할 때 발생한다.

c) 산악형 강수는 바람이 불어오는 사면에서 상대적으로 건조하다.

d) 대류형 강수는 습윤한 기단을 운반하는 바람이 산맥을 부딪쳐 산 위로 상승할 때 발생한다.

❸ 차단에 대한 설명 중 가장 정확한 것을 고르시오.

a) 차단은 강수가 지표면에 도달하기 전에 식생피복, 건물 및 기타 표면에 의해 포착 또는 중단되는 현상이다.

b) 차단은 강수량이 많을 때 홍수 유출에 큰 영향을 미친다.

c) 차단은 보류된 물이 빠르게 땅으로 떨어져 흐르는 현상이다.

d) 차단은 식물의 잎, 가지, 줄기가 물을 저장하는 현상을 포함하지 않는다.

❹ 다음 중 증발과 증산에 대한 설명으로 올바르지 않은 것을 고르시오.

a) 증발은 물이 액체에서 기체상태로 변화하는 과정이다.

b) 증산은 식물이 물을 소비하고 뿌리에서 잎으로 이동시킨 다음, 잎의 기공을 통해 기체상태의 물 분자를 대기 중으로 방출하는 과정이다.

c) 증발과 증산은 일반적으로 유출을 증가시키는 역할을 한다.

d) 증발과 증산을 합쳐 증발산이라는 표현을 사용한다.

❺ 다음 중 유역면적에 대한 설명으로 옳지 않은 것은 무엇인가요?

a) 분수계로 둘러싸인 지역의 수평투영면적을 의미한다.

b) 수치지도를 사용하여 결정할 수 있다.

c) 유역면적이 클수록 유출량의 총합이 작아진다.

d) 유수의 도달시간이 유역면적에 비례하여 길어진다.

❻ 유역의 길이에 대한 설명으로 옳은 것은 무엇인가요?

a) 유역의 출구에서 유역의 주된 유로를 따라 유역 분수계까지의 길이를 의미한다.

b) 유역의 길이는 유역의 면적과 반비례하여 커진다.

c) 회귀상수 값은 지형, 지질, 기후 등에 따라 항상 일정하다.

d) 유역의 길이는 수치지도를 사용하여 결정할 수 없다.

❼ 유역의 평균경사를 결정하는 데 Horton의 방법이 사용되는 이유는 무엇인가?

❽ 유역의 면적이 100 km^2이고 회귀상수 c = 0.5, m = 0.7 일 때 평균 유출량을 구하시오.

❾ 유역의 길이를 구하는 공식의 회귀상수 k = 0.8, m = 0.5이고, 유역의 면적이 200 km^2일 때 유역의 길이를 구하시오.

❿ 유역의 최대 표고차가 500 m이고, 표고차가 설정된 두 지점 간의 수평 거리가 10 km일 때, 유역의 평균경사를 구하시오.

⓫ 하천유로의 조도가 높을 때 지표면의 물의 흐름속도에 미치는 영향은 무엇인가? 그리고 이것이 침투력과 토양 침식에 어떤 영향을 미치는가?

⓬ 하천의 평균유속(V)는 3 m/sec, 조도계수(n)는 0.015, 흐름의 동수반경(R)은 5 m, 하천의 수로 경사(S)는 0.001 일 때, Manning의 공식에 따라 계산된 하천의 평균유속은 어떻게 되는가?

⓭ 도시가 발전하면서 도시화가 진행되는 과정에서 어떤 변화들이 발생하는지 설명하고, 이러한 변화가 하천의 유출 특성에 어떠한 영향을 미치는지 설명하시오.

⓮ 유역면적이 15 ha, 강우강도가 30 mm/hr인 교외 아파트 지역의 첨두유량을 합리식을 사용하여 계산하시오. (m^3/sec 단위로 나타내시오)

⓯ EPA SWMM의 지배방정식을 설명하고, Saint-Venant equations를 설명하시오.

⑯ 유한차분법, 유한요소법, 유한체적법을 비교 서술하시오.

⑰ 소유역의 강우강도 산출 방식에 대한 설명과 각 유형별 식을 서술하시오.

⑱ EPA SWMM에서 제공하는 LID 모듈 8가지 중 4가지를 선정하고 각 시설들에 대한 설명 및 지배방정식을 서술하시오(식생체류지 필수).

⑲ 「홍수량 산정지침」을 활용하여 서울시 관악구 지역의 1분위 호우 그래프를 Huff Equation에 따라 그리고, 작도 방법 및 공식에 대해 설명하시오.

⑳ 쌍대비교, 우선순위 분석 방법, 이상치 거리, 다속성 효용가치 함수 등을 비교 분석하고, 대표적인 기법에 대해 설명하시오.

㉑ 유입시간이 30분, 하수관거의 길이는 1.5 km, 평균 유속이 2 m/min, 보정계수가 0.6일때, 첨두유량의 도달 시간은 얼마이며, 하수관거 길이가 2.5 km로 변경되었을 때 도달시간은 어떻게 변화하는가 계산하시오.

[심화문제 1]

Google 위성 지도 등을 참고하여 간선관망을 포함하는 서울시 관악구 서울대학교 SWMM 모델을 제작하고, 위에서 산출한 강수량을 대입하여 유출량 및 홍수량을 분석하시오.

[심화문제 2]

R 프로그램을 활용하여 SWMM 모델 제작시 필요한 코드들을 입력하여 화면을 캡처하여 제출하시오.

[심화문제 3]

본인이 거주하고 있는 지역의 SWMM을 하수 간선관망자료를 활용하여 만드시오. 가장 취약한 지역을 선정하고 그레이 인프라와 그린 인프라를 적용하여 보시오. 또한, 그레이 인프라와 그린 인프라의 상호작용을 밝힐 수 있도록 HCFD 모델을 활용한 분석을 수행하시오.

[심화문제 4]

앞서 [심화문제 3]에서 분석한 HCFD 모델의 결과 자료 및 인공지능 모델을 활용하여 미래의 도시홍수 가능성을 예측하여보시오.

참고문헌

[논문]

1. 우효섭, & 김현준. (1991). 파 Saint-Venant 방정식을 이용한 수치해의 정도분석. 물과 미래: 한국수자원학회지, 24(1), 73-81.
2. Abuismail, S., Sun, Q., & Yang, Y. E. (2024). Exploring the influential factors of residents' attitudes toward implementing green infrastructures for stormwater management in the US. Sustainable Cities and Society, 100, 105067.
3. Arya, S., & Kumar, A. (2024). Green Infrastructure for Sustainable Stormwater Management in an Urban Setting Using SWMM-Based Multicriteria Decision-Making Approach. Journal of Hydrologic Engineering, 29(1), 04023044.
4. Bernard, M. M. (1932). Formulas for rainfall intensities of long duration. Transactions of the American Society of Civil Engineers, 96(1), 592-606.
5. Fassman-Beck, E., & Saleh, F. (2021). Sources and impacts of uncertainty in uncalibrated bioretention models using SWMM 5.1. 012. Journal of Sustainable Water in the Built Environment, 7(3), 04021006.
6. Ferguson, B. (2005). Porous pavements. CRC Press.
7. Fletcher, T. D., Andrieu, H., & Hamel, P. (2013). Understanding, management and modelling of urban hydrology and its consequences for receiving waters: A state of the art. Advances in water resources, 51, 261-279.
8. Hamidi, A., Ramavandi, B., & Sorial, G. A. (2021). Sponge City—An emerging concept in sustainable water resource management: A scientometric analysis. Resources, Environment and Sustainability, 5, 100028.
9. Horton, R. E. (1932). Drainage-basin characteristics. Transactions, American geophysical union, 13(1), 350-361.
10. Horton, R. E. (1945). Erosional development of streams and their drainage basins; hydrophysical approach to quantitative morphology. Geological society of America bulletin, 56(3), 275-370.
11. Houze Jr, R. A. (2004). Mesoscale convective systems. Reviews of Geophysics, 42(4).
12. Houze Jr, R. A. (2012). Orographic effects on precipitating clouds. Reviews of Geophysics, 50(1).

13. Huff, F. A. (1967). Time distribution of rainfall in heavy storms. Water resources research, 3(4), 1007-1019.

14. Kim, J., Lee, J., Hwang, S., & Kang, J. (2022). Urban flood adaptation and optimization for net-zero: Case study of Dongjak-gu, Seoul. Journal of Hydrology: Regional Studies, 41, 101110.

15. Kim, J., & Kang, J. (2020). Analysis of flood damage in the Seoul Metropolitan government using climate change scenarios and mitigation technologies. Sustainability, 13(1), 105.

16. Kim, J., & Kang, J. (2023). Development of hazard capacity factor design model for net-zero: Evaluation of the flood adaptation effects considering green-gray infrastructure interaction. Sustainable Cities and Society, 96, 104625.

17. Kumar, A., Sah, B., Singh, A. R., Deng, Y., He, X., Kumar, P., & Bansal, R. C. (2017). A review of multi criteria decision making (MCDM) towards sustainable renewable energy development. Renewable and Sustainable Energy Reviews,69, 596-609.

18. Lawyer, C., Davani, H. T., & Goharian, E. (2024). Coalitional game theory for stormwater management and Green infrastructure practices. Journal of Water Resources Planning and Management, 150(1), 04023070.

19. Metcalf, E. (1971). University of Florida and Water Resources Engineers, Inc, Storm Water Management Model, Volume I-Final Report. EPA Report 11024 DOC 07/71 (NTIS PB-203289). Environmental Protection Agency: Washington, DC, USA, 352.

20. Ponce, V. M. (1989). Engineering hydrology: Principles and practices (Vol. 640). Englewood Cliffs, NJ: Prentice Hall.

21. Rossman, L. A., & Huber, W. C. (2016a). Storm water management model reference manual volume I-Hydrology. US EPA Office of Research and Development: Washington, DC, USA.

22. Rossman, L. A., & Huber, W. C. (2016b). Storm water management model reference manual volume III-water quality. US EPA National Risk Management Research Laboratory: Cincinnati, OH, USA.

23. Rossman, L. A., & Huber, W. (2017). Storm water management model reference manual volume II-hydraulics. US Environmental Protection Agency: Washington, DC, USA, 2, 190.

24. Saaty, T. L. (1990). How to make a decision: the analytic hierarchy process. European journal of operational research, 48(1), 9-26.

25. Vaidya, O. S., & Kumar, S. (2006). Analytic hierarchy process: An overview of applications. European Journal of operational research, 169(1), 1-29.

26. Wang, J., Liu, J., Yang, Z., Mei, C., Wang, H., & Zhang, D. (2023). Green infrastructure optimization considering spatial functional zoning in urban stormwater management. Journal of Environmental Management, 344, 118407.

27. Wang, M., Sun, C., & Zhang, D. (2023). Opportunities and challenges in green stormwater infrastructure (GSI): A comprehensive and bibliometric review of ecosystem services from 2000 to 2021. Environmental Research, 116701.

28. William, J., Rossman Lewis, A., Robert, W., & James, C. (2010). User's guide to SWMM5. Published by CHI, Guelph, Ontario, Canada.

29. Yuter, S. E., & Houze Jr, R. A. (1995). Three-dimensional kinematic and microphysical evolution of Florida cumulonimbus. Part I: Spatial distribution of updrafts, downdrafts, and precipitation. Monthly Weather Review, 123(7), 1921-1940.

[저서]

1. 손영운. (2010). 기상학, 이치사이언스: 북스힐

2. 윤용남. (1998). 수문학 기초와 응용, 청문각(11장 - 도시수문 및 도시유출론)

3. 이종형, 박영진, 김이현, 남일기, 김학수. 상·하수도공학. 구미서관

4. 정종호, 윤용남. (2020). 수자원설계실무. 구미서관

5. Ahrens, C. D., & Henson, R. (2009). Meteorology today: An introduction to weather. Climate, and the Environment, 8.

6. Freek Loos. & Martine van Vliet. (2016). Green Streetscape Design with Stormwater Management. images Publishing.

7. Michael Wright. (2015). Rainwater Park - Stormwater Management and Utilization in Landscape Design. images Publishing.

8. Scott Slaney. (2016). Stormwater Management for Sustainable Urban Environments. images Publishing.

9. Sophie Barbaux. (2016). Sponge City: Water Resource Management. images Shenyang.

10. Wallace, J. M., & Hobbs, P. V. (2006). Atmospheric science: an introductory survey (Vol. 92). Elsevier.

[보고서 및 가이드라인]

1. 환경부. (2019). 홍수량 산정 표준지침
2. 환경부. (2018). 저영향개발(LID) 기법 조경·경관 가이드라인
3. 환경부. (2022). 상하수도설계기준
4. 환경부. (2023). 도시생태계 현안대응을 위한 다중기반 그린인프라 기술개발 최종보고서

[웹사이트]

1. 국가수자원관리종합정보시스템(WAMIS, Water Resources Management Information System). http://www.wamis.go.kr/wsc/wsc_frequency.do
2. 기후정보포털. http://www.climate.go.kr/home/
3. 서울시, 강남역·광화문·도림천 '대심도 빗물배수터널'본격화 기본계획 공고. https://www.seoul.go.kr/news/news_report.do#view/371900
4. 서울시. 2023년 서울시 빗물이용시설 보급 관련 기준설치비(안) 공개. https://news.seoul.go.kr/env/archives/522322
5. 한강수위통제소. http://www.hrfco.go.kr/main.do
6. The R Project. https://www.r-project.org/
7. Tunnel and Reservoir Plan (TARP). https://mwrd.org/tunnel-and-reservoir-plan-tarp. Metropolitan Water Reclamation District of Greater Chicago
8. United States Environmental Protection Agency (U.S.EPA). https://www.epa.gov/water-research/storm-water-management-model-swmm
9. QGIS. https://qgis.org/ko/site/forusers/download.html

4장

그린인프라공학과 도시열섬 방재

"Risk management is not about fear and avoidance,
but recognition, understanding,
and research and mitigation."

- Peter L. Bernstein -

학습 목표

- ✓ 도시열섬과 그 유사 개념에 대해서 이해하고, 최근 도입되고 있는 적응 시설을 학습한다.
- ✓ 도시열섬 대응을 위한 인벤토리 중 하나를 선정하여 폭염 저감 평가를 수행한다.
- ✓ 전산유체역학의 개념을 이해하고, 지배방정식은 설명할 수 있다.
- ✓ HCFD 모델을 활용하여 도시열섬의 안전성 증감을 평가한다.

1절 도시열섬의 피해

본 장에서는 도시열섬에 작용하는 공기역학적 원리와 그 작용 현상에 대한 고찰을 시도한다. 본 장의 내용은 모리야마 마사카즈의 「도시열섬: 대책과 기술」을 통해 도시열섬의 개념을 이해하고, 서용권 외 저자의 「전산유체역학」의 내용을 기반으로, 컴퓨팅 시뮬레이션 방법론을 채택한 도시열섬의 적응 방안에 대해서 학습한다.

1) 도시열섬의 개념

도시열섬(Urban Heat Island, UHI)는 대도시 혹은 도시지역이 주변의 지역보다 기온이 높을 때를 일컫는 개념이다(그림 4-1). 도시열섬과 혼동하여 사용될 수 있는 개념으로는 지구온난화(Global Warming), 기후변화(Climate Change) 등이 있다. 도시열섬은 도시지역을 특정해서 발생하는 현상을 지칭한다. 건축물이나 도로 등 도시의 인프라 구축으로 인한 피복상태 변화는 복사에너지 흡수율을 높이게 하고, 이로 인한 도시지역의 온도가 높게 분포된다. 즉, 도시열섬이란 낮에는 태양에너지를 더 많이 흡수하며, 저녁 시간에는 천천히 방출하게 되는 현상이다.

반면 앞서 언급한 지구온난화와 기후변화는 도시열섬의 범위와 원인에 따라 구분될 수 있다. 지구온난화는 지구 전체의 평균 온도가 상승되는 것을 의미한다. 대부분은 인간의 활동으로 인해 발생하는 대기 중의 이산화탄소 및 기타 온실가스의 증가가 그 원인으로 지적받고 있다. 반면 기후변화는 지구온난화보다 더 큰 개념으로, 지구온난화에 대한 기온상승뿐만 아니라 기후 패턴의 변화를 뜻하는 개념이다. 예를 들면, 폭우, 가뭄, 폭염, 강한 풍량 등 극단적인 날

씨의 패턴 변화를 포함하고 있다. 최근에는 지구온난화보다는 기후변화라는 개념이 학술적으로 더욱 많이 통용되고 있다.

최근에 주목받고 있는 개념으로는 열돔현상(Heat Dome)이 주목받고 있는데, 이는 지구표면 상공에 위치한 고기압 지역이 뜨거운 공기를 돔 형태로 씌워서 해당 지역의 온도가 상승하는 현상을 뜻한다. 일반적으로는 지상 10 km 이내에 발달한 고기압이 정체되어 공기를 가둬놓는 것을 뜻한다. 위에서 언급한 개념들은 범위에서 차이가 있지만, 모두 이상 고온과 폭염을 유발하는 개념으로, 온열질환자 수의 급증을 야기한다.

그림 4-1. 도시열섬 현상

2) 도시열섬의 요인

도시열섬 현상의 요인을 이해하기 위해서는 첫 번째로 도시와 도시 주변의 지표 에너지 수지 차이를 이해해야 한다(Oke, 1982). 도시는 구조물, 도로 등으로 인해 닫혀있는 지표 특성이 많으며, 더 많은 열을 저장하고 배출하게 된다. 도시열섬의 에너지 수지 모델은 일반적으로 지표면에서의 모든 에너지는 평형을 이룬다는 가정에서 시작된다(Arnfield. 2003 &, 권용석. 2015).

$$Q^* = Q_H + Q_E + Q_G \tag{4.1}$$

여기에서 Q^*은 지표면에 흡수되는 일사량, Q_H는 현열량, Q_E는 잠열량, Q_G는 축열량을 뜻한다. 그렇다면 도시열섬의 원인은 정확히 무엇이 있을까? 도시열섬의 원인은 크게 인간에 의한 활동 요인과 자연적인 요인으로 나누어 구분할 수 있다(Oke, 1987. & Tan et al., 2010)

① 인간의 활동에 의한 요인

- 건설 및 빌딩재료

도시지역에서는 콘크리트, 아스팔트 등의 인프라 재료가 많이 사용되는데, 이러한 재료들은 태양복사 에너지를 흡수하는 비율이 높다. 흡수된 열은 다시 방출되어 도시의 온도를 높이는 역할을 한다.

- 인프라와 에너지 소비

도시 내에서는 다양한 에너지 소비를 통해 열을 생성하게 되는데, 이는 자동차, 공장, 빌딩의 난방 및 냉각 시스템, 다른 기계와 전기 장치가 포함된다.

- 도시계획과 건축 디자인

도심지 내에서 고층빌딩과 좁은 거리는 복사열이 이동하는 것과 바람이 도시를 통과하는 것을 방해한다. 적절한 바람길과 건축물의 지속가능한 설계로 열에너지를 순환시키는 것이 중요하다.

② 자연적인 요인

- 도시의 지리적 위치

도시가 위치한 위도나 경도, 해발고도 등 그 지역의 지리적 특징은 기후와 도시열섬에 영향을 미칠 수 있다.

- 기후 및 기상 조건

지배적인 풍향, 계절적인 기후변화, 일일 온도와 습도 등의 변동은 도시열섬 효과에 영향을 줄 수 있다.

위에서 언급한 인간 활동과 자연적인 요인 중 어느 하나로 도시열섬이 발생되는 것이 아니며, 두 가지 요인이 복합적으로 작용하였을 때 더욱 그 피해가 크다.

3) 도시열섬의 대응 시설

그렇다면 도시열섬에 대응하기 위한 최신의 시설들에는 어떠한 것들이 있을까? 최근 스마트시티의 조성과 4차산업혁명 시대의 도래, 삶의 질에 대한 관심 증가로 인해 도시열섬 대응 시설은 급격히 증가하고 있는 추세이다. 여러 가지 시설들이 존재하지만, 본 챕터에서는 크게 다섯 가지의 시설을 알아보도록 하자(그림 4-2~그림 4-6).

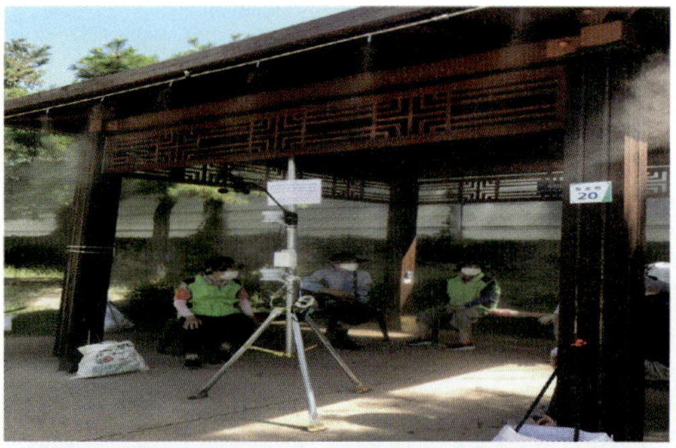

그림 4-2 도시열섬 대응 시설 - 쿨링포그

그림 4-3 도시열섬 대응 시설 - 쿨루프(Georgia Institute of Technology 쿨루프 설치 사례)

그림 4-4 도시열섬 대응 시설 - 그늘막 (출처: 서울특별시)

그림 4-5 도시열섬 대응 시설 - 쿨링(온열) 의자 (출처: 서울특별시)

그림 4-6. 도시열섬 대응 시설 - 스마트쉼터 (출처: 서울특별시)

① 쿨링포그시스템(Cooling Fog system)

쿨링포그 시스템이란 미세한 물을 안개 형태로 분사해 주변 온도를 저감시키는 시설이다. 쿨링포그는 옥외나 실내공간을 간단하게 냉방할 수 있는 장치로 고압호스와 특수노즐을 설치한 뒤 정수 처리한 수돗물을 빗물의 약 $\frac{1}{10^7}$크기로 고압분사하는 것을 말한다. 분사된 물이 기화(氣化)되면서 주변 공기를 냉각시켜 최대 3~5℃ 낮추어 시원한 청량감을 주는 여름철 폭염 방지 설비이다. 쿨링포그는 미세먼지 감소, 대기온도 감소, 경관연출, 해충감소, 습도 유지 등의 역할을 수행한다(그림 4-7).

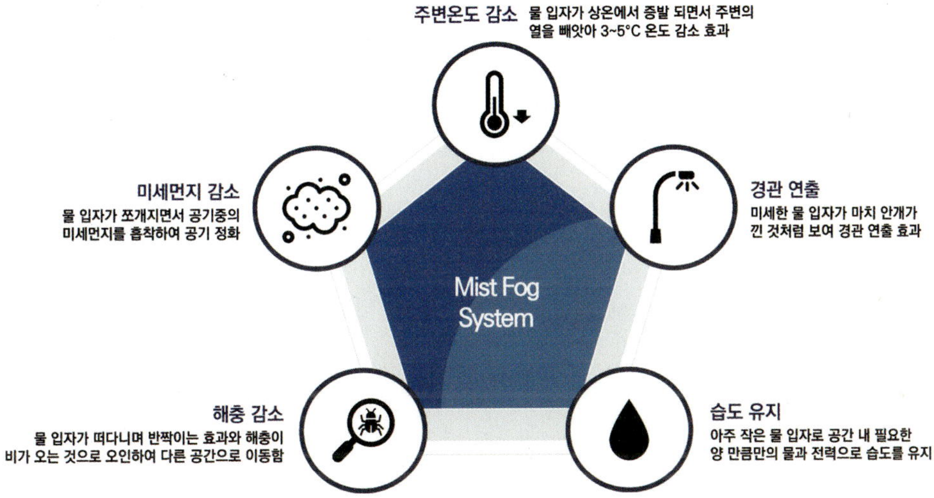

그림 4-7 쿨링포그 시스템의 주요 기능 (출처: 아이디플러스 2020 내용 각색)

- 대구광역시 국채보상운동기념공원 쿨링포그 사례

대구광역시에서 2014년 환경부 기후변화 적응대책 시범사업으로 국채보상공원 내 쿨링포그 시스템이 설치되었다(그림 4-8). 쿨링포그 시스템은 파고라와 보행로 구조물에 설치된 배관에 80 cm 간격으로 317개의 노즐을 설치하고 20 ㎛(마이크론) 이하의 물을 고압으로 분사한다. 고압펌프에서 분무된 물은 더운 공기와 만나 기화하여 미세먼지를 감소시키고, 대기질 개선 효과도 기대할 수 있다. 대구시 국채보상운동기념공원의 쿨링포그 시스템은 수돗물을 이용하기 때문에 수질이 정화된 상태이며, 미세 물 분자의 기화를 이용하므로, 보행시에는 미세 물 입자에 노출되어도 옷이나 피부가 젖지 않고, 바닥에 물이 잘 고이지 않는다.

그림 4-8 대구시 국채보상운동기념공원 쿨링포그

- 대구광역시 인동촌 백년마을 도시재생 뉴딜

대구의 대표적 낙후지역인 대구 서구 비산2·3동 '인동촌마을'이 국토교통부 도시재생 뉴딜 공모사업 및 스마트시티혁신성장동력 프로젝트의 일환으로 폭염저감시설·쉼터 구축 등을 시행하였다(그림 4-9). 더위에 취약한 노인들을 위한 폭염 청정 공원에서는 인동촌 내 소공원을 폭염 피난처 및 휴식공간으로 활용하기 위한 미스트폴, 바닥미스트 안개분사, 파고라 미스트 분사 등을 종합적으로 설치하여 취약계층에게 직접적인 온도저감 효과를 제공하고 있다.

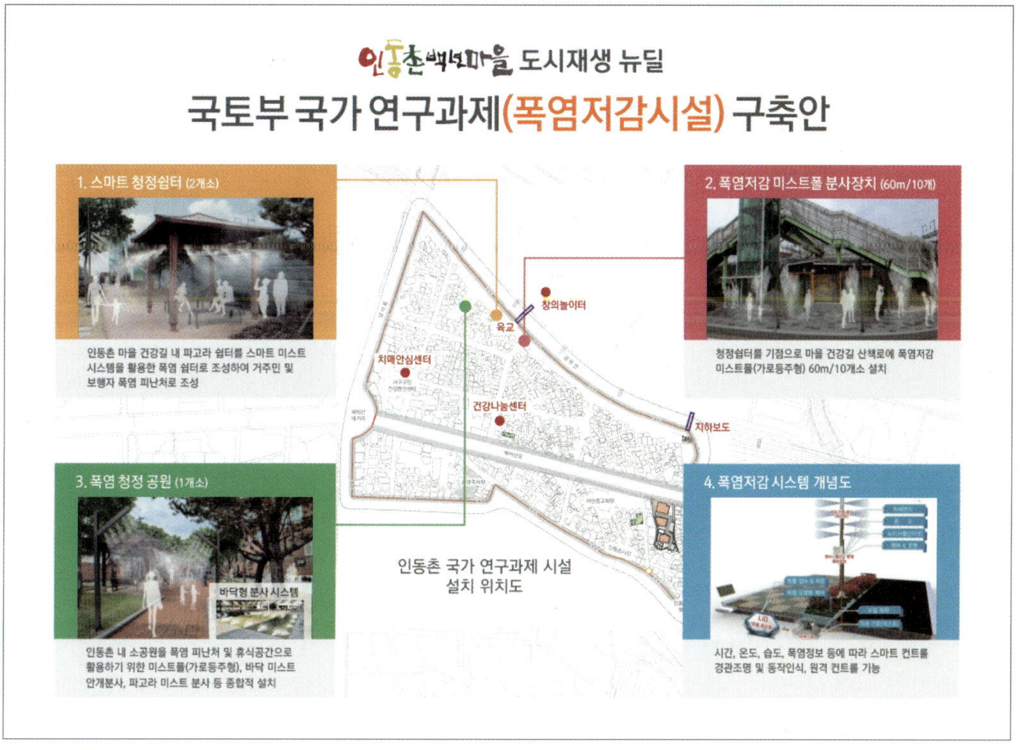

그림 4-9 인동촌 도시재생 뉴딜 사업

② 쿨루프(Cool Roof)

쿨루프란 건물 옥상 표면에 특수 페인트를 칠해 건물에 유입되는 열을 낮추고 에너지를 절약하는 도시열섬 저감 기법이다. 쿨루프의 유형은 화이트루프와 그린루프로 나눌 수 있다. 화이트루프란 백색 열가소성막 소재의 페인트를 활용하여 지붕에 설치하는 것을 의미한다. 특수 페인트를 사용했을 때 태양광선의 80% 이상을 반사할 수 있고, 지붕이 흡수한 태양복사열을 70% 정도 방출할 수 있다. 그린루프란 나무와 꽃 등 식물로 건물 옥상을 꾸며주는 것을 말한다. 식물들이 태양열을 반사하여 단열효과를 높여주고 냉난방비용을 최대 60%까지 절감할 수 있다(그림 4-10, 그림 4-11).

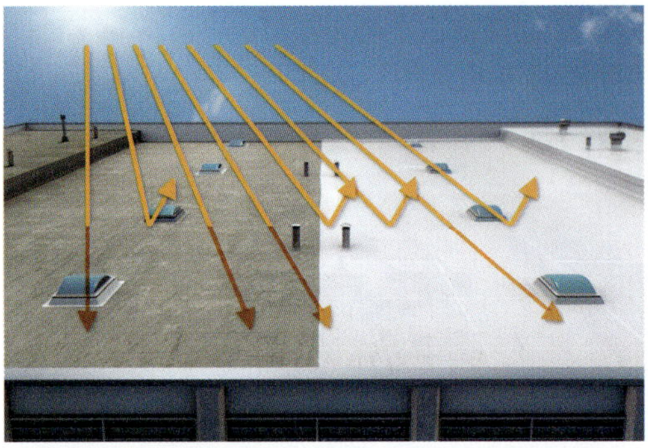

그림 4-10 기존 지붕과 쿨루프의 햇빛 에너지 흐름 (출처: Sika Korea)

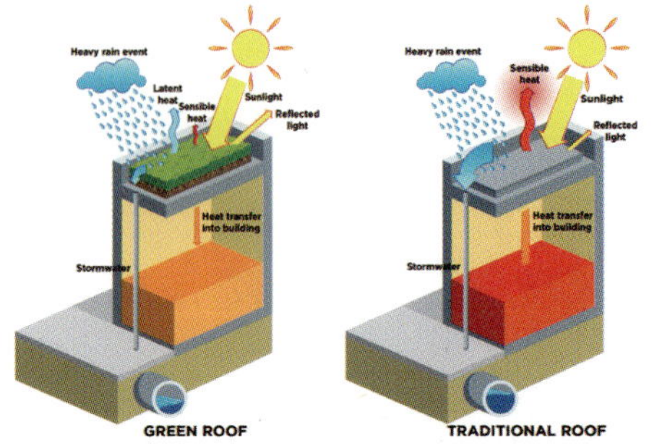

그림 4-11 쿨루프의 열 교환과 빗물 유출 기능 (출처: US. EPA. 2018)

③ 무더위쉼터와 그늘막(Cooling Canopy)

무더위쉼터란 주로 경로당, 마을회관, 주민센터, 아동센터 등 냉방비, 운영비가 지원되는 시설로, 노인·어린이·취약계층이 여름을 시원하게 날 수 있도록 지원해주는 시설을 말한다(그림 4-12). 최근 서울시에서는 폭염 취약계층을 위한 지원책을 강화하는 '2023 여름철 종합대책'을 마련해 폭염에 대비하였다. 무더위 쉼터의 수를 4,200곳으로 늘리고, 평시에는 평일 오전 9시~오후 6시, 폭염특보 발령 시에는 평일과 휴일·주말에도 오후 9시까지 개방한다.

그림 4-12 무더위 쉼터 운영 (출처: 서울특별시)

파라솔 형태의 그늘막은 횡단보도 등에 설치되어 신호를 기다리는 동안 뙤약볕을 피하거나 비가 많이 오는 날에는 센 빗줄기를 피할 수 있는 폭염 대응 시설이다. 특히, 최근에 도입되고 있는 스마트 그늘막은 자외선, 기온, 풍속 등 기상 감지센서가 설치되어 있어 갑작스러운 기상 상황에서 신속한 대처가 가능하며 효율적인 그늘막 관리·운영을 할 수 있다. 또한, 기온·미세

먼지 정보 제공, 야간 LED 경관조명, 사물인터넷(IoT), ICT 기반의 어플 활용 등 다양한 기능을 탑재하고 있다.

④ 쿨링의자(Cooling Chair)

전국 곳곳에서 여름철 버스를 이용하는 주민들의 편의를 위해 쿨링의자를 설치·운영하고 있다. 한파에 대비하여 설치한 온열의자에 열전도율이 낮은 폴리카보네이트 소재 쿨링 덮개를 씌워 쿨링의자를 설치할 수 있다. 이러한 쿨링의자는 덮개만 제거하면 기존의 온열의자로 다시 사용할 수 있다는 장점이 있다. 계절마다 의자를 교체할 필요가 없기에 예산 절감 효과를 거둘 수 있다.

⑤ 스마트쉼터(Smart Shelter)

최근에는 버스정류장 등 기다림이 필요한 사회시설을 스마트화하여 쉼터로 제공하고 있는데, 이른바 '스마트쉼터'이다. 스마트쉼터는 버스 정류장을 한 개의 쉼터 공간으로 조성하여, 스마트 버스 정보 시스템 제공, 핸드폰 충전, 냉방장치, 온열 장치 등의 시설을 제공한다.
쉼터 내외부가 깔끔하게 유지가 되고 있으며, 스마트 카메라 및 CCTV를 활용하여서 취약계층이 버스 도착 정보를 쉽게 확인할 수 있도록 시설을 마련하였다. 스마트쉼터에서는 태양광 장치를 활용하여 부분적인 전력을 운영하고 있으며, 공공 데이터 제공 사업의 일환으로 와이파이도 제공되고 있다.

⑥ 가로수(Street Landscape Design)

그린인프라 요소 중 가로수 설계 및 식재는 도시의 열섬현상을 완화할 수단으로 주목 받는다. 국립산림과학원 도시숲 센터가 도심과 도시 숲의 기온을 열화상 카메라로 분석한 실험에서 도시숲은 도심에 비해 최대 3도가 더 낮은 것으로 나타났다. 가로수가 있는 보도는 가로수가 없는 보도보다 표면 온도가 평균 2.3~2.7°C가 더 낮다(그림 4-13~그림 4-16).
최근 연구결과에 따르면, 나무는 증산과정을 통해 열을 흡수하는데 양버즘나무 등의 수종이 온도저감에 효율적인 것으로 나타났다. 또한, 가로수식재를 2열로 한다면 태양복사시간이 줄어들고 증산과정이 일어나면서 주변 온도를 더 효과적으로 낮출 수 있다. 가로수로 생기는 그늘의 효과를 높이기 위해서는 과도한 가지치기를 지양하고 가지의 폭을 충분하게 유지하는 것 등이 필요하다.

그림 4-13
Georgia Institute of Technology 외부에 위치한 가로수 식재 공간(LEED 우수사례)

그림 4-14
Georgia Institute of Technology 가로수 식재공간

그림 4-15
하버드 대학교에 위치한 가로수 식재 사례

그림 4-16
한국환경공단 단지 내 가로수와 LID 시설의 연계

읽을거리: 대프리카? 이제는 살기 좋은 그린도시

대구광역시는 예전부터 대한민국에서 가장 더운 도시라는 인식이 강했다. 2021년 기준 대구시는 최근 30년 폭염 일수 전국 1위를 기록하기도 하였다. 이랬던 대구광역시가 이제는 살기 좋은 그린 도시로 탈바꿈하였다고 한다. 탈바꿈한 대구광역시에 대해서 알아보자

1. 적극적인 기후위기 심각성 대응

대구광역시는 2050탄소중립녹생성장위원회가 평가하는 '기후위기 적응대책 추진상황 점검'에서 2017년부터 2022년까지 연속 1위를 차지하였다. 건강, 재난·재해, 농업, 산림·생태계, 및 물관리 등의 평가 요소에서 크게 점수를 획득하였다. 대구광역시는 최근 주목 이슈화 되는 기후변화 적응에 적극적으로 임하고 있다는 평가를 받았다. 기후변화 적응은 일반 시민 및 취약계층이 기후 위기로 인해서 받을 수 있는 재난재해 피해를 최소화 하고자 하는 노력으로 받아들여진다.

그 대표적 사례로 폭염저감을 위한 쿨링포그, 쿨루프, 그늘막 쉼터, 클린로드 조성 등이 있다(그림 4-17, 그림 4-18). 위에서 언급한 시설들은 대구 시민들에게 쾌적한 환경을 제공할 뿐만 아니라, 환경분야 개선에 큰 기여를 하고 있다는 평가를 받는다. 특히, 계획된 형태의 가로수 띠녹지 만들기 프로젝트는 기존의 도심 온도보다 약 2~3℃ 정도를 낮추었다는 평가를 받는다. 대구시는 기후위기 적응대책의 실효성 향상을 위해서 매년 이행상황을 진단 및 평가하고, 미비점을 보완하고자 하는 노력을 임하고 있다.

그림 4-17. 대구시의 클린로드 시스템

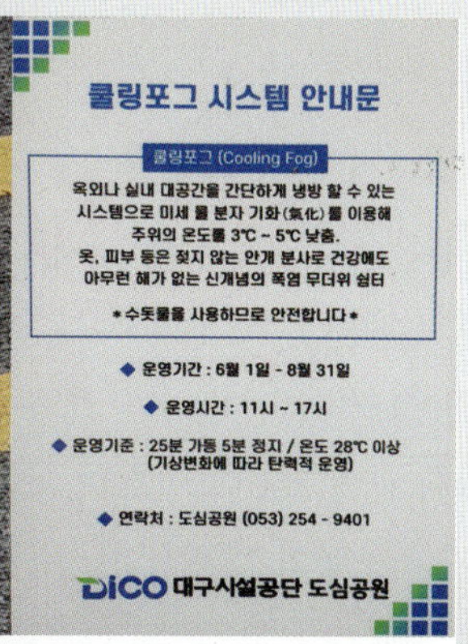

그림 4-18.
대구시의 쿨링포그 운영방안

4) 도시열섬의 분석 방법

① 온도 관측 및 모니터링

도시열섬을 평가하는데 사용되는 기초 방법은 기상관측소 혹은 기상수집장치(AWS, Automatic Weather Station)를 활용하여 도시와 주변 농촌 지역의 온도를 비교하는 것이다. 최근에는 센서 장비가 다양화되고 그 정확도가 올라감에 따라서 대규모 기상수집장치의 설치가 도입되고 있다. 최근에는 이동장치에 센서를 부착하고 온도를 수집하는 방법도 사용되고 있다.

세계기상기구(WMO, World Meteorological Organization)(2008)에 따르면 기상수집장치(AWS, Automatic Weather Station)를 활용한 온/습도 수집은 지면으로부터 1.25~2 m 높이에 설치하여 측정하는 것이 원칙이다. 이는 사람이 느끼는 정도에서 온도를 측정하여 인간의 건강에 미치는 영향 정도를 파악해야 하기 때문이다. 하지만, 실험 등의 목적으로 온도를 측정하는 경우, 사람의 영향을 덜 받는 곳에 장치를 설치하기 위해 지상으로부터 약 3.0~3.5 m에 장치를 설치하는 경우도 있다(Schatz. & Kucharik., 2015).

② 원격 탐사

최근에는 원격탐사 기술의 발달로 위성 이미지를 활용한 도시 영역의 표면온도 측정 방법이 많이 사용되고 있다. 원격탐사는 위성 이미지를 활용하여 대규모 지역의 온도를 신속하게 측정하고 시각화할 수 있다는 장점이 있다. NASA에서 제공하는 Landsat 위성은 열적외선 센서(TIRS, Thermal Infrared Sensor)를 활용하여 지구의 표면 온도를 측정하며, 원격 측정 데이터를 지표면 온도로 변환하는 과정을 거친다.

③ 에너지 균형 모델링

에너지 균형 모델링은 도시지역의 에너지 균형을 모델링하며 도시열섬현상을 예측하는데 사용할 수 있다. 햇빛의 복사, 지표면의 열 방출, 증발, 열 전도 등과 같은 에너지 교환 프로세스를 고려하며, 에너지 균형을 중심으로 분석한다. 대표적인 프로그램으로는 SAM(System Advisor Model)이 있으며, 에너지 시스템, 태양광 및 풍력 발전 시스템, 태양열 시스템 등 에너지 시스템의 경제성과 성능을 분석 및 모델링 하는데 사용된다.

④ 수치적 기상 모델링

수치적 기상 모델링은 물리적인 상호작용과 에너지 교환을 중심으로 평가하는 방법으로 기상 패턴, 기후 보건, 대기 상의 에너지 교환 등을 예측하거나 이해하는데 사용한다. 도시열섬의 맥락에서 도시지역의 복잡한 기상 패턴을 시뮬레이션하고, 기후 환경이 기후에 어떻게 영향을 미치는지 분석할 수 있다. 대표적인 프로그램으로는 UrbClim(Urban Climate Modeling)이나 WRF(Weather Research Forecasting Model)와 같은 프로그램이 있다.

이중에서 WRF는 기상 모델링을 하는데 가장 널리 사용되는 프로그램 중 하나로, 대기 연구 및 운영 예측 요구를 모두 충족할 수 있도록 설계된 수치 기상 예측 프로그램이다. WRF는 관찰 데이터 또는 분석 데이터를 활용하여 이상적인 대기 조건을 반영하는 시뮬레이션을 생성할 수 있고, 수천 킬로미터 등의 대규모 공간에서 주로 활용된다.

⑤ 건축 및 도시 계획 모델링

최근에는 도시열섬을 다루기 위한 User-friendly한 전용 프로그램들이 소개되고 있으며, 대표적인 프로그램으로는 ENVI-met, SOLWEIG 등이 있다. 이러한 소프트웨어들의 장점은 건물, 식물, 토양 등 다양한 요소들이 직관화 되어 있고, 이를 활용한 분석이 비교적 쉽다는 것이다. 4) 수치적 기상 모델링의 경우, 비교적 큰 공간에서 사용하는 반면, 건축 및 도시 계획 모델링 프로그램은 단지 혹은 소규모 공간에서 많이 사용된다.

건축 및 도시 계획 모델링 프로그램 중 최근 주목받고 있는 프로그램으로 Simcenter STAR-CCM+라는 전산유체역학(CFD, Computational Fluid Dynamics) 소프트웨어가 사용된다. STAR-CCM+는 복잡한 유체 흐름 및 열전달 문제를 해결하기 위해서 사용되며, 도시열섬 연구에서는 공기 흐름, 열 전달, 온도 분포 등을 모델링하고 예측할 수 있다. 건물, 도로, 공원 등 도시 구조의 변화를 분석하기에 적합하여 도시 열섬 현상에 적극적으로 대응할 수 있다. 본 저서에서는 도시열섬 저감 분석을 위한 프로그램으로 STAR-CCM+를 소개한다.

"When pitted against Mother Nature, Mother Nature always wins."

\- Richelle Goodrich -

2절 도시열섬 적응을 위한 환경 모델링

1) 도시열섬의 전산유체학적 해석 - STAR-CCM+

① 전산유체역학의 일반적인 특징

전산유체역학(CFD)은 물, 공기 등을 포함한 유체 유동, 열의 전달 등의 화학/물리적 반응을 컴퓨터 시스템 기반으로 해석하는 것을 뜻한다. CFD 기법은 기계, 자동차 항공기 공기역학, 선박, 발전소, 터보 기계, 수리학, 수문학, 기상학 등 다양하게 사용할 수 있지만, 본 저서에서는 건축물 내/외부의 환경 해석에 대해서만 알아보도록 한다.

앞서 수문학의 해석에서도 언급하였지만, 컴퓨터 기반의 공학(CAE, Computer-aided Engineering)은 고성능 컴퓨터의 발전으로 그 이용이 더욱 늘어나고 있다. CFD는 일반적으로 실험 기반의 유체시스템과 비교하여 장·단점을 비교한다.

CFD의 가장 큰 장점은 대규모 공간 및 새로운 형상의 유체현상을 계산하는데 비용과 시간을 단축할 수 있다. 또한, 모델의 구축 후에는 다양한 초기 조건과 경계조건을 변경하여 반복적인 해석 결과를 알아볼 수 있다. 특정 변수들의 다양한 값들이 시스템이나 모델의 출력에 어떠한 영향을 미치는지 Parametric Study를 수행할 수 있다. CFD는 전체 도메인에서 결과를 제공하기 때문에, 실험적으로 측정하기 어려운 위치에서 유체의 흐름이나 온도 등을 분석할 수 있다. 안전하지 않은 조건이나 사고가 동반되는 위험한 조건에서 시스템에 대한 연구를 할 수 있기 때문에 유용하다. 최근에는 그래픽 시스템의 발달로 유동에 대한 가시화 방법론이 다양해지고 있어, 유동에 대한 특성을 명확히 파악하는 것이 용이하다.

반면, CFD의 경우, 물리적 해석을 위한 컴퓨터 시스템의 구축이 필요하며, 전문가적인 지식이 수반된다. CFD는 실제 물리 현상을 모델링하므로, 잘못된 가정이나 단순화된 방법은 계산의 오류를 유발할 수 있다. 그렇기에 CFD와 같은 시뮬레이션 분야는 결과의 신뢰성 확보를 위해서 실험 결과 또는 엄밀해 등을 비교하여 검증을 해야한다. CFD의 장점과 단점을 구분하면 표 4-1과 같다.

< 표 4-1. 전산유체역학의 장점과 단점 >

CFD의 장점	CFD의 단점
• 대규모 공간 및 새로운 형상 계산하는데 비용과 시간을 단축할 수 있음 • 초기 조건과 경계조건을 변경하여 반복적인 해석 결과 분석이 가능함 • 실험으로 측정하기 어려운 위치에서 유체의 흐름이나 온도 등을 분석할 수 있음	• 물리적 해석을 위한 컴퓨터 시스템 구축 필요함 • CFD 모델을 제작하고 해석하는데 전문적인 지식이 필요함 • 결과의 신뢰성 확보를 위한 실험 결과 또는 임밀해의 비교가 필요함

② 전산유체역학의 일반적인 과정

전산유체역학은 해석 결과를 검토하기 위해 약 세 가지의 과정을 거친다. 크게 (i) 전처리 과정(또는 전처리기, Pre-processor), (ii) 시뮬레이션 과정(또는 수치해석, Simulation or Solver), (iii) 후처리 과정(또는 후처리기, Post-procssor) 과정으로 나누어진다(그림 4-19).

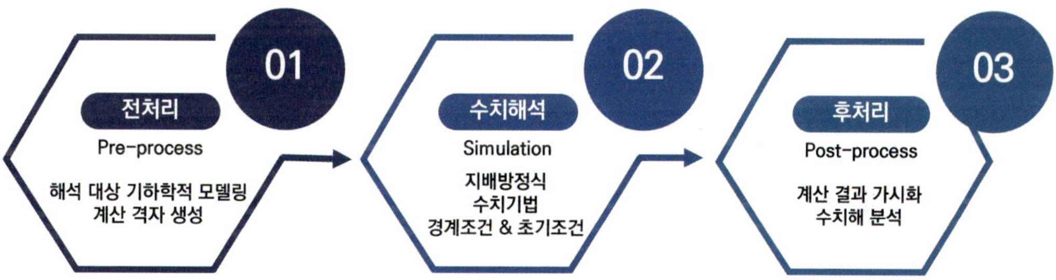

그림 4-19. 전산유체역학의 일반적인 과정

- 전처리 과정(Pre-processor)

전처리 과정은 CFD의 수치해석(Simulation)을 하기 이전까지의 모든 과정을 칭하며, 일반적으로 사용자의 인터페이스를 입력하는 과정이다. 전처리의 과정은 문제 정의에서부터 시작된다. 문제의 정의는 어떠한 물리 해석을 할 것인지, 어떤 유체를 해석할 것인지, 어떤 경계조건이 적용되는지 등을 정의한다. 다음은 분석하려는 유체 시스템의 물리적 모델을 제작하는 기하학적 모델링 과정을 거친다. 일반적으로 이 모델은 Rhino, Auto Cad, Catia 등의 프로그램을 활용하여 제작한다. 본 저서에서는 Rhino 7.0을 활용하여 건축 모델을 제작하는 방법을 배워본다.

전처리과정은 주어진 해석 영역을 작은 격자 혹은 셀로 쪼개는 격자 생성을 포함하며, 모델링하고자 하는 물리적 또는 화학적 모델, 유체 물성치를 선택 및 정의한다. 여기에서, 유체역학의 해석 결과는 셀 내부의 격자 크기와 모델의 형상에 따라서 정밀도가 많이 달라지므로, 격자에 대한 Sensitivity Analysis를 수행하여야 한다. Sensitivity Analysis는 변수들의 변화가 결과에 미치는 영향을 측정하는 방법으로, 결과에 가장 큰 영향을 미치는 변수를 식별하고, 이를 통해 모델의 불확실성을 이해하고 최적화할 수 있도록 한다.

CFD에서 격자의 Sensitivity Analysis는 격자의 형태, 크기 및 밀도 등이 어떻게 변화하는지를 분석하는 것이다. 적절한 격자의 크기 설정은 임의의 메쉬 크기를 설정하고, 해상도를 증가시키거나 감소시켜 시뮬레이션을 실행한 후 해석 시간과 결과의 정확성을 비교하여 설정한다.

일반적으로 건축·환경 분야에서는 50% 이상의 시간이 기하학적 모델 제작과 격자 생성에서 소요되기 때문에, 경험에 의한 적절한 격자의 크기를 잘 정립하는 것이 중요하다. 전처리 과정을 위한 오픈 소프트웨어로는 C++ 기반의 OpenFOAM이 있으며, 상용적인 프로그램에서는 전처리 과정과 시뮬레이션 과정, 후처리 과정을 모두 포함하고 있다.

- 시뮬레이션 과정(Simulation)

시뮬레이션은 제3장에서 설명한 바와 같이 유한차분법(FDM, Finite Difference Method), 유한요소법(FEM, Finite Element Method), 유한체적법(FVM, Finite Volume Method) 등을 구동한다. 하지만, 일반적으로는 유한체적법을 많이 사용하게 되며, Simulation의 솔버로는 CFX/ANSYS, FLUENT, PHOENICS 및 STAR-CCM+ 등의 소프트웨어가 있다.

건축환경에서는 난류의 조건에 대한 유체 해석을 수행하기 위해서 K-epsilon (k-ε) 모델을 많이 사용한다. k-ε의 모델은 난류의 운동 에너지와 운동 에너지의 소실률을 설명하는 두 개의 방정식 모델로 설명된다. k-ε 모델은 다양한 유체 흐름 문제에 적용하기 쉽고, 대부분의 CFD 패키지에서 사용할 수 있다는 장점이 있다.

수치해석은 해석 대상에 적용할 기법과 조건을 설정하고 수치 해를 구하는 작업으로, 미분방정식의 수치적 해법을 통해 표현된다. 수치해석은 미분방정식을 근사적으로 해결하는 방법이다. 대체로 시뮬레이션의 과정은 Navier-Stokes 방정식의 수치적 해를 찾는 과정이다. 전산유체역학에 사용되는 방정식의 일반적 계층의 구조는 그림 4-20과 같다.

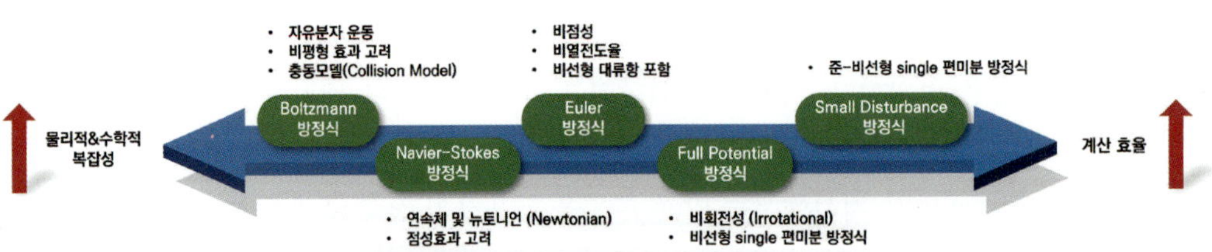

그림 4-20. 전산유체역학 방정식의 계층 구조

- 후처리 과정(Post-process)

후처리 과정은 해석 결과를 그래프 혹은 가시화된 이미지로 분석하는 과정을 뜻한다. 최근 그래픽 성능이 향상된 컴퓨팅 환경으로 인해서 가시화를 위한 다양한 도구들이 발달되고 있다. CFD의 소프트웨어는 유체의 흐름, 압력 분포, 온도 분포 등 다양한 결과를 출력한다. 실험 데이터나 이론적 결과를 비교하여 검증할 수 있으며, 시스템의 성능 개선 및 특정 목표를 달성하기 위해 설계를 수정하거나 프로세스를 반복할 수 있다.

③ 전산유체역학의 구성요소

앞선 과정에서 전산유체역학의 과정을 알아보았다. 지금부터는 전산유체역학에 필요한 구성요소에 대해서 간략히 알아본다.

- 계산격자

계산 격자는 연속체로 가정한 유체입자들이 컴퓨터 상에서 계산 가능하도록 공간영역을 매우 작은 요소로 이산화하는 것을 뜻한다. 일반적으로 계산격자의 종류는 정렬격자(Structured Grid)와 비정렬격자(Unstructured Grid)로 나눌 수 있다. 이때 격자의 크기는 물리현상이 잘 모사될 수 있도록 적절한 격자 크기가 필요하다(그림 4-21, 그림 4-22/표 4-2).

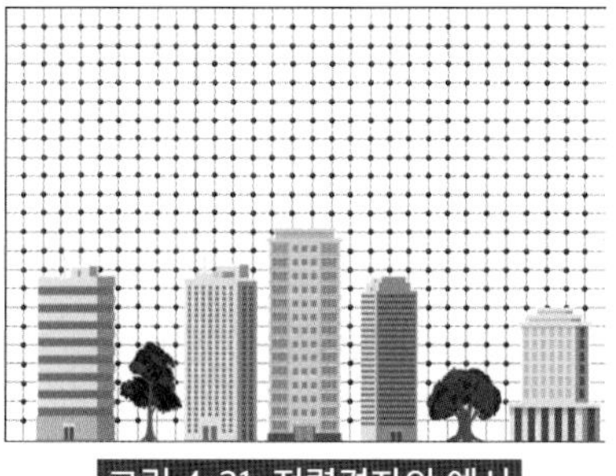

그림 4-21. 정렬격자의 예시

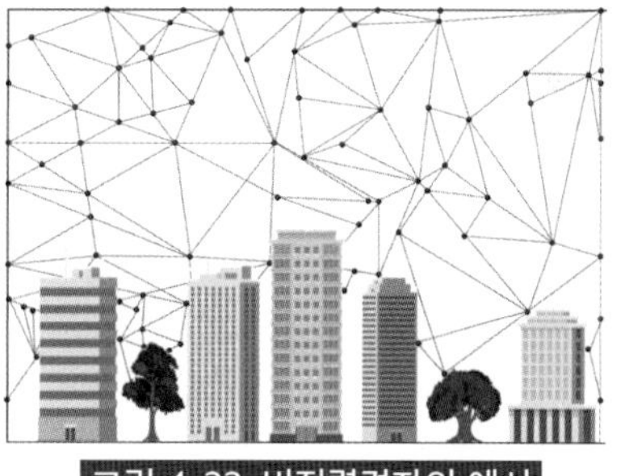

그림 4-22. 비정렬격자의 예시

< 표 4-2. 정렬격자와 비정렬격자의 정의 >

정렬격자 (Structured Grid)	• 각 격자점을 I, j, k로 색인화(indexing)하고 순차적으로 배열한 격자형태
비정렬격자 (Unstructured Grid)	• 각 격자점이 특별한 규칙을 가지지 않고 배열된 격자

- 지배방정식

유체 유동의 지배방정식은 물리학적 보존 법칙을 수학적으로 표현한 것에서 시작하며, 아래와 같은 법칙을 따른다.

- 유체의 질량은 보존된다.
- 운동량의 변화율은 유체에 가해지는 힘들의 합과 같다.(뉴턴의 제2법칙)
- 에너지의 변화율은 유체입자에 부여되는 열전달률과 일률의 합과 같다.(열역학 제1법칙)

Navier-stokes 방정식은 세 가지 주요 방정식으로 구성되어 있으며, 이는 연속성 방정식(Continuity Equation), 운동량 방정식(Momentum Equation), 에너지 방정식(Energy Equation) 등으로 나뉜다. 본 저서에서는 각 식을 유도하는 유도식은 생략하도록 하며, 일반적인 식을 간략히 소개한다.

연속 방정식(Continuity Equation)은 질량 보존 법칙을 나타내는 것으로, 유체 내부의 질량은 유체가 흘러 변화하며, 이를 수학적으로 표현한 것이 연속 방정식이다. 연속 방정식의 일반적인 형태는 하기와 같다.

$$\frac{\partial \rho}{\partial t} + \nabla(\rho u) = 0 \tag{4.1}$$

여기에서 ρ는 유체의 밀도, t는 시간, u는 유체의 속도이다. 비압축성 유체에서는 ρ가 상수이다. 좌항은 밀도(단위 체적당 질량)의 시간 변화율이고, 두 번째 항은 요소의 각 면을 통한 질량의 유출률인데, 이를 대류항이라 부른다. 비압축성 유체(즉, 액체)의 경우에는 밀도가 일정하므로 식 (4.1)은

$$\nabla \cdot (\rho u) = 0 \tag{4.2}$$

가 된다. 이것을 풀어서 쓰면 하기와 같이 표현할 수 있다.

$$\frac{\partial u}{\partial x} + \frac{\partial v}{\partial y} + \frac{\partial w}{\partial z} = 0 \tag{4.3}$$

운동량 방정식(Momentum Equation)은 운동량 보존 법칙을 나타내며, 운동량 방정식은 Newton의 두 번째 법칙 $(F = ma)$를 표현한다. 즉 유체입자의 운동 증가율은 유체입자에 가해지는 전체의 힘과 같음을 표현한 것이다. 유체입자의 단위 체적당 x-, y-, z- 방향 운동량의 증가율은 각각 $\rho\frac{Du}{Dt}$ $\rho\frac{Dv}{Dt}$ $\rho\frac{Dw}{Dt}$으로 표현되며, 운동량 방정식의 x-, y-, z- 방향의 성분을 각각 식으로 표현하면 하기와 같다.

x-방향 성분 식

$$\rho\frac{Du}{Dt} = \frac{\partial(-p+\tau_{xx})}{\partial x} + \frac{\partial \tau_{yx}}{\partial y} + \frac{\partial \tau_{zx}}{\partial z} + S_{Mx} \tag{4.4}$$

y-방향 성분 식

$$\rho\frac{Dv}{Dt} = \frac{\partial \tau_{xy}}{\partial x} + \frac{\partial(-p+\tau_{yy})}{\partial y} + \frac{\partial \tau_{zy}}{\partial z} + S_{My} \tag{4.5}$$

z-방향 성분 식

$$\rho\frac{Dv}{Dt} = \frac{\partial \tau_{xy}}{\partial x} + \frac{\partial(-p+\tau_{yy})}{\partial y} + \frac{\partial \tau_{zy}}{\partial z} + S_{My} \tag{4.6}$$

에너지 방정식(Energy Equation)은 에너지 보존 법칙을 나타내는 식으로, 열전달과 에너지 변환을 설명 하는데 사용된다. 열역학 제1법칙, 유체입자의 에너지 변화율은 그 입자에 부여된 열전달률과 입자에 가해진 일률과 같다는 법칙을 유도한다. 일반적으로 단위 체적당 유체입자가 갖는 에너지 증가율은 하기와 같은 식으로 표현된다.

$$\rho\frac{DE}{Dt} \tag{4.7}$$

여기에서 유체입자가 갖는 에너지 변화율, 전체 일률, 열 전달률, 에너지 증가율을 만족시킬 때, 에너지 방정식은 하기와 같이 정리된다.

$$\rho\frac{DE}{Dt} = -\nabla(pu) + \left[\frac{\partial(u\tau_{xx})}{\partial x} + \frac{\partial(u\tau_{yx})}{\partial y} + \frac{\partial(u\tau_{zx})}{\partial z} + \frac{\partial(v\tau_{xy})}{\partial x} + \frac{\partial(v\tau_{yy})}{\partial y} + \frac{\partial(v\tau_{zy})}{\partial z} + \frac{\partial(w\tau_{xz})}{\partial x} + \frac{\partial(w\tau_{yz})}{\partial y} + \frac{\partial(w\tau_{zz})}{\partial z}\right] \quad (4.8)$$

위의 세 가지 방정식 이외에 문제의 물리적 현상을 모사할 수 있는 상변화 방정식, 중력 방정식, 난류 방정식 등을 선택하여야 한다.

- 경계조건(Boundary Condition)

CFD의 문제들은 모두 초기조건과 경계조건을 기반으로 정의된다. 경계조건이란 시뮬레이션 영역의 테두리에서 유체 행동을 정의하는 요소이다. 경계조건을 부여하는 이유는 유동의 정확한 해석을 위해서 물리적으로 타당한 조건을 부여하는 것이다. 이는 우리가 생활하는 환경은 무한한 반면, CFD의 경계는 유한하다는 차이점을 가지고 있기에 CFD 모델에 경계조건을 설정해야 한다. 이러한 경계조건이 부적절하게 설정될 경우, 수치 해의 정확도와 수렴성을 손상시킬 수 있기에, 적절한 크기의 경계조건 부여가 필요하다. CFD에서 경계조건은 크게, 입구, 출구, 벽, 대칭, 정해진 압력, 주기성 등을 나타낸다.

- 초기조건(Initial Condition)

CFD 내에서 초기 조건은 시뮬레이션의 시작 지점에서 시스템의 상태를 뜻하며, 시작되는 시점에서 유체의 속도, 압력, 온도 등의 물리적 특성을 지정하는 것이다. 이러한 초기 조건은 비정상 유동(Unsteady flow)을 해석할 때 더욱 신중히 설정하여 해석을 하여야 하는데, 이는 시간에 따라 결과가 변화하기 때문에, 초기 시점에서 상태를 명확히 파악하는 것이 중요하다.

④ 도시열섬 현상의 전산유체해석: STAR-CCM+

STAR-CCM+는 Siemens사가 개발한 유한체적법(FVM, Finite Volume Method) 기반의 CFD 해석 엔지니어링 시뮬레이션 소프트웨어이다. 유체동역학(CFD), 구조역학(Structural Mechanics), 열 전달(Heat Transfer), 입자 역학(Particle Dynamics) 등 물리적 현상을 모델링하고 시뮬레이션하는데 최적화된 프로그램이다. STAR-CCM+의 일반적인 특징은 다음과 같다.

- 직관적인 사용자 인터페이스: STAR-CCM+는 직관적인 그래픽 사용자 인터페이스(GUI)를 제공하여, 사용자가 쉽게 시뮬레이션 설정을 조절하고 결과를 시각화할 수 있다.
- 강력한 해석 기능: STAR-CCM+는 격자 생성, 해석, 후처리 등 시뮬레이션 모든 단계를 수

행할 수 있는 기능을 갖추고 있으며, 사용자는 이를 활용하여 복잡한 공학적 문제를 해결할 수 있다.

- 다양한 물리모델 지원: STAR-CCM+는 여러 물리적 현상을 모델링할 수 있으며, 다양한 유형의 공학적 문제에 적용할 수 있다. 터보기계, 자동차 엔진, 화학반응, 전력 시스템 등의 분야에서 사용할 수 있다.
- 다중 프로세서와 클라우드 계산의 지원: STAR-CCM+는 고성능의 컴퓨팅 환경을 지원하며, 대량의 데이터를 처리하고 복잡한 시뮬레이션을 빠른 시간에 완료할 수 있다.
- 자동화 및 맞춤형 기능: STAR CCM+는 사용자가 반복적인 작업을 자동화하고, 자신만의 함수나 모델을 개발하여 사용하도록 지원한다.
- 다양한 형태의 Mesh Cell 생성: STAR-CCM+는 Tetrahedral, Polyhedral, Trimmed Hexahedral 총 세 가지의 메쉬 크기를 지원하며, 해석하고자 하는 상황과 모델에 따라 알맞은 메쉬 크기를 설정할 수 있다.

⑤ 건축환경 해석을 위한 Rhino 모델링 만들기 실습

본 저서는 지금까지 CFD의 개념과 최근 많이 사용되고 있는 STAR-CCM+의 기능, 특징에 대해서 알아보았다. 그러면 지금부터는 상용 그래픽 프로그램인 Rhino 7.0을 활용하여 건축환경 모델을 제작하는 과정을 습득해본다. 건축환경 모델을 구축하는 방법은 여러 가지가 있지만, 일반적으로는 국토정보플랫폼(http://ngii.go.kr)의 데이터를 사용하는 것이 가장 일반적이다(그림 4-23).

그림 4-23. 국토정보플랫폼 홈페이지

국토정보 플랫폼에서는 수치지도, 항공사진, 국가기준점 등의 정보를 다운로드할 수 있으며, 지리적인 정보를 수집, 저장, 관리, 분석, 제공한다. 지도제작, 공간정보 데이터베이스 구축, 위성 및 항공사진 촬영 등 다양한 방법을 활용하며, 측량기기 성능검사, 공공 측량관리, 측량표지 조사보고 등 업무 지원과 관련된 서비스도 제공한다.

그림 4-24. 국토정보플랫폼 연속 수치지도 다운로드

국토정보플랫폼에서 대상지의 수치지도를 선택하고, 연속 수치지형도에서 간편지도를 선택한다(그림 4-24). 영역을 선택하는 방법으로는 행정구역 등 다양한 방법이 있지만, 간편지도 검색에서 사각형 선택을 하는 것이 가장 직관적이다. 자료는 사용자 필요에 따라 다운로느 하면 되지만, 일반적으로 교통(도로경계(면)), 건물(건물), 수계(실폭하천, 호수), 지형(등고선, 표고점) 등을 선택한다. 이 때 만들고자 하는 모델보다 더 큰 영역을 다운로드하는 것이 효율적이다.

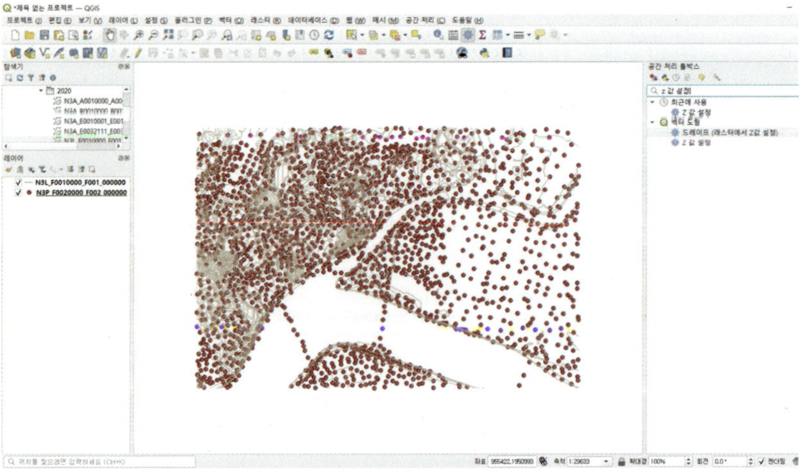
그림 4-25. QGIS를 활용한 등고선과 표고점 설정 (1)

국토정보플랫폼에서 다운받은 등고선과 표고점을 Rhino 7.0으로 바로 가져올 때, 높이 값이 나타나지 않는 오류가 종종 발생한다. 그렇기에 QGIS 프로그램을 활용하여 등고선과 표고점의 Z값을 설정하고, 포맷 변환 툴을 이용해 높이 값을 지정해준다. QGIS의 다운로드 방법은 앞선 3장의 내용을 참조한다. 다운로드한 등고선 파일과 표고점 파일을 GIS에서 열어준다(그림 4-25).

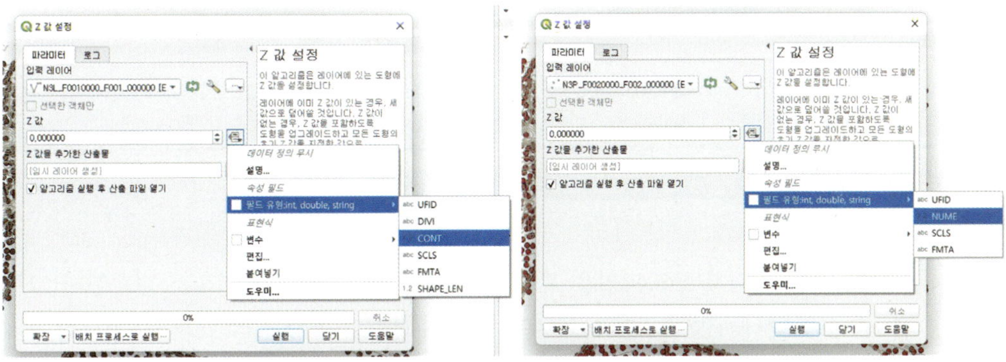

그림 4-26. QGIS를 활용한 등고선과 표고점 설정 (2)

Z값 설정에서 등고선과 표고점의 높이 데이터를 Z 데이터로 입력해주고, 등고선은 일반적으로 CONT라는 필드, 표고점은 NUME 이라는 필드에 높이 값이 저장되어 있다(그림 4-26).

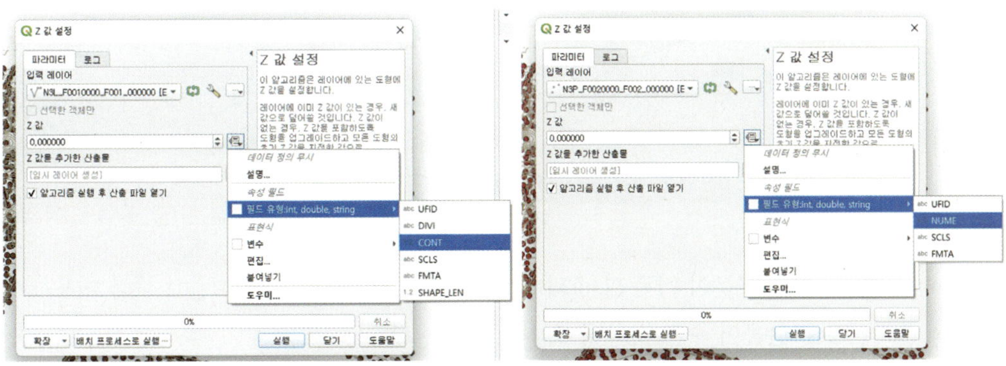

그림 4-27. QGIS를 활용한 등고선과 표고점 설정 (3)

지정한 후에는 '파일로 저장' 펑션을 이용하여 shp 파일로 각각 저장해준다(그림 4-27).

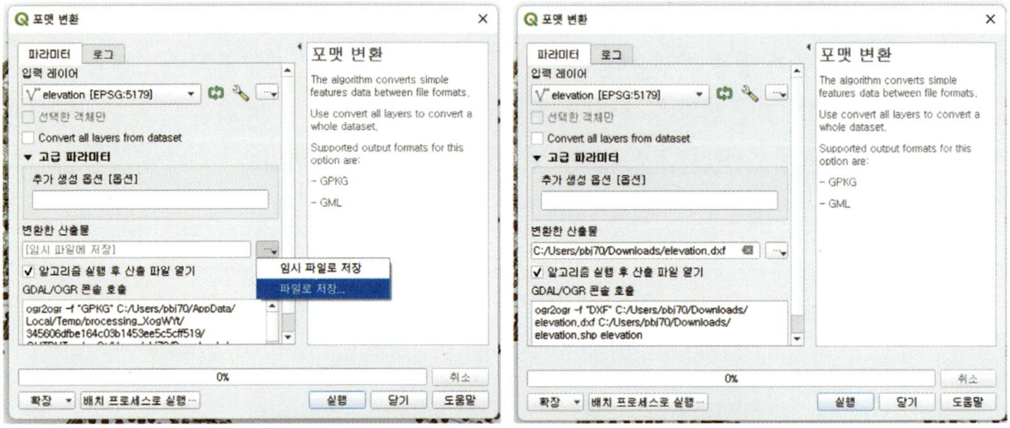

그림 4-28. QGIS를 활용한 shp 파일의 dxf 확장자 전환

이후에는 높이 값을 지정한 shp 파일을 포맷 변환 툴을 활용하여 dxf 파일로 변환한다(그림 4-28). 이는 Rhino 7.0에서 모델링을 하기 쉬운 형태의 확장자 파일로 변경하는 과정이다.

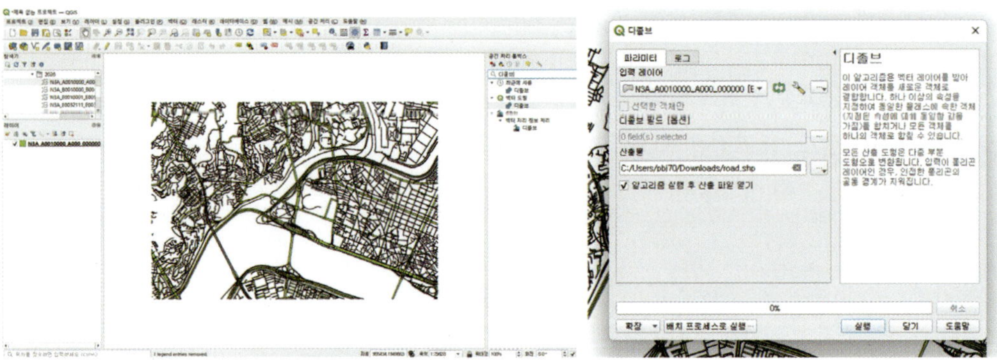

그림 4-29. QGIS 디졸브 툴을 활용한 폴리곤 생성

도로 shp 파일의 경우 구분이 너무 많이 되어 있기에, QGIS 프로그램의 디졸브 툴을 이용해서 하나의 폴리곤으로 만들어 주는 것이 중요하다(그림 4-29).

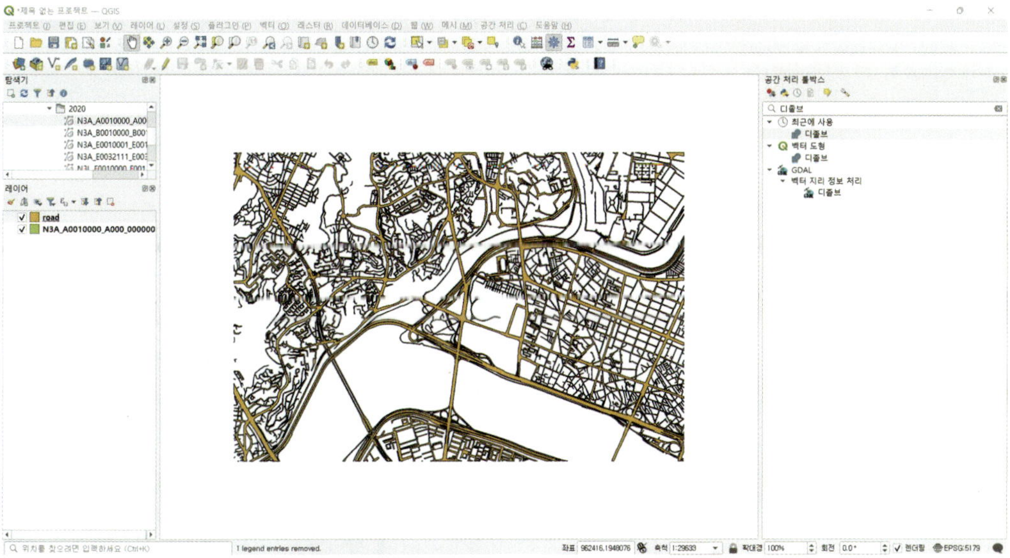

그림 4-30. 디졸브가 완성된 형태의 폴리곤 파일

디졸브가 완성된 모습은 상기의 그림과 같으며, 여러 개로 나누어져 있던 길들이 하나의 폴리곤으로 합쳐진 것을 확인할 수 있다(그림 4-30).

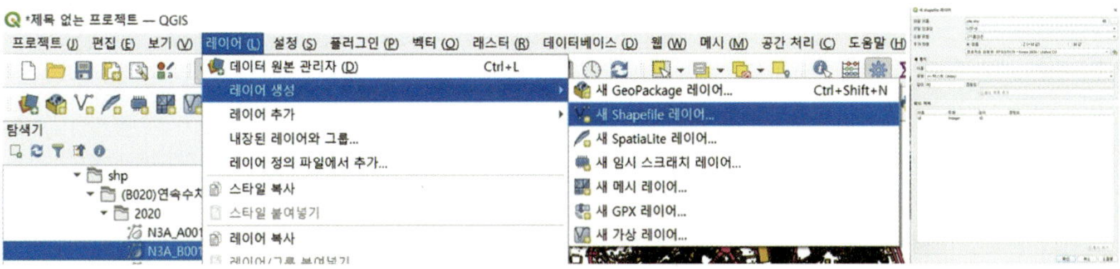

그림 4-31. 레이어 생성 기능을 활용한 대상지의 영역 지정

우리가 다운로드한 연속수치지형도(등고선, 표고점, 도로 등)를 그대로 3D 지형으로 가공하면, 모서리 쪽이 만들어지지 않아, 적절한 크기로 잘라주는 작업을 해야한다(그림 4-31). 이를 위해 shp 레이어를 생성하고, 다운로드한 연속수치지형도를 면적보다 작은 공간으로 site 넓이를 지정해준다. 좌표계는 어떤 것을 사용하든 상관이 없으나, 연속수치지형도의 좌표계가 EPSG:5179이므로 새로 만들 shp 파일도 동일한 좌표계를 지정한다.

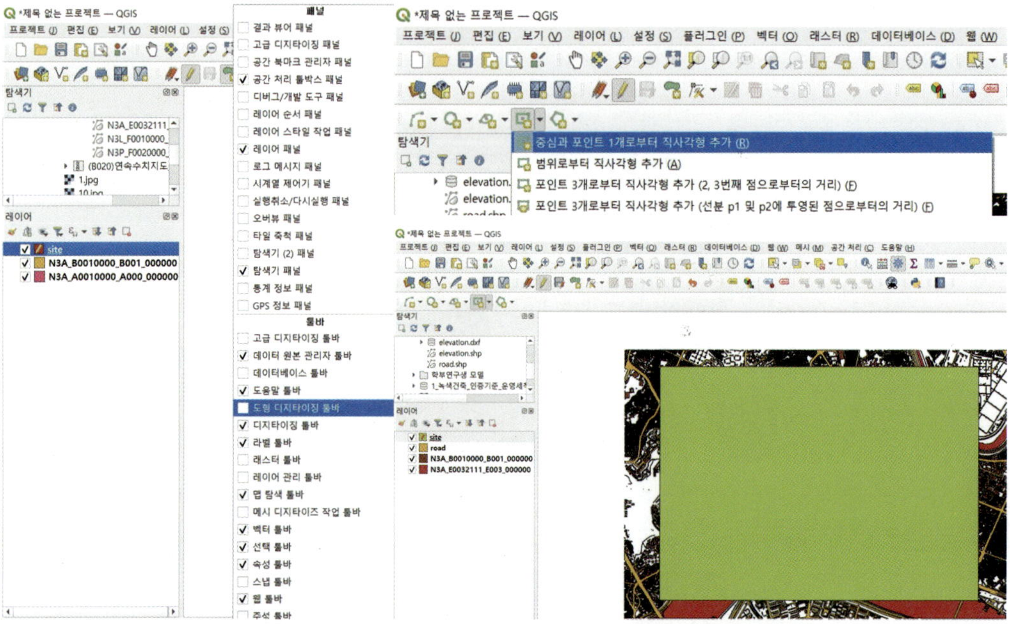

그림 4-32. 편집모드, 도형디지타이징 툴바 활성화 및 영역 지정 (1)

QGIS에서 편집모드를 켜주고, 우측 마우스를 클릭하여 도형디지타이징 툴바를 활성화한다(그림 4-32). 그리고 중심과 포인트 한 개로부터 직사각형 추가 버튼을 이용하여 사각형 영역을 만들어준다.

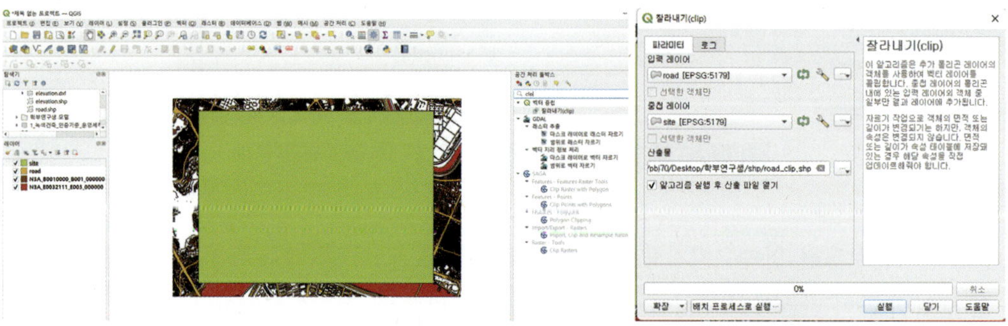

그림 4-33. 편집모드, 도형디지타이징 툴바 활성화 및 영역 지정 (2)

그림 4-33에서 좌측의 사진이 선택할 영역의 지정 범위이며, 오른쪽 사진은 Clip 툴을 이용하여 건물, 하천, 도로 등 필요한 정보를 잘라주는 과정을 뜻한다.

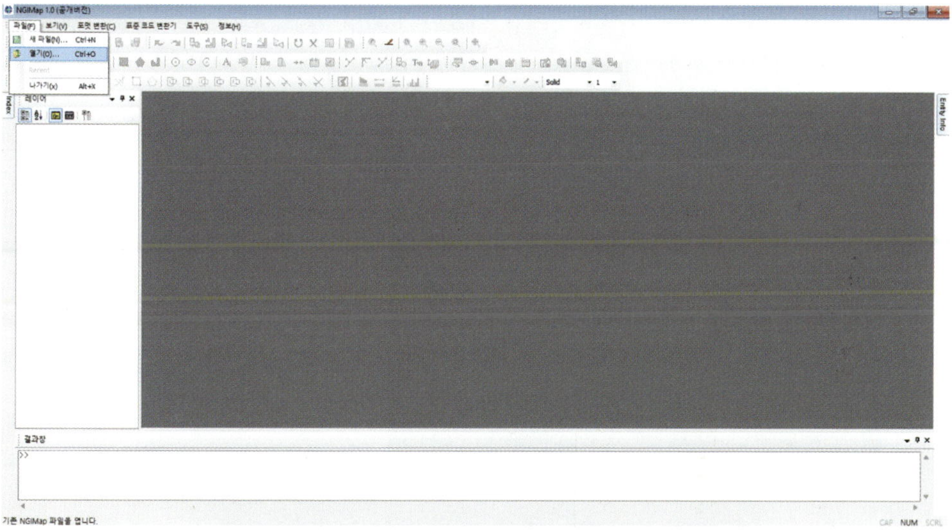

그림 4-34. 수치지도활용소프트웨어를 활용한 속성자동출력

다음은 수치지도활용소프트웨어를 활용하여 속성자동출력 기능을 활용하기 위한 설정을 수행한다(그림 4-34). 위 작업은 빌딩의 건축물 높이 값을 설정하기 위한 작업이다. 이를 위해서는 국가공간정보포털에서 제공하는 '수치지도활용소프트웨어'를 다운로드 받아야 한다. 다운로드를 위한 상세 주소는 하기와 같다.

수치지도활용소프트웨어:
http://www.nsdi.go.kr/lxportal/index.html?menuno=2772&cateIndex=712&bbsno=233&boardno=552&ztag=rO0ABXQAMDxjYWxsIHR5cGU9ImJvYXJkIiBza2luPSJmcmVlIiBubz0iNTUyIiA%2BPC9jYWxsPg%3D%3D&siteno=18&act=view

다운로드를 한 이후에는 수치지도활용소프트웨어를 열어주고, 잘라준 건물 파일을 불러온다.

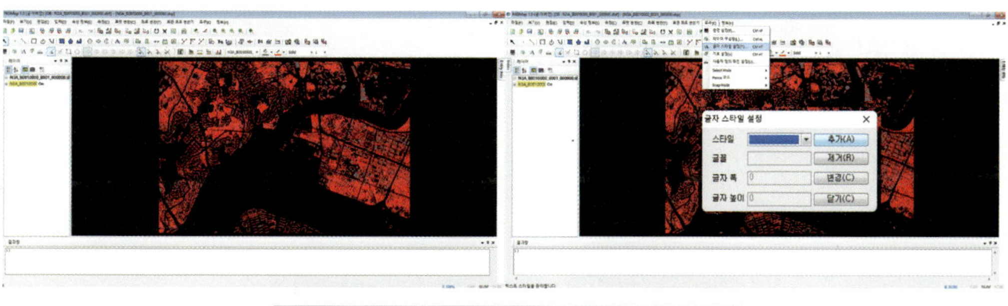

그림 4-35. 속성 자동출력을 위한 글자 스타일 지정

건물 shp 파일을 불러오고, 속성 자동출력을 이용하기 위해 도구>글자 스타일 설정에서 글자 스타일을 지정한다(그림 4-35). 글씨체는 사용자의 기호에 맞게 설정한다.

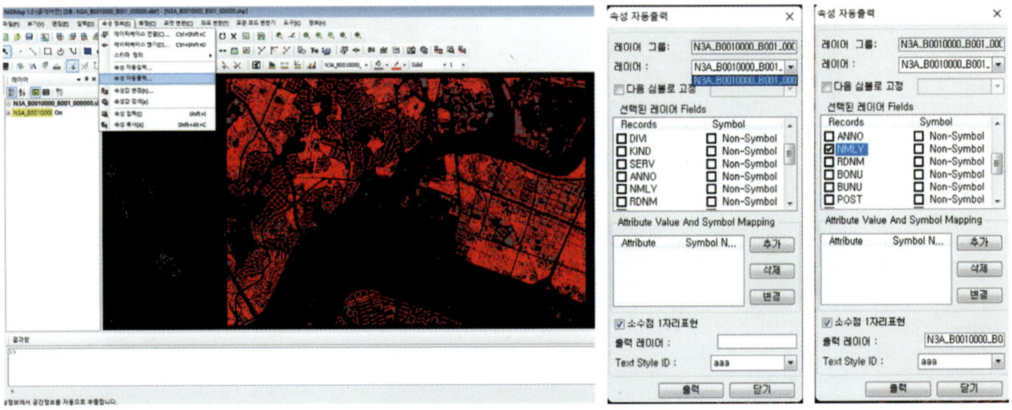

그림 4-36. 속성 자동출력 (1)

속성 정보 > 속성 자동출력 도구창에서 건물 shp 파일의 레이어를 선택하고, 높이 데이터인 NMLY를 선택한다(그림 4-36). 이후에는 Text Style ID를 방금 지정한 텍스트 스타일로 설정하여 출력한다.

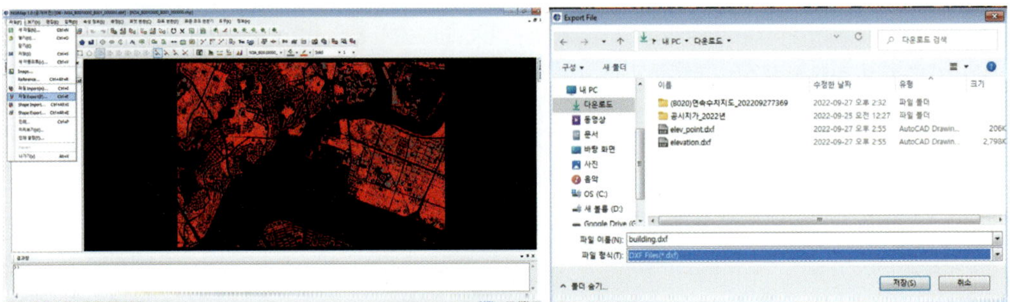

그림 4-37. 속성 자동출력 (2)

완료한 후에는 Export 기능을 활용하여 DXF 확장자의 파일로 저장한다(그림 4-37).

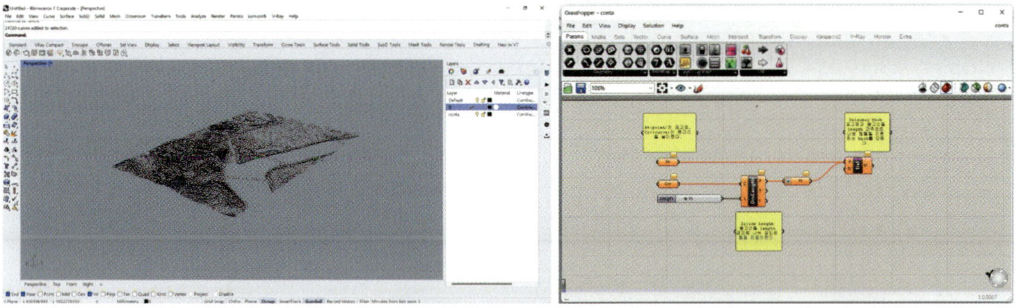

그림 4-38. grasshopper 코드를 활용한 Rhino 프로그램의 등고선/표고점 Import

다음은 DXF 확장자로 저장한 파일을 Rhino 7.0에서 불러들여 등고선 표고점 데이터를 가지고 온다(그림 4-38). 그 후에는 mesh 데이터를 만들기 위해, grasshopper 기능을 활용한다. Rhino 7.0에는 grasshopper 코드를 활성화할 수 있는 기능이 탑재되어 있으며, conta.gh 파일은 하기의 링크를 참고하여 다운로드한다. 그래스호퍼 기능을 사용하기 위해서는 명령행에 'grasshopper'를 입력한다.

conta.gh 다운로드 링크:
https://drive.google.com/file/d/1jhPRsUArSnHTuxTgfjX5gaGkjZRx2kei/view?usp=drive_link

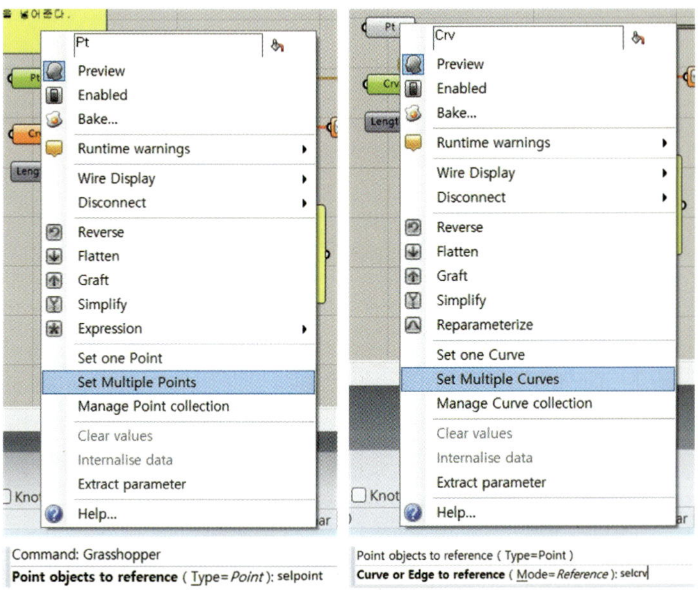

그림 4-39. Set Multiple Points/Set Multiple Curves를 활용한 표고점, 등고선 설정

Conta.gh를 실행하고, Pt 컴포넌트 표고점을 설정하고, Crv에 등고선을 설정해준다. 명령창에 selpoint, selcrv 명령어를 입력하면 한 번에 선택이 가능하다(그림 4-39).

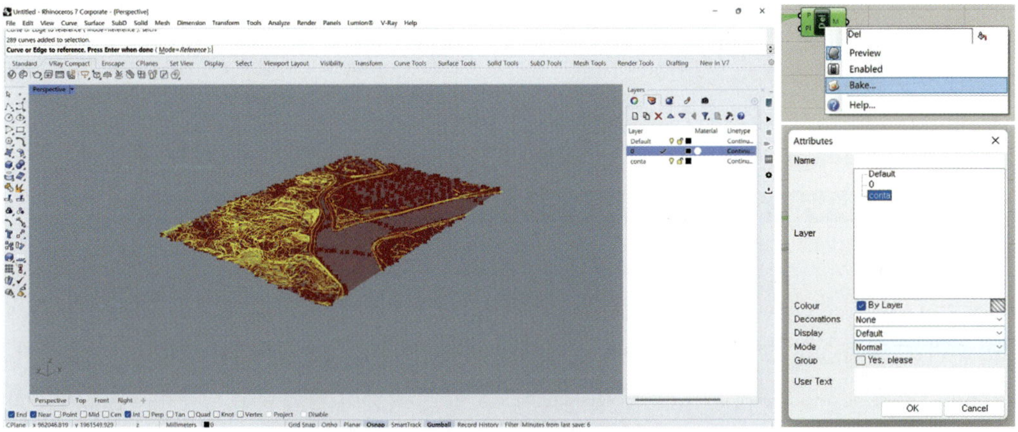

그림 4-40. Delauny Mesh를 활용한 레이어 Bake

설정을 완료하면 Mesh가 만들어진다. Delaunay Mesh에서 오른쪽 클릭하여 Bake 버튼을 누르고 저장할 레이어에 Bake를 지정한다(그림 4-40).

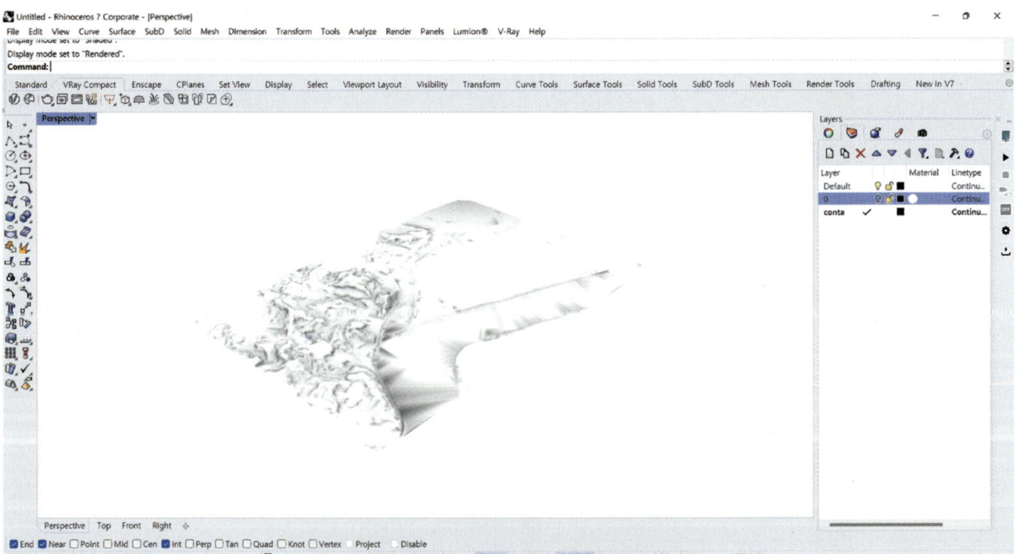

그림 4-41. 완성된 형태의 레이어 대지 Mesh

이후에는 그림 4-41과 같이 설정한 레이어에 대지 Mesh가 만들어진다.

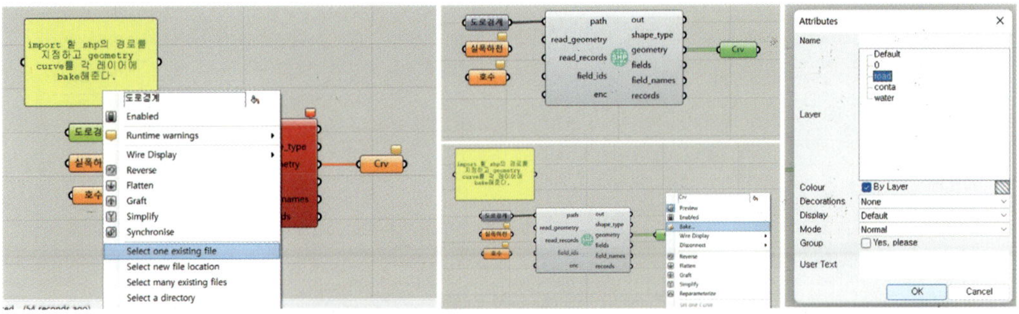

그림 4-42. 도로, 하천, 호수 등의 경로 설정

GIS 프로그램에서 경계로 자른 도로, 하천, 호수 등을 import_shp.gh 파일을 활용하여 경로를 선택한다(그림 4-42). 이후에는 Crv에서 Bake를 하여 Rhino 파일로 불러들인다. 이때 Ghshp Beta 플러그인이 필요하므로, 다운받아 설치한다. Ghshp Beta 플러그인의 다운로드 주소는 하기와 같다.

Ghshp Beta 플러그인 주소: https://www.food4rhino.com/en/app/ghshp

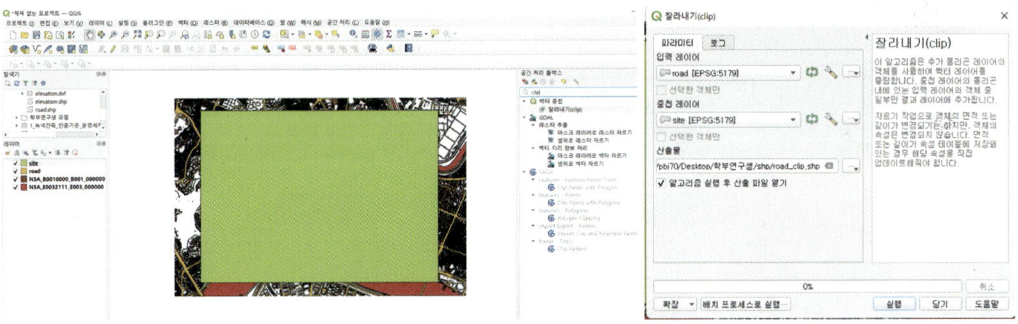

그림 4-43. Mesh Drape를 활용하기

만들어진 mesh에는 drape 툴을 활용하여 만들어준 Site 크기보다 조금 더 넓게 덮어준다(그림 4-43). 상기의 사진 중 왼쪽의 사진이 drape 툴로 만들어진 지형 surface 이다.

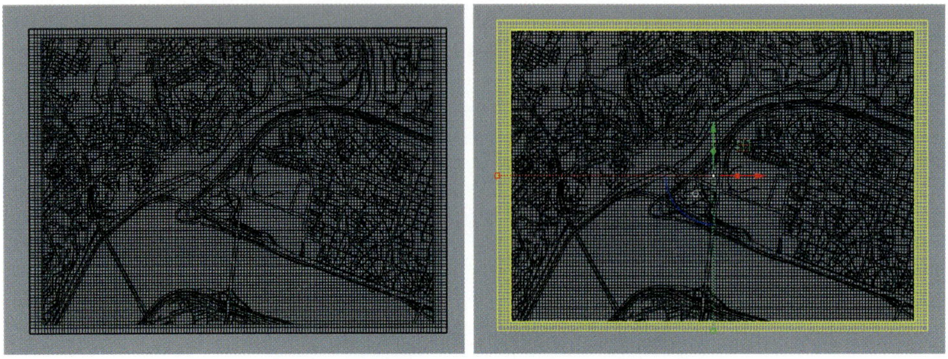

그림 4-44. Surface Spilit을 활용한 바깥 영역 삭제

이후에는 먼저 불러온 site의 넓이만큼, drape로 만든 surface를 spilit하여 바깥부분을 지워준다(그림 4-44).

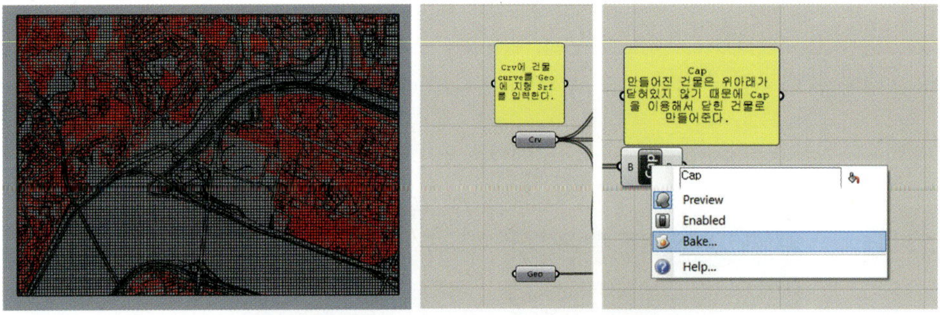

그림 4-45. grasshopper를 활용한 건축물 모델링

수치지도활용소프트웨어를 통해 층수 데이터를 만든 dxf 파일을 불러온다(그림 4-45). 다음으로는 building.gh 파일을 활용하여 건물 올리기를 수행한다. Crv에 건물 선 선택하고, geo에 지형의 srf를 선택한다. 최종 Cap 파일에서는 bake를 지정한다. Building.gh 그래스 호퍼 파일은 하기의 주소에서 다운로드할 수 있다.

building.gh 다운로드 주소:
https://drive.google.com/file/d/1NJcY7Eg_i3Mz_yLsctcAmzM2lkokMA4I/view?usp=drive_link

그림 4-46. 완성된 형태의 Rhino modelling

사용한 Building.gh 그래스 호퍼를 사용할 경우, 건물 층수 X 4 m 만큼의 높이로 지형 위에 빌딩이 모델링된다(그림 4-46). 이어서 위와 같이 도로, 하천, 호수 등 모두 Spilit 하여 레이어를 분리한다. 오류를 방지하기 위해서 전체 지형을 0, 0, 0의 위치로 이동시키는 것이 중요하다.

⑥ CFD를 활용한 건축환경 분석

그림 4-47. CFD를 활용한 건축환경 분석

지금부터는 CFD를 활용한 건축환경 분석 실습을 수행한다. 여러 가지 건축환경 시뮬레이션을 수행할 수 있지만, 본 저서에서는 스마트인프라 중 하나인 쿨링포그를 활용하여 도시열섬을 해결하는 실습을 수행한다(그림 4-47). 또한 Parametric study를 통해서 적절한 규모의 쿨링포그 운영방안과 환경 요인과의 상관관계를 분석한다.

실습에 필요한 기본 자료는 하기의 링크에서 다운로드할 수 있다.

실습모델 링크: https://drive.google.com/drive/folders/1UNwaiOwhmEZGSQ7LnD4eT33jLgMAZbMw?usp=drive_link

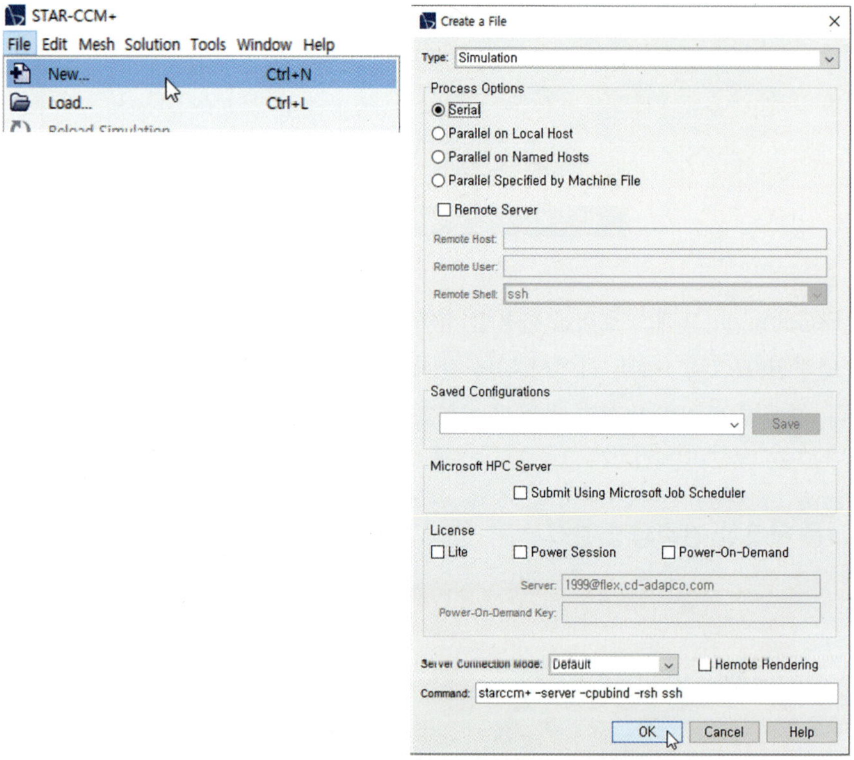

그림 4-48. STAR-ccm+ New Simulation Open (1)

가장 최근의 STAR-CCM+ 버전을 구동하고, File > New...을 선택하여 새로운 시뮬레이션을 수행한다(그림 4-48). 사용할 수 있는 컴퓨터 환경 현황(cpu 코어의 수)에 따라서 Serial 혹은 Parallel on Local Host 기능을 사용한다. Serial Option은 한 개의 싱글 코어를 사용하는 것이며, Parallel on Local Host는 여러 개의 병렬 코어를 사용하는 것을 뜻한다.

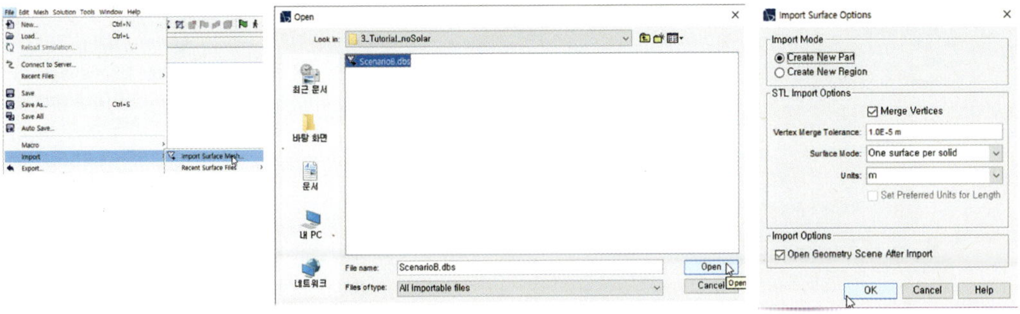

그림 4-49. STAR-ccm+ New Simulation Open (2)

다음은 File > Import > Import Surface Mesh를 선택하고 만들어진 형상을 선택한다(그림 4-49). 본 저서의 실습에서는 앞선 형상 만들기 과정이 끝난 파일을 사용하여 실습을 수행한다. 다운로드 받은 파일 중 ScenarioB.dbs를 선택하여 형상을 열어준다.

위에서도 언급하였지만, 형상은 시뮬레이션 도메인을 포함하여 건물 단지, 미스트 폴 및 바닥면이 들어가도록 구성해야 하며, 해석의 최적화를 위해서 필요한 형상만을 유지하는 것이 중요하다. 또한, 건물 환경 해석을 위한 타겟 대상지보다 약 5배 정도 더 크게 만들어 주어야 한다. 이는 멀리서부터 생성되는 환경의 유동장을 원활히 해주기 위해서이다.

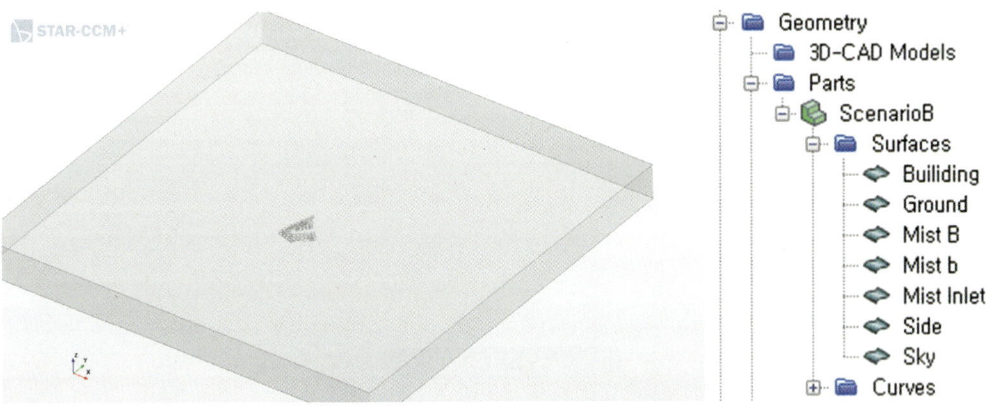

그림 4-50. Import 된 Geometry Scene

열었을 때 생성되는 Geometry Scene은 그림 4-50과 같다. 여기에서 Geometry Scene이라는 것은 특정한 시뮬레이션 문제 해결을 위해서 정의하는 물리적인 형태와 Boundary를 뜻한다. 일반적으로 건축환경에서는 Building, Ground, Side, Sky 등의 Part를 구성하는 것이 일반적이며, 필요에 따라서 Mist Inlet 등 다른 요소들을 모델링한다.

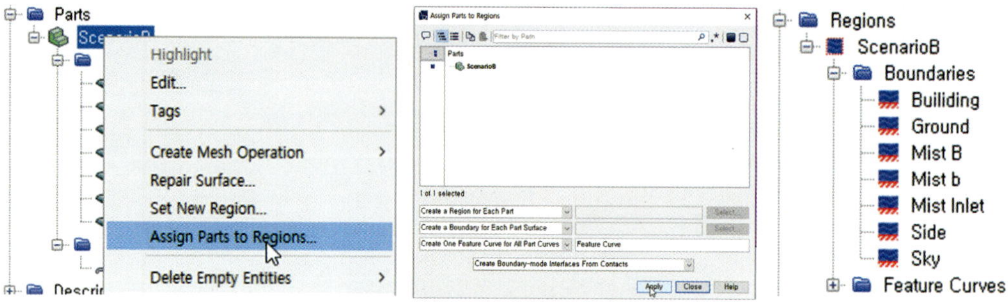

그림 4-51. Assign Part to Regions

다음은 Assign Part to Regions를 하는 과정으로, 이는 STAR-CCM+ 시뮬레이션 내에서 해석을 수행할 수 있도록 Region을 할당하는 작업이다(그림 4-51). Domain에서 우클릭 후, Assign Parts to Regions를 선택한다. Assign Parts to Regions 창이 팝업으로 활성화되면, Create a Region for Each Part, Create a Boundary for Each Part Surface로 변경한다. 이는 Part의 이름이 그대로 Region으로 설정되게 하는 기능이다.

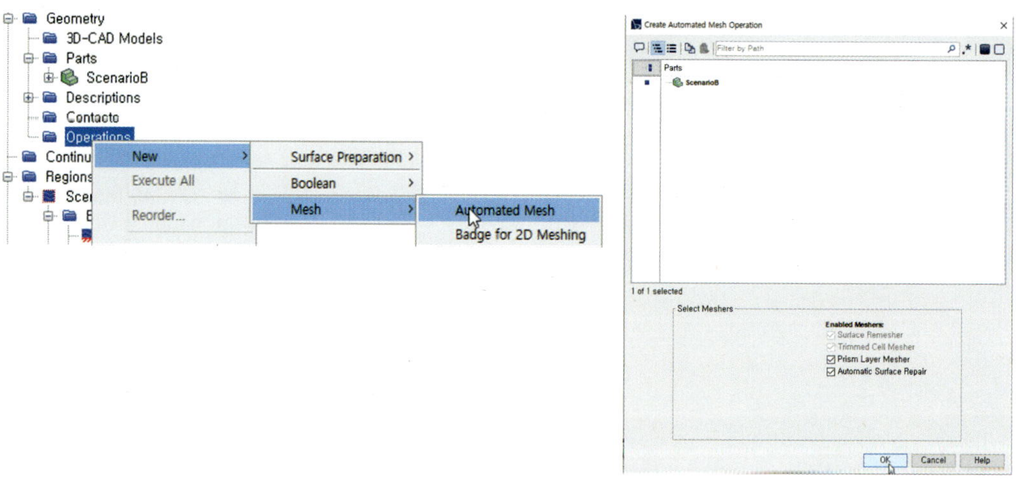

그림 4-52. 격자 설정 (1)

다음은 격자를 세팅하는 과정으로 각 Part에 적합한 형태의 격자 크기를 설정해줘야 한다(그림 4-52). Geometry > Operations에서 우클릭 후 New > Mesh > Automated Mesh를 설정한다. Create Automated Mesh Operation 창에서 Parts는 Domain을 선택하고, Select Mesher에서 Surface Remesher, Automatic Surface Repair, Trimmed cell Mesher, Prism Layer Mesher를 각각 설정한다.

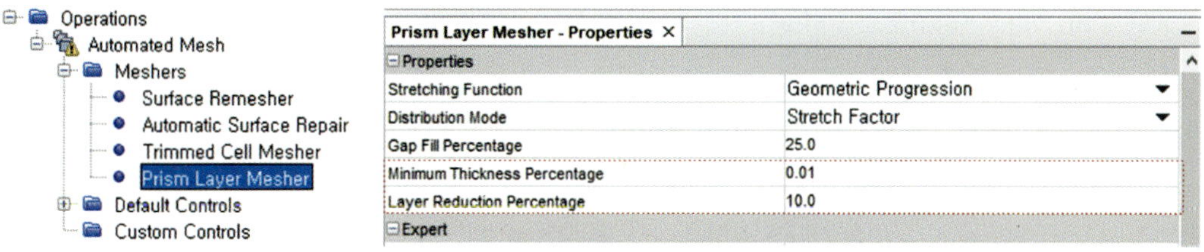

그림 4-53. 격자 설정 (2) - Prism Layer Mesher

다음은 Operations에서 Automated Mesh > Meshers > Prism Layer Mesher에 대해서 두 설정을 변경한다. 값들은 하기와 같이 설정한다. 여기에서 Prism Layer란, 전산 유체역학에서 격자를 생성하는 과정으로, 경계층에서의 유동을 더욱 부드럽게 하기 위해 설정한다. 경계층에서는 유체의 속도, 압력, 온도 등이 빠르게 변하므로 Prism Layer를 정확히 설정하는 것이 중요하다(그림 4-53).

- Minimum Thickness Percentage: 0.01
- Layer Reduction Percentage: 10.0

Minimum Thickness Percentage는 Prism Layer가 들어갈 수 있는 최소한의 값을 제한하는 것으로, 기본값은 10이며, 추후 설정하게 될 Building Surface에서 더 낮은 값을 설정해야 하므로 그보다 작은 값인 0.01을 설정한다. Layer Reduction Percentage는 위의 그림과 같은 설정으로 Prism Layer가 급격하게 작아질 때 격자의 형태를 더욱더 부드럽게 하기 위해 기본값 보다 낮추는 것이 좋다.

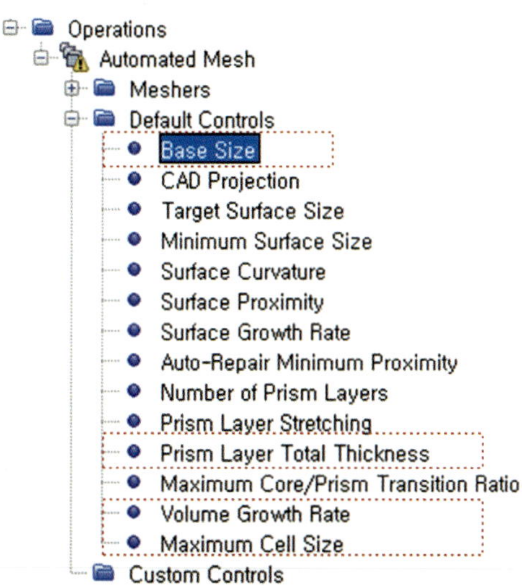

그림 4-54. 격자 설정 (3) - Automated Mesh

< 표 4-3. 격자 설정 - Automated Mesh >

Controls	Values	
Base Size	20.0 m	
Prism LayerTotal Thickness	20.0	
MaximumCell Size	100.0	
Volume Growth Rate	Default Growth Rate	Medium
	Surface Growth Rate	Medium

Operations에서 Automated Mesh를 선택한 후 Default Controls의 값을 표 4-3과 같이 변경한다(그림 4-54). 해당 세팅은 Global Setting이며, 사용자 지정 컨트롤이 필요한 Building, Mist, Domain 등은 추가 옵션을 사용하여 지정한다.

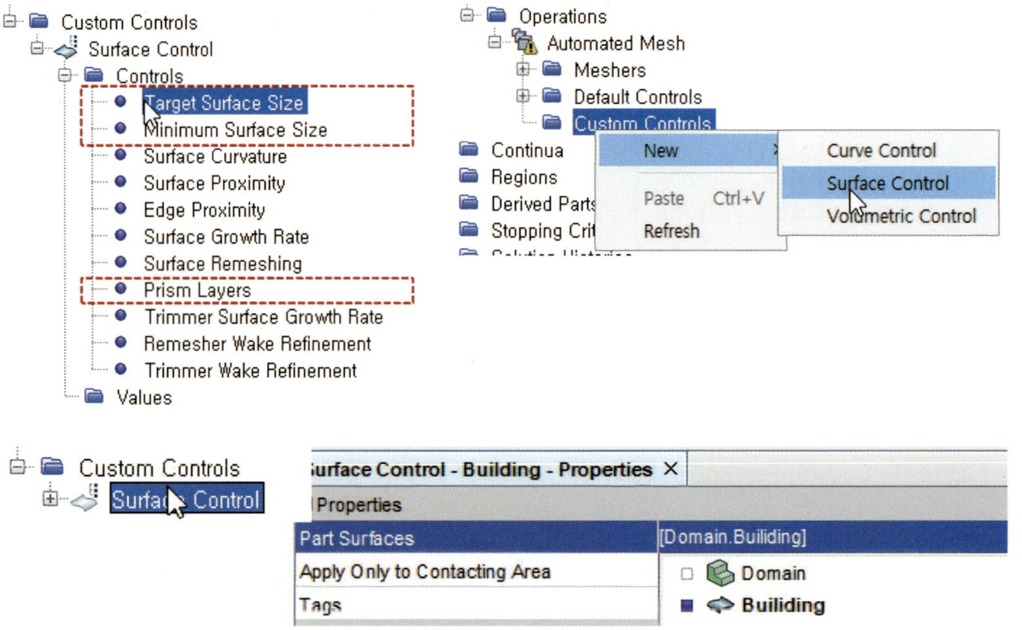

그림 4-55. 격자 설정 (4) - Building

< 표 4-4. 격자 설정 (1) - Building >

SurfaceControl - Building		
Controls		
Target SurfaceSize	Custom	
Minimum SurfaceSize	Custom	
Prism Layer	Custom	
- Customize	CustomizeTotal Thickness	Check
	others	No check
Values		
TargetSurface Size	10.0	
CustomPrism Value >PrismLayerTotalThickness	2.0	
Minimum Surface Size	1.0	

Building은 대공간에 비해서 그 크기가 작기 때문에, 보다 조밀한 격자를 생성해주어야 한다. Automated Mesh에서 Custom Control 우클릭 > New > Surface Control을 생성한다. Part Surface에 apartment를 선택하고, 표 4-4 및 그림 4-55와 같이 값을 입력한다.

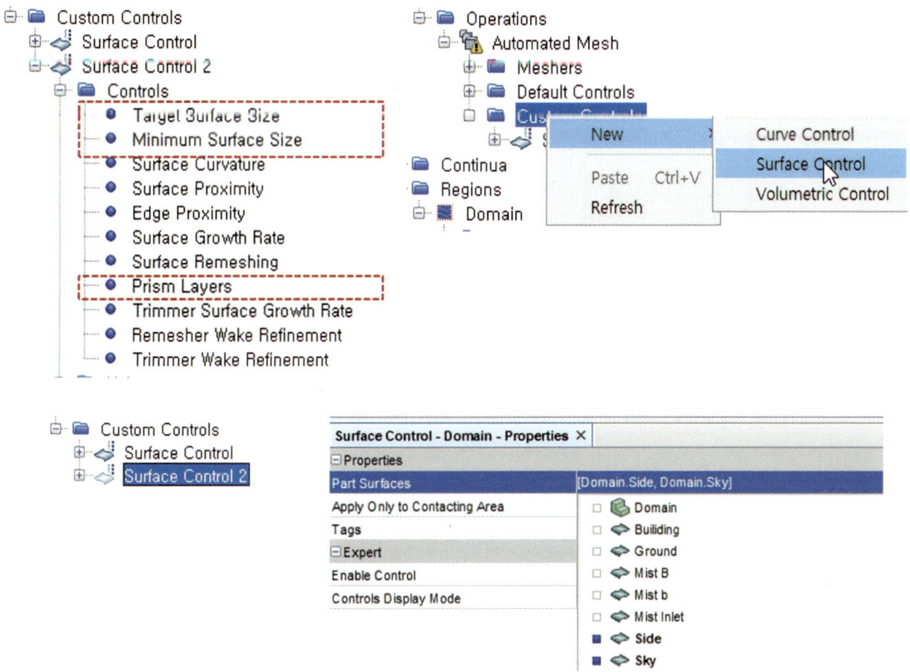

그림 4-56. 격자 설정 (5) - 외부 Domain

< 표 4-5. 격자 설정 (2) - 외부 Domain >

SurfaceControl - Outwall	
Controls	
Target SurfaceSize	Custom
Minimum SurfaceSize	Custom
Prism Layer	Disable
Values	
TargetSurface Size	1,000.0
Minimum Surface Size	50.0

반대로 외부 도메인에는 더 큰 격자를 설정하기 위해서 Automated Mesh > Custom Control 우클릭 후 > New > Surface Control을 생성한다. Part Surface에 side, sky를 선택하고 표

4-5, 그림 4-56과 같이 입력한다.

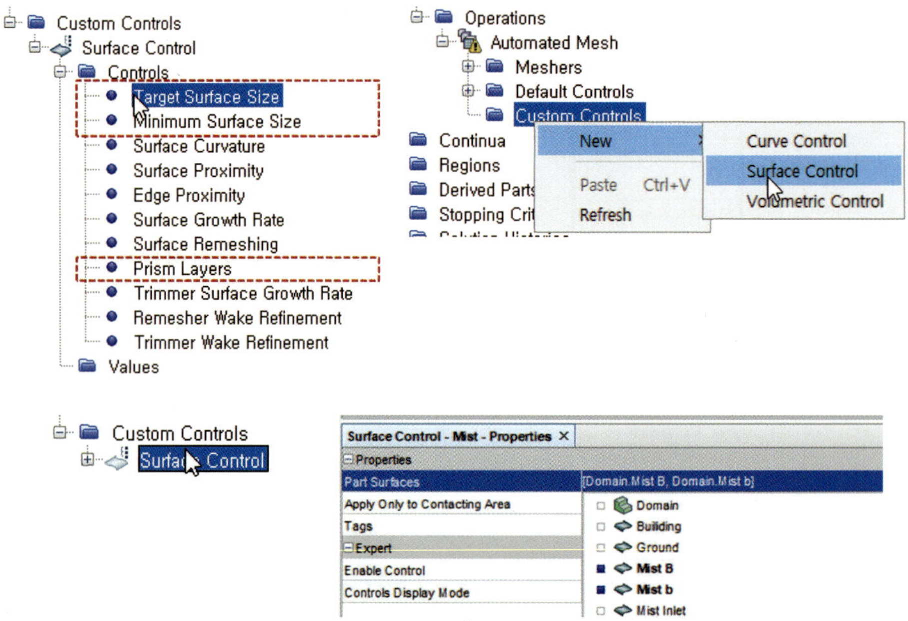

그림 4-57. 격자 설정 (6) - Mist

< 표 4-6. 격자 설정 (3) - Mist >

<table>
<tr><td colspan="3">SurfaceControl - Mist</td></tr>
<tr><td colspan="3">Controls</td></tr>
<tr><td>Target SurfaceSize</td><td colspan="2">Custom</td></tr>
<tr><td>Minimum SurfaceSize</td><td colspan="2">Custom</td></tr>
<tr><td>Prism Layer</td><td colspan="2">Custom</td></tr>
<tr><td rowspan="2">- Customize</td><td>CustomizeTotal Thickness</td><td>Check</td></tr>
<tr><td>others</td><td>No check</td></tr>
<tr><td colspan="3">Values</td></tr>
<tr><td>TargetSurface Size</td><td colspan="2">1.0</td></tr>
<tr><td>CustomPrism Value
>PrismLayerTotalThickness</td><td colspan="2">0.5</td></tr>
<tr><td>Minimum Surface Size</td><td colspan="2">0.5</td></tr>
</table>

동일한 과정을 거쳐서 미스트 폴에도 격자를 생성해준다. 여기에서 설정하는 미스트 폴은, 미스트 분사를 위해 지탱하는 가로등 형태의 폴대를 뜻한다. 미스트 폴에는 보다 조밀한 격자를

생성하기 위해 Automated Mesh > Custom Control 우클릭 후 > New > Surface Control을 만든다. Part Surface에 Mist B와 Mist b를 선택하고 표 4-6, 그림 4-57과 같이 값을 입력한다.

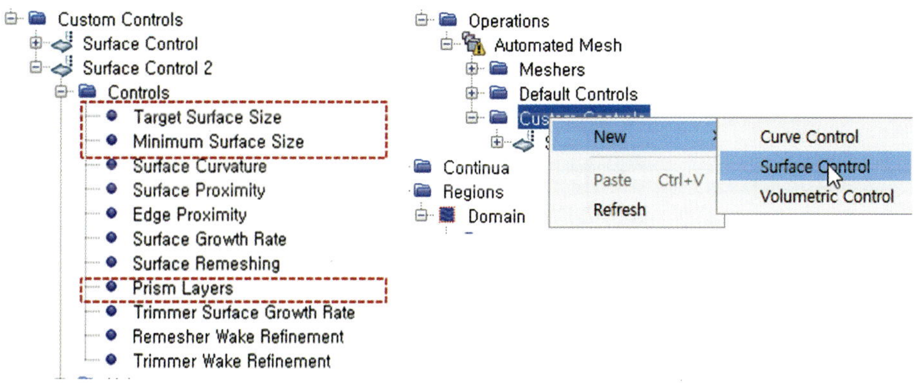

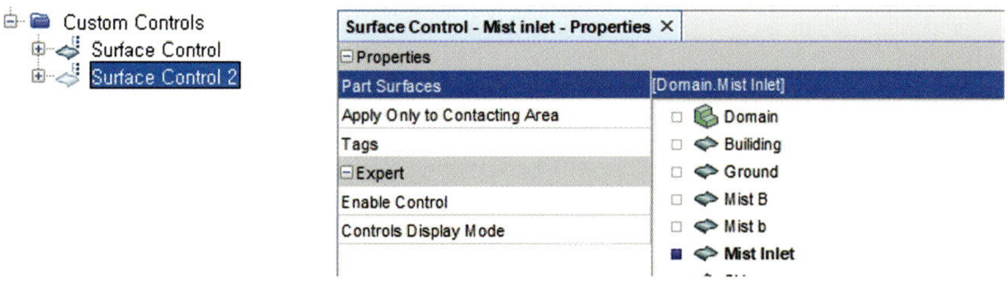

그림 4-58. 격자 설정 (7) - Mist Inlet

< 표 4-7. 격자 설정 (4) - Mist Inlet>

SurfaceControl - Mist Inlet	
Controls	
Target SurfaceSize	Custom
Minimum SurfaceSize	Custom
Prism Layer	Disable
Values	
TargetSurface Size	1.0
Minimum Surface Size	0.5

다음은 Mist가 분사되는 구간의 격자를 설정한다. Mist Inlet에 더 조밀한 격자를 설정하기 위해 Automated Mesh > Custom Control 우클릭 후 > New > Surface Control을 생성한다. Part Surface에 Mist Inlet을 설정하고 표 4-7, 그림 4-58과 같이 입력한다. 이때, 절대적 수치의 값이 표출되므로 이를 참고하면 된다.

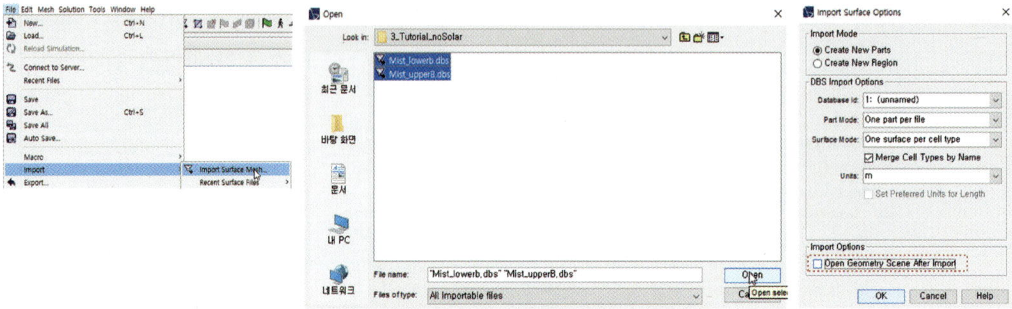

그림 4-59 미스트 폴 형상 Import 하기

다음은 미스트 폴의 형상을 가지고 오는 작업을 수행한다. 미스트 폴의 경우, 해당 공간을 포함하는 상자를 STAR-CCM+로 만들거나, 모델링 프로그램을 활용하여 외부에서 만들어서 Import 해야한다. 본 저서의 실습 과정에서는 외부에서 만들어진 Mist의 형상을 Import 하는 과정을 실습한다(그림 4-59).

File > Import > Import Surface Mesh를 선택하고 만들어진 형상을 선택한다. 해석 형상으로 사용하지 않으므로, Open Geometry Scene After Import 버튼은 해제를 시켜준다.

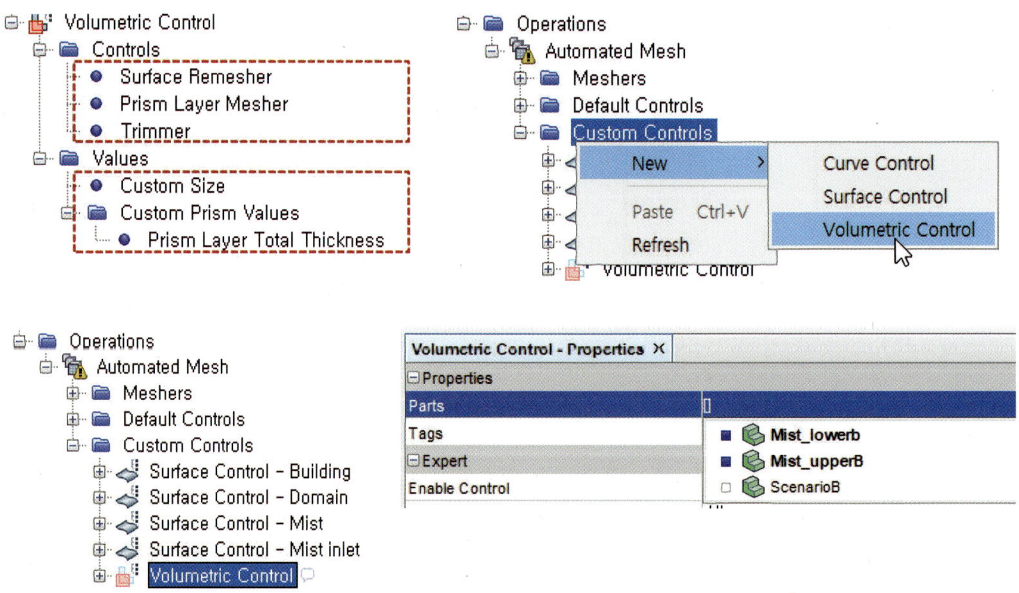

그림 4-60. 격자 설정 (8) - Mist Pole

< 표 4-8. 격자 설정 (5) - Mist Pole >

Volumetric Control	
Controls	
Surface Remesher	Check
Prism Layer Mesher > Customize Total Thickness	Check
Trimmer > Customize Isotropic Size	Check
Values	
TargetSurface Size	1.0
Prism Layer Total Thickness	0.5

미스트 폴 주변에 조밀한 격자를 설정하기 위해서 Automated Mesh > Custom Control 우클릭 후 > New > Volumetric Control을 생성한다(그림 4-60).

Part Surface에 Import 한 Mist B, b를 선택하고, 표 4-8.처럼 Parameter를 입력한다.

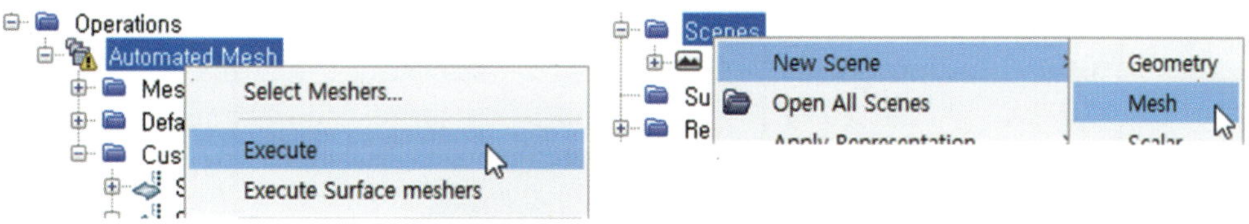

그림 4-61. 격자 생성하기(Execute)

설정이 완료되면 Operation > Automated Mesh > Execute를 실행하여 격자를 구성한다. 격자는 약 130만 개가 생성되고, 이후에는 격자 확인을 위해 Scene 우클릭 후 > New > Mesh를 선택하여 Mesh Scene을 생성한다(그림 4-61).

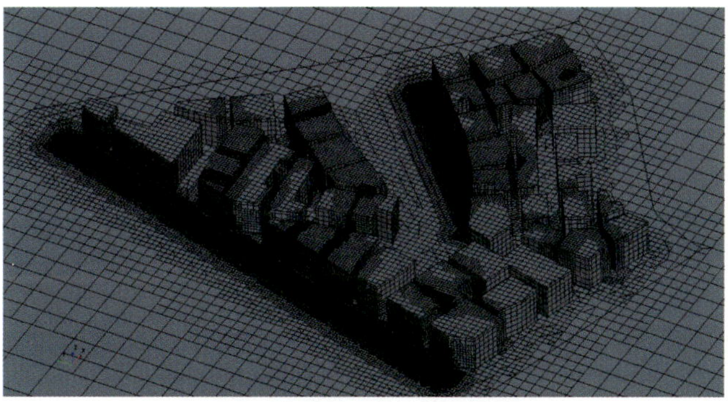

그림 4-62. 생성된 격자의 형태

완료된 형태의 Mesh Scene은 상기와 같다(그림 4-62). 여기서, 우리가 설정한 격자의 크기가 정확한 격자인지 파악할 필요가 있다. 이를 위해서 수행하는 것이 Mesh Sensitive Test이다. 우리가 설정한 격자의 크기 결괏값이, 더 작은 격자 크기와 유사한 결과를 보였을 때, 이는 효율적인 격자를 설정했다고 할 수 있다. 먼저 표 4-9를 살펴보자

< 표 4-9. Mesh Sensitive Test >

<table>
<tr><th colspan="2"></th><th>메쉬
케이스 A</th><th>메쉬
케이스 B</th><th>메쉬
케이스 C</th><th>메쉬
케이스 d</th><th>RMSE</th></tr>
<tr><td rowspan="2">Building</td><td>Target Surface Size</td><td>10 (Absolute size: 1.0 m)</td><td>5 (Absolute size: 0.5 m)</td><td>10 (Absolute size: 1.0 m)</td><td>20 (Absolute size: 2.0 m)</td><td rowspan="2">-</td></tr>
<tr><td>Minimum Surface Size</td><td>1 (Absolute size: 0.1 m)</td><td>0.5 (Absolute size: 0.05 m)</td><td>1 (Absolute size: 0.1 m)</td><td>2 (Absolute size: 0.2 m)</td></tr>
<tr><td rowspan="2">Domain</td><td>Target Surface Size</td><td>20 (Absolute size: 2.0 m)</td><td>5 (Absolute size: 0.5 m)</td><td>10 (Absolute size: 1.0 m)</td><td>20 (Absolute size: 2.0 m)</td><td>-</td></tr>
<tr><td>Minimum Surface Size</td><td>2 (Absolute size: 0.2 m)</td><td>0.5 (Absolute size: 0.05 m)</td><td>1 (Absolute size: 0.1 m)</td><td>2 (Absolute size: 0.2 m)</td><td></td></tr>
<tr><td colspan="2">Cells</td><td>1,279,482</td><td>27,083,576</td><td>9,181,799</td><td>4,768,249</td><td></td></tr>
<tr><td colspan="2">Faces</td><td>3,827,432</td><td>81,167,570</td><td>27,530,444</td><td>14312942</td><td></td></tr>
<tr><td colspan="2">Vertex</td><td>1,395,273</td><td>32,405,640</td><td>10,719,236</td><td>5,365,023</td><td></td></tr>
<tr><td colspan="2" rowspan="2">Temp</td><td rowspan="2">39.4502248713674
-0.006153633</td><td>39.4563785</td><td>39.4499229</td><td>39.45732285</td><td rowspan="2">0.004699</td></tr>
<tr><td>0.00030197</td><td>-0.007098</td><td></td></tr>
<tr><td colspan="2" rowspan="2">Humidity</td><td rowspan="2">40.8725528324901
-0.042699645</td><td>40.91525248</td><td>40.91953178</td><td>40.84250561</td><td rowspan="2">0.035118</td></tr>
<tr><td>-0.0469789</td><td>0.03004723</td><td></td></tr>
</table>

프리즘 레이어의 격자는 최소 두께를 0.01, 층의 감소율은 10.0으로 설정한다. 우리가 설정한 격자의 케이스를 Case A로 지정하고, Case B, Case C, Case D는 이를 비교하기 위해서 격자의 크기를 다르게 설정한 것이다.

위의 표에서 알 수 있듯이, 설정한 Case A의 경우, 더 작은 격자인 Case B 혹은 Case C와 비교하더라도 온도, 습도에서의 결과 값차이가 거의 없는 것을 알 수 있다. 반면 Case B에 비해 Case A는 해석 시간을 약 절반정도로 줄일 수 있기 때문에, 우리는 보다 해석의 효율성 향상을 위해 Case A의 격자를 선택한다.

다음은 CFD에 포함되는 물리 모델을 선택해보자(그림 4-63).

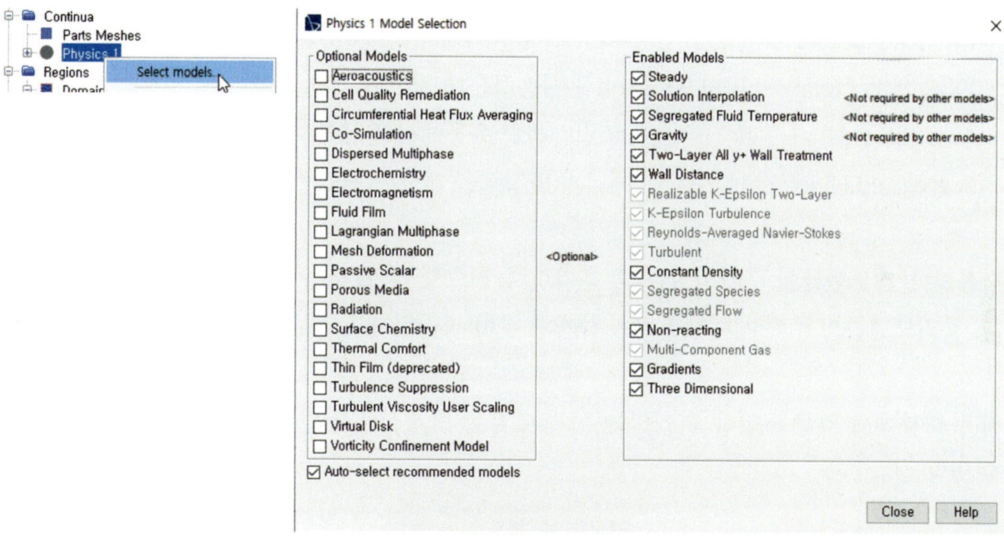

그림 4-63. 물리모델 설정

물리모델 선택을 위해서 Continua > Phsics 1 우클릭 후 > Select Models...를 선택한다. 이후에는 풍환경과 공기연령 해석을 위한 물리 모델들을 상기와 같이 선택해준다.

여기서 사용한 물리모델의 특이점은 세 가지 정도로 요약할 수 있다.

- 미스트 분사를 고려하기 위해서 습도를 포함한 열 유동 해석 모델을 사용한다.
- 습도해석을 위해서 Multi Componet Gas로 설정하고 물과 수증기의 컴포넌트를 설정한다.
- 난류모델은 Realizable k-epsilon Two-Layer 모델을 사용한다.

여기에서 설정한 물리모델의 특징은 하기와 같이 정의할 수 있다.

- Three Dimensional: 3차원 해석
- Gradients: 이송 방정식(mass, momentum, energy 등) 사용
- Steady: 정상상태 해석
- Multi-Component Gas: 해석 영역 내의 작동 유체가 다 성분 기체일 때 사용(습도, 연소 해석에 사용)
- Non-Reacting: Multi-Component Gas에서 각 기체 성분이 서로 반응을 하지 않는 것을 설정
- Segregated Flow: 유동과 에너지의 방정식을 각자 따로 푸는 해석
- Constant Density: 밀도가 일정(비압축성 유동)
- Turbulent: 난류 유동
- RANS Realizable K-epsilon Turbulence: 일반적인 유동에서 가장 많이 사용되는 난류모델
- Exact Wall Distance: Wall Function을 사용하는데 필요한 기본 모델
- Two-Layer All y+ Wall Treatment: 일반적인 유동에서 가장 많이 사용되는 Wall Function
- Segregated Fluid Temperature: 에너지 방정식을 계산하는 모델

사용할 물리모델들이 추가되었나면, 추가한 물리모델 내 값들을 선정해주는 과정이 필요하다. 물리모델들의 주된 지배방정식은 하기와 같이 정리된다.

자유 대류에서 정상 흐름을 설명하는 이차원 보존 방정식은 일반적으로 하기와 같이 나타낼 수 있다.

$$\frac{\partial(U\varnothing)}{\partial x}+\frac{\partial(V\varnothing)}{\partial y}+\frac{\partial(W\varnothing)}{\partial z}=\gamma\nabla^2\varnothing+S_{\varnothing}. \tag{4.9}$$

위의 방정식은 일반적으로 대류현상을 수학적으로 표현하는 방식으로, 물리적 시스템에서 어떠한 물리량이 시간에 따라 어떻게 변화하는지를 표현하고 있다.
여기에서, $\varnothing$ 는 차원이 없는 형태로서, 운송량의 보존 방식을 설명한다. 세 가지 모멘텀 보존 방정식(Navier-Stokes equations), 스칼라 질량, 에너지 보존 방정식을 나타내고 있다. U, V 그리고 W 는 속도 벡터 성분이며, γ 는 확산계수 $S_{\varnothing}$의 원천항을 뜻한다.
미지수를 최소화한 $k-\epsilon$ 난류 모델의 표준 방정식은 하기와 같으며, 하기의 방정식은 난류에 대한 운동 에너지를 표현한 것이다. 여기에서 난류의 운동에너지 k는 하기와 같이 표기된다 (Ashgriz, 2002; Eymard et al., 2000; Moukalled, 2016; Versteeg, 2007).

$$\frac{\partial(\rho k)}{\partial t} + \frac{\partial(\rho k \mu_i)}{\partial x_i} = \frac{\partial}{\partial x_j}\left[\frac{\mu_t}{\sigma_k}\frac{\partial k}{\partial x_i}\right] + 2\mu_t E_{ij} E_{ij} - \rho\epsilon \tag{4.10}$$

에너지 소산을 나타내는 항인 ϵ의 경우 하기와 같이 표기된다(Ashgriz, 2002; Eymard et al., 2000; Moukalled, 2016; Versteeg, 2007),

$$\frac{\partial(\rho\epsilon)}{\partial t} + \frac{\partial(\rho\epsilon u_i)}{\partial x_i} = \frac{\partial}{\partial x_i}\left[\frac{\mu}{\sigma_\epsilon}\frac{\partial_\epsilon}{\partial x_j}\right] + C_{1\epsilon}\frac{\epsilon}{k} 2\mu E_{ij} E_{ij} - C_{2\epsilon}\rho\frac{\epsilon^2}{k} \tag{4.11}$$

여기에서 u_i는 해당 방향에서 속도 성분을 나타내고, E_{ij}는 변형률 성분을 나타내며, μ_t는 난류점성을 뜻한다. 여기에서 난류점성 μ_t는 하기와 같이 표기된다.

$$\mu_t = C_\mu \rho \frac{k^2}{\epsilon} \tag{4.12}$$

풍속의 수직적 분포를 모델링 하기 위해서는 입구에 속분포(풍속 프로파일, Wind profile) 모델을 설정해야 하고, 풍향 프로필을 나타내는 U는 하기와 같이 정의된다(Hong et al., 2012)

$$U = U_r\left(\frac{Z}{Z_r}\right)^{0.33} \tag{4.13}$$

여기에서 U는 높이 Z에서 풍속을 뜻하며, U_r은 높이 Z_r에서 풍속을 뜻한다.

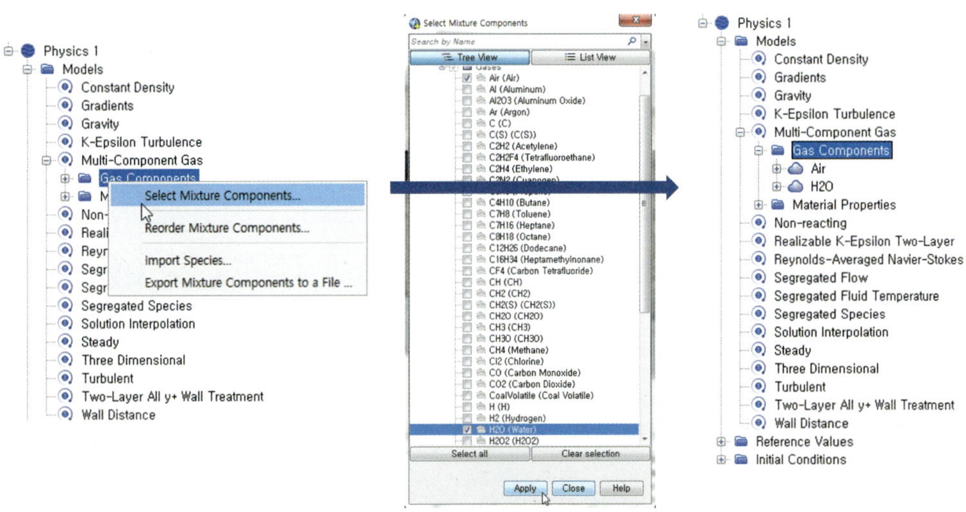

그림 4-64. Multi-Component Gas 설정

Continua > Physics 1 > Multi-Component Gas > Gas Components에서 상기와 같이 해석될 기체(Air, H2O)를 선택한다(그림 4-64). 계산하는데 Air와 H_2O의 순서를 세팅하는 것이 중요하며, 만약 순서가 다르다면, Reorder Mixture Components 항목을 선택하여 순서를 변경하여 준다.

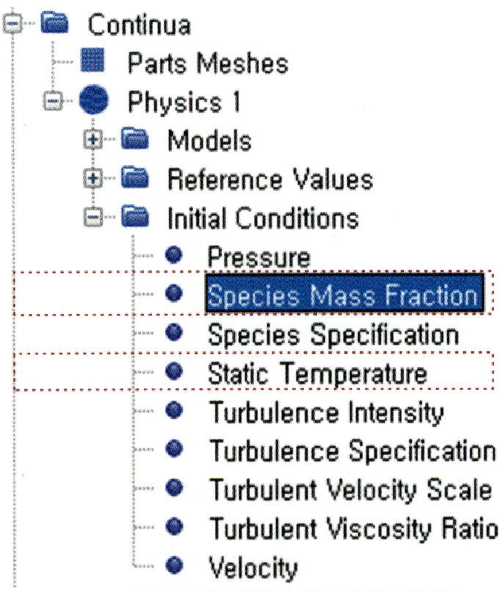

그림 4-65. Initial Condition 설정

< 표 4-10. Initial Condition 설정 >

Parameter	Value
InitialCondition	
Species Mass Fraction	[0.981693, 0.018307]
Temperature	40.0 C

Continua > Phisics 1 > Initial Conditions > Species Mass Fraction, Temperature에 아래와 같은 값을 입력한다. 해당 값은 40.0℃, 상대습도는 40%를 의미한다(그림 4-65, 표 4-10).

Steady 해석은 정적 상태의 해석이 수렴할 때까지 해석하는 것이기 때문에, 초기 조건은 결과에 영향을 미치지 않는다. 위 설정한 표 4-10. 중에서 Species Mass Fraction의 합은 항상 1이어야 하는데, 기본 설정은 [0.0, 0.0]으로 설정되어 있다. 변경하지 않으면 계산이 되지 않기 때문에 외부 경계조건 값과 동일한 값을 입력한다.

상대습도는 온도와 조성의 조합으로 계산된다. 다음은 외부의 공기가 유입되는 Side 면의 Parameter를 설정해준다.

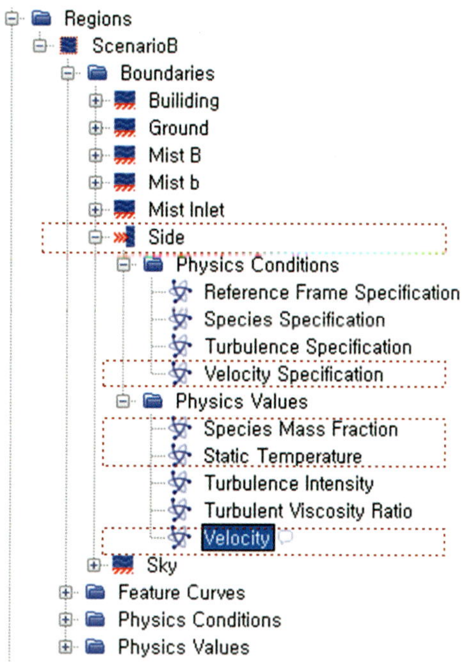

그림 4-66. Boundary Condition 설정 (1) - Side

< 표 4-11. Boundary Condition - Side >

Parameter	Value
Side	
BoundaryType	Velocity Inlet
VelocitySpecification	Components
Velocity	[1.532089, -1.28558, 0.0] m/s
Species Mass Fraction	[0.981693, 0.018307]
StaticTemperature	40.0 C

Side 면을 통해서 외부 공기가 유입되는 것을 지정해야 하며, 속도, 온도, 습도 등의 환경 요인을 입력한다(그림 4-66, 표 4-11). Side의 Velocity Specification, 등 Parameter를 상기 표와 같이 입력한다. 위의 표에서 속도는 북서풍이 2.0 m/s로 들어오는 것을 표현하며, 온도와 습도는 초기 조건과 같이 설정한 것이다.

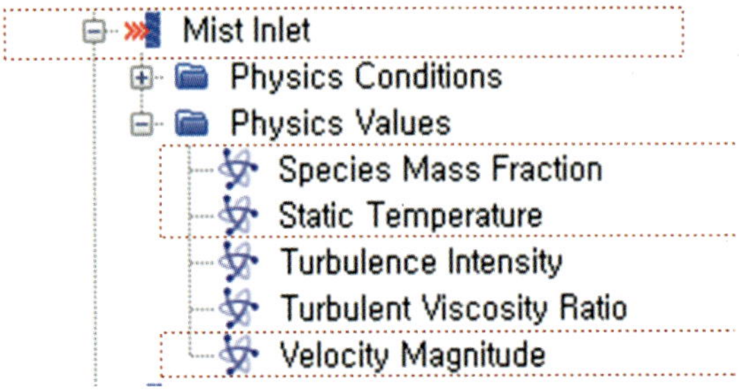

그림 4-67. Boundary Condition 설정 (2) - Mist Inlet

< 표 4-12. Boundary Condition - Mist Inlet >

Parameter	Value
Side	
BoundaryType	Velocity Inlet
Velocity	5.3696 m/s
Species Mass Fraction	[0.987646, 0.012354]
StaticTemperature	17.5 C

Mist Inlet 면을 통해서 미스트가 분사되며, 속도, 온도, 습도 등을 지정해야 한다. Mist Inlet에는 표 4-12와 같이 경계조건을 입력한다(그림 4-67). Mist Inlet에서 값은 실측값을 기반으로 설정되었으며, 상대습도는 온도 17.5℃에서 100%의 값을 표현한 것이다.

본 저서에서 사용된 쿨링포그의 증발 및 온도저감 효과는 잠열, 습구 온도와 건구 온도 간의 차이에서 발생한다. 여기에서 질량이 m인 액체의 상태가 변화하는데 필요한 열 Q는 하기 식과 같이 표현된다(Learning, 2021).

$$Q = mL_{(T,u)} \tag{4.14}$$

여기에서 $L_{(T,u)}$는 증발열을 뜻한다. 설정한 미스트의 분사속도 5.3696 m/s는 실내 실험의 결과 값을 활용한 것이다. 분사된 물방울의 평균 액적 크기는 11.0 μm이며, 가장 작은 액적의 크기는 7 μm, 가장 큰 방울은 25 μm이다. 증발열 $L_{(T,u)}$는 하기와 같이 표현될 수 있다.

$$L_{(T,u)} = l_T + r_{(T,u)}, \tag{4.15}$$

여기에서 $l_{(T)}$는 자유수의 증발열을 뜻하고, $r_{(T,u)}$는 증발에 필요한 흡습열을 뜻한다.

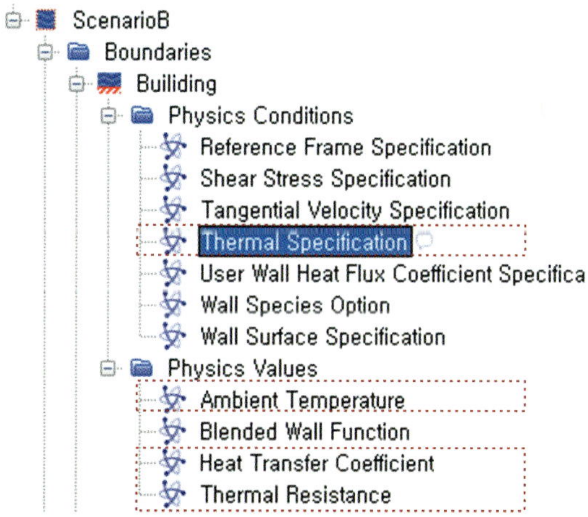

그림 4-68. Boundary Condition 설정 (3) - Building

< 표 4-13. Boundary Condition 설정 - Building >

Parameter	Value
Building	
Thermal Specification	Environment
Ambient Temperature	25℃
Heat Transfer Coefficient	5 W/m2K
Thermal Resistance	0.247934 m^2-K/W

Building의 물리 모델은 표 4-13.과 같이 설정한다. Thermal Specification은 Environment로 설정하는데, 이는 벽 너머의 유동에 대한 영향을 경계조건으로 표현한 것이다(그림 4-68). Ambient Temperature는 실내의 예상 온도를 뜻하며, Heat Transfer Coefficient는 벽 건너편에서의 대류 열전달 계수로 냉방 상태를 가정한다. Thermal Resistance는 콘크리트 벽의 열전도도(1.21 W/mK)의 열 저항으로, 0.3 m의 두께를 가정하여 계산한 값이다. (0.3/1.21 = 0.247934)

다음은 상대습도를 설정하기 위한 값 입력으로, Field Function을 활용한다. 상대습도를 입력하기 위한 공식들은 하기와 같다(Kim and Kang. 2022 & Kim and Kang. 2023).

상대습도 RH는

$$RH = \frac{100 \cdot p}{p_s} \tag{4.16}$$

로 정의된다. 여기에서 p는 수증기의 분압(Partial pressure of vapor), p_s는 포화 증기 압력(Saturation vapor pressure)를 뜻한다. 포화증기압력 p_s는 식 (4.17)과 같이 표현된다.

$$p_s = 611.21e^{\frac{\left(\left(18.678 - \frac{T}{234.5}\right)T\right)}{(257.14 + T)}} \tag{4.17}$$

여기에서 T는 섭씨온도(℃)를 뜻한다. 증기의 부분압력(Partial Pressure of Vapor)는

$$p = \frac{(HP)}{\left(\left(\frac{M_w}{M_a}\right) + H\right)} \tag{4.18}$$

여기에서 p는 절대압(absolute pressure), M_w는 물의 분자량(molecular weights of water), M_a (molecular weights of air)는 공기의 분자량, H는 절대 습도(absolute humidity)를 뜻한다. 절대습도 H는

$$H = \frac{X_w}{X_a} \tag{4.19}$$

로 정의된다. X_w는 물의 질량분율, X_a는 공기의 질량분율을 뜻한다. 식 4.16~식 4.19를 입력하기 위해서 Tools > Field Functions > New에서 습도 계산에 필요한 Field Function을 생성한다. 앞서 나온 습도 관련 방정식을 STAR-CCM+ Field Function으로 표현한 형태는 표 4-14와 같다.

< 표 4-14. Field Function 입력하기 >

v	방정식	FieldFunction
Celsius Temperature (Tc)		$Temperature-273.15
Absolute Humidity (AH)	$H = \frac{X_w}{X_a}$	$MassFractionH2O/$MassFractionAir
Vapor Pressure (Pv)	$p = \frac{(HP)}{\left(\left(\frac{M_w}{M_a}\right) + H\right)}$	$AH*$AbsolutePressure/((18/28.96)+$AH)

Saturation Pressure (P_sat)	$p_s = 611.21e^{\frac{\left(\left(18.678 - \frac{T}{234.5}\right)T\right)}{(257.14+T)}}$	611.21*exp((18.678-($Tc/234.5))*($Tc/(257.14+$Tc)))
Relative Humidity (rh)	$RH = \frac{100 \cdot p}{p_s}$	$Pv/$P_sat*100

다음의 과정은 Domain을 설정하는 과정으로, 본 저서의 실습에서는 특정 도메인의 영역을 함수로 지정하는 방법을 실습한다.

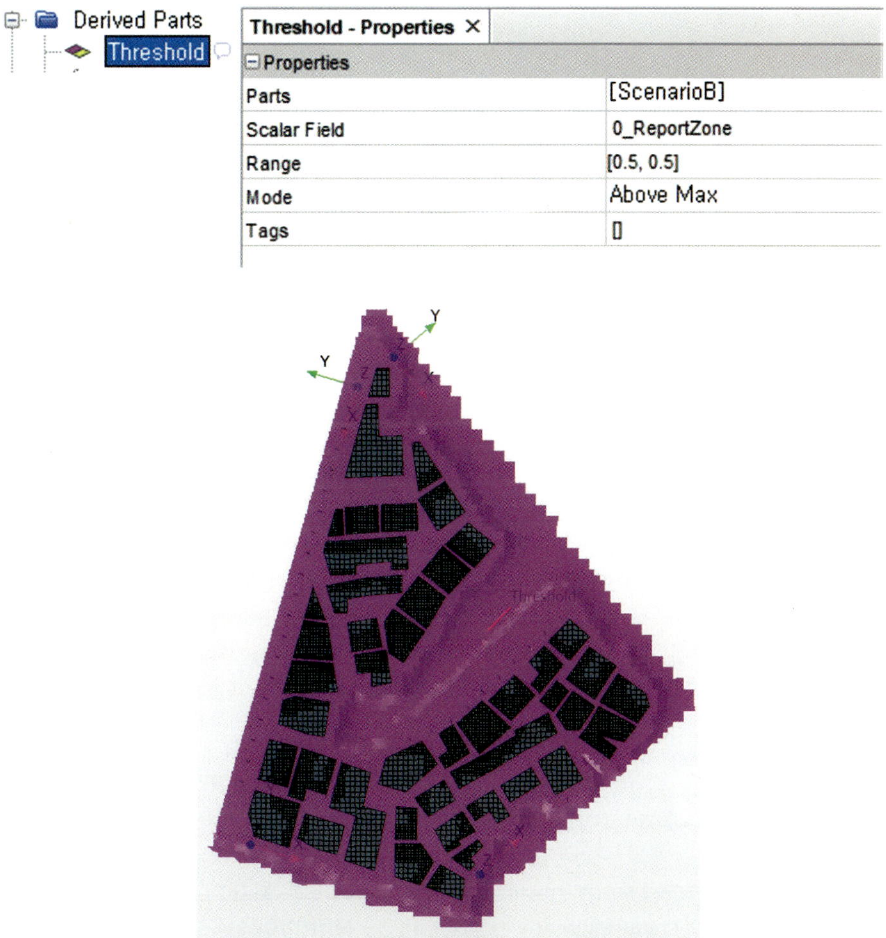

그림 4-69. Field Function을 활용한 도메인 설정

그림 4-69와 같은 도메인의 경우 형상이 단순하지 않아서 여러 Field Function의 조합을 이용해야 한다. 일반적인 경우, 육면체, 실린더의 형상을 활용하여 쉽게 분석을 수행할 수 있다. 각

축에 반듯한 형태가 아니기 때문에 각 위치별로 Local Coordinate System을 생성해서 그 좌표별로 min, max 위치를 확인한다. Field Function의 Centroid 함수를 이용해서 각 위치 좌표의 min, max값을 부등호로 공간을 지정하고, Field Function으로 위치를 잡은 후에 Derived Parts > Threshold를 통해서 해당 위치를 위와 같이 Volume으로 지정 가능하다. 로컬 좌표계를 활용하여서 해당 영역을 구할 수 있으며, 이를 위해서는 중심 좌표와 방향 벡터를 파악해야 한다.

< 표 4-15. Field Function을 활용한 도메인 설정 >

	Field Function
Report Zone	$RZ1-$RZ2-$RZ3+$RZ4
Report Zone 1 (RZ1)	$$Centroid(@CoordinateSystem("Laboratory.Cartesian 1 - MistB"))[0] > -18.5 && $$Centroid(@CoordinateSystem("Laboratory.Cartesian 1 - MistB"))[0] < 112.84 && $$Centroid(@CoordinateSystem("Laboratory.Cartesian 1 - MistB"))[1] > -98.2 && $$Centroid(@CoordinateSystem("Laboratory.Cartesian 1 - MistB"))[1] < 3.4 && $$Centroid(@CoordinateSystem("Laboratory.Cartesian 1 - MistA"))[2] > 0 && $$Centroid(@CoordinateSystem("Laboratory.Cartesian 1 - MistA"))[2] < 2
Report Zone 2 (RZ2)	$$Centroid(@CoordinateSystem("Laboratory.Cartesian 1 - MistA"))[0] > -8.7 && $$Centroid(@CoordinateSystem("Laboratory.Cartesian 1 - MistA"))[0] < 120 && $$Centroid(@CoordinateSystem("Laboratory.Cartesian 1 - MistA"))[1] > 5.15 && $$Centroid(@CoordinateSystem("Laboratory.Cartesian 1 - MistA"))[1] < 177 && $$Centroid(@CoordinateSystem("Laboratory.Cartesian 1 - MistA"))[2] > 0 && $$Centroid(@CoordinateSystem("Laboratory.Cartesian 1 - MistA"))[2] < 8.5
Report Zone 3 (RZ3)	$$Centroid(@CoordinateSystem("Laboratory.Cartesian 1 - MistD"))[0] > -20 && $$Centroid(@CoordinateSystem("Laboratory.Cartesian 1 - MistD"))[0] < 70 && $$Centroid(@CoordinateSystem("Laboratory.Cartesian 1 - MistD"))[1] > -95 && $$Centroid(@CoordinateSystem("Laboratory.Cartesian 1 - MistD"))[1] < -5 && $$Centroid(@CoordinateSystem("Laboratory.Cartesian 1 - MistA"))[2] > 0 && $$Centroid(@CoordinateSystem("Laboratory.Cartesian 1 - MistA"))[2] < 8.5
Report Zone 4 (RZ4)	$$Centroid(@CoordinateSystem("Laboratory.Cartesian 1 - MistC"))[0] > 0 && $$Centroid(@CoordinateSystem("Laboratory.Cartesian 1 - MistC"))[0] < 58.86 && $$Centroid(@CoordinateSystem("Laboratory.Cartesian 1 - MistC"))[1] > -3.7 && $$Centroid(@CoordinateSystem("Laboratory.Cartesian 1 - MistC"))[1] < 26 && $$Centroid(@CoordinateSystem("Laboratory.Cartesian 1 - MistA"))[2] > 0 && $$Centroid(@CoordinateSystem("Laboratory.Cartesian 1 - MistA"))[2] < 2

본 저서에서는 표 4-15와 같은 Field Function 값을 입력한다. 자 그러면 해석을 위한 모든 설정이 완료되었다. 지금부터는 온도/상대습도 등 필요한 정보를 출력하는 과정을 학습한다.

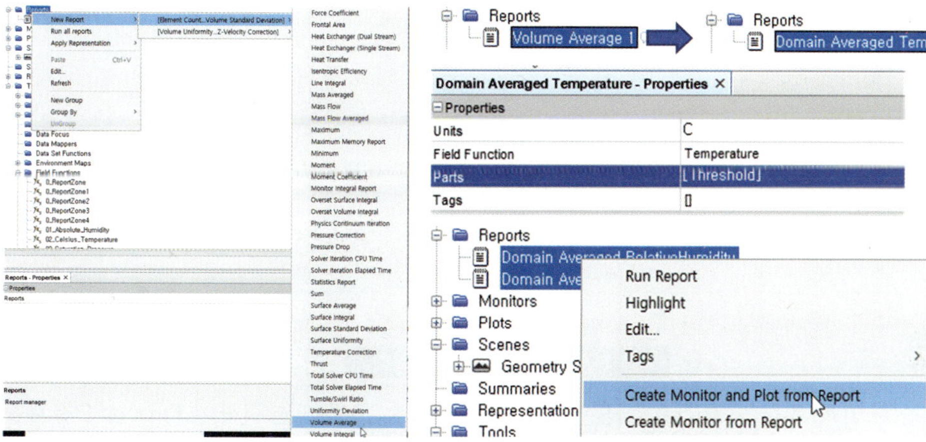

그림 4-70. Create Monitor and Plot from Report

바닥 면으로부터 1.0 m, 1.5 m 높이에서 온도를 종류별로 측정하기 위해서 Reports 우클릭 후 > New Report > Volume Average를 클릭한다. 위의 사진과 같이 이름을 Domain Averaged Temperature로 설정하고, Field Function을 Temperature (C), Part를 Threshold로 설정한다(그림 4-70).

같은 방법으로 Field Function > Relative Humidity에 대한 Report를 생성한다.
다음에는 두 개의 Reports 파일을 선택하고 우클릭 후 Create Monitor and Plot from Report > Single을 선택한다. 여기에서 Single을 선택하는 것은 한 그래프 내에서 다양한 요소를 보여주기 위해서이다.

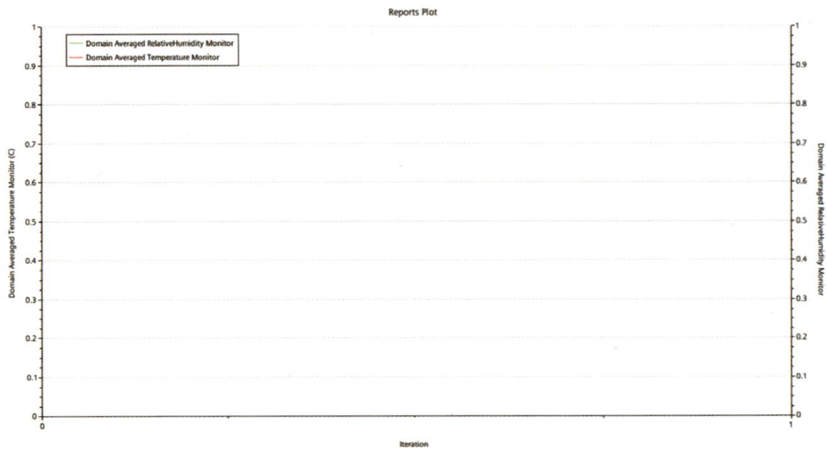

그림 4-71. Monitor Plot 출력하기

Reports는 본인이 원하는 형식으로 출력을 할 수 있으며, 오른쪽 클릭하여 Report의 결과를 .csv 형의 파일로 Export할 수 있다(그림 4-71).

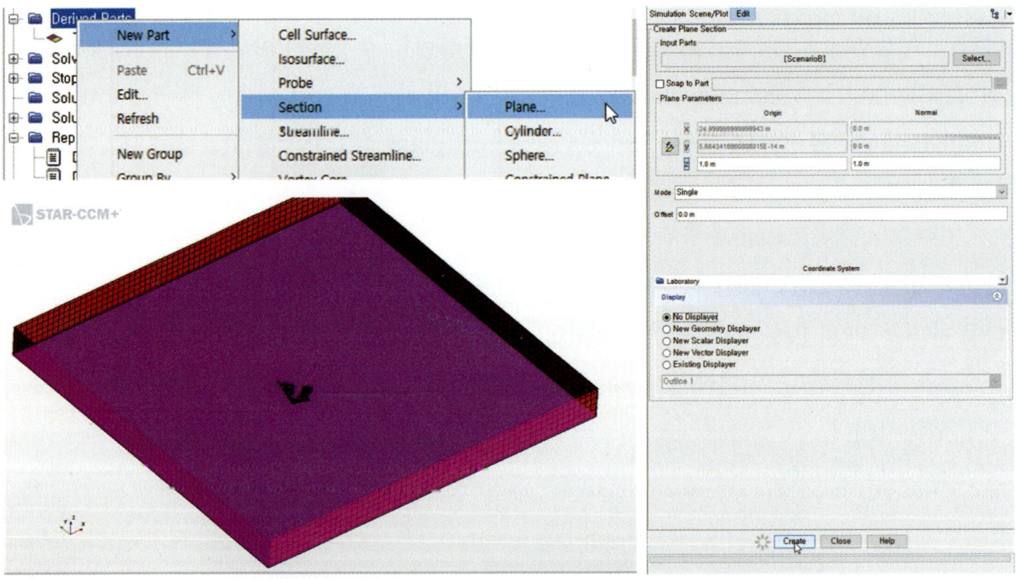

그림 4-72. 1.0 m 높이 Plane Section에서 풍환경 결과 도식화하기

다음은 해석을 위한 생성한 모델의 풍환경 결과를 도식화하는 과정을 거친다. 이를 위해서는 어느 정도 높이에서 어떠한 View로 볼지를 결정해야 하는데, 본 실습에서는 1.0 m 높이에서 결과를 살펴본다(그림 4-72).

1.0 m 단면을 만들기 위해서 Derived Parts > New Part > Section > Plane을 선택하고 아래와 같이 생성한다. Z축 1.0 m 단면이므로 Origin, Normal에 모두 z를 1.0으로 설정한다.

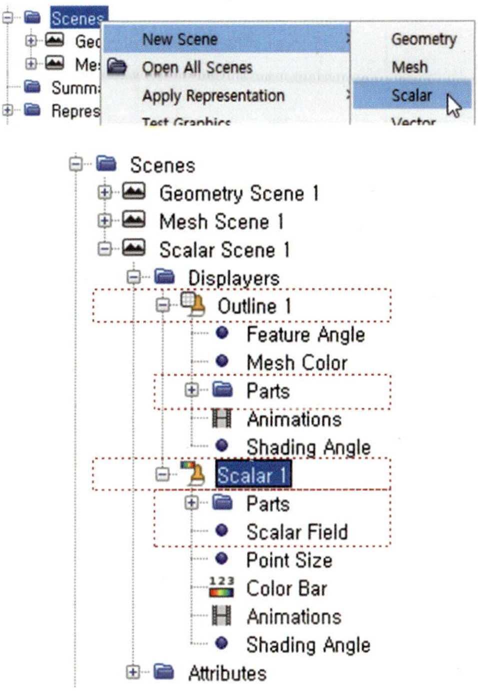

그림 4-73. Scalar Scene 생성하기

< 표 4-16. 온도 도식화를 위한 Scalar Scene 값 설정하기 >

Parameter	Value
Parts	PlaneSection
Scalar1	
Contour Style	Smooth Filled
Parts	PlaneSection
ScalarField	
Function	Temperature
Unit	C

풍환경 결과를 도식화하기 위해서 Scene 마우스 오른쪽 클릭 > New Scene > Scalar를 선택하여 Scalar Scene을 생성한다. Scalar Scene 1 > Displayers > Outline 1, Scalar 1에 상기와 같이 설정한다(그림 4-73, 표 4-16).

< 표 4-17. 상대습도 도식화를 위한 Scalar Scene 값 설정하기 >

Parameter	Value
Parts	PlaneSection
Scalar1	
Contour Style	Smooth Filled
Parts	PlaneSection
ScalarField	
Function	Relative Humidity

상대습도의 결과를 도시화하기 위해서 위와 동일한 방법으로 Scalar Scene을 생성해준다. Scene 마우스 오른쪽 클릭 > New Scene > Scalar를 선택하여 Scalar Scene을 생성하며, Scalar Scene 1 > Displayers > Outline 1, Scalar 1에 표 4-17과 같이 설정한다.

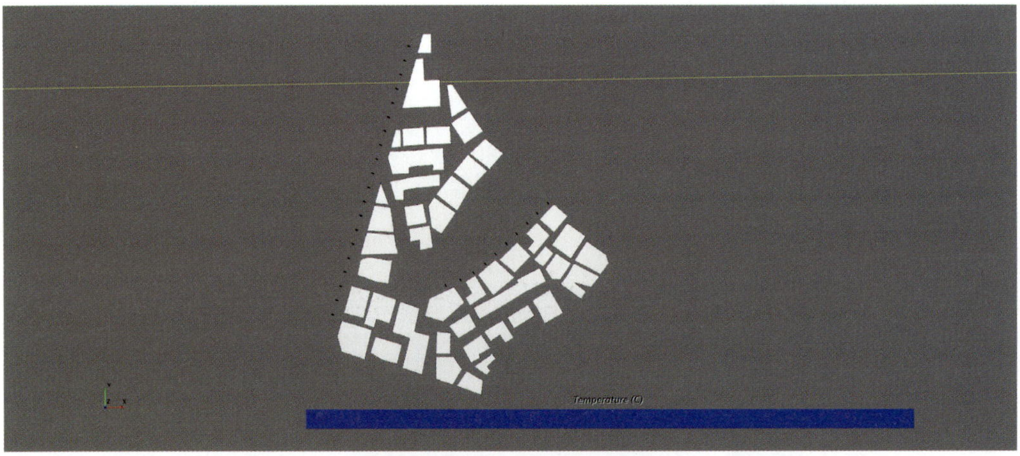

그림 4-74. Scalar Scene 준비하기

설정을 모두 완료하면 상기와 같은 Scene을 준비할 수 있다(그림 4-74). 이후에는 상기에 위치한 Run 버튼을 클릭하여 계산을 시작한다.

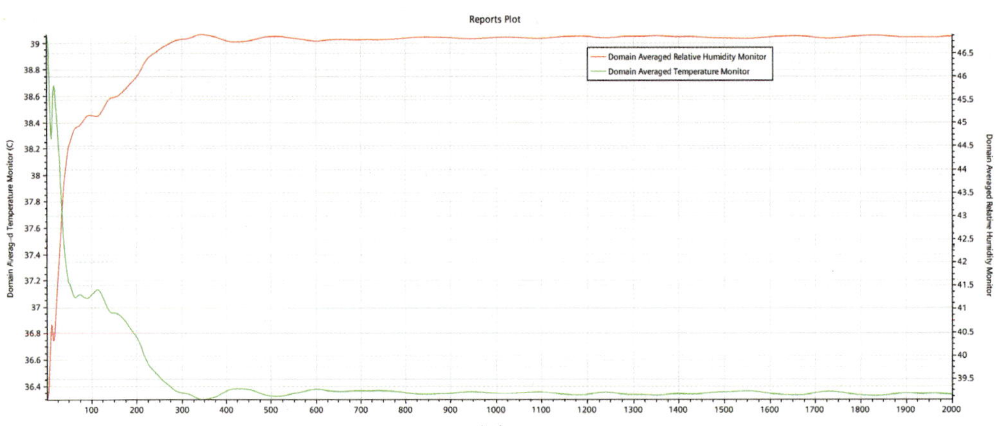

그림 4-75. Monitoring Plot 결과(수렴)

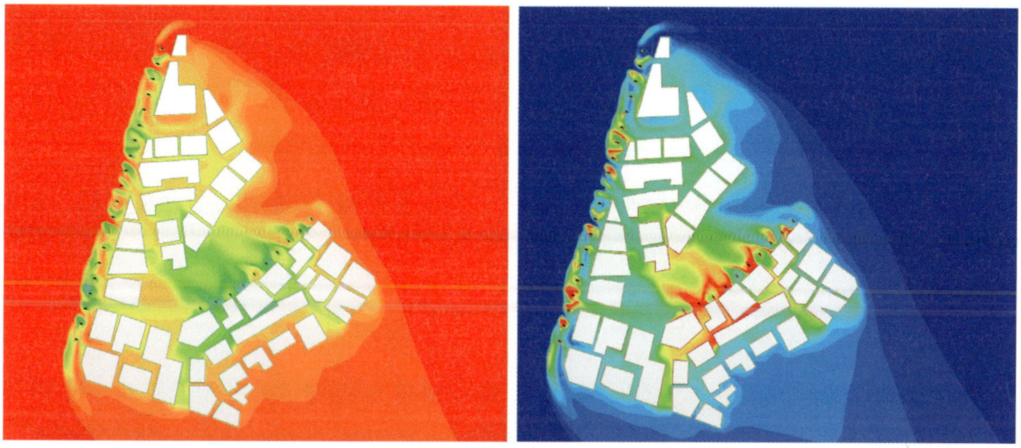

그림 4-76. CFD를 활용한 미스트의 온도저감 효과/상대습도 증가 효과 도식화 (Kim and Kang, 2022)

그림 4-75, 그림 4-76과 같은 결과들을 얻을 수 있으며, 필요에 따른 데이터를 취득할 수 있다. 우리는 지금까지 CFD를 활용한 튜토리얼 실습을 모두 마쳤다. 이후부터는 Parametric Study를 활용하여, 쿨링포그의 최적화된 설계 방법, 배치와 환경 요인과 쿨링포그의 관계를 살펴본다.

3절 도시열섬 적응 평가

1) 단일 쿨링포그의 적절한 규모 설계 및 배치

우리가 쿨링포그를 설계하는데 있어서, 다양한 방법을 활용할 수 있지만, 일반적으로는 실내 실험과 시뮬레이션 실험을 병행하는 것이 효율적이다. 그 이유는, 한 가지의 결과 값만으로는 신뢰성을 얻을 수가 없기 때문이다.

실내 실험은 다양한 형태의 노즐 크기와 형태, 설치 방법 등을 참고하여 실험을 하여야 하지만, 본 저서에서는 문헌조사를 통해 선별된 형태의 노즐만을 실험에 사용하였다. 일반적으로 쿨링포그의 노즐은 원추형, 원통형, 육각형, J형 등 다양한 형태가 있다. 노즐의 크기는 0.1~0.6 mm 정도의 범위를 나타낸다. 실내 실험은 노즐 종류에 따른 ⓐ 온도 감소 효과를 알아보기 위한 챔버 실험과, ⓑ 실험 결과 검증을 위한 CFD 해석으로 세분화한다.

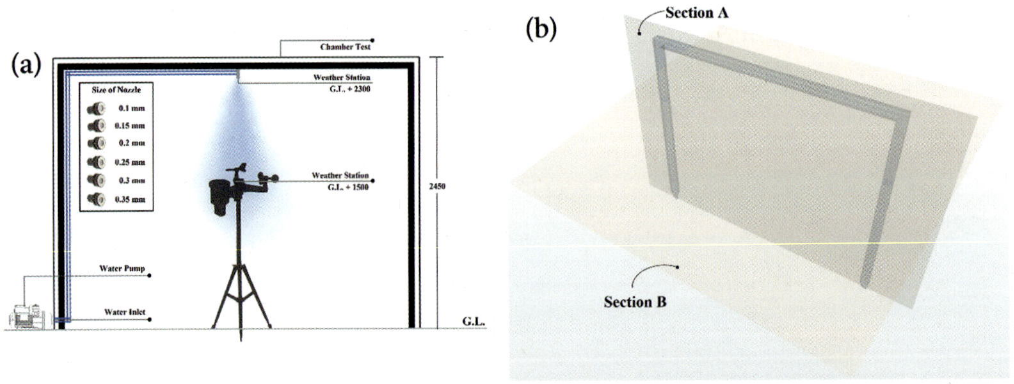

(a) 설계 단면도 (b) CFD 검증 Section

그림 4-77. 쿨링포그 효과 검증을 위한 실내 실험 시설 설계 (Kim and Kang, 2023)

실내 실험의 설계는 경상남도 산청에 위치한 실내 실험 시설을 이용하였으며, 실내 실험을 위해서 총 높이 2,450 mm의 챔버를 제작하였다. 챔버 내부에는 2,300 mm 정도 높이에 미스트 노즐의 바디를 설치하고, 원통형 노즐의 온도저감 효과를 실험하였다(그림 4-77). 노즐은 0.1 mm 크기부터 0.35 mm까지 총 6가지 형태의 노즐 크기를 선택 및 실험하였다. 미스트 분무의 온도 감소 효과와 분무에 필요한 물의 양을 측정하기 위해서 AWS 기반의 온습도 측정기를 설치하였다.

검증을 위한 CFD 해석에서는 실제 크기와 동일한 모델을 제작하여 두 구간의 온도 변화를 통해 값을 비교한다. 그림 4-77. (b)에서 Section A는 미스트 분사지점을 Y축 방향으로 자른 단면을 나타낸다. 이때 약 1,500 mm 높이에서 온도변화를 모니터링한다. Section B는 모델의 Z축 방향으로, 1,500 mm 높이에서 물이 얼마만큼의 직경을 가지고 분사되는지, 확산 범위를 조사하기 위한 모델링이다. 분석을 위해서 극한의 폭염 상황에서 일정 시간 동안 쿨링포그를 분사하였고, 수렴하는 일정 온도가 될 때까지 미스트를 지속적으로 분사하였다. 이때, 지면으로부터 1,500 mm의 높이가 뜻하는 것은 일반적인 성인의 온도를 측정하기 위한 범위로 국제적으로 통일된 기준을 사용한다.

6개의 노즐에 대해서 실내 테스트와 시뮬레이션을 통해서 나온 결과값의 비교는 하기의 그림과 같이 요약된다.

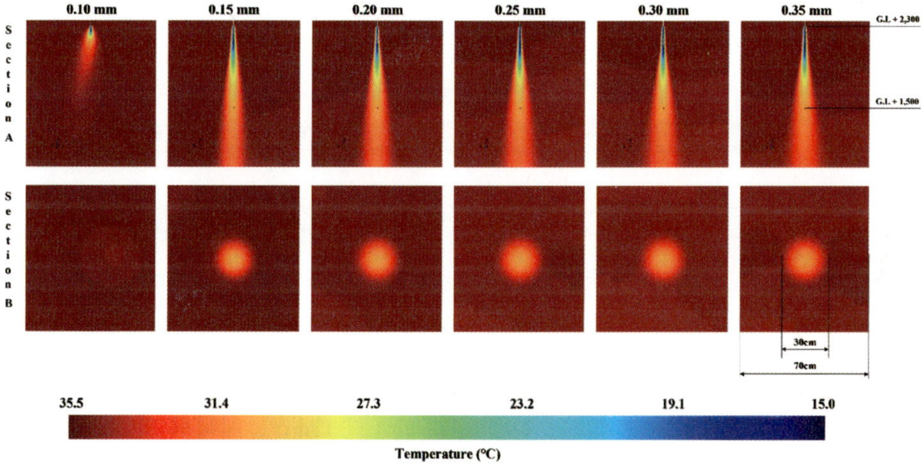

그림 4-78. 쿨링포그의 실내 실험 검증 결과 (Kim and Kang, 2023)

미스트 노즐에서 물을 분사할 때의 수압은 80.0 bar로 고정해둔 상태이며, 실내 미스트 분사 실험은 초기 온도를 35℃ 고정하여 2회에 걸쳐 실험을 수행하였다. 그림 4-78을 먼저 살펴보았을 때, 지면으로부터 약 1,500 mm 구간에서 0.15 mm부터 0.35 mm까지의 노즐은 동일한 온도 분포를 보였다. 반면 0.1 mm의 노즐 크기의 경우, 유량의 부족으로 미스트가 1,500 mm 지점까지 도달하지 못하였다. Section B에서 분석된 범위는 0.15 mm 이상의 노즐 크기의 경우 모두 유사한 것을 볼 수 있었다(그림 4-78).

직경 0.15 mm 노즐의 경우, 지면으로부터 1,500 mm 높이에서 약 28 cm 직경의 미스트 분사가 이루어졌으며, 직경 0.2 mm 이상의 노즐은 30 cm로 분사 범위가 모두 동일하게 유지되었다.

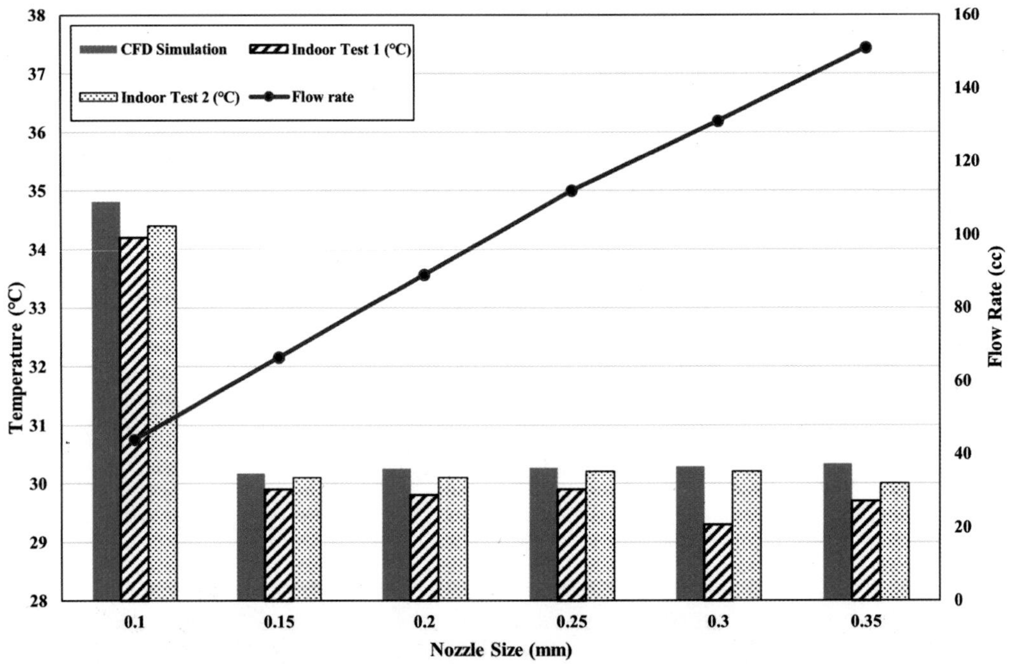

그림 4-79. 실내 실험 시설의 온도저감 효과 비교 (Kim and Kang, 2023)

그렇다면 지금부터는 감소되는 온도와 소모되는 유량에 대해서 평가를 해보자. 먼저 시뮬레이션과 실측값의 신뢰도를 검증한다. 1차 실내 실험과 CFD 시뮬레이션의 신뢰도 평가 지표인 R^2 값은 0.981였으며, 2차 실내 실험과 CFD 시뮬레이션의 R^2 값은 0.997로 상당히 높은 상관관계를 보였다.

그림 4-79 그래프에서 알 수 있듯이, 지면으로부터 약 1,500 mm 높이에서 온도 감소량의 변화는 노즐 직경 0.15 mm 이상에서 약 0.1℃ 정도 감소되는 것을 확인할 수 있었고, 모든 경우에 유사하였다. 반면 소모된 유량은 노즐 직경에 따라서 크게 달라지는 경향을 볼 수 있었다.

노즐 시름이 0.15 mm일 때, 소비되는 유량은 66.5 cc/min인 반면, 최대 노즐 지름인 0.35 mm에서 소비유량은 151 cc/min이 소모되었다. 이는 분당 약 84.5 cc 의 유량이 차이가 나는 수치이다. 그럼에도, 유량 증가량과 다르게 온도 감소효과는 0.15 mm 노즐과 0.35 mm 노즐에서 큰 차이가 없었다. 이러한 결과는 우리가 잘 알고 있는 두 가지의 원리로 설명할 수 있다.

첫 번째는 수증기의 기화와 함께 발생하는 잠열은 온도 감소에 대한 주요 원인으로 작용한다. 증가된 유량과 관계없이 증발열이 감소하는 대기 온도가 일정 수준을 초과하면, 유사한 수준의 냉각 효과를 보이게 된다(Elert, 1998; Lampinen et al., 2001; Learning 2021; Yaws, 2011.)

두 번째 원리는 공기와 수증기 사이의 질량 차이에서 기초한다. 일반적으로 공기 분자의 질량은 28.97 kg/kg mol이고, 수증기 분자의 질량은 18.015 kg/kg mol이다. 수증기는 땅에 닿기 전에 증발하기 때문에 유량이 증가하더라도 안개 냉각의 온도 감소는 변화하지 않는 것이다(Gibson & Charmchi, 1997; Tanner, Swiatek, & Greene, 1993).

2) 폭염 취약지역 분석

지금까지 우리는 실내 실험 시설에서 쿨링포그를 최적화하여 설계하는 방법에 대해 알아보았다. 그렇다면 지금부터는 쿨링포그를 설치할 수 있는 지역을 선정하고, 쿨링포그를 배치해보자.

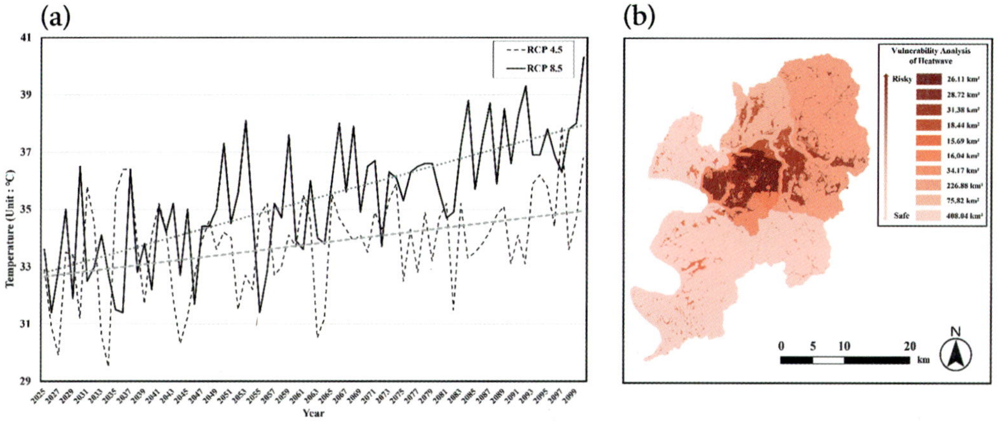

(a) 기후변화 시나리오 (b) 취약지역의 공간적 분석

그림 4-80. 쿨링포그 설치를 위한 취약지역 선정
(a) 기후변화 시나리오 (b) 취약지역의 공간적 분석 (Kim and Kang, 2023)

쿨링포그를 설치하기 위해서 가장 먼저 해야할 것은 폭염으로부터 취약한 지역을 선정하고, 취약성을 평가하는 것이다(그림 4-80). 본 저서에서는 한국에서 대표적인 폭염 취약 중 하나인, 대구광역시를 대상지로 선정하였다. 그림 4-80의 (a)를 보자. 위의 왼쪽 그림을 참고하였을 때, RCP 8.5 시나리오, RCP 4.5 시나리오 모두 대구시의 온도는 크게 올라갈 것으로 판단된다. RCP 8.5 시나리오에서 월 평균기온이 가장 높은 연도는 2100년으로 40.3℃ 까지 상승할 것으로 전망된다. 반면 RCP 4.5 시나리오에서는 최고 월평균 기온은 37.9℃로, 약 2.4℃의 차이를 보인다. 미래 기후변화 시나리오를 반영한 대구시의 미래 폭염 취약성을 살펴보더라도, 상당히 위험한 수준임을 알 수 있다.

다음은 현재 상태의 폭염 취약성을 분석하고, 쿨링포그를 집중적으로 설치하기 위한 위치를 선정해보자. 취약성은 이전 3절에서 설계한 바와 같이 AHP 평가 기법을 사용하였으며, 폭염과 관련된 공간적, 사회적 특성 변수를 정량화하여 대구의 폭염 취약지역을 10등급으로 나누어 평가하였다. 공간적 특성 변수로는 토지피복 이용현황, 수변이격거리 등이 있으며, 사회적 특성으로는 인구밀도, 취약계층의 분포 등이 포함되어 있다.

10개의 등급 중 가장 취약한 지역으로, 대구시 서구 비산동 일대가 있었으며, 시설의 노후화, 취약계층의 집중, 인구분포 및 밀집도 등의 점수가 가장 낮게 확인되었다. 도시 규모에서 가장 위험한 지역의 크기는 26.11 km^{2}로 나타났다. 최종적으로는 대구시 비산동 인동촌도시재생 지역에 폭염저감 시설인 쿨링포그 설치를 가정하고, 최적화된 배치를 모색해보자. 대구시 비산동 인동촌 도시재생 지역에는 인구의 80% 이상이 70세 이상이며, 기후변화 적응 기술이 활발히 도입되고 있다. 부지 건물의 평균 높이는 7.5 m이며, 스마트시티 프로젝트에 의거하여 IoT 센서를 대량으로 설치 및 데이터를 수집하고 있다.

3) 쿨링포그의 옥외공간 효과 검증, CFD 신뢰도 검증 및 최적화 배치

앞선 취약성 분석을 통해서 선정된 대구 비산동 지역은 2022년 기준 9,155명의 주민이 거주하고 있으며, 스마트시티 사업 및 쇠퇴지역 도시재생 지역으로 선정되어 취약계층의 생활환경 개선을 위한 국가 과제들이 진행되고 있다.

먼저 대구 스마트시티에서 수집되고 있는 온도, 상대습도, 풍향, 풍속 4가지 정보를 사용하여 CFD 모델의 정확도를 검증해보자. 대상지에는 현재 10개의 쿨링포그가 설치되어 있고, 각 가로등에는 실린더형 미스트 노즐이 4개씩 설치되어 있다(그림 4-81).

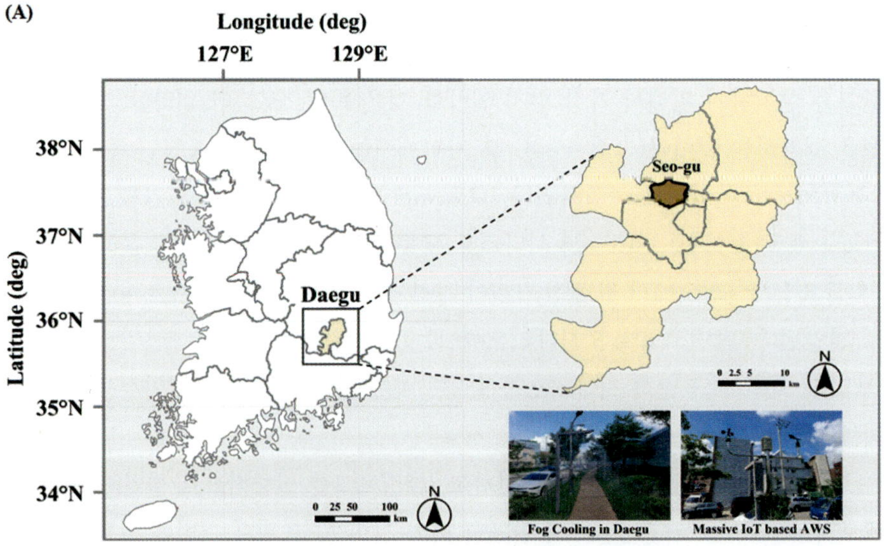

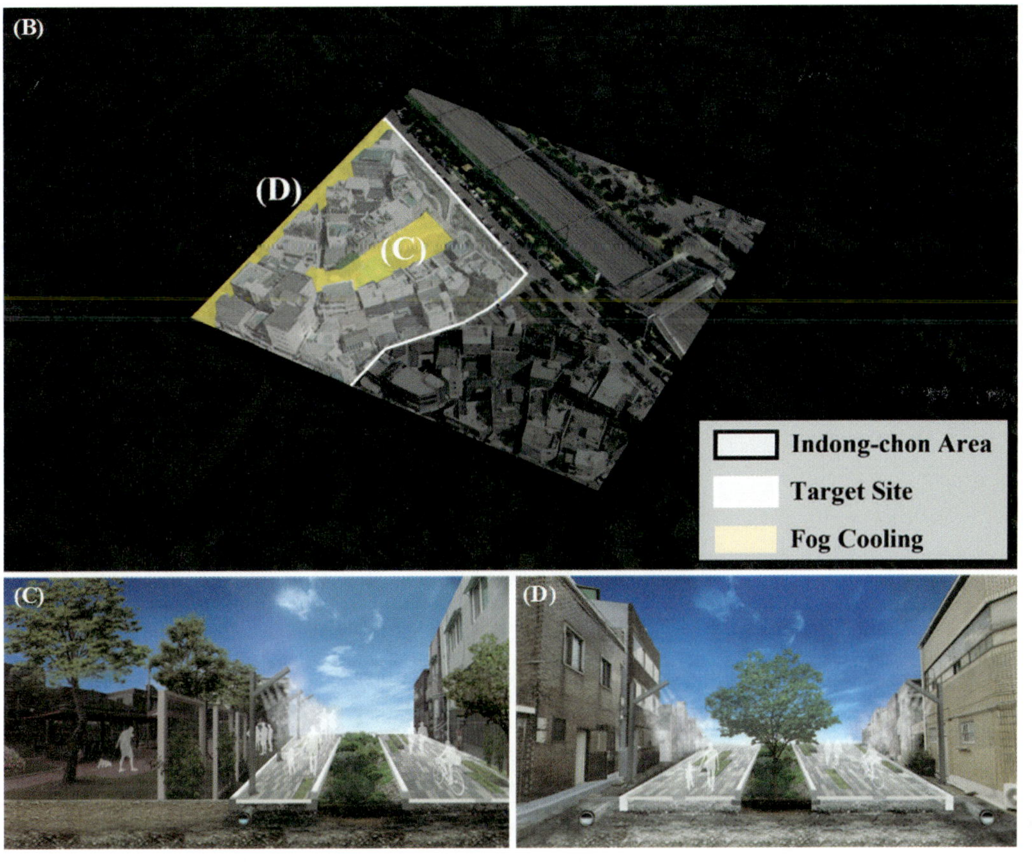

그림 4-81. 쿨링포그 설치 대상지 및 실시 예상도 (Kim and Kang, 2023)

그림 4-82. CFD 모델 검증을 위한 현장 환경 검증 (Kim and Kang, 2022)

< 표 4-18. 환경 검증용 센서 상세 사양 >

	온도	상대습도	풍향	풍속
제품명	Sensirion SHT45		RS-485	
정확도	0.1 ℃	1%	3°	0.3 m/s
해상도	0.1 ℃	1%	1°	0.1 m/s
측정범위	-40 ℃ to 125 ℃	0-100%	360°	0-70 m/s
반응시간	2 s	4 s		
네트워크 타입	low-power wide-area network (LPWA)			

쿨링포그의 온도저감효과 및 CFD 검증을 위해서 현장에서 사용한 센서의 사양은 표 4-18과 같다. 센서 기반으로 CFD 모델을 검증하기 위해서는 시간에 따른 Unsteady 해석을 수행하여야 한다. 검증용 CFD 모델은 실제 설치된 쿨링포그와 동일하게 설계하고, 통계적 검증을 위해 상관관계, R^2, RMSE(Root Mean Square Error) 세 가지 항목을 평가한다(그림 4-82). R^2의 경우 선행연구들을 참고하여 0.8 이상의 값일 경우, 신뢰도가 있다고 평가한다(Acero & Herranz-Pascual, 2015; Erell & Williamson, 2006; Ghaffarianhoseini, Berardi, & Ghaffarianhoseini, 2015; Lee, Mayer, & Chen, 2016; Nasrollahi, Hatami, Khastar, & Taleghani, 2017; Nasrollahi, Hatami, & Taleghani, 2017; Salata, Golasi, de Lieto Vollaro, & de Lieto Vollaro, 2016; Taleb & Abu-Hijleh, 2013).

지금부터는 검증에 대한 결과를 살펴보자. 대구 스마트시티에서 운영하는 Massive IoT 설치를 통해 수집한 데이터 중 2021년 가장 더운 기간으로, 최고기온이 42℃까지 상승한 8월 1주차의 데이터를 사용하였다. 구름이 거의 없는 맑은 날의 태양광 조도는 최고 995.56 W/m^2 였으며, 시간에 따라 변화하는 모습을 볼 수 있었다.

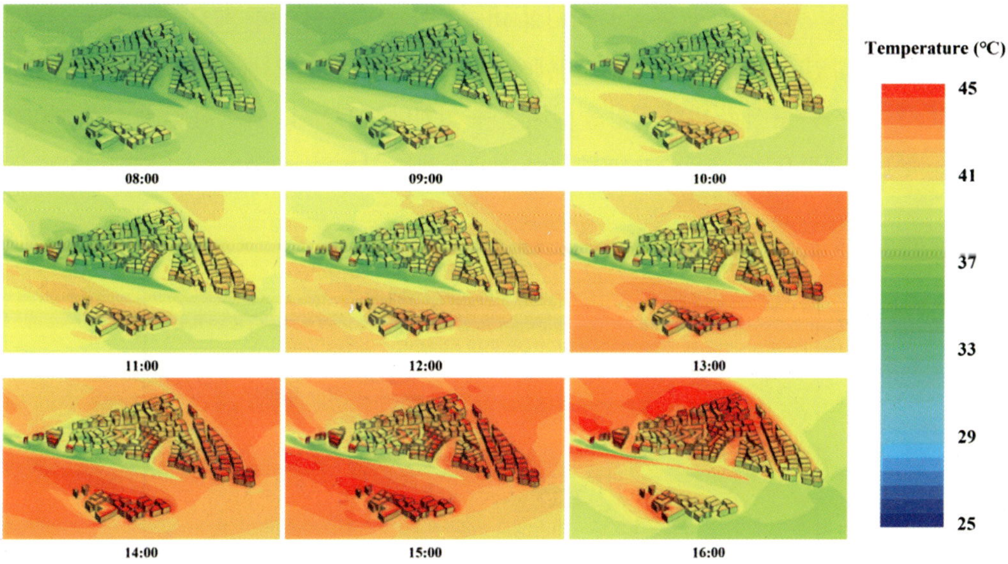

그림 4-83. 시간에 따른 CFD 시뮬레이션 결과 (Kim and Kang, 2023)

시뮬레이션에서 건물이나 지표면의 온도 변화는 그림 4-83과 같다. 오전 08:00부터 17:00까지 9시간 동안 시뮬레이션 데이터와 모니터링 값을 비교하였다. 본 연구에서는 분석의 정확성과 시뮬레이션 내 스핀업 시간(초기 조건으로부터 올바른 경계조건으로 돌아오는 시간)을 고려하기 위해서 오전 6시부터 19시까지의 시간을 시뮬레이션하여 08:00부터 17:00까지 만의 시간을 비교 검증하였다. 건물, 지형, 공기 온도는 오후 13시부터 급격하게 증가하는 모습을 확인할 수 있었으며, 16시부터는 서서히 기온이 내려가는 모습을 볼 수 있었다.

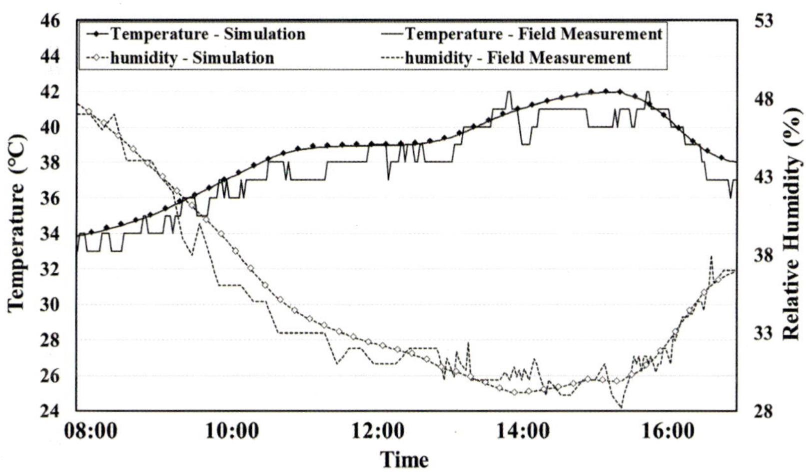

그림 4-84. 시뮬레이션 결과와 환경 모니터링 데이터 비교 검증 (1) (Kim and Kang, 2023)

CFD 시뮬레이션 결과는 실제 관측 데이터와 비교하여 검증하였으며, 센서 데이터는 약 2분 간격으로 기록하였다(그림 4-84). 위 그림에서 알 수 있듯이, CFD 시뮬레이션과 온도/습도의 측정 값 사이에서는 유사한 변화 경향을 살펴볼 수 있었다. CFD 시뮬레이션 값과 실측 데이터의 온도 상관관계는 0.96, 습도는 0.98로 높은 상관관계를 보였다.

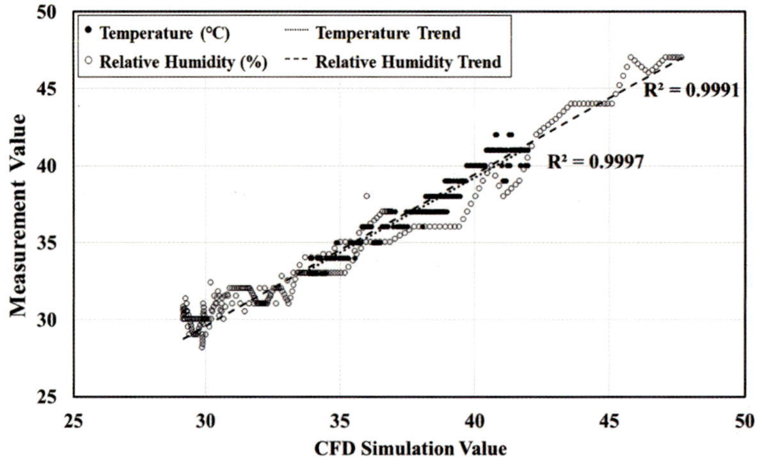

그림 4-85. 시뮬레이션 결과와 환경 모니터링 데이터 비교 검증 (2) (Kim and Kang, 2023)

R^2의 경우, 온도 0.9997, 상대습도 0.999로 높은 상관관계를 보였으며, RMSE 값은 온도 1.01, 상대습도 1.15로 높은 정밀도를 보였다(그림 4-85).

쿨링포그를 도시적으로 배치/설계하는 방법에는 여러 가지 방법과 기준이 있지만, 아래의 네 가지 기준을 따라서 미스트를 배치 및 설치해보자(그림 4-86).

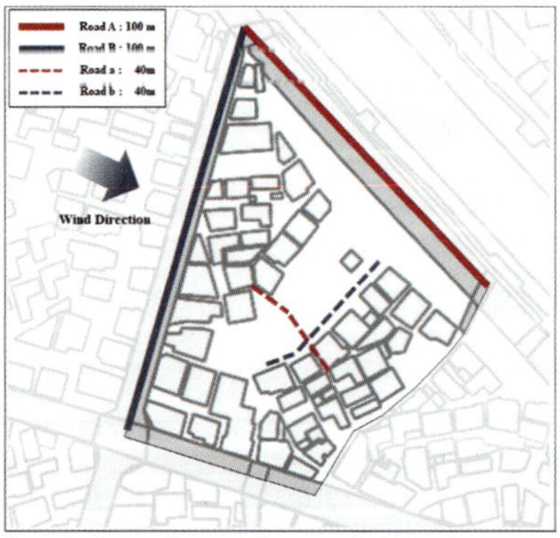

그림 4-86. 쿨링포그의 최적화 배치를 위한 조건 (Kim and Kang, 2022)

- 취약지역(도로 20개/보도 10개)에 안개 냉각 장치 30개를 추가로 설치한다.
- 쿨링포그는 가로등 형태로 고정하였으며, 설치장소는 도로로 한정한다.
- 도로 길이: 도로 A, B = 100 m/도로 a, b = 40 m
- 본 연구에서 최적화된 안개 냉각 배치는 전체 현장의 평균 온도 감소가 최대인 모델을 뜻한다.

위의 기준에 따라 쿨링포그가 설치되었을 때 시나리오는 총 4가지로 나누어질 수 있으며, 대상 부지는 2개의 차도와 이를 가로지르는 보도로 구성한다. 위의 그림과 같이 시나리오는 Road A-B와 Road a-b로 구분하였다. Road A 와 Road a는 풍향과 같은 방향으로 배치가 되었다. 반면, Road B와 Road b는 도로 방향과 풍향을 수직으로 배치한 것을 뜻한다.

이를 활용한 시나리오의 정의는 하기의 표와 같다. 시나리오 A와 B는 쿨링포그와 풍향을 고려한 케이스를 뜻하고, 시나리오 C와 D는 쿨링포그의 간격을 넓혀서, 쿨링포그를 설치한 케이스이다(표 4-19).

< 표 4-19. 쿨링포그 배치 최적화 시나리오 >

Scenario	Arrangement	Definition
Scenario A	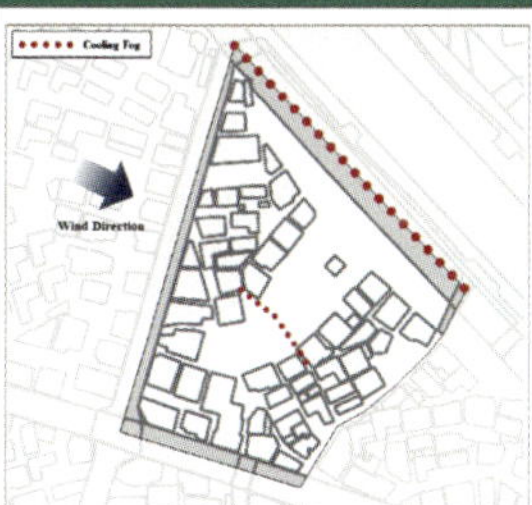	• 도로 A에는 쿨링포그 20개, 도로 a에는 쿨링포그 10개가 설치된 것을 가정함 • 각 미스트의 간격은 5 m로 지정
Scenario B	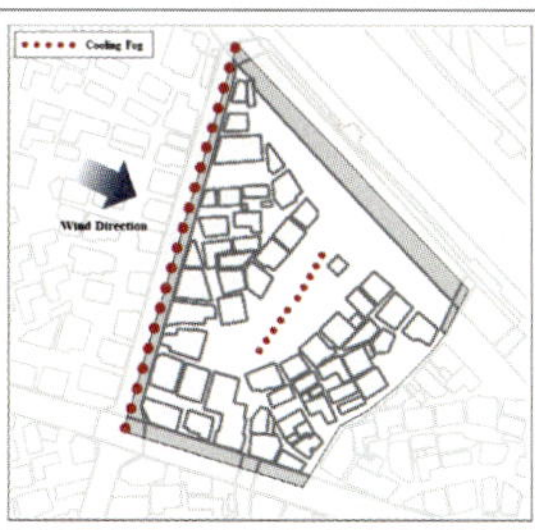	• 도로 B에는 쿨링포그 20개, 도로 b에는 쿨링포그 10개가 설치된 것을 가정함 • 각 미스트의 간격은 5 m로 지정
Scenario C	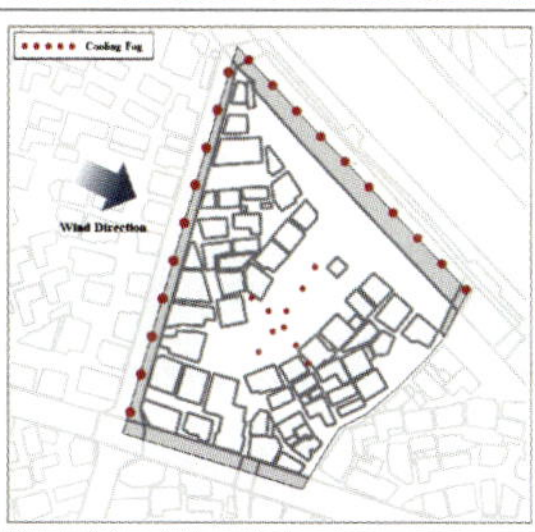	• 도로 A와 도로 B에 쿨링포그 총 20개를 설치 • 도로 a와 도로 b에 클링포그 총 10개를 설치 • 미스트 폴의 간격은 10 m로 조정함

Scenario D	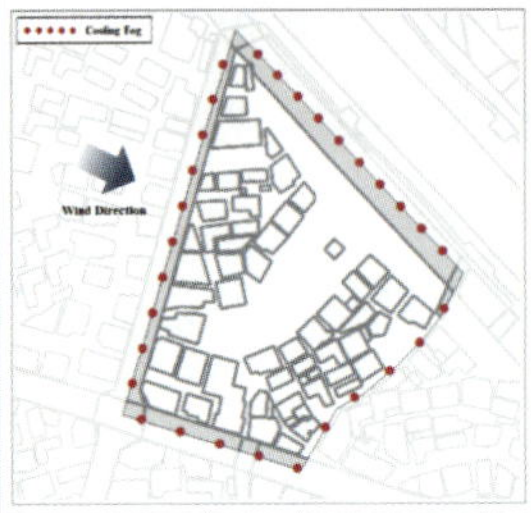	• 도메인 대상지 주변에 30개의 쿨링포그 설치됨 • 미스트 폴의 간격은 10 m로 조정함

4가지 시나리오 중 영역 내 공간의 평균 온도를 낮출 수 있는 시나리오를 최적 시나리오로 설정한다. 지금부터 네 가지 시나리오에 대한 결과를 고찰한다. CFD 해석의 반복(Iteration) 횟수는 2,000회로 설정하였고, 약 1,800회를 반복한 후에 온도와 상대습도가 일정 범위로 수렴하는 것을 확인할 수 있었다. 시나리오별 온도저감 및 습도증가 결과는 그림 4-87~그림 4-88과 같다.

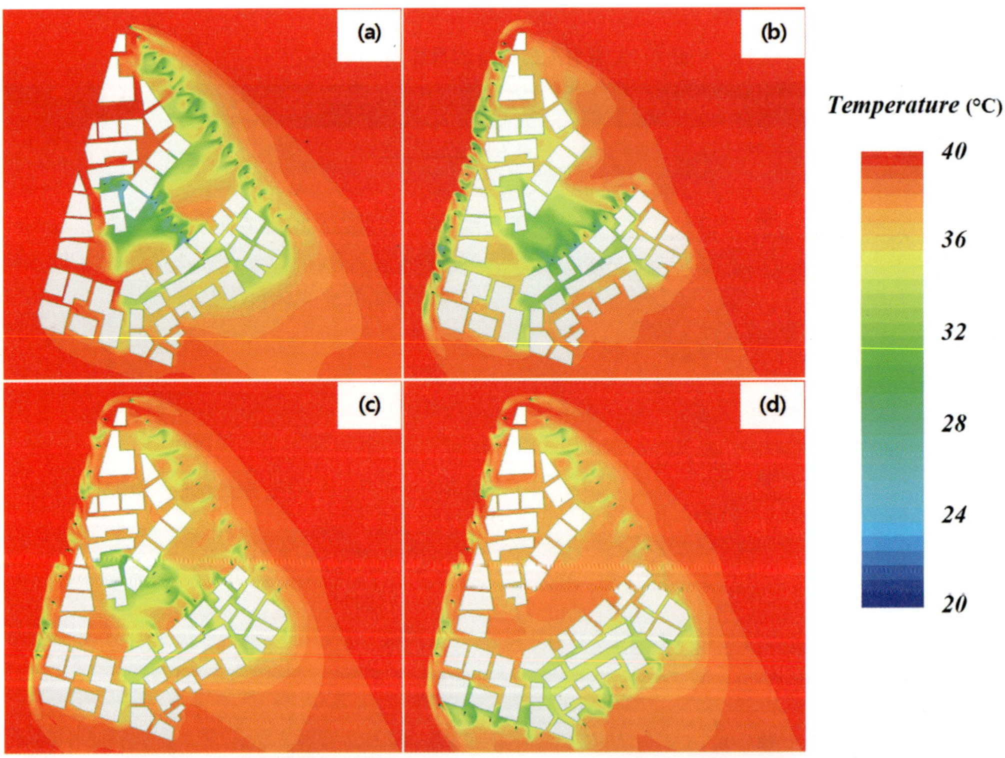

그림 4-87. 시나리오별 온도 저감 효과
(a) Scenario A (b) Scenario B (c) Scenario C (d) Scenario D (Kim and Kang, 2022)

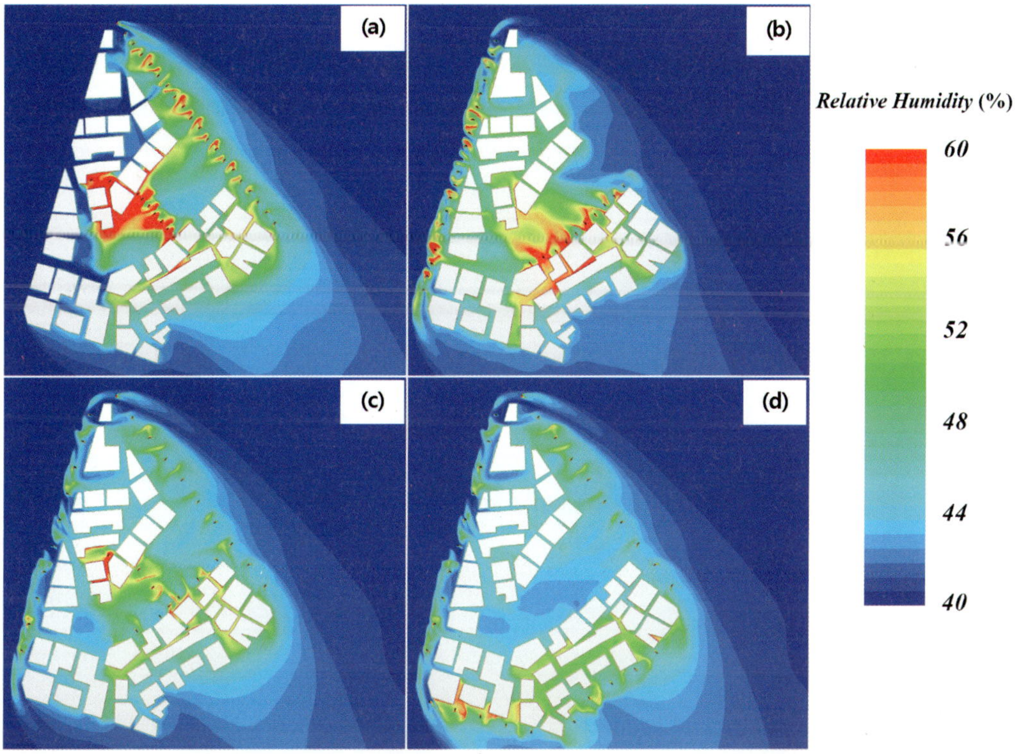

그림 4-88. 시나리오별 상대습도 증가 효과
(a) Scenario A (b) Scenario B (c) Scenario C (d) Scenario D (Kim and Kang, 2022)

위의 결과를 살펴보았을 때, 네 가지의 시나리오 중 가장 효율적인 시나리오는 B로 나타났다. 반면에 가장 비효율적인 시나리오는 D로 나타났다.

전체 시나리오에 대한 결과를 평가하였을 때, 공간에 대한 평균 온도는 6.9%에서 7.7%까지 저감할 수 있는 것으로 나타났으며, 1.0 m 높이에서 기온은 6.4%에서 7.6%까지 저감할 수 있었다. 1.5 m 높이에서 온도는 5.8%에서 7.1% 사이의 온도를 저감할 수 있었다.

이를 고찰하였을 때, 쿨링포그의 10.0 m인 시나리오 C와 D의 경우보다, 쿨링포그의 간격이 5.0 m인 시나리오 A 및 B에서 더 높은 온도감소 효과가 있는 것을 알 수 있었다. 시나리오별로 온도 저감효과, 상대습도 증가를 정량적으로 표현한 표 4-20 하기와 같다.

< 표 4-20. 시나리오별 쿨링포그 배치에 따른 온도 저감/상대습도 증가 요약 >

		쿨링포그 미설치	Scenario A	Scenario B	Scenario C	Scenario D
온도 (℃)	전체 공간 평균	39.42	36.6 (-7.2%)	36.4 (-7.7%)	36.6 (-7.1%)	36.7 (-6.9%)
	1.0 m 높이에서 평균 온도	39.43	36.6 (-7.2%)	36.4 (-7.6%)	36.8 (-6.8%)	36.9 (-6.4%)
	1.5 m 높이에서 평균 온도	39.43	36.7 (-6.8%)	36.6 (-7.1%)	37.0 (-6.1%)	37.2 (-5.8%)
상대습도 (%)	전체 공간 평균	41.27	46.5 (+5.3%)	46.8 (+5.5%)	46.2 (+4.9%)	46.0 (+4.7%)
	1.0 m 높이에서 평균 온도	41.24	46.4 (+5.2%)	46.5 (+5.3%)	45.9 (+4.6%)	45.6 (+4.4%)
	1.5 m 높이에서 평균 온도	41.25	46.2 (+4.9%)	46.2 (+5.0%)	45.4 (+4.2%)	45.14 (+3.9%)

위의 그래프와 그림을 통해서 알 수 검토할 수 있는 점을 다섯 가지로 나누어 요약해보자.

- 쿨링포그를 설치할 때, 온도 저감 효과는 모두 7% 내외 정도였지만, 그중에서도 가장 이상적인 결과는 시나리오 B이다.
- Steady 해석뿐만 아니라, 비정상해석 결과를 살펴보면 약 33분 후에 7%의 온도 감소 효과를 보였다.
- 같은 규모의 쿨링포그를 설치하여 동일한 양의 물을 소비하여 분사하더라도, 1.5 m 높이보다 1.0 m 높이에서 더 높은 온도 저감 효과를 가졌다. 일반인이 느끼는 1.5 m의 높이보다 어린이/어르신 등이 느끼는 1.0 m 높이에서 온도 감소 효과가 더 크게 나타났다.
- 쿨링포그 등 온도를 낮출 수 있는 장비를 바람이 부는 방향과 수직으로 설치하면 뜨거운 공기를 차단하여 대상지 전체의 온도를 효과적으로 낮출 수 있다.
- 상대습도의 경우, 모든 케이스에서 약 4~5% 정도 증가하였다.
- 온도감소 효과가 집중적으로 기대되는 대상지가 있다면, 약 5.0 m 간격 정도로 좁은 상태에서 쿨링포그를 배치하는 것이 보다 효율적이다.

최적화된 시나리오 B 모델을 대상으로 한반도 기후변화시나리오 RCP 8.5 시나리오 2100년에 해당하는 940.0 ppm의 탄소배출이 이루어진다고 할 때, 쿨링포그가 미래에도 효용성이 있는지를 평가해보자. 일 단위로 예측한 2100년까지의 온도 분포를 살펴보았을 때, 2100년 7월 28일의 최고기온은 45.7℃, 상대습도는 73.8%, 평균 풍속은 2.6 m/s 일 것으로 예측된다.

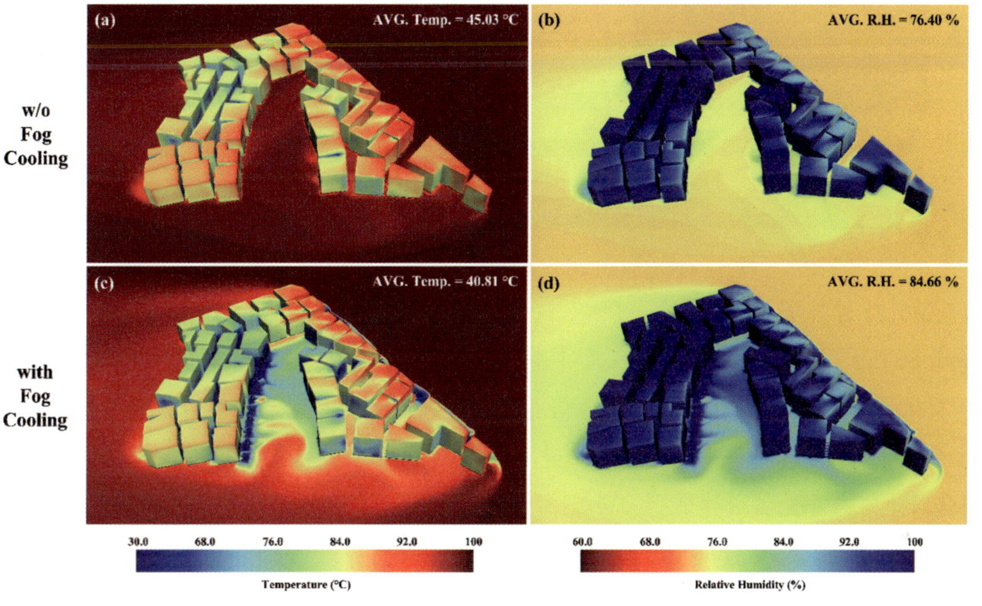

그림 4-89. RCP 8.5 시나리오에 대응하는 쿨링포그 배치 평가 (Kim and Kang, 2023)

한반도 RCP 8.5 시나리오에서 예측한 2100년 7월 28일의 기온, 상대습도, 풍속 조건을 입력하여 시뮬레이션한 쿨링포그의 온도저감 효과, 상대습도 증가 효과는 그림 4-89와 같다. 기존의 대상지의 온도는 유동에 의한 작용, 건축물의 냉방 에너지, 복사에너지 등에 의해 45.03℃의 온도를 유지한다. 위의 그림 4-89 (c)에서 관찰된바와 같이 쿨링포그를 사용한 후에는 40.81℃으로 감소되어, 약 4.22℃가 감소되었다. 이는 약 9.4%의 온도를 낮춘 수치이다. 상대습도의 경우 76.4%에서 84.66%로 약 8.26%까지 증가할 수 있음을 시사한다.

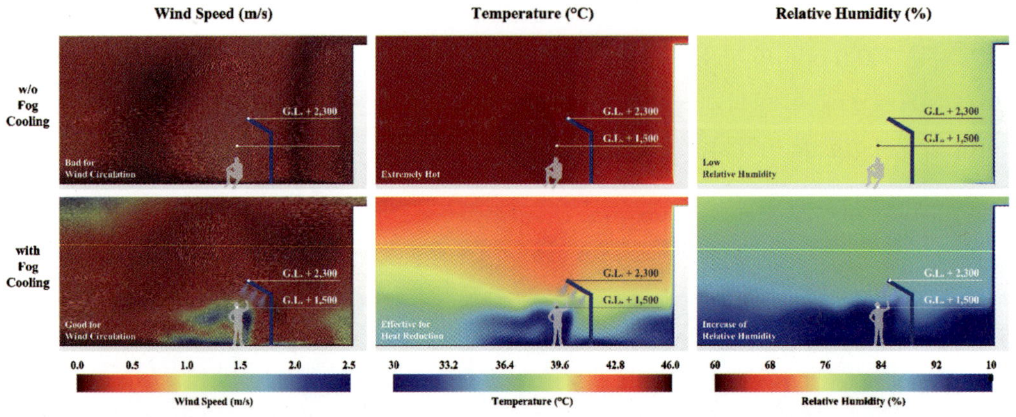

그림 4-90. RCP 8.5 시나리오에 대응하는 쿨링포그 열 쾌적성 평가 (Kim and Kang, 2023)

쿨링포그가 공간 환경에 미치는 영향은 그림 4-90에서 제시되어 있다. 위의 그림에서 볼 수 있듯이, 80 bar 이상의 고압에서 스프레이 분사는 공기의 순환과 공기질 개선에도 기여할 수 있는 것으로 나타났다. 인간이 생활하는 공간의 높이에 직접적으로 쿨링포그를 분사할 경우, 전체 공간의 온도를 낮출 수 있는 것으로 나타났다. 쿨링포그가 직접적으로 분사되는 구간은 상대습도가 90%까지 급격하게 상승하는 모습을 볼 수 있었지만, 상대습도는 수증기의 증발과 일사로 인해 급격하게 감소하는 모습을 관찰할 수 있다.

4) 환경요인 초기조건과 쿨링포그의 온도저감효과 관계 고찰

지금부터는 온도와 상대습도, 풍속 등의 환경 요인이 초기 조건에 따라 달라지는 온도저감효과, 상대습도 증가효과 등에 대해서 학습한다. 이를 위해서 CFD 시뮬레이션 내에서 온도, 상대습도, 풍속의 초기 조건을 변경하면서 결과를 살펴보는 Parametric Study를 수행한다. 온도의 범위는 25~45℃를 1℃ 간격 상대습도의 범위는 30~90%를 10% 간격, 풍속의 경우, 1~5 m/s의 범위를 1 m/s 단위로 구분하였다. 위에서는 전체 평균에 대한 온도, 1.5 m에서의 단면 온도, 1.0 m에서의 온도를 살펴보았으나, 본 챕터에서는 전체 공간에 대한 평균 온도, 상대습도 변화만을 살펴본다. 먼저 그림 4-91을 살펴보자.

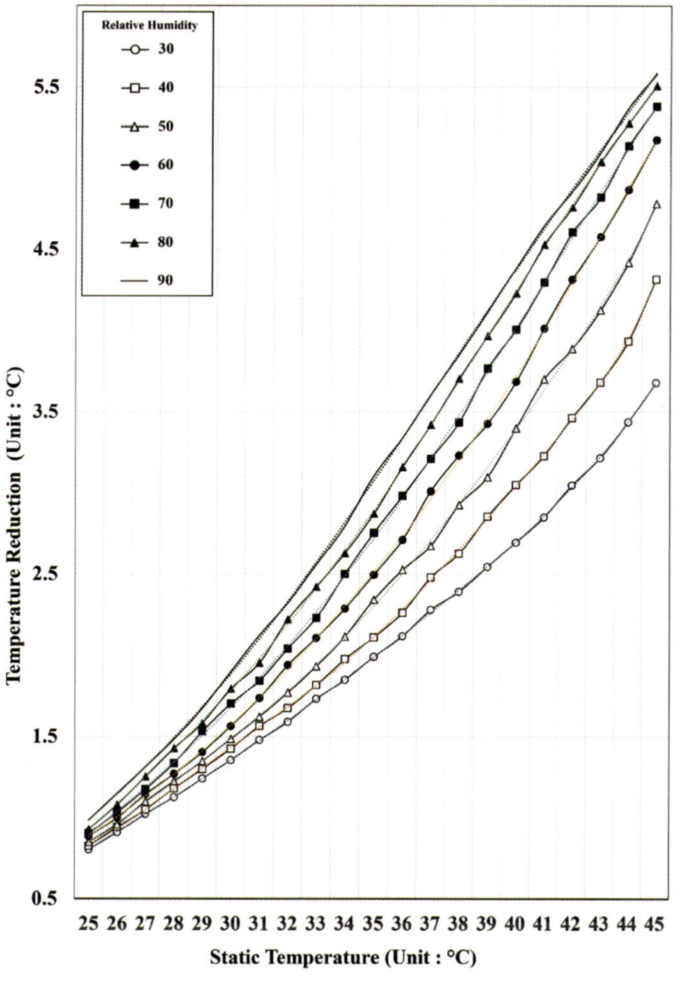

그림 4-91. 온도와 상대습도 변화에 따른 쿨링포그 온도저감 효과 분석 (Kim and Kang, 2022)

위의 그래프는 초기 온도의 변화에 따라서 변화하는 온도 저감 효과를 나타낸 것이다. 주요 결과를 살펴보면 그림 4-92와 같다.

- 초기의 온도와 상대습도가 증가함에 따라서 쿨링포그의 온도저감 효과는 증가하는 경향을 보였다.
- 초기 온도가 45℃인 경우, 전체 공간에 대해서 온도가 5.6℃까지 감소하는 모습을 볼 수 있었는데, 이는 약 12.6%의 온도가 감소한 것이다.
- 최근 심화되고 있는 열대야 기후에 활용할 수 있는 기후변화 적응시설로 활용할 수 있다.

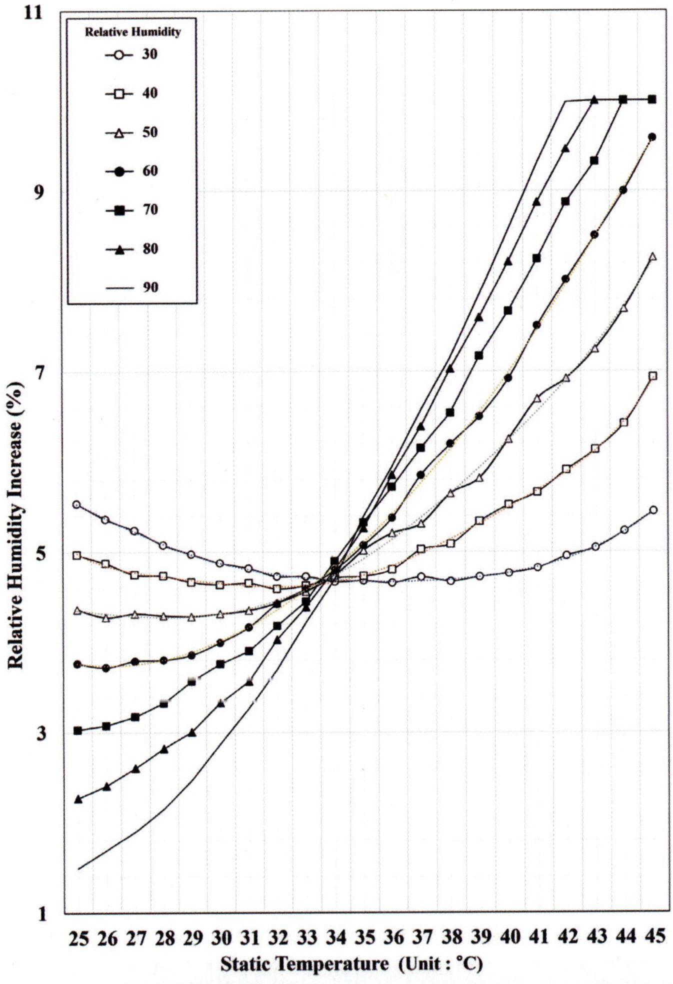

그림 4-92. 온도와 상대습도 변화에 따른 쿨링포그 상대습도 증가 효과 분석 (Kim and Kang, 2022)

다음은 상대습도 증가와 관련된 그래프를 살펴보자. 결과는 하기와 같이 요약할 수 있다.

- 쿨링포그는 최대 약 10% 정도까지 상대습도를 높이는 것으로 나타났다.
- 상대습도 증가의 경우, 초기 온도가 34℃에서 변곡점을 가지는 것으로 나타났다. 25~34℃ 구간에서는 30%의 상대습도가 가장 효과가 높은 것으로 나타났지만, 34℃ 이상이 되면 가장 높은 상대습도는 90%로 나타났다.
- 상대습도 증가는 1.0 m의 단면 섹션 구간에서 1.5 m 의 섹션구간보다 더 크게 나타났다.

지금부터는 온도, 상대습도 증가, 풍속 세 개의 환경 요인의 변화 및 상관관계를 살펴보자(그림 4-93).

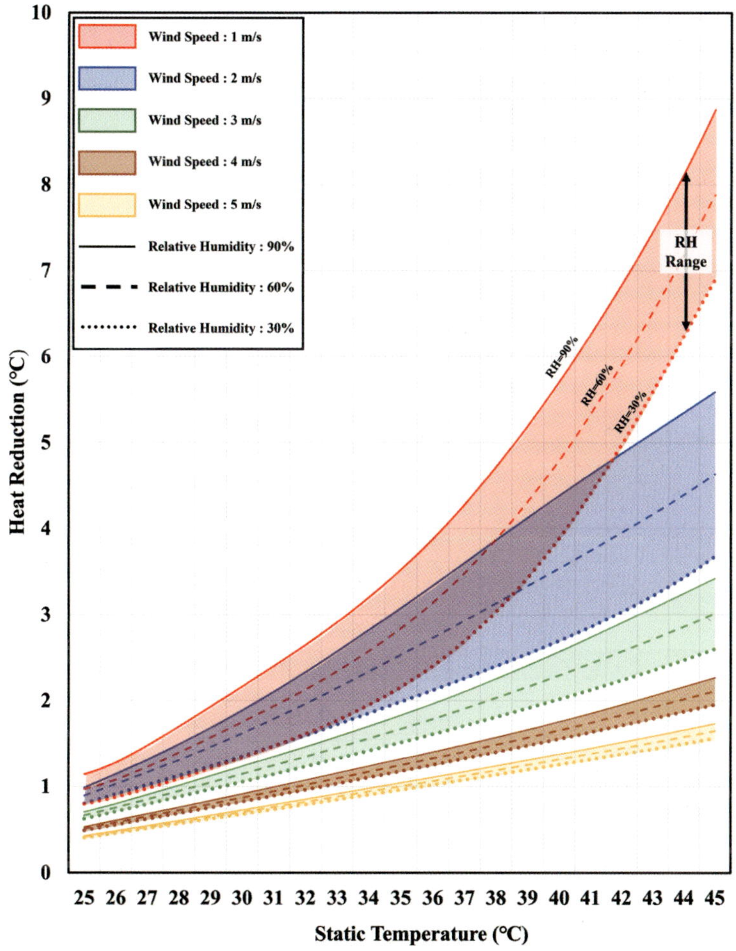

그림 4-93. 환경요인과 쿨링포그의 온도저감 효과 상관관계 (Kim and Kang, 2023)

위의 그래프를 통해서 알 수 있는 점은 풍속과 쿨링포그의 온도감소효과의 상관관계이다. 5 m/s 이상의 풍속에서는 온도 저감 효과가 1~2% 내외로 그 효과가 매우 미비해지는 것을 알 수 있다(그림 4-94).

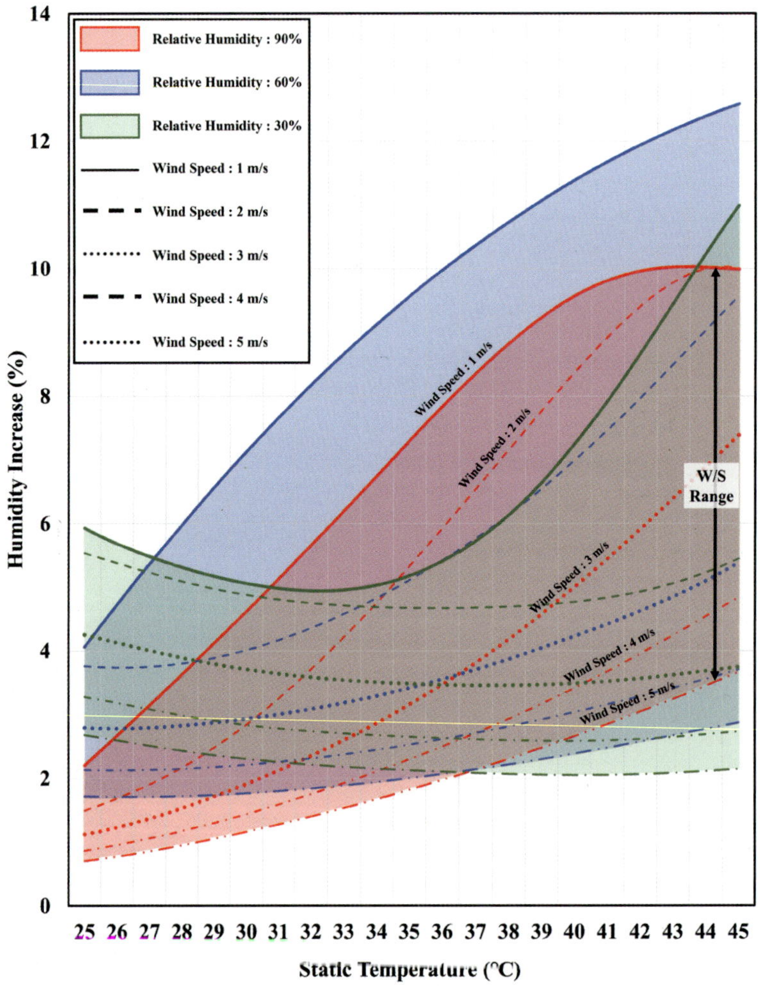

그림 4-94. 환경요인과 쿨링포그의 상대습도 증가 효과 상관관계 (Kim and Kang, 2023)

상대습도 감소 폭은 풍속이 증가함에 따라서 감소하는 경향을 볼 수 있었다. 풍속 1.0 m/s, 초기 온도 45℃, 상대습도 40%일 때 상대습도 증가율이 가장 높은 것을 알 수 있었다. 상대습도의 경우 우리가 위에서 정의한 바와 같이 온도와 절대습도의 관계로 계산이 정의되었으므로, 온도와 주변습도 조건에 따라 지속적으로 증가하거나 감소하며 풍속에 반비례한다.

5) 도시열섬의 HCFD 모델 평가

우리는 지금까지 CFD를 활용하여 도시열섬을 저감 분석에 대해 전반적인 방법론을 학습하였다. 그렇다면 지금까지 학습한 내용을 토대로 도시열섬을 HCFD 모델로 평가해본다(그림 4-95).

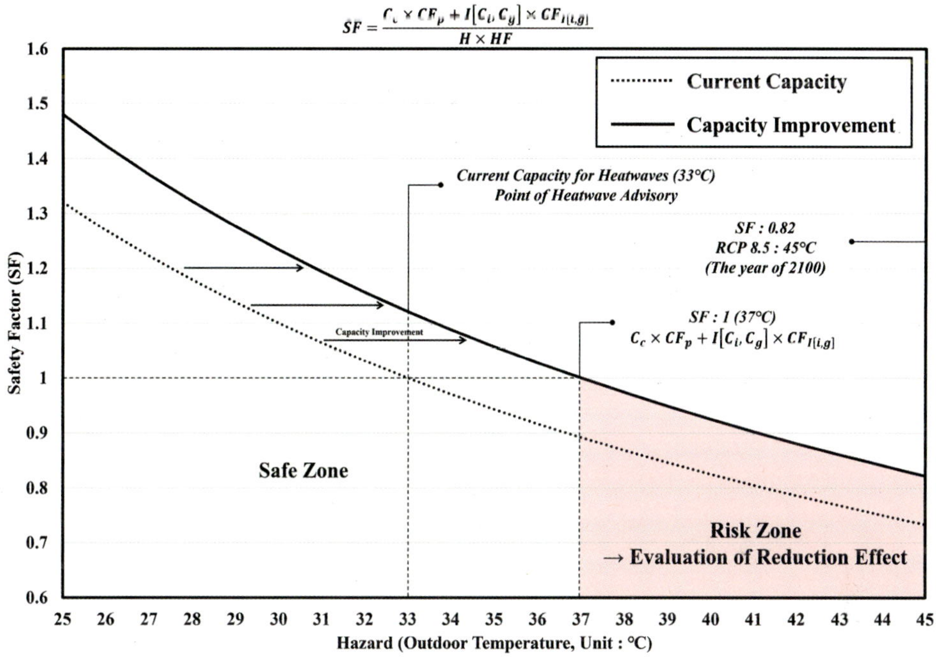

그림 4-95. 도시열섬의 HCFD 모델 평가

도시홍수의 적응 분석과 마찬가지로 HCFD 모델에서 가장 먼저 선행되어야 할 것은 인프라를 포함한 현재의 도시 용량을 평가하는 것이다. 우리나라 기상청의 경우 33.0℃ 이상이 되면 폭염주의보를 발령하기 때문에, 본 저서에서는 도시나 인간이 견딜 수 있는 도시열섬의 용량을 33.0℃로 정의한다.

한편 스마트 인프라인 쿨링포그를 기존 용량에 적용하면 도시 전체가 최대 약 37℃까지 견딜 수 있다. 쿨링포그를 37℃에서 분사해 최대 33.0℃까지 온도를 낮출 수 있기 때문이다. 즉, BGI 기반의 스마트 인프라를 적용했을 때 용량은 37℃이다. 온도가 37.0℃보다 낮으면 안전계수는 1보다 큰 값을 가지며, 37.0℃보다 높으면 안전계수는 1보다 작은 값을 갖는다. HCFD를 이용하여 폭염을 평가한 변동 그래프를 살펴보면, 폭염주의보온도인 33℃는 안전계수(SF)가 1.12이고, RCP 8.5, 2100년 일 최고기온에 해당하는 45℃의 안전계수(SF)는 0.82로 분석되었다.

안전계수(SF) 값이 1 미만이면 위의 의사결정 그래프를 활용하여, 현재 상태에서 얼마나 온도를 낮출 수 있는지 온도 감소율을 분석해야 한다. 열쾌적성 평가는 의사결정자가 스마트 인프라인 쿨링포그를 도시 규모로 적용하는 데 필수적이며, 열쾌적성을 평가하기 위해서는 온도 감소 효과 및 상대습도 증가율을 분석해야 한다.

3장 도시홍수를 인공지능 기반 HCFD 모델로 평가한바와 같이, 도시열섬 역시 GBRT 기반의 HCFD 모델로 평가를 수행한다(그림 4-96).

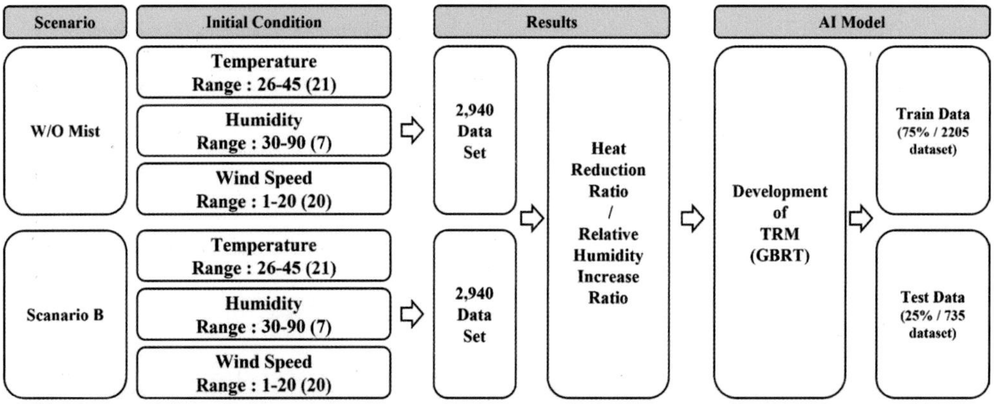

그림 4-96. CFD와 인공지능을 활용한 도시열섬 저감 데이터 셋 구축 (Kim and Kang, 2023)

도시열섬의 인공지능 모델은 온도, 상대습도, 풍속 총 세 가지의 예측 변수를 포함하고 있으며, 응답은 온도감소율과 상대습도 증가율을 나타낸다. 데이터의 경우, 쿨링포그의 유무, 21개의 온도 데이터, 7개의 습도, 5개의 풍속 데이터를 활용하여 약 5,880개 데이터(2,940개의 데이터 셋)가 구축되었다. 데이터 중 2,205개(75%)는 모델 개발을 위한 훈련용 데이터로 활용되고, 나머지 25%(735개 데이터)는 모델 검증에 사용되었다.

개발된 기계학습 모델의 신뢰도를 평가하기 위해서 R^2와 평균절대비오차(MAPE, Mean Absolute Percentage Error)를 평가한다. GBRT 기반의 AI 모델 생성을 위해서는 Python을 코드로 사용한다. GBRT 모델은 learning_rate = 0.1, n_estimators = 100, max_depth = 3을 적용하여 열 감소율과 습도 증가를 예측하였다. CFD 시뮬레이션 값과 GBRT 기반의 HCFD 모델을 이용한 예측 데이터의 일부는 표 4-21과 같다.

< 표 4-21. CFD 시뮬레이션 및 GBRT 기반 HCFD 모델 예측 검증 데이터 >

상대습도 (%)	온도(℃)	풍속(m/s)	온도 감소(℃)		상대습도 증가율(%)	
			CFD 값	예측값	CFD 값	예측값
30	25	5	0.40416	0.39805	2.72861	2.68455
	26	19	0.10302	0.10383	0.55174	0.54699
	34	9	0.47293	0.48944	1.06092	1.07870
	36	8	0.61186	0.62330	1.27193	1.21983
40	31	13	0.25422	0.25116	0.66159	0.68755
	31	20	0.15327	0.15685	0.40456	0.40667
	33	10	0.39653	0.39775	0.92322	0.92861
	35	3	1.57700	1.54769	3.51850	3.48379
50	25	6	0.34404	0.34912	1.48830	1.41706
	25	11	0.16997	0.16217	0.71525	0.71231
	26	14	0.14751	0.15197	0.58481	0.61258
	34	1	3.70808	3.89371	8.67703	8.55555
60	27	13	0.17961	0.18459	0.55355	0.56733
	29	2	1.40226	1.46809	4.03137	3.85748
	30	14	0.21772	0.21874	0.54314	0.53210
	30	16	0.18786	0.18641	0.45416	0.45698
70	25	20	0.08677	0.08601	0.29267	0.28129
	26	9	0.24392	0.24647	0.69761	0.71691
	31	20	0.15426	0.15633	0.31964	0.31637
	34	13	0.31315	0.30828	0.62179	0.60444

80	25	12	0.15466	0.15557	0.42007	0.44599
	27	16	0.14293	0.14275	0.35133	0.30730
	37	4	1.46804	1.48811	2.64357	2.70939
	43	8	0.88452	0.89147	1.71555	1.70771
90	28	9	0.30316	0.30289	0.49082	0.49299
	28	20	0.12005	0.12182	0.18703	0.19403
	31	18	0.17685	0.17838	0.26650	0.29614
	33	2	2.55685	2.35186	3.73041	4.21471

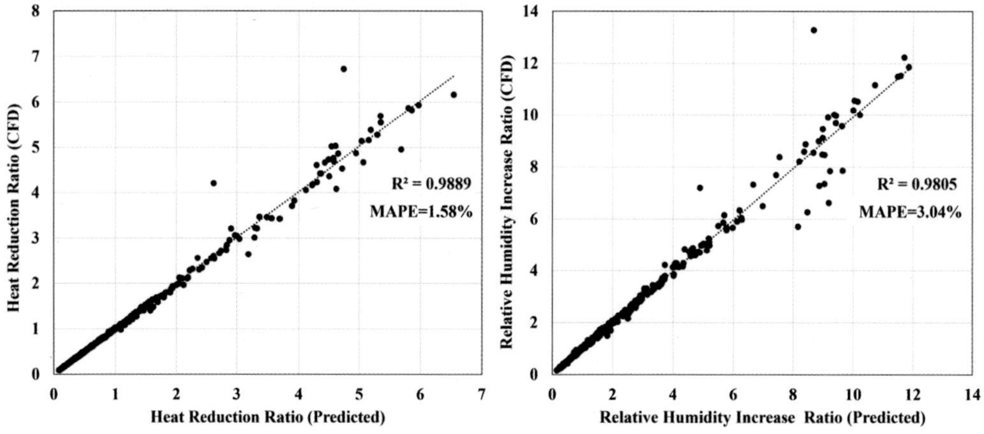

그림 4-97. CFD와 인공지능 데이터의 산점도: (a) 온도저감 (b) 상대습도 증가 (Kim and Kang, 2023)

본 연구에서 제안한 GBRT 기반의 HCFD 모델과 시뮬레이션 사이의 관계와 신뢰도를 나타낸 산점도는 그림 4-97과 같다. 예측된 온도저감효과와 CFD 시뮬레이션 결과값 사이에는 0.9889의 R^2 값과 1.58%의 MAPE로 높은 값을 보였다. 상대습도 증가율의 경우, R^2 값은 0.9805이고, MAPE 값은 3.04%로 나타났다.

GBRT를 활용한 HCFD 모델은 초기 환경요소의 조건들이 쿨링포그의 온도저감효과 및 상대 증가 효과에 미치는 영향에 대해서 빠르게 의사결정할 수 있다는 장점을 가진다. GBRT 모델은 인공지능 모델을 제작하는데 있어서, 어떠한 환경요인이 가장 큰 영향을 미쳤는지를 평가할 수 있다.

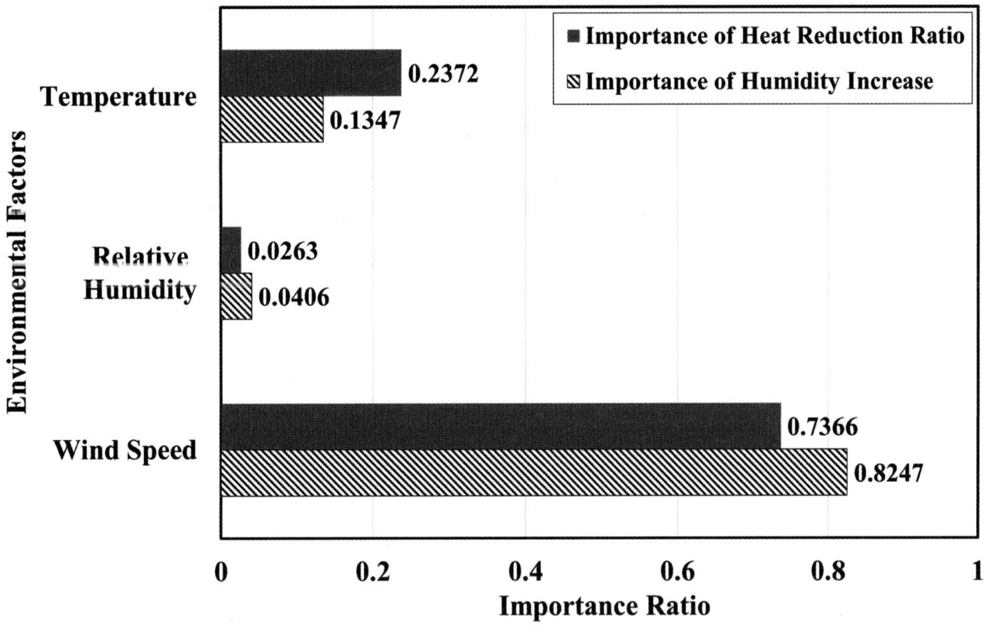

그림 4-98. GBRT 모델을 활용한 Importance Ratio 분석 (Kim and Kang, 2023)

지표의 값이 높을수록 인공지능 모델 학습에 더 큰 기여를 한 것이며, 결과를 살펴보면 하기와 같이 정리할 수 있다. 온도 감소에 영향을 미친 결과 중 가장 큰 요인은 풍속으로 약 0.7366 정도의 중요도, 온도는 0.2371, 상대습도는 0.0263으로 영향을 미쳤다. 상대습도증가의 경우, 풍속이 0.8247, 온도는 0.1347, 상대습도는 0.0406 순으로 나타났다(그림 4-98).

우리는 이번 챕터를 통해서 도시열섬에 대한 개념과 전산유체역학(CFD)를 활용한 기후변화 적응 방법에 대해서 고찰하였다. 인공지능 기반의 HCFD 모델 적용 등 다양한 방법론 적용을 통해서 시민이나 의사결정자 등 많은 사람들이 사용할 수 있는 근거 기반의 분석을 수행하였다. 본 챕터의 방법론과 결과를 활용하여 도시에서 발생할 수 있는 다양한 재난재해들을 해결해보자.

생활 속의 아이디어! - LID 기술을 포함한 콘크리트 열저감 시스템

도시의 온도를 올리는 주요 요인 중 하나는 불투수 면적과 인공 포장재 증가로 인한 태양복사 에너지의 증가가 있다. 이를 해결하기 위한 그린인프라 연계형 시설들이 개발되고 있다. 대표적인 사례로 LID 기술을 포함한 콘크리트 열저감 시스템을 소개한다.

1. LID 기술을 포함한 콘크리트 열저감 시스템 (특허출원 번호: 10-2023-00248413/10-2023-00248414)

위 발명은 그린인프라를 활용하여 콘크리트, 아스팔트 등 불투수 포장재가 양생하면서 발생하는 수하열 저하 및 여름철 포장재 온도 조절을 위해서 개발되었다. 건축물, 옹벽 등 다양한 시설물에 활용되어서 매설형 시설로 활용된다. 또한, Geo-material 및 섬유 형태의 센서를 활용하여 콘크리트 내부의 안전 보강 및 건축물 붕괴 사고 예측 시스템을 개발한다. 옥상에서 집수되는 물은 건축물 외벽, 지상 구조물을 거쳐 조경용수로 폭넓게 활용될 수 있다(그림 4-99).

이 기술의 핵심 내용 중 하나는 건축물과 지하층을 모두 활용하여 집수부를 형성한 것인데, 이는 빗물의 유달 시간을 늦출 수 있을 뿐만 아니라, 건축물/지상공간에 전체적으로 온도조절을 할 수 있다. 내부에 설치될 수 있는 Fiber 형태의 센서는 온도센서, 습도센서, 제어부 등의 시설이 들어갈 수 있으며, IoT를 활용한 실시간 모니터링 및 대응이 가능하다. 수집한 데이터의 분석 결과는 혼합재를 활용한 콘크리트 신기술 개발과 유지관리 시기 결정에 큰 도움을 줄 수 있다(그림 4-100).

위 시설은 퍼골라, 옹벽 등의 다양한 조경·옥외공간 시설에 사용될 수 있으며, 궁극적으로는 도시 전체의 온도 조절 및 환경 개선에 기여할 수 있다는 장점을 가진다.

그림 4-99. LID 기술을 포함한 콘크리트 열저감 시스템

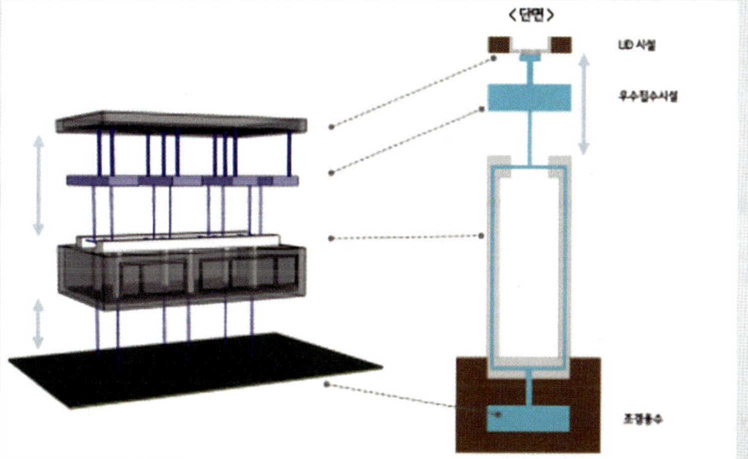

그림 4-100. LID 기술을 포함한 콘크리트 열저감 시스템 단면도

4절 요약

1. 도시열섬은 도시지역의 기온이 주변 지역보다 더 높게 분포하는 현상으로, 도시 인프라 구축에 따른 피복상태 변화로 복사에너지의 흡수율이 증가하는 것이 주원인이다. 이와 유사한 개념으로 지구온난화는 지구 전체의 평균 온도 상승을 말하며, 기후변화는 온도 상승뿐 아니라 기후 패턴의 변화를 포함한 보다 큰 개념이다. 이들 모두는 고온과 폭염을 유발하며, 이에 따른 온열질환자 수의 증가를 초래한다. 최근의 개념 중 열돔현상이란 지구표면 상공의 고기압 지역이 뜨거운 공기를 돔처럼 감싸 상승하는 현상을 가리킨다.

2. 도시열섬의 요인은 인간의 활동과 자연적 요인이 복합적으로 작용하여 발생한다. 인간의 활동에 의한 요인으로는 도시지역에서 사용하는 건설재료(콘크리트, 아스팔트 등)가 주된 원인 중 하나이다. 건설재료는 태양복사 에너지를 크게 흡수하며, 이는 도시의 온도를 높이는 역할을 한다. 또한, 도시에서 발생하는 다양한 에너지 소비 과정(자동차, 공장, 빌딩의 난방 및 냉각 시스템, 기타 기계 및 전기 장치 등)은 열을 생성하여 도시열섬 현상을 더욱 심화시킨다. 마지막으로, 도심의 고층빌딩과 좁은 거리는 복사열과 바람의 흐름을 방해하며, 이는 열에너지의 순환을 어렵게 하여 도시열섬 현상을 악화시킨다.

3. 도시열섬 현상은 자연적인 기후변화 요인에 의해서도 발생한다. 도시의 지리적 위치(위도, 경도, 해발고도 등)와 지배적인 풍향, 계절적인 기후변화, 일일 온도와 습도 등의 기후 및 기상 조건은 도시열섬 효과에 크게 영향을 미친다. 이런 자연적 요인은 도시열섬 현상을 더욱 복잡하게 만들며, 이에 따라 그 피해의 정도도 변화하게 된다.

4. 도시열섬 대응 시설로 쿨링포그 시스템은 미세한 물을 분사하여 주변 온도를 낮추는 방식으로 도시열섬 현상을 완화하는 시설이다. 이 시스템은 물을 고압으로 분사하여 기화시키고, 이 과정에서 발생하는 열흡수 현상으로 주변 공기를 냉각시킨다. 대표적인 사례로는 대구광역시에서 환경부 기후변화 적응대책 시범사업으로 설치한 국채보상운동기념공원의 쿨링포그 시스템과, 인동촌마을의 도시재생사업에서 설치한 미스트폴 등이 있다. 이러한 시설들은 미세먼지 감소와 대기질 개선 효과도 기대할 수 있으며, 특히 폭염에 취약한 노인 등 취약계층에게 큰 도움을 줄 수 있다.

5. 쿨루프는 건물의 옥상 표면에 특수 페인트를 칠하여 태양의 열을 반사시키는 도시열섬 저감 기법이다. 쿨루프의 유형은 화이트루프와 그린루프로 구분되는데, 화이트루프는 흰색의 특수 페인트를 지붕에 칠해 태양의 복사열을 대부분 반사시키며, 그린루프는 식물을 옥상에 심어 태양열을 반사시키는 것으로 냉난방비용을 대폭 절약할 수 있다. 무더위쉼터는 냉방과 운영비가 지원되는 공공시설로, 주로 경로당, 마을회관, 주민센터, 아동센터 등이

해당되며, 폭염기에는 노약자나 취약계층이 이용할 수 있도록 하고 있다. 횡단보도 등에 설치되는 파라솔 형태의 그늘막은 도시열섬 현상을 완화하는데 도움을 준다.

6. 쿨링의자, 스마트쉼터, 가로수 설계는 도시열섬 현상을 완화하고 시민들의 생활을 개선하는데 중요한 역할을 한다. 쿨링의자는 버스정류장에 설치하여 여름철 시민들의 편의를 증진시키며, 겨울철에는 덮개를 제거해 기존의 온열의자로 사용된다. 가로수 설계 및 식재는 도시의 온도를 떨어뜨리고 그늘을 제공함으로써 도시열섬 현상을 완화하는 역할을 하며, 양버즘나무와 같은 일정 수종은 열을 흡수하는 증산 과정을 통해 온도를 더욱 낮추는데 효과적이다. 다양한 대책들은 도시의 편의성을 높이는 동시에 지속 가능한 도시환경 구축에 기여하고 있다.

7. 도시열섬 현상을 분석하는 방법에는 여러 가지가 있다. 첫 번째로, 기상관측소나 AWS를 활용한 온도 관측 및 모니터링, 그리고 위성 이미지를 사용한 원격 탐사 방법이 있다. 이들 방법은 온도 데이터를 수집하고 비교함으로써 도시열섬 현상을 객관적으로 평가하게 도와준다. 또한, 에너지 균형 모델링은 도시지역의 에너지 균형을 분석하며, 햇빛의 복사, 지표면의 열 방출, 증발, 열 전도 등과 같은 에너지 교환 프로세스를 고려한다. 이는 SAM과 같은 프로그램을 통해 분석될 수 있다.

8. 두 번째로, 기상 상태와 에너지 교환을 중심으로 분석하는 수치적 기상 모델링이 있다. 이 방법은 UrbClim이나 WRF와 같은 프로그램을 통해 이루어지며, 복잡한 도시지역의 기상 패턴을 시뮬레이션하고, 환경이 기후에 어떻게 영향을 미치는지 분석할 수 있다. 마지막으로, 건축 및 도시 계획 모델링은 도시열섬 현상을 직접적으로 저감하는데 사용된다. 이를 위해 ENVI-met, SOLWEIG, 그리고 Simcenter STAR-CCM+와 같은 프로그램이 사용된다. 이들은 다양한 도시 요소를 직관적으로 모델링하고 예측하는데 활용되어, 도시 열섬 현상에 적극적으로 대응할 수 있는 전략을 개발하는 데 도움을 줄 수 있다.

9. 전산유체역학(CFD)은 유체의 유동, 열의 전달 등 화학/물리적 반응을 컴퓨터 시스템을 통해 해석하는 방법을 의미한다. 이 방법은 기계, 자동차, 항공기, 선박, 발전소 등 다양한 분야에서 활용되며, 특히 건축물의 내/외부 환경 분석에 적용될 수 있다. CFD의 이점은 대규모 공간 및 새로운 형상의 유체현상을 비용과 시간을 절약하며 계산할 수 있다는 점이다. 초기 조건과 경계조건의 변경을 통해 반복적인 결과 분석이 가능하며, 실험으로 측정하기 어려운 위치에서 유체의 흐름이나 온도 등을 분석할 수 있다. 그 외에도, 안전하지 않거나 위험한 조건에서의 시스템 연구, 그래픽 시스템의 발전을 통한 유동 특성의 시각화 등이 가능하다.

10. 전처리 과정은 문제의 정의와 유체 시스템의 물리적 모델 제작 등을 포함한다. 이 과정에서는 주어진 해석 영역을 작은 격자로 쪼개고, 물리적 또는 화학적 모델을 정의하며, 유체역학의 해석 결과에 큰 영향을 미치는 격자 크기에 대한 감도 분석이 수행된다. CFD 해석에 있어서 적절한 격자 크기 설정이 중요하다.

11. 시뮬레이션 과정은 유한체적법 등을 통해 수행되며, 솔버로는 CFX/ANSYS, FLUENT, PHOENICS, STAR-CCM+ 등이 사용된다. 이 단계에서는 건축환경에서의 난류 조건에 대한 유체 해석을 수행하고, 이를 위해 주로 K-epsilon (k-ε) 모델이 사용된다. 미분방정식의 수치적 해법을 통해 수치 해를 구하는 작업이 이루어진다.

12. 후처리 과정은 해석 결과를 그래픽이나 시각화된 이미지로 분석한다. 이 과정에서는 유체의 흐름, 압력 분포, 온도 분포 등 다양한 결과를 출력하며, 이를 바탕으로 실험 데이터나 이론적 결과와 비교 검증을 진행하고, 시스템의 성능 개선을 위해 설계를 수정하거나 프로세스를 반복할 수 있다.

13. 전산유체역학의 중요한 구성요소 중 하나는 '계산격자'이다. 격자는 연속체로 가정한 유체 입자들이 컴퓨터 상에서 계산 가능하도록 공간영역을 작은 요소로 이산화 하는 것을 뜻한다. 계산 격자는 일반적으로 정렬격자와 비정렬격자로 나눌 수 있으며, 각각 격자점을 순차적으로 배열하거나 특별한 규칙 없이 배열하는 형태를 가진다. 이 격자의 크기는 물리현상이 잘 모사될 수 있도록 적절하게 설정되어야 한다.

14. 유체 유동의 지배방정식은 물리학적 보존 법칙을 수학적으로 표현한 것으로, 질량, 운동량, 에너지 보존 법칙을 나타낸다. 이를 기반으로한 Navier-Stokes 방정식은 연속성 방정식(질량 보존), 운동량 방정식(운동량 보존), 에너지 방정식(에너지 보존)으로 구성된다.

15. 연속성 방정식은 유체 내부의 질량 변화를 수학적으로 표현한 것이며, 비압축성 유체에서는 밀도가 상수로 고려된다. 운동량 방정식은 뉴턴의 두 번째 법칙을 표현하며, 유체입자에 가해지는 전체 힘과 운동량의 증가율을 일치시킨다.

$$\frac{\partial \rho}{\partial t} + \nabla(\rho u) = 0$$

16. 에너지 방정식은 열역학 제1법칙을 기반으로, 유체입자의 에너지 변화율과 그 입자에 부여된 열전달률과 가해진 일률을 일치시킨다. 이외에도 상변화 방정식, 중력 방정식, 난류 방정식 등 문제의 물리적 현상을 모사하는 데 필요한 추가적인 방정식을 선택하여 사용한다.

$$\rho\frac{DE}{Dt} = -\nabla(pu) + \left[\frac{\partial(u\tau_{xx})}{\partial x} + \frac{\partial(u\tau_{yx})}{\partial y} + \frac{\partial(u\tau_{zx})}{\partial z} + \frac{\partial(v\tau_{xy})}{\partial x} + \frac{\partial(v\tau_{yy})}{\partial y} + \frac{\partial(v\tau_{zy})}{\partial z} + \frac{\partial(w\tau_{xz})}{\partial x} + \frac{\partial(w\tau_{yz})}{\partial y} + \frac{\partial(w\tau_{zz})}{\partial z}\right]$$

$$+\nabla(k\,grad\,T) + S_E$$

17. 진신유체역학(CFD)의 문세는 초기조건과 경계조건을 기반으로 정의된다. 경계조건(Boundary Condition)은 시뮬레이션 영역의 테두리에서 유체의 행동을 정의하며, 이는 우리의 실제 환경이 무한하나, CFD의 경계는 유한하므로 설정해야 한다. 잘못 설정될 경우 수치해의 정확성과 수렴성을 손상시킬 수 있으며, 주요 경계조건으로는 입구, 출구, 벽, 대칭, 정해진 압력, 주기성 등이 있다. 반면, 초기조건(Initial Condition)은 시뮬레이션 시작 시점의 시스템 상태를 정의하며, 유체의 속도, 압력, 온도 등의 특성을 지정한다. 특히, 시간에 따라 결과가 변하는 비정상 유동에서는 초기 상태 설정이 중요하다.

18. STAR-CCM+는 Siemens사가 개발한 유한체적법(FVM) 기반의 전산유체역학(CFD) 해석 소프트웨어로, 유체동역학, 고체역학, 열전달, 입자역학 등 다양한 물리적 현상을 모델링하고 시뮬레이션할 수 있다. 이 소프트웨어는 직관적인 그래픽 사용자 인터페이스를 제공하며, 모든 시뮬레이션 단계에 걸친 강력한 해석 기능을 갖추고 있다. 다양한 물리모델을 지원하며, 다양한 엔지니어링 문제에 적용가능하다. 고성능 컴퓨팅 환경을 지원하여 대량의 데이터 처리와 복잡한 시뮬레이션을 빠르게 완료할 수 있으며, 사용자 맞춤형 기능과 자동화를 지원한다. 또한, 다양한 형태의 메쉬 생성을 지원하여 상황과 모델에 따라 적절한 메쉬 크기를 설정할 수 있다.

19. 모델링 과정에서는 국토정보플랫폼의 데이터를 사용하였으며, 국토정보플랫폼에서는 수치지도, 항공사진, 국가기준점 등의 정보를 제공하며, 사용자는 필요한 정보를 다운로드한다. 일반적으로는 도로경계, 건물, 실폭하천, 호수, 등고선, 표고점 등의 정보를 선택한다. 상세하고 자세한 모델링을 손쉽게 적용하기 위해서는 Rhino에서 지원하는 grasshopper 코드를 사용할 수 있다.

20. 폭염저감장치를 적용한 정적 상태의 온도저감 효과를 평가하기 위해서는 하기와 같은 모델들을 선택할 수 있다.

- Three Dimensional: 3차원 해석
- Gradients: 이송 방정식(mass, momentum, energy 등) 사용

- Steady: 정상상태 해석
- Multi-Component Gas: 해석 영역 내의 작동 유체가 다 성분 기체일 때 사용(습도, 연소 해석에 사용)
- Non-Reacting: Multi-Component Gas에서 각 기체 성분이 서로 반응을 하지 않는 것을 설정
- Segregated Flow: 유동과 에너지의 방정식을 각자 따로 푸는 해석
- Constant Density: 밀도가 일정(비압축성 유동)
- Turbulent: 난류 유동
- RANS Realizable K-epsilon Turbulence: 일반적인 유동에서 가장 많이 사용되는 난류 모델
- Exact Wall Distance: Wall Function을 사용하는데 필요한 기본 모델
- Two-Layer All y+ Wall Treatment: 일반적인 유동에서 가장 많이 사용되는 Wall Function
- Segregated Fluid Temperature: 에너지 방정식을 계산하는 모델

21. CFD를 활용한 쿨링포그 최적화 배치 연구를 통해서 아래와 같은 연구 결과를 얻을 수 있다.

- 쿨링포그를 설치할 때는 풍향과 풍속 등 환경요인을 고려해서 설치를 하여야 하며, 가능하면 풍향과 수직이 되게 쿨링포그를 설치하여야 한다. 바람이 부는 방향과 수직으로 설치하면 뜨거운 공기를 차단하여 대상지 전체의 온도를 효과적으로 낮출 수 있다.
- 같은 규모의 쿨링포그를 설치하여 동일한 양의 물을 소비하여 분사하더라도, 1.5 m 높이보다 1.0 m 높이에서 더 높은 온도 저감 효과를 가졌다. 일반인이 느끼는 1.5 m의 높이보다 어린이/어르신 등이 느끼는 1.0 m 높이에서 온도 감소 효과가 더 크게 나타난다.
- 온도감소 효과가 집중적으로 기대되는 대상지가 있다면, 약 5.0 m 간격 정도로 좁은 상태에서 쿨링포그를 배치하는 것이 효율적이다.

"Heatwaves are silent killers because they take the lives of people who are already vulnerable."

- Francesco Rocca -

5절 예제

❶ 다음 중 도시열섬(Urban Heat Island, UHI)에 대한 설명으로 옳지 않은 것은 무엇인가?

a. 도시열섬은 도시지역의 기온이 주변 지역보다 높은 현상을 말한다.

b. 도시열섬은 도시의 건축물이나 도로 등으로 복사에너지 흡수율이 높아져 발생한다.

c. 도시열섬은 낮 시간에 태양 에너지를 더 많이 흡수하고, 저녁 시간에는 천천히 방출한다.

d. 도시열섬은 지구 전체의 평균 온도 상승을 의미한다.

❷ 지구온난화와 기후변화의 차이점에 대한 설명으로 가장 적절한 것은 무엇인가?

a. 지구온난화는 도시열섬 현상을 의미하고, 기후변화는 지구 전체의 평균 온도 상승을 의미한다.

b. 지구온난화는 지구 전체의 평균 온도 상승을 의미하고, 기후변화는 기온 상승 뿐만 아니라 기후 패턴의 변화를 의미한다.

c. 지구온난화와 기후변화는 같은 개념으로, 도시열섬 현상을 포함하고 있다.

d. 지구온난화는 기후 패턴의 변화를 의미하고, 기후변화는 도시열섬 현상을 의미한다.

❸ 열돔현상에 대한 설명으로 가장 적절한 것은 무엇인가?

a. 열돔현상은 지구 전체의 평균 온도 상승을 의미한다.

b. 열돔현상은 지구표면 상공의 고기압 지역이 뜨거운 공기를 돔 형태로 씌워 해당 지역의 온도를 상승시키는 현상이다.

c. 열돔현상은 도시지역의 기온이 주변 지역보다 높은 현상을 말한다.

d. 열돔현상은 인간의 활동으로 인해 대기 중의 이산화탄소 및 기타 온실가스의 증가가 원인이다.

❹ 도시열섬의 에너지 수지 모델에 대한 설명으로 가장 옳은 것은 무엇인가?

a. 도시열섬의 에너지 수지 모델은 일반적으로 지표면에서의 모든 에너지가 불균형을 이룬다는 가정에서 시작된다.

b. 도시열섬의 에너지 수지 모델은 도시 주변의 지표와 비교하여 도시의 에너지 수지가 항상 더 낮다는 가정에서 시작된다.

c. 도시열섬의 에너지 수지 모델은 일반적으로 지표면에서의 모든 에너지가 평형을 이룬다는 가정에서 시작된다.

d. 도시열섬의 에너지 수지 모델은 도시의 에너지 수지가 항상 높아야 한다는 가정에서 시작된다.

❺ 도시열섬 에너지 수지 모델의 가정을 식으로 표현하시오.

❻ 도시열섬 현상의 주요 원인 중 인간의 활동에 의한 요인은 무엇이 아닌가?

a. 건설 및 빌딩재료

b. 인프라와 에너지 소비

c. 도시 계획과 건축 디자인

d. 지배적인 풍향

❼ 다음 중 자연적인 요인으로 도시열섬 현상에 영향을 끼치는 것은 무엇이 아닌가?

a. 도시의 위치

b. 기후 및 기상 조건

c. 도시의 에너지 소비 패턴

d. 일일 온도와 습도의 변동

❽ 인간의 활동에 의한 도시열섬 현상의 주요 원인을 설명하시오.

❾ 인간의 활동과 자연적인 요인이 복합적으로 작용하여 도시열섬 현상을 발생시키거나 완화시키는 예를 들어 설명하시오.

❿ 온도 관측 및 모니터링을 통해 도시열섬 현상을 파악하는 방법에 대해 설명하시오.

⓫ 원격 탐사 기술이 도시열섬 현상 분석에 어떻게 활용되는지 설명하시오.

⓬ 수치적 기상 모델링의 역할과 이를 활용한 도시열섬 분석의 예를 설명하시오.

⓭ 다음 중 도시열섬 현상의 원인이 아닌 것은 무엇인가?
A) 도시의 위치
B) 인프라와 에너지 소비
C) 기후 및 기상 조건
D) 산림 면적의 증가

⓮ 도시열섬 현상을 분석하는 방법 중, 대규모 지역의 온도를 신속하게 측정하고 시각화하는 방법은 무엇인가?
A) 원격 탐사
B) 에너지 균형 모델링
C) 건축 및 도시 계획 모델링
D) 온도 관측 및 모니터링

⓯ 다음 중 기상관측소 혹은 기상수집장치(AWS, Automatic Weather Station)를 활용하여 도시와 주변 농촌 지역의 온도를 비교하는 방법은 무엇인가?
A) 원격 탐사
B) 온도 관측 및 모니터링
C) 에너지 균형 모델링
D) 수치적 기상 모델링

⓰ 복잡한 유체 흐름 및 열전달 문제를 해결하며, 도시열섬 연구에서는 공기 흐름, 열 전달, 온도 분포 등을 모델링하고 예측하는 소프트웨어는 무엇인가?
A) SAM (System Advisor Model)
B) WRF (Weather Research Forecasting Model)
C) Simcenter STAR-CCM+
D) UrbClim (Urban Climate Modeling)

⓱ 전산유체역학(CFD, Computational Fluid Dynamics)의 장점과 단점을 설명하시오.

⓲ 전산유체역학의 세 가지 과정에 대해서 설명하시오.

⑲ CFD에서 격자의 Sensitivity Analysis는 어떤 것을 분석하는 것인가?

A) 격자의 형태 및 크기, 밀도 등의 변화

B) 격자의 색상과 질감

C) 격자의 열 저항과 전도도

D) 격자의 무게와 밀도

⑳ CFD에서 후처리 과정의 목적과 중요성 등 전반적인 내용에 대해서 서술하시오.

㉑ 전산유체역학의 구성요소에 대해서 설명하시오

㉒ CFD의 지배방정식에 대해서 설명하시오

㉓ 다음 중 연속성 방정식이 무엇을 나타내는지 가장 잘 설명하는 것은 무엇인가?

A) 운동량 보존

B) 질량 보존

C) 에너지 보존

D) 열 전달

㉔ 다음 중 운동량 방정식이 무엇을 나타내는지 가장 잘 설명하는 것은 무엇인가?

A) 운동량 보존

B) 질량 보존

C) 에너지 보존

D) 열 전달

㉕ 다음 중 에너지 방정식이 무엇을 나타내는지 가장 잘 설명하는 것은 무엇인가?

A) 운동량 보존

B) 질량 보존

C) 에너지 보존

D) 열 전달

㉖ 경계조건(Boundary Condition)의 의미에 대해 설명하시오.

27. CFD에서 경계조건이 필요한 주요 이유는 무엇인가?
    A) 시뮬레이션 영역의 공간에서 유체의 행동을 정의하기 위해
    B) 시뮬레이션의 복잡성을 늘리기 위해
    C) 시뮬레이션 시간을 줄이기 위해
    D) 시뮬레이션의 정확성을 떨어뜨리기 위해

28. Rhino와 GIS 등을 활용하여 건축환경 해석 모델링의 과정을 설명하시오.

29. 쿨링포그를 설계할 때, 실내실험, 시뮬레이션을 병행하는 이유에 대해 서술하시오. 또한, WMO (World Meteorological Organization)에서 제안한 온도, 습도 측정 방법 찾아보고 설명하시오.

30. 온도, 상대습도, 풍향, 풍속 등 환경요인과 쿨링포그의 온도감소효과의 상관관계를 물리식 기반으로 설명하시오.

[심화문제 1]

약 1 km x 1 km 의 대상지를 선택하고, 1장에서 학습한 LEED를 평가하시오. 국토정보플랫폼의 자료, GIS, QGIS, Rhino 등을 활용하여 대상지역을 모델링하고, LEED 점수를 개선할 수 있는 방법을 수립하시오.

[심화문제 2]

해당 대상지의 전산유체역학 모델을 제작하고, 개선된 공간 디자인을 평가하시오.

[심화문제 3]

본인이 거주하고 있는 도시 내에서 가장 도시열섬에 취약한 지점을 선정하고, 전산유체역학 모델을 제작하시오. 그곳에 그린 인프라 혹은 스마트 인프라를 적용하여 도시의 열섬저감 효과를 평가하시오. 두 인프라의 상호작용을 밝힐 수 있도록 HCFD 모델 분석을 수행하시오.

[심화문제 4]

앞서 [심화문제 3]에서 분석한 HCFD 모델의 결과 자료 및 인공지능 모델을 활용하여 미래의 도시열섬 가능성을 예측하시오.

참고문헌

[논문]

1. Acero, J. A., & Herranz-Pascual, K. (2015). A comparison of thermal comfort conditions in four urban spaces by means of measurements and modelling techniques. Building and Environment, 93, 245-257. https://doi.org/10.1016/j.buildenv.2015.06.028
2. Arnfield, A. J. (2003). Two decades of urban climate research: a review of turbulence, exchanges of energy and water, and the urban heat island. International Journal of Climatology: a Journal of the Royal Meteorological Society, 23(1), 1-26.
3. Ashgriz, N., & Mostaghimi, J. (2002). An introduction to computational fluid dynamics. Fluid flow handbook, 1, 1-49.
4. Barreira, A. P., Andraz, J., Ferreira, V., & Panagopoulos, T. (2023). Perceptions and preferences of urban residents for green infrastructure to help cities adapt to climate change threats. Cities, 141, 104478.
5. Delgado-Capel, M. J., Cariñanos, P., & Escudero-Viñolo, M. (2023). Capacity of Urban Green Infrastructure Spaces to Ameliorate Heat Wave Impacts in Mediterranean Compact Cities: Case Study of Granada (South-Eastern Spain). Land, 12(5), 1076.
6. Elert, G. (1998). The Physics Hypertextbook. Retrieved from https://physics.info/
7. Erell, E., & Williamson, T. (2006). Comments on the correct specification of the analytical CTTC model for predicting the urban canopy layer temperature. Energy and Buildings, 38(8), 1015-1021. https://doi.org/10.1016/j.enbuild.2005.11.013
8. Eymard, R., Gallouët, T., & Herbin, R. (2000). Finite volume methods. In Handbook of Numerical Analysis. Amsterdam: Elsevier,7, 713-1018. https://doi.org/10.1016/S1570-8659(00)07005-8
9. Gibson, P., & Charmchi, M.. (1997). The use of volume-averaging techniques to predict temperature transients due to water vapor sorption in hygroscopic porous polymer materials. Journal of Applied Polymer Science, 64(3), 493-505. https://doi.org/10.1002/(SICI)1097-4628(19970418)64:3<493::AID-APP6>3.0.CO;2-F
10. Ghaffarianhoseini, A., Berardi, U., & Ghaffarianhoseini, A. (2015). Thermal performance characteristics of unshaded courtyards in hot and humid climates. Building and Environment, 87, 154-168. https://doi.org/10.1016/j.buildenv.2015.02.001

11. Hong, I.P., Ki, H.S., Jung, E.Y., & Song, D.S. (2012). A study on inlet flow profile in CFD simulation for predicting wind environment in urban area. Journal of the Architectural Institute of Korea Planning & Design, 28(1), 311-318. https://doi.org/10.5659/JAIK_PD.2012.28.1.311

12. Jang, S., Bae, J., & Kim, Y. (2024). Street-level urban heat island mitigation: Assessing the cooling effect of green infrastructure using urban IoT sensor big data. Sustainable Cities and Society, 100, 105007.

13. Kim, J., & Kang, J. (2022). Evaluating the efficiency of fog cooling for climate change adaptation in vulnerable groups: A case study of Daegu Metropolitan City. Building and Environment, 217, 109120. https://doi.org/10.1016/j.buildenv.2022.109120

14. Kim, J., & Kang, J. (2023). AI based temperature reduction effect model of fog cooling for human thermal comfort: Climate adaptation technology. Sustainable Cities and Society, 95, 104574. https://doi.org/10.1016/j.scs.2023.104574

15. Lampinen, M., Assad, M. E. H., & Curd, E. F. (2001). Physical fundamentals. In H. Goodfellow & E. Tähti (Eds.), Industrial ventilation design guidebook(pp. 41-171). Cambridge, MA: Academic Press. https://doi.org/10.1016/B978-012289676-7/50007-2

16. Learning, L. (2021). Phase change and latent heat. In Fundamentals of heat, light & sound. NSCC.

17. Lee, H., Mayer, H., & Chen, L. (2016). Contribution of trees and grasslands to the mitigation of human heat stress in a residential district of Freiburg, Southwest Germany. Landscape and Urban Planning, 148, 37-50. https://doi.org/10.1016/j.landurbplan.2015.12.004

18. Moukalled, F., Mangani, L., & Darwish, M. (2016), The finite volume method in computational fluid dynamics. Berlin: Springer. https://doi.org/10.1007/978-3-319-16874-6

19. Nasrollahi, N., Hatami, Z., & Taleghani, M. (2017). Development of outdoor thermal comfort model for tourists in urban historical areas; A case study in Isfahan. Building and Environment, 125, 356-372. https://doi.org/10.1016/j.buildenv.2017.09.006

20. Nasrollahi, N., Hatami, Z., & Taleghani, M. (2017). Development of outdoor thermal comfort model for tourists in urban historical areas; A case study in Isfahan. Building and Environment, 125, 356-372. https://doi.org/10.1016/j.buildenv.2017.09.006

21. Oke, T. R. (1982). The energetic basis of the urban heat island. Quarterly journal of the royal meteorological society, 108(455), 1-24.

22. Pereira, C., Flores-Colen, I., & Mendes, M. P. Guidelines to reduce the effects of urban heat in a changing climate: Green infrastructures and design measures. Sustainable Development.

23. Salata, F., Golasi, I., de Lieto Vollaro, R., & de Lieto Vollaro, A. (2016). Urban microclimate and outdoor thermal comfort. A proper procedure to fit ENVI-met simulation outputs to experimental data. Sustainable Cities and Society, 26, 318-343. https://doi.org/10.1016/j.scs.2016.07.005

24. Santamouris, M., & Osmond, P. (2020). Increasing green infrastructure in cities: Impact on ambient temperature, air quality and heat-related mortality and morbidity. Buildings, 10(12), 233.

25. Schatz, J., & Kucharik, C. J. (2015). Urban climate effects on extreme temperatures in Madison, Wisconsin, USA. Environmental Research Letters, 10(9), 094024.

26. Taleb, D., & Abu-Hijleh, B. (2013). Urban heat islands: Potential effect of organic and structured urban configurations on temperature variations in Dubai, UAE. Renewable Energy, 50, 747-762. https://doi.org/10.1016/j.renene.2012.07.030

27. Tan, J., Zheng, Y., Tang, X., Guo, C., Li, L., Song, G., ... & Chen, H. (2010). The urban heat island and its impact on heat waves and human health in Shanghai. International journal of biometeorology, 54, 75-84.

28. Tanner, B., Swiatek, E., & Greene, J. (1993). Density fluctuations and use of the krypton hygrometer in surface flux measurements. In R. G. Allen (Ed.), Management of irrigation and drainage systems: Integrated perspectives (pp. 945-952). American Society of Civil Engineers.

29. Versteeg, H. K., & Malalasekera, W. (2007), An introduction to computational fluid dynamics: The finite volume method. London: Pearson Education.

30. World Meteorological Organization. (2008). Guide to Meteorological Instruments and Methods of Observation. WMO-No. 8. World Meteorological Organization, Geneva, Switzerland

31. Xiang, Y., Yuan, C., Cen, Q., Huang, C., Wu, C., Teng, M., & Zhou, Z. (2024). Heat risk assessment and response to green infrastructure based on local climate zones. Building and Environment, 248, 111040.

32. Yaws, C. L. (2011). Yaws' handbook of properties of the chemical elements. Knovel.

[보고서]

1. 권용석. (2015). Consideration for environment-friendly city by reducing the urban heat effect. 대구경북연구원
2. U.S. Environmental Protection Agency (U.S. EPA). (2018). Estimating the environmental effects of green roofs: A case study in Kansas City, Missouri. EPA 430-S-18-001. www.epa.gov/heat-islands/using-greenroofs-reduce-heat-islands.

[저서]

1. David Fletcher. (2015). Rooftop Garden Design. images Publishing.
2. Oke, T. R. (2002). Boundary layer climates. Routledge.
3. 김수봉. (2009). 옥상조경정책연구. 문운당.
4. 모리야마 마사카즈. (2011). 도시 열섬(대책과 기술). 푸른길.
5. 서용권. 김동주. 강태곤. 김윤제. & 성홍계. (2015). 유한체적법을 이용한 전산유체역학. 홍릉과학출판사.

[웹 문헌]

1. American Weatherstar.
https://www.americanweatherstar.com/what-are-the-benefits-of-a-cool-roof/
2. http://www.ikbn.news/news/article.html?no=145844
3. https://www.dspress.org/news/articleView.html?idxno=10965
4. 한국그린인프라 저영향개발센터.
http://lidinfo.hecsystem.com/lid/factor/factorSkill405.do
5. https://www.dailysecu.com/news/articleView.html?idxno=134712
6. 그린리모델링창조센터.
https://www.greenremodeling.or.kr/report/boardView.asp?bid=report&nSeq=5460
7. SK에너지 블로그. https://skenergy.tistory.com/2091
8. Sika Korea. https://kor.sika.com/ko/knowledge/roofing/coolroof-effect.html

9. 경향신문. https://www.khan.co.kr/local/Seoul/article/202305142053005
10. 서울특별시. https://mediahub.seoul.go.kr/archives/2005092
11. 서울특별시. https://opengov.seoul.go.kr/mediahub/28670253
12. 수치지도활용소프트웨어.
http://www.nsdi.go.kr/lxportal/index.html?menuno=2772&cateIndex=712&bbsno=233&boardno=552&ztag=rO0ABXQAMDxjYWxsIHR5cGU9ImJvYXJkIiBza2luPSJmcmVlIiBubz0iNTUyIiA%2BPC9jYWxsPg%3D%3D&siteno=18&act=view
13. 아이디플러스. http://id-plus.co.kr/portfolio_category/mist_p/
14. 전국매일신문. https://www.jeonmae.co.kr/news/articleView.html?idxno=842702
15. 경향신문. https://m.khan.co.kr/local/Seoul/article/202206081543001#c2b
16. 라펜트. https://www.lafent.com/inews/news_view.html?news_id=129232
17. 국민일보. https://m.kmib.co.kr/view.asp?arcid=0017318520
18. NewsWire. https://www.newswire.co.kr/newsRead.php?no=754838
19. 대구광역시. https://www.daegu.go.kr/index.do
20. https://news.imaeil.com/page/view/2020111817114190644
21. 국토정보플랫폼. http://ngii.go.kr
22. Ghshp Beta 플러그인. https://www.food4rhino.com/en/app/ghshp

5장

그린인프라공학과 산불 방재

"Fire is never a gentle master"

- Proverb -

학습 목표

- ✔ 산불의 원인과 개념을 학습하고 연속학적인 원리를 이해할 수 있다.
- ✔ 산불의 방재를 위해서 산불 방재/소화시설을 기술, 공간적으로 모델링할 수 있다.
- ✔ 전산유체역학을 활용하여 산불 해석을 모사할 수 있다.
- ✔ HCFD 모델을 활용하여 산불의 안전성 증감을 평가한다.

1절 산불의 피해

본 장에서는 산불에 작용하는 연소학적 원리를 이해하고 그 작용 현상에 대한 고찰을 시도한다. 본 장의 내용은 연소공학의 내용과 산림청의 산불위험시스템 등을 참고하며, 전산유체역학을 활용하여 산불을 저감하는 방법론을 연구한다.

1) 산불의 개념

일반적으로 산불(Wildfire)은 자연환경에서 일어나는 불을 총칭하며, 농촌 지역과 산림지역에서 발생하는 산불을 뜻한다. 하지만, 최근에는 도심과 연계된 지역에 산불이 빈번해지면서 그 공간적 영역이 확장되고 있다. 「산림보호법」에 의하면 '산불'이란 산림이나 산림에 잇닿은 지역의 나무·풀·낙엽 등이 인위적 혹은 자연적으로 발생한 불에 의해 타는 현상을 뜻한다. 또한, '산불방지'를 산불을 예방하고 진화하는 모든 활동으로 정의하고 있다.

산불을 이해하기 위해서는 연소학(Combustion Sceince)에 대한 이해가 수반되어야 한다. 연소학이란 화학반응으로 인해 물질이 타는 과정을 연구하는 분야이다. 화학, 물리학, 재료 과학, 공학 등 기타 과학 분야를 통합하는 종합적 학문이라는 점에서 그린인프라공학과 일맥상통하다. 주된 내용은 연소 과정에서 생성되는 오염물질 및 온실가스를 이해하는 것이 주된 내용이 된다.

본 장에서는 최근 많이 발생하고 있는 산불의 이해를 위해, 연소학 및 기상학적 이해를 시도하고, 산불방지 설계에 필요한 전반적인 인벤토리, 기초지식을 학습한다. 구체적으로 스마트 인프라가 연소학적 모델을 동반한 전산유체역학에서 어떻게 활용될 수 있는지에 대한 학습을 수행한다.

2) 산불방재의 접근방법

산불을 접근하는 방법은 앞서 언급한 바와 같이 화학, 물리학, 재료 과학, 공학 등에 기반한 연소학(Combusion Science)적 접근과 예방, 감시, 대응, 복구 등을 포함하는 경험학적(Emprical Methods) 접근으로 구분할 수 있다. 연소학적 접근방법은 물리식과 학술적인 관계식에 초점을 두고 있는 반면, 경험학적 접근은 산불의 방재에 초점을 맞춘 실증적 방법이다(Lowrie. 1983).

① 연소학적 접근

연소학적 접근에서 산불 발생의 3요소를 찾으라고 한다면, 연소의 3요소와 동일하다. 연소의 3요소는 크게 (1) 산소, (2) 연료(가연물), (3) 점화원(열)으로 정의할 수 있다. 산소는 연소학을 이해하는데 가장 중요한 요소 중 하나이다. 산소는 불을 유지하게 하는 요소로, 지속적으로 산소가 공급된다면 연소가 지속되고, 산소량이 부족하면 불완전 연소를 하게 된다. 불완전 연소는 산소 공급이 충분하지 않아 연료와 산소가 완전히 섞이지 않는 현상이다.

연료(가연물)는 불이 연소하는데 필요한 재료를 뜻하는데, 산림에서의 연료라고 함은 일반적으로 낙엽, 풀, 임목 등의 요소를 뜻한다. 가연물은 일반적으로 산화되기 쉬운 물질이라고 할 수 있으며, 산화되기 쉽다는 것은 활성화(점화) 에너지가 작고 발열량이 많아 연소하기 쉽다는 것을 뜻한다. 연료는 일반적으로, 발열량이 크고, 표면적이 크고, 활성화 에너지 및 열전도도가 작은 물질이 발열반응 및 연쇄 반응을 수반할 때 발생한다.

점화원과 열원은 엄밀히 구분하면 다른 개념을 뜻하는데, '점화원'은 가연물이 연소를 시작할 때 가해지는 활성화 에너지로 생성물질을 형성하는데 필요한 에너지를 뜻한다. 일반적으로는 열원으로 표현되며, '열'이란 두 물체 사이에서 온도가 높은 쪽에서 낮은 쪽으로 이동하는 에너지를 뜻한다. 열원은 열적, 기계적, 전기적, 화학적, 원자력 에너지 등으로 표현되고, 점화원의 강도는 온도로 표시된다.

② 경험학적 접근

하지만, 산불의 경우 연소의 3요소만으로 설명하기에는 부족한 부분이 있다. 이는 산불은 피해를 동반하기 때문인데, 산불의 피해를 확산시키는 요소로는 '기상(날씨)', '연료', '지형'으로 나눌 수 있다. 기상은 산불 확산에 있어서 가장 중요한 역할을 하는 요소 중 하나로, 상세 내용으로는 기온, 습도, 풍속 및 풍향 등의 인자가 있다. 높은 기온은 일반적으로 식물을 건조하게 만들어 연료로서 역할을 더 적합하게 만들며, 습도가 낮아질수록 불이 쉽게 붙는다. 풍속이 빠를수록 산불은 크게 확산되며, 풍향에 따라 불의 확산 방향이 결정된다.
산림에서 연료는 일반적으로 식물이 지배적이다. 식물의 종류는 산불의 발화 지점과 확산 속도에 영향을 미치는데, 예를 들어 일부 식물은 불이 더욱 잘 붙거나 불을 더 빨리 확산시킬 수 있다. 마른 식물이 많으면 불이 수관화 되는데 큰 영향을 미칠 수 있으며, 식물의 배치도 영향을 줄 수 있다. 예를 들어, 동일한 산림이라도 임도 등의 차단시설로 식생이 분리된 경우에는 산불의 확산이 지연될 수 있다.
지형의 경우, 일반적으로 위쪽 지형으로 올라갈수록 더 빠르게 확산된다. 이는 상승기류와 푄 현상으로 인해 풍속이 빨라지기 때문이다. 또한, 산불은 상승하려는 성질을 가지기 때문에 일반적으로 급경사 지역에서 더 규모가 커지며, 완경사 지역에서 확산이 더딘 특성을 보인다. 계곡과 강, 임도 등은 식생 배치에 영향을 미칠 수 있으며, 산불 차단에 영향을 주기 때문에 산불의 확산 지연에 효과적이다.

3) 산불 방재를 위한 대응시설

산불방재 및 대응 시설은 산불의 위험을 감소시키고 효과적인 대응을 위해 설치되는 다양한 시설들로 구성된다. 이러한 시설은 화재 감시 및 신속한 경보 시스템, 관제센터, 소화기구와 소방차량, 소방헬기, 방화벽 등을 포함하며 산불을 초기에 발견하고 신속하게 대응하여 확산을 초기에 진압하기 위함이다.
크게 세 가지의 분류로 구분할 수 있는데 산불 모니터링·예측, 완화, 진화 시설이다. 모니터링 시설은 최신의 기술이 가장 많이 도입되는 분야로, CCTV를 활용한 실시간감시, 인력을 활용한 감시, AI 기술을 활용한 자동 탐지 알고리즘 기술 개발 등이 마련되고 있다. 산불 완화는 산불의 확산을 늦추는 시설로, 임도 및 사방시설 등 인위적인 시설물 등이 포함된다. 소화 시설은 진화가 가능한 재료를 직접적으로 분사 또는 배치하여 불을 끄는 시설로서, 최근에는 문화재 보호를 위한 방화수, 스프링클러 탑 등이 많이 설치된다. 본 절에서는 세 가지의 구분 시설 중 대표적인 사례를 참고하여 학습한다.

① 산불 모니터링·예측 기술

- 위성영상 및 인공지능(AI)을 활용한 모니터링

AI기술은 이미지 인식, 비디오 분석 및 열 감지 기술과 결합하여 산불의 초기 징후를 식별하고 감지할 수 있다. 영상 데이터나 열 카메라를 통해 수집된 정보를 AI알고리즘이 분석하여 산불 발생을 식별하고 경보를 울린다. 또, 수집된 데이터로 향후 산불 발생 가능성을 예측하는 모델을 개발하고 산불 발생과 확산에 영향을 미치는 요인을 분석하는 데 사용될 수 있다.

국내의 대표적인 시설로는 산림청에서 운영하는 국가산불위험예보시스템을 뽑을 수 있다. 국가산불위험예보시스템은 전국의 각 지역별 지형조건, 산림의 상황 및 기상청 예보 바탕으로 온도·습도·풍속 등의 기상조건 등을 실시간으로 분석한다. 산불 위험도가 높은 지역을 예측하여 가시화하며, 크게 산불현황, 산불위험등급, 대형산불위험예보, 산불확산지수 등을 종합적으로 평가한다. 국가산불위험예보시스템은 하기의 주소로 접속할 수 있다(그림 5-1).

산림청 국가산불위험예보시스템: http://forestfire.nifos.go.kr/main.action

그림 5-1. 산림청 국가산불위험예보 시스템

미국 캘리포니아 주의 소노마 카운티 지역은 극심한 산불 피해를 줄이기 위해 AI 개발 기업의 AI 영상 분석 기술을 사용하고 있다. 소노마 카운티 지역에는 '얼러트 와일드파이어(Alert Wildfire)'라는 네트워크가 가동되는데 여기에는 약 800개의 CCTV가 동원된다. 이 CCTV들에는 AI 영상 분석 기술이 탑재돼 실시간으로 산불을 감시한다(그림 5-2). AI가 영상 속 연기의 특성, 구름, 안개의 특성을 실시간으로 분석해 산불 발생 가능성을 예측하고, 이상 징후 포착 시 소방청에 경보를 보낸다. 산불을 감시하는 이 AI는 머신러닝(기계학습, Machine learning)을 통해 스스로 기존 산불 관련 데이터를 학습해 화재 가능성을 예측한다. AI는 구체적으로 연기의 방향까지 추정해 지도에 표시하고 야간 산불 가능성까지 감지할 수 있게 설계됐다.

그림 5-2. Alert Calinfornia의 고정형 무인카메라 모니터링

- 고정형 무인카메라를 활용한 모니터링

산불의 초기 징후나 발생 위치를 신속하게 감지하고, 해당 지역을 실시간으로 모니터링하여 조기 경보 및 대응을 가능하게 한다. 이를 통해 산불이 발생하는 시점부터 소방 인력과 장비를 투입하는 등 빠른 대응을 취할 수 있다. 주로 관제센터나 소방 당국의 기지에서 모니터링 되며 실시간 영상과 정보를 수집하고 분석하여 산불 위험 상황을 신속하게 알 수 있다. 또한 CCTV 영상은 사후 분석이 가능하므로 산불의 발생 원인과 확산 경로 등을 파악하는데 도움을 준다.

② 산불 완화 시설

- 산림녹화사업을 통한 산불방지

산림녹화사업은 산불 예방과 대응을 위한 중요한 활동으로 산불의 발생과 확산을 제한하고 산림 생태계와 자연환경을 보호하기 위해 수행되는 작업이다. 산림녹화사업은 산림 지역을 관리하고 정비하는 작업을 포함하며, 말라있는 가지, 나뭇잎 등 산불의 연료로 작용할 수 있는 재료를 제거한다. 산림녹화사업 중 산불 위험이 높은 지역을 식별하고 분석하여 이를 기반으로 위험 예측과 평가 모델을 개발할 수 있다. 또한, 산림녹화사업에 투입되는 인력들을 지원하는 역할을 한다. 산불 발생 시 적절한 대응에 필요한 인력, 장비, 시설 등을 제공하여 빠른 대응과 효율적인 진압 작업을 가능하게 한다. 산불 발생 후에는 산림 생태계의 회복과 복원을 위한 조치를 수행하여 자연환경의 회복을 돕는다.

- 방화수림대 조성을 통한 산불 완화

화재 연소를 방지할 목적으로 심어진 상록 광엽수를 가리킨다. 여기에서 광엽수를 사용하는 이유는 잎이 넓어 상대적으로 불에 잘 타지 않는 활엽수를 선정할 경우, 산불의 확산을 늦출 수 있기 때문이다. 일반적으로 산림과 인구가 많은 지역에 설치하며, 산불이 도시나 주거지역 등으로 확산되지 않는 것을 목적으로 한다.

방화수림은 일반적으로 다양한 식생을 사용하면 그 효과를 크게 얻을 수 있다. 일부 식물은 불에 대한 저항력이 강하므로, 다층으로 식재할 경우 그 효과를 일부 높일 수 있다. 이러한 방화수림은 산의 기울기와 고도 등을 고려하여 설계를 하여야 하는데, 이는 지형이 산불 확산에 영향을 미칠 수 있기 때문이다. 단, 방화수림을 이용할 때는 마른 연료가 생기지 않도록 주기적인 유지관리가 동반되어야 하며, 수관화가 진행되었을 경우를 대비하여, 수목간의 거리를 일정 부분 이상 확보하여야 한다.

- 임도 설치를 통한 산불 완화

임도란 산림의 관리, 임산물의 운반 및 산림화재 확산 방지를 위한 산림 도로이다. 산림 내 산림 경영을 위한 도로로서 숲을 가꾸며 생산된 목재를 수집하고 산불 재해 등 재해를 예방하기 위한 필수적인 기반시설이다.

산불을 통제하기 위해 산림 지역에 설치되는 도로나 통로로 사용된다. 임도는 소방차량이나 인력이 효과적으로 이동하고 산불 진화 작업을 수행할 수 있도록 지원한다.

산림청은 제4차 전국임도기본계획으로 10년 동안 임도를 연 650 km 수준으로 개설하여 2020년 기준 3,060 km에 이르고 있지만 이는 임도 밀도가 3.6 m/ha로 임업 선진국인 독일, 오스트리아, 일본에 비해 못 미치는 수준이다(표 5-1).

< 표 5-1. 2022년 주요 국가임도 설치현황(단위: m/ha, 출처: 산림청) >

국가명	임도밀도	국가명	임도밀도
독일	54	미국	9.5
오스트리아	50.5	핀란드	5.8
캐나다	10.3	한국	3.97

임도가 중요한 이유는 산불의 차단뿐만 아니라 진화인력 투입 등 소화와 관련된 측면도 연관된다. 산불이 났을 때 임도(林道)가 있는 경우에는 진화인력과 장비가 현장에 쉽게 접근할 수 있어 조기 진화할 수 있었던 반면, 임도가 없는 지역은 인력 진입이 어려워 그만큼 산불 진화도 더딜 수밖에 없다.

③ 산불 소화 시설

산불 소화 시설의 광의적 의미는 위에서 언급한 예방, 감시, 응답 장비 및 훈련 시설을 모두 포함하지만, 협의적 의미로는 산불을 소화하고 진압하는 데에 사용되는 시설을 말한다. 소화를 하는 장비 및 방법에 따라서 항공형 소화시설, 고정형 소화시설, 지상형 소화시설 등으로 구분할 수 있다.

- 스프링클러(Sprinkler)

스프링클러는 산불을 방지하기 위한 효과적인 장치 중 하나이다. 주로 건물이나 주거지역의 화재 예방 시스템으로 사용되지만, 산불과 같은 대규모 화재 상황에서도 효과적으로 사용할 수 있다. 산불방지를 위해 스프링클러를 사용하는 경우, 산불이 발생할 가능성이 있는 지역을 최대한 고려하여 설치해야 한다. 스프링클러는 일반적으로 건물 내부의 천장이나 벽면에 설치되어 있으며, 화재가 감지되면 자동으로 작동하여 물 또는 화재 억제제를 분사한다.

ⓐ 스프링클러를 활용한 국내 산불 소화 사례

• 광진구 스프링클러 설치 사례

서울 광진구가 아차산의 잦은 산불의 빠른 진화를 위해 6층 높이의 스프링클러를 도입했다. 고지대에서 불이 발생할 경우 소방차량의 진입과 물 공급이 어려워 진화에 많은 시간이 걸린다. 그러나 고정형 스프링클러는 바로 물을 뿌릴 수 있기 때문에 초기진화가 가능하다. 아차산 내 화재 취약 지점 6곳에 가로세로 1.5 m, 높이 15.0 m규모의 스프링클러 타워 3개가 구성되어 있다. 직경 250.0 m 지역에 물을 뿌릴 수 있으며 산불감지 카메라로 주변 상황을 실시간으로 파악하여 즉각적인 대응이 가능하다.

ⓑ 스프링클러를 활용한 해외 산불 소화 사례

• 미국의 스프링클러 활용 사례

캘리포니아 주는 산불 위험이 높은 지역으로, 스프링클러를 이용한 산불 진화에 적극적으로 참여하고 있다. 크게 두 가지의 시설을 스프링클러와 접목하여 산불 방재에 힘을 쓰고 있다. 첫 번째는 항공기를 활용하여 스프링클러에 접목한 사례로, 산불이 발생하는 지역에 물 또는 화재 억제제를 분사하여 산불을 진압한다. 고도를 유지하면서 정확한 분사를 가능하게 하며 넓은 범위에 빠르게 대응한다.

두 번째는 지붕에 설치하는 고정형 장치로, 캘리포니아의 일부 주거 지역에서는 주택의 주변이나 지붕에 스프링클러 시스템이 설치되어, 산불이 접근할 경우 물을 분사하여 진압한다. 이를 통해 주거지역에서의 산불 피해를 최소화할 수 있다. 지난 2010년부터는 신축 주택에 스프링클러 설치를 의무화하였다.

• 호주의 스프링클러 활용 사례

호주의 많은 소비자들이 주택을 지을 때부터 방염처리에 신경을 쓰지만, 특히 산불에 위협을 느끼는 소비자들은 칼레어 파이어-프로 시스템을 추가로 설치하고 있다. 칼레어 파이프 시스템(Calair Pipe System)의 파이어-프로 EWSS(Fire-Pro External Water Sprat System)는 특수 감열 센서가 설치되어 온도의 상승을 감지한다. 섭씨 95도가 되면 감열 센서가 솔레노이드 밸브에 신호를 보내 창문의 방수 장치에 물을 보내도록 한다. 저전압 감지기에 의해 이렇게 작동을 시작하면 이 시스템은 수영장이나 물탱크에서 물을 뽑아내게 된다. 칼레어의 스프레이 노즐은 최소의 물로 최적의 효과를 가져올 수 있도록 물방울의 크기를 조절한다. 위험 수준 이하로 온도가 떨어지면 자동으로 작동을 멈춘다.

읽을거리: 국내외의 주요 산불

그림 5-3. 경상남도 합천 산불 (출처: 조선일보)

1. 2023 경상남도 합천 산불

2023년 3월 8일 경남 합천에서 발생한 산불은 초기 강한 바람이 불어 급속히 확산되었다. 야간에 임도를 통해 인력이 들어가 밤샘 진화작업을 벌인 결과 일몰 시 10%에 불과하던 진화율을 다음날 오전 5시에는 92%까지 끌어올려 조기 진화할 수 있었다. 2022년 경북 울진 소광리 금강소나무숲에 산불이 났을 때는, 2020년에 설치한 산불 진화용 임도 덕분에 200~500년 된 금강소나무 8만 5천여 그루를 지킬 수 있었다. 이에 산림청은 경남 합천의 사례를 참고하여 2023년 공유림과 사유림에 처음으로 산불진화임도를 지원(국비 70%)한 것을 시작으로 현재 332 km에 불과한 산불진화임도를 매년 500 km 이상씩 늘려 2027년까지 3,207 km를 확충할 계획이라고 한다(그림 5-3).

그림 5-4. 경남 하동 지리산 국립공원 산불 (출처: 오마이뉴스)

2. 2023 경남 하동 지리산 국립공원 산불

반면, 2023년 3월 11일 경남 하동 지리산 국립공원 자락에서 발생한 산불은 임도가 없어 인력 접근이 매우 어려웠다. 밤이 깊어지면서 안전사고의 우려가 있어 오후 10시 30분 진화인력이 모두 철수하였고, 다음 날 아침까지 산불이 타들어 가는 것을 지켜볼 수밖에 없었다. 산불 진화를 위해서 소방대원, 국립공원공단 직원, 군인, 경찰, 산림조합 관계자 등 대거 인력이 투입되었으며, 진화 중에 1명의 대원이 사망하기도 하였다(그림 5-4).

그림 5-5. 2023 캐나다 산불 (출처: Yahoo news)

3. 2023 캐나다 산불

해외에서 산불이 우발적으로 일어나는 대표적인 지역으로는 오스트레일리아, 미국 캘리포니아, 캐나다 지역 등이 있다. 2023년 캐나다에서는 5월 5일부터 브리티시컬럼비아주, 앨버타주 등에서 산불이 산발적으로 발생하였다. 2023년 6월부터는 퀘벡주 등까지 산불이 확산되며, 캐나다 내부의 산림을 대거 소실시켰다. 해당 산불은 2달 이상 지연되었으며, 산불로 인한 연기와 화재 피해는 캐나다뿐만 아니라 워싱턴 D.C, 뉴욕시 등 미국의 일대와 해양 지역을 오염시키기도 하였다. 캐나다 정부와 전문가들은 산불의 발생과 확산 원인을 기후변화에서 찾고 있다(그림 5-5).

4) 산불방재 분석 연구

최근 국내/외의 산불 발생 빈도가 많이 증가하며, 전 세계적인 산불 방재와 관련된 연구가 수행되고 있다. 산불을 예측 및 관리하기 위해선 다 학제적 학문의 적용이 필요하며, 하기와 같은 몇 가지의 방법론을 통해 주요 연구가 수행되고 있다.

① 사회·경제적 분야

첫 번째는 사회·경제적 연구이다. 사람들이 산불에 대한 위험을 어떻게 인식하고 대응하는지, 그리고 이러한 인식과 대응, 행동 특성이 산불 위험 관리에 어떻게 영향을 미치는지를 탐구하는 연구이다. 산불로 인한 경제적 피해액을 추정하고, 손익을 분석하는 것도 사회·경제적 연구에서 수행한다. 정책 등에 반영될 수 있고, 산불 예방 교육과 커뮤니티 단위에서 대응이 가능하기 때문에 중요하다.

② 생태학적 연구 분야

생태학적 연구는 산불이 발생 중이거나 산불이 발생한 후의 영향을 분석하는 사후적 성격이 강하다. 이는 특정 지역 및 임상이 산불에 얼마나 잘 견딜 수 있는지, 또한 생태계 서비스에는 어떠한 영향을 미치는지를 분석한다. 산불 후에 생태계 서비스가 어떻게 다시 회복되는지 회복탄력성을 평가하는 분야를 포함하고 있다.

③ 화재 행동 연구 분야

화재 행동 연구는 일반적으로 논의하는 연소학과 유사한 분야이다. 연소 과학의 원칙과 물리 기반의 모델을 활용하여, 어떠한 조건에서 화재가 더 빨리 확산되는지 평가한다. 산불의 진압에 필요한 매뉴얼을 수립하고, 산불 예측 모델의 개선에 도움을 줄 수 있다. 일반적으로 엄밀해를 푸는 것을 목표로 한다. 연소학의 지배방정식으로는 'Stoichiometric Combustion 방정식' 등이 있다.

④ 원격 탐사 및 모니터링 분야

원격 탐사 등 모니터링 관련 연구는 위성 이미지 등의 기술을 활용하여 산불을 감지하는 기술이다. 최근에는 위성영상 뿐만 아니라 드론 등의 기술을 활용한 소규모 지역에도 산불 모니터링이 이루어지고 있으며, 산불의 확산방향과 속도를 추정하는데 중요한 데이터로 활용된다. 산불의 초기 발견과 피해 범위의 정확한 평가를 도울 수 있다. 우리나라 산림청에서 운영하는 가장 대표적인 플랫폼으로는 실시간 산불정보 시스템이 있다. 현재의 실시간 산불을 모니터링하고, 진화중, 진화완료, 산불종료 등의 정보를 표현한다.

⑤ 전산유체역학 및 기상학 분야

전산학 및 기후학에 기반한 산불예측 및 모델링은 산불 방재에 있어서 매우 중요한 분야 중 하나이다. 위에서 언급한 네 가지의 연구 분야는, 산불이 발생한 후에 수행하는 사후적 연구 특성을 가지는 반면, 산불 예측 모델링은 산불의 경로 및 확산의 양상을 사전에 예측할 수 있기 때문이다. 모델링 연구는 기후, 식물 분포, 지형 등의 조건을 고려하여 산불의 발생 가능성과 확산을 예측한다. 최근에는 전산학 뿐만 아니라, 머신러닝 및 딥러닝 등 기계학습 알고리즘을 활용한 예측 모델들도 소개되고 있다.

본 저서에서는 위의 다섯 가지 연구 분야 중 전산학 및 기후학에 기반한 산불 예측 및 모델링을 실습해본다. 먼저 산불 예측에 필요한 기본 개념에 대해서 학습한다.

"Wildfires are a symptom of a sick planet."

- Paul Hessburg -

2절 산불 적응을 위한 산림환경 모델링

1) 전산유체역학 기반의 산불 방재 해석을 위한 기본 개념

전산유체역학을 활용하여 산림 방재 시설의 해석하기 위해서는 크게 물리적 조건과 에너지 조건에 대한 이해가 수반되어야 한다. 에너지 조건은 가연성 물질의 위험노를 평가하는 방법을 뜻한다. 일반적으로 충격감도, 발화온도, 발화에너지, 연소열 등으로 나누어진다.

① 충격감도

충격 감도는 물질이 충격이나 충돌에 얼마만큼 민감한지를 평가하는 방법이다. 예를 들면 고체성 폭발 물질과 같은 것을 일정한 무게의 물체를 낙하시켜 충격을 주고 이 충격에 의해 발생되는 에너지의 발화성을 살펴보는 것이다.

② 발화온도

일반적으로 발화온도의 의미는 단순히 불이 붙는 온도를 뜻하지만, 학술적으로는 인화점(Flash Point)과 발화점(Ignition Point)으로 나누어 구분할 수 있다. 일반적으로는 발화점이 인화점보다 높게 형성되지만, 목재의 경우 고체 물질이기 때문에 인화점이 정의되지 않는 경우가 많다.

- 인화점은 자연발화처럼 느린 열축적에 의한 발화가 아니라, 순간 발화하는 온도로 순간 발화하기 위해서는 외부의 에너지가 주어져야 한다. 이때, 외부에너지에 의해 발화하기 시작하는 최저 온도를 인화점으로 정의를 한다.
- 발화점은 가연성 혼합기체에 열 등의 형태로 에너지가 주어졌을 때 스스로 타기 시작하는 온도를 뜻한다. 즉, 주위로부터 충분한 에너지를 받아 스스로 점화할 수 있는 최저 온도를 뜻한다.

③ 발화에너지

발화에너지는 가연성 혼합기를 발화하는데 필요한 최저 에너지를 말하며, 최소 점화 에너지, 최적화 에너지라고도 표현할 수 있다. 전기불꽃에 의한 발화의 발생 용이도를 나타낸다.

④ 연소열

연소과정에서 나타나는 열에 관련된 특징은 주로 세 가지로 구분한다. 현열, 잠열, 그리고 비열로 구분된다. 현열(Sensible Heat)의 경우, 물질의 상태변화 없이 온도변화에만 필요한 열량을 뜻한다. 현열은 하기의 식과 같이 정의된다.

$$Q = m \cdot c \cdot \Delta t \tag{5.1}$$

여기에서, Q는 현열(Kcal, cal), m은 질량(kg, g), c는 비열(Kcal/kg·℃, cal/kg·℃), Δt는 온도차(℃)를 뜻한다.

잠열(Latent Heat)은 앞선 4장에서도 소개된 바 있으며, 상태변화에 필요한 열 에너지를 뜻한다. 물질의 온도는 변화시키지 않으며, 물질의 상태를 변화시키는데 에너지가 사용된다. 예를 들면 물을 증발시켜 기체가 되는데 필요한 열(액체에서 기체로의 전환)은 잠열로 분류된다. 잠열을 나타내는 식은 하기와 같이 정의된다.

$$Q = m \cdot \gamma \tag{5.2}$$

여기에서, Q는 잠열(Kcal, cal), m은 질량(kg, g), c은 융해 잠열, 증발잠열(kcal/kg, cal/g)을 뜻한다. 일반적으로 얼음의 융해잠열(Latent Heat of Fusion)은 얼음이 물로 융해되는 과정에서 필요한 잠열로 80 kcal/kg이며, 물의 증발잠열(Latent Heat of Vaporization)은 물이 기체상태로 증발하는 과정에서 필요한 잠열로 539 kcal/kg이다.

비열(Specific Heat)은 단위 질량의 물질의 온도를 1℃ 올리는데 필요한 열에너지(cal (kcal))를 뜻한다. 일반적으로 물질의 종류와 상태에 따라 달라지는데, 예를 들면 물의 비열(1.0 [kcal/kg])은 다른 물질에 비해서 크기 때문에 많은 열량을 흡수할 수 있으며, 냉각 효과가 뛰어나다.

2) CFD를 활용한 산불 방재 해석 실습

전산유체역학에 기반한 산불 방재의 중요성은 산불의 발생 원인을 확인하여도 알 수 있는데, 산림청의 통계에 따르면 2013년부터 2022년까지의 산불 발생원인 1위는 입산자실화로, 약 33% 정도의 비율을 차지한다. 여기에서 뜻하는 입산자실화는, 산림 이용객(입산자)의 행위로 인해 발생하는 산불을 총칭하는 용어이다. 이러한 입산자실화는 최근에 산림 등산객의 증가와 산림휴양림의 방문객 증가로 그 규모가 커지고 있다. 입산자실화의 경우 그 발생과 확산의 양상을 예측하기가 어려우므로, 발생 후에 확산되는 경로를 신속하게 파악할 필요가 있다. 이러한 측면에서 전산유체역학 기반의 산불 방재 및 예측은 다양한 케이스를 학습할 수 있다는 점에서 효율적이다.

본 챕터에서는 강원도 원주 치악산에 위치한 자연휴양림을 대상으로 산불 확산의 전산유체해석을 수행한다. 본 실습에서는 산불의 확산과 관련된 튜토리얼만을 다루고 있으며, 스프링클러 설치 및 분사에 대한 예제는 4장의 쿨링포그 실습을 응용하기를 추천한다. 본 튜토리얼에서는 앞선 과정과 같이 STAR-CCM+를 활용한다.

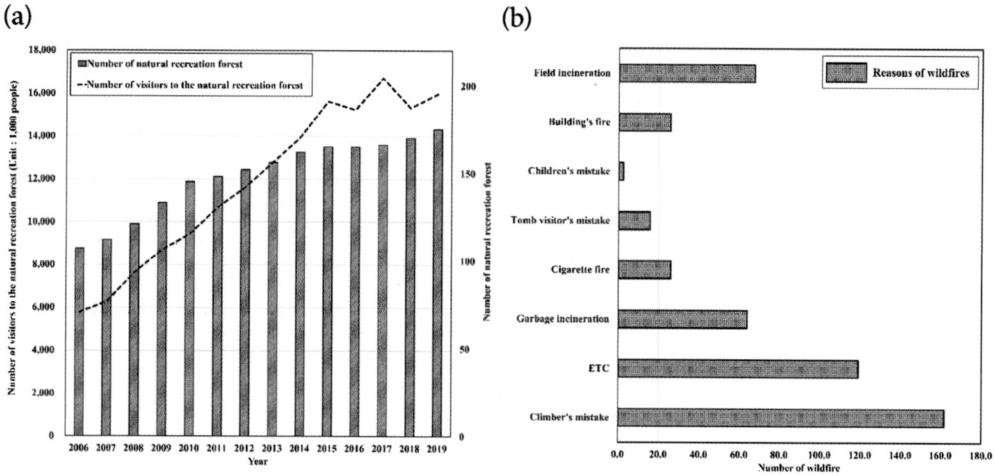

그림 5-6. CFD를 활용한 산불 방재 해석: (a) 산림이용객 증가 (b) 산불의 원인

그런데, STAR-CCM+를 활용한 산불방재의 튜토리얼 실습하기 이전에, 대상지로 설정한 피노키오 자연휴양림의 지형, 식생적 특징을 알아보고 필요한 요소들을 모델에 적용해보자. 본 튜토리얼에서 실습하는 대상지는 강원도 치악산에 위치한 피노키오 자연휴양림이다. 강원도는 한국의 전체 산림 면적의 21.7%(6,369,000 ha)를 차지하며, 전체 강원도 면적의 약 81%가 산림으로 구성되어 있다. 즉, 해당 지역에서 산불이 발생하였을 때는 그 확산 가능성이 매우 높으며, 산불로 인한 산림의 자원 훼손이 심할 것으로 평가된다. 실제로 2012년부터 2021년 사이에는 강원도 지역에서 매년 평균 93건의 산불이 발생하여 산림에 큰 피해를 일으키기도 하였다(그림 5-6 (a)).

특히, 자연휴양림의 경우, COVID-19 이후 방문객이 급격하게 증가한 모습을 확인할 수 있었다. 2006년부터 2019년까지 자연휴양림의 이용객이 약 2배 이상 증가한 모습을 확인할 수 있다. 위에서도 언급하였지만, 산불의 원인은 입산자실화가 주된 원인으로, 산림이용객의 증가와 화재/취사시설의 이용은 매우 취약한 잠재적 원인이라고 할 수 있다(그림 5-6 (b)).

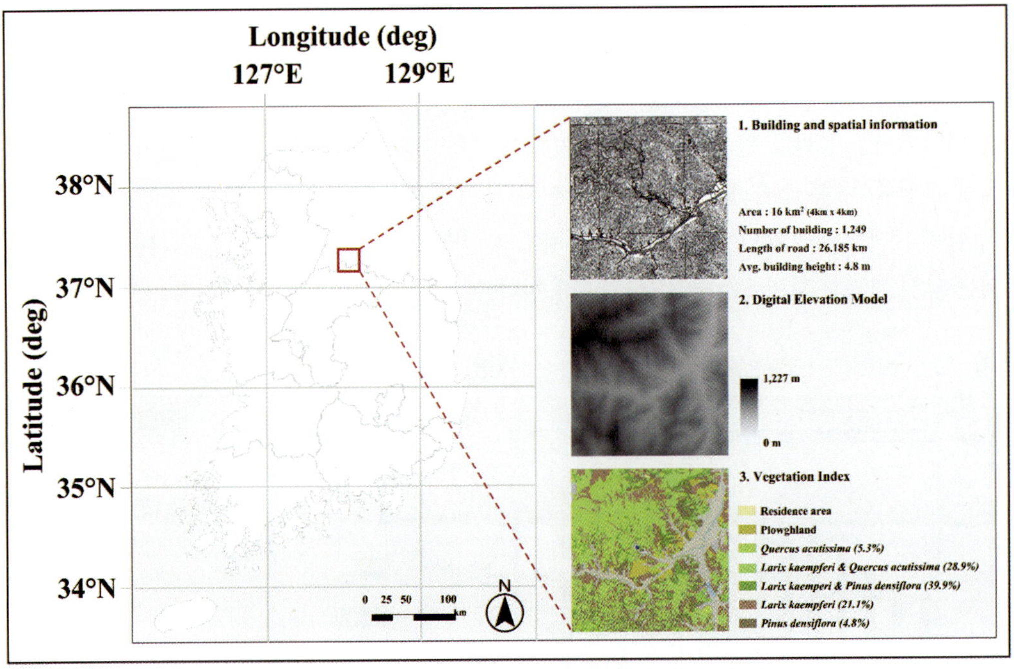

그림 5-7. 대상지 선정 및 현황 분석: 치악산 피노키오 자연휴양림

강원도 원주시 치악산에 위치한 피노키오 자연휴양림은 총 면적 86 ha이며, 약 33 ha가 이용객이 활용할 수 있는 캠핑 및 취사 시설이다. 세 개의 캠핑 장소가 있으며, 본 연구에서는 1번 야영장에서 불이 시작되는 것을 가정한다. 해당 지역은 계곡부에 위치하여 산불이 발생하였을 때, 그 확산이 급격하게 증가할 수 있다(그림 5-7).

이 지역에는 평균 높이가 4.8 m인 건물과 26 km의 주요 도로가 포함되어 있다. 사이트의 DEM은 북서쪽 경사로로 급격하게 상승하며, 가장 높은 지역의 등고는 1,227.0 m이다. 산림청에서 운영하는 산림공간정보서비스(Forest Geospatial Information System, FGIS)에 의하면, 대부분의 임상은 낙엽송(Larix Kaempferi)이 지배적이다. 정보를 취득한 산림공간정보시스템은 산림에 대한 각종 위치와 속성정보를 컴퓨터에 입력하고 분석하며, 산림과 관련된 계획 및 의사결정을 지원하는 통합적 시스템이다.

이어서, 위에서 파악한 공간정보 등을 적용하여 전산유체역학 기반의 해석을 수행한다. 가장 먼저 STAR-CCM+를 구동하고, Parallel on Local Host 작업을 수행한다. 본 튜토리얼에서 활용하는 산불의 모델은 사용하는 격자가 많고 형상이 복잡하기에, 코어가 약 24개 이상인 워크스테이션/컴퓨터를 사용하기를 추천하는 바이다.

File > Import > Import Surface Mesh를 선택하고, Pinocchio_Camp.dbs 파일을 선택하여 형상을 불러온다. Pinocchio_Camp.dbs 파일은 하기의 경로에서 다운로드할 수 있다

dbs 파일 다운로드 경로:
https://drive.google.com/file/d/1LjfU6-NHsWQnuJrGA-LinYop8rkbh2o_/view?usp=drive_link

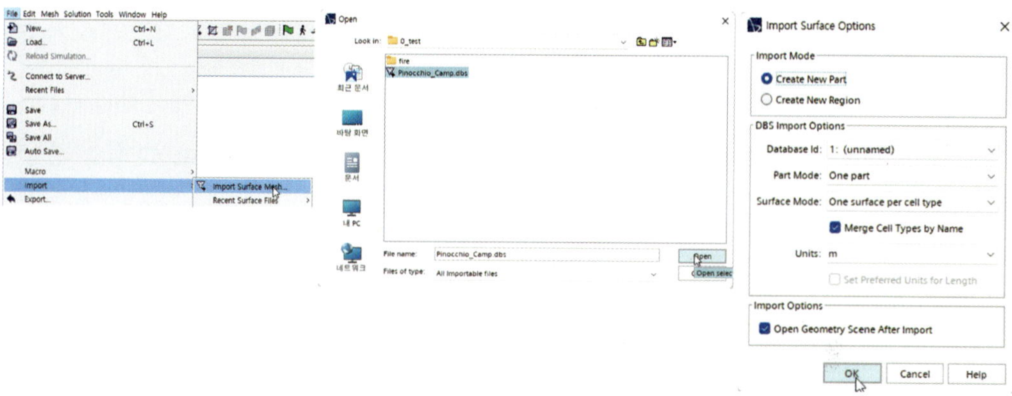

그림 5-8. STAR-ccm+ New Simulation Open

Parts의 Pinocchio_Camp를 눌러서 만들어진 Geometry Scene을 확인한다(그림 5-8).

그림 5-9. Import 된 Geometry Scene

Import 된 Geometry Scene은 그림 5-9와 같다. Part에 들어가서 확인하면, Pinnochio Camp 내부에 Fire Source, Ground, River, Side, Structure, Top 등의 요소를 확인할 수 있다.

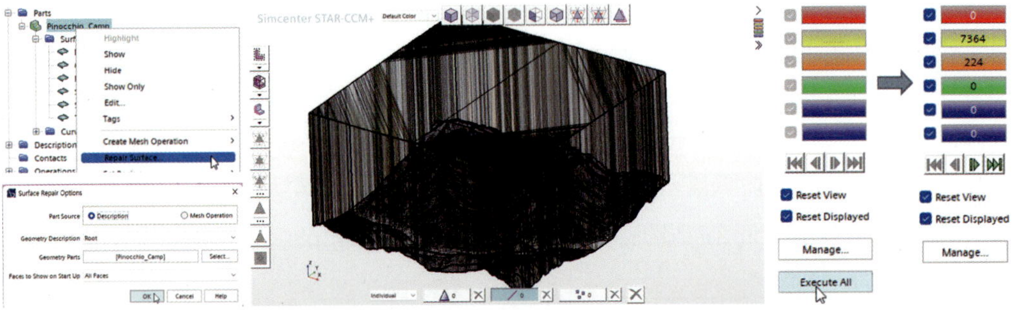

그림 5-10. Import 한 Geometry 형상의 Surface Clean-up

다음은 Geometry 형상의 Surface Cleanup을 수행한다(그림 5-10). Part에서 Pinocchio_Camp를 우클릭하고, Repair Surface...를 선택한다. Surface Repair Options는 기본상태로 OK를 선택한다.

여기에서 Surface Repair 오른쪽의 Execute All을 하면 전체 Surface에 대해 에러를 체크하고 가져온 형상에 문제점을 파악할 수 있다. 오른쪽에 표기되는 Surface Error 중에서 노란색과 주황색은 자동으로 처리할 수 있으므로 다른 색상의 Error가 있으면, 이를 자세히 파악해야 한다. 주로 CAD 형상에 문제가 있는 것이므로, Rhino 등 형상을 작업한 프로그램으로 돌아가서 해당 위치를 다시 검토해야 한다.

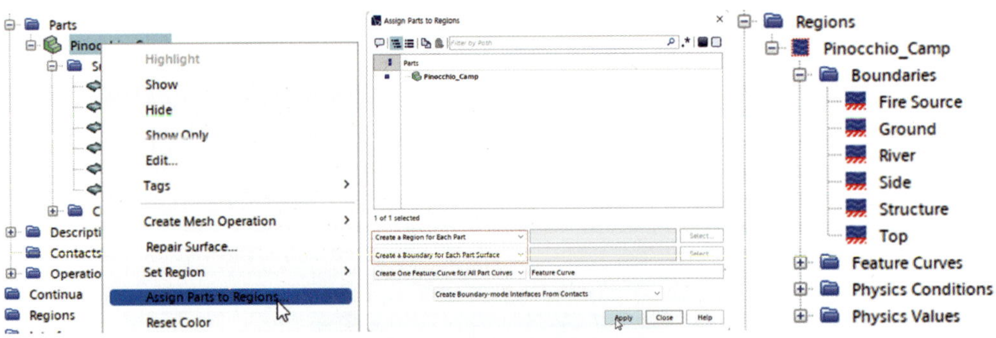

그림 5-11. Assign Part to Regions

다음은 Assign Parts to Regions를 하는 과정으로, 만들어둔 형상을 각 Part 별로 물성값을 입력할 수 있도록 Regions로 변경하는 과정이다(그림 5-11). Part에서 형상 작업이 완료되면

Part에 해석을 수행할 수 있는 Region을 생성하고 할당하기 위해 Pinocchio_Camp 파트를 우클릭, Assign Parts to Regions를 선택한다.

Assign Parts to Regions 창에서 Create a Region for Each Part, Create a Boundary for Each Part Surface로 변경하여 Part의 이름이 그대로 Region으로 생성되게 설정한다.

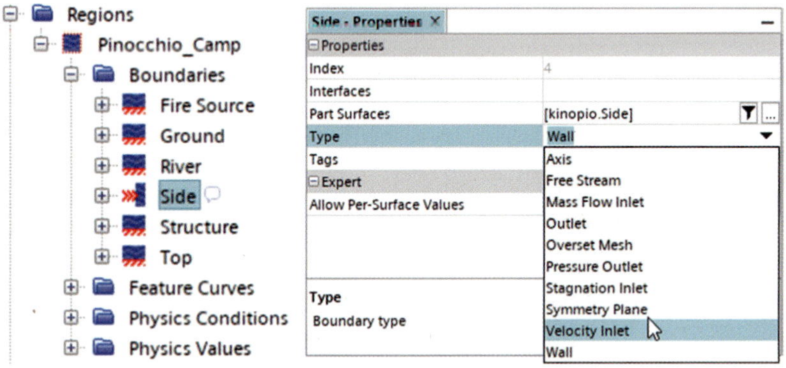

그림 5-12. Boundary Type 설정하기

< 표 5-2. Boundary Type 설정하기 >

<table>
<tr><th>Boundary Name</th><th>Type</th></tr>
<tr><td>Side</td><td>Velocity Inlet</td></tr>
<tr><td>FireSource</td><td rowspan="5">Wall (Default)</td></tr>
<tr><td>Ground</td></tr>
<tr><td>River</td></tr>
<tr><td>Structure</td></tr>
<tr><td>Top</td></tr>
</table>

위와 같이 Assign 된 Region > Boundary에서 알맞은 Type으로 변경한다(그림 5-12/표 5-2).

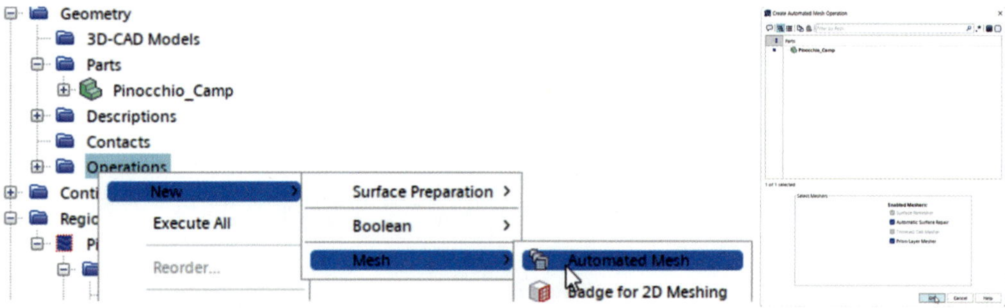

그림 5-13. 격자 설정 (1)

다음은 격자를 크기를 설정하는 과정이다(그림 5-13). Geometry > Operations 마우스 우클릭> New > Mesh > Automated Mesh > Create Automated Mesh Operation 창에서 Parts는 Pinocchio Camp를 선택하고 Select Meshers에서 Surface Remesher, Automatic Surface Repair, Trimmed Cell Mesher, Prism Layer Mesher를 각각 선택한다.

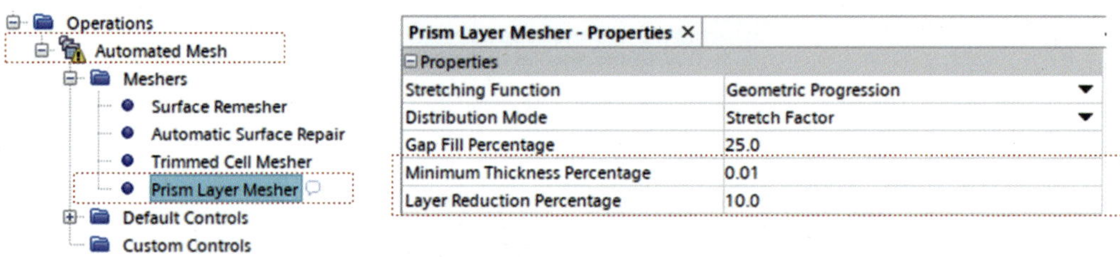

그림 5-14. 격자 설정 (2) - Prism Layer Mesher

Operation > Automated Mesh에서 위와 같은 값을 입력한다(그림 5-14). 설정한 값들의 자세한 설명은 이전 챕터 내용을 참고한다.

- Minimum Thickness Percentage: 0.01
- Layer Reduction Percentage: 10.0

Minimum Thickness Percentage는 Prism Layer가 들어갈 수 있는 최소한의 값을 제한하는 것으로, 기본값은 10이며, 추후 설정하게 될 Building Surface에서 더 낮은 값을 설정해야 하므로 그보다 작은 값인 0.01을 설정한다. Layer Reduction Percentage는 위의 그림과 같은 설정으로 Prism Layer가 급격하게 작아질 때 격자의 형태를 더욱더 부드럽게 하려면 기본값보다 낮추는 것이 좋다.

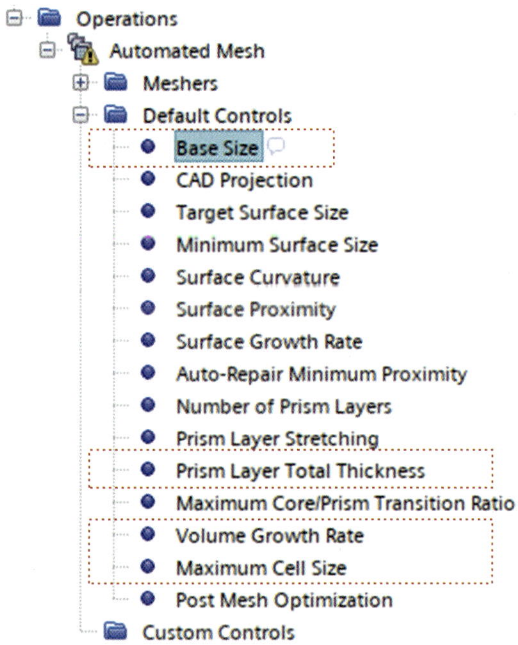

그림 5-15. 격자 설정 (3) - Default Controls

< 표 5-3. 격자 설정 (1) - Default Controls >

Controls	Values	
Base Size	10.0 m	
Prism LayerTotal Thickness	10.0	
MaximumCell Size	1000	
VolumeGrowthRate	Default Growth Rate	Medium
	Surface Growth Rate	Medium

Operations에서 Automated Mesh를 선택한 후 Default Controls의 값을 상기와 같이 변경한다(그림 5-15/표 5-3). 해당 세팅은 Global Setting이며, 건물의 형상을 정교하게 구현하기 위해서 Custom Control을 추가로 사용한다. 여기에서 설정한 격자의 크기는 앞서 챕터 4에서 설정한 값보다 훨씬 큰 격자를 사용하는데, 이는 사용하는 대공간의 크기가 4장 대구광역시의 경우보다 월등히 크기 때문이다.

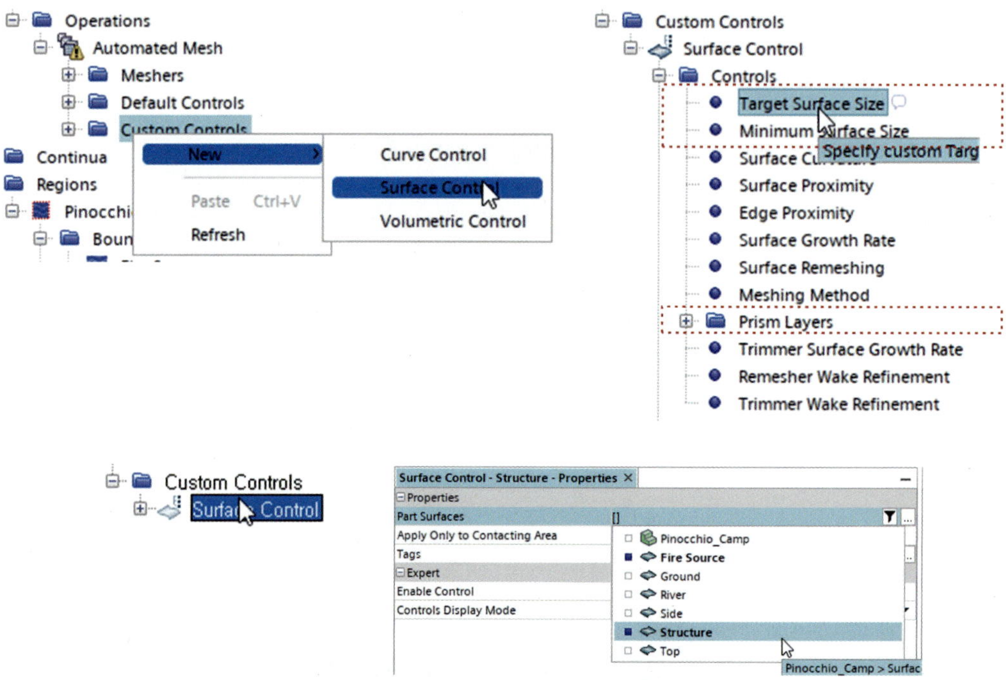

그림 5-16. 격자 설정 (4) - Building, Domain 등

<표 5-4. 격자 설정 (2) - Structures >

SurfaceControl - Structure		
Controls		
Target SurfaceSize	Custom	
Minimum SurfaceSize	Custom	
Prism Layer	Custom	
- Customize	CustomizeTotal Thickness	Check
	others	No check
Values		
TargetSurface Size	10.0	
CustomPrism Value >PrismLayerTotalThickness	2.0	
Minimum Surface Size	1.0	

Structures에 더 조밀한 격자를 설정하기 위해서 Automated Mesh > Custom Control 마우스 우클릭 > New > Surface Control을 생성한다. Part Surface에 Structure, Fire Source를 선택하고, 그림 5-16 및 표 5-4와 같이 입력한다.

< 표 5-5. 격자 설정 (3) - Domain >

SurfaceControl - Domain	
Controls	
Target SurfaceSize	Custom
Minimum SurfaceSize	Custom
Prism Layer	Disable
Values	
TargetSurface Size	1,000.0
Minimum Surface Size	50.0

외부 도메인에 보다 조밀한 격자를 설정하기 위해서 Automated Mesh > Custom Control 마우스 우클릭 > New > Surface Control을 생성 • Part Surface에 side, top를 선택하고, 표 5-5와 같이 값을 입력한다.

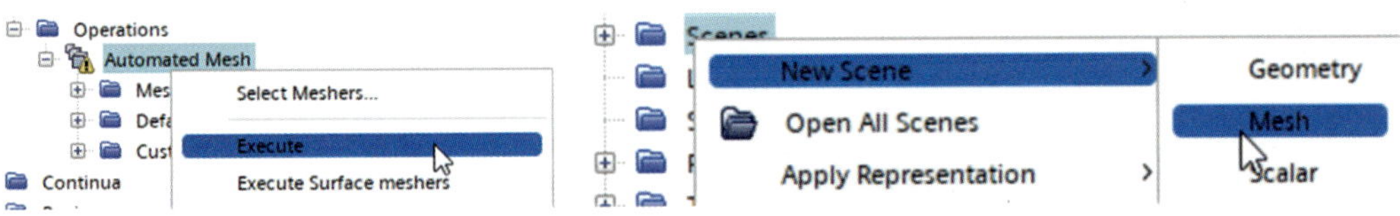

그림 5-17. 격자 생성하기 (Execute)

설정이 완료되면 Operation > Automated Mesh > Execute를 실행하여 격자를 구성한다(표 5-17). 격자는 대략 600만 개 생성되며, 완료 후에 격자 확인을 위해서 Scene을 마우스 우클릭 > New Scene > Mesh를 선택하여 Mesh Scene을 생성한다.

참고로 스프링클러를 포함한 형태의 형상은 약 1,100만 개 이상의 격자가 생성되며, 더 많은 물리모델이 사용되기 때문에 해석하는 데 훨씬 많은 컴퓨팅 리소스가 필요하다.

그림 5-18. 생성된 격자의 형태

완성된 Mesh의 형상은 위와 같다. 다음은 화재해석을 할 수 있는 물리 모델을 설정해보자(그림 5-18).

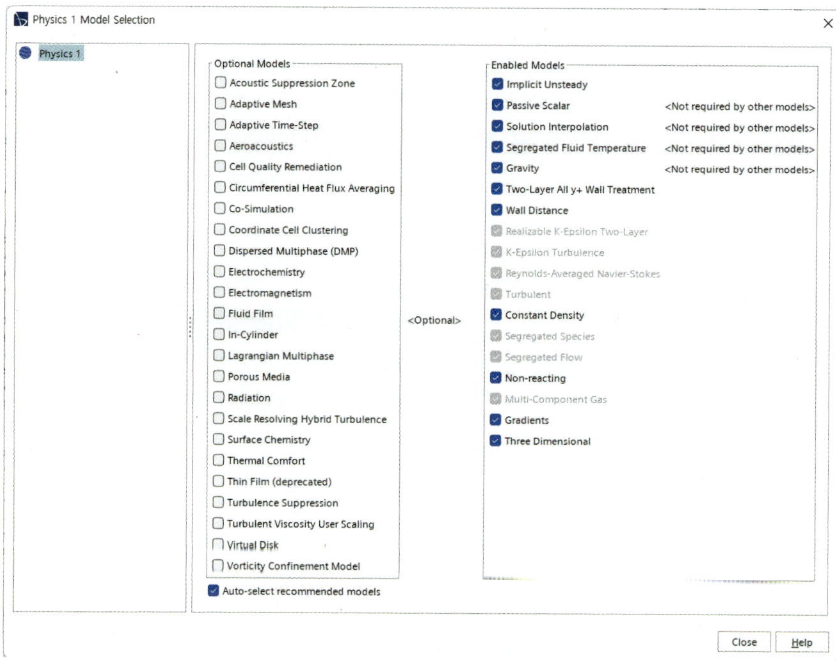

그림 5-19. 물리모델 설정

물리모델 선택을 위해서 Continua > Physics 우클릭 후 > Select Models... 를 선택한다(그림 5-19). 이후에는 화재해석에 맞는 물리모델을 상기와 같이 선택해준다.

여기에서 사용한 물리모델의 특이점은 아래의 하기 두 가지로 요약할 수 있다.

- 기존의 해석은 시간을 고려하지 않는 Steady 해석을 수행하였다면, 본 연구에서는 Implicit Unsteady를 선택한다.
  이는 화염이 시간에 따라 전파되는 것을 계산하기 위해 시간의 흐름을 계산하는 Unsteady 기법을 사용하는 것이다.
- Passive Scalar 기능을 활성화한다.
  여기에서 의미하는 Passive Scalar는 화재에 의해 발생하는 오염물질이며 확산을 계산하기 위해 추가한다.

설정한 물리 모델의 특징은 하기와 같이 정의할 수 있다.

- Three Dimensional: 3차원 해석
- Gradients: 이송 방정식(mass, momentum, energy 등) 사용
- Implicit Unsteady: 비정상상태 해석(시간의 흐름을 고려)
- Multi-Component Gas: 해석 영역 내의 작동 유체가 다 성분 기체일 때 사용(습도, 연소 해석에 사용)
- Non-Reacting: Multi-Component Gas에서 각 기체 성분이 서로 반응하지 않는 것을 설정
- Segregated Flow: 유동과 에너지의 방정식을 각자 따로 푸는 해석
- Constant Density: 밀도가 일정(비압축성 유동)
- Turbulent: 난류 유동
- RANS Realizable K-epsilon Turbulence: 일반적인 유동에서 가장 많이 사용되는 난류모델
- Exact Wall Distance: Wall Function을 사용하는데 필요한 기본 모델
- Two-Layer All y+ Wall Treatment: 일반적인 유동에서 가장 많이 사용되는 Wall Function
- Segregated Fluid Temperature: 에너지 방정식을 계산하는 모델
- Gravity: 중력을 적용
- PassiveScalar: 해석영역 내부로 유입되는 유체의 확산에 대한 해석에 사용
- Cell Quality Remediation: 계산 중에 격자 품질 문제로 해석 값에 문제가 있는 경우 값을 주위 값을 바탕으로 보간하는 해석 방법

이 튜토리얼에서 사용된 지배방정식(Governing Equations)은 URANS (Unsteady Reynolds-averaged Navier-Stokes) 방정식이다. URANS 모델에서는 평균 시간 성분 $\overline{f}$와, 난류성분 f'로 나누어지며, 하기의 식과 같이 정의할 수 있다(Mei & Yuan, 2021).

$$\frac{\partial u_l}{\partial \overline{u_i}} = 0, \tag{5.3}$$

$$\frac{\partial \overline{u_l}}{\partial t} + \frac{\partial \overline{u_l u_J}}{\partial x_j} = -\frac{1}{\rho}\frac{\partial \rho}{\partial x_j} + \frac{\partial}{\partial x_j}\left(\frac{\mu}{\rho}\left(\frac{\partial \overline{u_l}}{\partial x_j} + \frac{\partial \overline{u_J}}{\partial x_i}\right) - \overline{u'_i u'_j}\right) - g_i \beta (\theta - \theta_{ref}) \tag{5.4}$$

여기에서 $\overline{u_l}, \overline{u_j}$는 평균 속도, u'_i, u'는 난류 속도, $-\overline{u'_i u'_j}$는 난류 레이놀즈 응력 텐서, ρ는 압력을 뜻한다. 또한, $-g_i\beta(\theta - \theta_{ref})$는 부력, $\overline{\theta}$ 평균온도 θ_{ref} 잠재적 기준온도를 뜻한다. Realizble $k-\epsilon$의 난류운동에너지를 뜻하며, 미지수를 최소화한 방정식 모델은 하기와 같이 정의된다(Ashgriz & Mostaghimi, 2002; Chen et al., 2021; Eymard et al., 2000; Moukalled et al., 2016; Van Maele et al., 2003; Versteeg & Malalasekera, 2007).

$$\frac{\partial(\rho\epsilon u_i)}{\partial x_i} = \frac{\partial}{\partial x_j}\left[(\mu + \frac{\mu_t}{\sigma_\epsilon})\frac{\partial \epsilon}{\partial x_j}\right] + \rho C_1 S_\epsilon - \rho C_2 \frac{\epsilon^2}{k + \sqrt{v\epsilon}}. \tag{5.5}$$

난류 운동 에너지 k와 난류 소멸율 ϵ는 정적 수성 방정식을 활용하여 계산된다(Passandideh-Fard et al., 2002; Saleh, 2002; Shirani et al., 2005)

$$\frac{\partial(\rho\epsilon u_i)}{\partial x_i} = \frac{\partial}{\partial x_j}\left[(\mu + \frac{\mu_t}{\sigma_\epsilon})\frac{\partial \epsilon}{\partial x_j}\right] + P_k - \rho\epsilon. \tag{5.6}$$

여기에서 변형율 S, C_1, 그리고 η는 식 5.7~식 5.9와 같이 정의된다.

$$S = \sqrt{2S_{ij}Sij}, \tag{5.7}$$

$$C_1 = \max(0.43, \frac{\eta}{\eta + 5}). \tag{5.8}$$

$$\eta = \frac{Sk}{\epsilon}. \tag{5.9}$$

여기에서 v는 동점도를 뜻하며, σ_k, σ_ϵ는 k, ϵ 난류 Prandtl 계수를 뜻한다.

시간이력 해석의 물리 방정식은 지구의 온도변화에 기반하여 추정된다. 태양 고도에 따른 온도 변화분석 모델은 식 (5.10)을 통해서 신뢰도가 검증되었다. 전지구 온도 T_g(℃)은 하기의 식과 같이 추정된다(Chen et al., 2021; Okada, 2014; Okada & Kusaka, 2013; Ravindra et al., 2020).

$$T_g = T_a + \frac{S_0 - 30}{0.252S_0 + 10.5v + 25.5'} \tag{5.10}$$

여기에서 T_a는 공기의 온도(°C), S_o는 지구 일사량(W/m^2) , 그리고 v는 풍속(m/s)을 뜻한다.

풍속의 수직적 분포를 모델링 하기 위해서는 입구에 속분포(풍속 프로파일, Wind profile) 모델을 설정해야 하고, 풍향 프로필을 나타내는 U는 식 (5.11)과 같이 정의된다(Hong et al., 2012)

$$U = U_r\left(\frac{Z}{Z_r}\right)^{0.33} \tag{5.11}$$

여기에서 U는 높이 Z에서 풍속을 뜻하며, U_r은 높이 Z_r에서 풍속을 뜻한다.

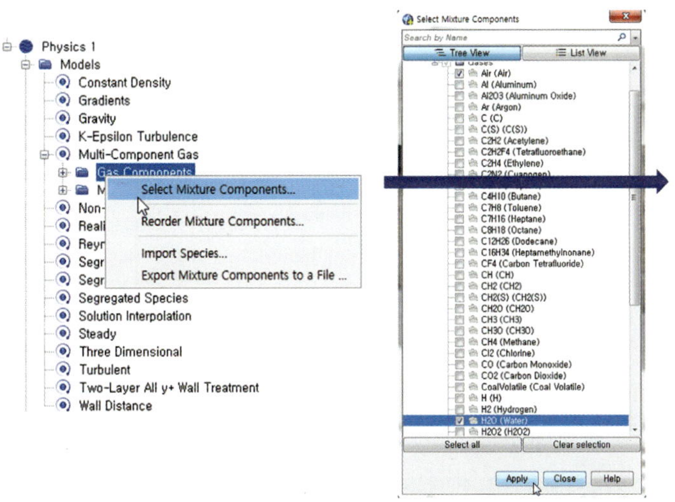

그림 5-20. Multi-Component Gas 설정

Continua > Physics 1 > Multi-Component Gas > Gas Components에서 상기와 같이 해석될 기체(Air, H2O)를 선택한다. 계산하는데 Air와 H2O의 순서를 세팅하는 것이 중요하며, 만약 순서가 다르다면, Reorder Mixture Components 항목을 선택하여 순서를 변경하여 준다(그림 5-20).

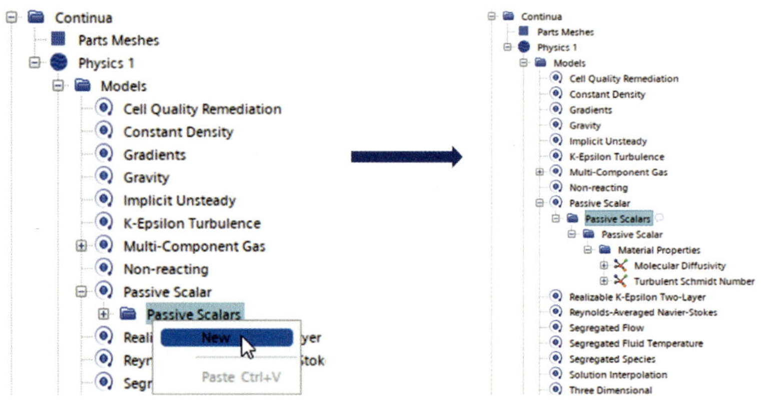

그림 5-21. Passive Scalars 설정

다음은 연기의 확산을 가시화하기 위해서 패시브 스칼라 생성을 위해서 Continua > Physics 1 > PassiveScalar > Passive Scalars 마우스 우클릭 > New를 선택한다(그림 5-21).

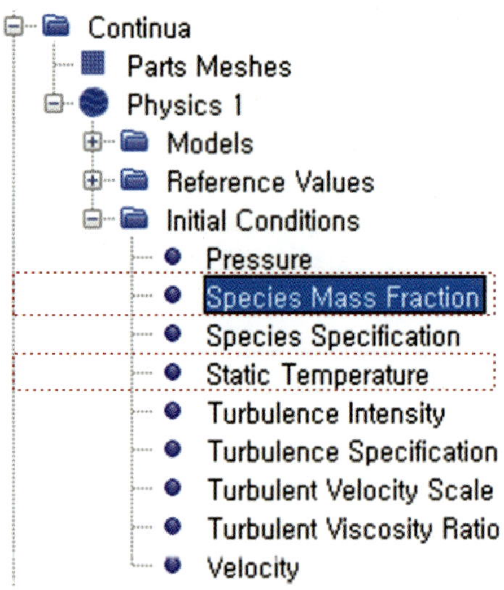

그림 5-22. Initial Condition 설정

< 표 5-6. Initial Condition 설정 >

Parameter	Value
InitialCondition	
Species Mass Fraction	[0.981693, 0.018307]
Temperature	40.0 C

Continua > Physics 1 > Initial Conditions > Species Mass Fraction, Temperature에 아래와 같은 값을 입력한다. 해당 값은 40.0℃, 상대습도는 40%를 의미한다(그림 5-22/표 5-6). Unsteady 해석에서 Initial Condition은 시간(t)가 0일 때의 값을 뜻한다. 온도와 습도는 지난 챕터와 동일하게 40.0℃, 상대습도 40%일 때를 가정한다. 속도는 지형에 의해 일정 시간이 지난 후에 유동장이 발생하므로, 초기 값을 지정하지 않는다. 대신 유동장이 발달할 수 있도록 10분간 화재가 발생하지 않는 것으로 설정한다.

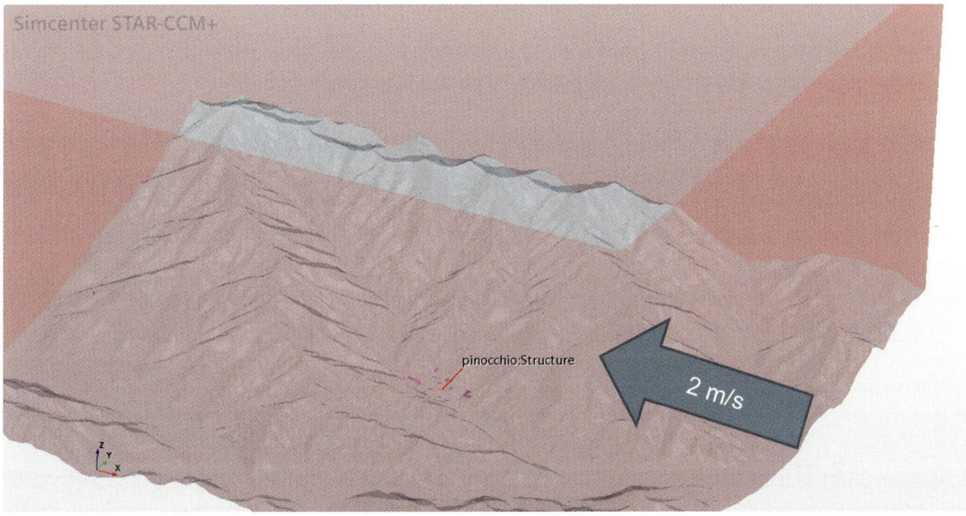

그림 5-23. 풍향·풍속 설정

다음은 화염원의 시작을 가정하는 과정으로 화염의 시작은 피노키오 자연휴양림 제1 캠핑장에서 시작하는 것을 가정한다(그림 5-23). 풍향과 풍속의 경우, 모니터링의 결과값을 참고하여 동풍 2m/s로 설정한다.

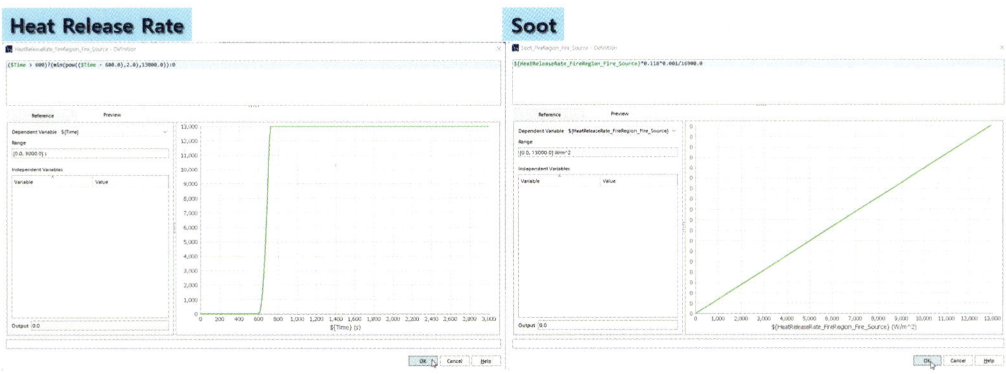

그림 5-24. Field Function 설정 - Heat Release Rate와 Soot

다음은 STAR-CCM+에서 지원하지 않는 요소 중 화염원의 방출과 관련된 Field Function을 정의해보자(그림 5-24). 크게 여섯 가지의 기능을 설정한다.

- 첫 번째는 Heat Release Rate (HRR)로, 화염원에서 방출하는 열 방출량을 뜻한다. HRR은 연소재료의 종류, 사용 가능한 산소의 양, 그리고 화재가 진행되는 환경 등 다양한 요소에 따라 달라진다. 본 연구에서는 해당 지역의 주요 임상인 Larix Kaempferi의 열 방출량인 180.3 kW/m^2을 설정한다(Yang et al. 2022).
- Soot를 설정하는 과정으로 연소 과정에서 발생하는 검정색 또는 갈색의 오염물질(재, 연기 등)을 표현하는 과정으로, HRR에 대한 함수를 지정한다.
- 다음은 불과 연기가 옮겨지는 과정을 묘사한다. 일반적으로 CFD 시뮬레이션 그대로 나무에서 나무로 불이 옮겨져 가는 과정을 구현하는 것이 쉽지 않다. 하지만, 일정 온도 이상이 되면 열 방출량이 옮겨져가는 것을 묘사할 수 있다. 본 저서에서는 앞서 설명한 산불의 네 가지 종류 중에서 수관화되는 과정을 가정한다. 본 저서에서는 이를 Tree Fire Chain이라는 함수로 설정한다. 낙엽송의 발화온도(Ignition Point)는 선행연구를 참고하여 460℃ 설정한다(Addai et al., 2017; Han et al., 2016; Martinka & Chrebet, 2014; Yang et al., 2022a). 다른 임상을 적용하고 싶은 경우에는 목재의 발화점을 연구한 자료들을 참고할 수 있다.
- 다음은 화염원으로부터 전파되어 발생하는 연기의 온도를 설정하는 것으로, 본 함수는 Tree Fire Chain과 Soot Release Rate의 조합으로 생성한다. 이때 온도는 연기가 발생하는 지점을 선택하며, 본 저서에서는 선행연구를 참고하여 181℃로 설정한다(Rezaei et al., 2020). 연소과정에서 생성되는 soot의 양을 나타내는 Soot yield는 0.118 g/g으로 설정한다(Mun et al., 2019)
- 계곡물에 대해서는 물의 온도를 20.0℃로 설정하고, 일정 온도 이상이 되었을 때 증발이 되는 것을 Field Function으로 가정한다.
- 추가적으로는 산에서 발생되는 유동장이 충분히 반달될 수 있도록, 10분 동안 화염이 생기지 않도록 필드함수를 입력해준다. 또한 높이에 따른 속도 프로파일과 방향 벡터에 대한 속도 함수를 설정하여, 충분한 유동장이 형성되는 것을 가정해준다.

위의 내용을 식으로 표현하기 위해 표 5-7과 같은 Field Function을 작성한다.

< 표 5-7. Field Function 정의 (1) - Heat Release Rate와 Soot >

Field Function Name	Function Name	FieldFunction
HeatReleaseRate_FireRegion_Fire_Source	HeatReleaseRate_FireRegion_Fire_Source	($Time > 600)?(min(pow(($Time - 600.0),2.0),180000.0)):0
Soot_FireRegion_Fire_Source	Soot_FireRegion_Fire_Source	${HeatReleaseRate_FireRegion_Fire_Source}*0.118*0.001/16900.0
Tree_FireChain_Rate	FireChain	($Temperature > 738.15)?13000:0
V0	v0	2
V_angle_deg	v_angle_deg	90
V_angle_rad	v_angle	$v_angle_deg*(2*acos(0))/180
V_profile	v_profile	$v0*pow($$Centroid[2]/10,0.33)
V_vector	v_vector	[${v_profile}*cos($v_angle), ${v_profile}*sin($v_angle), 0]

다음은 상대습도를 입력하기 위한 공식들로 챕터4와 동일한 내용을 적용한다.

상대습도 RH는

$$RH = \frac{100 \cdot p}{p_s} \tag{5.12}$$

로 정의된다. 여기에서 p는 수증기의 분압(Partial pressure of vapor), p_s는 포화 증기 압력(Saturation vapor pressure)을 뜻한다. 포화증기압력 p_s는 (5.13)과 같이 정의되며

$$p_s = 611.21 e^{\frac{\left(\left(18.678 - \frac{T}{234.5}\right) T\right)}{(257.14 + T)}} \tag{5.13}$$

T는 섭씨온도(℃)를 뜻한다. 증기의 부분압력(Partial Pressure of Vapor)는 (5.14)와 같다.

$$p = \frac{(HP)}{\left(\left(\frac{M_w}{M_a}\right) + H\right)} \tag{5.14}$$

여기에서 p는 절대압(absolute pressure), M_w는 물의 분자량(molecular weights of water), M_a(molecular weights of air)는 공기의 분자량, H는 절대습도(absolute humidity)를 뜻한다. 절대습도 H는

$$H = \frac{X_w}{X_a} \tag{5.15}$$

로 정의된다. X_w는 물의 질량분율, X_a는 공기의 질량분율을 뜻한다. 식 5.12~식 5.15 들을 입력하기 위해서 Tools > Field Functions > New에서 습도 계산에 필요한 Field Function을 생성한다. 앞서 나온 습도 관련 방정식을 STAR-CCM+ Field Function으로 표현한 형태는 표 5-8과 같다.

< 표 5-8. Field Function 정의 (2) - Relative Humidity >

v	방정식	FieldFunction
Celsius Temperature (Tc)		$Temperature-273.15
Absolute Humidity (AH)	$H = \frac{X_w}{X_a}$	$MassFractionH2O/$MassFractionAir
Vapor Pressure (Pv)	$p = \frac{(HP)}{\left(\left(\frac{M_w}{M_a}\right) + H\right)}$	$AH*$AbsolutePressure/((18/28.96)+$AH)
Saturation Pressure (P_sat)	$p_s = 611.21e^{\frac{\left(\left(18.678 - \frac{T}{234.5}\right)T\right)}{(257.14 + T)}}$	611.21*exp((18.678-($Tc/234.5))*($Tc/(257.14+$Tc)))
Relative Humidity (rh)	$RH = \frac{100 \cdot p}{p_s}$	$Pv/$P sat*100

다음은 산불 해석을 위한 경계조건(Boundary Condition)을 입력한다.

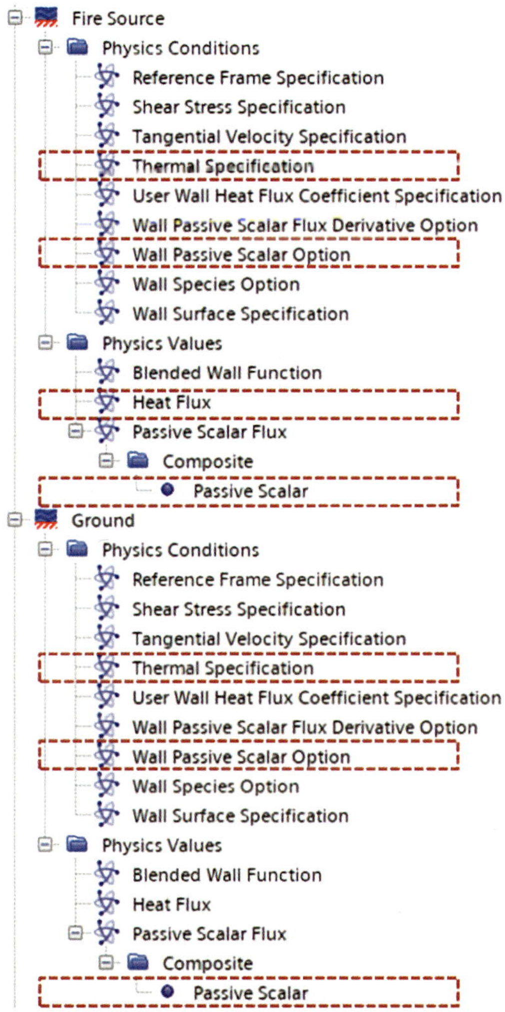

그림 5-25. Boundary Condition 설정 (1) - FireSource & Ground

< 표 5-9. Boundary Condition 설정 (1) - FireSource & Ground >

Parameter	Value
FireSource > Physics Conditions	
Thermal Specification	Heat Flux
Wall Passive Scalar Option	Specified Value
FireSource > Physics Values	

Heat Flux	Method	Field Function
	Scalar Function	HeatReleaseRate_FireRegion_Fire_Source
Passive Scalar Flux > Composite > Passive Scalar	Method	Field Function
	Scalar Function	Soot_FireRegion_Fire_Source
Ground > Physics Conditions		
Thermal Specification	Heat Flux	
Wall Passive Scalar Option	Specified Value	
Ground > Physics Values		
Heat Flux	Method	Field Function
	Scalar Function	Tree_FireChain_Rate
Passive Scalar Flux > Composite > Passive Scalar	Method	Field Function
	Scalar Function	Soot_Tree_FireChain_Rate

위에서 설정한 경계조건 대부분은 Field Function을 통해서 설정한 값들이 대부분이다(표 5-9/그림 5-25). 먼저 Fire Source(화염속성)와 Ground(지표면)의 물리 모델을 설정하는 과정이다. Regions > Pinocchio_Camp > Boundary > Fire Source와 Ground 항목을 설정한다.

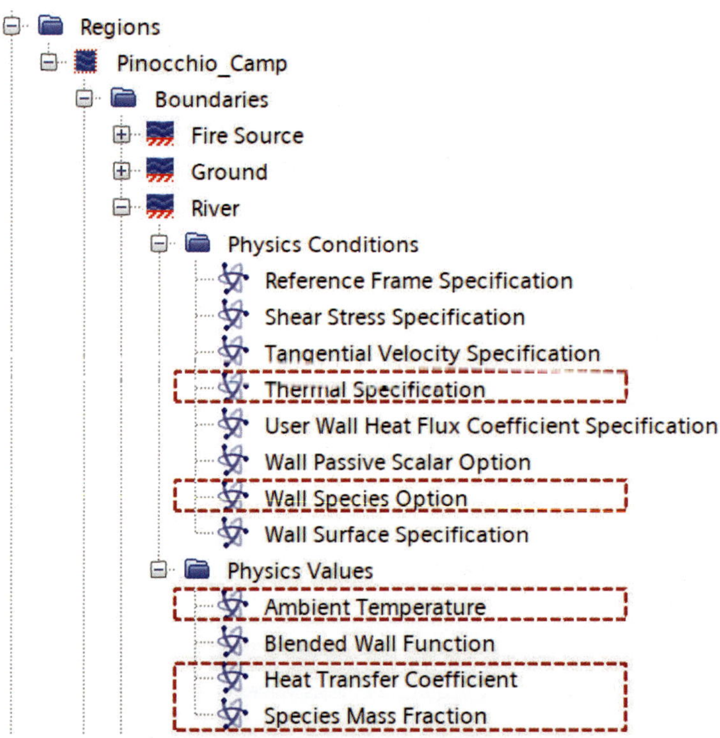

그림 5-26. Boundary Condition 설정 (2) - River

< 표 5-10. Boundary Condition 설정 (2) - River >

Parameter	Value
River > Physics Conditions	
Thermal Specification	Convection
Wall Species Option	Specified Value
River > Physics Values	
AmbientTemperature	20.0C
Heat TransferCoefficient	100.0 W/m2-K
Species Mass Fraction	[0.985537, 0.014463]

다음은 산을 따라 흐르는 계곡부의 Boundary Condition을 설정하는 과정으로, Regions > Pinocchio_Camp > boundaries > River을 열고, 표 5-10의 내용을 입력한다(그림 5-26). Species Mass Fraction은 온도 20.0℃에 습도 100%인 상태를 묘사한 수치이다.

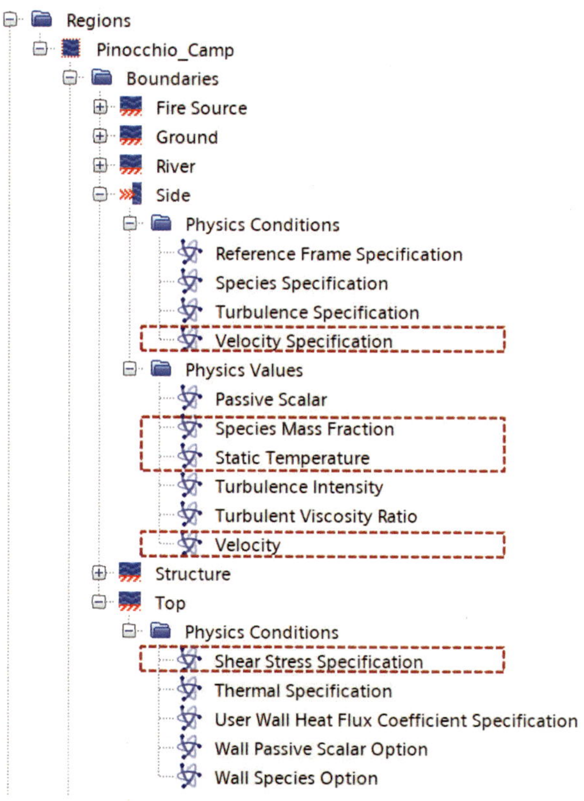

그림 5-27. Boundary Condition 설정 (3) - Side, Top

< 표 5-11. Boundary Condition 설정 (3) - Side, Top >

Parameter	Value
Side > Physics Conditions	
VelocitySpecification	Components
Side > Physics Values	
Species Mass Fraction	[0.983993, 0.016997]
StaticTemperature	40.0 C
Velocity	[-2.0, 0.0, 0.0] m/s
Top > Physics Conditions	
Shear Stress Specification	Slip

Side와 Top의 조건은 Chapter 4와 동일하게 설정하되, Shear Stress Specification을 Slip으로 설정하는 것이 중요하다(그림 5-27/표 5-11). Shear Stress는 특정 경계에서 전단 응력을 뜻하며, 유체 흐름의 설계와 최적화에 사용된다.

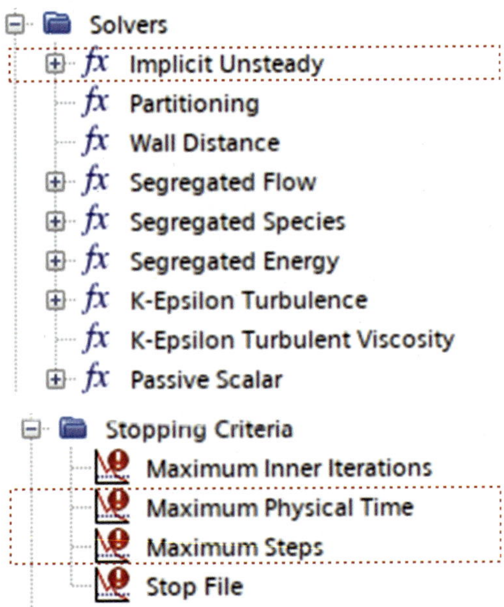

그림 5-28. Stopping Criteria 설정

< 표 5-12. Stopping Criteria 설정 >

Parameter	Value
Implicit Unsteady	2.0 s
Maximum PhysicalTime	36000.0 s
Maximum Steps	No check

위에서 언급한 바와 같이 비정상상태를 해석하므로 Solver > Implicit Unsteady에서 Time Step을 Stopping Criteria > Maximum > Physical Time에서 계산 종료 시점을 표 5-12 및 그림 5-28 같이 설정한다.

표 5-12의 값은 2초 간격으로 총 10시간을 계산하는 것을 뜻하며, 만약 해석 시간이 오래 걸리는 경우, Implicit Unsteady 항목의 시간을 늘려준다. Maximum Steps는 Chapter 4와 같이 Steady 해석에서 사용하는 개념이므로 체크를 해제한다.

< 표 5-13. New Report 생성 >

Parameter	Value
Current Time	
Dimensions	Time
Unit	min
Definition	$Time

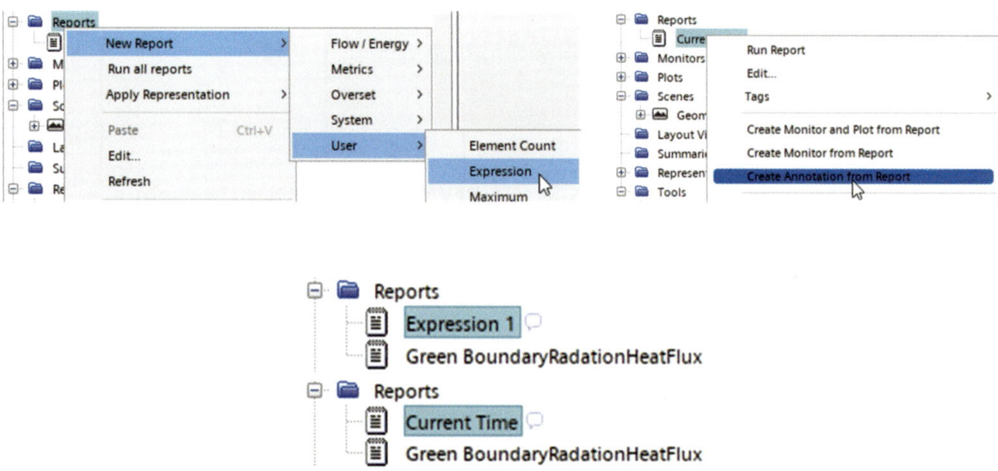

그림 5-29. New Report 생성

다음은 Unsteady 해석의 Report를 출력하는 과정으로, Time Annotation을 분 단위로 변경해 주는 과정이다.

Reports 마우스 오른쪽 클릭 > New Report > User > Expression을 생성하고 위와 같이 입력한다. 설정 완료 후 마우스 우클릭 후 > Create Monitor from Report, Create Annotation from Report를 설정하면 추후 Plot과 Scene에서 사용할 수 있다(표 5-13/그림 5-29). 지금부터는 특정한 지점에 화염이 전파되는 시간과 연기가 전파되는 시간 분석을 위한 설정을 학습한다.

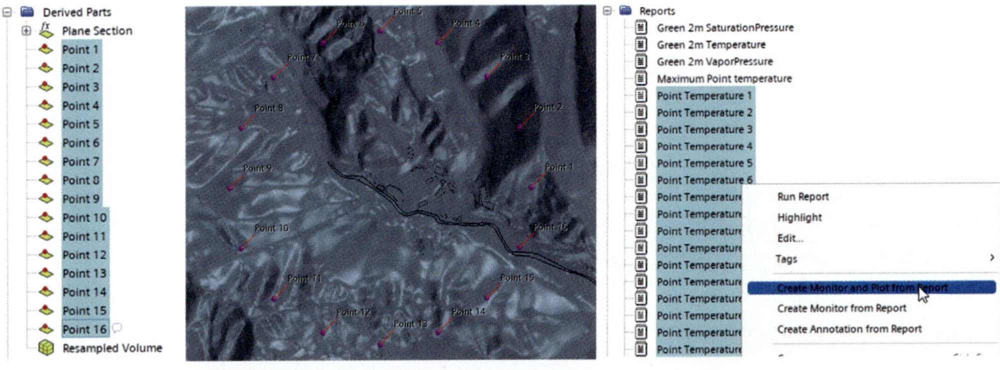

그림 5-30. JAVA Script를 활용한 Derived Parts 생성 (1) (Points)

본 저서에서는 발화점을 중심으로 500.0 m 반경에 총 16개의 좌표를 생성하고, 해당 포인트에 온도 Report를 생성한다(그림 5-30). 좌표를 설정하는 과정은 반복을 줄이기 위해서 간단한 Java Macro를 활용한다.

생성한 Java Macro 파일은 하기의 링크를 통해서 다운로드 할 수 있다.

Java Macro 파일:

https://drive.google.com/file/d/13RcoVJFeZM5EjQVZMDUnUZMaqwWwZeq8/view?usp=drive_link

```
int numberofpoint = 16;
double ang = 360/numberofpoint;
double angrad = Math.toRadians(ang);


double length = 500;

for(int i=0; i<numberofpoint; i++){
```

그림 5-31. JAVA Script를 활용한 Derived Parts 생성 (2) (Points)

위의 Java Macro 파일은 위치별로 높이가 다른 산지의 지형을 X, Y 좌표 기준으로 Ground 면과 일치되도록 하는 과정이다(그림 5-31). 만약에 포인트 개수와 거리를 변경하고 싶다면 위의 그림에서 보듯이 numberofpoint, length의 값을 바꿔주면 된다.

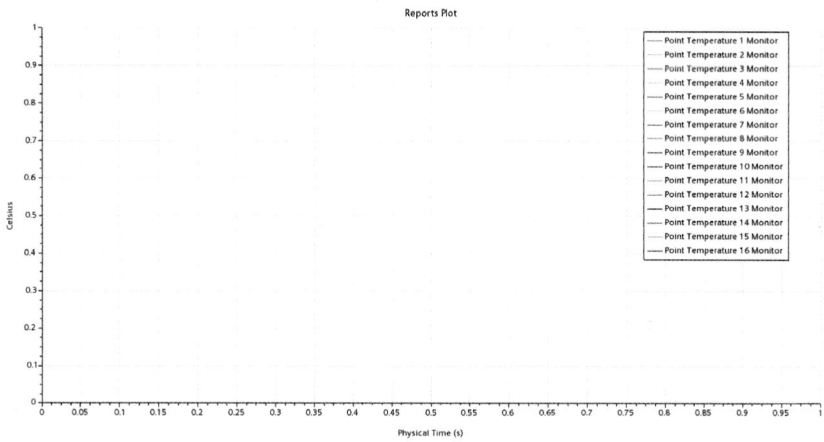

그림 5-32. Monitoring Plot 출력

생성된 온도의 Report Plot은 그림 5-32와 같이 표출된다.

< 표 5-14. Scalar Scene 설정하기 >

Parameter	Value
Outline1	
Parts	Side, Top을 제외한 모든 면
Scalar1	
Contour Style	Smooth Filled
Parts	Side, Top을 제외한 모든 면
ScalarField	
Function	Temperature
Unit	C
Clip	Off
Min	20
Max	100
Color Bar	
Color Map	Blue-Red Balanced

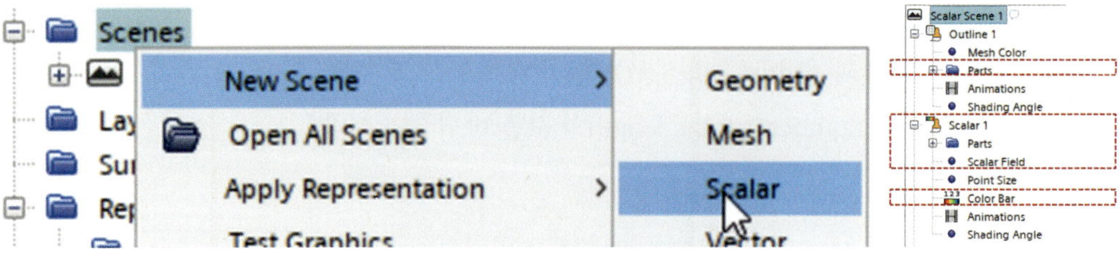

그림 5-33. Scalar Scene 생성하기

온도 결과를 도식화하기 위해서 Scene 마우스 오른쪽 클릭 > New Scene > Scalar를 선택하여 Scalar Scene을 생성한다. Scalar Scene 1 > Displayers >Outline1, Scalar1에 그림 5-33 및 표 5-14와 같이 설정한다.

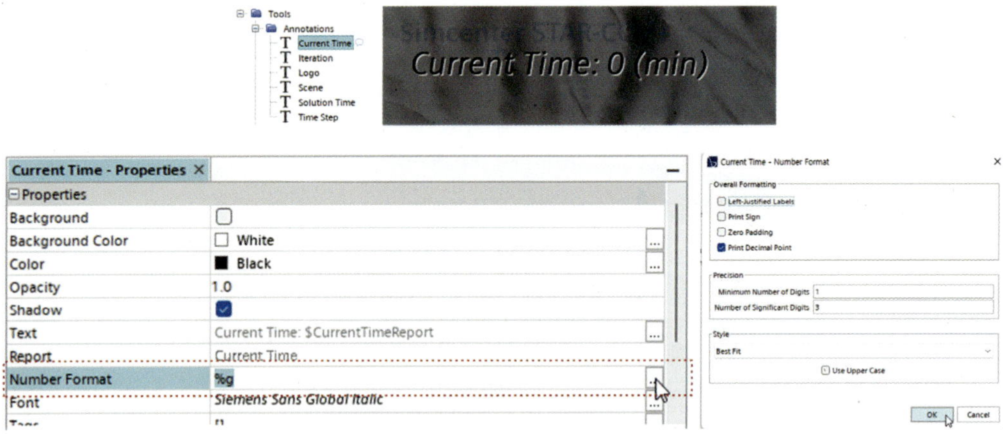

그림 5-34. Scalar Scene 준비하기

Tools > Annotations > Current Time을 생성된 Scalar Scene에 드래그하고 적절한 위치로 이동한다. 기본 설정으로 하면 소수점 단위의 정렬이 안 되므로 Tools > Annotations > Current Time > Number Format의 오른쪽 …을 클릭하고 상기와 같이 소수점 단위의 정렬을 맞춰준다. 다음은 온도에 대한 Scalar Scene을 설정해준다(그림 5-34).

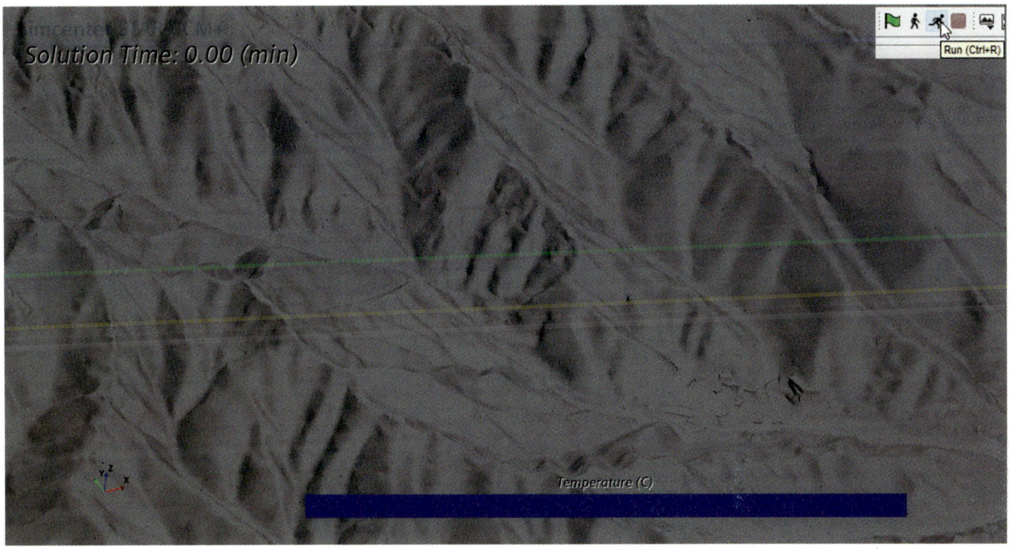

그림 5-35. 생성된 Scalar Scene

모든 설정이 완료되었다면 Scalar Scene이 하기와 같이 표출된다(그림 5-35). 이후에는 그림 5-35의 Run 버튼을 클릭하여 계산을 시작한다.

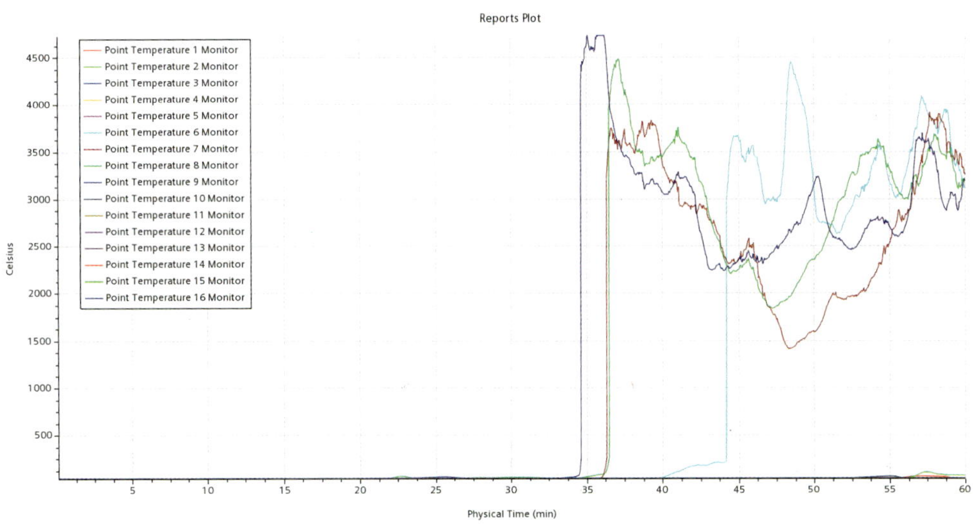

그림 5-36. Monitoring Plot 결과 (수렴)

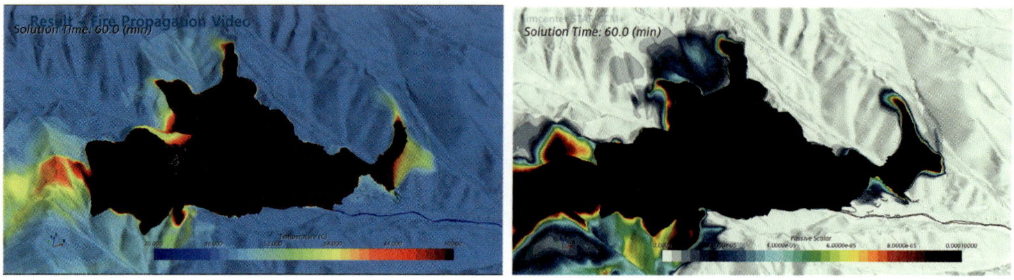

그림 5-37. CFD를 활용한 산불 확산 모니터링/연기확산 모니터링

위와 같은 결과들을 얻을 수 있으며, 필요에 따른 데이터를 취득할 수 있다(그림 5-36~그림 5-37). 다음은 간단한 설정을 통해 산불과 화염의 가시화된 형상(Volume Rendering)을 표현해본다.

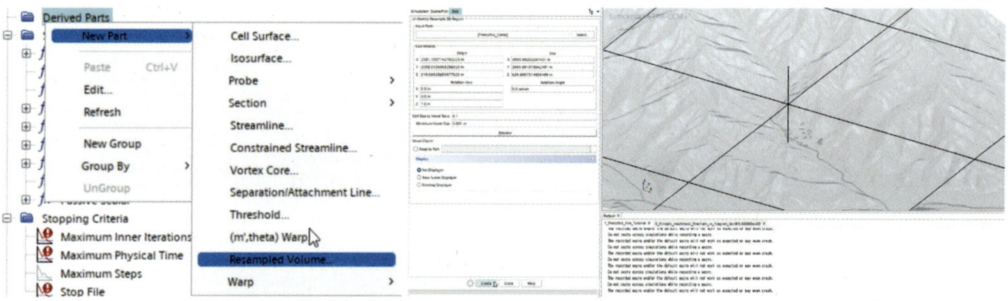

그림 5-38. 산불 확산 가시화(Volume Rendering) 준비하기

Volume Rendering Scalar Scene을 만들기 위해서 Derived Parts 마우스 우클릭 > New Part > Resampled Volume을 생성한다. 다른 세팅 없이 전체 도메인에 대해서 생성한다(그림 5-38).

< 표 5-15. Volume Rendering 설정하기 >

Parameter	Value
Outline1	
Outline, Surface	Check
ColorMode	Preset Material
Parts	Side, Top을 제외한 모든 면
Scalar1	
Contour Style	Smooth Filled

Parts	Resampled Volume
ScalarField	
Function	Temperature
Unit	C
Clip	Off
분	30
Max	400
Color Bar	Thermal Rendering

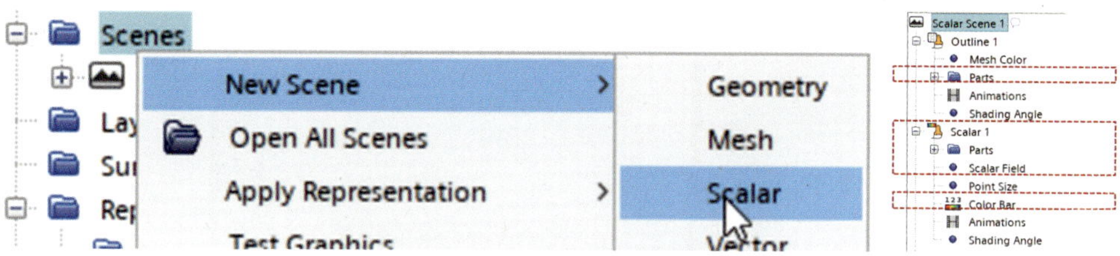

그림 5-39. Volume Rendering 생성하기

온도 결과를 도식화하기 위해서 Scene 마우스 우클릭 > New Scene > Scalar를 선택하여 Scalar Scene을 생성한다. Scalar Scene 1 > Displayers > Outline1, Scalar1에 표 5-15 및 그림 5-39와 같이 설정한다.

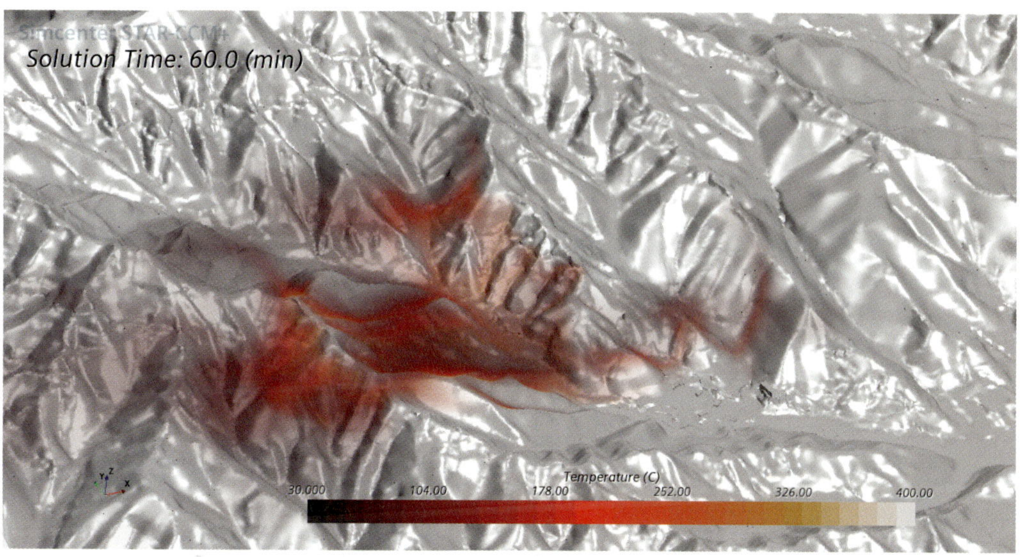

그림 5-40. 생성된 Volume Rendering Scene

위와 같은 설정을 하면, 계산 종료 시간 시 화염의 형태를 3차원으로 볼 수 있다(그림 5-40). Color Bar의 Rendering 범위를 조정하면 더 실제와 같은 화재의 현상을 구현할 수 있다. 우리는 지금까지 산불 확산과 관련하여, CFD를 활용한 Unsteady 해석의 튜토리얼 실습을 모두 마쳤다. 이후부터는 Parametric Study를 활용하여, 스프링클러의 산불 저감 효과를 확인한다.

3절 산불 적응 평가

1) 전산유체역학 내에서 산불의 확산 검증을 위한 Chamber 실험시설의 설계

연소의 경우, 이미 많은 경험과 선행연구를 통해서 물리 모델에 대한 검증이 수행되었다. 본 저서에서는 화염과 연기가 전산유체역학 내에서 어떻게 확산하는지 Siemens에서 제공하는 STAR-CCM+ ver. 2210 User Guide에 수록된 모델을 활용하여 검증한다. 화염과 연기는 열 방출 속도에 따라 변화하는 동적 특성이 모델링 되어야 한다. 이를 위해서 하기와 같은 CFD 모델이 생성되었다.

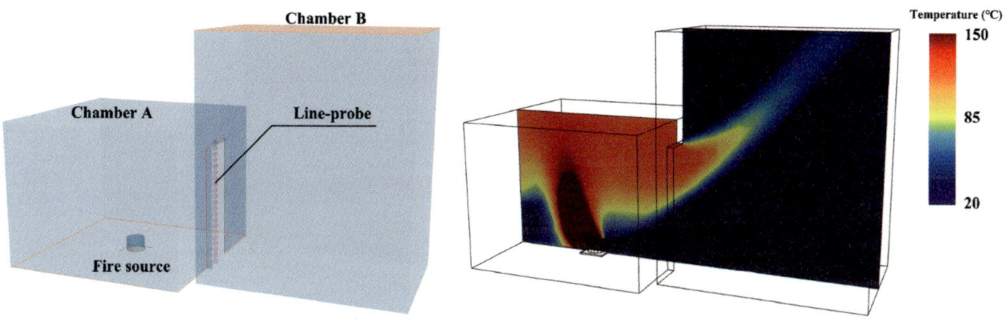

그림 5-41. 화염원 검증을 위한 Chamber 실험 모델링

그림 5-41을 참고해보자. 화염원이 발생하는 공간을 Chamber A로 지정하고, 화염원이 퍼지는 공간을 Chamber B로 지정하여 2개의 챔버를 생성한다. 생성된 모델과 같은 규모의 챔버를 건설하여 모델과 실제 규모로 구성된 챔버의 유동 변화를 비교한다. 화재의 풍향 패턴을 참고하여 Chamber A에서 화염원이 시작되어 Chamber B로 확산하는 양상을 분석하였다.

Chamber A 실과 Chamber B길 사이에는 화염이 확산할 수 있도록 문을 설치하고, 확산하는 통로(문)에는 1.83 m 높이까지 총 36개의 모니터링 센서를 설치하였다. 각 센서 위치의 CFD 분석에서 열 변화량을 분석하고, 실제로 측정된 값과 비교 검증하였다.

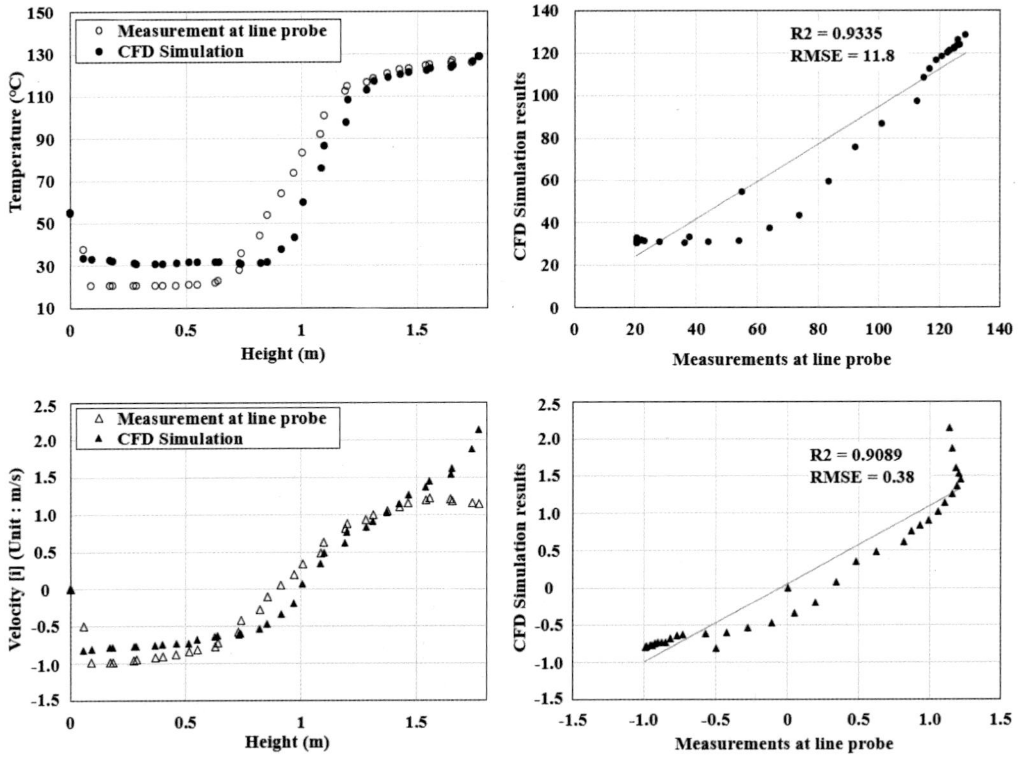

그림 5-42. 화염원 검증을 위한 Chamber 실험 검증결과

실내 시뮬레이션에 대한 검증 방법은 화염의 온도와 풍속에 대한 벡터 i값을 참고하였다. 온도의 경우 R^2 값이 0.93, RMSE 값은 11.8로 나타났다. 풍속 i값의 경우 R^2 값이 0.91, RMSE의 경우 0.38로 높은 신뢰도의 값을 보였다(그림 5-42).

2) 산불 적응시설의 설계 및 모델의 검증

위에서 언급한 산불의 적응시설 중에서 본 저서는 스프링클러를 산불의 적응 기술로 선택하여 그 정량적 효과를 평가한다(Labossière & McGee, 2017; Sarasvathi & Chelsea, 2018). 스프링클러의 경우, 국내 산림지역의 문화재 보호 시설로도 많이 사용되고 있으며, 건물 외벽에 스프링클러를 설치하고 있는 사례가 늘어나고 있다. 최근의 국내 연구에서는 목조 문화재 보호를 위해 사용된 경우도 발견되었다.

본 저서에서는 산불의 발화점으로부터 50.0 m 떨어진 지점을 기점으로, 산의 상류로 약 500.0 m 길이의 스프링클러를 설치하고, 산불의 저감효과를 살펴보았다. 스프링클러 노즐은 서울 관악구에 설치된 사례를 참고하여 60.0 cm 간격으로 설치하였다. 스프링클러의 경우 분사되는 물의 온도를 5.0℃, 10.0 m/s의 속도로 약 한 시간 동안 2 t의 물이 분사되는 것이 가정되었다. 풍속에 따른 쿨링포그의 산불 저감 효과를 살펴보기 위해서 모델 전체에 작용하는 Side의 바람 속도를 1.0 m/s부터 5.0 m/s까지 1.0 m/s 간격으로 변경하며 그 효과를 살펴보았다. 시간 설정의 경우, 10시간의 산불 확산 면적을 2초 간격으로 모니터링한다. 그러면 지금부터 옥외 공간에서 모델의 신뢰도가 얼마만큼 있는지를 평가해보자.

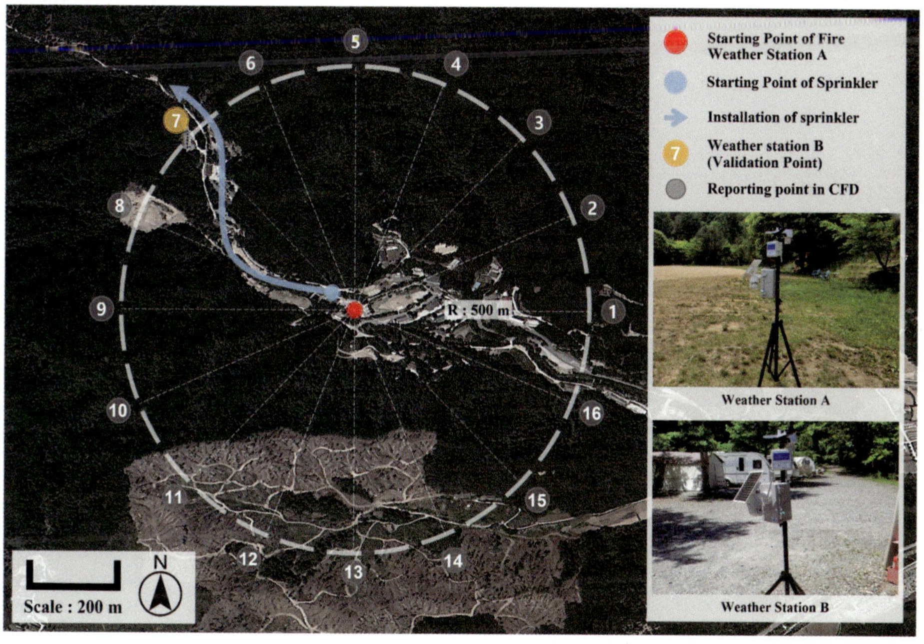

그림 5-43. 대상지 모니터링 및 환경요인-CFD 모델 검증

다음은 산림 공간에서 모델과 시뮬레이션의 신뢰도를 검증하는 방법으로, 환경 데이터를 비교하여 기류의 변화가 모델에서 잘 반영되었는지를 평가한다. 본 섹터의 분석을 위해서 2022년 1월 1일부터 12월 31일까지 환경 데이터를 모니터링 하였으며, 4월 15일의 환경 데이터값과 CFD 모델 시뮬레이션의 비정상해석 결과값을 비교 검증하였다. STAR-CCM+ 내에서 캠핑장 도메인 대상지의 좌표와 크기를 입력하고, 일사량 및 기타 환경 조건에 따라 변화하는 풍향, 풍속, 온도, 상대습도의 결과값을 살펴보았다.

본 저서에서는 검증을 위해 두 개의 AWS 기반 환경 수집 장치를 설치하였고, 수집 데이터와 CFD 시뮬레이션 결과값의 차이를 분석하였다. 검증을 위한 상세한 설계도는 그림 5-43의 사진과 같이 표기된다. Weather Station B는 발화 지점으로부터 500.0 m 지점에 떨어진 Point 7(제3캠핑장)에 설치가 되었다. 여기에서 Weather Station A는 산불의 발화 가정 지점이다. 사용된 센서의 상세 사양은 표 5-16과 같다.

< 표 5-16. 환경 검증용 센서 상세 스펙 >

	온도	상대습도	풍향	풍속
제품명	Sensirion SHT45		RS-485	
정확도	0.1℃	1%	3°	0.3 m/s
해상도	0.1℃	1%	1°	0.1 m/s
사용범위	-40℃ to-125℃	0-100%	360°	0-70 m/s
응답시간	2s	4s		

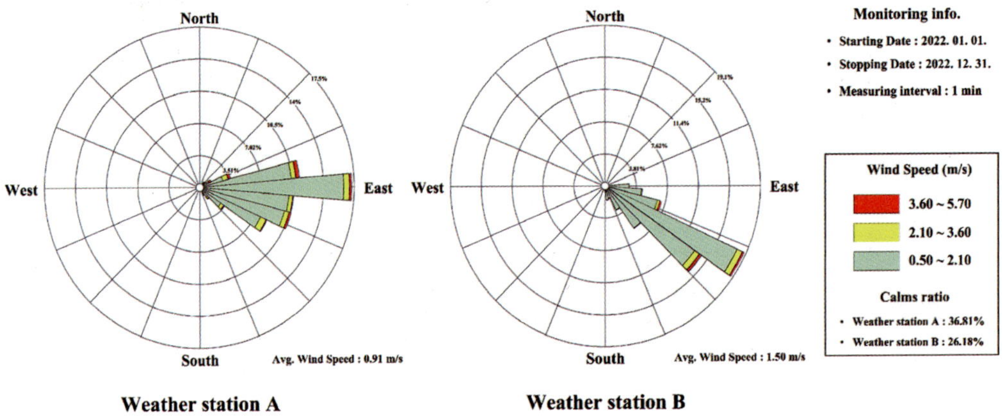

그림 5-44. 대상지 환경 모니터링 결과

먼저 1월 1일부터 12월 31일까지 실측된 결과를 살펴보자. 이 저서에서는 Lakes Environmental 소프트웨어에서 제공하는 WRPLOT을 사용하여 1월 1일부터 12월 31일까지의 풍향 및 속도 변화를 조사하였다. 현장 산불의 모니터링 결과는 그림 5-44와 같으며, 산불이 시작된 Weather Station A에서는 36.81%의 풍속이 0.5 m/s 미만이고 50% 이상이 0.5 m/s와 2.1 m/s의 사이에 값이었다. 평균 풍속은 0.91 m/s였으며, 풍향은 동쪽에서 불어오는 바람이 지배적이었다. Weather Station A의 풍환경은 이 모델에 지배적인 영향을 미치는 요소이며 경계조건의 기초로 사용되었다.

Weather Station B의 경우 풍속 0.5 m/s 이하가 26.18%, 112.5°~135° 사이의 바람이 주된 바람이었다. Weather Station B도 0.5 m/s에서 2.10 m/s 사이의 바람이 50% 이상 있었고 평균

풍속은 1.50 m/s였다. 지금부터는 4월 15일의 기상환경에 대한 검증 자료를 살펴보자.

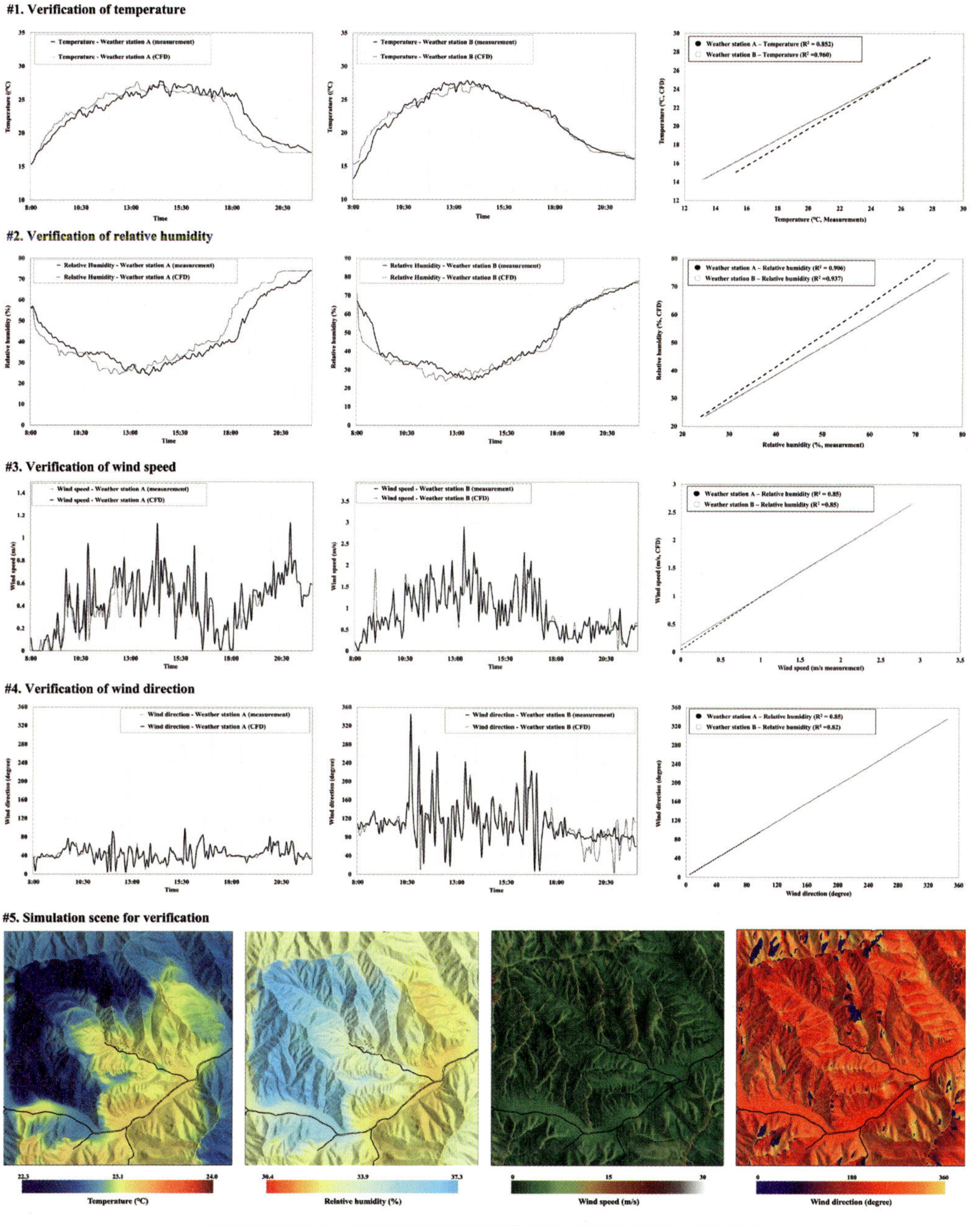

그림 5-45. 대상지 모니터링 및 환경요인 - CFD 모델 검증 결과

Weather Station A의 경우 온도에 대한 R^2 값은 CFD 시뮬레이션과 측정값 사이에 0.852, 상대습도는 0.906, 풍속은 0.85, 풍향은 0.85였다. Weather Station B의 경우 CFD 시뮬레이션과 실측값 사이의 R^2 값은 온도 0.96, 상대습도 0.94, 풍속 0.85, 풍향 0.82로 나타났다. 위의 그림 5-45는 CFD 시뮬레이션을 이용하여 시간에 따라 변화하는 온도, 상대습도, 풍속, 풍향의 변화를 표현한 것이다. 온도, 상대습도, 풍속, 풍향 등 모든 환경 조건에서 모델이 충분한 신뢰도를 확인할 수 있다(그림 5-45).

3) 산불의 저감효과 평가 기준 마련 및 분석

지금부터는 산불의 저감효과를 HCFD 모델로 평가하기 위한 기준을 마련하고, 산불의 저감효과를 분석한다. 앞서 설명한 바와 같이, 풍속을 1 m/s부터 5 m/s까지 변경하여 Parametric Study를 수행하였고, 산불 및 연기의 거동 변화를 분석하였다. 효과적인 산불의 저감효과 및 HCFD 모델 평가를 위해서 아래와 같은 네 가지의 평가 조건을 수립한다.

- 산불의 확산경로를 파악하기 위해 산불이 발화한 지점에서 반경 500m 지점에 점의 원을 그렸다. Point 1은 동쪽에서 선택하였고, 반시계 방향으로 22.5°C 간격으로 16개의 CFD 보고 포인트를 생성하였다. 그런 다음 산불이 이 지점에 도달하는 시간을 분석한다. 튜토리얼에서 설명한 JavaScript 코드가 활용되어 동일한 반경과 동일한 각도에서 떨어진 위치에 점을 생성하는 데 사용되었다.
- 산불 연기확산 경로는 1번 평가 방법과 동일하게 분석하였다. 산불에서 발생하는 연기가 0.01 ppm 이상인 시간을 분석하였다. 2022년 대한민국 경상북도 울진 산불에서 발생한 이산화질소 농도가 0.028 ppm인 점을 고려하여 매우 심각한 수준의 공기 농도 확산 시간을 평가하였다.
- 세 번째는 스프링클러 미설치 시 풍속에 따라 달라지는 산불의 확산 면적을 평가하고 풍속, 지형, 지형 등 다른 공간정보의 영향을 조사하였다.
- 스프링클러를 이용하여 얻을 수 있는 산불감소 효과를 시간에 따라 분석하였다. 산불 확산과 더불어 산불에서 발생하는 연기가 미세먼지에 어떻게 기여할 수 있는지에 대한 정량적 평가를 수행했다.

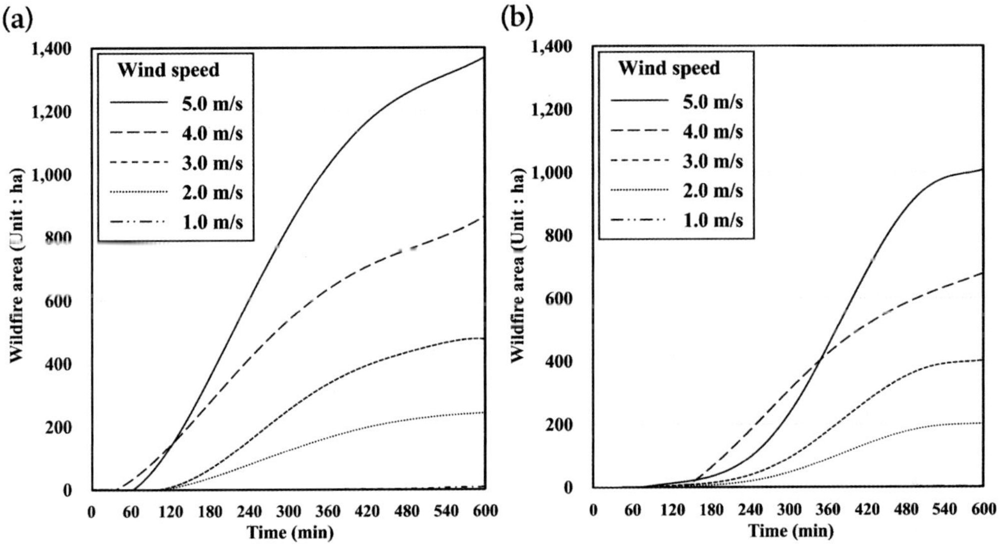

그림 5-46. 풍속 및 시간에 따른 산불 확산 면적 변화: (a) 스프링클러 미사용 (b) 스프링클러 사용

그림 5-46. (a)는 스프링클러를 설치하지 않았을 때 풍속에 따른 산불이 확산하는 범위이며, 그림 5-46. (b)는 스프링클러를 설치하였을 때의 확산 범위이다. 아래의 표는 산불 면적의 증가와 확산 경로에서의 확산 시간을 나타낸다(표 5-17 및 표 5-18 참고).

< 표 5-17. 시간에 따른 산불의 확산 면적 >

산불확산면적(ha)											
		60분	120분	180분	240분	300분	360분	420분	480분	540분	600분
스프링클러 미사용	5 m/s	40.59	104.90	356.36	563.31	773.01	965.65	1141.25	1240.31	1300.12	1360.95
	4 m/s	15.94	70.36	266.94	378.75	518.76	620.17	682.83	721.89	788.78	846.44
	3 m/s	8.24	12.90	46.76	115.47	203.09	285.93	363.79	413.67	425.86	477.47
	2 m/s	2.24	3.10	24.54	51.92	74.74	125.67	177.92	201.42	210.56	218.30
	1 m/s	0.23	0.30	0.33	0.36	0.38	0.41	1.05	1.18	3.27	8.14
스프링클러 사용	5 m/s	0.80	6.71	35.85	94.38	208.45	415.11	621.49	840.49	970.48	1010.63

스프링클러 사용	4 m/s	0.45	10.61	65.50	126.38	261.81	380.88	489.01	561.19	643.91	683.23
	3 m/s	0.36	2.73	14.35	45.87	101.00	180.23	271.47	334.45	371.88	411.00
	2 m/s	0.21	0.83	9.26	24.57	45.64	88.81	146.16	177.90	194.33	202.07
	1 m/s	0.07	0.12	0.18	0.24	0.30	0.35	0.96	1.12	3.10	7.84

< 표 5-18. 각 모니터링 지점별 산불 도달 시간 분석 >

산불 확산 지점											
		1st	2nd	3rd	4th	5th	6th	7th	8th	9th	10th
스프링클러 미사용	5 m/s	Point 9 (45분)	Point 8 (59분)	Point 7 (76분)	Point 6 (102분)	Point 5 (124분)	Point 4 (267분)	Point 2 (213분)	Point 3 (218분)	Point 10 (239분)	Point 12 (259분)
	4 m/s	Point 8 (99분)	Point 9 (116분)	Point 7 (118분)	Point 6 (132분)	Point 5 (160분)	Point 10 (203분)	Point 11 (203분)	Point 3 (306분)	Point 2 (324분)	Point 4 (336분)
	3 m/s	Point 6 (119분)	Point 7 (177분)	Point 8 (211분)	Point 9 (218분)	Point 5 (239분)	Point 10 (404분)	Point 11 (481분)	-	-	-
	2 m/s	Point 5 (168분)	Point 6 (204분)	Point 7 (237분)	Point 8 (342분)	Point 4 (437분)	Point 9 (533분)	-	-	-	-
	1 m/s	-	-	-	-	-	-	-	-	-	-
스프링클러 사용	5 m/s	Point 9 (83분)	Point 8 (113분)	Point 5 (164분)	Point 4 (171분)	Point 6 (183분)	Point 3 (189분)	Point 10 (211분)	Point 7 (312분)	Point 2 (376분)	Point 12 (423분)
	4 m/s	Point 6 (144분)	Point 5 (169분)	Point 4 (175분)	Point 8 (179분)	Point 9 (191분)	Point 7 (192분)	Point 3 (216분)	Point 10 (348분)	Point 11 (411분)	Point 12 (448분)
	3 m/s	Point 6 (237분)	Point 5 (291분)	Point 4 (347분)	Point 8 (411분)	Point 9 (456분)	Point 3 (519분)	Point 10 (534분)	-	-	-
	2 m/s	Point 5 (486분)	Point 6 (521분)	Point 9 (568분)	Point 8 (587분)	Point 10 (589분)	-	-	-	-	-
	1 m/s	-	-	-	-	-	-	-	-	-	-

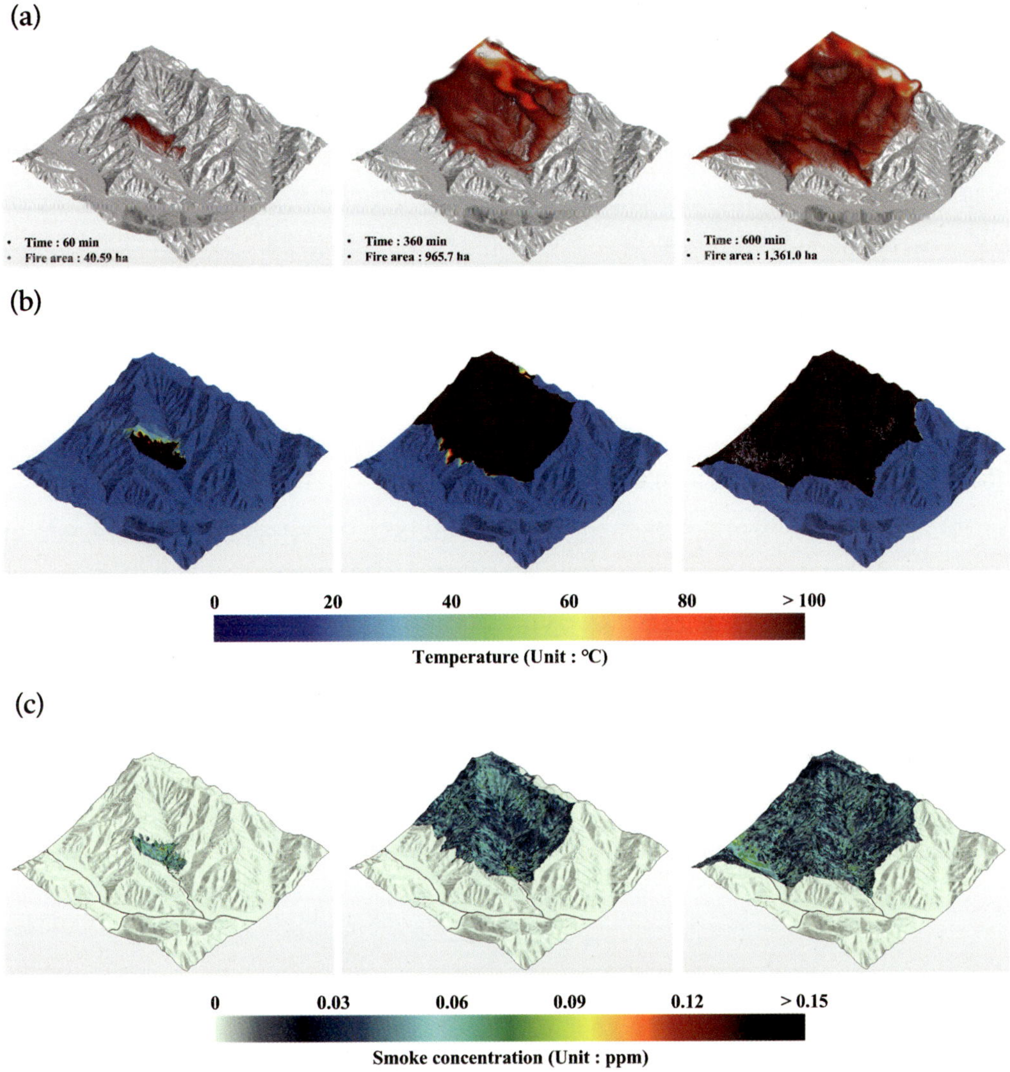

그림 5-47. 산불에 따른 온도변화 및 연기확산 변화(5 m/s):
(a) 스프링클러 미사용 시 산불의 확산 (b) 스프링클러 미사용 시 온도의 변화
(c) 스프링클러 미사용 시 연기의 확산

먼저 스프링클러가 설치되지 않은 경우, 산불 확산 면적의 증가를 분석하면 풍속이 빠를수록 산불 확산이 더 크게 나타남을 확인할 수 있다(그림 5-47). 산불 발생 1시간 후 산불 확산 면적은 풍속 1.0 m/s일 때 0.23 ha, 3.0 m/s일 때 8.24 ha로 약 35배의 면적 차이를 보인다. 산불 발생 후 10시간 동안 1.0 m/s의 풍속은 약 8 ha의 산불이 확산된 반면, 3.0 m/s의 산불은 약 60배의 면적 차이인 약 477 ha로 퍼졌다. 풍속 5.0 m/s에서 산불은 60분 후 41.0 ha, 360분 후 966.0 ha, 600분 후 1,361.0 ha로 빠르게 번졌다. 산불로 인해 발생하는 연기의 경우 전 지역에서 0.06 ppm 이상 퍼졌다. 산불 내부 온도는 2,000°C까지 올라가는 양상을 확인할 수 있다. 스프링클러를 사용하지 않은 Case A는 풍속이 2.0 m/s를 넘으면 반경 500.0 m까지 산불이 확산하는 모습을 확인할 수 있다. 풍속이 2.0 m/s일 때 약 168분 후에 산간 급경사지인 Point 5까지 퍼졌다. 산불은 초기 확산지점에서 인접 지점으로 이동했고, 풍향인 서쪽 방향으로 산불이 확산하였다. 산불이 Point 9지점까지 번지는 데 소요된 시간은 533분이었다. 풍속이 5.0 m/s일 때 처음으로 산불이 도달한 지점은 Point 9 이고, 소요 시간은 45분이었다. 서쪽으로 번졌던 산불은 북쪽과 북서쪽으로 번져갔고, 지형은 빠르게 산간지방(Point 5)으로 번졌다. 초기 산불 확산 후 약 200분 후 대부분의 모니터링 지점으로 확산하였다. 즉, 풍속이 빠를수록 풍향에 따라 산불이 빠르게 번지고, 풍속이 느릴수록 급경사면으로 불이 번지는 속도가 빨라지는 경향을 볼 수 있었다.

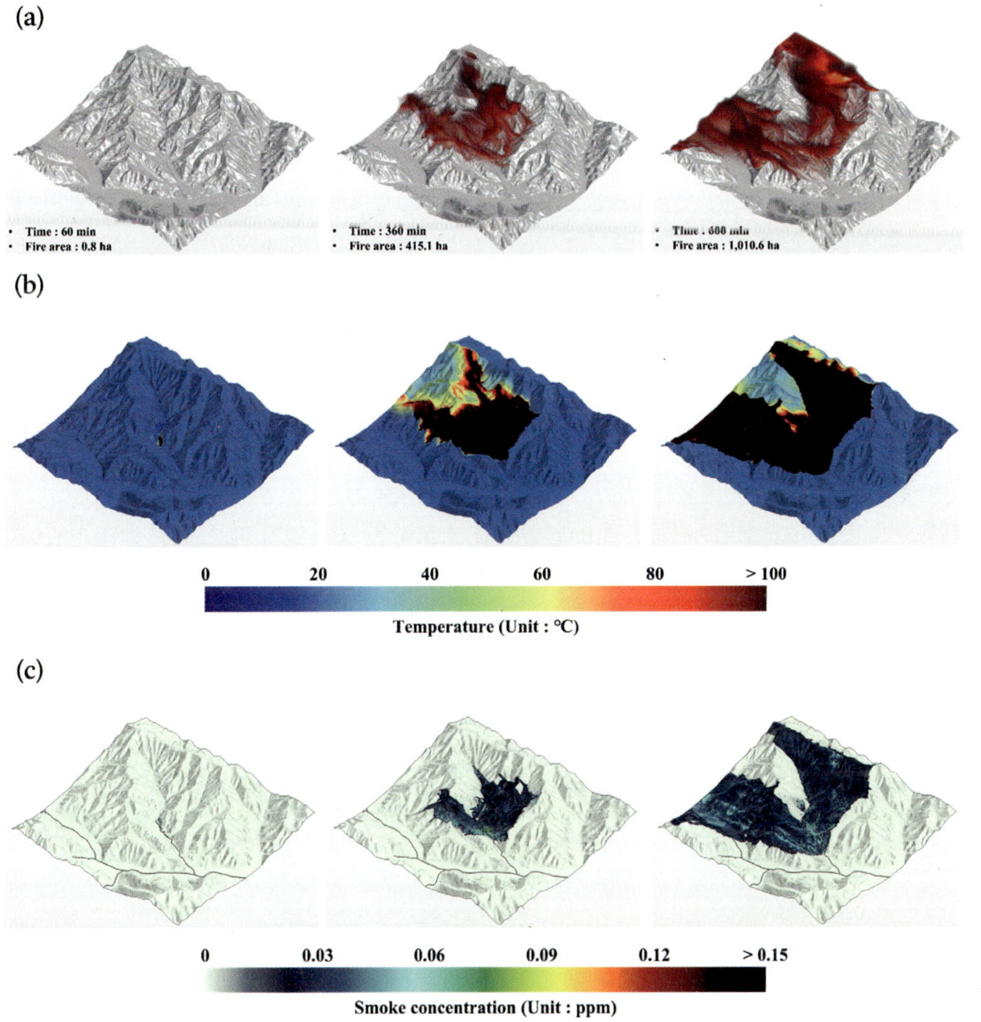

그림 5-48. 산불에 따른 온도변화 및 연기확산 변화(5 m/s);
(a) 스프링클러 사용 시 산불의 확산 (b) 스프링클러 사용 시 온도의 변화
(c) 스프링클러 사용 시 연기의 확산

스프링클러를 이용한 모델의 분석한 결과, 1시간 후 풍속 1.0 m/s의 산불 면적은 0.07 ha, 풍속 3.0 m/s의 산불 면적은 0.36 ha로 나타났으며, 약 5배 정도의 차이를 보였다(그림 5-48). 10시간 후 풍속 1.0 m/s일 때 산불 면적은 7.84 ha, 풍속 3.0 m/s일 때 산불 면적은 411.0 ha로 확산하였다. 풍속이 5.0 m/s일 때 산불은 60분 후 0.8 ha, 360분 후 415.1 ha, 10시간 후 1,010.6 ha로 번졌다. 초기에 스프링클러를 사용했던 지역에서는 산불이 번지지 않았고, 시간이 지나면서 이러한 지역에서 점차 산불이 번지는 양상을 보였다. 산불 중심 온도는 2,000℃로

스프링클러를 사용하지 않았을 때와 유사한 온도 분포를 보였다. 스프링클러 사용 시 연기 농도의 확산이 지연되었으며, 그 값은 0.03~0.06 ppm 사이였다.

스프링클러를 이용한 경우에서도 풍속과 지형, 산불 확산과 관련된 관계는 유사한 패턴을 보였다. 풍속이 빠를수록 산불은 풍향과 같은 방향으로 먼저 퍼진다. 풍속이 느릴수록 산불이 지형의 영향을 많이 받아 번지는 양상을 볼 수 있다. 풍속이 2.0 m/s일 때, 산불 발화 후 약 486분 후에 Point 5까지 산불이 번졌고, Point 10의 경우 589분에 이르렀다. 풍향이 5.0 m/s일 때, 산불은 스프링클러가 설치되지 않은 지점인 Point 9에 가장 먼저 도달했고, 이후에 Point 5 방향으로 확산된 것을 확인할 수 있었다. 스프링클러가 없는 경우 산불이 7지점까지 확산되는 시간은 76분인 반면, 스프링클러가 있는 경우 약 312분으로 산불의 확산 시간이 상당히 지연된 것을 확인할 수 있다. 풍속이 1 m/s일 때는 스프링클러를 설치하지 않은 경우와 설치한 경우 모두에서 산불이 500.0 m 지점까지 번지지 않는 것을 알 수 있었다. 이러한 현상은 산림 내의 수목이 충분히 연소될 때까지 필요한 열량을 소모하지 못하였기 때문에 발생한 결과이다.

지금부터는 위의 내용을 토대로 CFD 기반의 스프링클러의 산불저감효과를 고찰해본다.

우리는 산불에 적응기법 중 하나인 스프링클러의 효과를 정량적으로 평가하기 위해 센서 기반의 환경요인 모니터링 및 검증, 전산유체역학(CFD) 분석을 수행하였다. 최근 이용자 수가 증가하고 있는 강원도 원주시에 위치한 치악산 자연휴양림을 대상지로 선정하였다. 시뮬레이션을 위해 캠핑장을 점화 시작점으로 설정하고 16 km^2(4 km×4 km)의 영역을 선택하였다. 분석을 위해 Unsteady Reynolds-averaged Navier-Stokes(URANS) 방정식과 Realizable $k-\epsilon$ 모델을 사용하였다.

CFD 모델을 검증하기 위해 두 가지 방법이 사용되었다. 첫 번째 방법은 실내 실험시설을 활용한 화염 및 연기에 대한 유동의 검증이고, 두 번째는 환경요인과 기류에 의한 검증이다. 화염과 연기의 확산을 확인하기 위해 STAR-CCM+ ver. 2210 User Guide를 참조한 결과 R^2 값이 0.9 이상으로 나타났다. 환경요인 검증을 위해 현장에 2개의 Weather Station A와 Weather Station B를 설치하고 2022년 1월 1일부터 12월 31일까지 온도, 상대습도, 풍속, 풍향을 모니터링 하였다. Weather Station A에서 신뢰도 범위는 0.85에서 0.91 사이로 높은 값을 보였다. Weather Station B의 경우 값의 범위는 0.82에서 0.96까지였다. Weather Station A와 Weather Station B 두 지점 모두 높은 수준의 신뢰도를 보였다.

산불의 확산과 감소를 분석하기 위해 스프링클러 없는 전산유체역학 모델과 스프링클러가 설계한 모델을 생성하고 풍속을 1.0 m/s에서 5.0 m/s로 변경하여 결과를 비교하였다. 모니터링 값을 바탕으로 모델의 초기 조건을 설정하고 산불의 피해 지역과 확산 방향을 살펴보았다. 시뮬레이션을 통해 다음과 같은 네 가지 주요 결과를 정리할 수 있다.

- 위의 결과에서는 산불 발생 10시간 후 스프링클러가 산불확산 감소에 20% 감소 효과가 있는 것으로 나타났다. 또한, 임도 등 산불을 차단할 수 있는 곳에 스프링클러를 배치하는 것이 중요한 것으로 나타났다.
- 풍속이 4.0 m/s 이상이면 풍향에 따라 산불이 번지고, 풍속이 3.0 m/s 미만이면 지형의 영향을 많이 받는 것으로 나타났다. 1,360 ha의 대형 산불은 발화 후 10시간이 지나면 풍속 5.0 m/s로 1.0 m/s보나 약 165배 넓은 면적에 퍼질 수 있다.
- 위의 결과들을 통해서 산불의 조기 진화를 위한 시스템 구축이 필요함을 알 수 있다. 산불 발화 60분 후 소화율은 70% 이상으로 산불 확산 방지에 크게 기여할 수 있다.
- 위의 결과들은 스프링클러가 산불로 인한 연기 확산 감소에도 효과적이라는 사실을 발견하였다. 산불에서 발생하는 연기의 경우 스프링클러 미 사용시 모든 지역에서 0.06 ppm 이상의 고농도가 확인되었지만, 스프링클러를 사용했을 때 0.03~0.06 ppm의 농도가 관찰되었다.

4) 산불의 저감의 HCFD 모델 평가

우리는 지금까지 CFD를 활용하여 산불의 저감 분석에 대해 전반적인 방법론을 학습하였다. 그렇다면 지금까지 학습한 내용을 토대로 산불 저감을 HCFD 모델로 평가해본다(그림 5-49).

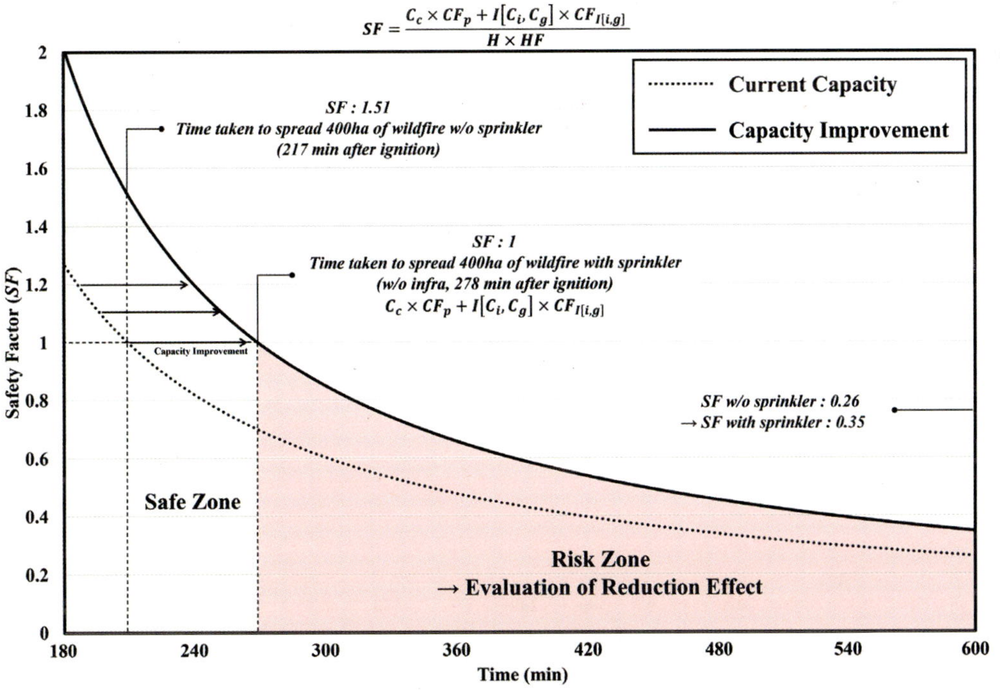

그림 5-49. 산불의 HCFD 모델 평가

3절까지의 결과는 산불 확산에 대한 진단 방법론을 제시하고 산불 적응 효과를 분석하였다. 본 절에서는 산불 적응 효과에 HCFD 모델을 적용한다. HCFD 모델을 활용하여 안전계수와 산불 적응 효과의 변화를 살펴본다. 본 연구에서는 400.0 ha의 산불 면적을 산불의 초기 소화 가능 한계치 및 용량으로 정의한다. 풍속의 경우 재난의 정도가 가장 취약한 경우를 가정하기 위해서 5.0 m/s의 풍속 결과를 고찰한다. 산불의 확산 그래프에서 약 400.0 ha의 면적은 산불이 번진 후 면적 증가의 기울기가 매우 가팔라지는 지점이다.

위의 그림을 참고하면, 스프링클러가 설치되지 않으면 400.0 ha 지역에서 산불에 이르는 시간은 발화 후 217분이다. 반면 적응 기술이 탑재되면 산불이 400.0 ha에 이르는 데 걸리는 시간은 278분이다. 즉, 안전계수(SF)가 1이 되는 데 걸리는 시간은 278분이며, 400.0 ha 미만에서 산불이 발생하면 안전계수(SF)는 1보다 큰 값을 가지며, 산불이 400.0 ha보다 큰 면적으로 확산하면 1보다 작은 안전계수(SF) 값을 가지게 된다. 산불 발생 600분 후, 스프링클러 미사용 시 안전계수는 0.26, 스프링클러 사용 시 안전계수는 0.35로 산불감소율이 크게 향상되었다.

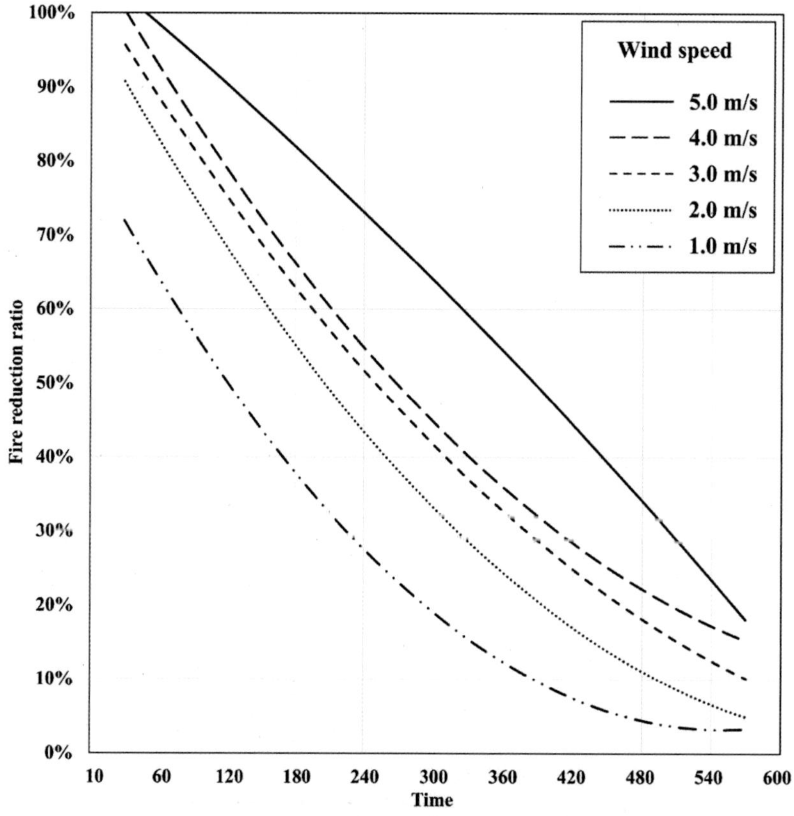

그림 5-50. 시간에 따른 산불 저감효과 감소 그래프

산지에 스프링클러가 있어도 산불 발화 278분 이후에는 산불이 대형화될 수 있다. HCFD 모델로 분석한 결과, 산불 발화 278분 후 안전계수(SF)가 1 미만이므로 산불 발화 후 시간에 따른 산불의 저감량을 평가할 필요가 있다. 궁극적으로 풍속과 산불 완화 기술 사용 유무에 따른 산불 확산 감소율 간의 관계를 밝혀냈다. 풍속에 따른 산불 완화효과의 변화는 그림 5-50에 요약되어 있다. 초기 산불감소율은 70%에서 100%로 매우 높게 나타났다. 산불감소 효과는 시간이 지남에 따라 지속적으로 감소하였다. 특히 풍속 2.0 m/s~5.0 m/s 사이의 풍속에서 산불의 감소율은 매우 큰 것으로 확인할 수 있었다. 이는 바람에 의해 스프링클러에서 분사되는 물의 확산 범위가 크기 때문에 풍속이 높을수록 산불감소율이 더 큰 것으로 분석된다.

산불 발생 300분 후에는 5.0 m/s에서 산불감소율은 약 62%였으며, 풍속 2.0 m/s에서는 약 35%의 산불 저감효과가 있는 것으로 나타났다. 발화 시작 600분 후 1.0~5.0 m/s의 모든 바람에서 감소율이 20% 미만으로 낮아졌고, 풍속에 따라 1,000 ha 이상의 대형 산불이 발생했다. 풍속 1.0 m/s의 경우 산불피해감소율은 수치적으로 낮았지만, 산불 피해 면적이 10.0 ha 미만으로 낮은 값을 보였기에 소화 가능성이 높다고 평가된다.

우리는 이번 장에서 산불에 대한 개념과 전산유체역학(CFD)을 활용한 산불의 완화 방법에 대해서 고찰하였다. Parametric Study 기반의 HCFD 모델 적용과 Chart base의 결과물을 도출함으로 시민이나 의사결정자 등 많은 사람들이 사용할 수 있는 근거기반의 분석을 수행하였다. 본 장의 방법론과 결과를 활용하여 산림에서 발생할 수 있는 다양한 재난재해들을 해결해보자.

생활 속의 아이디어! - LID 기술을 포함한 콘크리트 열저감 시스템

산불의 주요 원인은 입산자실화이다. 산림이용객이 증가하고 있는 이 시점에, 취사시설 등의 이용 증가로 산불의 발생 가능성은 더욱 높아지고 있다. 그렇다면 산불을 방어하거나 조기에 진화할 수 있는 신기술에는 어떠한 것들이 있을까? 스프링클러를 구비한 모듈러 방화벽에 대해서 학습한다.

1. 스프링클러를 구비한 모듈러 방화벽(특허출원 번호: 10-2022-0082505)

위 발명의 목표는 이동이 가능한 형태의 스프링클러를 구비하여 모듈러 방화벽을 개발하는 것이다. 산불은 어디에서 어떠한 형태로 어느 정도 규모로 발생할지 모르기에, 그 방재시설도 적소에 배치되어 있어야 하며 적절한 규모로 설치가 되어 있어야 한다. 위의 발명은 이러한 문제점/한계점을 해결하기 위해서 이동이 가능한 형태의 스프링클러가 개발 되었다. 설치가 쉽고, 화재의 초기 진압에 효과적인 스프링클러이다(그림 5-51).

스프링클러를 구비한 모듈러 방화벽은 내부에 물이 저장되는 저류공간과 식물이 식재되는 토양공간, 물을 외부로 분사할 수 있는 스프링클러, 방화스크린 등이 포함되어 있다. 방화를 할 수 있는 식물은 입이 넓고, 뿌리의 무게를 경감하기 위해서 천근성 식물이 사용되는 것을 권장한다. 또한, 방화스크린은 실리카 글래스 등의 소재를 활용하여서 산불을 차단하는 효과를 증가시킨다. 위 개발에서는 하부에 저류층을 포함하고 있는데, 이러한 무거운 저류층을 쉽게 이동시키기 위해서 운반형 컨테이너 벨트 혹은 바퀴를 포함시킨다.

스프링클러를 구비한 모듈러 방화벽 저류층의 좌·우 측면에는 펌프를 포함하고 있으며, 펌프를 활용하여 스프링클러로 물을 분사할 수 있다. 산불이 나지 않았을 때는 삼투압 현상을 이용해서 토양층에 수분을 공급한나. 크게 두 개의 출수구를 가지고 있어 수위를 조절할 수 있다는 장점이 있다. 스프링클러는 평시에는 비상용 산불 대비시설로 활용되지만, 행사 시에는 노즐 크기 및 식재를 변경하여 아름다운 경관을 창출할 수 있다.

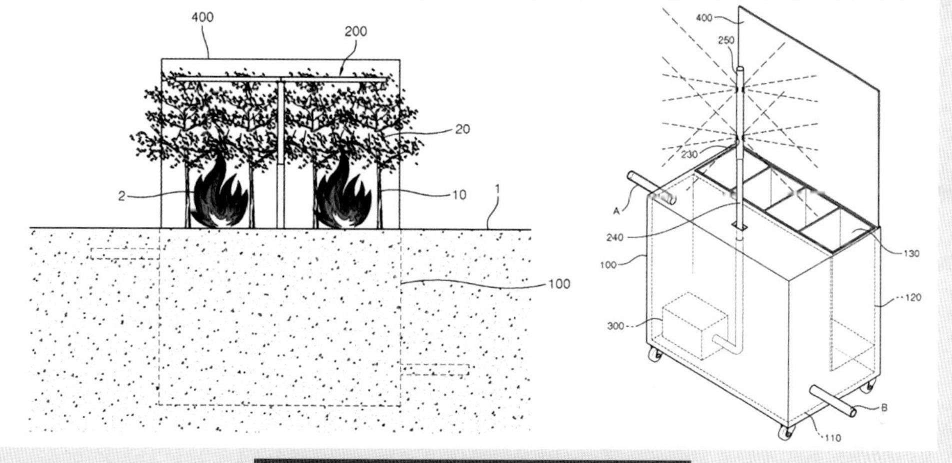

그림 5-51. 스프링클러를 구비한 모듈러 방화벽

4절 요약

1. 본 장에서는 산불의 개념과 연소학, 기상학적 이해를 바탕으로 산불방지에 필요한 기본적인 지식과 전산유체역학을 통한 스마트 인프라의 활용 방안을 탐구하였다. 산불은 산림이나 그 주변 지역의 나무, 풀, 낙엽, 기타 건축물 등이 불에 타는 현상으로, 이를 방지하고 진화하는 모든 활동을 산불방재라고 한다. 이를 이해하는데 필요한 연소학은 화학반응을 통해 물질이 타는 과정을 연구하는 분야로, 화학, 물리학, 재료 과학, 공학 등을 통합하는 종합적인 접근방법이다.

2. 산불에 접근하는 방법은 연소학적 접근과 경험학적 접근으로 나눌 수 있다. 연소학적 접근은 연소의 세 가지 요소인 산소, 연료, 점화원에 초점을 두는 반면, 경험학적 접근은 산불의 방재에 중점을 두고 기상, 연료, 지형 등을 고려하는 실증적인 방법이다. 이를 통해 산불의 피해를 확산시키는 요소를 파악하고 산불방재 및 진화 전략을 세울 수 있다.

3. 산불 방재를 위한 대응시설은 화재 감시 및 신속한 경보 시스템, 관제센터, 소화 기구와 소방 차량, 소방헬기, 방화벽 등을 포함하며 산불을 초기에 발견하고 신속하게 대응하는 것을 목표로 한다. 이는 모니터링·예측, 완화, 진화 시설로 크게 세 가지로 구분된다.

4. 모니터링·예측 기술은 위성 영상 및 AI를 활용한 모니터링이 주를 이룬다. AI 기술은 이미지 인식, 비디오 분석 및 열 감지 기술과 결합하여 산불의 초기 징후를 식별하고 감지할 수 있다. 또한, 수집된 데이터를 기반으로 산불 발생 가능성을 예측하는 모델을 개발하고 활용할 수 있다. 국내에서는 산림청의 국가산불위험예보시스템이 대표적이며, 미국 캘리포니아 주의 소노마 카운티 지역에서는 AI 영상 분석 기술을 적용해 산불을 예측하고 있다.

5. 고정형 무인카메라를 활용한 모니터링은 산불의 초기 징후나 발생 위치를 신속하게 감지하고 해당 지역을 실시간으로 모니터링하여 조기 경보 및 대응을 가능하게 한다. 이는 일반적으로 관제센터나 소방 당국의 기지에서 이루어진다.

6. 산불 완화 시설로는 산림녹화사업, 방화수림대 조성, 그리고 임도 설치가 있다. 산림녹화사업은 산불의 발생과 확산을 제한하고 산림 생태계와 자연환경을 보호하기 위한 활동으로, 산불 연료로 작용할 수 있는 재료를 제거하고 산불 위험 지역을 식별한다. 방화수림대는 산불의 확산을 늦추는데 중요한 역할을 하는데, 잎이 넓은 활엽수를 이용하여 산불이 도시나 주거지역으로 확산되는 것을 막는다.

7. 임도는 산림의 관리, 임산물의 운반 및 산불 확산 방지를 위한 산림 도로로, 산불 진화 작업을 위한 인력이나 소방차량의 이동을 돕는다. 산불이 발생할 경우, 임도가 설치된 곳에서는 진화인력과 장비가 쉽게 접근하여 조기 진화가 가능하다.

8. 산불 소화 시설은 산불을 소화하고 진압하는 데 사용되는 시설로, 스프링클러가 주로 사용된다. 스프링클러는 건물이나 주거지역의 화재 예방 시스템으로 사용되지만, 산불 상황에서도 효과적이다. 산불이 발생할 가능성이 있는 지역에 스프링클러를 설치하면 화재가 감지되었을 때 자동으로 물 또는 화재 억제제를 분사한다.

9. 최근 산불 발생 빈도의 증가로 전 세계적으로 산불 방재 연구가 활발히 진행되고 있다. 이러한 연구는 다학제적 접근이 필요하며, 주요 연구 분야로는 사회·경제적 분야, 생태학적 분야, 화재 행동 연구 분야, 원격 탐사 및 모니터링 분야, 그리고 전산유체역학 및 기상학 분야 등이 있다.

10. 사회·경제적 연구는 사람들이 산불에 대한 위험 인식과 대응 방법, 그리고 이러한 요소들이 산불 위험관리에 어떻게 영향을 미치는지를 탐구하며, 산불로 인한 경제적 피해액 추정, 손익 분석 등을 수행한다. 생태학적 연구는 산불 발생 중이거나 발생 후에 대한 영향을 분석하며, 특정 지역 및 임상이 산불에 얼마나 잘 견디는지와 생태계 서비스에 어떤 영향을 미치는지를 분석한다. 또한, 산불 후 생태계 서비스의 회복 능력(Resilience) 평가도 이 분야의 연구 범위에 포함된다.

11. 화재 행동 연구는 연소 과학의 원칙과 물리 기반의 모델을 활용하여, 특정 조건에서 화재가 어떻게 확산하는지를 분석한다. 이 분야의 연구 결과는 산불 진압 매뉴얼 작성 및 산불 예측 모델의 개선에 기여한다. 원격 탐사 및 모니터링 분야는 위성 이미지나 드론 등의 기술을 활용하여 산불을 감지하고, 산불의 확산 방향과 속도를 추정하는데 중요한 데이터를 제공한다. 마지막으로, 전산유체역학 및 기상학 분야는 기후, 식물 분포, 지형 등을 고려하여 산불의 발생 가능성과 확산을 예측하는 모델링을 수행한다.

12. 전산유체역학을 이용한 산불 방재에는 물리적 조건과 에너지 조건 이해가 필요하다. 에너지 조건은 가연성 물질의 위험도를 평가하는 방법으로, 충격감도, 발화온도, 발화에너지, 연소열 등을 고려한다. 충격감도는 물질이 충격에 얼마나 민감한지를 측정하며, 발화온도는 물질이 발화하는 최저 온도를 의미한다. 발화온도는 인화점과 발화점으로 구분되며, 각각 외부에너지에 의해 발화하는 최저 온도와 스스로 발화하는 최저 온도를 뜻한다.

13. 발화에너지는 가연성 혼합기가 발화하는데 필요한 최저 에너지를 말하며, 연소열은 연소과정에서 발생하는 열에 관한 특징으로 현열, 잠열, 비열로 구분된다. 현열은 상태 변화 없이 온도 변화에만 필요한 열량을, 잠열은 상태 변화에 필요한 열 에너지를 의미하며, 비열은 단위 질량의 물질의 온도를 1℃ 올리는데 필요한 열 에너지를 의미한다. 현열은 하기와 같은 식으로 정의된다.

$$Q = m \bullet c \bullet \Delta t$$

14. 화재해석의 Unsteady 해석을 하기 위한 물리식은 하기와 같은 사항들의 이해가 필요하다.

- Three Dimensional: 3차원 해석
- Gradients: 이송 방정식(mass, momentum, energy 등) 사용
- Implicit Unsteady: 비정상상태 해석(시간의 흐름을 고려)
- Multi-Component Gas: 해석 영역 내의 작동 유체가 다 성분 기체일 때 사용(습도, 연소 해석에 사용)
- Non-Reacting: Multi-Component Gas에서 각 기체 성분이 서로 반응하지 않는 것을 설정
- Segregated Flow: 유동과 에너지의 방정식을 각자 따로 푸는 해석
- Constant Density: 밀도가 일정(비압축성 유동)
- Turbulent: 난류 유동
- RANS Realizable K-epsilon Turbulence: 일반적인 유동에서 가장 많이 사용되는 난류모델
- Exact Wall Distance: Wall Function을 사용하는데 필요한 기본 모델
- Two-Layer All y+ Wall Treatment: 일반적인 유동에서 가장 많이 사용되는 Wall Function
- Segregated Fluid Temperature: 에너지 방정식을 계산하는 모델
- Gravity: 중력을 적용
- PassiveScalar: 해석영역 내부로 유입되는 유체의 확산에 대한 해석에 사용
- Cell Quality Remediation: 계산 중에 격자 품질 문제로 해석 값에 문제가 있는 경우 값을 주위 값을 바탕으로 보간하는 해석 방법

15. 본 장에서 사용된 지배방정식(Governing Equation)인 URANS (Unsteady Reynolds-averaged Navier-Stokes)방정식은 하기와 같은 평균 시간성분과 난류성분으로 이루어진다.

$$\frac{\partial \overline{u_l}}{\partial u_i} = 0,$$

$$\frac{\partial \overline{u_l}}{\partial t} + \frac{\partial \overline{u_l u_J}}{\partial x_j} = -\frac{1}{\rho}\frac{\partial \rho}{\partial x_j} + \frac{\partial}{\partial x_j}\left(\frac{\mu}{\rho}\left(\frac{\partial \overline{u_l}}{\partial x_j} + \frac{\partial \overline{u_J}}{\partial x_i}\right) - \overline{u'_i u'_j}\right) - g_i \beta\left(\theta - \theta_{ref}\right),$$

16. 지형의 영향을 많이 받는 산간지역 등의 CFD 화재 및 열섬 해석을 할 때는 전지구 온도에 대한 방정식과 수직 풍속에 대한 풍향 프로필이 정의 되어야 한다. 두 개의 식은 하기와 같이 정의된다.

$$T_g = T_a + \frac{S_0 - 30}{0.252 S_0 + 10.5v + 25.5'}$$

$$U = U_r \left(\frac{Z}{Z_r} \right)^{0.33}$$

17. 본 저서에서는 산림환경과 CFD 모델을 검증하기 위해서 두 가지의 방법을 활용하였다. 첫 번째 방법은, 실험실 규모 모델링과 실제 실험 비교한 것으로, 산불의 확산 검증을 위해 전산유체역학(CFD) 모델이 생성되었다. 이 모델은 Chamber A에서 발생하는 화염원이 Chamber B로 확산되는 시나리오를 가정하였다. 실제 규모의 챔버를 건설하고 이를 모델과 비교하였다. Chamber A와 B 사이에는 화염이 확산될 수 있도록 문을 설치하고, 이 문에는 모니터링 센서가 설치되었다. 이 센서들은 CFD 모델에서 예상한 열 변화량을 실제로 측정하고 이를 비교하는데 사용되었다.

18. 두 번째 방법은 실제 환경 데이터와 CFD 시뮬레이션을 비교한 것으로 산림환경의 유동장 및 환경기류를 분석하기 위해서 수행되었다. 이를 위해 2022년 1월 1일부터 12월 31일까지 환경 데이터를 수집하였으며, 특정 날짜의 환경 데이터값과 CFD 모델 시뮬레이션의 결과값을 비교하였다. 이 검증 과정을 위해 두 개의 AWS 기반 환경 수집 장치가 설치되었고, 이를 통해 수집된 데이터와 CFD 시뮬레이션 결과값의 차이를 분석하였다. 본 장을 통해서 학습자들은 산불처럼 검증하기 어려운 재난재해의 데이터를 검증할 수 있다.

19. 본 장에서 산림 방재시설로 활용된 스프링클러는 산불확산을 약 20% 감소시킬 수 있다. 특히, 산불을 차단할 수 있는 임도 등에 스프링클러를 배치하는 것이 중요하다. 풍속이 4.0 m/s 이상일 때는 풍향에 따라 산불이 번지며, 풍속이 3.0 m/s 미만일 때는 지형이 더 큰 영향을 미친다. 풍속이 5.0 m/s일 때는 1.0 m/s일 때보다 약 165배 넓은 면적에 산불이 퍼질 수 있다.

20. 산불의 조기 진화를 위한 시스템이 필요하며, 산불 발화 60분 후 소화율이 70% 이상이면 산불 확산을 크게 방지할 수 있다는 사실을 확인하였다. 스프링클러는 산불로 인한 연기 확산을 감소시키는 데 효과적이다. 스프링클러를 사용하면 모든 지역에서 연기 농도가 50% 이상 감소할 수 있다.

"No time to grieve for roses when the forests are burning."

- Zbigniew Herbert -

5절 예제

❶ 산불의 3가지 주요 요소는 무엇인가?

❷ 산불확산에 가장 큰 영향을 미치는 기상 조건은 무엇인가?

❸ 연소학과 산불 사이의 관계를 설명하시오.

❹ 산불 확산에 영향을 미치는 기상, 연료, 지형의 특성에 대해 설명하시오.

❺ 연소학적 접근과 경험학적 접근의 차이점과 각각의 특징에 대해 설명하시오.

❻ 다음 중 연소의 3요소에 속하지 않는 것은 무엇인가?
1) 산소
2) 연료
3) 불
4) 점화원

❼ 100 g의 물이 20℃에서 100℃로 온도가 변화할 때 필요한 현열을 계산하시오.
(물의 비열(c): 1 cal/g·℃)

❽ 50 g의 얼음이 녹아서 물이 될 때 필요한 잠열을 계산하라. (얼음의 융해잠열: 80 kcal/kg)

❾ 20℃ 물 1 kg이 200℃로 변한 때 흡수되는 열량을 구하시오

❿ 산불이 더 빠르게 확산되는 지형은 어떤 것인가?
1) 평평한 지역
2) 완경사 지역
3) 급경사 지역
4) 계곡

⓫ 산불방지를 정의하는 것은 어떤 활동인가?

1) 산불을 예방하고 진화하는 모든 활동
2) 산불을 예방하는 활동만
3) 산불이 발생하면 진화하는 활동만
4) 산불이 발생한 후 피해를 복구하는 활동

⓬ 산불방지를 위한 주요 연구 분야 5가지를 나열하시오.

⓭ 화재 행동 연구의 주요 목표는 무엇인가?

⓮ 사회·경제적 연구가 산불 예방 및 관리에 어떻게 도움이 되는지 설명하시오.

⓯ 모니터링 관련 연구에서는 어떤 기술이 사용되며, 이 기술이 산불 관리에 어떻게 도움이 되는지 설명하시오.

⓰ 다음 중 산불 예측 및 모델링에 필요한 기본 개념을 잘 설명한 것은 무엇인가?

1) 산불의 확산 방향만을 예측하는 것
2) 기후, 식물 분포, 지형 등의 조건을 고려하여 산불의 발생 가능성과 확산을 예측하는 것
3) 산불이 일어날 장소만을 예측하는 것
4) 산불의 크기만을 예측하는 것

⓱ 다음 중 생태학적 연구가 산불 예방과 관리에 미치는 영향에 대해 올바르게 설명한 것은 무엇인가?

1) 산불이 발생한 후의 영향을 분석하고, 특정 지역 및 임상이 산불에 얼마나 잘 견딜 수 있는지 분석하는 것
2) 산불 발생 가능성을 예측하는 것
3) 산불 진압에 필요한 매뉴얼을 수립하는 것
4) 산불로 인한 경제적 피해액을 추정하는 것

⑱ '발화점'과 '인화점'의 차이를 설명하시오.

⑲ 연소학에서 산불방재 해석을 위해 중요한 '에너지 조건'에 대해 설명하시오. 이를 위해 충격감도, 발화온도, 발화에너지, 연소열에 대한 정의와 중요성에 대해 서술하시오.

⑳ 다음 중 충격감도에 대한 설명으로 올바른 것은 무엇인가?

1) 물질이 충격이나 충돌에 얼마만큼 민감한지를 평가하는 방법
2) 가연성 물질의 발화 최저 온도를 의미하는 방법
3) 가연성 혼합기체가 발화하는데 필요한 최저 에너지를 의미하는 방법
4) 물질의 상태 변화 없이 온도 변화에 필요한 열량을 의미하는 방법

㉑ 다음 중 잠열에 대한 설명으로 올바른 것은 무엇인가?

1) 물질의 상태 변화 없이 온도 변화에 필요한 열량을 의미하는 방법
2) 물질이 충격이나 충돌에 얼마만큼 민감한지를 평가하는 방법
3) 상태 변화에 필요한 열 에너지를 의미하며, 물질의 온도는 변화시키지 않고 상태를 변화시키는데 에너지가 사용된다
4) 가연성 혼합기체가 발화하는데 필요한 최저 에너지를 의미하는 방법

㉒ 산불의 전산유체역학 해석을 위해 사용된 물리모델들을 나열하고 서술하시오.

㉓ 산불의 전산유체역학 해석을 위해 사용된 지배방정식을 서술하시오.

㉔ 스프링클러가 산불확산 감소에 어떤 영향을 미치는지 설명하시오.

㉕ 풍속과 지형, 산불의 확산 현상에 대한 일반적인 관계를 설명하시오.

[심화문제 1]

국토정보 플랫폼의 자료를 활용하여 4 km x 4 km 의 산지 지역을 선정하고, 챕터 4에서 학습한 내용을 토대로 산지지역의 3차원 모델링 데이터를 제작하시오.

[심화문제 2]

해당 지형의 한 지점을 선정하여 산불의 발화를 예측하고, 산불의 방재 방법을 적용한 산불의 저감 효과를 분석한다. 산불의 방재 방법으로는 임도의 설계, 식생분포의 변화, 스프링클러의 활용 등을 사용한다.

참고문헌

[논문]

1. Addai, E. K., Addo, A., Abbas, Z., & Krause, U. (2017). Investigation of the minimum ignition temperature and lower explosion limit of multi-components hybrid mixtures in the Godbert-Greenwald furnace. Process Safety and Environmental Protection, 111, 785-794. https://doi.org/10.1016/j.psep.2017.09.003
2. Ager, A. A., Kline, J. D., & Fischer, A. P. (2015). Coupling the biophysical and social dimensions of wildfire risk to improve wildfire mitigation planning. Risk analysis, 35(8), 1393-1406.
3. Ashgriz, N., & Mostaghimi, J. (2002). An introduction to computational fluid dynamics. Fluid Flow Handbook,1, 1-49.
4. Brzuszek, R., Walker, J., Schauwecker, T., Campany, C., Foster, M., & Grado, S. (2010). Planning strategies for community wildfire defense design in Florida. Journal of Forestry, 108(5), 250-257.
5. Chen, G., Rong, L., & Zhang, G. (2021). Unsteady-state CFD simulations on the impacts of urban geometry on outdoor thermal comfort within idealized building arrays. Sustainable Cities and Society, 74, 103187. https://doi.org/10.1016/j.scs.2021.103187
6. Eymard, R., Gallouët, T., & Herbin, R. (2000). Finite volume methods. Handbook of Numerical Analysis,7, 713-1018. https://doi.org/10.1016/S1570-8659(00)07005-8
7. Han, S.-H., Sing, W.-Y., Shin, S.-J. (2016). Evaluation of typical wood species as the raw material for solid biofuel production by chemical composition analysis. Journal of Korea Technical Association of The Pulp and Paper Industry, 48(6)(173), 10. https://doi.org/http://dx.doi.org/10.7584/JKTAPPI.2016.12.48.6.62
8. Hong, I. P., Ki, H. S., Jung, E. Y., & Song, D. S. (2012). A study on inlet flow profile in CFD simulation for predicting wind environment in urban area. Journal of the Architectural Institute of Korea Planning & Design, 28(1), 311-318.
9. Labossière, L. M., & McGee, T. K. (2017). Innovative wildfire mitigation by municipal governments: two case studies in Western Canada. International Journal of Disaster Risk Reduction, 22, 204-210. https://doi.org/10.1016/j.ijdrr.2017.03.009

10. Martinka, J., & Chrebet, T. (2014). Activation energy of Teak and Oak wood spontaneous ignition. Advanced Materials Research. https://doi.org/10.4028/www.scientific.net/AMR.1001.262

11. Mei, S.-J., & Yuan, C. (2021). Three-dimensional simulation of building thermal plumes merging in calm conditions: Turbulence model evaluation and turbulence structure analysis. Building and Environment, 203, 108097. https://doi.org/10.1016/j.buildenv.2021.108097

12. Moritz, M. A., Hazard, R., Johnston, K., Mayes, M., Mowery, M., Oran, K., ... & Wesolowski, G. (2022). Beyond a focus on fuel reduction in the WUI: The Need for regional wildfire mitigation to address multiple risks. Frontiers in Forests and Global Change, 5.

13. Moukalled, F., Mangani, L., & Darwish, M. (2016). The finite volume method. The Finite Volume Method in Computational Fluid Dynamics (pp. 103-135). Springer International Publishing. https://doi.org/10.1007/978-3-319-16874-6_5

14. Mun, S.Y., Hwang, C.H., & Kim, S.C. (2019). CO and soot yields of wood combustibles for a kitchen fire simulation. Fire Science and Engineering, 33(1), 76-84. https://doi.org/10.7731/KIFSE.2019.33.1.076

15. Passandideh-Fard, M., Ashgriz, N., Mostaghimi, J., Prociw, L., & Hu, T. (2002). Modeling liquid film formation and breakup in an industrial spray nozzle. Proceedings of the 15th Annual Conference on Liquid Atomization and Spray Systems.

16. Rezaei, H., Lim, J., & Sokhansanj, S. (2020). Comparison of drying rates of ground western Red Cedar with Hemlock, Birch, Aspen, and Spruce/Pine/Douglas Fir. Applied Engineering in Agriculture, 36(2), 159-165. https://doi.org/10.13031/aea.13684

17. Saleh, J. M. (2002). Fluid Flow Handbook. McGraw-Hill Education.

18. Sarasvathi, N., & Chelsea, F. K. (2018). Study and implementation of Internet of Things (IoT) based forest Fire automation system to detect and prevent wildfire. INTI Journal,1(15), 1-5.

19. Shirani, E., Ashgriz, N., & Mostaghimi, J. (2005). Interface pressure calculation based on conservation of momentum for front capturing methods. Journal of Computational Physics, 203(1), 154-175. https://doi.org/10.1016/j.jcp.2004.08.017

20. Van Maele, K., Merci, B., & Dick, E. (2003). Comparative study of k-epsilon turbulence models in inert and reacting swirling flows. In 33rd AIAA Fluid Dynamics Conference and Exhibit (P. 3744)
21. Versteeg, H. K., & Malalasekera, W. (2007). An Introduction to Computational Fluid Dynamics: The Finite Volume Method. Pearson Education.
22. Wang, H. H., Finney, M. A., Song, Z. L., Wang, Z. S., & Li, X. C. (2021). Ecological techniques for wildfire mitigation: Two distinct fuelbreak approaches and their fusion. Forest Ecology and Management, 495, 119376.
23. Yang, J., Hamins, A., Dubrulle, L., & Zammarano, M. (2022a). Experimental and computational study on the glowing ignition of wood. Fire and Materials. https://doi.org/10.1002/fam.3089
24. Yang, M. S., Han, Y., & Son, D. W. (2022b). Effect of using laser incising treatment and fire-retardant coating on Larix kaempferi wood to improve fire retardant performance. BioResources, 17(4), 6860-6874. https://doi.org/10.15376/biores.17.4.6860-6874

[보고서]

1. 국립산림과학원. (2021). 2020 산림재해백서
2. 산림청. (2020). 2020년 전국 산불방지 종합대책

[저서]

1. Lowrie, R. (1983). Heat of combustion and oxygen compatibility. ASTM International.
2. Sinnett, D., Smith, N., & Burgess, S. (Eds.). (2015). Handbook on green infrastructure: Planning, design and implementation. Edward Elgar Publishing.
3. 배택훈. (2017). 항공산불방재론. 화수목
4. 오규형. (2010). 연소학. 동화기술
5. 황정석. (2018). 황 박사의 우리나라 산불 이야기. 바른북스

[웹페이지]

1. Yahoo News. (2023). Why the Canadian Wildfires are still burning - and sending smoke across the U.S.
https://news.yahoo.com/why-the-canadian-wildfires-are-still-burning—and-sending-smoke-across-the-us-215341898.html
2. 산림공간정보서비스(Forest Geospatial Information System, FGIS).
http://map.forest.go.kr
3. 산림청 국가산불위험예보시스템.
http://forestfire.nifos.go.kr/main.action
4. 산림청 주요국의 임도밀도.
https://www.forest.go.kr/kfsweb/kfi/kfs/cms/cmsView.do?mn=NKFS_02_01_05_01&cmsId=FC_000812
5. 오마이뉴스. (2023). 하동 지리산 자락 산불 91 ha 피해, 진화대원 1명 사망.
https://www.ohmynews.com/NWS_Web/View/at_pg.aspx?CNTN_CD=A0002909164

6장

그린인프라공학과 산사태 방재

"Look deep into nature, and then you will understand everything better."

- Albert Einstein -

1절 산사태의 피해

본 장에서는 산사태에 작용하는 산림수문학 및 사방공학적 원리를 이해하고 그 작용 현상에 대한 고찰을 시도한다. 본 장의 내용은 전근우 저자의 「신고 사방공학」과 산림청에서 발간한 「사방기술교본」을 참고한다.

1) 산사태의 개념

앞서 1장에서 언급한 바와 같이 산사태는 가속침식-중력침식 중 하나로, 붕괴형 침식에 해당한다(Cruden. 1991; Hungr et al., 2014). 즉, 급경사지 또는 흙 비탈면에 깊은 토층이 강우 등의 원인으로 물이 포화 팽창되어 응집력을 잃고 무너져 내리는 형태의 현상을 뜻한다. 산사태의 규모는 상류에서 하류로 진행할수록 그 침식의 정도가 커지기 때문에, 도시와 인접한 산지의 경우 도시 지역에 큰 피해를 줄 수 있다(Alexander. 1989).

산사태 방재를 위한 사방공학에서 다루는 공학적 문제는 유속의 흐름과 포화로 인해 발생하는 흙의 붕괴 피해를 사방댐 등 공작물로 조절하는 것을 뜻한다(Popescu & Sasahara. 2009). 이를 위해서는 산지 내의 물의 흐름에 대한 이해, 사방공작물에 대한 전반적인 이해, 사방공작물의 공학적 이해가 동시에 수반되어야 한다.

최근 많이 사용되고 있는 유한요소법(FEM, Finite Element Methods)에 기반한 전산적 해석을 학습함으로, 산사태 방재에 필요한 기초지식을 키울 수 있다(Bathe. 2007; Moayedi et al., 2011). 또한, 친환경 소재로 소개받고 있는 Geo-foam 등 지중매설 구조물을 활용하였을 때 얻을 수 있는 토압의 경감 효과에 대해서도 고찰한다(Kang et al., 2007).

2) 산사태 방재의 접근방법

산사태의 방재를 하기 위해서는 그 원인을 명확히 파악하고, 필요한 공작물을 설계할 수 있는 능력을 키워야 한다. 이를 위해서는 현장에서의 붕괴 가능성을 객관적으로 평가할 수 있는 능력을 개발하고, 물리 기반으로 이를 재현할 수 있어야 한다.

산림 및 야계 방재 시설을 설치할 때는 크게 두 가지의 측면을 고려하여야 하는데, 첫 번째는 현장에서 필요한 정보를 수집하는 것으로 경험학적 측면이 고려되어야 한다. 정보 수집에는 산림 방재 사업 면적 산출을 위한 평면, 종단면, 구조물도 등의 도면뿐만 아니라, 현장에서의 측량 등의 정보가 포함된다. 두 번째는 구조 공학적 접근으로 산림 방재를 위한 구조물의 설치 규모를 설계하는 것을 뜻한다. 구조 공학적 접근은 엄밀해로 해석을 하거나 컴퓨터를 활용한 전산적 해석을 모두 포함한다.

산사태에 영향을 줄 수 있는 요인으로는 기후, 지질 구조, 지형, 식생 분포, 인간 활동, 지진/화산 등의 활동 등이 있다. 일반적으로 이러한 요인들 중 산사태에 가장 많은 영향을 미친다고 평가 받는 기후학적 인자와 지형 및 지질학적 인자에 대해서 살펴보자.

① 기후학적 인자

산사태에 영향을 미치는 대표적인 기후학적 인자로는 강우와 눈을 예로 들 수 있다. 강한 비는 내리는 즉시 토양을 포화상태로 이르게 하는 반면, 눈의 경우 녹으면서 토양의 안전성을 감소시킨다. 토양 내에는 일정한 양의 물을 흡수할 수 있는 공극을 유지하는데, 포화율이 높아지는 경우 토양 입자들의 마찰력이 감소하고, 토양의 강도와 안전성을 감소시킨다. 물의 결속력이 높아짐에 따라서 내부의 압력이 증가하며, 결속된 토양은 더욱 붕괴하기 좋은 조건으로 변경된다.

② 지형 및 지질학적 인자

산사태는 일반적으로 산지의 상부 경사가 급할수록 발생하기가 쉽다. 또한, 경사가 급변하는 지점에서 토석류의 침식속도가 빠르게 변화할 수 있다. 일반적으로 암석이 약한 경우에 더 쉽게 붕괴하여 산사태가 발생한다. 토양의 종류에 따라서도 그 발생 가능성이 다르게 나타나는데, 일반적으로 점성토가 사질토보다 산사태의 위험성이 더 크게 나타난다. 점성토의 경우 빗물과 토양의 결합이 더 강하게 되고, 포화된 토양에서 물이 오랫동안 보유되기 때문에 산사태가 쉽게 발생한다. 반면, 사질토의 경우 물이 잘 통과되고 빠르게 배수되기 때문에, 비교적 토양이 포화하기가 어렵다.

③ 식생학적 인자

비탈면에 산사태를 방지하기 위한 친환경적 방법으로 식생 조성 방법을 사용하는데, 식생을 조성하면 산사태를 방지하거나 그 위험성을 감소시키는데 도움이 될 수 있다. 식물의 뿌리는 토양을 고정하는 역할을 하며, 토양으로 떨어지는 빗물을 차단 및 흡수할 수 있다. 뿌리를 통해 토양 속으로 물을 이동시키고, 이를 통해 토양이 물에 포화되는 것을 방지시킨다. 인위적으로 식생을 조성하는 경우에는 식생 재료로 초본류를 선정하는 경우가 많은데, 이는 초본류의 지상부 확대와 피복량이 크고 근계의 발달이 좋기 때문이다.

3) 산사태 대응 시설

산지 지역의 침식을 막고 산림환경의 보전을 위한 사업을 총칭하여 사방사업이라는 용어를 사용하는데, 그중에서 산사태의 방지를 위해 사용하는 시설물을 산사태 대응 시설이라고 할 수 있다(산림청. 2022). 일반적으로 산사태 대응 시설은 계류 보전 사업 혹은 사방댐 설치 사업의 일환으로, 야계사방에 해당한다. 계상(하천의 바닥)의 기울기와 만곡부를 완화하고 종·횡침식을 방지, 토사재해에 대한 안정성을 확보를 목표로 시공한다. 또한, 자연환경과 생태성을 향상시킬 수 있는 자연 친화적인 공법 사용을 원칙으로 한다. 일반적으로 계류보전 사업에 해당하는 시설물로는 바닥막이, 기슭막이, 수제, 둑 쌓기, 밑막이 등이 있으며, 사방댐을 설치하는 사업으로는 사방댐 사업이 있다. 본 저서에서는 야계사방을 막을 수 있는 혁신적인 수단으로 아래의 네 가지 시설을 학습하고, 친환경성을 높일 수 있는 지중매설 시설 중 하나인 Geo-foam에 대해서 학습한다(그림 6-1~그림 6-4).

그림 6-1. 바닥막이 (출처: 사방기술교본)

그림 6-2. 기슭막이 (출처: 사방기술교본)

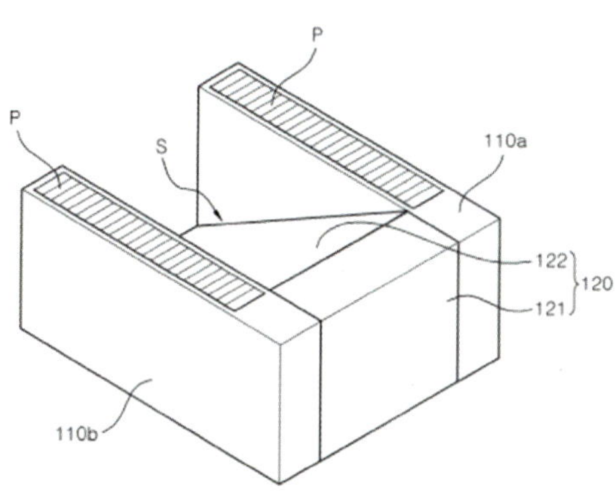

그림 6-3. 친환경수제 조감도

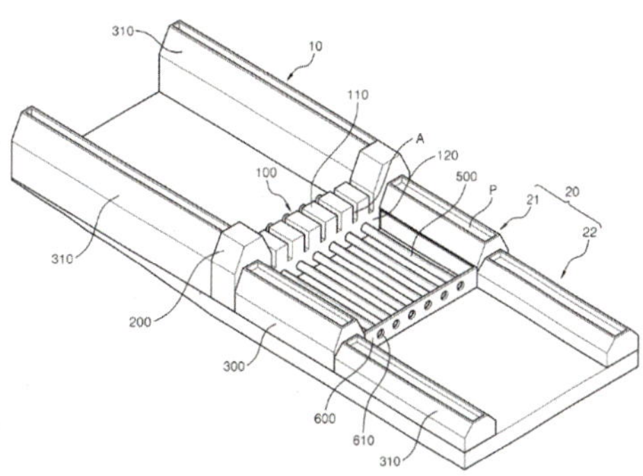

그림 6-4. 사방댐 조감도

① 바닥막이

바닥막이는 황폐된 계상의 종침식(세로침식/바닥침식)을 방지하거나 토사 및 토석류의 유실을 방지하기 위해 설치하는 시설로, 일반적으로 사방댐과의 차이점은 양안의 어깨가 없다는 것이다. 친환경성을 고려하기 위해서 최근에는 콘크리트와 돌을 배합하여 사용하지만, 시공 장소의 여건과 조건에 따라서 그 시공 방법이 달라질 수 있다. 일반적으로 바닥막이가 설치되는 장소는 하기의 네 가지로 구분된다.

- 계상이 낮아질 위험이 있는 지역의 하류 구간
- 지류가 합류되는 지역의 하류 구간
- 종침식과 횡침식이 발생되고 있는 지역의 하류 구간
- 계상 굴곡부의 하류 구간

바닥막이를 설치할 때는 계획물의 설치 간격, 방수로, 물받이 등에 대해 유의하여 설치하여야 하며, 바닥막이의 간격은 하기의 식에 의하여 계산한다.

$$L = \frac{mn}{m-n} \cdot h \tag{6.1}$$

여기에서 L은 바닥막이의 간격(m), $\frac{1}{m}$은 계획 계상물매(%), $\frac{1}{n}$은 현 계상물매(%), h는 바닥막이의 유효높이(m)를 뜻한다.

바닥막이의 경우, 횡방향으로 단차가 있는 계획물을 시공하는 것이기 때문에, 생태 단절을 발생시킬 수 있다. 이를 방지하기 위해서 부분적으로 어류, 양서류, 수서생물의 이동을 유도할 수 있는 생태통로를 마련한다.

물받이의 길이는 낙차고의 2~3배로 설계하는 것이 표준이며, 월류수심이 클수록 길게 설정한다(그림 6-5).

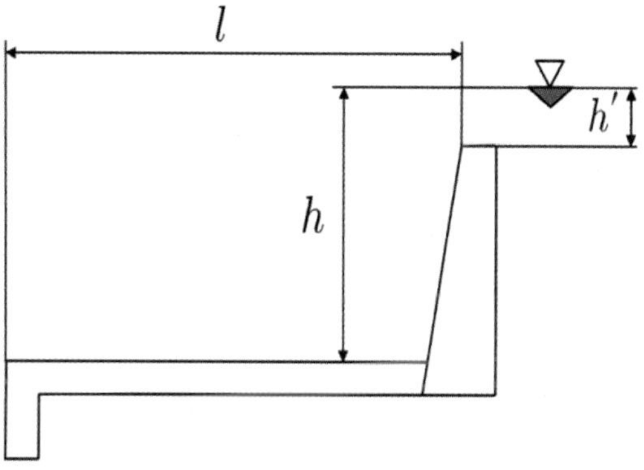

$$l = (2 \sim 3) \cdot h$$

그림 6-5. 바닥막이의 물받이 길이와 높이 산정

여기에서, l은 물받이의 길이(m), h는 월류수심으로부터 물받이까지의 높이를 뜻한다.

바닥막이의 기초는 사방댐과 동일한 방법으로 시공하며, 상수지역이거나 유수의 양이 급증하는 경우에는 물돌림관을 설치하여 충격을 완화하여야 한다. 바닥막이의 종류는 돌바닥막이, 콘크리트바닥막이, 돌망태바닥막이, 통나무바닥막이 등의 종류가 있다.

② 기슭막이

앞선 바닥막이와 달리, 기슭막이는 유수가 산림 계곡 양안의 횡침식을 방지하는 역할을 한다. 기슭막이의 목적은 ① 계안의 횡침식 방지, ② 산복 공작물의 기초 보호, ③ 산복 붕괴의 직접적인 방지 등의 목적으로 시공한다. 기슭막이의 경우, 유수의 월류에 직접적인 영향을 미치므로, 계획홍수위에 대한 고려가 선행되어야 한다. 또한, 지형과 지질, 유수의 충돌상태, 기타 공작물의 현황을 살펴보아야 한다. 일반적으로 기슭막이가 설치되는 장소는 하기의 세 가지로 구분할 수 있다.

- 계획홍수위, 시설의 계획 높이, 비탈물매 및 기설 기슭막이 등의 조사를 통해 목적에 부합된 장소
- 유로의 만곡에 의하여 유수 충격을 받는 수충부(물의 흐름에 의해 충격을 받는 지역)
- 오목지형의 계안 또는 붕괴 위험성이 높은 야계

기슭막이의 종류는 시공 재료에 따라서 돌기슭막이, 콘크리트기슭막이, 돌망태기슭막이, 바자기슭막이 등으로 나눌 수 있다. 기슭막이의 경우, 시설물이 붕괴하여 침식이 시작되는 경우 큰 침식이 일어날 수 있기 때문에, 충분한 기울기와 내구성이 높은 소재를 선정하여 계획한다. 단, 계획하고자 하는 지역의 유속이 느리고 유수가 적은 경우에는 통나무 및 바자 기슭막이 등을 계획하여 친환경성을 적절히 높여준다.

③ 수제

수제는 기슭막이와 같이 횡침식을 방지하는 시설로, 일반적으로는 단일 시설물로 사용되기보다는 기슭막이의 세굴을 방지하기 위해서 사용된다. 수제는 양쪽 계안에서 유심을 향하여 적당한 길이의 방향으로 돌출한 구조물을 뜻한다. 수제는 사용 재료에 따라서 돌수제·콘크리트수제·콘크리트블록수제·콘크리트틀수제 등으로 구분할 수 있다. 일반적으로 수제의 설치 장소는 하기 네 가지와 같이 구분할 수 있다.

- 계상폭이 넓고 계상기울기가 완만한 황폐계류를 대상지로 선정
- 계류의 상류에 짧은 구간에 걸쳐 붕괴지가 분포할 경우, 붕괴지의 상류에 수제를 설치하여 유수가 붕괴지의 각부로부터 떨어진 곳에 유하 되도록 함
- 수제는 붕괴지 또는 붕괴 예측지에 한쪽 계안에만 설치한다. 단, 유속이 빠른 경우에는 양안의 침식이 일어날 수 있으므로, 반대쪽 계안의 침식에 주의함

최근에는 친환경성과 시공성을 향상하기 위한 지오폼 소재 적용형 모듈러 친환경 수제가 개발되기도 하였다. 지오폼을 활용한 수제의 경우, 경사를 마련하여 횡방향의 생태계 연결성을 강화할 수 있다.

④ 사방댐설치사업

사방댐의 경우, 그 규모가 이전에 설명한 기술들에 비해서 크고 종·횡방향의 침식을 모두 방지할 수 있기 때문에, 사방댐 설치사업으로 구분한다. 사방댐은 유출 토사의 침식방지 뿐만 아니라 저류의 기능을 담당할 수 있어 다기능성을 담당하고 있다. 사방댐 설치의 목적은 크게 계안·계상의 침식방지, 유하토사의 조절, 토석류의 포착 및 감세, 유목의 포착 등으로 나눌 수 있다. 사방댐의 구성과 종류는 타 공작물에 비해서 복잡한 형태이며, 크게 외력에 의한 저항 분류, 구축재료에 따른 분류, 형식에 따른 분류 등으로 나눌 수 있다(표 6-1).

< 표 6-1. 사방댐의 종류 >

구분			
외력 저항에 따른 구분	• 중력댐 • 아치댐	• 3차원 응력해석댐	
구축재료에 따른 구분	• 콘크리트 댐 • 철근콘크리트 댐	• 돌쌓기댐 • 목재댐	• 강제댐 • 블록댐
형식에 따른 구분	• 불투과형 사방댐 • 투과형 사방댐	• 부분투과형 사방댐	

일반적인 사방댐은 불투과형 콘크리트 사방댐으로, 토석류나 유목을 저지할 목적으로 설치하며, 상시 계획량에 대응한 포착기능을 유지하는 횡구조물이다. 불투과형 콘크리트 사방댐의 경우 본체, 댐 어깨, 물받이, 앞댐 등으로 구분한다. 여기에서 본댐을 설치하는 이유는 물을 저류하여 수위를 조절하기 위함이며, 본댐과 앞댐 사이의 물받이는 사방댐 구조물의 손상과 침식을 방지하기 위함이다. 사방댐 설계를 위해 필요한 공학적 지식 및 설계 방안은 산림청에서 발간한 「사방기술교본」(2023)을 참고한다.

최근에는 불투과형 사방댐을 활용한 레크레이션 시설의 확충도 추진되고 있어, 사방댐의 활용성이 높아지고 있다. 이러한 접근은 1970년대부터 시작된 조경녹화사방에 관련된 연구에서부터 근간을 둔다(우보명. 1975). 물방석 부분에 수원을 저류하고, 이를 놀이시설로 변경한 사례들이 늘어나고 있는데, 이는 산림의 공익적 기능을 강화한 좋은 사례라고 할 수 있다. 대표적인 사례로는 나주 금성산 사례와 송정자연휴양림 내의 사방댐을 예로 들 수 있다.

불투과형 콘크리트 사방댐은 토사유출 저감 효율이 높지만, 생태계 단절에 영향을 줄 수 있으므로 최근에는 투과형 사방댐과 이를 응용한 형태의 사방댐이 설치된다(김운형 외. 2009). 투과형 사방댐의 경우 계류의 수리적 특성과 생태성을 유지하면서, 평상시에는 토사를 유하시킨다. 하지만, 홍수시에는 토석류와 유목의 포착 또는 토사유출을 조절할 수 있다는 장점을 가진다.

사방댐의 경우 최근 유지관리와 관련된 안전조치 사항이 이슈가 되고 있는데, 사방댐의 안전조치 종류에는 보완, 개량, 철거, 재시공, 대체시공 등의 대책을 제안한다(이기환 & 우충식. 2021). 사방댐의 유지관리와 관련된 사항의 경우 댐 본체의 기초에 대해서 전도·활동·기초의 지지력에 대해서 안전해야 한다. 다음으로는 최근, 사방댐의 보강제로 많이 사용되고 있는 지중매설 구조물 중 하나인 지오폼에 대해서 학습한다.

⑤ 사방댐 안전 유지관리 시설: Geo-Material

사방댐뿐만 아니라 침식을 방지하는 구조물의 전반에 사용할 수 있는 친환경 소재로 Geo-Material을 언급할 수 있다(Bartlett. et al., 2015; Kang et al., 2008; Santos et al., 2020). Geo-Material은 건축, 환경, 토목, 산림공학 등에 설치하는 지중매설 구조물의 모든 재료와 합성재료들을 통칭하는 용어로 도로, 댐, 교량, 터널 등의 안전성을 강화하기 위해서 사용된다. Geo-Material의 대표적 재료로는 Geo-textile, Geo-grid, Geofoam 등이 있다(Kang et al., 2020; Singh & Gill. 2012).

이 중에서 Geofoam은 EPS(Expanded Polystyrene)를 통칭하는 용어로, 구조물의 무게를 줄이고 충격을 흡수하며, 구조물을 안정화하는데 사용할 수 있는 경량 토체 대체제이다(Horvath. 1994)(그림 6-6). 지오폼은 기초 개선, 경사면 안정화, 고가도로 및 다리의 충전재, 그리고 파이프와 관로 주변에 보호재로 사용될 수 있으며, 사방댐의 경우 배면에 설치하여 사방댐의 안전성을 증가시킬 수 있다. 지오폼의 경우 모듈러 형태로 조립이 용이하고 운반이 쉽기 때문에 시공성을 갖추고 있을 뿐만 아니라, 장기적으로 경제성까지 가지고 있어 그 활용도가 크다고 평가받는다(Horvath. 1997)(그림 6-7).

Geo-grid는 격자모양의 철조망 형태의 재료로, 주로 고분자 플라스틱(폴리에틸렌 혹은 폴리프로필렌)을 사용하여 제조한다(Yeo & Hsuan. 2010; Zout et al., 2016). 앞서 설명한 Geofoam의 경우 구조물의 내부와 외부에 모두 설치할 수 있는 반면, Geo-grid는 토양 혹은 구조물 내부에 설치하여 토양을 강화하고 안정화하는 작업을 한다. 격자 구조가 토양입자를 포착하고, 재료의 운반과 이동을 제한하기 때문에 구조물의 안전성을 크게 향상할 수 있다.

그림 6-6. 지오폼을 활용한 구조물의 안전성 증가 (Kang et al., 2020)

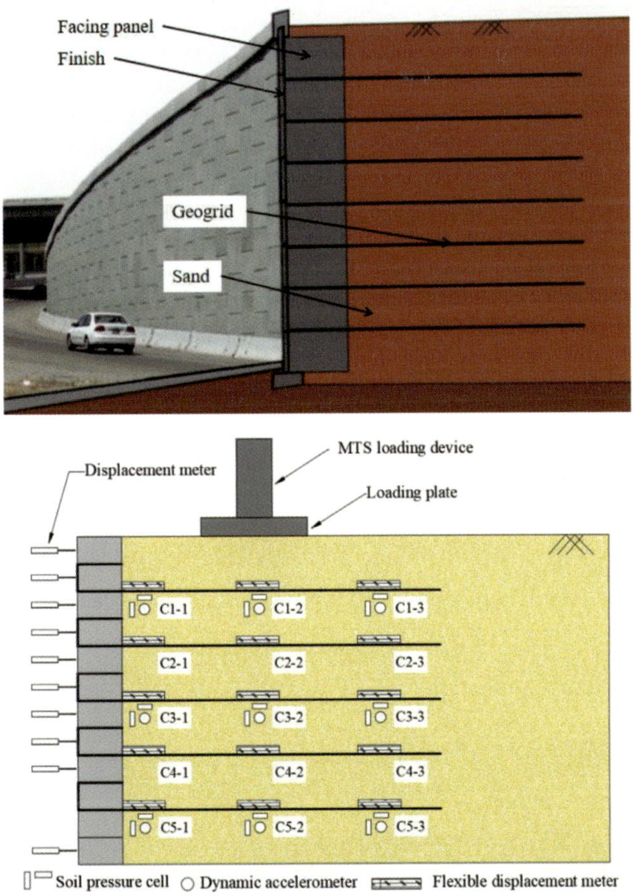

그림 6-7. 지오그리드를 활용한 옹벽의 안전성 증가 (Wang et al., 2022)

읽을거리 : 우리나라의 산사태와 사방사업

우리나라의 사방댐 설치는 2021년 기준 북부지방산림청 24개소, 동부지방산림청 539개소, 남부지방산림청 479개소로 전국에 1,000여 개 이상의 사방댐 시설이 설치되어 있다. 우리나라 국토면적 전체의 60% 이상이 산림면적으로 구성되어 있는 우리나라에서 산림 방재시설의 설치는 필수적이라고 할 수 있다. 그렇다면 언제부터 사방댐 시설물의 설치에 적극적이었던 것일까? 그 대표적인 사례에 대해서 알아보자.

그림 6-8. 우면산 산사태 복구 현장 (출처: 산림청)

1. 2011 우면산 산사태

우면산 산사태는 2011년에 일어난 대규모의 산사태로, 이례적으로 서울특별시 서초구 지역에 재난이 발생되어 그 사회경제적 피해가 더욱 크게 일어났다(그림 6-8).

우면산 산사태의 원인은 여러 가지로 판단되는데, 그 원인을 크게 유지관리적 원인과 자연현상적 원인으로 나눌 수 있다. 우면산 산사태가 발생한 후 조사된 바에 따르면, 우면산은 타 산림보다 숲 가꾸기 사업 등 산지관리가 잘 되지 않은 것으로 나타났다. 또한, 사방공사가 적극적으로 시행되어 있지 않아 토사유출의 방어에 어려움이 있었다. 산지 상부에서 시작된 토사유출은 하류에 위치한 둑을 붕괴시키기까지 하였다. 즉 자연재해에 제대로 대응하지 못했던 유지관리적인 측면이 일부 지적을 받게 된 것이다.

두 번째는 자연재난적인 측면으로, 2011년은 하계집중호우가 유독 많은 해였다. 6월 22일부터 7월 17일까지 약 800 mm의 강수가 기록되었다. 6월부터 시작된 강우가 지반을 지속적으로 약화시키고 침식시켰다는 것이 전문가들 대부분의 의견이다. 산사태 붕괴 지역과 인근한 아파트 1~2층에는 토사가 유입되었고, 사상자 유발 및 농가와 축산 농가의 피해를 유발하였다. 이후에는 대규모의 사방공사와 숲 가꾸기 등의 사업을 통해서 보다 쾌적한 산림환경 조성 및 산사태 방지에 힘을 쓰고 있다.

그림 6-9. 정선 피암터널 피해 사례 (정선군 제공)

2. 2023 정선피암터널 피해 사례

2023년 집중강우로 인해 강원도 정선에서는 대규모 산사태 피해가 발생하였다(그림 6-9). 2023년 7월 14일에는 피암터널 경사면에 대규모 산사태가 발생했다. 산사태로 인해서 6,000여 톤 규모의 암석이 무너져 내렸지만, 사전에 조치한 통행 제한 조치로, 다행히 인명피해는 발생하지 않았다. 정선읍 군도 3호선 세대 피암터널 구간 사면을 복구하기 위한 인력 및 사회경제적 복구 비용이 크게 소요되었다.

이외에도 강원도 지역의 춘천, 원주, 삼척 등에서도 나무가 쓰러지고 도로 붕괴 및 침수 등의 피해가 연속되어서 시민들에게 불편함을 주기도 하였다.

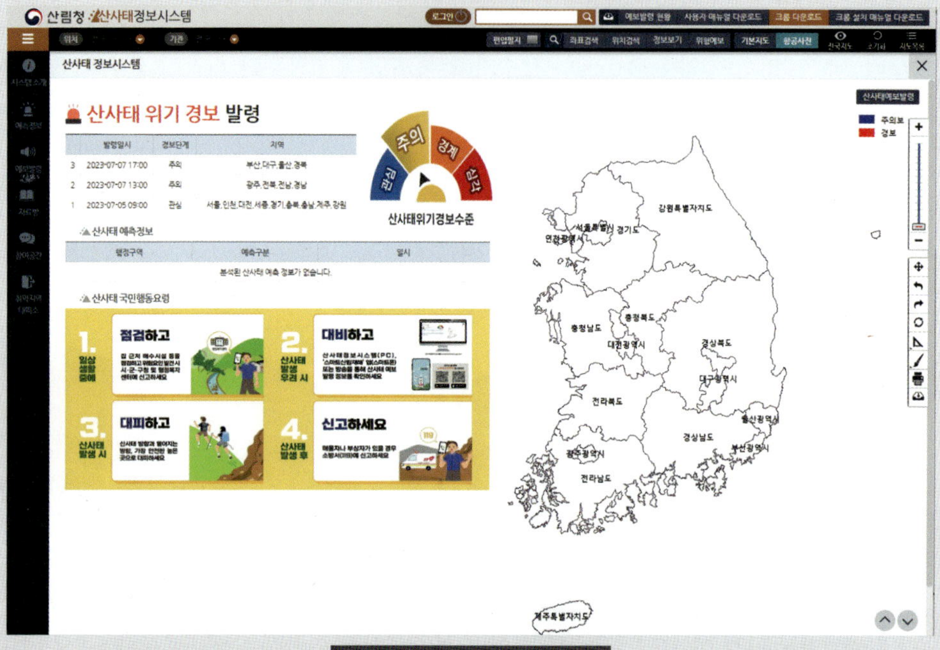

그림 6-10. 산사태정보시스템

3. 산사태예측정보시스템

이러한 산사태에 대응하기 위해서 산림청에서는 산사태정보시스템을 제공하고 있다(그림 6-10). 기상청 강우자료를 분석하여서 권역별 산사태 토양함수지수(예측기준)를 분석한다. 최종적으로는 읍·면·동 단위로 예측정보를 제공한다.

산사태위험지도는 다양한 산사태 발생인자 중 대표적인 9개의 사항을 반영하여 산사태에 영향을 미치는 내재적 요인을 분석한다. 여기에서 활용되는 산사태위험지도 활용인자는 임상, 경급, 사면경사, 사면방위, 사면길이, 사면곡률, 토심, 모암, 지형습윤지수가 있다.

산림청의 자체 DB와 더불어, 국토지리원, 산림청, 한국지질자원연구원 등 국가 유관 분야가 협력하여 시스템을 운영하기 때문에 더욱 정확한 재난재해 대응형 시스템을 구축할 수 있다. 여기에 목재수확지, 산불피해지, 산사태피해지, 골프장, 스키장, 도로, 건물, 송전탑 등의 구성요소를 반영하여 산사태 위험등급을 제공하고 있다.

2절 산사태의 적용을 위한 산림환경 모델링

1) 산사태의유한요소해석 - SIMULIA Abaqus

① 유한요소해석의 일반적인 특징

유한요소해석(Finite Element Method)은 수학 및 공학의 문제들을 풀기 위해 사용되는 수치 기법이다(Bhavikatti. 2005). 다양한 물리 문제들을 수치적으로 해결하는 데 사용하며, 특히 구조해석·유동 해석·열 해석·전자 장 해석 등과 같은 분야에서 주로 사용된다(Dhatt et al., 2012; Zieli. 1992). 유한요소해석을 사용하는 이유는 복잡한 기하학적 형상, 재료 성질, 물리 시스템 등을 실제와 유사하게 모사하여 해결하기 위함이다. 특히 복잡한 시스템의 경우, 엄밀해를 활용하여 푸는 것이 어렵기 때문에, 물체나 형상을 이루고 있는 점들의 구성을 이용하여 그 역학 관계를 수식으로 표현하고 해결하는 것이다(Rao. 2017).
유한요소법으로 하중, 응력 등의 구조해석을 할 경우에 연립대수방정식이 얻어지는데, 연속체 내의 분산된 점들에서 미지의 값을 근사적으로 구할 수 있게 되는 것이다(Hutton. 2004; Nikishkov. 2004). 일반적으로 연속적인 형태의 물체나 구조체를 아주 작은 절점으로 구성하여 문제의 영역을 해결하고자 하는데, 유한요소해석에서는 이를 이산화(Discretization)라고 한다(Arnold. 1981). 유한요소해석법 역시 컴퓨터의 발전과 함께 그 해석 방법 다양해지고, 활용이 더욱 증가하고 있는 추세이다. 최근에는 한 대의 개인용 데스크탑, 노트북 혹은 워크스테이션을 활용하여서 수십만 개 이상의 격자를 해결할 수 있는 단계가 되었다. 컴퓨터를 활용한 유한요소해석은 구조체의 위치와 요소 관계, 요소의 재료 물성치, 작용 하중, 경계 조건 등이 설정이 되어야 해석할 수 있다. 컴퓨터는 이러한 정보들을 종합적으로 사용하여 필요한 방정식과 그 해를 구하게 된다. 유한요소해석법을 유도하기 위해서는 크게 세 가지의 방법이 사용되는데, 이는 직접법·변분법·가중잔여법이며, 세 가지의 특징은 하기와 같다(Belytschko et al., 2009)(표 6-2).

< 표 6-2. 유한요소해석법의 유도 방법 >

직접법	• 가장 단순하며 기본적인 개념을 학습하는데 필요한 유도 방법임 • 트러스, 보, 봉 등 1차원 요소의 강성행렬을 유도하는 용도로 사용되고 단순하여 그 응용이 제한됨 • 유한요소해석과 관련된 직접법은 크게 두 가지의 방법이 있는데, 이는 하중법과 강성법으로 나누어짐

변분법	• 변분법은 2차원 혹은 3차원 유한요소해석 방정식을 유도하는데 활용되는 방법임 • 구조 및 응력 해석 문제에서도 상대적으로 쉬운 물리적인 유도방식을 가지고 있기에, 기초 응용역학을 학습하는 학부 단위 학생들이 이해할 수 있음 • 변분법은 구조해석 내부적인 문제와 구조 외적인 문제 모두를 지배방정식으로 유도하여 사용할 수 있음
가중잔여법	• 가중 잔여법은 근사적인 해가 미분 방정식을 정확하게 만족시키지 못하는 경우, 이 '잔여'를 최소화하는 해를 찾는 것을 목표로 함 • 전체 구조를 구성하고 있는 구조체 및 재료의 응력-변형률의 관계식을 사용함 • 가장 대표적인 방법으로는 칼러킨 방법(Galerkin Method)이 활용됨(Belytschko et al., 1995)

유한요소해석은 물리적 해석을 위한 컴퓨터 시스템 구축이 필요하다는 단점과, 전문적인 지식, 검증 및 숙련된 학습이 필요하다는 제한점이 있지만, 아래와 같은 수많은 장점들이 있기에 구조해석 및 산업 전반에 사용된다.

- 복잡한 형상과 물체에도 적용을 할 수 있으며, 인간의 의료 분야에도 사용될 수 있다.
- 본인이 해석하고자 하는 경계조건과 하중조건 등을 직접 결정할 수 있다.
- 인간이 실험으로 해석하지 못하는 극한조건의 구조해석을 컴퓨터 프로그램으로 해석할 수 있다.
- 컴퓨터의 사양에 따라서 차이를 가지지만, 일반적으로 연구자가 생성하고자 하는 모델링 및 경계조건의 개수에 제한이 없다.

② 유한요소해석법의 일반적인 과정

유한요소해석법의 전산적 해석은 전산유체역학과 동일한 방식으로 전처리-수치해석-후처리 단계로 이루어진다. 다만, 컴퓨터 프로그램에서 처리되는 과정을 조금 더 자세하게 나누면 7가지 단계로 나눌 수 있는데, 이는 하기의 단계로 구분된다.

- 격자분할과 요소 형태의 선정
- 변위함수의 선정
- 변형률-변위와 응력-변형률 관계의 정의
- 요소 강성행렬과 방정식의 유도
- 요소 방정식의 조합을 통한 전체 행렬 구성 및 경계조건 적용
- 일반화된 변위 해 풀기

- 요소 변형률과 응력의 계산
- 결과 해석 및 후처리

③ 산사태의 유한요소해석: SIMULIA Abaqus

지반공학분야에 사용될 수 있는 유한요소해석 프로그램은 Plaxis, GTS NX, Ansys, Abaqus 등이 있으며, 본 저서에서는 SIMULIA Abaqus를 활용하여 경계 사면에 대한 해석을 수행하고, 산사태 안전성 해석에 대한 결과를 고찰한다. SIMULIA Abaqus는 Dassault Systemes에서 개발한 공학용 시뮬레이션 소프트웨어로, 유한요소해석 기법을 사용하여 구조해석을 수행한다(Börgesson. 1996; Helwany. 2007). SIMULIA Abaqus는 일반적으로 하기와 같은 특징을 가진다.

- 연구자가 필요한 입력 방법이 잘 구축되어 있고, 사용자들이 사용하기 쉬운 인터페이스를 구축하고 있다. 프로그램 내부의 전처리기를 활용하기 때문에, 유한요소해석에 필요한 함수 및 연립대수방정식을 모두 이해하지 않아도 된다.
- 해석하고자 하는 규모의 제한이 없고, 복잡한 형상을 해석할 수 있다.
- Catia, Solidworks, Autodesk Invetor, NX 등 다양한 형상 제작 프로그램과 연동이 쉬우며, 사용자들의 피드백을 통해서 새롭게 추가되는 모듈의 이용 및 활용 편의성에 큰 장점을 가진다(Magomedov & Sebaeva. 2020 & Xu et al., 2019).

SIMULIA Abaqus는 하기와 같은 기능을 포함하여 구조, 기계 등 다양한 분야에서 활용할 수 있다.

- 선형 및 비선형 물리적 현상에 대해서 정적 및 동적 해석을 수행할 수 있다.
- 한 가지의 재료뿐만 아니라 복합적인 재료의 접촉 해석이 가능하다. 서로 접촉해 있거나 상호 구조물들의 세부적인 모델링을 통해 시뮬레이션이 가능하다.
- 구조적 해석뿐만 아니라 열전달과 피로해석 등에 대한 문제 해결이 가능하며, 구조물에 미치는 다양한 스트레스 분포를 계산할 수 있다.
- 유체역학, 열전달, 전기 및 전자장, 구조해석 등 다양한 현상을 동시에 해석하여, 짧은 시간에 복수의 해석을 수행하고 결과를 고찰할 수 있다.

④ SIMULIA Abaqus를 활용한 사면해석과 강도감소법 실습

지금부터는 SIMULIA Abaqus를 활용하여 사면해석과 강도감소법을 실시해본다. 여기에서 사면해석이란 사면의 거동을 확인하는 방법으로, 잠재적으로 일어날 수 있는 산사태 또는 경사면의 붕괴 가능성을 평가하기 위해서 사용된다. 반면 강도감소법은 안전계수에 의해 점착력과 마찰력을 줄여가며 사면이 파괴상태에 도달할 때까지 반복하여 수치해석을 수행하는 것이다. 일반적으로 사면해석은 간단한 경우나 초기 설계 단계에서 사용되고, 강도감소법은 복잡한 지반 조건과 하중조건을 처리하는데 효과적이다. 먼저 사면해석에 대한 튜토리얼을 실습하자.

- 사면해석 튜토리얼 실습하기

가장 먼저, SIMULIA Abaqus를 실행하여 파트를 생성한다(그림 6-11).

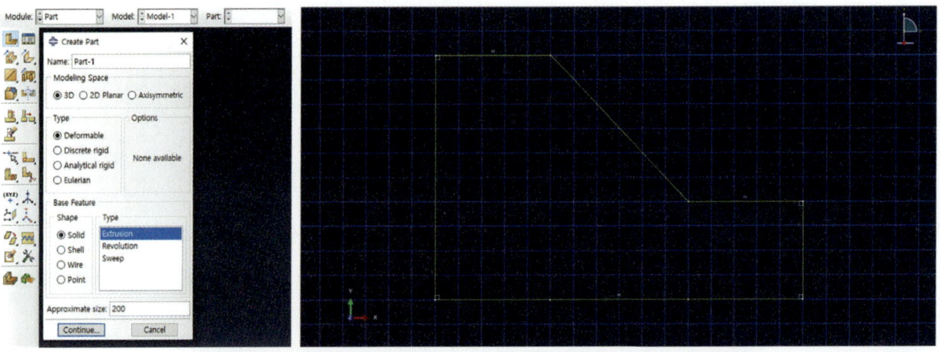

그림 6-11. 사면해석 튜토리얼 Part 생성하기 (1) - Create Part

Create Part 를 선택하고, Modelling Space, Type, Base Feature 등의 옵션은 그림 6-8과 같이, 3D > Deformable > Solid> Extrusion > Continue...를 선택한다.

이후에는 CrcatcLines'Connected를 활용하여 그림 6-11. 오른쪽과 같은 설계도 작성한다. 하단에 나타나는 상태 표시줄에 Sketch the section for the solid extrusion [Done] 선택한다.

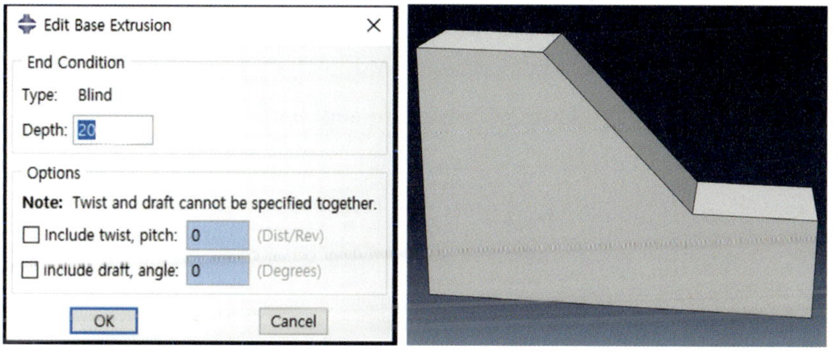

그림 6-12. 사면해석 튜토리얼 Part 생성하기 (2) - Edit Base Extrusion

다음은 Edit base Extrusion을 설정하고, Depth를 20으로 설정한다(그림 6-12).

Edit Base Extrusion 기능은 파트의 형상을 수정하는 기능으로, 일반적으로 2D로 스케치된 모델을 특정 깊이만큼 밀어내서 3D 형상으로 생성하는 것을 뜻한다. 다음은 재료의 특성을 입력한다.

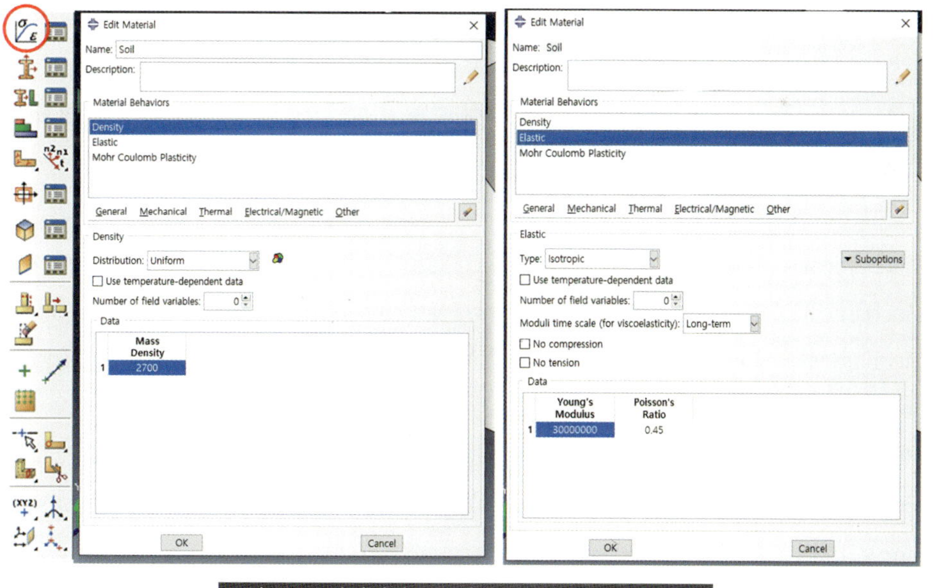

그림 6-13. 사면해석 튜토리얼 재료 특성 입력하기 (1)

토양의 밀도와 탄성을 입력해보자. 먼저 재료의 이름을 지정하기 위해서 Name 항목을 Soil로 입력한다. 일반적으로 포화된 상태의 토양을 가정하고 General > Density > Mass Density에 하기의 값을 입력한다. 탄성을 입력하기 위해 Mechanical > Elasticity > Elastic을 클릭하고 위 화면과 같이 두 개의 항목(영률과 포아송비)을 입력한다(그림 6-13).

- General > Density > Mass Density: 2,700
- Mechanical > Elasticity > Elastic > Young's Module: 30,000,000
- Mechanical > Elasticity > Elastic > Poisson's Ratio: 0.45

여기에서 영률(Young's module)은 물질이 인장 또는 압축 하중에 얼마만큼 저항하는지를 뜻하는 값이며, 포아송비(P:oisson's ratio)는 물질이 인장 또는 압축 하중을 받았을 때, 하중 방향과 수직 방향에서 발생하는 변형률의 비율을 뜻한다.

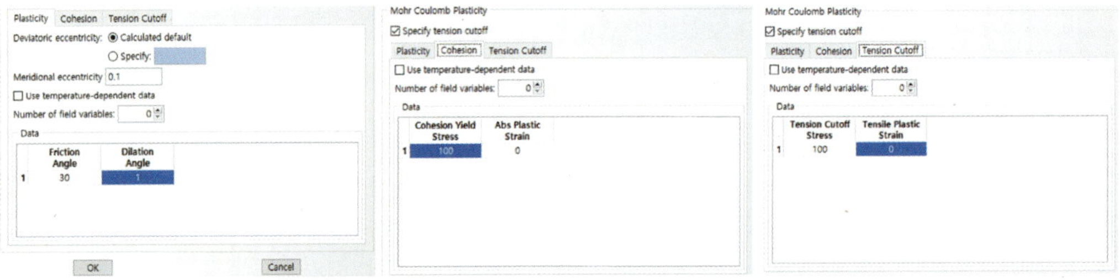

그림 6-14. 사면해석 튜토리얼 재료 특성 입력하기 (2)

다음은 Mohr-Coulomb Plasticity 값을 입력한다. 이는 지반 재료나 구조 재료가 고유의 전단 강도와 인장 강도를 하중이 넘어섰을 때 어떻게 변형하는지를 설명하기 위해 입력하는 값들이다. 하기의 값을 입력한다(그림 6-14).

- Mechanical > Plasticity > Mohr-Coulomb Plasticity > Plasticity > Friction Angle: 30
- Mechanical > Plasticity > Mohr-Coulomb Plasticity > Plasticity > Dilation Angle: 1
- Mechanical > Plasticity > Mohr-Coulomb Plasticity > Cohension > Cohension Yield Stress: 100
- Mechanical > Plasticity > Mohr-Coulomb Plasticity > Cohension > Abs Plastic Strain: 0
- Mechanical > Plasticity > Mohr-Coulomb Plasticity > Tension Cutoff > Tension Cutoff Stress: 100
- Mechanical > Plasticity > Mohr-Coulomb Plasticity > Tension Cutoff > Tensile Plastic Strain 0

여기에서 Friction은 마찰각, Dilatancy Angle은 팽창각, Cohension Yield Stress는 응집응력, Abs Plastic Strain은 절대 비탄성 변형률, Tension Cutoff Stress는 인장 절단 응력, Tensile Plastic Strain은 인장 비탄성 변형률을 뜻한다.

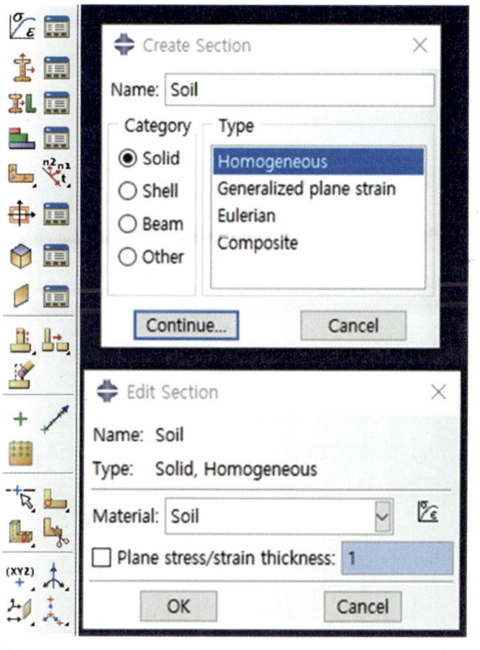

그림 6-15. 사면해석 튜토리얼 재료 특성 입력하기 (3)

다음은 모델 구성 요소의 재료 속성과 형상에 재료를 입력하는 과정으로 하기와 같이 수행한다(그림 6-15).

- Create > Solid > Homogeneous > Continue...
- Edit Section > Material: Soil 선택

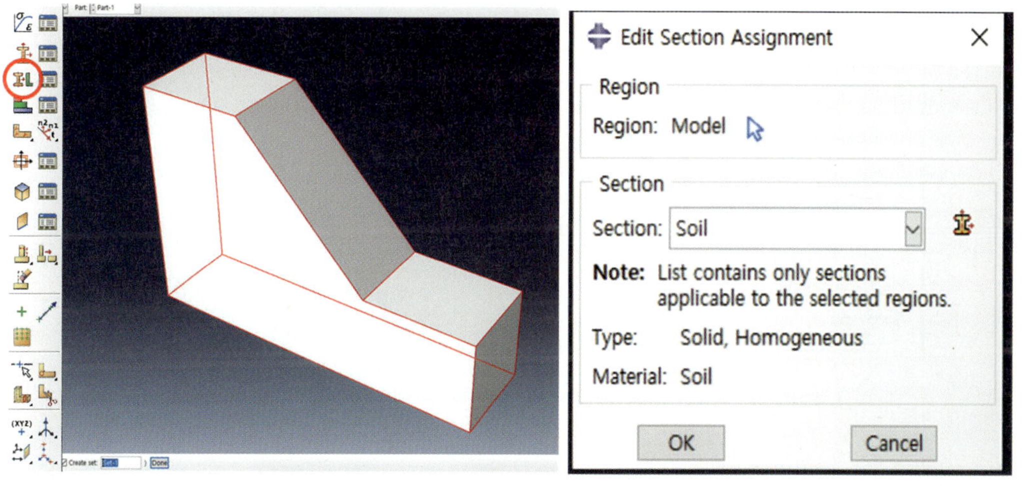

그림 6-16. 사면해석 튜토리얼 재료 특성 입력하기 (4)

형상에 재료의 특성을 입력하기 위해서 Assign Section을 클릭한다(그림 6-16).

Select the region to be assigned section [Done]을 입력한다. 하단의 Create Set이 표기되어 있을 경우, Set이 생성된다.

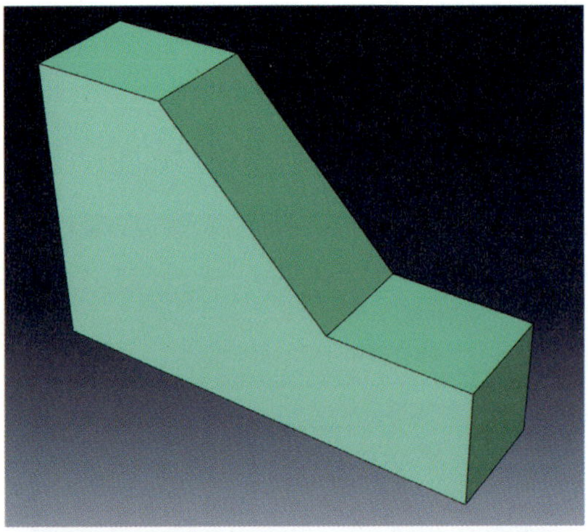

그림 6-17. 사면해석 튜토리얼 재료 특성 입력하기 (5)

Section이 지정된 모델은 위와 같이 초록색으로 전환된다. 다음은 Assembly를 생성하는 과정을 학습한다(그림 6-17).

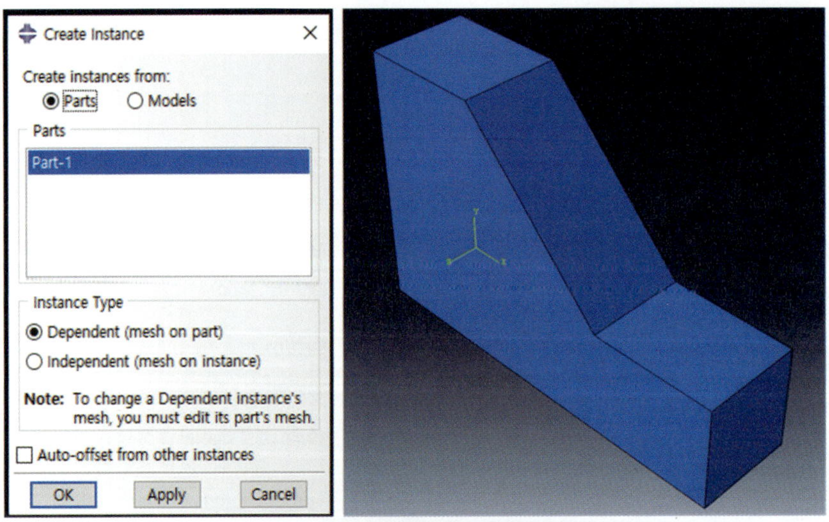

그림 6-18. 사면해석 튜토리얼 Assembly 생성

Module: Assembly를 생성한다. Create Instance > Parts를 생성하고, Instance Type을 Dependent로 선택한다. 파란색 형상이 나타나면 성공적으로 Assembly가 생성된 것이다(그림 6-18).

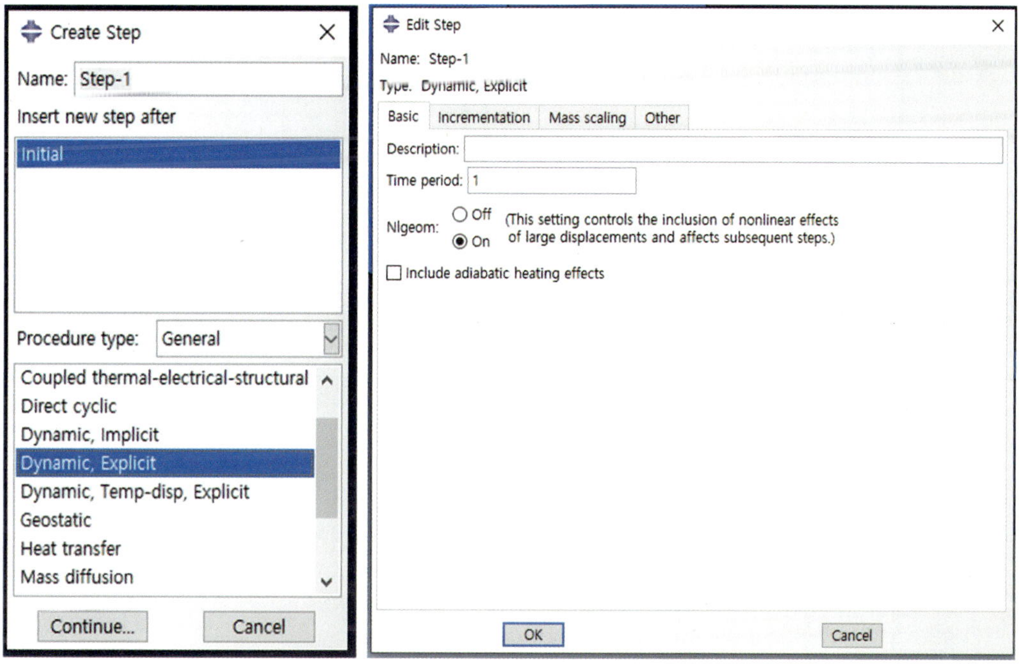

그림 6-19. 사면해석 튜토리얼 해석단계 설정

다음은 해석단계를 설정한다. Module: Step에서 Create Step을 선택하여 하기와 같이 설정한다(그림 6-19).

- Procedure Type: General > Dynamic, Explicit
- Edit Step > Time period: 1

이후에 OK를 선택한다.

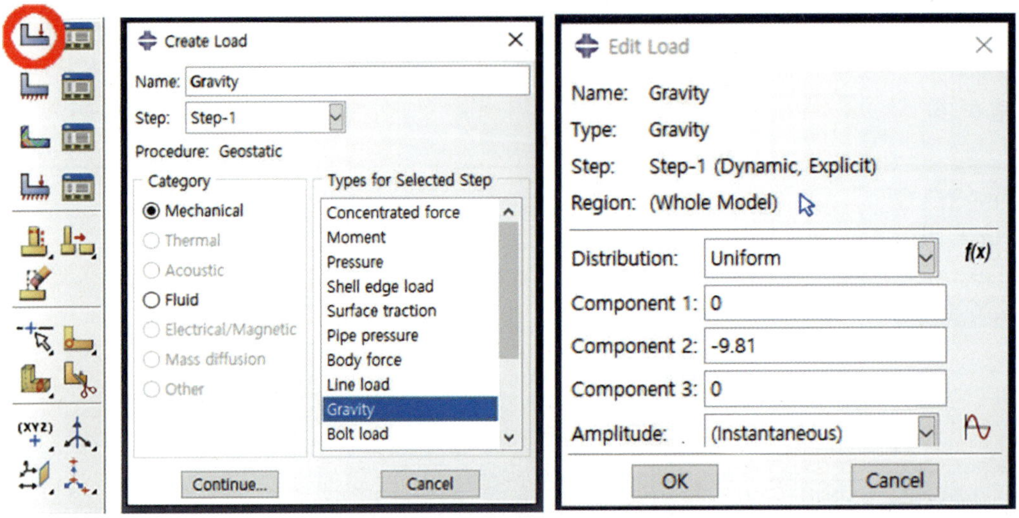

그림 6-20. 사면해석 튜토리얼 하중조건 설정

하중조건을 설정하기 위해서 Module: Load에서 Create Load를 설정한다. Name을 Gravity로 입력하고 Step은 앞서 설정한 Step-1을 선택하고 하기와 같이 설정한다(그림 6-20).

- Category: Mechanical > Gravity > Continue... 선택
- Component 2: -9.81 입력

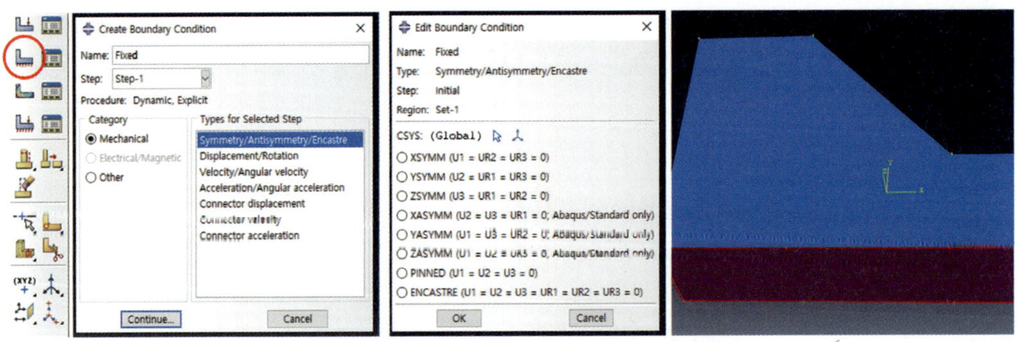

그림 6-21. 사면해석 튜토리얼 경계조건 설정 (1)

다음은 경계조건을 설정하자. Create Boundary Condition을 선택하고 Name을 Fixed로 입력한다. Step은 Initial로 설정한다. 생성한 모델을 약간 회전시켜 바닥 부분을 선택하고 하기와 같이 설정한다(그림 6-21).

- Edit Boundary Condition > ENCASTRE

여기에서 설정한 ENCASTRE는 물리적으로 완전히 고정된 상태를 의미하는데, 이동, 회전도 가 모두 0인 상태로 외부의 힘에 의해서도 움직이거나 변형되지 않는 상태를 뜻한다. 아랫면의 테두리 부분에 파란색과 주황색 핀이 나타나면 정상적으로 설정이 된 것이다.

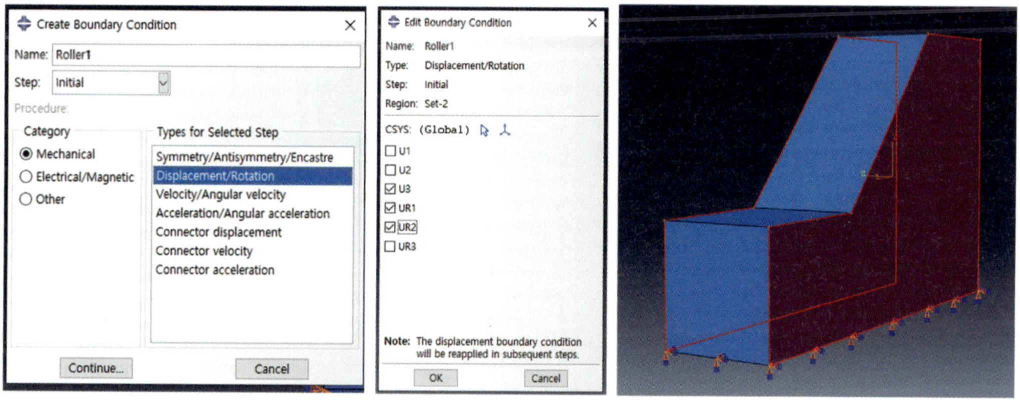

그림 6-22. 사면해석 튜토리얼 경계조건 설정 (2)

다음은 모델을 회전시켜서 양쪽 면의 경계조건을 설정한다. Create Boundary Condition을 선택하고 Name을 Roller1으로 설정한다. Step은 Initial로 설정하고, Type은 Displacement/Rotation으로 설정한다(그림 6-22).
모델을 회전시켜서 양쪽 면을 선택하고 하기와 같이 설정한다.

- Edit Boundary Condition > U3, UR1, UR2 선택

여기에서 Displacement는 특정지점이나 영역에서 이동량을 뜻하며, Rotation은 회전량을 지정하는데 사용한다. U3는 3차원 공간에서 Z 축의 방향 이동(Z축의 변위)을 나타내고, UR1은 X축 주위의 회전, UR2는 Y축 주위의 회전을 뜻한다. 파란색과 주황색 핀이 나타나면 잘 설정이 된 것이다.

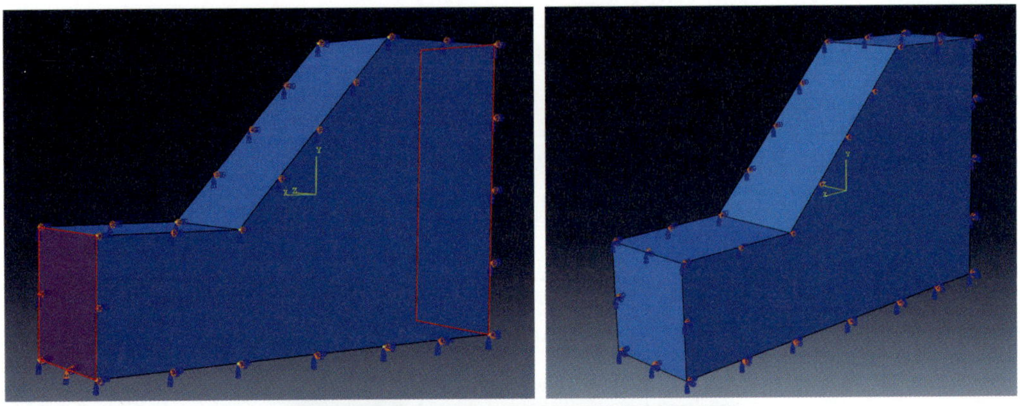

그림 6-23. 사면해석 튜토리얼 경계조건 설정 (3)

다음은 나머지 양쪽 면의 Boundary Condition을 설정해주는 과정이다. Create Boundary Condition을 선택하고, Name을 Roller2, Step은 Initial, Type은 Displacement/Rotation으로 설정한다(그림 6-23).

- Edit Boundary Condition > U1, UR2, UR3 선택

여기에서 U1은 X축 방향의 변위, UR2는 Y축 주위의 회전, UR3는 Z축 주위의 회전을 뜻한다. 파란색과 주황색 핀이 나타나면 설정된 것이다. 경계조건이 모두 완료되면 그림 6-23의 오른쪽과 같이 설정된다.

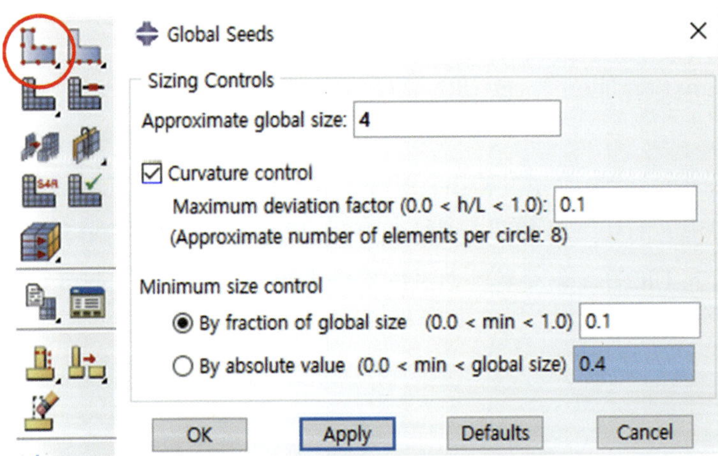

그림 6-24. 사면해석 튜토리얼 격자 생성 (1)

다음은 Module: Mesh를 활용하여 Mesh를 생성한다. 상단 Object를 part, part-1으로 변경하고 Seed part를 선택한 후 하기와 같이 입력한다. (그림 6-24)

- Size Control > Approximate global size: 4

Apply 버튼을 클릭하면 모서리에 섬들이 생성된다.

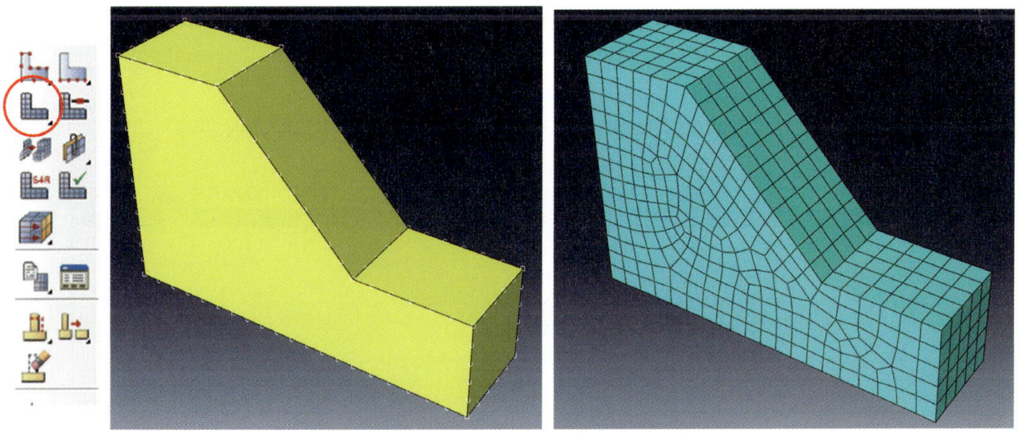

그림 6-25. 사면해석 튜토리얼 격자 생성 (2)

Mesh Part를 선택한 후 OK to Mesh Part? > Yes를 선택한다. 이후에 그림 6-25의 오른쪽 창처럼 청록색으로 형상이 변경되고 Mesh가 생성된다(그림 6-25).

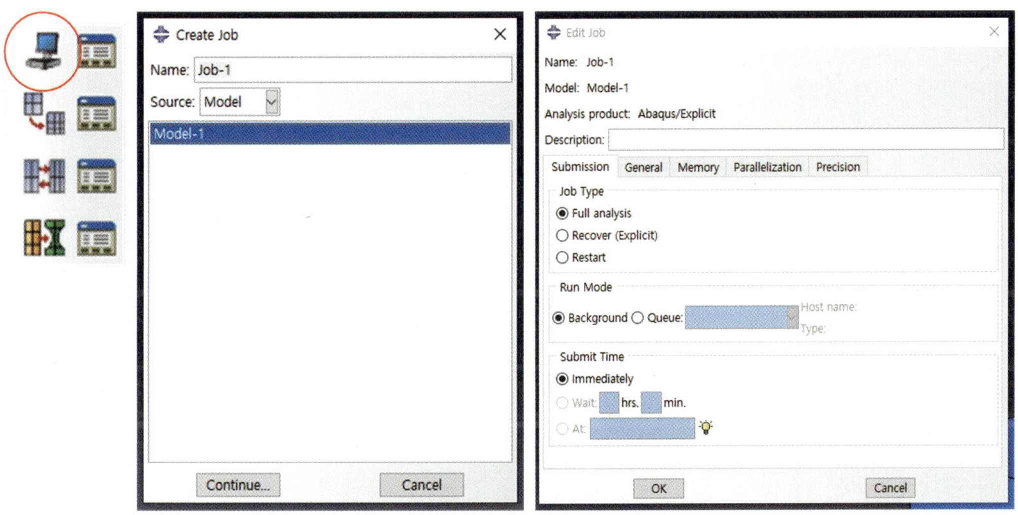

그림 6-26. 사면해석 튜토리얼 해석 실행

이제 마지막 단계로 해석을 수행해보자. Module: Job에서 Create job을 선택한 후 Model-1을 선택하고 Continue를 설정한다. 상기 오른쪽과 같은 Edit job 창이 뜨면 OK를 선택한다(그림 6-26).

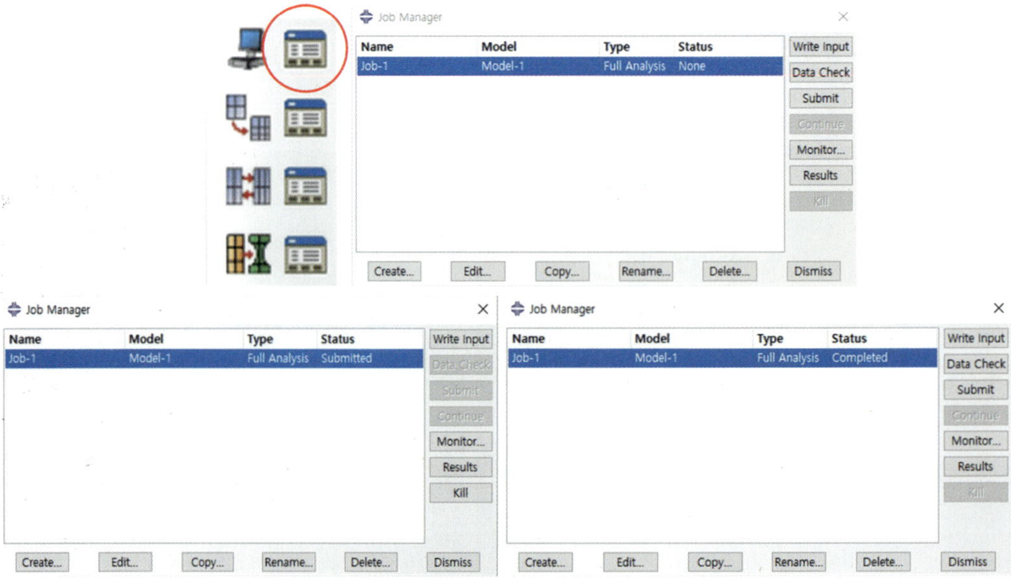

그림 6-27. 사면해석 튜토리얼 Job Manager 실행 및 상태 확인

Job Manager를 선택하고, Submit을 눌러준다. Status가 Submitted로 바뀌고 상기와 같은 과정으로 작업이 수행된다. 최종 Status가 Completed로 바뀌고 우측의 Result를 선택하여 결과를 확인한다(그림 6-27).

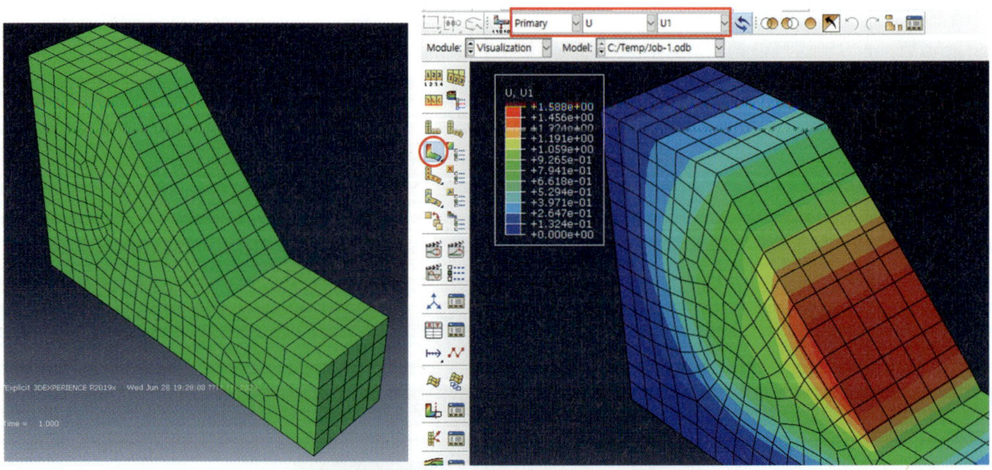

그림 6-28. 사면해석 튜토리얼 결과 확인

지금부터는 결과를 확인해보자(그림 6-28). 앞선 과정에서 Result를 선택하였다면, Module: Visualization으로 전환되고 연두색으로 형상이 변화한다. 상기 오른쪽 창과 같이 Plot Contour on Deformed Shape를 선택하여 본인이 원하는 결과물을 확인할 수 있다. 여기에서 S는 응력, U는 변위, E는 변형률을 뜻한다.

- 강도감소법 튜토리얼 실습하기

가장 먼저, SIMULIA Abaqus를 실행하여 파트를 생성한다. Part를 생성하는 과정은 앞선 사면 해석과 동일한 과정을 거친다.

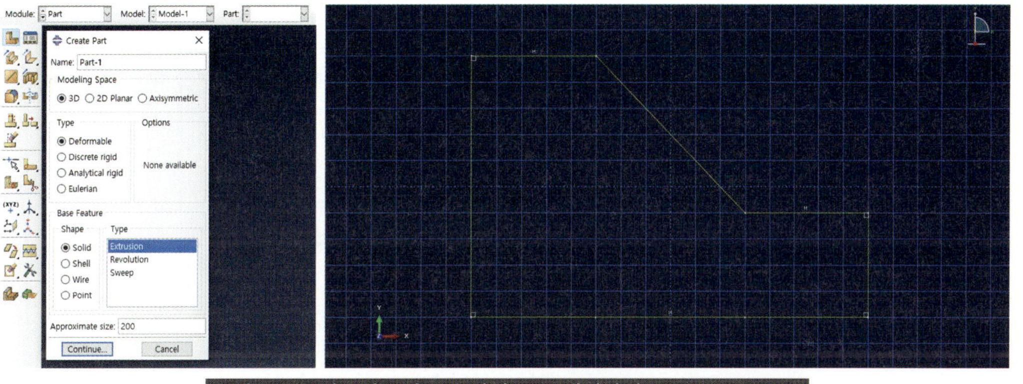

그림 6-29. 강도감소법 튜토리얼 Part 생성하기 (1) - Create Part

Create Part 를 선택하고, Modeling Space, Type, Base Feature 등의 옵션은 그림 6-29와 같이, 3D > Deformable > Soild> Extrusion > Continue...를 선택한다.

이후에는 CreateLines:Connected를 활용하여 그림 6-29 오른쪽과 같은 설계도를 작성한다. 하단에 나타나는 상태 표시줄에 Sketch the section for the solid extrusion [Done] 선택한다.

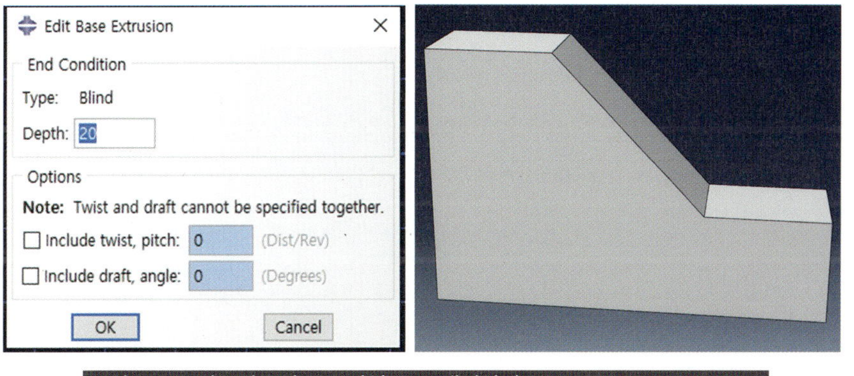

그림 6-30. 강도감소법 튜토리얼 Part 생성하기 (2) - Edit Base Extrusion

다음은 Edit base Extrusion을 설정하고, Depth를 20으로 설정한다(그림 6-30).

Edit Base Extrusion 기능은 파트의 형상을 수정하는 기능으로, 일반적으로 2D로 스케치된 모델을 특정 깊이만큼 밀어내서 3D 형상으로 생성하는 것을 뜻한다. 다음은 재료의 특성을 입력한다.

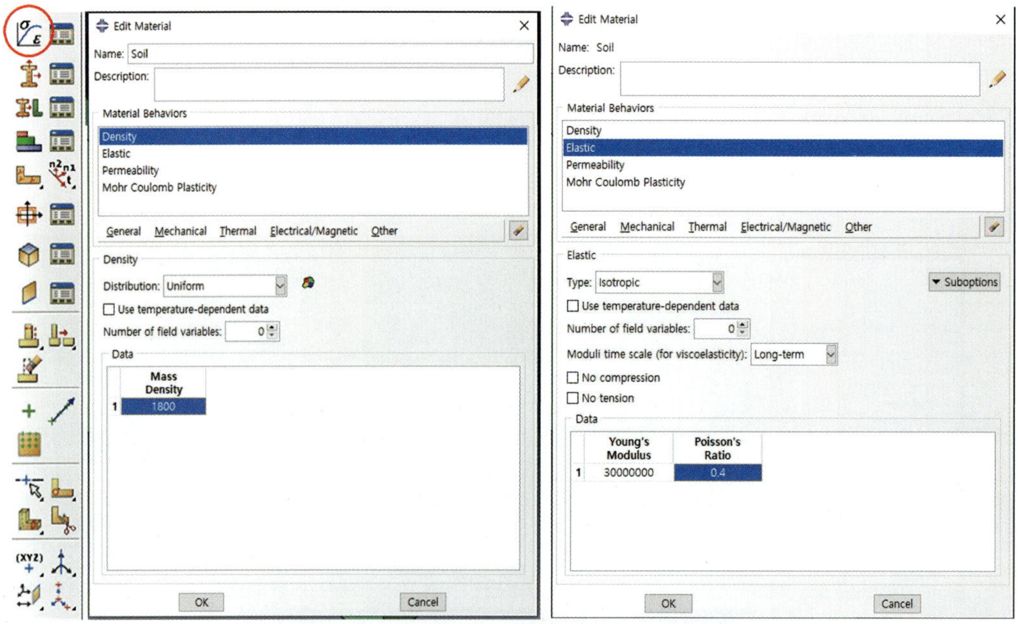

그림 6-31. 강도감소법 튜토리얼 재료 특성 입력하기 (1)

토양의 밀도와 탄성을 입력해보자(그림 6-31). 먼저 재료의 이름을 지정하기 위해서 Name 항목을 Soil로 입력한다. General > Density > Mass Density에 하기의 값을 입력한다. 탄성을 입력하기 위해 Mechanical > Elasticity > Elastic을 클릭하고 위 화면과 같이 두 개의 항목(영률과 포아송비)을 입력한다.

- General > Density > Mass Density: 1,800
- Mechanical > Elasticity > Elastic > Young's Module: 30,000,000
- Mechanical > Elasticity > Elastic > Poisson's Ratio: 0.4

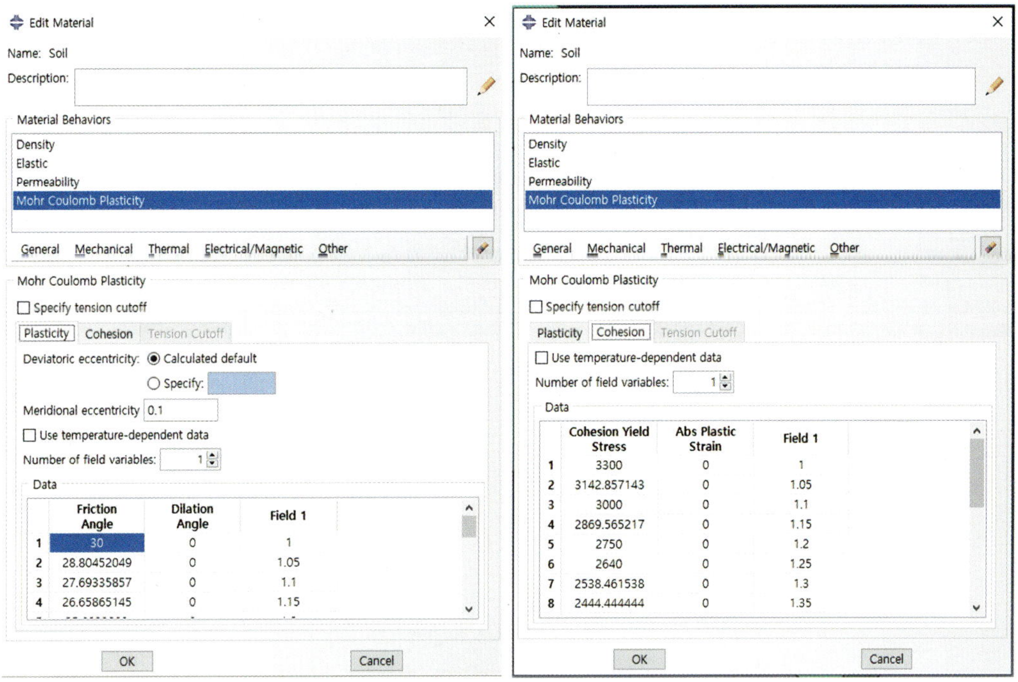

그림 6-32. 강도감소법 튜토리얼 재료 특성 입력하기 (2)

다음은 Mohr-Coulomb Plasticity 값을 입력한다(그림 6-32). Plasticity와 Cohension을 선택하여 각각 Number of Field Variables를 1로 설정하고 상기와 같은 값을 입력한다. 입력해야 하는 값은 하기의 링크에서 다운받을 수 있으며, 복사-붙여넣기 기능을 활용하여 바로 입력할 수 있다.

엑셀 다운로드 링크:
https://docs.google.com/spreadsheets/d/1Ivz9G3MWNIfNdY1UYXs0MIMZoOxnsfPH/edit?usp=drive_link&ouid=103655806249082360198&rtpof=true&sd=true

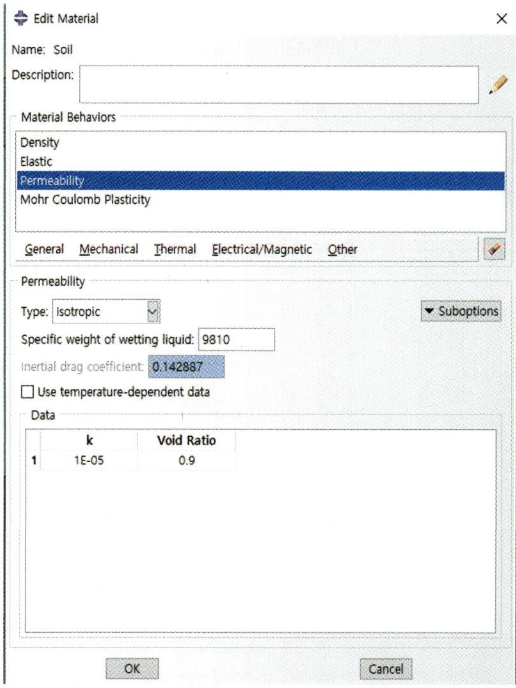

그림 6-33. 강도감소법 튜토리얼 재료 특성 입력하기 (3)

다음은 흙의 Permeability를 설정해주는 과정이다. 하기와 같은 값을 입력한다(그림 6-33).

- Specific weight of wetting fluid: 9,810(물 1,000 x 중력가속도 9.81)
- K: 1e-5
- Void Ratio: 0.9

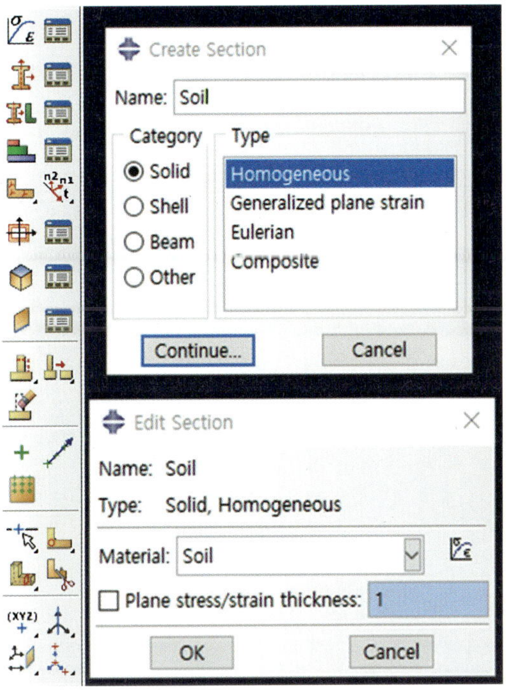

그림 6-34. 강도감소법 튜토리얼 재료 특성 입력하기 (4)

다음은 모델 구성 요소의 재료 속성과 형상에 재료를 입력하는 과정으로 하기와 같이 수행한다(그림 6-34).

- Create > Solid > Homogeneous > Continue...
- Edit Section > Material: Soil 선택

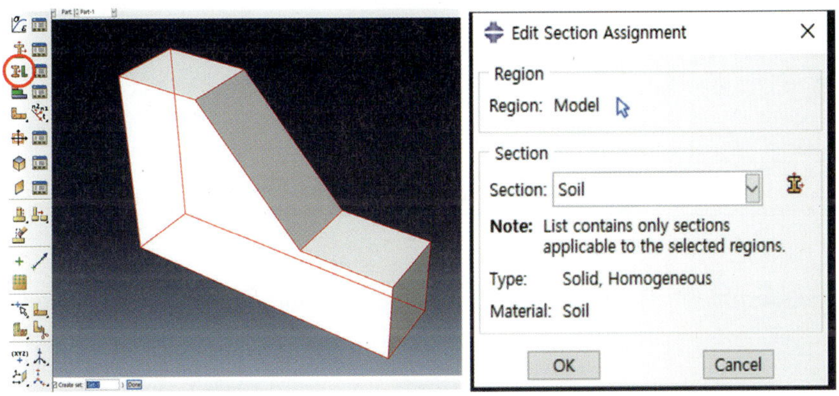

그림 6-35. 강도감소법 튜토리얼 재료 특성 입력하기 (5)

형상에 재료의 특성을 입력하기 위해서 Assign Section을 클릭한다(그림 6-35).

Select the region to be assigned section [Done]을 입력한다. 하단의 Create Set이 표기되어 있으면, Set이 생성된다.

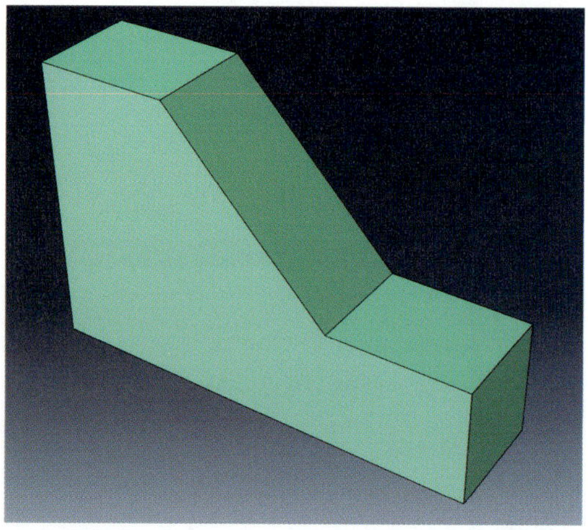

그림 6-36. 강도감소법 튜토리얼 재료 특성 입력하기 (6)

Section이 지정된 모델은 위와 같이 초록색으로 전환된다(그림 6-36). 다음은 Assembly를 생성하는 과정을 학습한다.

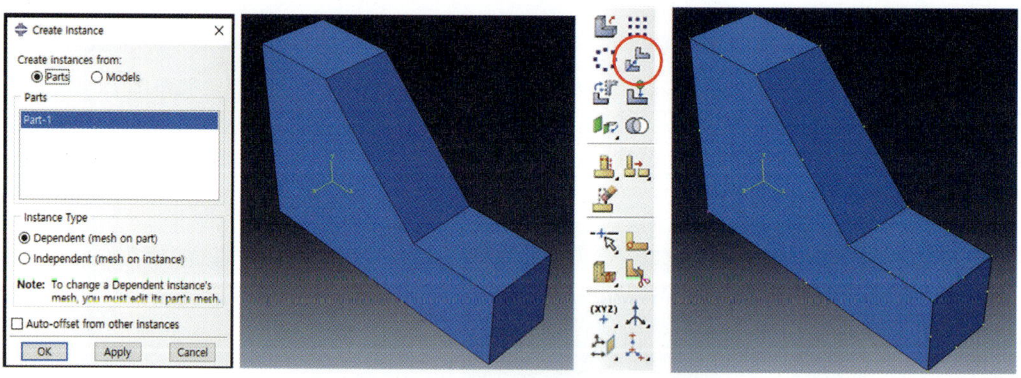

그림 6-37. 강도감소법 튜토리얼 Assembly 생성

Module: Assembly를 생성한다. Create Instance > Parts를 생성하고, Instance Type을 Dependent로 선택한다. 파란색 형상이 나타나면 성공적으로 Assembly가 생성된 것이다(그림 6-37). 다음은 완성된 형상의 좌표를 이동하는 작업을 수행한다. Translate Instance 선택 후 하기와 같이 설정한다.

- Select an axis or a start point for the translation vector—or enter XYZ> 아랫면 모서리 선택
- Select an end or a start point for the translation vector—or enter XYZ> 0,0,0 입력

이후에 마우스 가운데 버튼을 클릭하면 원하는 좌표로 이동하게 되는데, Done을 선택하여 작업을 마무리한다.

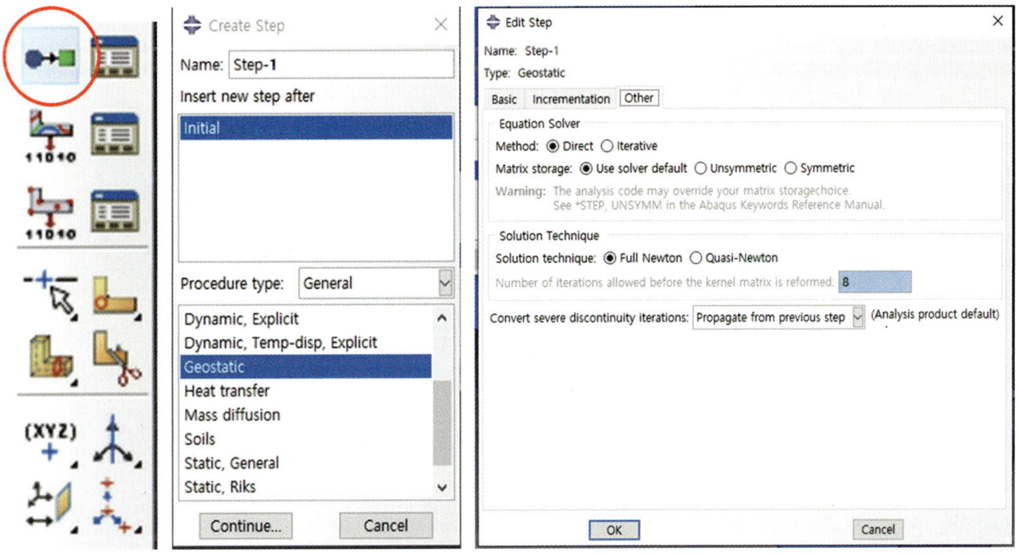

그림 6-38. 강도감소법 튜토리얼 해석단계 설정 (1)

다음은 해석단계를 설정한다. Module: Step에서 Create Step을 선택하여 하기와 같이 설정한다(그림 6-38).

- Procedure Type: General > Geostatic
- Edit Step > Other > Equation Solver > Unsymmetric

여기에서 Geostatic은 지반 압력을 고려한 분석을 수행하는 기능으로, 일반적으로 터널·댐·기반 시설물 등의 안전성 평가를 위해 사용된다. Unsymmetric은 구조물이 대칭적인 하중을 받지 않을 때 사용하는 Solver 설정이다.

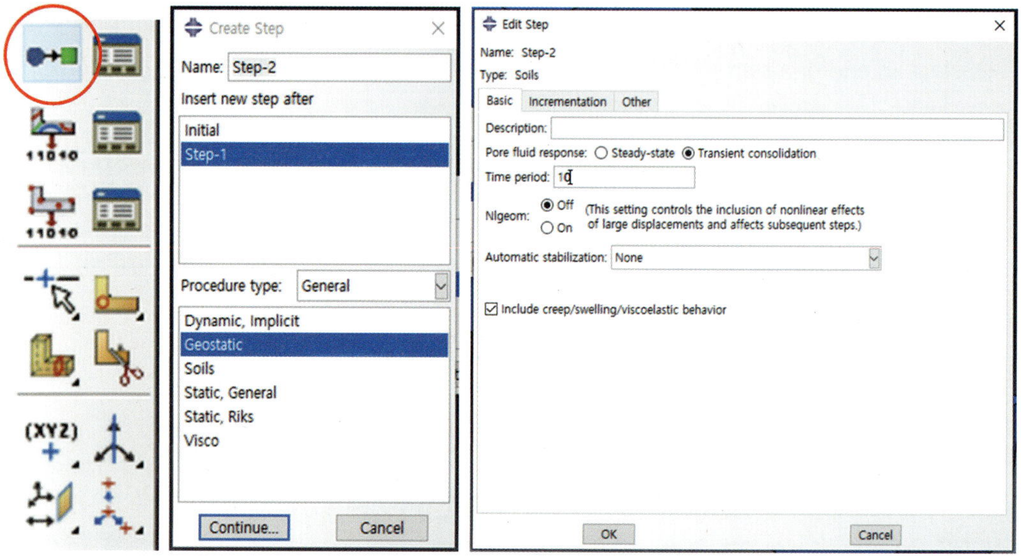

그림 6-39. 강도감소법 튜토리얼 해석단계 설정 (2)

다음은 Create Step을 선택하고 Insert new step after: Step-1을 선택하고 하기와 같이 설정한다(그림 6-39, 그림 6-40).

- Procedure Type: General > Soils
- Edit Step > Time Period: 10

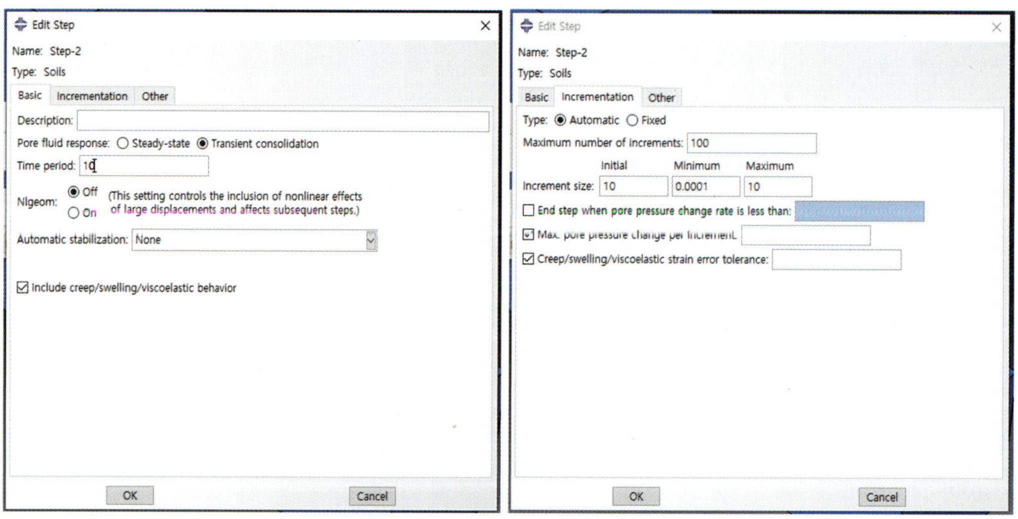

그림 6-40. 강도감소법 튜토리얼 해석단계 설정 (3)

- Incrementation > Increment Size initial: 0.1, Maximum: 1 입력
- Max. Pore pressure change per increment: 10000 입력
- Creep/swelling/viscoelastic strain error tolerance 끄기
- Edit Step > Other > Equation Solver> Unsymmetric 선택 후 OK 버튼 클릭

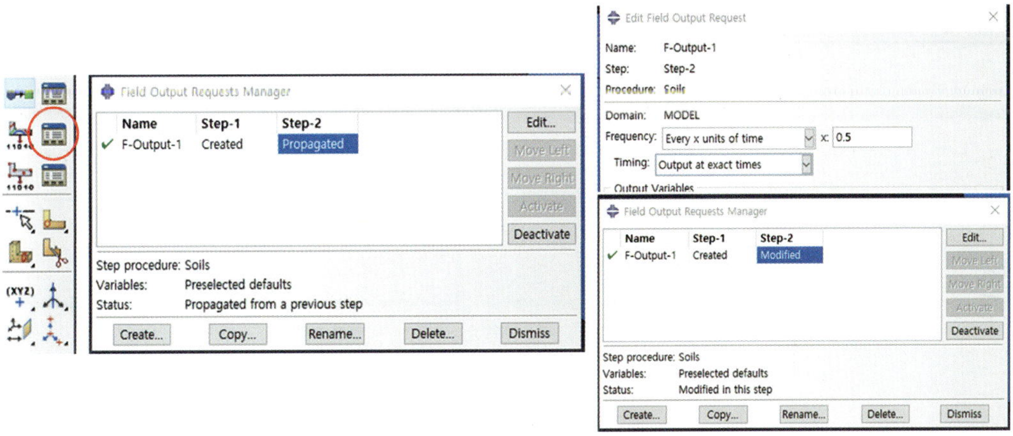

그림 6-41. 강도감소법 튜토리얼 Output Request 설정

다음은 Output Request를 설정하는 과정으로 Field Output Request Manager를 선택한다(그림 6-41).

- F-Output-1의 Step-2 > Propagated 선택하고 Edit 클릭(혹은 Step-2 더블클릭)
- Frequency: Every x unit of time 선택
- x: 0.5입력 후 OK버튼 클릭

Propagated가 Modified로 변경되는 것을 확인할 수 있다.

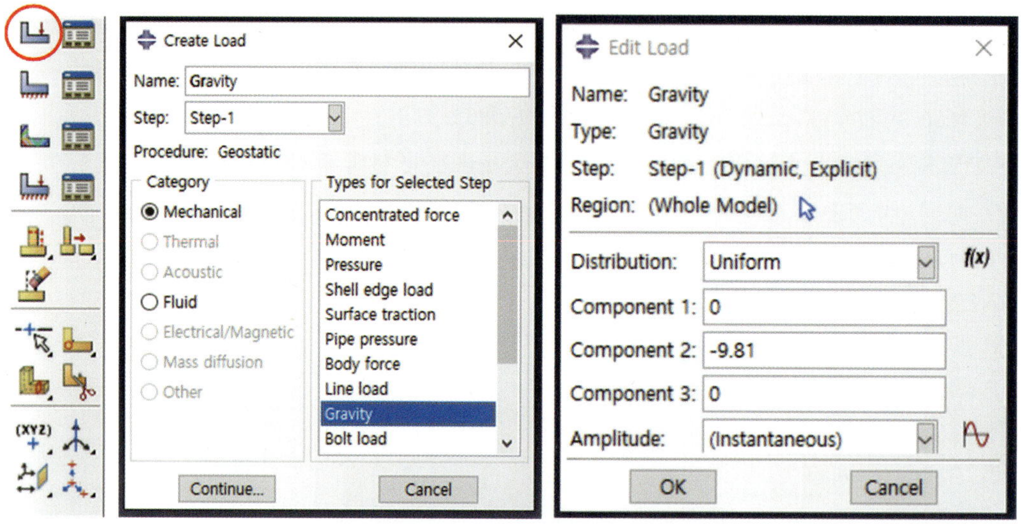

그림 6-42. 강도감소법 튜토리얼 하중조건 설정

하중조건을 설정하기 위해서 Module: Load에서 Create Load를 설정한다. Name을 Gravity로 입력하고 Step은 앞서 설정한 Step-1을 선택하고 하기와 같이 설정한다(그림 6-42).

- Category: Mechanical > Gravity > Continue... 선택
- Component 2: -9.81 입력

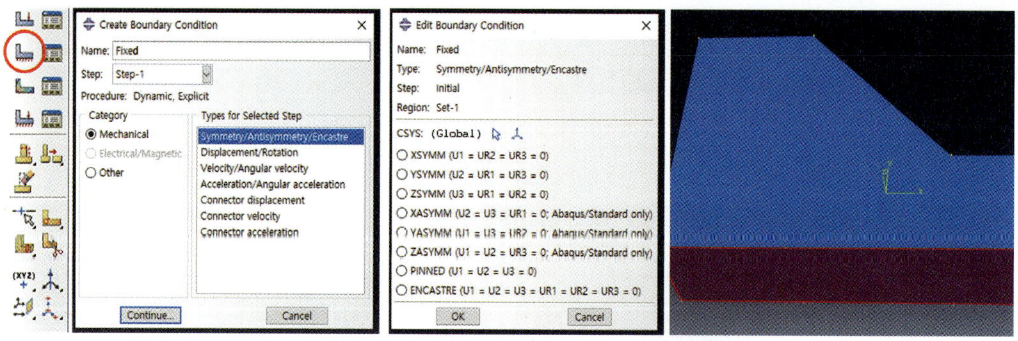

그림 6-43. 강도감소법 튜토리얼 경계조건 설정 (1)

다음은 경계조건을 설정하자. Create Boundary Condition을 선택하고 Name을 Fixed로 입력한다. Step은 Initial로 설정한다(그림 6-43).
생성한 모델을 약간 회전시켜 바닥 부분을 선택하고 하기와 같이 설정한다.

• Edit Boundary Condition > ENCASTRE

여기에서 설정한 ENCASTRE는 물리적으로 완전히 고정된 상태를 의미하는데, 이동, 회전도 가 모두 0인 상태로 외부의 힘에 의해서도 움직이거나 변형되지 않는 상태를 뜻한다. 아랫면의 테두리 부분에 파란색과 주황색 핀이 나타나면 정상적으로 설정이 된 것이다.

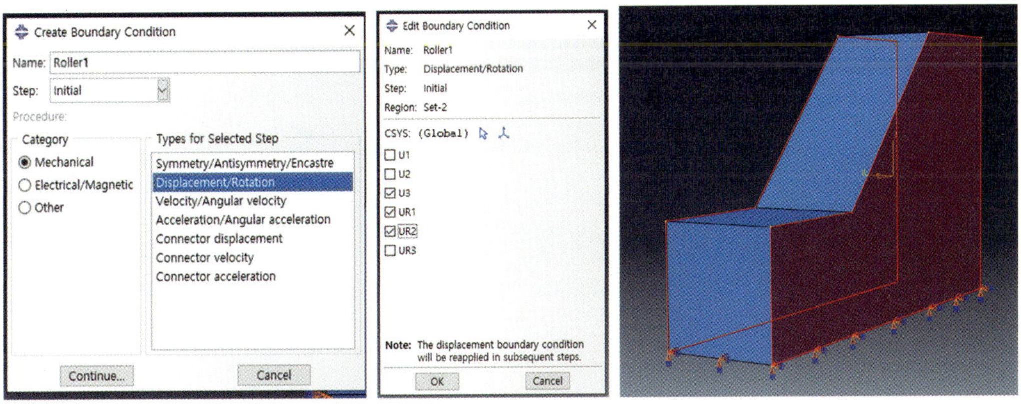

그림 6-44. 강도감소법 튜토리얼 경계조건 설정 (2)

다음은 모델을 회전시켜서 양쪽 면의 경계조건을 설정한다. Create Boundary Condition을 선택하고 Name을 Roller1으로 설정한다. Step은 Initial로 설정하고, Type은 Displacement/Rotation으로 설정한다(그림 6-44).

모델을 회전시켜서 양쪽 면을 선택하고 하기와 같이 설정한다.

• Edit Boundary Condition > U3, UR1, UR2 선택

여기에서 Displacement는 특정지점이나 영역에서 이동량을 뜻하며, Rotation은 회전량을 지정하는데 사용한다. U3는 3차원 공간에서 Z 축의 방향 이동(Z축의 변위)을 나타내고, UR1은 X축 주위의 회전, UR2는 Y축 주위의 회전을 뜻한다. 파란색과 주황색 핀이 나타나면 잘 설정이 된 것이다.

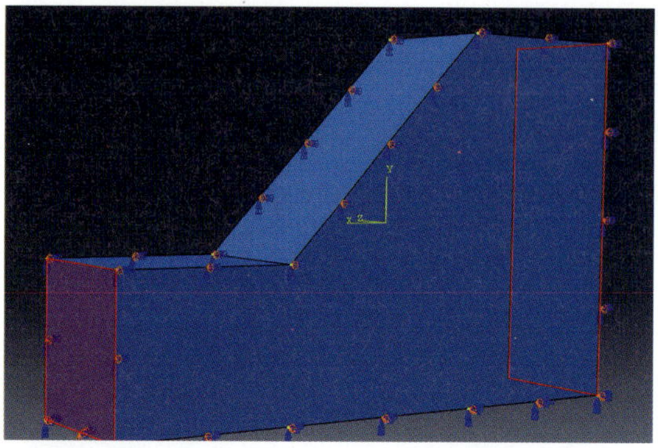

그림 6-45. 강도감소법 튜토리얼 경계조건 설정 (3)

다음은 양쪽 면의 Boundary Condition을 설정해주는 과정이다. Create Boundary Condition을 선택하고, Name을 Roller2, Step은 Initial, Type은 Displacement/Rotation으로 설정한다(그림 6-45).

- Edit Boundary Condition > U1, UR2, UR3 선택

여기에서 U1은 X축 방향의 변위, UR2는 Y축 주위의 회전, UR3는 Z축 주위의 회전을 뜻한다. 파란색과 주황색 핀이 나타나면 설정된 것이다.

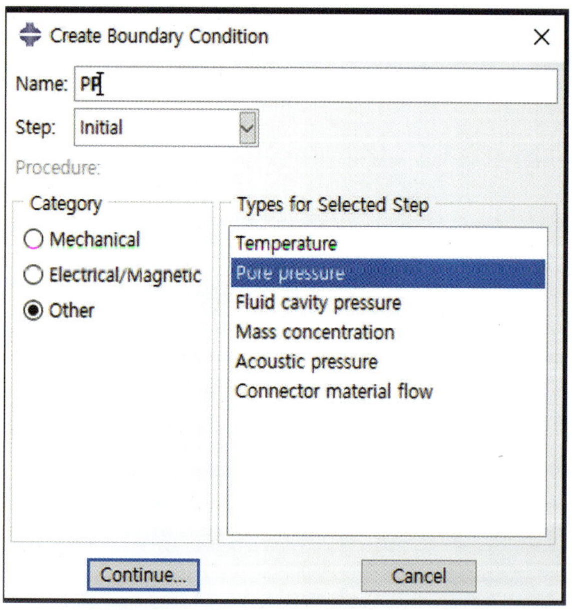

그림 6-46. 강도감소법 튜토리얼 경계조건 설정 (4)

마지막으로 비탈면의 경계조건을 설정해준다(그림 6-46). Create Boundary Condition 선택 후, Name을 PP로 설정하고, Step은 Initial 하기와 같이 설정한다. Category: Other > Type: Pore Pressure 선택 후 비탈면을 선택한다. 이후에 Edit Boundary Condition을 설정하면 자동으로 0.0이 되어 있는 것을 확인할 수 있다. 이후에 OK를 선택한다.

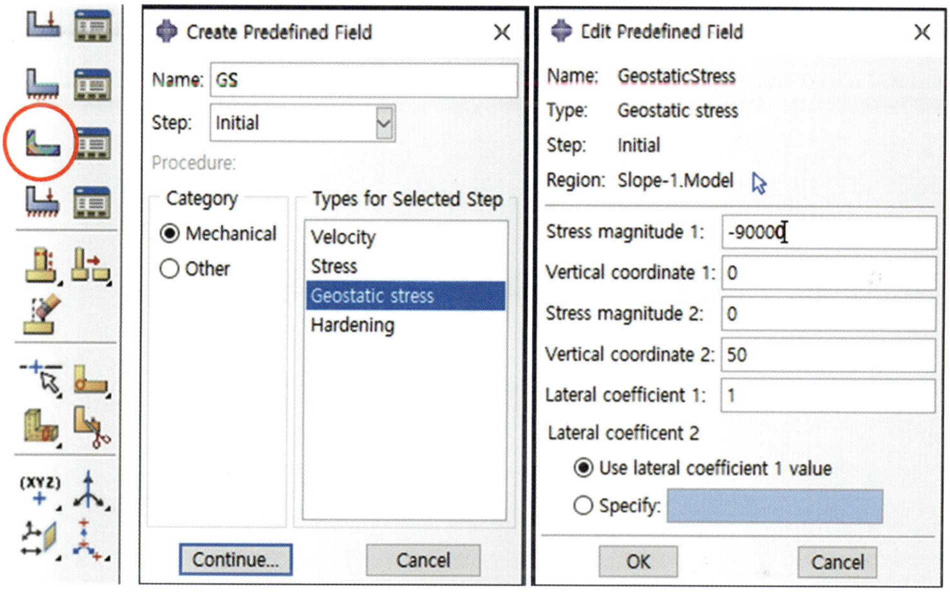

그림 6-47. 강도감소법 튜토리얼 Predefined Field (1)

Create Predefined Field 선택 후 Type: GeostaticStress 선택하고 하기와 같은 값을 입력하여 OK를 클릭한다(그림 6-47).

- Stress Magnitude 1: -90000 입력(Density1800 x 높이 50)
- Vertical Coordinate 1: 0
- Stress Magnitude 2: 0
- Vertical Coordinate 2: 50

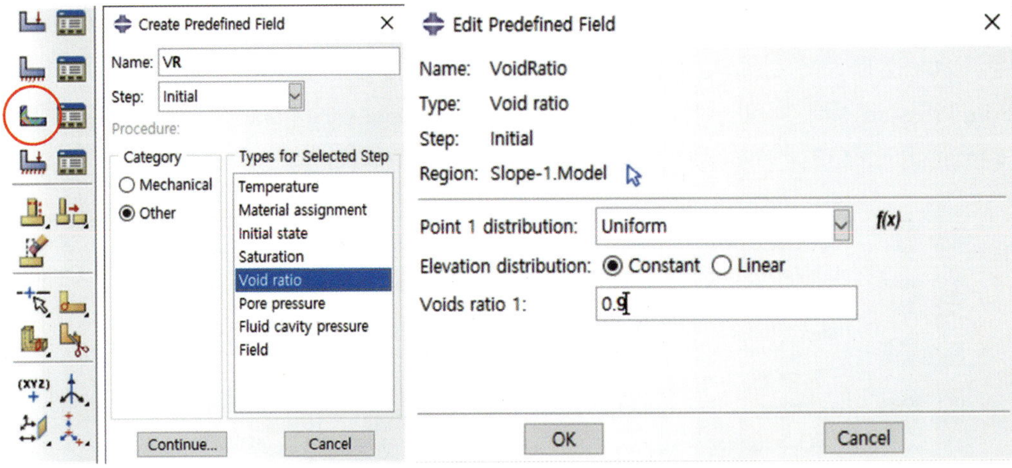

그림 6-48. 강도감소법 튜토리얼 Predefined Field (2)

Create Predefined Field 선택 후 Type: Other > Type: Void Ratio 선택하고 하기와 같은 값을 입력하여 OK를 클릭한다(그림 6-48).

- Point 1 Distribution: Uniform
- Elevation Distribution: Constant
- Void Ratio: 0.9

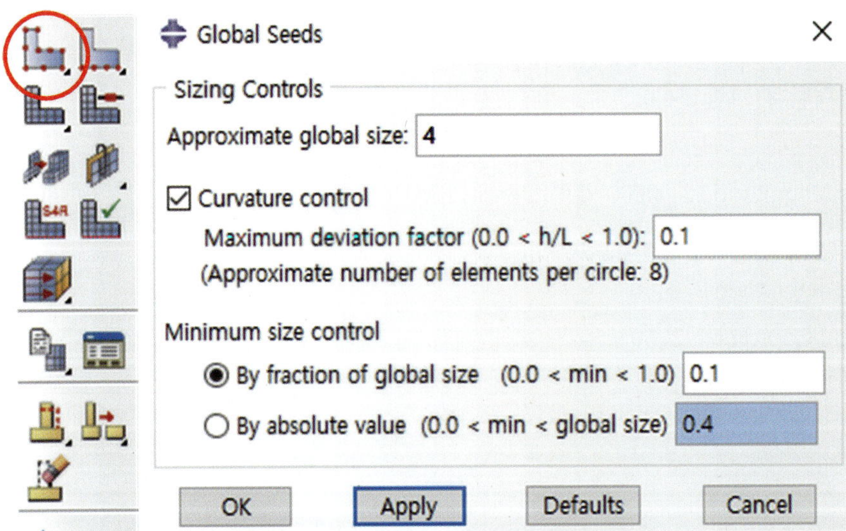

그림 6-49. 강도감소법 튜토리얼 격자 생성 (1)

다음은 Module: Mesh를 활용하여 Mesh를 생성한다. 상단 Object를 part, part-1으로 변경하고 Seed part를 선택한 후 하기와 같이 입력한다(그림 6-49).

- Size Control > Approximate global size: 4

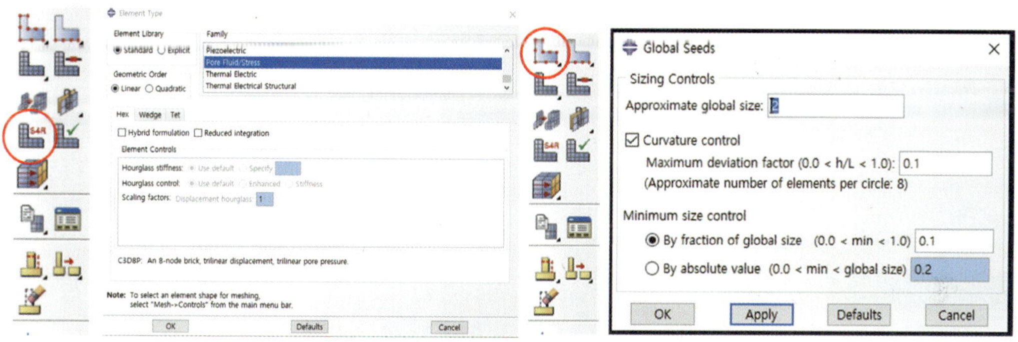

그림 6-50. 강도감소법 튜토리얼 격자 생성 (2)

상단 Object를 part, part-1으로 변경하고 Seed part를 선택한 후 Assign Element Type을 클릭하여 Pore Fluid/Stress를 선택해준다. 이후에 OK 버튼을 클릭해주고 격자를 하기와 같이 설정한다(그림 6-50).

- Size Control > Approximate global size: 2

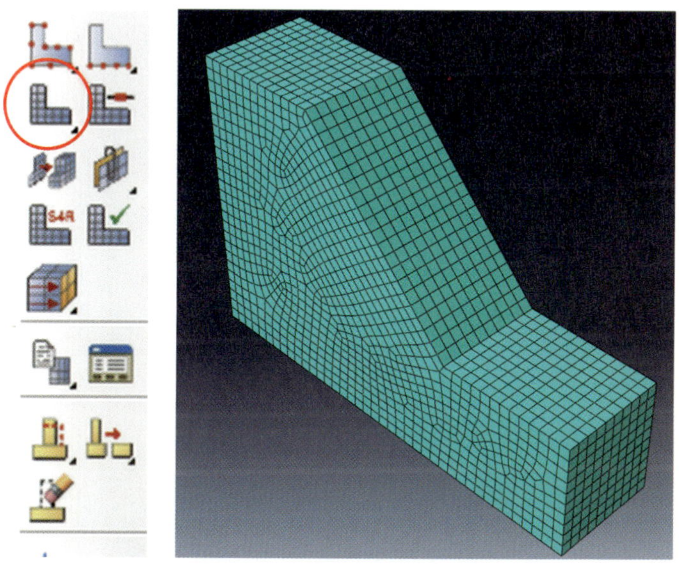

그림 6-51. 강도감소법 튜토리얼 격자 생성 (3)

Mesh Part를 선택한 후 OK to Mesh Part? > Yes를 입력한다. 누르면 상기와 같은 청록색 모델이 생성되고 Mesh가 생성되는 것을 확인할 수 있다(그림 6-51).

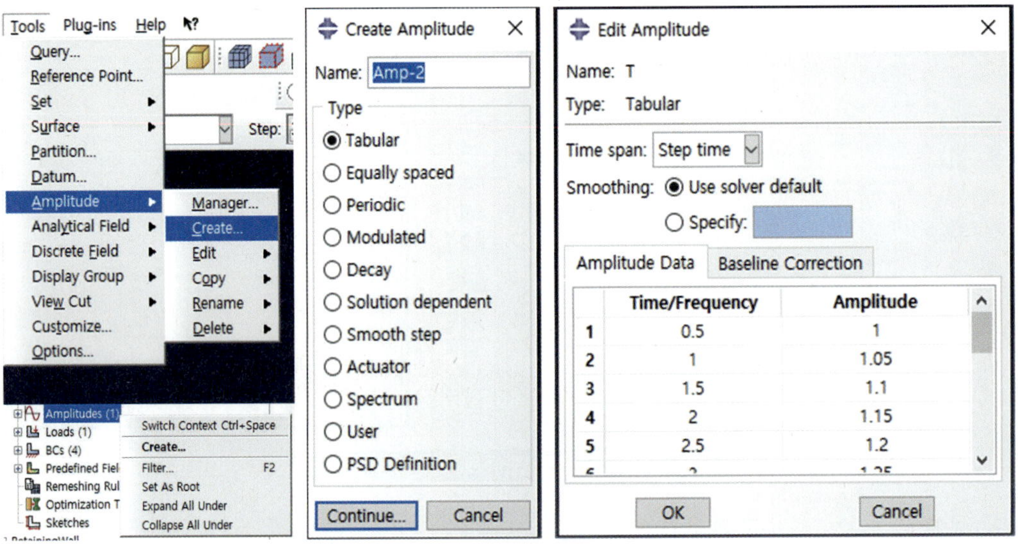

그림 6-52. 강도감소법 튜토리얼 Amplitude 설정

다음은 Amplitude를 설정한다(그림 6-52). 상단바의 Tool > Amplitude > Create 선택 혹은 좌측 목록에서 Amplitude 우클릭> Create를 선택하고, 하기의 값들을 입력하고 OK 클릭한다.

- CreateAmplitude > Tabular
- Time Span: Step Time 설정
- Amplitude Data 입력 > Time/Frequency: 0.5 간격으로 입력
- Amplitude: 1로 시작하여 0.05 간격으로 입력

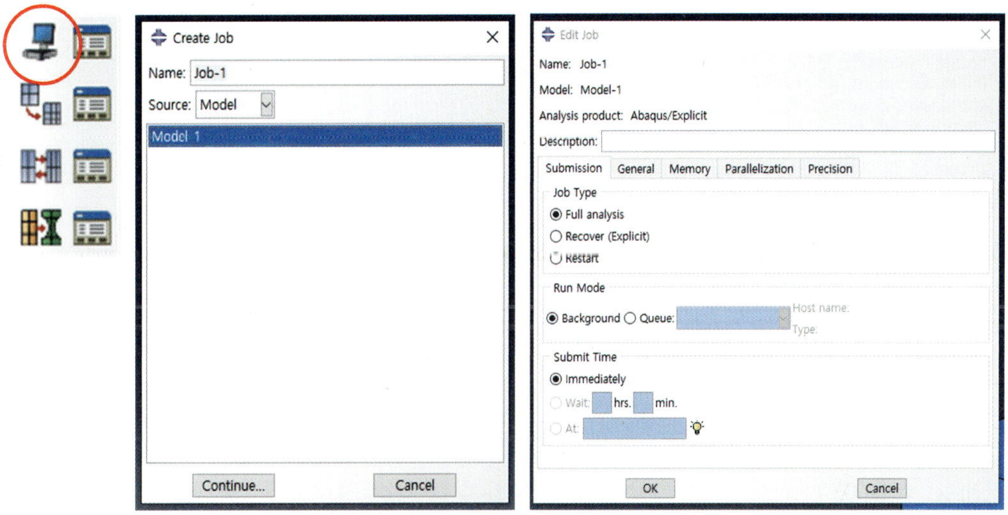

그림 6-53. 강도강소법 튜토리얼 해석 실행 (1)

이제 마지막 단계로 해석을 수행해보자. Module: Job에서 Create job을 선택한 후 Model-1을 선택하고 Continue를 설정한다. 상기 오른쪽과 같은 Edit job 창이 뜨면 OK를 선택한다(그림 6-53).

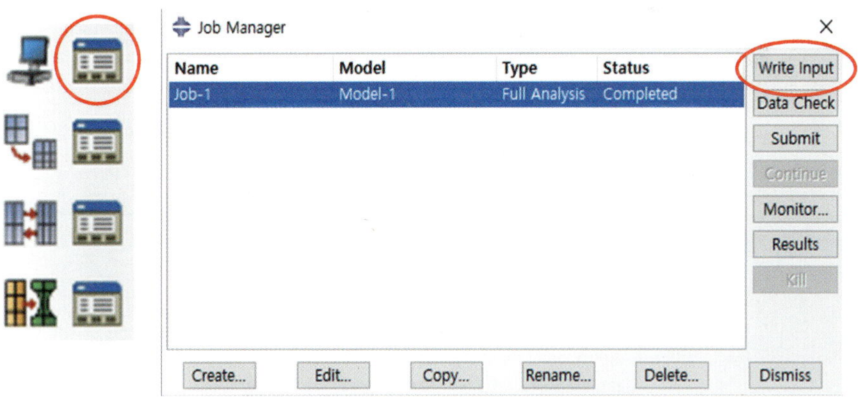

그림 6-54. 강도강소법 튜토리얼 해석 실행 (2)

Module: Job에서 Create job을 선택한 후 Write Input을 선택한다(그림 6-54).

```
** PREDEFINED FIELDS
**
** Name: GeostaticStress   Type: Geostatic stress
*Initial Conditions, type=STRESS, GEOSTATIC
Slope-1.Model, -90000, 0, 0, 50, 1, 1.
** Name: VoidRatio   Type: Void ratio
*Initial Conditions, TYPE=RATIO
Slope-1.Model, 0.9
*Initial Conditions, TYPE=FIELD, variable=1
Slope-1.Model, 1
**
```

```
** STEP: Step-2
**
*Step, name=Step-2, nlgeom=NO, amplitude=RAMP, unsymm=YES
*Soils, consolidation, end=PERIOD, utol=10000.
0.1, 10., 0.0001, 1.,
**
** LOADS
**
** Name: Gravity   Type: Gravity
*Dload
, GRAV, 9.80665, 0., -1., 0.
**
*Field, variable=1, amplitude=Amp-1
Slope-1.Model, 1
```

그림 6-55. 강도강소법 튜토리얼 해석 실행 (3)

Work Directory에서 Input File을 찾아 메모장이나 워드패드로 실행한다(기본 Work Directory: C:₩Temp). PREDEFINED FIELD를 찾아 가장 아래쪽에 상기의 왼쪽하단과 같이 입력한다(Slope-1.Model은 위쪽의 기존 이름과 똑같이 지정한다). 다음은 .Step-2를 찾아 가장 아래쪽에 상기 그림의 오른쪽과 같이 입력한다(Slope-1.Model은 위쪽의 기존 이름과 똑같이 지정함). 마지막으로 다른이름으로 저장을 해준다(그림 6-55).

그림 6-56. 강도강소법 튜토리얼 해석 실행 (4)

다음 과정은 이전 과정에서 만들어둔 파일을 활용하여 해석을 수행하는 과정이다. File > Import > Model…를 선택하다. File Filter: Abaqus Input Files에서 이전 과정의 파일을 불러온다(그림 6-56).

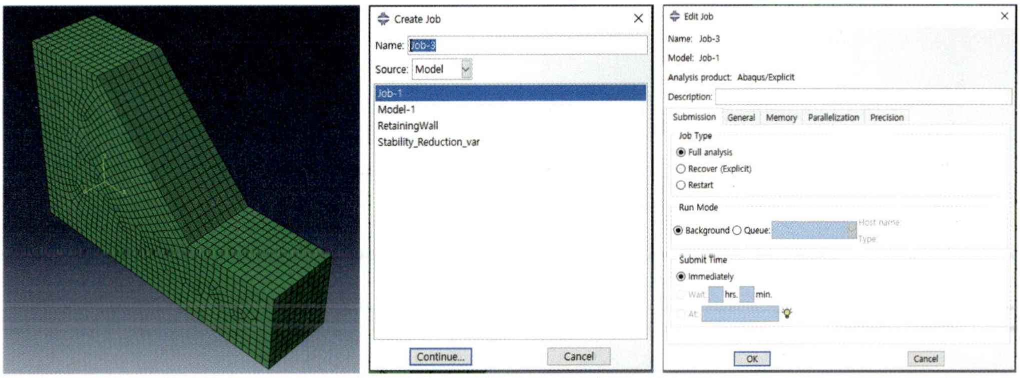

그림 6-57. 강도강소법 튜토리얼 해석 실행 (5)

이후에 그림 6-57과 같은 녹색모델이 생성되며, Create job 선택, Job-1 선택 후 Continue... 버튼을 클릭한다. Edit Job 창에서 OK 버튼을 클릭한다.

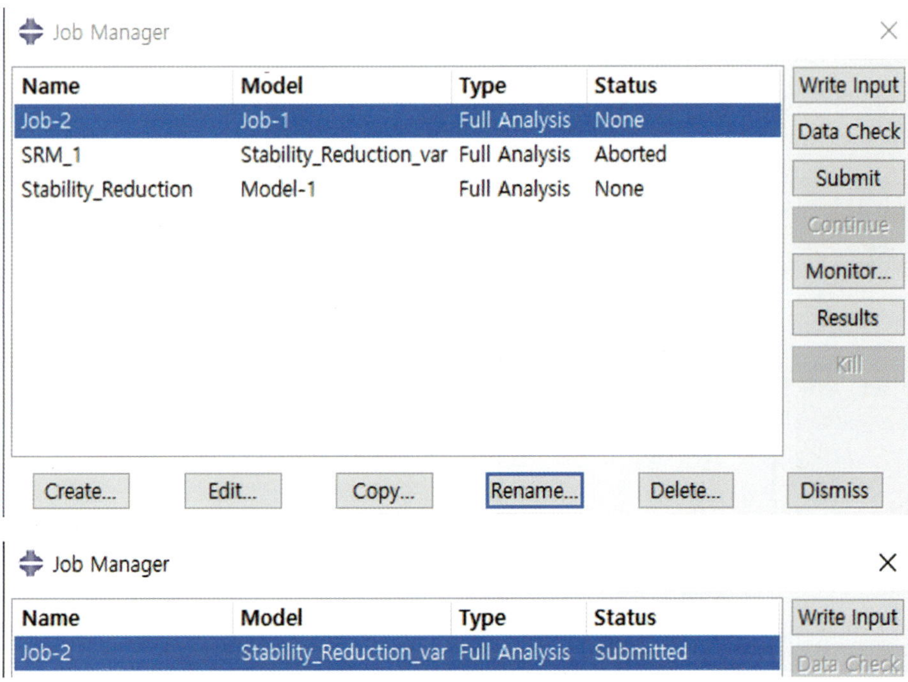

그림 6-58. 강도감소법 튜토리얼 Job Manager 실행 및 상태 확인

Job Manager를 선택하고, Job-2를 선택하여 Submit을 눌러준다. Status가 Submitted로 바뀌고 상기와 같은 과정으로 작업이 수행된다. 최종 Status가 Completed로 바뀌고 우측의 Result를 선택하여 결과를 확인한다(그림 6-58).

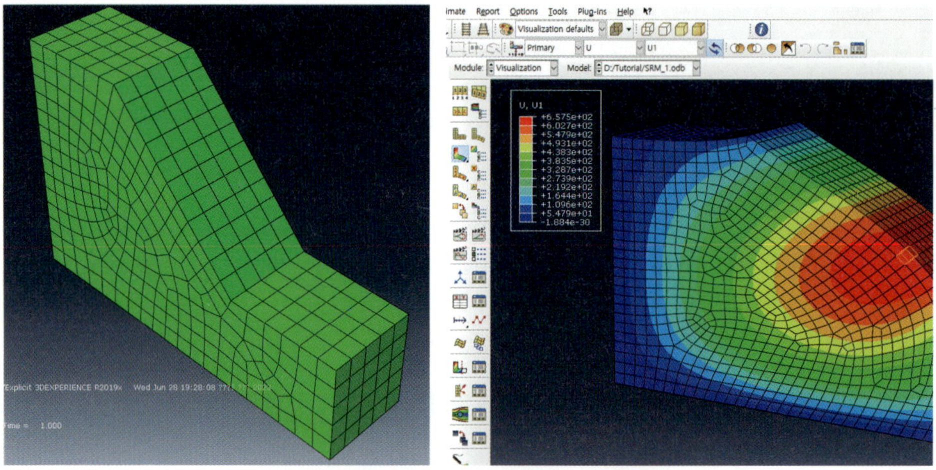

그림 6-59. 강도감소법 튜토리얼 결과 확인

Module: Visualization으로 전환되고 연두색으로 형상이 변화한다. 상기 오른쪽 창과 같이 Plot Contour on Deformed Shape를 선택하여 본인이 원하는 결과물을 확인할 수 있다. 여기에서 S는 응력, U는 변위, E는 변형률을 뜻한다(그림 6-59).

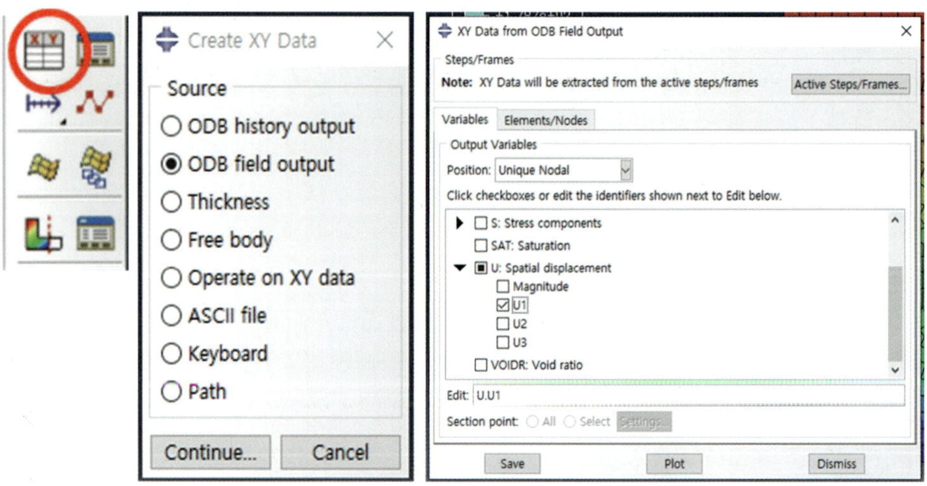

그림 6-60. 강도감소법 튜토리얼 안전율 계산 (1)

다음은 해석 결과를 분석하여 안전율을 분석하는 단계이다. Create XY Data 를 선택하고, ODB Field Output을 선택한다. 그리고 Position을 Unique Nodal로 지정한 후, 하단의 Variables에서 U1을 선택한다(그림 6-60).

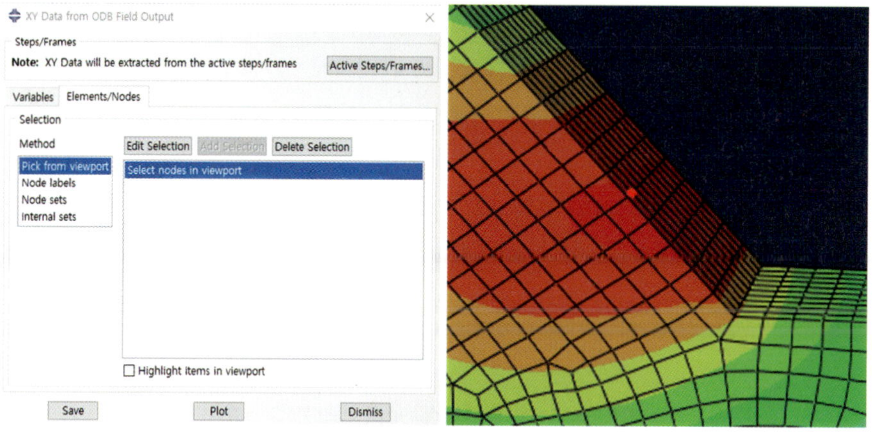

그림 6-61. 강도감소법 튜토리얼 안전율 계산 (2)

Element/Node를 선택하여 Edit Selection을 누른 뒤 붉은색 부분 중 한 Node를 선택하면 붉은 점으로 표시가 된다. 하단의 표시줄의 Done을 클릭한다. Select nodes in viewport가 1 Nodes selected로 바뀌면 해석이 수행된 것이다.

하단의 Highlight items in viewport를 체크하면 선택한 점들을 확인할 수 있다(그림 6-61).

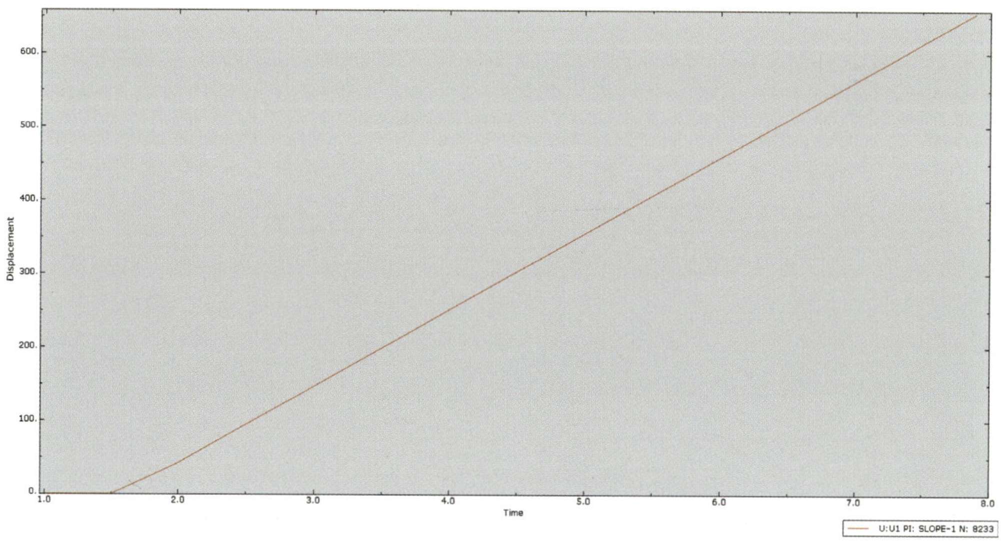

그림 6-62. 강도감소법 튜토리얼 안전율 계산 (3)

하단의 Plot을 선택하면 Time-Displacement 그래프가 표기된다(그림 6-62). 이 그래프에서 기울기가 급격하게 변화하는 부분이 있는데, 이 해석에서는 Time = 1.5이다. 이 부분을 지났을 때 사면의 변위가 크게 증가하여 붕괴하였다고 볼 수 있다.
해석을 설정할 때, 시간은 0.5, 안전계수는 0.05 간격으로 증가하였으므로, Time=1.5는 안전계수 1.05에 대응하며 이 값이 현재 사면의 안전율으로 볼 수 있다.

우리는 지금까지 유한요소해석법을 활용한 사면해석법과 강도강소법을 분석하였다. 우리 주변에 구조적 안전진단이 필요한 장소/구조체를 선정하고 학습한 내용을 적용하여 보자.

"Adopt the pace of nature: her secret is patience."

- Ralph Waldo Emerson -

3절 산사태 적응 평가

1) 산사태 적응을 위한 평가 기준 마련

3절에서는 지오폼을 보강재로 활용하여 사방댐의 안전성을 강화를 평가한다. 이 챕터의 목적은 경사면에서 산사태 방지벽에 대한 지오폼의 측방 지반 압력 감소 효과를 조사하고 최적화된 지오폼 형태를 학습하는 것이다. Rankine's equation을 사용하여 전도(Overturning)와 활동(Sliding)을 평가하였다. 본 챕터에서 설계한 사방댐의 형상은 한국 세종시에 위치한 괴화산의 형상을 Abaqus로 모델링하였다. 침식되는 흙, 사방댐, 사방댐의 기초 및 지오폼을 평가하기 위해 유한요소해석(Finite Element Method, FEM) 분석이 적용되었다. 사방댐의 형상은 어깨, 댐마루 등 다양한 요소를 정밀하게 모델링 하여야 하지만, 3절에서는 학습을 위해서 본댐의 형상만을 모델링한다. 사다리꼴 형태의 사방댐을 모델링하고, 지오폼의 면적을 3 m^2로 고정하였을 때, 가장 최적의 토압경감 형상을 평가하였다.

본 저서에서 사용된 지오폼의 최적화된 형태는 다음 조건을 기반으로 정의되었다:

- 사방댐 배면의 총 압력 감소가 가장 큰 형태의 지오폼
- 사방댐 배면의 최대 압력 분포 저감이 가장 큰 형태의 지오폼
- 산사태 배면에서 전도 및 활동의 안전계수가 가장 큰 형태의 지오폼

여기에서 지배방정식(Governing Equation)은 Coulomb(1776)가 제안한 이론을 따른다. Coulomb의 이론은 주동토압(Active Earth Pressure)을 분석하는 기본적인 접근법이다. 이 공식은 활용하기가 간단하며, FEM 분석에 대한 기본 원칙을 제공하므로 연구뿐만 아니라 실무의 엔지니어들에게 일반적으로 사용된다. 3절에서 사용된 FEM 분석에서는, 복잡한 구조의 형태를 2D의 작은 메쉬 단위로 분할하여 사방댐 배면에 작용하는 압력에 대한 분석 결과를 제공한다. 사용한 Coulomb 공식은 하기와 같이 표현된다.

$$\gamma = C - \sigma \tan \varnothing \tag{6.2}$$

여기에서 γ는 전단강도, σ는 수직응력, C는 점착력, $\varnothing$내부마찰각도를 뜻한다.
사방댐의 활동에 대한 안전계수(F_s)는 활동에 대한 저항력을 활동력으로 나누어서 계산되며, 활동에 대한 안전계수 식은 식 6.3과 같이 표기된다.

$$F_s = \frac{Sliding\,friction\,force + Allowable\,passive\,resultant\,force}{Active\,earth\,pressure\,resultant\,force}$$

$$= \frac{\mu W + P_p}{P_a} \qquad (6.3)$$

여기에서 μ는 콘크리트 기초와 토양사이의 마찰계수를 뜻하며, W는 수직합력, P_p는 수동토압, P_a는 주동토압을 뜻한다. 일반적으로 활동에 대한 최소 안전계수는 1.5 이상의 값을 가지는 것을 원칙으로 한다(Xiao, 2015; Day, 1997).

사방댐의 전도에 대한 안전성(F_0)은 식 6.4과 같이 정의된다.

$$F_0 = \frac{Stabilizing\ moment}{Overturning\ moment}$$

$$= \frac{W_x}{\left(\frac{1}{3}\right)P_a H} \qquad (6.4)$$

여기에서 W_x 는 전도 저항모멘트를 뜻하며, 일반적으로 안전에 대한 조건은 1.5 와 2.0 사이일 때 안전하다고 판단한다(Xiao, 2015; Day, 1997).

2) 산사태 적응을 위한 사방댐과 지오폼의 모델링

3절에서는 토사의 길이에 따라서 Model A-C 총 세 가지 케이스를 모델링하였고, 지오폼의 형상에 따라서 10가지의 시나리오를 FEM 시뮬레이션 한다. Model A-C 총 세가지의 케이스는 지오폼의 끝 부분에서 10 m, 20 m, 그리고 40 m의 수평 길이에서 토양을 모델링하여 토압을 검토하였다(그림 6-63). 이는 토사의 길이가 토사 토압에 큰 영향을 미치므로, 토양의 수평길이에 따른 분석이 선행되어야 한다.

앞서 설명한 바와 같이 사방댐의 모델은 한국 세종시 괴화산에 설치되어 있는 모델을 활용하였으며, 기초 지역 경사도는 대한민국의 평균 경사도 계산 기준에 따라 25°로 설정되었다. 토사 장벽의 윗면 길이는 1 m로 고정되었고, 아래 면은 2.17 m, 높이는 3.9 m이며, 지오폼의 면적은 3 m^2로 고정되었다. 지오폼의 형상 최적화 시나리오는 표 6-3과 같이 10개의 시나리오를 고려하였다. 시나리오에는 지오폼이 설치되지 않은 경우(W/O)와 삼각형, 역삼각형, 사각형, 사다리꼴, 역사다리꼴 등 다양한 모양을 형상화하여 시뮬레이션 하였다.

< 표 6-3. 사방댐 안전성 증대를 위한 지오폼의 형상 모델링 >

시나리오	1	2	3	4	5	6	7	8	9	10
형상	W/O	Triangle	Trapezoid			Rectangle	Reversed trapezoid			Reversed triangle
	-	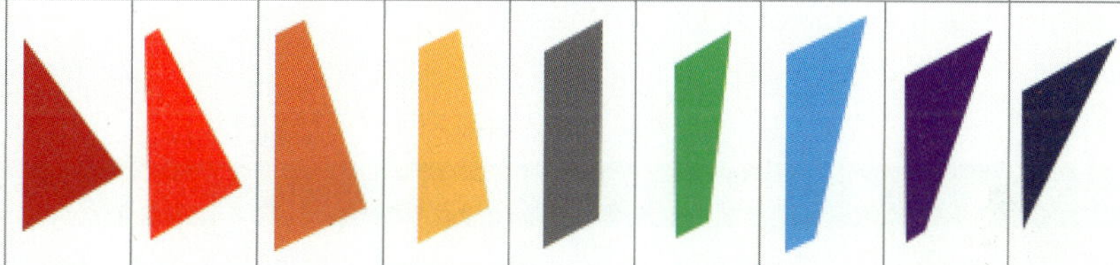								
윗변 길이(m)	0	0	0.25	0.5	0.75	1	1.25	1.5	1.75	2
아랫변 길이(m)	0	2	1.75	1.5	1.25	1	0.75	0.5	0.25	0
면적(m^2)	3 m^2									

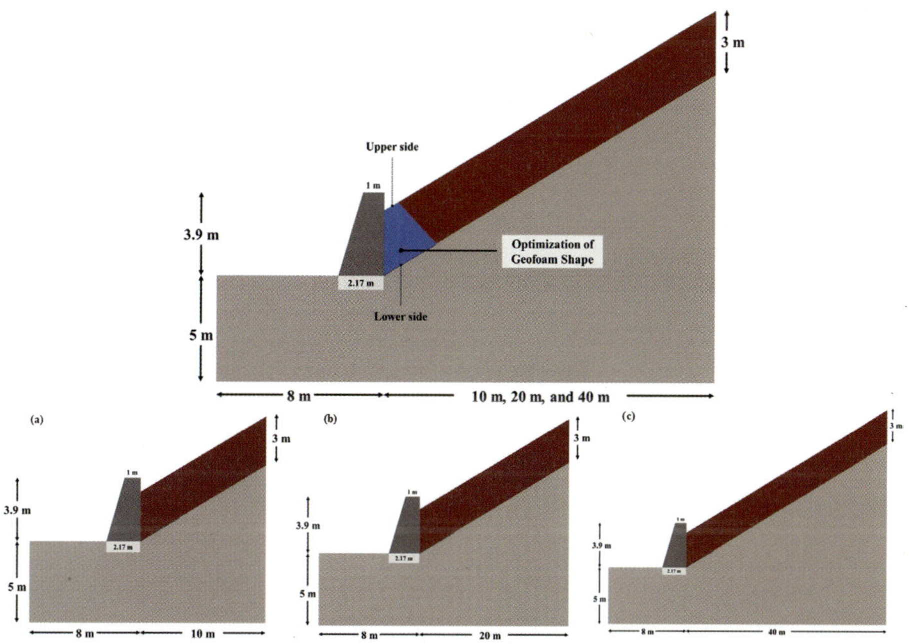

그림 6-63. FEM 해석을 위한 사방댐 형상의 단면도 (a) Model A (b) Model C (c) Model C

사방댐의 형상은 일반적으로 전도되는 것을 방지하기 위해, 하단의 길이가 더 긴 사다리꼴 형태로 모델링되었다. 총 세 가지의 지오폼 종류 EPS 12, EPS 15, 그리고 EPS 19를 FEM에 사용하였지만, 본 저서에서는 가장 효율이 좋은 EPS 12 지오폼의 결과만을 포함하고 있다(The EPS Industry Alliance. 2012). 일반적으로 비가 올 때 침식이 잘 일어나므로, 토사의 모델링은 포화된 점성토의 물리적 특성을 반영하였다. 점성토는 높이 3.0 m로 설계되었다. 침식이 작용된 토양의 경우 점성토로 구성되었지만, 사방댐을 지지하고 있는 기초의 경우 사방댐이 고정될 수 있도록 단단한 고체로 구성되었다. 토사, 기초, 지오폼, 그리고 콘크리트인 네 가지 모델에 대해 분석된 속성은 표 6-4와 같이 나타나 있다.

< 표 6-4. 사용된 재료의 조건 입력 >

	밀도(N/m^3)	영률(kPa)	포아송비	마찰각(°)
침식 토사	18,000	4,900	0.3	30
기초	17,500	5,500	0.25	37
지오폼	110	1,500	0.12	27
콘크리트	24,000	31,600,000	0.2	-

구조물의 바닥, 그리고 모델의 왼쪽과 오른쪽의 X축 설정에 대한 경계조건은 고정(Fixed)되었다. 이는 일반적으로 사방댐 구조물의 경우, 앵커와 같은 장치로 고정이 되기 때문에, 사방댐과 기초 사이에 마찰 계수 10이 적용되었다. 각 재료, 중력, 그리고 경사 간의 관계를 평가하기 위해, 다른 표면에 대해서는 하기와 같은 마찰계수가 적용되었다(표 6-5).

< 표 6-5. 각 경계면의 마찰계수 정보 입력 >

경계면	마찰계수
콘크리트 - 기초	10
콘크리트 - 지오폼	0.49
기초 - 지오폼	0.66
침식 토사 - 지오폼	0.61
침식 토사 - 기초	0.3

3) 산사태 적응을 위한 지오폼의 압력 저감 평가

① 토사물의 수평 길이에 따른 사방댐의 압력 변화

본 챕터에서는 토사의 길이가 사방댐에 미치는 압력의 변화에 대해 설명하고 있다. 침식 토사의 수평 길이를 10 m, 20 m, 40 m로 설정한 세 가지 모델을 사용하여 모델링되었다. 사방댐의 배면에 0.2 m 간격으로 배치된 16개의 노드를 사용하여 각 시점에서의 압력 변화를 분석하였다. 지오폼이 설치되지 않았을 때의 모델 A에서 C까지의 압력 그래프는 그림 6-64와 같다.

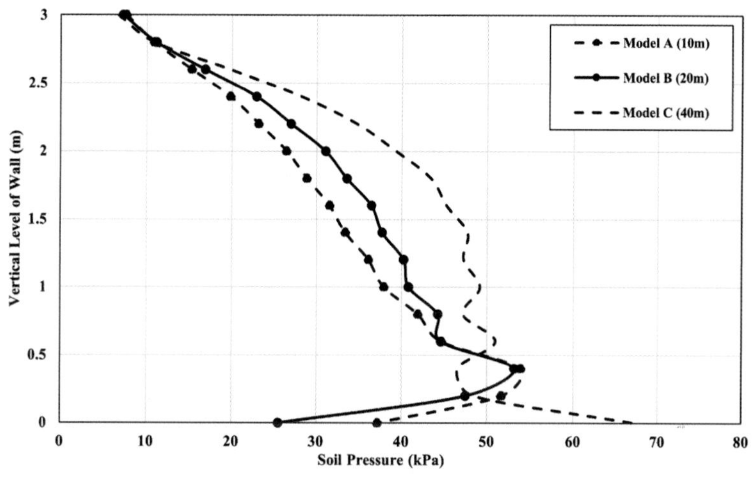

그림 6-64. 지오폼을 적용하지 않은 사방댐의 수직 토양압력 변화

10 m의 수평 토양길이를 모델에 적용하였을 때 압력의 그래프는 20 m와 40 m의 그래프와 다른 추세를 보인다. 반면, 수평 토양길이가 40 m일 때, 최대 압력은 약 67.39 kPa로 나타났다. 20 m의 수평 토양길이를 가진 모델 A에서 0 m에서의 최저 압력은 25.56 kPa 였으며, 10 m와 20 m에서의 최대 압력은 53 kPa로 동일했다.

압력 분포의 변곡점인 0.6 m에서 3 m 사이에서는, 침식 토사의 길이가 증가함에 따라 압력의 합이 증가하였으며, 10 m와 40 m의 사방댐 배면의 토양의 수평 길이 사이에서는 22 kPa의 차이가 있었다. 기울기가 없는 지역에 설치된 사방댐과 달리, 산지에서는 설치된 사방댐 상단 부분에서 작용하는 압력 변화가 크게 다르게 나타났다.

② 지오폼 형태에 따른 사방댐 배면의 압력 변화(Model A)

사방댐에 작용하는 토양의 수평 길이가 10 m일 때, 모든 시나리오는 비슷한 압력 그래프를 보였다. 그런데도, 이 중에서 최적화된 형태는 시나리오 10으로 도출되었다. 시나리오 1-10의 그래프를 비교한 것은 하기와 같다(그림 6-65). 이 결과는 사방댐 보강을을 위해 삼각형의 형태의 지오폼이 가장 효과적이라는 이전의 옹벽 대상의 연구 결과와는 다른 양상을 보인다.

시나리오 10의 16개의 삼각형 모양 노드의 평균 압력은 27.88 kPa로, 지오폼이 없는 시나리오 1의 31.29 kPa보다 3.41 kPa(10.90%) 낮게 나타났다(그림 6-66). 시나리오 2의 경우, 최대 압력 부분에서 지오폼이 없는 경우와 비교하여 약 12.04 kPa 감소한 41.88 kPa로 가장 효율적으로 나타났다. 시나리오 10의 경우, 평균 압력 분야에서 가장 완만한 경사를 만들어 내고, 압력의 표준 편차가 13.09로 낮은 값을 보였다.

Model 1에서는 모든 시나리오에서 안정적인 모습을 관찰할 수 있었다. 지오폼이 없어도 전도에 대한 안전 계수는 1.5를 초과하였고, 활동에 대한 안전 계수는 2에 가까운 안정적인 값인 1.98로 나타났다. 시나리오 10은 전도에 대한 안전 계수가 1.78을 나타냈으며 활동에 대한 안전 계수 역시 2.25로 가장 크게 나타났다. 이 모든것을 종합적으로 고려하였을 때, Model A에서 가장 효율적인 지오폼 형태는 역삼각형 형태를 적용한 시나리오 10으로 평가되었다(그림 6-67).

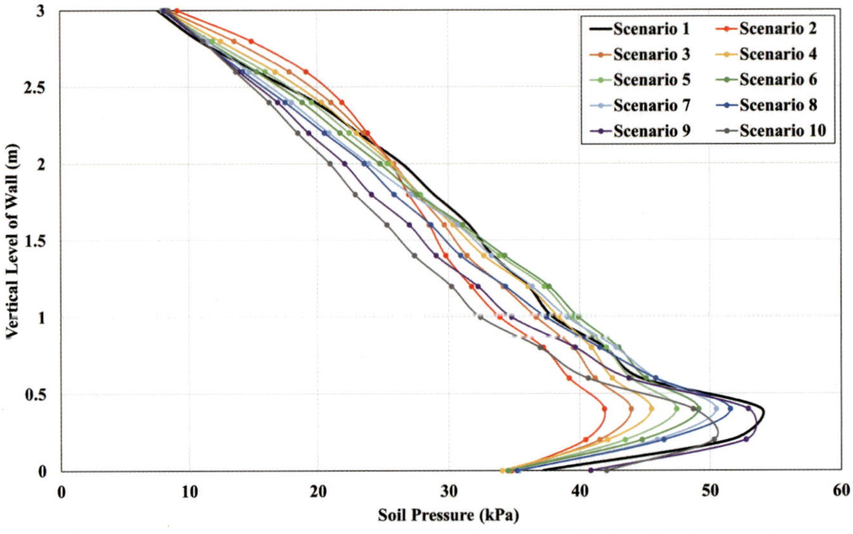

그림 6-65. 사방댐 안전성 평가(Model A): 토양이 미치는 사방댐의 수직 압력 변화

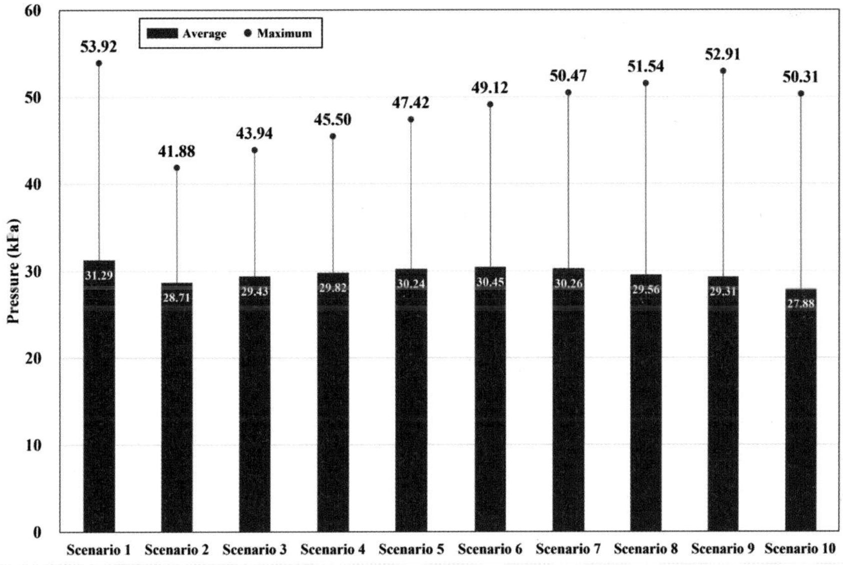

그림 6-66. 사방댐 안전성 평가(Model A): 토양이 미치는 사방댐의 최대 압력과 평균 압력

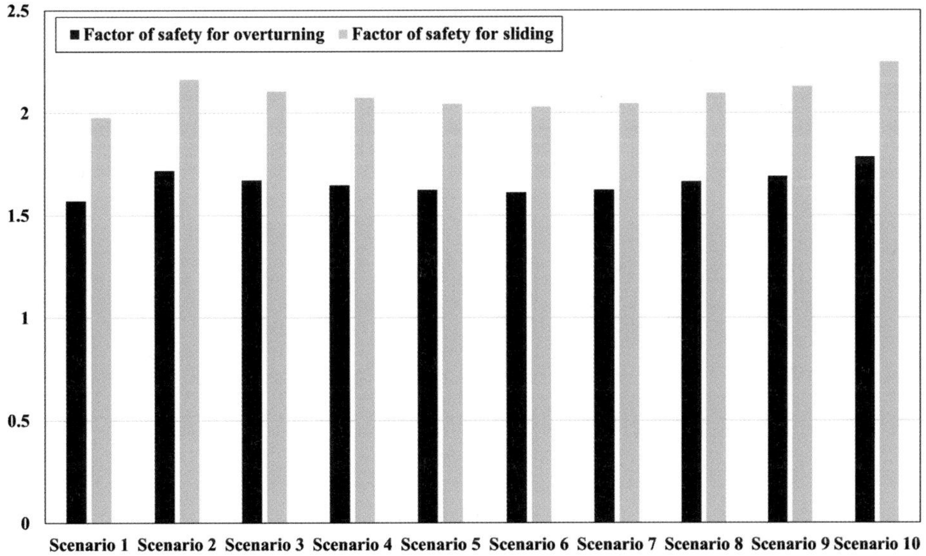

그림 6-67. 사방댐 안전성 평가(Model A): 전도 및 활동에 대한 안전계수 비교

③ 지오폼 형태에 따른 사방댐 배면의 압력 변화(Model B)

토석류의 수평 길이가 20 m일 때의 최대 및 평균 압력은 그림 6-68과 같다. 토석류의 수평 길이가 20 m일 때, 지오폼 위에 퇴적되는 토양의 양은 10 m일 때보다 많게 되는데, 이러한 현상이 구조해석에 반영된 것이다. 동일한 조건에서 토석류의 수평 길이만을 20 m로 늘렸을 때도, 가장 효율적인 지오폼 형태는 시나리오 10으로 나타났다. 지오폼이 설치되지 않은 시나리오 1에서, 16개 노드의 평균 압력은 32.51 kPa이고, 최대 압력은 53.19 kPa였으며, 시나리오 1과 비교했을 때, 최적화된 형태인 역삼각형 지오폼 유형의 평균 압력은 약 6.76 kPa (20.77%) 감소하였다. 최대 압력은 약 19.08% 감소하여 43.04 kPa의 수치를 보였다(그림 6-69).

아래의 그래프에서는 압력 분포의 기울기와 표준 편차를 분석하여 전체적인 분산을 평가하였다. 시나리오 2의 경우 각 노드의 압력에 대한 기울기와 표준 편차 값이 가장 낮게 나타났다. 최적화된 형태인 시나리오 10의 표준 편차는 9.48이며, 이는 압력 분포가 균등하게 분포하고 있음을 나타낸다.

시나리오 1부터 10 중에서 안전계수의 평가가 불안정한 케이스는 5가지로 분석되었다(그림 6-70). 지오폼의 모양이 사각형에 가까울수록, 전도에 대한 안전계수가 더 불안정했다. 사각형 지오폼의 경우, 전도에 대한 안전계수는 1.43으로 가장 낮게 분석되었다. 시나리오 2, 3, 8, 9의 경우, 전도에 대한 안전 계수는 1.5에서 1.6 사이로, 최소 안정성 조건에 만족하며, 활동에 대한 안전계수는 1.9에서 2.0 사이로, 높은 안정성을 보였다. 가장 안정적인 경우인 시나리오 10의 경우, 전도에 대한 안전계수는 1.91이고, 슬라이딩에 대한 안전계수는 2.41로, 안전 평가에 있어서 최적의 조건으로 나타났다.

시나리오 2는 두 번째로 효율적인 형상이었으며, 전도와 활동에 대한 안정조건도 만족하였다. 16개 노드의 평균 압력은 30.40 kPa로, 약 6.46% 감소했고, 최대 압력은 44.83 kPa로, 15.72% 감소하였다. 전도에 대한 안전계수는 1.59이고, 활동에 대한 안전계수는 약 2.00으로 나타났다. 시나리오 9에서의 전체적인 압력은 크게 감소하였고, 16개 노드 압력의 평균은 시나리오 1에 비해 약 10% 감소하였다. 전도에 대한 안전계수는 1.66, 활동의 안전계수는 2.09로 높은 안정성을 보였다. 토양의 총량이 증가할 경우, 지오폼의 상단 부분이 넓어질수록 토압 경감에 더 효과적이었다.

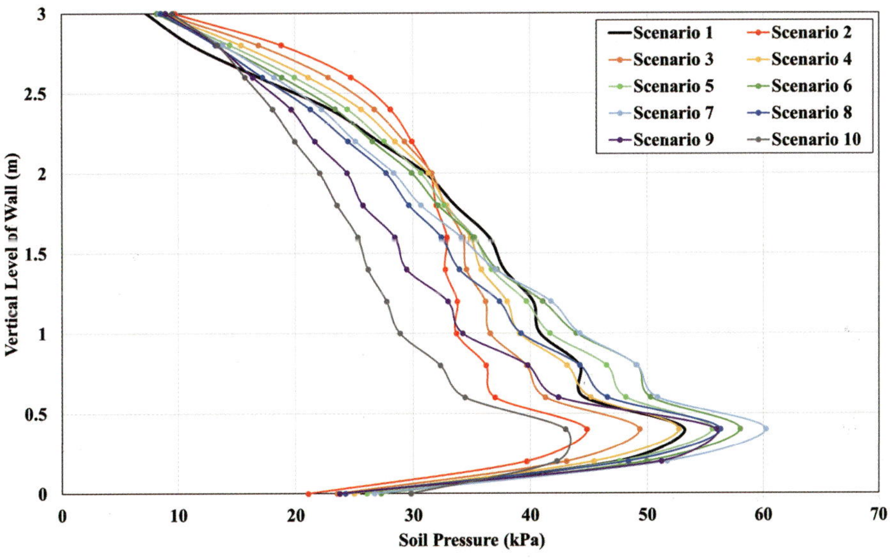

그림 6-68. 사방댐 안전성 평가(Model B): 토양이 미치는 사방댐의 수직 압력 변화

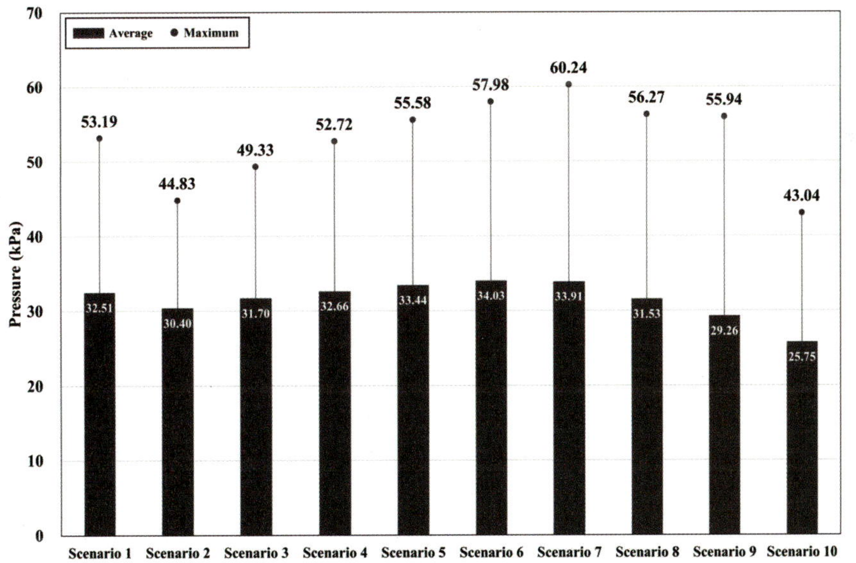

그림 6-69. 사방댐 안전성 평가(Model B): 토양이 미치는 사방댐의 최대 압력과 평균 압력

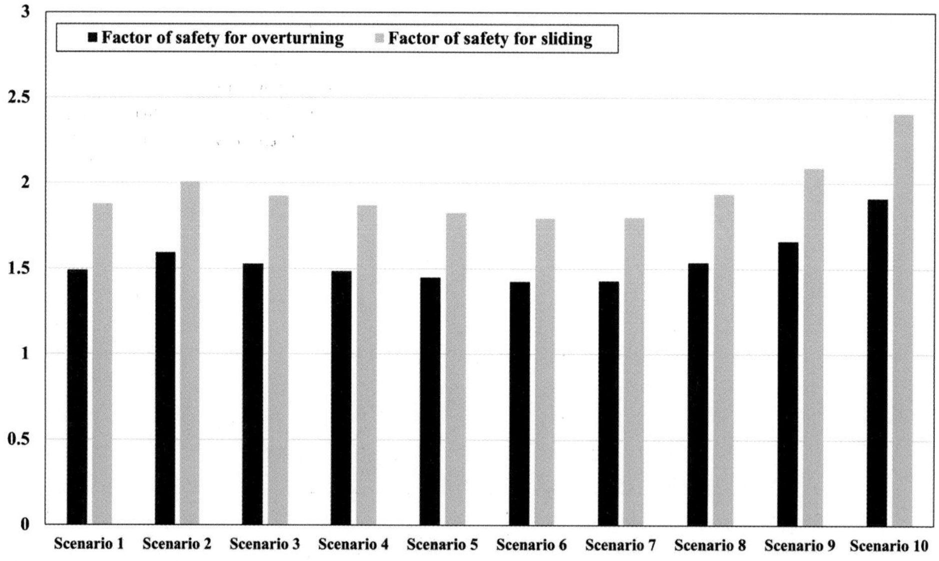

그림 6-70. 사방댐 안전성 평가(Model B): 전도 및 활동에 대한 안전계수 비교

④ 지오폼 형태에 따른 사방댐 배면의 압력 변화(Model C)

토석류의 수평 길이가 40 m일 때의 최대 및 평균 압력은 그림 6-71과 같이 나타났다. 토석류 수평 길이가 40 m일 때, 지오폼과 사방댐 배면에 미치는 토압은 이전 두 모델보다 크게 나타났다. Model B의 고찰과 같이, 토석류의 수평 길이가 늘어날 때 지오폼의 상단 부분의 길이를 넓히는 것이 토압 경감에 효율적이다. 동일한 조건에서, 토석류의 수평 길이를 40 m로 늘렸을 때, 가장 효율적인 지오폼의 형태는 역삼각형인 시나리오 10이었다. 시나리오 1에서 16개 노드의 평균 압력은 39.56 kPa이고, 최대 압력은 67.39 kPa였다. 시나리오 10에서의 평균 압력은 25.94 kPa로, 약 34.43% 감소하였다.

시나리오 2에서 표준편차 그래프의 기울기는 가장 완만했고, 압력의 표준 편차 또한 가장 낮은 8.46 이었다(그림 6-72). 토석류의 수평길이가 40 m인 사방댐의 경우도, 가장 효율적인 형태가 시나리오 10으로 분석되었는데, 시나리오 10에서의 표준 편차는 14.43이었으며, 이는 압력이 균등하게 분포하고 있었다. 반면, 압력 표준편차가 가장 낮았던 시나리오 2에서 평균 압력은 오직 9.16%만 감소하는 모습을 확인할 수 있다. 또한, 사방댐 배면에 대한 전도에 대한 안전계수는 약 1.35로, 불안정한 상태를 나타냈다.

시나리오 1에서부터 10의 안전계수에 대한 그래프는 그림 6-73과 같다. 토석류의 수평 길이를 40 m로 늘렸을 때, 안전성 평가에서 8개의 시나리오가 불안정했다. 특히, 시나리오 6(사각형 형상)과 시나리오 7(역 사다리꼴 형상, 상단: 1.25 m/하단: 0.75 m)에서는 활동과 전도에 대한 안전계수 모두 불안정한 것으로 나타났다. 시나리오 7에서, 전도에 대한 안전계수는 1.17이고, 활동에 대한 안전계수는 1.46이었다. 안정적인 지오폼의 형태는 시나리오 9와 10에서 관찰되었는데, 특히, 시나리오 10은 활동과 전도에 대한 안전계수가 모두 2.0을 초과함으로써 가장 안정적인 형태를 보였다. 시나리오 9에서, 전도에 대한 안전계수는 1.59이고, 활동에 대한 안전계수는 2.0으로 안전한 상태를 유지하였다.

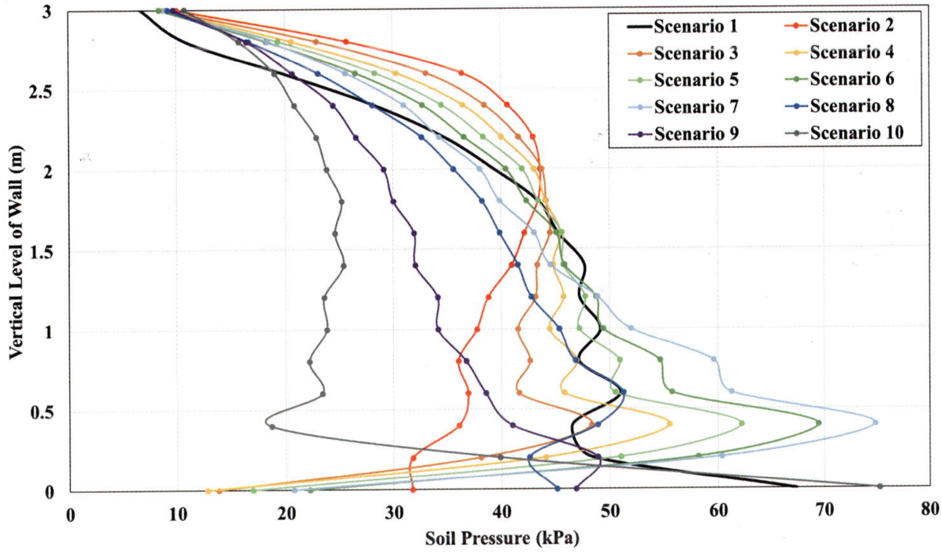

그림 6-71. 사방댐 안전성 평가(Model C): 토양이 미치는 사방댐의 수직 압력 변화

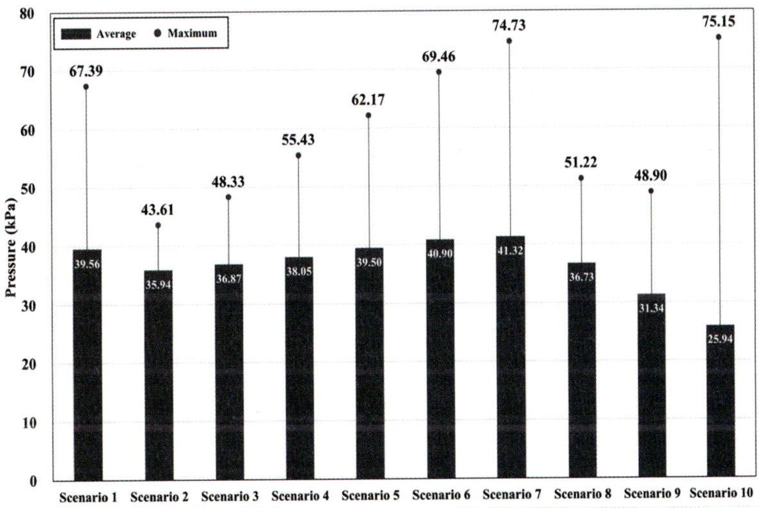

그림 6-72. 사방댐 안전성 평가(Model C): 토양이 미치는 사방댐의 최대 압력과 평균 압력

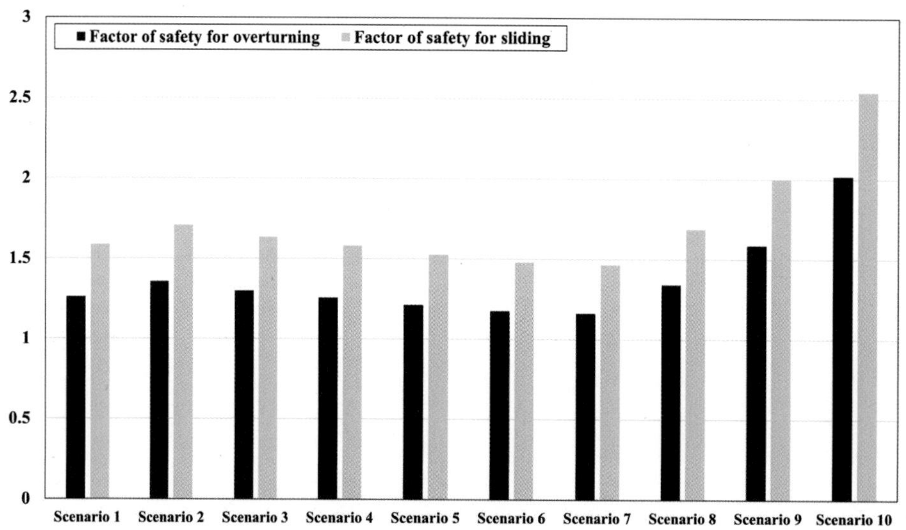

그림 6-73. 사방댐 안전성 평가(Model C): 전도 및 활동에 대한 안전계수 비교

⑤ 지오폼의 안전성 경감에 대한 결과 고찰

토석류의 수평 길이가 20 m와 40 m일 때, 경사면의 토석류가 증가하고, 이에 따라 지오폼의 형태는 상단 부분이 넓은 역삼각형 형태가 압력 저감에 효율적인 것으로 나타났다. 또한, 시나리오 10은 토압의 평균을 크게 줄여 안전계수의 개선에 크게 기여할 수 있다. 이는 경사면에서 발생하는 토석류 등 침식 관련 재해에 대한 방재기술이, 평지에서의 보호벽과는 다르게 설계되어야 함을 의미한다. 특히, 사방댐의 보강재로 사용된 지오폼은 산악 지역의 경사도를 고려하여 설계되어야 함을 시사한다.

위의 결과에 따라, 세 가지 모델에 대한 최적화된 지오폼의 요약은 표 6-6과 같이 제시되었다. 지오폼의 역삼각형 형태인 시나리오 10은 모든 모델에서 가장 효과적이었으며, 토압을 크게 줄일 수 있는 것으로 분석되었다. 시나리오 10과 같은 형상의 지오폼을 사용할 경우, 평균 토압을 최소 10%에서 최대 35%까지 줄일 수 있음이 밝혀졌고, 모델 A-C의 모든 경우에서, 활동에 대한 안전계수는 2를 초과하였고, 전도에 대한 안전계수는 1.5를 초과하였다.

< 표 6-6. 지오폼의 안전성 경감에 대한 결과 고찰 >

모델	모델 A(수평 길이: 10 m)	모델 B(수평 길이: 20 m)	모델 C(수평 길이: 30 m)
상세 단면도	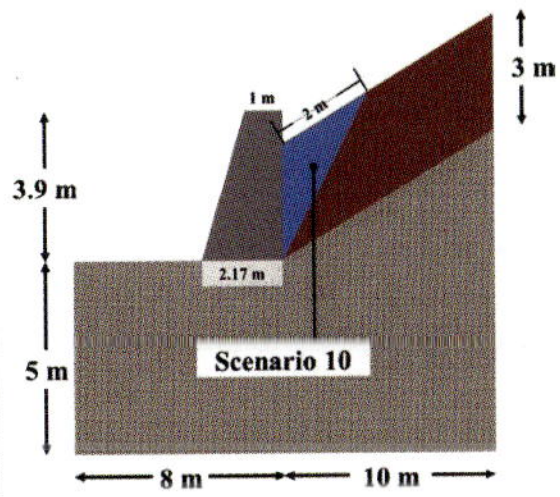	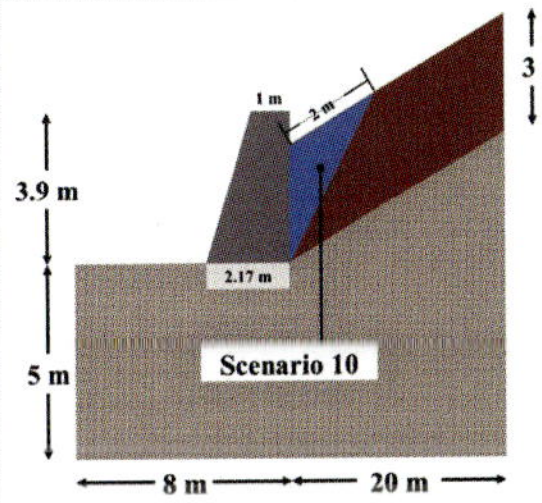	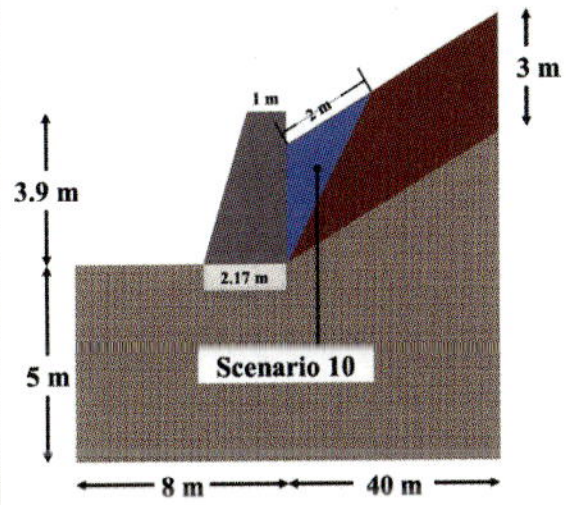
최적화 시나리오	Scenario 10		
평균 토압 경감	3.41 kPa (10.90%)	6.76 kPa (20.77%)	13.62 kPa (34.43%)
활동에 대한 안전성	2.25	2.41	2.54
전도에 대한 안전성	1.78	1.91	2.02

⑥ 산사태 저감에서의 HCFD 모델 평가

본 장에서는 산사태로 인해 발생할 수 있는 피해를 진단하고, 지오폼이라는 지중 보강재를 사용하여 토압을 줄이는 방법을 고안하였다. 또한, 활동과 전도에 대한 안전성을 평가하였다. 본 장에서는 옹벽과 같은 구조체에서 사용하는 안전 평가 기준을 사용하였다. 전도와 활동 두 안전성 모두 안전계수가 모두 1.5 이상이면 안전하다고 평가되었다. 안전계수는 하기와 같이 HCFD 모델에 적용되었다(그림 6-74).

사방댐 작용하는 토압이 13 kPa 이상일 때, 활동에 대한 안전계수는 1.5 이상이 된다. 토압의 평균값이 13 kPa 이상일 때는 활동에 대해 불안전한 상태가 되고, 압력이 13 kPa 미만일 때는 활동에 대해 안전한 상태가 된다. 반면, 토압이 13 kPa인 경우, 활동에 대해 불안정한 상태로 진단되었다. 토압이 10 kPa일 때는 전도와 활동 모두에 대해 안전한 상태로 나타난다. 즉, 사방댐의 안전성을 평가할 때는 활동과 전도를 모두 평가해야 하며, 두 값이 모두 1.5 이상이 될 수 있도록 감소 기술을 설치하는 것이 필요하다. 토압이 약 30 kPa일 때, 활동에 대한 안전계수는 0.51이고, 전도에 대한 안전계수는 0.64로 나타났다.

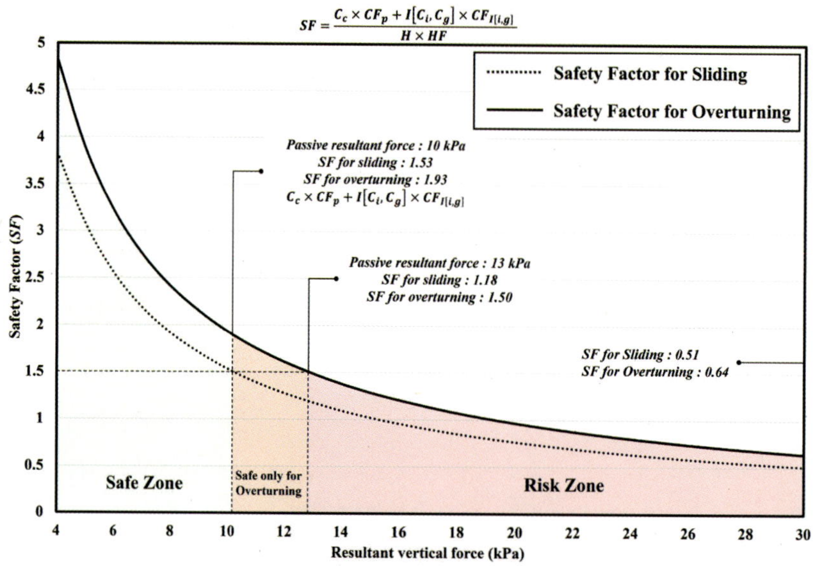

그림 6-74. 산사태의 HCFD 모델 평가

생활 속의 아이디어! - 개폐가능한 물방석을 포함하는 사방댐

우리나라의 사방댐 및 사방 관련 시설은 2011년 이후에 대규모 설치가 되었지만, 설치에 집중된 나머지 그 유지관리와 다기능성에 대한 부분은 간과되었다. 최근에는 이러한 한계점을 해결하기 위해서 다기능성 사방댐이 개발되고 있다. 여기에는 '레저기능', '방화수기능', '방재기능' 등 다양한 기능이 포함되어 있다. 그렇다면, 가장 최근의 기술인 개폐가능한 물방석을 포함하는 사방댐에 대해서 알아보자

1. 개폐가능한 물방석을 포함하는 사방댐
(특허출원 번호: 10-2020-0171015/등록번호: 10-2507455)

상기의 발명은 사방시설물 공사시 발생할 수 있는 사고를 획기적으로 줄이고, 안전성 및 다기능성을 보강하는데 그 목표를 가지고 있다. 기술의 구성은 기존의 버트리스식 사방댐 내부에 모듈러 형태의 시공물을 제작하고, 전면에 개폐가능한 물방석을 포함하는 시설을 개발한 것이다(그림 6-75). 이 기술의 핵심은 Geo-foam과 Geo-grid를 활용하여 콘크리트 복합 타설 및 구조체의 안전성 및 강도를 증가한 것이라고 할 수 있다.

Geo-foam은 사방 시설물의 기초 형상을 제작하는데 활용되고, 무거운 잡석 및 콘크리트 운반 과정에서 발생하는 안전사고를 줄일 수 있다. Geo-grid는 콘크리트와 지반 및 Geofoam과의 결합력을 증대시켜 더욱 안전한 형태의 사방댐을 구축한다.

사방댐 하부에는 지반으로 물을 배수하는 파이프를 포함하고 있으며, 생태통로를 확보하여 친환경적인 산림방재시설 경관을 조성할 수 있다. 이 아이디어의 핵심인 수문이 개폐가능한 형태의 물방석에는 저류공간을 두고, 갈수기에는 물을 저장하여 산불 방화용수 등의 목적으로 활용할 수 있다. 여름철 낮 시간에는 산림에서 공급되는 정화된 물을 활용하여 레저공간으로 활용할 수 있다. 댐 저류 공간에 설치된 수위 센서는 물방석의 수문을 자동으로 개폐 할 수 있는 인지역할을 하는데, 수위 변화에 따라서 낙차를 변화할 수 있으므로, 바닥에 발생하는 세굴을 막을 수 있다. 수문은 전동 롤러 등을 활용하여 쉽게 밀고 닫을 수 있는 형태이다.

그림 6-75. 개폐가능한 물방석을 포함하는 사방댐 - Geofoam 사용과 경관 조성

2. 토사 제거가 가능한 사방댐(특허출원 번호: 10-2021-0123534)

다음은 유지관리 측면에 조금 더 초점을 둔 발명을 한 가지 알아보자. 토사 제거가 가능한 사방댐 발명이다(그림 6-76). 사방 구조물의 경우 유지관리적인 측면에서 여러 가지 어려움을 가지는데, 그중 한 가지가 사방댐 배면에 퇴적되는 토사물의 처리 문제이다. 산림지역의 경우 경사가 있고 협소한 지역이 많기에 유지관리하는 시설을 자주 출동시키는 것이 불가능하다. 또한, 계곡 주변에는 임도를 설치하기가 힘든데, 그렇게 되면 유지관리를 위한 대형 중장비가 진입하기 힘들기 때문이다. 상기의 발명은 이와 같은 문제점을 해결하기 위한 획기적인 수단 중 하나이다.

사방댐 배면에는 퇴적된 토사를 뜨고 제거할 수 있는 플레이트 형식의 구조물이 포함된다. 또한, 네트 구조물이 포함되어 있어 좌우측으로 유실되는 토양 및 침식물을 방어할 수 있다. 토사 퇴적되는 공간에는 토사의 양을 축적할 수 있는 센서가 포함되어 있는데, 이는 의사결정자에게 유지관리 시기 선정에 큰 도움을 줄 수있다. 지하 공간에는 플레이트를 견인할 수 있는 포크 홀이 설치되어 있다. 우리 주변에서 발생할 수 있는 재난재해를 생각해보고, 현재 설치되고 있는 방재 시설물들의 유지관리 방법 및 개선안에 대해서 생각해보는 시간을 가져보자.

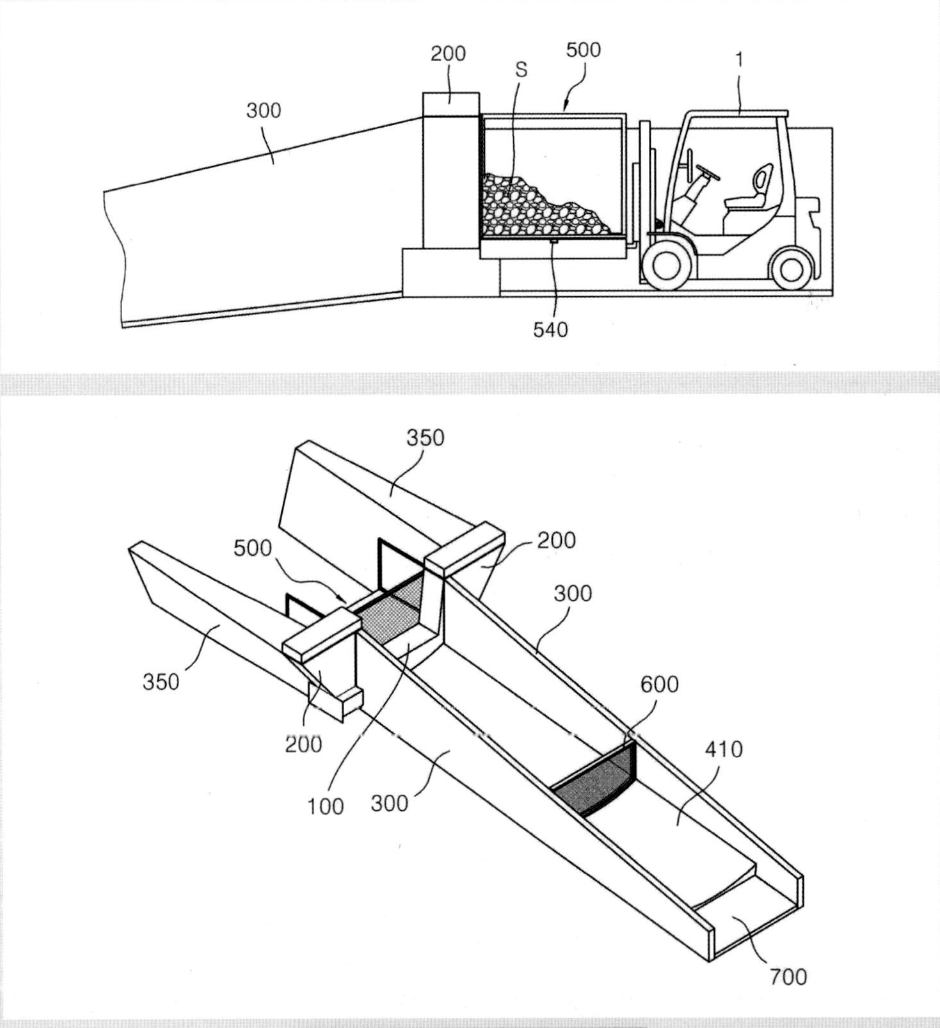

그림 6-76. 토사 제거가 가능한 사방댐

4절 요약

1. 산사태는 급경사지의 토층의 물이 포화 팽창되어 붕괴하는 현상을 가리킨다. 도시와 인접한 산지에서의 산사태는 큰 피해를 가져올 수 있다. 산사태 방재는 흙의 붕괴 피해를 사방댐 등 공작물로 조절하는 공학적 문제이다. 이는 산지 내의 물의 흐름과 사방공작물에 대한 이해가 필요하다. 유한요소법에 기반한 전산적 해석을 통해 이러한 지식을 얻을 수 있으며, Geo-foam 등의 지중매설 구조물을 활용하여 토압을 경감시킬 수 있다.

2. 산사태 방재는 그 원인을 파악하고 적절한 공작물을 설계하는 능력을 요구한다. 이를 위해서는 현장의 붕괴 가능성을 평가하고 물리적으로 재현할 수 있는 능력이 필요하다. 정보 수집 및 구조 공학적 접근은 필수적이며, 이는 컴퓨터를 활용한 전산적 해석을 포함한다. 산사태를 유발할 수 있는 요인으로는 기후, 지질 구조, 지형, 식생 분포, 인간 활동, 지진/화산 등의 활동이 있지만, 기후와 지형이 가장 큰 영향을 미친다.

3. 기후학적 인자는 강우와 눈이 대표적이며, 토양의 포화 및 안전성 감소에 영향을 미친다. 지형 및 지질학적 인자로는 산의 경사와 암석의 강도, 토양의 종류 등이 있으며, 일반적으로 경사가 급하고 암석이 약할수록, 점성토일수록 산사태 발생 가능성이 높다. 식생학적 인자로는 식물의 뿌리가 토양을 고정하고 빗물을 차단하는 역할을 하는 것이 포함되며, 이를 통해 토양의 포화를 방지하고 산사태의 위험성을 감소시킨다. 이러한 점에서 초본류의 식생 조성이 산사태 방재에 효과적이다.

4. 바닥막이는 황폐화된 계상의 종침식을 방지하고 토사 및 토석류의 유실을 최소화하기 위한 시설로, 계상이 낮아질 위험성이 있는 지역, 지류의 합류 지점, 침식이 발생하고 있는 지역, 그리고 계상 굴곡부의 하류 구간 등에서 주로 설치된다. 친환경성을 고려하여 콘크리트와 돌을 배합해 사용하며, 생태통로를 통해 어류, 양서류, 수서생물의 이동을 가능하게 한다. 바닥막이의 간격은 계획 계상물매, 현 계상물매, 바닥막이의 유효높이 등을 고려해 계산하며, 물받이의 길이는 낙차고의 2~3배로 설계한다. 종류에는 돌바닥막이, 콘크리트바닥막이, 돌망태바닥막이, 통나무바닥막이 등이 있다. 이런 방식을 통해 자연환경에 미치는 영향을 최소화하면서도 필요한 시설을 지속적으로 유지하는 것이 바닥막이의 핵심이다.

5. 기슭막이는 유수가 산림 계곡 양안의 횡침식을 방지하며, 계안의 횡침식 방지, 산복 공작물의 기초 보호, 산복 붕괴 방지 등의 목적을 가지고 있다. 설치 장소는 계획홍수위, 시설의 계획 높이, 비탈물매 및 기설 기슭막이 등의 조사를 통해 목적에 부합된 장소, 유로의 만곡에 의한 유수 충격을 받는 수충부, 오목지형의 계안 또는 붕괴 위험성이 높은 야계지역 등

이 있다. 돌, 콘크리트, 돌망태, 바자 등 다양한 재료로 만들어지며, 침식이 시작되면 큰 산사태로 이어질 수 있어 충분한 기울기와 내구성이 높은 소재를 선정해 계획한다.

6. 수제는 기슭막이와 마찬가지로 횡침식을 방지하는 시설로, 주로 기슭막이의 세굴을 방지하기 위해 사용된다. 계상폭이 넓고 계상기울기가 완만한 황폐계류를 대상지로 선정하며, 붕괴지가 분포하는 상류에 설치해 유수가 붕괴지의 각부로부터 떨어진 곳에 유하되도록 한다. 수제는 돌, 콘크리트, 콘크리트 블록, 콘크리트 틀 등 다양한 재료로 제작되며, 최근에는 친환경성과 시공성을 향상하기 위한 친환경 수제도 개발되었다.

7. 사방댐은 침식 방지와 유출 토사의 저류 기능을 함께 수행하므로 다기능적이며, 그 규모가 크다. 사방댐의 설치 목적은 주로 계안과 계상의 침식 방지, 유하토사의 조절, 토석류와 유목의 포착 및 감세 등이다. 사방댐은 그 구성과 종류가 복잡하며, 외력 저항, 구축재료, 형식 등에 따라 다양하게 구분된다. 불투과형 콘크리트 사방댐은 토석류나 유목을 저지하기 위해 설치되는 횡구조물로, 계획량에 대응한 포착 기능을 유지한다.

8. 사방댐은 산림 내 조경공간 및 레크레이션 시설의 확충 등 다양한 활용도를 가지고 있다. 이는 1970년대부터 시작된 조경녹화사방에 관련된 연구에서 시작되었다. 불투과형 콘크리트 사방댐은 토사유출 저감효과가 높지만, 생태계 단절의 영향이 있어 최근에는 투과형 사방댐이 주로 설치된다. 사방댐의 안전 조치와 유지관리는 최근 중요한 이슈로 대두되며, 보완, 개량, 철거, 재시공, 대체 시공 등 다양한 대책이 제안되고 있다. 최근에는 사방댐의 보강 재료로 지중매설 구조물 중 하나인 지오폼이 주로 사용된다 .

9. Geo-Material은 침식 방지 구조물에 널리 사용되는 친환경 소재로, 건축, 환경, 토목, 산림공학 등 다양한 분야의 지중매설 구조물에 사용되는 모든 재료와 합성재료를 통칭하는 용어다. 이는 도로, 댐, 교량, 터널 등의 안전성 강화를 위해 사용된다. Geo-Material의 대표적인 종류로는 Geo-textile, Geo-grid, Geofoam 등이 있다.

10. Geofoam은 경량 토체 대체제로서, 구조물의 무게를 줄이고 충격을 흡수하며 구조물을 안정화하는데 사용된다. 기초 개선, 경사면 안정화, 고가도로 및 다리의 충전재, 파이프와 관로 주변 보호재로도 사용되며, 사방댐에 배면에 설치하여 안전성을 증가시키는 데에도 적용된다. Geofoam은 모듈러 형태로 조립이 용이하고 운반이 쉽기 때문에 시공성을 갖추고 있으며, 장기적인 경제성까지 가지고 있다.

11. Geo-grid는 격자모양의 철조망 형태의 재료로, 주로 고분자 플라스틱(폴리에틸렌 혹은 폴리프로필렌)을 사용하여 제조한다. Geofoam이 구조물의 내부와 외부에 모두 설치될 수 있는 반면, Geogrid는 토양 혹은 구조물 내부에 설치되어 토양을 강화하고 안정화하는 작업

을 한다. 격자 구조는 토양입자를 포착하고, 재료의 운반과 이동을 제한함으로써 구조물의 안전성을 크게 향상시킨다.

12. 유한요소해석(FEM, Finite Element Method)은 다양한 다양한 물리 문제를 수치적으로 해결하는 수학 및 공학의 수치 기법으로, 복잡한 기하학적 형상, 재료 성질, 물리 시스템 등을 실제와 유사하게 모사하여 해결하는데 사용된다. 구조해석·유동 해석·열 해석·전자 장 해석 등의 분야에서 주로 사용되며, 복잡한 시스템의 경우, 물체나 형상을 이루고 있는 점들의 구성을 이용하여 그 역학 관계를 수식으로 표현하고 해결한다.

13. 유한요소법을 이용한 구조해석에서는 하중, 응력 등의 요소를 연립대수방정식으로 변환하여 근사적으로 해결한다. 이는 연속적인 형태의 물체나 구조체를 작은 절점으로 분할하고 문제의 영역을 해결하는 이산화(Discretization) 과정을 포함한다. 유한요소해석은 컴퓨터의 발전과 함께 그 해석 방법이 다양해지고 활용이 증가하고 있으며, 최근에는 개인용 컴퓨터나 워크스테이션을 활용하여 수십만 개 이상의 격자를 해결할 수 있는 단계가 되었다. 이러한 해석에는 구조체의 위치와 요소 관계, 요소의 재료 물성치, 작용 하중, 경계조건 등의 정보가 필요하다.

14. 직접법은 가장 단순하고 기본적인 개념을 학습하는데 적합한 유도 방법이며, 1차원 요소인 트러스, 보, 봉 등의 강성행렬을 유도하는데 사용된다. 하지만 그 응용이 제한되는 단점이 있다. 이 방법은 크게 하중법과 강성법으로 나뉜다.

15. 변분법은 2차원 혹은 3차원 유한요소해석 방정식을 유도하는데 사용되며, 상대적으로 쉬운 물리적인 유도방식을 가지고 있어 구조 및 응력 해석 문제를 학습하는 학부생들도 이해하기 쉽다. 이 방법은 구조해석의 내부적인 문제와 구조 외적인 문제 모두를 지배방정식으로 유도하여 사용할 수 있다.

16. 가중잔여법은 근사적인 해가 미분 방정식을 정확하게 만족시키지 못할 때, 그 '잔여'를 최소화하는 해를 찾는 것을 목표로 한다. 이 방법은 전체 구조를 구성하는 구조체 및 재료의 응력-변형률의 관계식을 사용하며, 가장 대표적인 방법으로는 갈러킨 방법(Galerkin Method)이 활용된다.

17. 유한요소해석의 전산적 해석 과정은 크게 전처리, 수치해석, 후처리의 단계로 구분될 수 있으며, 각 단계에서는 다양한 과정들이 이루어진다. 이러한 과정들을 통해 복잡한 물리적 현상을 모델링하고, 이를 수치적으로 해석하여, 결과를 시각화하고 해석하는 것이 가능하다.

18. SIMULIA Abaqus는 이러한 유한요소해석을 수행하는 공학용 시뮬레이션 소프트웨어로, 다양한 형상 제작 프로그램과의 연동이 용이하고, 복잡한 형상 해석이 가능하다는 장점을

가지고 있다. 또한 선형 및 비선형 물리적 현상에 대한 정적 및 동적 해석을 수행할 수 있고, 복합적인 재료의 접촉 해석, 열전달과 피로해석 등 다양한 분야에서의 문제 해결이 가능하다. 이러한 기능들로 인해 SIMULIA Abaqus는 구조해석, 기계 등 다양한 분야에서 활용이 가능하다.

19. 사방댐의 구조물 안전성에서 지배방정식(Governing Equation)은 Coulomb가 제안한 이론을 따르며, 하기와 같은 공식을 따른다.

$$\gamma = C - \sigma \tan \varnothing$$

20. 사방댐의 활동에 대한 안전계수(F_s)는 활동에 대한 저항력을 활동력으로 나누어서 계산되며, 활동에 대한 안전계수 식은 하기와 같이 표기된다.

$$F_s = \frac{\mu W + P_p}{P_a}$$

21. 사방댐 전도에 대한 안전성은 하기식과 같이 표기된다.

$$F_0 = \frac{W_x}{\left(\frac{1}{3}\right) P_a H}$$

"We can't stop natural disasters but we can arm ourselves with knowledge: so many lives wouldn't have to be lost if there was enough disaster preparedness."

\- Petra Nemcova -

5절 예제

❶ 산사태가 발생하는 원리를 간략하게 설명하시오.

❷ 유한요소법(FEM, Finite Element Methods)에 대한 정의를 서술하시오.

❸ 주변에서 일어난 산사태의 사례를 조사하고 설명하시오.

❹ 기후학적 인자가 산사태에 어떻게 영향을 미치는지 자세히 설명하시오. 강우와 눈이 산사태에 미치는 영향에 대해서 설명하시오.

❺ 지형과 지질학적 요인이 산사태 발생에 어떤 역할을 하는지, 그리고 어떤 타입의 지형과 토양이 산사태 위험성을 높이는지 설명하시오.

❻ 산사태 방지에 기여할 수 있는 식생학적 특징을 조사하고, 식생을 구분하시오.

❼ 다음 중 산사태 발생 원인에 대한 설명으로 가장 정확한 것은 무엇인가?
1) 가속침식으로 인한 현상
2) 중력침식으로 인한 현상
3) 붕괴형 침식으로 인한 현상
4) 모두 위의 내용을 포함

❽ 바닥막이의 개념과 목적에 대해서 설명하고, 설치할 때 고려해야 하는 주요 사항에 대해서 서술하시오.

❾ 바닥막이의 주요 목적은 무엇인가?
1) 계상의 기울기를 높이는 것
2) 종침식과 토사 및 토석류의 유실을 방지하는 것
3) 토사재해를 유발하는 것
4) 계상의 기울기를 낮추는 것

⑩ 바닥막이의 간격은 어떻게 계산하는가?

1) 계획 계상물매와 현 계상물매, 바닥막이의 유효높이를 사용한다.
2) 바닥막이의 높이와 길이를 사용한다.
3) 계획 계상물매와 바닥막이의 유효높이를 사용한다.
4) 바닥막이의 높이와 폭을 사용한다.

⑪ 바닥막이를 설치할 때 생태 단절을 방지하기 위해 어떠한 조치가 필요한가?

1) 물받이 설치
2) 생태통로 마련
3) 물돌림관 설치
4) 돌망태바닥막이 설치

⑫ 기슭막이는 어떤 설치 목적과 설치시 고려사항에 대해 서술하시오.

⑬ 수제를 설치하는 목적과 설치시 고려사항에 대해 서술하시오.

⑭ 기슭막이의 주요 목적은 무엇인가?

1) 유로의 만곡에 의한 유수 충격 방지
2) 토사재해 유발
3) 산복공작물의 기초 보호
4) 산림계곡 양안의 횡침식 방지

⑮ 수제 설치의 주요 목적은 무엇인가?

1) 기슭막이 등 공작물의 세굴 방지
2) 침식 유발
3) 계류 폭 확장
4) 유수 속도 증가

⑯ 사방댐의 설치 목적을 설명하고, 사방댐의 종류를 외력저항, 구축재료, 형식에 따라 서술하시오.

⑰ 투과형 사방댐의 장점과 특징에 대해 서술하시오.

⑱ 사방댐은 계안·계상의 침식방지와 함께 다음 중 어떤 역할도 수행하는가?
1) 유하토사의 조절
2) 토석류의 포착 및 감세
3) 유목의 포착
4) 모두 위의 역할을 수행한다

⑲ 최근 사방댐의 안전 조치로 많이 사용되는 지중매설 구조물은 무엇인가?
1) 지오폼
2) 콘크리트
3) 돌
4) 목재

⑳ Geo-Material의 개념에 대해서 설명하고, 활용분야를 나열하라.

㉑ Geo-Material의 종류를 세 가지 나열하고, 각각에 기능을 설명하라.

㉒ 다음 중 Geo-Material의 대표적 재료가 아닌 것은 무엇인가?
1) Geo-textile
2) Geo-grid
3) Geofoam
4) Geo-glass

㉓ 다음 중 Geofoam의 주요 활용 분야가 아닌 것은 무엇인가?
1) 기초 개선
2) 고가도로 및 다리의 충전재
3) 토양 강화
4) 파이프와 관로 주변 보호재

[심화문제 1]

구조해석 프로그램인 Abaqus를 활용하여, 2개 층으로 되어 있는 길이 30 m, 높이 20 m인 사면의 해석을 시행하라. 층1의 두께는 1.5 m이며, 각 층에 대한 상세 조건은 하기와 같다.

층1: ρ = 2300 kg/m^3, E = 147 MPa, v = 0.3, c = 33 kPa, ϕ = 33º

층2: ρ = 2700 kg/m^3, E = 300 MPa, v = 0.27, c = 110 kPa, ϕ = 35º

참고문헌

1. Alexander, D. (1989). Urban landslides. Progress in Physical Geography, 13(2), 157-189.
2. Al-khafaji, R. S., Al-Obaydi, M. A., & Al-Saffar, Q. N. (2023). Effect of surcharge load location on the behavior of cantilever retaining wall. Journal of the Mechanical Behavior of Materials, 32(1), 20220247.
3. Arnold, D. N. (1981). Discretization by finite elements of a model parameter dependent problem. Numerische Mathematik, 37, 405-421.
4. Bartlett, S. F., Lingwall, B. N., & Vaslestad, J. (2015). Methods of protecting buried pipelines and culverts in transportation infrastructure using EPS geofoam. Geotextiles and Geomembranes, 43(5), 450-461.
5. Bathe, K. J. (2007). Finite element method. Wiley encyclopedia of computer science and engineering, 1-12.
6. Belytschko, T., Gracie, R., & Ventura, G. (2009). A review of extended/generalized finite element methods for material modeling. Modelling and Simulation in Materials Science and Engineering, 17(4), 043001.
7. Belytschko, T., Organ, D., & Krongauz, Y. (1995). A coupled finite element-element-free Galerkin method. Computational Mechanics, 17(3), 186-195.
8. Börgesson, L. (1996). Abaqus. In Developments in geotechnical engineering (Vol. 79, pp. 565-570). Elsevier.
9. Chauhan, V. B. (2021). Limit analysis of the retaining wall with relief shelves under static surcharge loading using FEM. Sādhanā, 46(3), 135.
10. Coulomb, C. A. (1973). Essai sur une application des regles de maximis et minimis a quelques problemes de statique relatifs a l'architecture (essay on maximums and minimums of rules to some static problems relating to architecture).
11. Cruden, D. (1991). A simple definition of a landslide. Bulletin of Engineering Geology & the Environment, 43(1).
12. Day, R. W. (1997). Design and Construction of Cantilevered Retaining Walls. Practice Periodical on Structural Design and Construction, 2(1), 16-21.
13. Fenton, G. A., Griffiths, D. V., & Williams, M. B. (2005). Reliability of traditional retaining wall design. Geotechnique, 55(1), 55-62.

14. Helwany, S. (2007). Applied soil mechanics with ABAQUS applications. John Wiley & Sons.

15. Horvath, J. S. (1994). Expanded polystyrene (EPS) geofoam: an introduction to material behavior. Geotextiles and Geomembranes, 13(4), 263-280.

16. Horvath, J. S. (1997). The compressible inclusion function of EPS geofoam. Geotextiles and Geomembranes, 15(1-3), 77-120.

17. Hungr, O., Leroueil, S., & Picarelli, L. (2014). The Varnes classification of landslide types, an update. Landslides, 11, 167-194.

18. Kang, J., Im, H., & Park, J. S. (2020). The effect of load reduction on underground concrete arch structures in embedded trench installations. Tunnelling and Underground Space Technology, 98, 103240.

19. Kang, J., Parker, F., & Yoo, C. H. (2007). Soil-structure interaction and imperfect trench installations for deeply buried concrete pipes. Journal of geotechnical and geoenvironmental engineering, 133(3), 277-285.

20. Kang, J., Parker, F., & Yoo, C. H. (2008). Soil-structure interaction for deeply buried corrugated steel pipes Part I: Embankment installation. Engineering Structures, 30(2), 384-392.

21. Li, Z., & Xiao, S. (2023). Seismic Overall Stability of Embankment Slopes Retained by Multi-step Cantilever Retaining Walls Using Pseudo-Static Method. Geotechnical and Geological Engineering, 1-15.

22. Lu, Y., Sun, W., Yang, H., Jiang, J., & Lu, L. (2023). A New Calculation Method of Force and Displacement of Retaining Wall and Slope. Applied Sciences, 13(9), 5806.

23. Magomedov, I. A., & Sebaeva, Z. S. (2020, April). Comparative study of finite element analysis software packages. In Journal of Physics: Conference Series (Vol. 1515, No. 3, p. 032073). IOP Publishing.

24. Moayedi, H., Huat, B. B., Mohammad Ali, T. A., Asadi, A., Moayedi, F., & Mokhberi, M. (2011). Preventing landslides in times of rainfall: case study and FEM analyses. Disaster Prevention and Management: An International Journal, 20(2), 115-124.

25. Oktorie, O. (2017). A study of landslide areas mitigation and adaptation in Palupuah Subdistrict, Agam Regency, West Sumatra Province, Indonesia. Sumatra Journal of Disaster, Geography and Geography Education, 1(1), 43-49.

26. Popescu, M. E., & Sasahara, K. (2009). Engineering measures for landslide disaster mitigation. Landslides-Disaster Risk Reduction, 609-631.

27. Santos, R. R. V., Kang, J., & Park, J. S. (2020). Effects of embedded trench installations using expanded polystyrene geofoam applied to buried corrugated steel arch structures. Tunnelling and Underground Space Technology, 98, 103323.

28. Singh, A. P., & Ghosh, P. (2024). A Simplified Method for Seismic Behavior of Retaining Walls with Strip Load on the Backfill. International Journal of Geomechanics, 24(1), 06023023.

29. Singh, P., & Gill, K. S. (2012). CBR improvement of clayey soil with geo-grid reinforcement. International Journal of Emerging Technology and Advanced Engineering, 2(6), 315-318.

30. Tsantilas, L., Garini, E., & Gazetas, G. (2024). Seismic response of retaining walls: Theoretical parametric insights after centrifuge validation. Soil Dynamics and Earthquake Engineering, 176, 108314.

31. Wang, J., Zhong, W., Lin, Z., & Tang, Y. (2022). Dynamic response and geogrid strain analysis of GRS retaining wall. Applied Sciences, 12(19), 9930.

32. Xiao, M. (Ed.). (2015). Geotechnical Engineering Design. New York: John Wiley & Sons, Inc.

33. Xu, P., Yang, G., Li, T., & Hatami, K. (2021). Finite element limit analysis of bearing capacity of footing on back-to-back reinforced soil retaining walls. Transportation Geotechnics, 30, 100596.

34. Xu, S., Zhang, Z., Gao, X., Ma, T., & Tang, W. (2019, June). The Study of Configuration Optimization for Air Cushion Vehicle Skirt Based on CATIA-Abaqus Parametric Finite Element Method. In ISOPE International Ocean and Polar Engineering Conference (pp. ISOPE-I). ISOPE.

35. Yeo, S. S., & Hsuan, Y. G. (2010). Evaluation of creep behavior of high density polyethylene and polyethylene-terephthalate geogrids. Geotextiles and Geomembranes, 28(5), 409-421.

36. Zou, C., Wang, Y., Lin, J., & Chen, Y. (2016). Creep behaviors and constitutive model for high density polyethylene geogrid and its application to reinforced soil retaining wall on soft soil foundation. Construction and Building Materials, 114, 763-771.

37. 김운형, 송병웅, 김범석, 김주한, & 이경희. (2009). 사방댐 설계방법의 문제점과 그 대책. 한국지반공학회 심포지엄, 2009, 1057-1064.
38. 우보명. (1975). 조경녹화사방(造景綠化砂防)에 관(關)한 연구(硏究). 한국산림과학회지, 28(1), 67-96.
39. 이기환, & 우충식. (2021). 사방댐 유지관리 의사결정을 위한 외관상태평가 적용성 연구. 2. 한국방재학회 논문집, 21(6), 71-84.

[저서]

1. Bhavikatti, S. S. (2005). Finite element analysis. New Age International.
2. Darlyl L. Logan. (2011). A First Course in the Finite Element Method. CL Engineering
3. Dhatt, G., Lefrançois, E., & Touzot, G. (2012). Finite element method. John Wiley & Sons.
4. Gouri Dhatt. & Gilbert Touzot. (1984). The Finite Element Method Displayed. Wiley.
5. Horvath, J. S. (1995). Geofoam geosynthetic.
6. Hutton, D. V. (2004). Fundamentals of finite element analysis. The McGraw Hill Companies,.
7. Kang Junsuk. (2009). Soil-Structure Interaction of Buried Culverts: Application of Imperfect Trench Installation. VDM Verlag Dr. Müller.
8. Nikishkov, G. P. (2004). Introduction to the finite element method. University of Aizu, 1-70.
9. Rao, S. S. (2017). The finite element method in engineering. Butterworth-heinemann.
10. Reddy, J. N. (2019). Introduction to the finite element method. McGraw-Hill Education.
11. Thomée, V. (2007). Galerkin finite element methods for parabolic problems (Vol. 25). Springer Science & Business Media.
12. Turner, A. K., & Jayaprakash, G. P. (1996). Landslides: investigation and mitigation. chapter 1-introduction (No. 247).
13. Varnes, D. J. (1958). Landslide types and processes. Landslides and engineering practice, 24, 20-47.
14. Veder, C. (2012). Landslides and their stabilization. Springer Science & Business Media.
15. Zieli, T. G. (1992). Introduction to the finite element method. Poland: Institute of Fundamental Technological Research of the Polish Academy of Sciences.

16. 우보명. (1992). 신제 사방공학. 향문사
17. 전근우. (2011). 신고 사방공학. 향문사
18. ㈜ 브이이엔지. (2015). 초급 및 중급 사용자를 위한 Abaqus 입문서. 비비미디어.
19. ㈜ 솔리드이엔지. (2016). 유한요소해석(FEA)을 위한 Abaqus 기초와 응용. SolidEng. 예문사.

[보고서 및 매뉴얼]

1. Dassault Systemes. (2012). Abaqus 6.11 Scripting User's Manual
2. The EPS Industry Alliance. (2012). Expanded Polyestyrene (EPS) Geofoam Applications & Technical Data
3. 산림청. (2022). 사방기술교본 개정 3판

[웹페이지]

1. 산림청 사진 제공. https://www.forest.go.kr/kfsweb/cop/bbs/selectBoardList.do?bbsId=BBSMSTR_1069&mn=NKFS_06_09_01&Popup=&orgId=&pageUnit=10&component=&searchtitle=title&searchWrd=%EC%82%AC%EB%B0%A9&ctgryLrcls=&ntcStartDt=&ntcEndDt=
2. 산림청. (2023). 산사태정보시스템. https://sansatai.forest.go.kr/gis/main.do;jsessionid= RdZlpwUerS_3nq8z_UatkH-xIiwCrHpO935j3GvL.ldm10#mhms0
3. 정선군청. (2023). 사진으로 보는 정선. https://www.jeongseon.go.kr/portal/openadmin/ communication/photo/gallery

7장

그린인프라공학과 미래사회

"Timing is the key of time"

- Agent Kang -

"The best way to predict the future is to create it."

- Peter Drucker -

우리는 지금까지 기후위기 시기에 도래할 수 있는 도시 재난재해를 알아보고, 적응하기 위한 다양한 노력들에 대해서 알아보았다. 기후위기와 도시화 산업화의 가속화로 인해서 피해규모는 증가하고 있으며, 이러한 피해는 취약계층에게 더욱 치명적으로 작용한다. 본 챕터에서는 앞선 장들의 내용을 정리하고, 미래사회가 지향해야 할 그린인프라공학의 방향성에 대해서 논의한다.

우리는 앞선 장들을 통해서 인간에게 치명적인 대표 도시 재난재해를 선정하고, 공간별로 취약성을 평가하였다. 크게 도시홍수, 도시열섬, 산불, 산사태 등에 대한 자연재해가 선정되었다. 기후변화 시나리오 또는 극단적인 기후 상황에 있어서 각 공간에 영향을 줄 수 있는 요소들을 정량적으로 분석하였으며, 정량적인 피해 분석을 위해서 적절한 물리모델을 선정하여 해결법을 제안하였다. 또한, HCFD라는 재난재해 진단 및 통합의사결정형 모델을 제안함으로, 기후변화에 대응할 수 있는 종합적 사고를 함양하였다. 우리는 이러한 학습 결과를 통해서 어떻게 하면 더 친환경적이고 지속 가능한 삶을 구성할 수 있을까? 아래의 몇 가지 주제를 생각하여 본다.

① 통합적 그린 인프라의 설계

우리는 지금까지 도시 방재를 위한 그린인프라의 설계 방법을 학습하였다. 하지만, 도시방재적 차원 이외에도 그린인프라가 가지고 오는 사회·경제· 심미적 효과는 매우 크다고 할 수 있다. 보다 공익적이고 지속가능한 그린인프라의 설계를 위해서 통합적인 그린인프라 설계 방안을 제시해보자. 생태적 접근법, 도시의 발전, 건축과 토목, 첨단 기술의 융합 등 효과적인 그린인프라를 구현하는 방법에 대해서 논의해보자. 가능하다면, 최근 주목받고 있는 디지털 트윈, VR, AR, 인공지능 등 다양한 주제로 본인의 그린인프라 통합 설계의 영역을 확장하자.

② 시민참여와 거버넌스적 접근

최근에는 도시의 그린인프라 설계, 시공 및 공학적 접근에 있어서 시민 단위의 의견 참여와 교육이 매우 중요해지고 있다. 이는 사용자 중심의 사고와 Bottom-up 식의 그린인프라 설계가 지속가능한 도시를 만드는데 기여한다는 생각에서부터 출발한다. 그렇다면 우리는 시민들의 참여와 거버넌스적 사고를 이끌어내기 위해서 어떠한 노력을 해야하는가? 공청회, 토론회, 현장체험 등 시민들의 인식을 변화하기 위한 다양한 노력들이 수반되고 있지만, 그 무엇 하나가 가장 좋다고 뚜렷하게 판단할 수는 없다. 본 저서의 내용을 토대로 어떻게 하면 연구자, 전문지식의 영역을 시민들에게 전파할 수 있을지 생각해보자.

③ 미래사회의 변화와 불확실성

우리는 수많은 변화와 불확실성을 가지고 살아간다. 여기에서 의미하는 불확실성이란 기후변화를 포함한 광의적 의미이며, 우리 사회가 미래에 겪어야 할 수 많은 문제들을 의미한다. 미래사회에 변화하게 될 기술과 트렌드도 포함된다. 그린인프라와 방재, 공학적 사고를 학습한 본 저서의 독자들은 미래의 불확실성을 어떻게 평가할 것인가? 그린인프라를 설계, 시공하는데 있어서 우리가 미래 지향적으로 생각해야 할 내용들은 무엇이 있을지 토의한다.

④ 정책과 규제

그린인프라와 방재 요소들은 글로벌 트렌드와 국내외 정책, 인센티브 혹은 패널티와 직접적으로 연관되어 있다. 가령, 홍수저감을 위한 LID 제도만을 살펴보더라도, 수많은 유관 정책과 인센티브, 패널티를 살펴볼 수 있다. 그린인프라와 도시방재 및 공학적 설계는 때로는 정책에 영향을 줄 수도 있으며, 반대로 정책이 그린인프라와 도시방재에 영향을 줄 수도 있다. 이때 그린인프라공학자들은 적절한 정책과 규제 환경을 조성할 수 있도록 근거기반의 의사결정을 내리는 것이 중요하며, 미래 지향적이고 지속가능한 방법을 제안할 수 있어야 한다.

⑤ 사회적 공정성

본 저서에서 통일되게 언급한바와 같이, 기후변화로 인해 그 피해가 커지는 것은 일반적으로 취약계층이다. 그린인프라의 설계와 계획은 사회적 불평등을 해결할 수 있는 여러 대안 중 하나이며, 시민들에게 공평한 복지혜택, 삶의 질 향상에 기여할 수 있는 좋은 수단이다. 어떻게 하면 그린인프라의 혜택을 시민들에게 더 많이 제공할 수 있는지, 그 방법에 대해서 다함께 고민하는 시간을 갖자.

그린인프라는 지속가능하고 탄력적이며 살기 좋은 지역사회를 형성하는 데 이미 중추적인 요소로 등장했다. 그리고 '도시 확장'과 '환경 보존 및 자연재해로부터의 안전'이라는 갈림길에서 있는 지금, 그리고 앞으로의 미래사회에 그린인프라를 우리 사회 구조에 통합하는 것은 선택이 아니라 필수다. 우리는 그린인프라공학을 통해 인간 사회와 자연 생태계 사이의 공생 관계를 탐구하고 이 두 영역을 연결하는 희망의 다리, '그린인프라'를 끊임없이 설계하고 시공하여야 한다. 미래사회 스마드도시의 심장은 그린인프라가 될것이기 때문이다.

"To create a city that's sustainable, you have to think long-term."

- Jaime Lerner -

저자 소개

강준석 (Agent Kang)

고려대학교 토목공학과를 졸업하고, 고려대학교 토목공학과에서 석사학위를 받았으며, Auburn University 토목공학과에서 공학박사 학위를 받았다.
석사학위 취득 후 2000년 1월부터 2002년 7월까지 현대건설 해외토목사업본부에서 근무하였으며, 박사학위 취득 후 Georgia Southern University 토목건설공학과에서 조교수로 재직하였다. 현재는 서울대학교 조경·지역시스템공학부에서 부교수로 근무 중이며, 서울대학교 지능형에코사이언스 특성화대학원 사업책임자, ㈜그린인프라방재센터 대표이사 등의 역할을 수행 중이다. 미국 Atlanta 시에 위치한 Georgia Institute of Technology에서 교환교수를 지냈으며, 미국·한국의 그린인프라 공학과 도시 방재에 대한 연구를 하였다.
Building and Environment, Sustainable Cities and Society, International Journal of Disaster Risk Reduction, Engineering Structures, Tunnelling and Underground Space Technolgy 등 토목·구조·공학·환경·도시 융복합 분야에서 40여 편 이상의 학술논문을 게재하였다. 한국조경학회 학술이사, 한국기후변화학회 학술이사, 한국도시철도시설공단 기술자문위원회 위원, 서울특별시 건설기술심의위원회 위원, 기술연구위원 등의 직책을 역임하였다.

E-mail: junkang@snu.ac.kr
Google Scholar: https://scholar.google.co.kr/citations?user=XfEi69QAAAAJ&hl=ko&oi=ao

김재경

전남대학교 조경학과를 졸업하고, 서울대학교 생태조경·지역시스템공학부 및 스마트시티 글로벌 융합 전공에서 석사학위를 받았다. 현재는 서울대학교 대학원 협동과정 조경학 및 스마트시티 글로벌 융합 전공에서 박사수료로 재학 중이다. 강준석 교수 지도하에 그린인프라공학과 도시 방재에 대한 연구를 수행하고 있으며, “Development and Application of HCFD Model”이라는 주제로 2024년 3월 박사학위 취득 예정이다.

E-mail: kimnam124@snu.ac.kr
Google Scholar: https://scholar.google.co.kr/citations?user=voXcUfEAAAAJ&hl=ko&oi=ao

감사의 글

본 교재는 환경부 지식기반환경서비스 특성화대학원 사업의 지원을 받아 서울대학교 지능형에코사이언스 특성화대학원의 강의 교재로 발간되었기에 환경부와 환경산업기술원에 감사를 드리며, 특별히 본 특성화대학원 운영위원회 교수님들께 감사드리고 싶습니다. 출판 전 과정에 편집작업 및 행정업무를 지원해준 문운당에도 감사를 드립니다. 끝으로 본 교재 집필 및 수정작업에 큰 도움을 준 서울대학교 그린인프라공학연구실 정회원, SNUGE 분들께 고마움을 전하고 싶습니다.

(사)한국조경학회 2017년 정기총회 및 춘계학술대
정기총회 및 춘계학술대회
사단법인 한국조경학회

센터장

RE:PUBLIC
LANDSCAPE

VERI LUX
TAS MEA
강준석 포에버
"Happy Sabbatical"

그린인프라공학과 도시방재론

초판발행 | 2023년 11월 3일

저　　자 | 강준석·김재경 공저
발 행 인 | 이성범
발 행 처 | 문운당
주　　소 | 서울시 종로구 혜화로5길 16(명륜1가 45-3)
전　　화 | (02)762-6010
팩　　스 | 영업 (02)745-0265 / 편집 (02)762-8758
이 메 일 | 영업 munun2@chol.com
편집 munundang@naver.com
홈페이지 | http://munundang.co.kr

ISBN 979-11-5692-678-8 93530

정가 38,000원